Hanel/Wiegand

Konstruieren mit NX

Ihr Plus – digitale Zusatzinhalte!

Auf unserem Download-Portal finden Sie zu diesem Titel kostenloses Zusatzmaterial. Geben Sie dazu einfach diesen Code ein:

plus-k3ux9-61ud4

plus.hanser-fachbuch.de

Bleiben Sie auf dem Laufenden!

Hanser Newsletter informieren Sie regelmäßig über neue Bücher und Termine aus den verschiedenen Bereichen der Technik. Profitieren Sie auch von Gewinnspielen und exklusiven Leseproben. Gleich anmelden unter **www.hanser-fachbuch.de/newsletter**

Maik Hanel
Michael Wiegand

Konstruieren mit NX

Volumenkörper, Baugruppen und Zeichnungen

Die Autoren:
Maik Hanel, Böblingen
Michael Wiegand, Sindelfingen

Bibliografische Information der Deutschen Nationalbibliothek:
Die Deutsche Nationalbibliothek verzeichnet diese Publikation in der Deutschen Nationalbibliografie; detaillierte bibliografische Daten sind im Internet über http://dnb.d-nb.de abrufbar.

Lektorat: Julia Stepp
Herstellung: le-tex publishing services GmbH, Leipzig
Coverkonzept: Marc Müller-Bremer, www.rebranding.de, München
Titelmotiv: © Maik Hanel
Coverrealisation: Max Kostopoulos
Satz: Kösel Media GmbH, Krugzell
Druck und Bindung: UAB BALTO print, Vilnius (Litauen)
Printed in Lithuania

Print-ISBN: 978-3-446-46453-7
E-Book-ISBN: 978-3-446-46508-4

Inhalt

Vorwort

Dieses Buch beschreibt die wesentlichen CAD-Funktionalitäten von Siemens NX für den allgemeinen Maschinenbau. Es richtet sich einerseits an Einsteiger, die sich schulungsbegleitend oder im Selbststudium in NX einarbeiten wollen, bietet sich darüber hinaus aber auch als Nachschlagewerk für erfahrene Anwender an.

Thematische Schwerpunkte des Buches sind die parametrische Volumenmodellierung, das Ändern mit Synchronous Modeling (Synchrone Konstruktion) sowie das Erstellen und Bearbeiten von Baugruppen und Zeichnungen. Die Kernfunktionalitäten der einzelnen Befehle werden an leicht nachvollziehbaren Beispielen erläutert.

Diese Ausgabe des Buches wurde von mir (Maik Hanel) auf Basis von NX 1926 erstellt und im Zuge dessen vollständig überarbeitet und erweitert. Es wurden alle relevanten Neuerungen aufgenommen, die sich seit der letzten Buchausgabe, die auf NX 10 basierte, ergeben haben und die aus meiner Sicht für den Einstieg in die Konstruktion relevant sind. Zusätzliche Informationen finden Sie in den offiziellen Siemens NX-Dokumentationen.

Neben den Anpassungen in der Benutzeroberfläche wie zum Beispiel die Sichtbarkeitssteuerung im Teile-Navigator wird auch die neuartige Erstellung von Konstruktionsgruppen vorgestellt, bei deren Verwendung ein erheblicher Performancegewinn erzielt werden kann. Hierzu wurde eine neue Übung in Kapitel 7 aufgenommen.

Die größte Änderung erfuhr die Anwendung *Skizze*. Durch eine intelligente Berechnung werden Beziehungen zwischen Kurven und Punkten automatisch gefunden. Auch das Erstellen von Bemaßungen wurde stark vereinfacht, sodass insgesamt ein schnelleres und intuitiveres Arbeiten unterstützt wird.

Eine weitere wesentliche Neuerung stellt der Befehl MESSEN dar. Hier wurde die Vielzahl der Messfunktionen in einem Befehl zusammengefasst. Die einzelnen Möglichkeiten werden an kleinen Beispielen im Buch vorgestellt.

Im Bereich Baugruppen wurden die neuen Baugruppenzwangsbedingungen *Gelenk* und *Koppler* aufgenommen und an Beispielen beschrieben. Des Weiteren wird die neue Ladeoption *Minimal laden* und deren Vorteile beim Arbeiten mit großen Baugruppen vorgestellt.

An dieser Stelle möchte ich mich bei der Siemens Industry Software GmbH & Co. KG und dem Carl Hanser Verlag für die Unterstützung bei der Überarbeitung dieses Buches bedanken. Ein besonderes Dankeschön gilt Frau Julia Stepp für die traditionell angenehme und professionelle Zusammenarbeit.

Zuletzt möchte ich mich bei meiner Frau und meinen Kindern bedanken, die es mir auch in Zeiten von Corona ermöglicht haben, an diesem Buch zu arbeiten.

Mai 2020

Maik Hanel

1 Einführung

Die Grundlage für die Darstellungen in diesem Buch bildet die deutsche NX-Version 1926 unter Windows. Es beschreibt die Funktionalitäten der Körper- und Formelement-Konstruktion sowie die Bereiche Baugruppen und Zeichnungsableitung. Damit werden die Basisanforderungen für den allgemeinen Maschinenbau abgedeckt. NX bietet eine Vielzahl weiterer Module für unterschiedlichste Aufgaben. Eine ausführliche Darstellung aller Module würde allerdings den Rahmen dieses Buches sprengen und ist deshalb weiterführender Literatur vorbehalten.

NX lässt sich vielfältig anpassen. Einige Anpassungen sind anwenderspezifisch. Daher kann es sein, dass Darstellungen der Oberfläche im Buch nicht exakt mit denen an Ihrem System übereinstimmen. Für die Abbildungen im Buch wurde die Siemens-Rolle „Erweitert“ verwendet. Für die Darstellungen wurden im Wesentlichen die Systemvorgaben übernommen.

Ziel und Aufbau des Buches

Ziel des Buches ist es, eine Einführung in die praktische Anwendung von NX zu geben. Dabei werden die allgemeinen Grundlagen der Arbeit mit CAD-Systemen als bekannt vorausgesetzt. Das Buch bietet die Möglichkeit der selbstständigen Einarbeitung in die Software oder des gezielten Nachschlagens bestimmter Befehle.

Aufgrund der vielfältigen Möglichkeiten in NX bestehen oft mehrere Methoden, um ein Ziel zu erreichen. Wir stellen jeweils die aus unserer Sicht am besten geeigneten Methoden dar. Dabei werden bei der Beschreibung der einzelnen Befehle möglichst einfache Beispiele verwendet, um das Wesentliche herauszustellen. Darüber hinaus enthält das Buch ausführliche Übungsbeispiele, um die Möglichkeiten von NX in der Praxis darzustellen.

In Kapitel 2 werden zunächst die Grundlagen für die Arbeit mit NX vermittelt, bevor in Kapitel 3 detailliert auf die Erstellung von 3D-Modellen eingegangen wird. In Kapitel 4 werden die geometrischen Grundlagen vermittelt, auf denen die Befehle der Synchronen Konstruktion basieren. Die Themen rund um den Zusammenbau der einzelnen Komponenten werden in Kapitel 5 dargestellt. Neben den Befehlen zum Aufbau, Ändern und Positionieren von Baugruppen wird auf die Verlinkung zwischen Komponenten und den Umgang mit großen Baugruppen eingegangen. Kapitel 6 beschreibt die Befehle für das Erstellen von Zeichnungen. In Kapitel 7 wird die Anwendung von NX anhand eines durchgehenden Praxisbeispiels, das sich aus mehreren Übungen zusammensetzt, erläutert. Hierbei werden Lösungswege für die Vorgehensweise bei der Bearbeitung verschiedener Aufgabenstellungen aufgezeigt.

Unter *plus.hanser-fachbuch.de* finden Sie die Beispieldateien zu den Übungen aus Kapitel 7 und einige weitere Beispiele.

Auszeichnungen, Abkürzungen und Icons

Im Buch werden folgende Auszeichnungen und Abkürzungen verwendet:

- VERSALIEN: NX-Befehle
- MENÜ > BEFEHL: Aufruf eines Befehls über das Menü
- *Datei.prt*: Pfad einer Datei, Eingabewerte oder Beschriftungen in der Oberfläche
- **MT1:** Linke Maustaste
- **MT2:** Mittlere Maustaste
- **MT3:** Rechte Maustaste
- **ENTER:** Eingabetaste
- **STRG:** Steuerungstaste
- **TAB:** Tabulatortaste
- **ALT:** Alt-Taste
- **UMSCHALT:** Umschalttaste
- **ENTF:** Löschtaste
- **ESC:** Escape-Taste

Die Befehle werden durchgängig mit den dazugehörigen Icons eingeführt. Der Zugriff auf die Icons erfolgt hierbei über die Menübandleiste, das Kontextmenü, die Kontextsymbolleiste oder die neue Szenen-Leiste. Die entsprechenden Icons und ihre Bedeutung werden über das gesamte Buch hinweg in der Randspalte dargestellt, um die Suche nach bestimmten Themen zu erleichtern. Neben dem deutschsprachigen Namen wird auch der englischsprachige Befehl in der Randspalte genannt. Alle Befehle finden Sie außerdem im Index. Auch die englischsprachigen Befehle sind im Index angelegt.

2 Grundlagen

In diesem Kapitel werden die allgemeinen Grundlagen für die Verwendung von NX beschrieben.

2.1 Eingabegeräte

Für die Interaktion mit dem System benötigen Sie neben der Tastatur eine Maus mit drei Tasten, wobei die mittlere Taste idealerweise als Scrollrad ausgeführt werden sollte. Darüber hinaus ist es sinnvoll, ein 3D-Eingabegerät, wie eine Space Mouse, zu verwenden, da diese das dynamische Ändern der Ansicht erlaubt, ohne den aktiven Befehl zu beeinflussen. Des Weiteren können häufig verwendete Befehle auf Knopfdruck ausgeführt werden, wenn die Tasten entsprechend konfiguriert werden.

Darüber hinaus bietet NX die Unterstützung berührungsempfindlicher Bildschirme an. Weitere Details zur Bedienung finden Sie in der Hilfe.

Funktionen der Tastatur

Die Tastatur dient zur Eingabe von Werten in aktiven Dialogfenstern. Bei diesen Eingaben ist für numerische Größen der Dezimalpunkt zur Angabe von Nachkommastellen zu verwenden. Neben Zahlen können in den Dialogfenstern auch Ausdrücke eingegeben werden. Die einzelnen Tasten haben folgende Funktionen:

- **TAB** springt zum nächsten Eingabefeld. Dabei wird das Feld farblich hervorgehoben und ein vorhandener Wert überschrieben.
- **UMSCHALT+TAB** springt in das vorhergehende Eingabefeld.
- **ESC**: Abbruch des aktiven Befehls
- **ENTER**: Eingaben des aktiven Dialogfensters werden übernommen.
- **ENTF**: Löschen ausgewählter Objekte
- **ALT**: Auswahlfilter werden temporär aufgehoben.
- **F1**: Aufruf der Online-Hilfe zum aktiven Befehl
- **F3**: Zu- und Aufklappen von Dialogfenstern
- **F4**: Wiederholen des zuletzt ausgeführten Befehls
- **F5**: Bildschirm aktualisieren

- **F6**: Modus für das **ZOOMEN** ein- und ausschalten
- **F7**: Modus für das **ROTIEREN** ein- und ausschalten
- **F8**: Die Ansicht wird auf ein gewähltes Objekt (z. B. eine Fläche) ausgerichtet. Wenn kein geeignetes Element gewählt ist, erfolgt die Ausrichtung an der nächstgelegenen Achse des absoluten Koordinatensystems.

Für den Aufruf von Befehlen können Sie auch Tastenkombinationen verwenden. Definierte Tastenkombinationen werden als *Tooltip* angezeigt, wenn Sie den Mauszeiger über das Icon eines Befehls bewegen. Um z. B. den Befehl **SPEICHERN UNTER** zu starten, können Sie die vordefinierte Tastenkombination **STRG+UMSCHALT+A** verwenden. Sie können auch eigene Tastenkombinationen definieren. Diese Möglichkeit wird im Zusammenhang mit der Anpassung der Menübandleiste in Abschnitt 2.3.3 beschrieben.

Funktionen der Maus

Die Maustasten haben folgende Funktion:

- **MT1**: Über **MT1** erfolgt die Auswahl von Befehlen, Optionen, Eingabefeldern und Geometrieelementen. Durch Klicken und Halten von **MT1** im freien Bereich des Grafikfensters definieren Sie die erste Ecke eines Auswahlrahmens, um mehrere Objekte auszuwählen. Durch Bewegen der Maus können Sie den Auswahlrahmen aufziehen. Durch Loslassen von **MT1** wird die die zweite Ecke definiert.
- **UMSCHALT+MT1** selektiert mehrere aufeinanderfolgende Elemente einer Liste durch die Auswahl des ersten und letzten Elements und hebt die Auswahl von gewählten Elementen wieder auf.
- **STRG+MT1** selektiert mehrere, nicht zusammenhängende Einträge in einer Liste.
- **Drehen im Grafikfenster**: Im Grafikfenster können Sie durch Klicken und Halten von **MT2** und direktes Bewegen der Maus das Modell drehen. Mit **STRG+F2** kann ein Rotationspunkt definiert werden. **STRG+F3** löscht den Rotationspunkt wieder. Klicken und Halten von **MT2** definiert nach kurzer Zeit an der Spitze des Mauszeigers einen temporären Rotationspunkt. Sowie dieser Punkt sichtbar wird, können Sie die Maus bewegen, um das Modell um diesen Punkt zu drehen.
- **Verschieben im Grafikfenster**: In Kombination mit **UMSCHALT** verschieben Sie mit **MT2** das Modell im Grafikfenster. Alternativ können Sie anstatt der Umschalttaste auch **MT2** mit **MT3** gemeinsam drücken.
- **Zoomen im Grafikfenster**: Mit **MT2** in Kombination mit **STRG** können Sie zoomen. Es besteht theoretisch auch die Möglichkeit, mit **MT2** und gleichzeitig gedrückter **MT1**-Taste zu zoomen. Wenn **MT2** jedoch als Scrollrad ausgeführt ist, tun Sie sich einfacher, dieses zu verwenden.
- **Einpassen im Grafikfenster**: Durch Doppelklick von **MT1** im freien Grafikbereich wird ein **EINPASSEN** ausgeführt, sodass alle sichtbaren Elemente im Grafikfenster angezeigt werden.
- **Bei aktivem Dialogfenster** wird die Auswahl des hervorgehobenen Objekts mit **MT2** bestätigt und zur nächsten Eingabe gesprungen. Wenn alle Parameter definiert sind, kann mit **MT2** der Befehl mit **OK** ausgeführt werden. Durch die Kombination mit **STRG** wird *Anwenden* ausgeführt.
- **MT3** sorgt für einen kontextabhängigen Aufruf von Kontextmenü und Radial-Symbolleiste.

HINWEIS: Die Zoomrichtung für das Drehen am Scrollrad können Sie unter **DATEI > DIENSTPROGRAMME > ANWENDERSTANDARDS > GATEWAY > ANSICHTENOPERATIONEN > MAUSRADROLLEN > RICHTUNG** konfigurieren.

2.2 Dateiverwaltung

Nach dem Start von NX können Sie eine neue Datei erstellen oder eine bestehende öffnen. Die Dateiverwaltung ist hinsichtlich der Symbolik und des Vorgehens analog zu anderen auf Windows basierenden Programmen. Die grundlegenden Vorgehensweisen für den Umgang mit Teilen, Baugruppen und Zeichnungen werden im Folgenden erläutert.

2.2.1 Neu

Neu (New) oder Strg+N

Nach einem Klick mit **MT1** auf das Icon öffnet sich der Dialog **NEU** für die Erstellung neuer Dateien. Für die Basisdateitypen sind die Register *Modell* und *Zeichnung* relevant. Der Dialog enthält Vorlagen für die Erzeugung der entsprechenden Datei. Um ein neues Einzelteil zu erstellen, wählen Sie im Tab *Modell* die Vorlage *Modell* aus. Nach der Definition von Ordner und Dateiname kann die neue Datei mit **OK** erstellt werden. Die Dateierweiterung ist immer *.prt*. Der Dateiinhalt wird durch die gewählte Vorlage definiert. Um eine Baugruppe für die Verwaltung von Einzelteilen zu erstellen, wählen Sie die Vorlage *Baugruppe* aus. Für Zeichnungen stehen im Tab *Zeichnung* verschiedene Vorlagen zur Verfügung. Weitere Details hierzu finden Sie in Kapitel 6. Die Option *Referenzteil* steht zur Verfügung, um bei der Neuerstellung ein vorhandenes Teil zu referenzieren.

HINWEIS: Nach dem Erstellen einer neuen Datei mit **OK** wird diese nur im Arbeitsspeicher erzeugt. Eine Sicherung im Dateisystem findet erst beim Speichern statt.

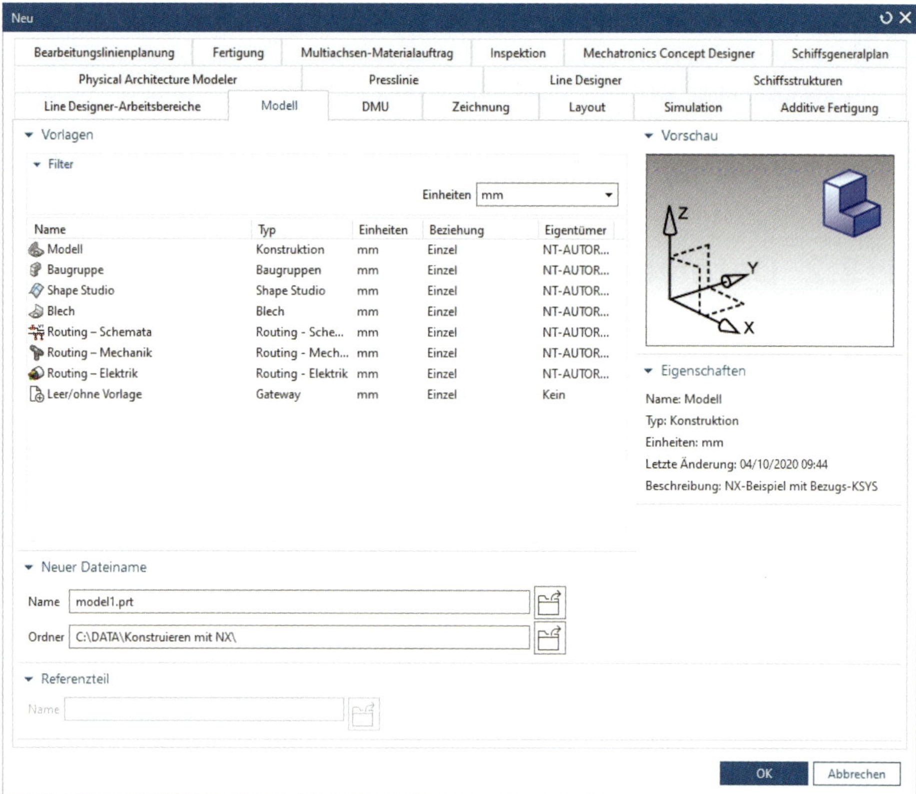

Öffnen (Open) oder Strg+O

Nach einem Klick mit **MT1** auf das Icon öffnet sich der Dialog **ÖFFNEN**, um gespeicherte NX-Dateien zu öffnen. Der Dialog ist optisch an den Windows-Standard **DATEI > ÖFFNEN** angepasst. Im unteren Bereich gibt es eine Schaltfläche **SPEICHERORT DES AKTIVEN TEILS**, mit der schnell in den Ordner des aktiven Teils gewechselt werden kann. Somit entfällt das manchmal mühsame Durchklicken, wenn man nachträglich Komponenten in die aktuelle Sitzung dazuholen möchte.

Durch die Schaltfläche **OPTIONEN** wird der Dialog zu den **LADEOPTIONEN FÜR BAUGRUPPEN** geöffnet. Nähere Informationen hierzu werden in Abschnitt 5.2.3.2 erläutert. Die aktuelle Einstellung wird als Text angezeigt. Als Standard ist hier *Auf minimales Laden von Komponenten mit Lightweight-Anzeige festlegen* eingestellt. Die Lightweight-Anzeige bedeutet, dass eine angenäherte grafische Repräsentation des Bauteils, ein sogenanntes Facettenmodell, geladen wird. Diese Einstellung kommt häufig bei Untersuchungen großer Bauräume zur Anwendung, da dadurch geringerer Speicherplatz benötigt wird. Minimales Laden hingegen bedeutet, dass nur noch die nötigsten Informationen geladen werden, um die Geometrie anzeigen zu können. Zusätzlich wird die Methode der Mehrkernprozessoren unterstützt, sodass die Geometrie frühzeitig angezeigt wird, bevor der Ladeprozess beendet ist. Hierzu sollten die Komponenten aber nach NX 9 gespeichert worden sein.

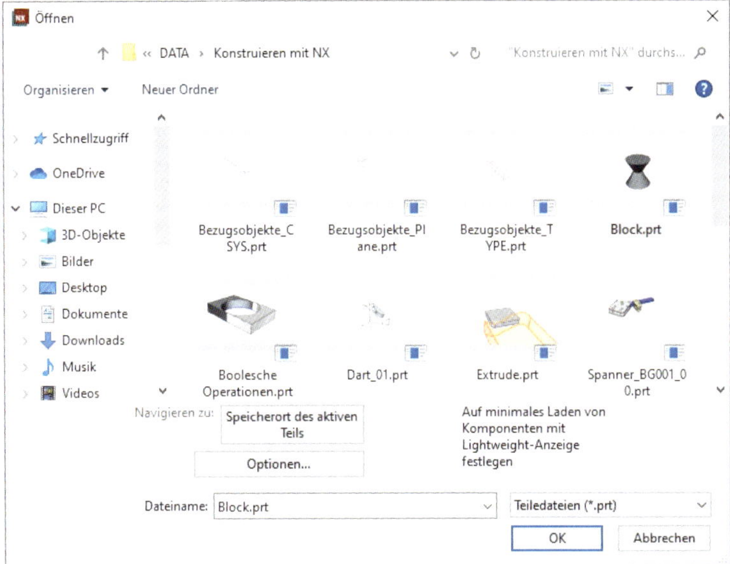

Hinter dem Dateinamen besteht die Möglichkeit nach entsprechenden Dateiendungen zu filtern. NX besitzt die Endung *.prt* für Einzelteile wie auch für Baugruppen und Zeichnungen. Ob Dateien aus anderen Systemen oder in neutralen Datenformaten geladen werden können, ist abhängig von den verfügbaren Lizenzen.

2.2.2 Speichern

Speichern (Save) oder Strg+S

Das Speichern von Dateien erfolgt über das entsprechende Icon oder mit **DATEI > SPEICHERN > SPEICHERN**. Hierbei werden das aktive Teil und alle geänderten Komponenten gespeichert. Für neue Dateien können im Speicherdialog der Name und Speicherort definiert werden. Geänderte Dateien werden ohne Warnung überschrieben. Zusätzlich wird beim Speichern ein Vorschaubild gespeichert. Es ist deshalb sinnvoll, beim Speichern das Modell aussagekräftig im Grafikfenster zu positionieren. NX-Dateien erhalten automatisch die Dateierweiterung *.prt*.

2.2.3 Speichern unter

Speichern unter (Save As) oder Strg+Umschalt+A

Für das Speichern einer vorhandenen Datei unter neuem Namen steht **DATEI > SPEICHERN > SPEICHERN UNTER** zur Verfügung. Im Dialogfenster können der neue Name und der Ordner eingegeben werden. Bereits vorhandene Dateien können mit diesem Befehl nicht überschrieben werden.

2.2.4 Alle speichern

Alle speichern (Save All)

Mit **DATEI > SPEICHERN > ALLE SPEICHERN** werden alle geöffneten Teile der aktuellen Sitzung gespeichert. Damit wird sichergestellt, dass Änderungen an allen Teilen gesichert werden. Vorhandene Dateien werden ohne Warnung überschrieben.

2.2.5 Nur aktives Teil speichern

Nur aktives Teil speichern (Save Work Part Only)

Sind mehrere Bauteile geöffnet, so kann mit dem Befehl **DATEI > SPEICHERN > NUR AKTIVES TEIL SPEICHERN** nur das aktive Teil gespeichert werden. Alle weiteren Komponenten in der Sitzung, also auch geänderte Komponenten, werden nicht gespeichert.

2.2.6 Import/Export

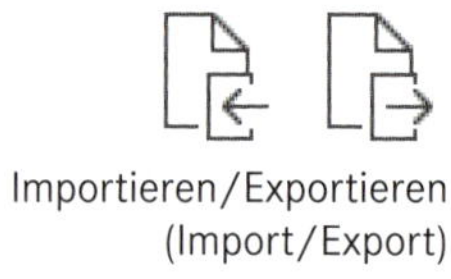

Importieren/Exportieren (Import/Export)

NX verfügt über zahlreiche Schnittstellen zum Importieren und Exportieren von Dateien in neutralen oder anderen CAD-spezifischen Formaten. Deren Verwendbarkeit ist abhängig von den vorhandenen Lizenzen.

Mit **DATEI > IMPORTIEREN** bzw. **EXPORTIEREN** stehen Befehle für den Umgang mit Fremdformaten zur Verfügung. Abhängig vom gewählten Dateiformat wird ein Dialogfenster mit verschiedenen Tabs geöffnet, um weitere Optionen zu definieren. Die wesentliche Funktionalität wird am Beispiel des IGES-Exports erläutert. Der Tab *Dateien* dient zur grundsätzlichen Festlegung der zu konvertierenden Objekte. Mit *Dargestelltes Teil* werden nur dargestellte Elemente exportiert, während mit *Vorhandenes Teil* alle Elemente exportiert werden. Eine entsprechende Zieldatei ist in diesem Fall zu definieren. Im Register *Daten für Export* können Sie die zu exportierenden Elemente nach Kategorien weiter eingrenzen.

HINWEIS: NX erzeugt automatisch bei der Übersetzung eine Protokolldatei des Typs *.log* im Verzeichnis der exportierten Datei. Die Protokolldatei ist gegebenenfalls hilfreich bei der Fehlersuche und kann mit einem Texteditor betrachtet werden.

Beim Importieren ist die Vorgehensweise ähnlich. Nach der Wahl des Dateiformats müssen Sie die entsprechende Datei auswählen. Dann definieren Sie, ob die übersetzten Daten zum aktiven NX-Teil hinzugefügt oder in einer neuen Datei gespeichert werden sollen. Beim Speichern in einer neuen Datei erhält der übersetzte Teil die aktuellen Standardeinstellungen von NX.

Import/Export IGES

Die Schnittstellen können auch unabhängig von einer aktiven NX-Sitzung verwendet werden. Nach Aufruf einer Schnittstelle und der Wahl zwischen Import oder Export erscheint das in der Abbildung dargestellte Fenster. Links werden die NX-Dateien für den Export gewählt, und rechts werden Ergebnisdateien angezeigt. Weiterhin werden die Dateipfade dargestellt. Die Verwendung des Fensters erfolgt analog zum Windows-Explorer. Mit dem **Blitz** in der Mitte des Dialogfensters wird die Übersetzung der gewählten Dateien gestartet. Die Verwendung der externen Übersetzer bietet den Vorteil, dass mehrere Dateien gleichzeitig mit einmal vorgenommenen Einstellungen konvertiert werden können.

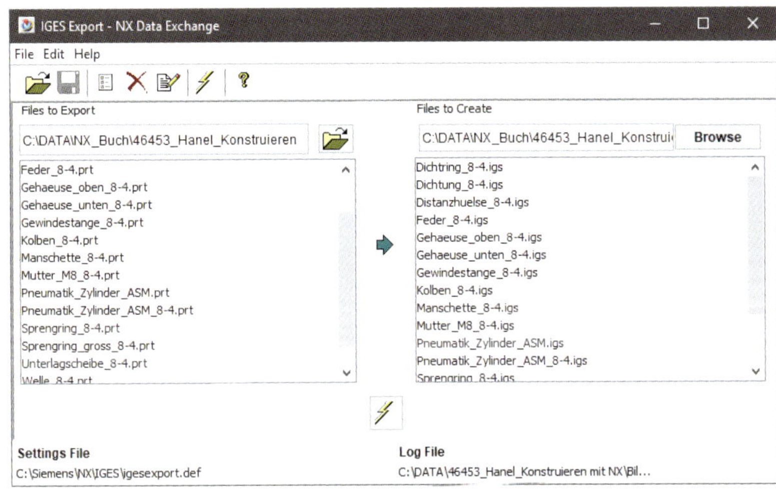

2.3 Benutzeroberfläche

Die Abbildung zeigt die Benutzeroberfläche mit einer Kennzeichnung der verschiedenen Elemente.

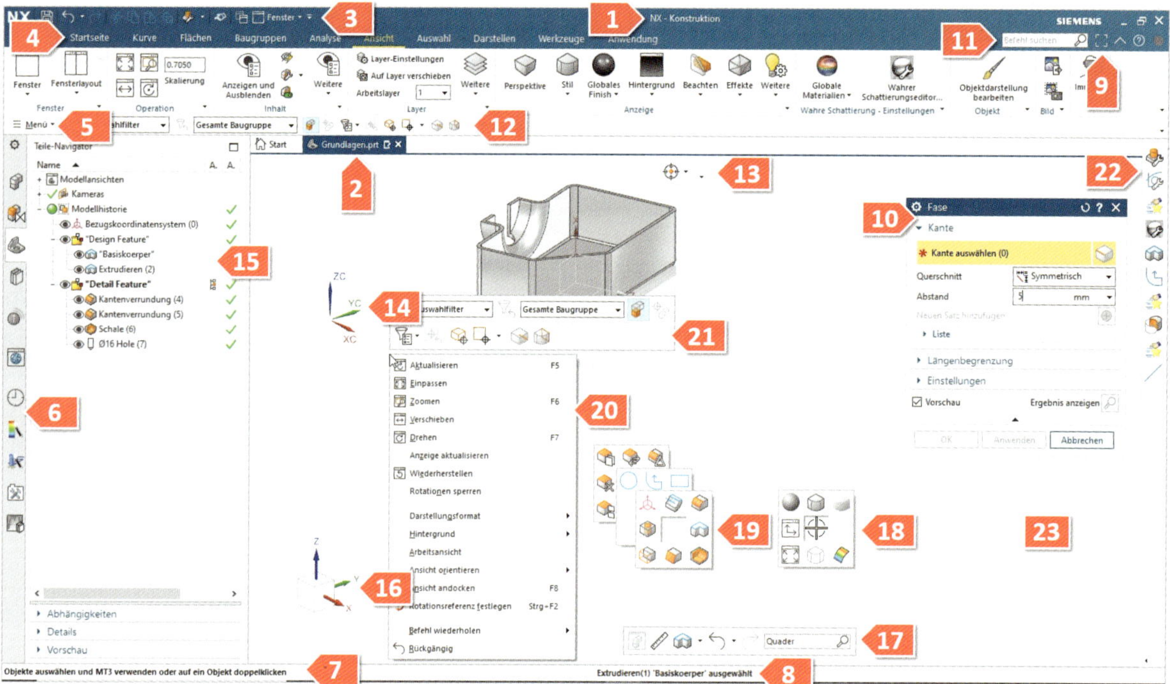

1. **Titelleiste:** Anzeige der aktiven Anwendung
2. **Dateiname:** Name und Zustand der aktuellen Datei
3. **Schnellzugriffsleiste:** Zugriff auf häufig verwendete Befehle
4. **Menübandleiste:** Zugriff auf NX-Befehle
5. **Menü:** Enthält die Menüstruktur mit allen Befehlen
6. **Ressourcenleiste:** Zugriff auf Navigatoren, Paletten und Rollen
7. **Hinweis-Zeile:** Enthält Hinweise für erforderliche Eingaben
8. **Status-Zeile:** Statusanzeige zur aktuellen Aktion
9. **Vollbildmodus:** Wechsel zwischen Standardoberfläche und Vollbildmodus
10. **Dialogfenster:** Sammeln benötigter Eingaben und Ausführen von NX-Befehlen
11. **Befehlssuche:** Finden aller verfügbaren NX-Befehle
12. **Obere Rahmenleiste:** Enthält Auswahloptionen und Filter
13. **Szenen-Leiste:** Selektionsunterstützung durch Auswahlregeln und Fangoptionen
14. **Arbeitskoordinatensystem WCS:** Zeigt die Lage und Orientierung des WCS an
15. **Teile-Navigator:** Zeigt die Historie der Formelemente an

16. **Ansichts-Triade:** Zeigt die Orientierung des absoluten Koordinatensystems an
17. **Kontextsymbolleiste:** Enthält kontextabhängige Befehle (wird mit **MT1** aktiviert)
18. **Radiale Kurzbefehle:** Enthält kontextabhängige Befehle (wird mit **MT3** aktiviert)
19. **Radial-Symbolleiste 1–3:** Enthält vordefinierte Befehle je Anwendung (wird mit STRG+UMSCHALT+MT1/MT2/MT3 aktiviert)
20. **Kontextmenü:** Enthält kontextabhängige Befehle (wird mit **MT3** auf dem ausgewähltem Element aktiviert)
21. **Kontext-Miniauswahlleiste:** Schnellzugriff auf Auswahloptionen
22. **Rechte Rahmenleiste:** Zur Ablage von weiteren Befehlen (hier die Befehls-Vorhersage)
23. **Grafikfenster:** Darstellung von 3D-Objekten wie Teilen, Flächen, Kurven etc.

2.3.1 Navigation im Grafikfenster

In Abschnitt 2.1 wurden die Tasten- und Mausfunktionen aufgelistet. Die wichtigsten Befehle zur Navigation im Grafikfenster werden in diesem Abschnitt genauer beschrieben.

Drehen/Rotieren

Für die Rotation wird die mittlere Maustaste (**MT2**) benötigt. Je nachdem, an welcher Stelle man sie im Grafikfenster drückt, wird der Mauszeiger unterschiedlich dargestellt, und die Rotation verhält sich dementsprechend anders:

1. Hier findet eine Rotation über alle Achsen statt.
2. Wird im oberen Fensterbereich **MT2** gedrückt, so findet die Rotation über die Bildschirmebene statt.
3. Am linken und rechten Rand wird die Rotation über die horizontale Bildschirmachse ausgeführt.
4. Am unteren Rand wird die Rotation über die vertikale Bildschirmachse gedreht.

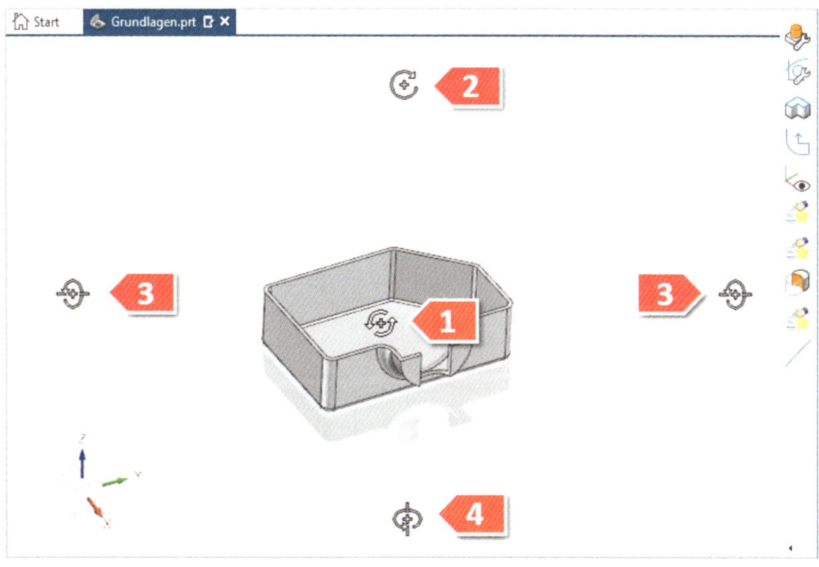

Wird vor der Rotation eine Achse der *Ansichts-Triade* mit **MT1** selektiert, so wird über diese Achse rotiert. Hierbei besteht auch die Möglichkeit, durch Eingabe eines genauen Winkelwertes, um diesen zu drehen. Durch erneute Selektion der Achse mit **MT2** wird die Rotationsachse wieder freigegeben.

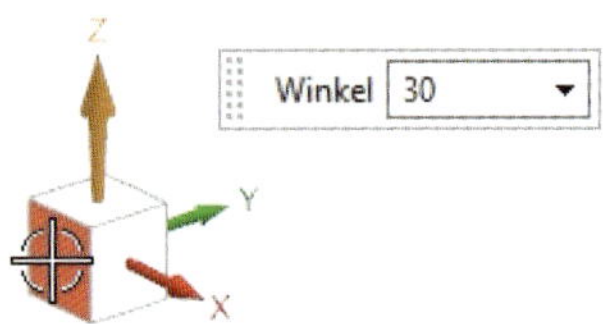

Drehen (Rotate)

In der Menübandleiste **ANSICHT > OPERATION** stehen zusätzliche Navigationsbefehle zur Verfügung. Nach Selektion eines dieser Befehle kann mit **MT1** die entsprechende Bewegung ausgeführt werden. Beim Verwenden des Befehls **DREHEN** besteht durch Selektion einer Geometriekante die Möglichkeit, um diese zu rotieren. Es wird dabei die Ansicht gedreht, nicht die Geometrie zum absoluten Koordinatensystem.

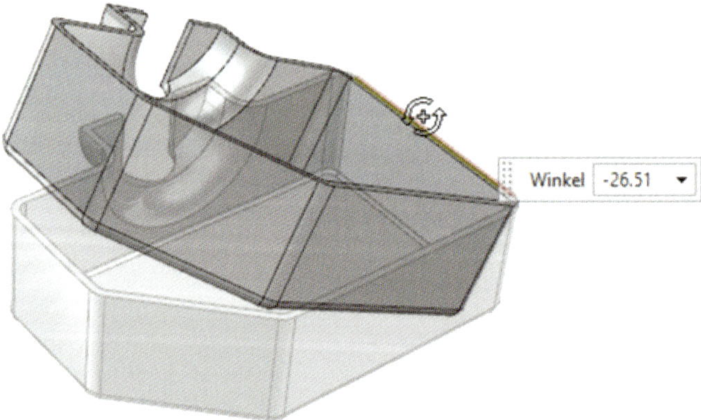

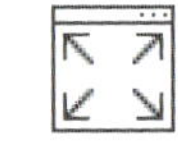

Einpassen (Fit)

Mit dem Befehl **EINPASSEN** wird die sichtbare Geometrie in das Grafikfenster eingepasst. Zudem kann durch Doppelklick mit **MT1** in einen freien Bereich des Grafikfensters ebenfalls der Befehl **EINPASSEN** ausgeführt werden.

2.3.2 Dialogfenster

Nach dem Aufruf eines Befehls wird ein Dialogfenster geöffnet, welches die erforderlichen Parameter sammelt. Viele Eingaben können alternativ auch im Grafikfenster durch Verwenden von Eingabefeldern und durch Ziehen an Handles vorgenommen werden. Bei aktivierter Vorschau wird eine dynamische Voranzeige auf das Ergebnis des Befehls angezeigt. Mit **OK** bzw. **MT2** wird der Befehl ausgeführt und das Dialogfenster geschlossen. Die Abbildung zeigt beispielhaft das Dialogfenster des Befehls **EXTRUDIEREN**.

Am unteren Ende des Dialogfensters befinden sich drei Buttons mit folgender Bedeutung:

- **OK**: Der Befehl wird mit den vorgenommenen Einstellungen ausgeführt und das Dialogfenster anschließend geschlossen (alternativ kann **MT2** verwendet werden).
- **ANWENDEN**: Der Befehl wird mit den aktuellen Einstellungen ausgeführt. Das Dialogfenster bleibt geöffnet und kann somit erneut ausgeführt werden (alternativ kann **STRG+MT2** verwendet werden).
- **ABBRECHEN**: Der Befehl wird ohne Aktion abgebrochen und das Dialogfenster geschlossen (alternativ kann **ESC** verwendet werden).

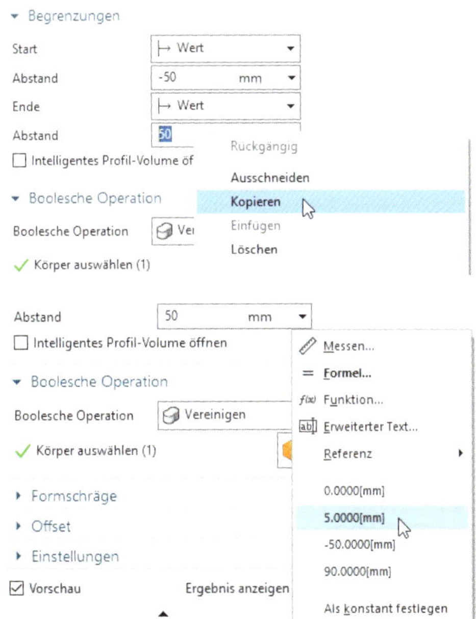

Dialogfenster enthalten Felder zur Eingabe von Werten. Diese Felder speichern die zuletzt eingegebenen Werte. Für die Eingabe von Nachkommastellen ist der Punkt zu verwenden. In allen Eingabefeldern können die üblichen Windows-Funktionen, wie **KOPIEREN** und **EINFÜGEN**, verwendet werden. Hierfür kann mit **MT3** ein entsprechendes Kontextmenü aufgerufen werden.

Am Ende eines Eingabefelds befindet sich ein kleines Dreieck. Ein Klick mit **MT1** öffnet das in der Abbildung dargestellte Menü. Neben den zuletzt eingegebenen Werten kann der Eingabewert auch durch Formeln und Funktionen ermittelt werden. Ausführliche Informationen hierzu finden Sie in Abschnitt 2.4.4.

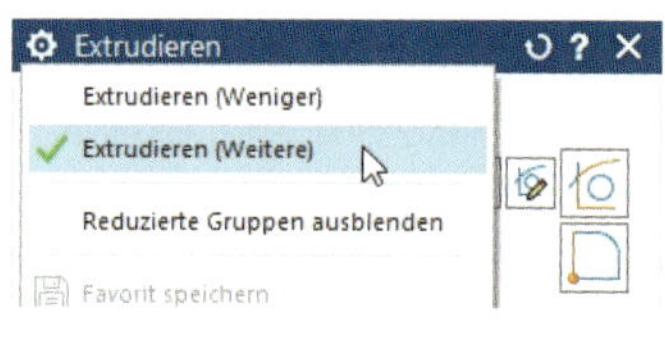

Dialogfenster speichern ihre Position in der Oberfläche beim Beenden und erscheinen beim erneuten Aufruf wieder an gleicher Stelle. Durch einen Doppelklick mit **MT1** in die Titelzeile kann ein Dialogfenster auf- und zugeklappt werden. Die erforderlichen Parameter des aktiven Befehls sind in Gruppen zusammengefasst. Dabei befinden sich im oberen Bereich des Dialogfensters unbedingt erforderliche Parameter. Im unteren Bereich sind optionale Eingabewerte angeordnet.

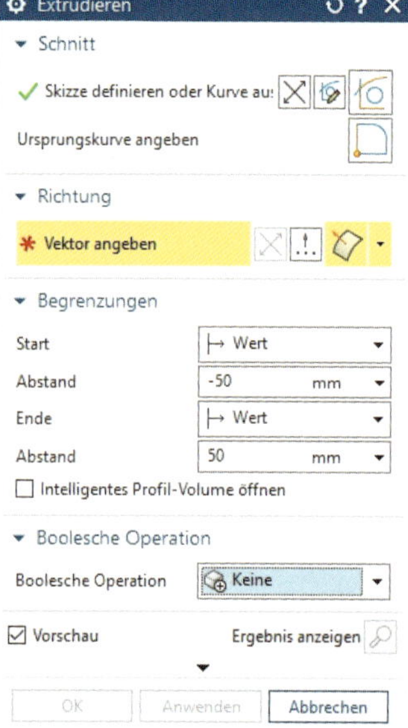

Ein Dialogfenster kann mit allen möglichen Parametern (*Weitere*) oder mit den minimal erforderlichen Parametern (*Weniger*) angezeigt werden. Diese Einstellung kann auch über die Dialogfenster-Optionen vorgenommen werden.

Beim Anwenden eines Befehls werden die erforderlichen Eingabedaten im dargestellten Dialogfenster von oben nach unten schrittweise abgearbeitet. Um eine möglichst einheitliche Abfolge bei der Anwendung verschiedener Befehle zu erreichen, werden zuerst die erforderlichen Kurven, dann Positionen, danach Richtungen und abschließend Parameterwerte angefordert. NX zeigt alle erforderlichen Eingabeparameter mit einem roten Stern an. Der aktive Eingabeschritt wird orange hervorgehoben. Sobald ein Wert definiert wurde, erscheint ein grüner Haken, und der nächste erforderliche Parameter wird angefordert.

Stehen innerhalb eines Dialogfensters mehrere Typen zur Verfügung, sollte der *Typ* zuerst festgelegt werden, damit der Dialog entsprechend angepasst wird. Grundsätzlich können Sie zwischen einer Darstellung als Icons oder als Liste wählen. Hierfür stehen die Optionen *Tastenkombinationen anzeigen* bzw. *Als Dropdown-Liste anzeigen* zur Verfügung.

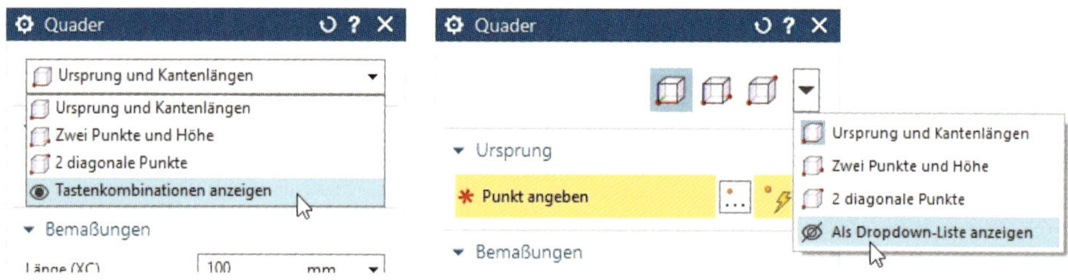

Die Icons innerhalb des Dialogfensters haben folgende Funktionen:

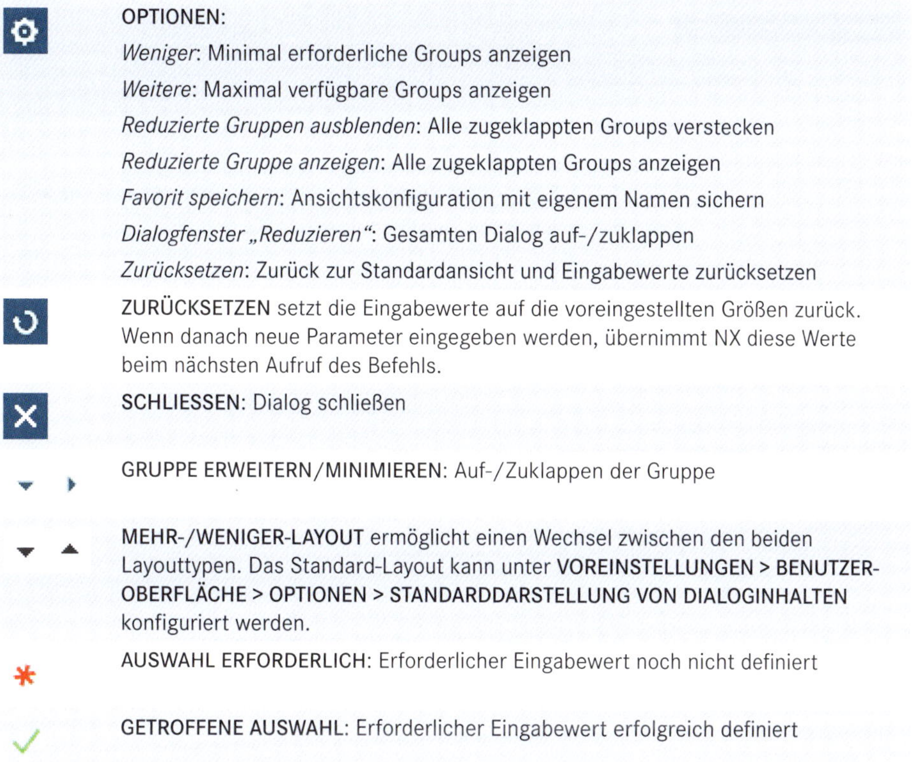

Icon	Funktion
	OPTIONEN: *Weniger*: Minimal erforderliche Groups anzeigen *Weitere*: Maximal verfügbare Groups anzeigen *Reduzierte Gruppen ausblenden*: Alle zugeklappten Groups verstecken *Reduzierte Gruppe anzeigen*: Alle zugeklappten Groups anzeigen *Favorit speichern*: Ansichtskonfiguration mit eigenem Namen sichern *Dialogfenster „Reduzieren"*: Gesamten Dialog auf-/zuklappen *Zurücksetzen*: Zurück zur Standardansicht und Eingabewerte zurücksetzen
	ZURÜCKSETZEN setzt die Eingabewerte auf die voreingestellten Größen zurück. Wenn danach neue Parameter eingegeben werden, übernimmt NX diese Werte beim nächsten Aufruf des Befehls.
	SCHLIESSEN: Dialog schließen
	GRUPPE ERWEITERN/MINIMIEREN: Auf-/Zuklappen der Gruppe
	MEHR-/WENIGER-LAYOUT ermöglicht einen Wechsel zwischen den beiden Layouttypen. Das Standard-Layout kann unter **VOREINSTELLUNGEN > BENUTZER-OBERFLÄCHE > OPTIONEN > STANDARDDARSTELLUNG VON DIALOGINHALTEN** konfiguriert werden.
	AUSWAHL ERFORDERLICH: Erforderlicher Eingabewert noch nicht definiert
	GETROFFENE AUSWAHL: Erforderlicher Eingabewert erfolgreich definiert

Wenn die eingegebenen Parameter zu keiner sinnvollen Lösung führen, wird eine entsprechende *Warnung* eingeblendet. Die angezeigte Meldung sollte jeweils geprüft und der betroffene Parameter geändert werden. Die Darstellung zeigt eine beispielhafte *Warnung*.

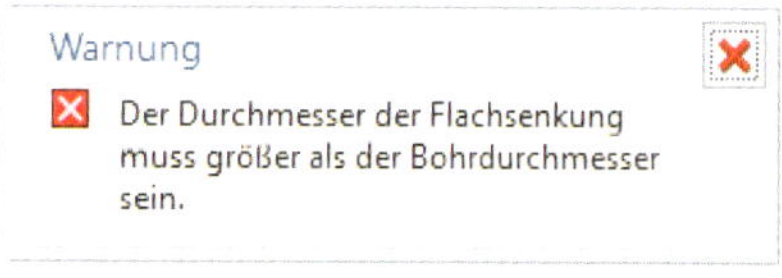

2.3.3 Menübandleiste

Die Menübandleiste vereinfacht den Zugriff auf häufig verwendete Befehle und erlaubt es, viele Befehle auf engem Raum darzustellen. Innerhalb der Menübandleiste sind die Befehle in Registerkarten, Gruppen und Galerien organisiert. Eine Anpassung an die individuellen Anforderungen ist sehr einfach möglich. Die *Befehlssuche* ist in die Menübandleiste integriert. Somit steht diese hilfreiche Suche jederzeit zur Verfügung.

Die Elemente der Menübandleiste werden im Folgenden beispielhaft erläutert.

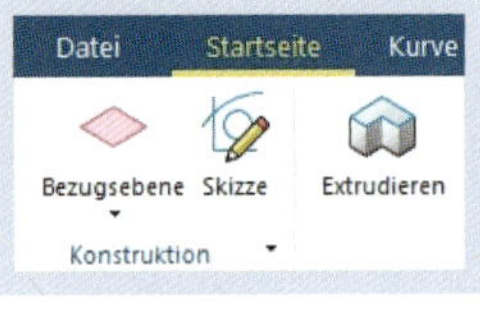

Registerkarte *Startseite*: Eine Registerkarte beinhaltet thematisch zusammengehörende Gruppen, um typische Aufgabenstellungen zu erledigen.

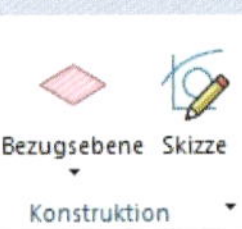

Gruppe *Konstruktion*: Eine Gruppe beinhaltet thematisch zusammengehörende Befehle für einen Aufgabenbereich. Die Befehle können in Galerien und Drop-down-Menüs organisiert sein. Beispielsweise beinhaltet die Gruppe *Konstruktion* die Befehle für das Erstellen von Konstruktionselementen.

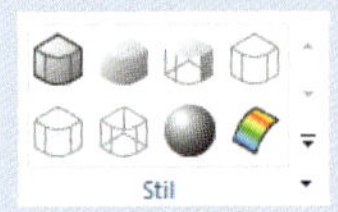

Galerie *Stil*: In einer Galerie sind Befehle zusammengefasst. Sichtbare Befehle können mit **MT1** direkt gestartet werden. Der Zugriff auf weitere Befehle ist über das Dreieck möglich. Beispielsweise enthält die Galerie *Stil* die Befehle für die Darstellung der Geometrie im 3D-Fenster.

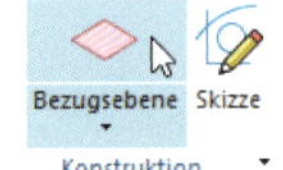

Befehl **BEZUGSEBENE**: Innerhalb einer Gruppe stehen häufig verwendete Befehle als separates Icon für den schnellen Zugriff zur Verfügung.

Drop-down-Menü **BEZUG/PUNKT**: Mit einem Drop-down werden Befehle zusammengefasst, um den Platzbedarf in der Oberfläche zu reduzieren. Der zuletzt ausgeführte Befehl kann direkt ausgeführt werden. Der Zugriff auf weitere Befehle ist über das Dreieck möglich. Beispielsweise enthält das Drop-down-Menü **BEZUG/PUNKT** die Befehle für das Erstellen von Bezugsobjekten.

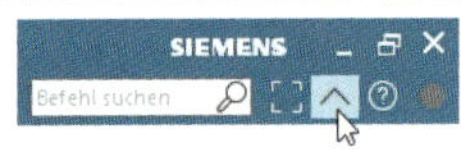

Mit dem Icon **MENÜBAND MINIMIEREN** können Sie die Menübandleiste generell ausblenden, umso zusätzlichen Platz für die Modelldarstellung zu gewinnen. In diesem Fall werden nur noch die Registerkarten angezeigt. Durch Klicken mit **MT1** auf eine Registerkarte wird die Menübandleiste temporär wieder eingeblendet.

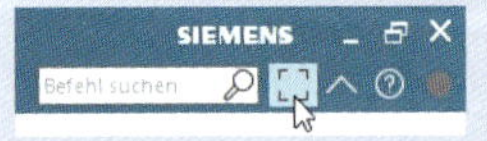

Mit dem Button **VOLLBILDMODUS** wechseln Sie zwischen der Standard- und Vollbildansicht. Alternativ können Sie auch **ALT+ENTER** verwenden.

Mit dem kleinen Dreieck in der unteren rechten Ecke einer Gruppe können Sie die Sichtbarkeit einzelner Elemente steuern.

Mit **MT3** rufen Sie das Kontextmenü eines Icons auf, um es von der aktuellen Position zu entfernen oder zu einer der Schnellzugriffs-Symbolleisten hinzuzufügen. Mit **ANPASSEN** können Sie ein Dialogfenster aufrufen, welches eine Vielzahl von Anpassungsmöglichkeiten für die NX-Oberfläche bereitstellt.

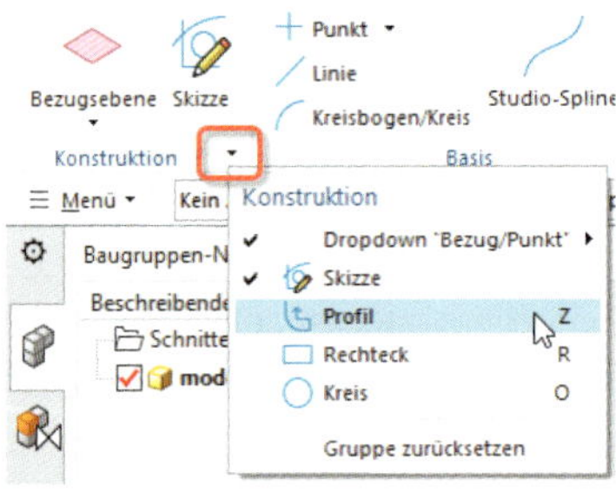

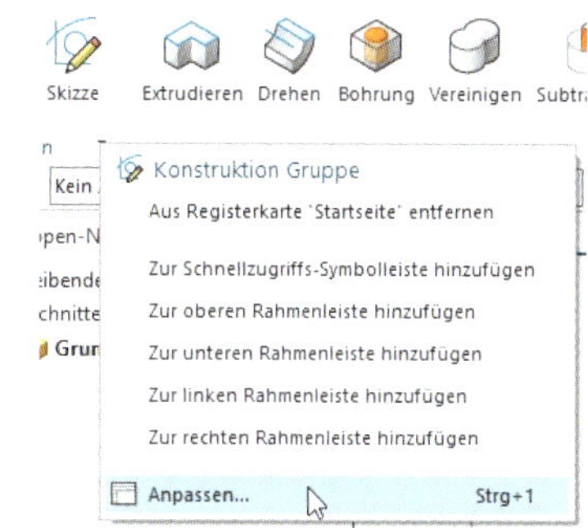

Während dieses Dialogfenster geöffnet ist, können Sie einzelne Befehle beliebig per Drag & Drop in der Benutzeroberfläche anordnen.

Die Registerkarte *Befehle* enthält alle verfügbaren NX-Befehle sowie deren Zuordnung zu Registerkarten, Gruppen, Galerien und Drop-down-Menüs.

Die Registerkarte *Registerkarten/Leiste* enthält alle Registerkarten und Werkzeugleisten. Sie können weitere Registerkarten erstellen und Ihre Werkzeugleisten aus Vorversionen importieren.

Die Registerkarte *Verknüpfungen* enthält die kontextsensitiven Kontextmenüs und Werkzeugleisten. Sie können diese anpassen, wenn Sie einen Typen mit **MT1** auswählen. Die Anpassung ist dann via Kontextmenü möglich, welches mit **MT3** geöffnet werden kann (siehe Abbildung).

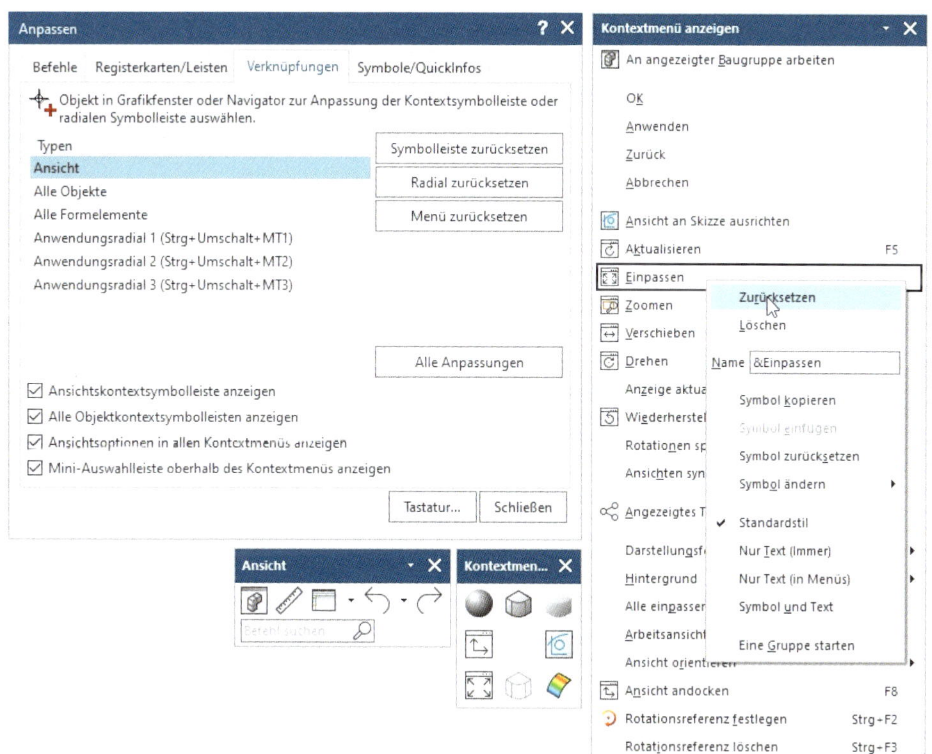

TASTATUR öffnet den Dialog zur Verwaltung von Tastenkombinationen. Nachdem Sie einen Befehl ausgewählt haben, können Sie die entsprechende Tastenkombination konfigurieren. Mit **BERICHT** exportieren Sie alle definierten Tastenkombinationen in eine Textdatei.

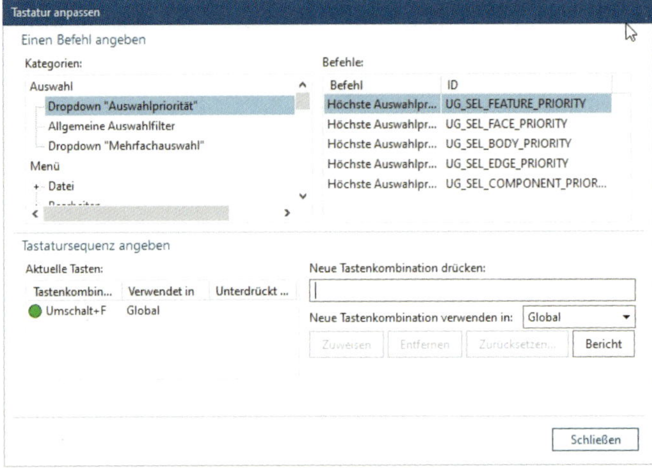

Befehlssuche

Mit der *Befehlssuche* bietet NX ein sehr effizientes Werkzeug, um Befehle zu finden. Nach der Eingabe eines Begriffs werden alle vorhandenen Befehle durchsucht und die entsprechenden Treffer angezeigt. Durch Zeigen mit dem Mauszeiger auf einen Treffer wird der entsprechende Befehl in der Oberfläche hervorgehoben. Durch Klicken mit **MT1** können Sie den Befehl direkt aus dem Suchdialog ausführen. Mithilfe des Kontextmenüs können Sie den Befehl zu einer Registerkarte oder einer Werkzeugleiste hinzufügen oder mit **HELP** die entsprechenden Hilfeseiten aufrufen. Mit **EINSTELLUNGEN** können Sie die Suche auf die aktuelle Anwendung begrenzen und Anzeigeoptionen konfigurieren.

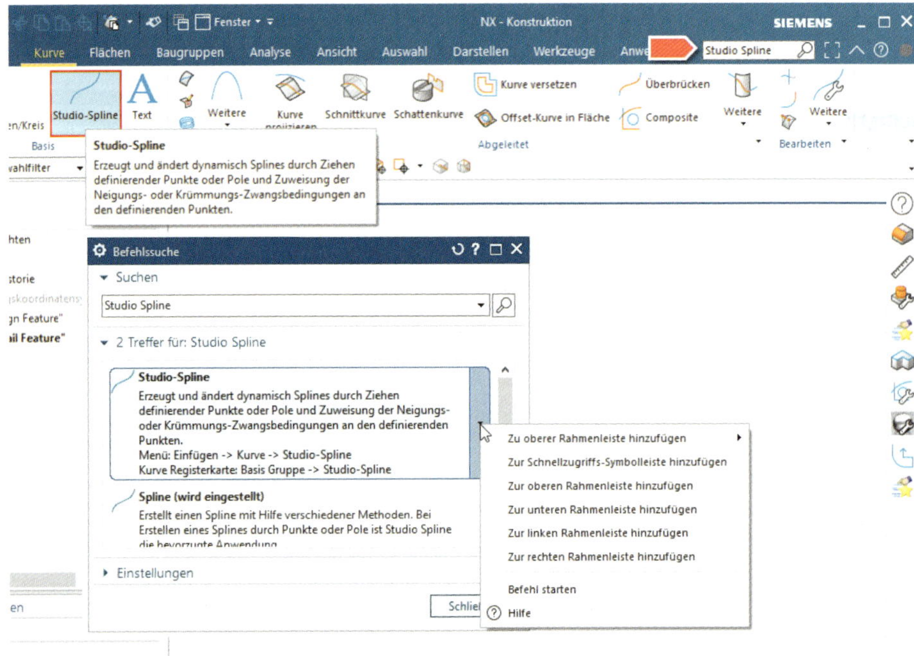

2.3.4 Anwendung

NX bietet eine Vielzahl von Anwendungen für verschiedene Aufgabenstellungen. Der Wechsel zwischen den einzelnen Anwendungen ist über die Registerkarte *Anwendung* möglich. Im Rahmen dieses Buches werden die Basisanwendungen **KONSTRUKTION**, zum Konstruieren von Teilen und Baugruppen, sowie **ZEICHNUNGSERSTELLUNG**, zum Erstellen von Zeichnungen, erläutert.

2.3.5 Grafikfenster

Das Grafikfenster nimmt den größten Teil der NX-Oberfläche ein. Es stellt die Geometrie der Bauteile sowie Hilfsobjekte für die Konstruktion dar. Die Darstellung von Objekten im Grafikfenster ist abhängig von mehreren Faktoren. Diese Faktoren werden in den folgenden Abschnitten erläutert.

Ansicht und Objektdarstellung

Die Darstellung im Grafikfenster kann durch eine Vielzahl von Möglichkeiten beeinflusst werden. Die Befehle zum Steuern der Orientierung sowie jene für die Objektdarstellung sind in der Registerkarte *Ansicht* in verschiedenen Gruppen zusammengefasst. Mit **FENSTER** können Sie zwischen mehreren geladenen NX-Dateien wechseln.

Gruppe Fenster

In NX können mehrere Fenster geöffnet und angezeigt werden. Dabei kann sowohl ein Einzelteil in mehreren Fenstern als auch unterschiedliche Einzelteile (bis hin zu Baugruppen) in einem Fenster dargestellt werden.

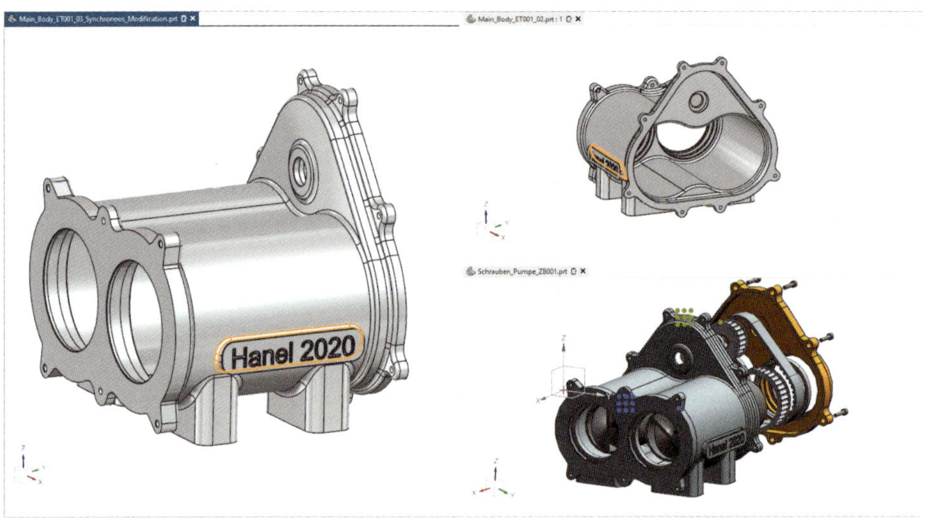

Die einzelnen Fenster lassen sich per Drag & Drop umorientieren oder auch überlagern. Hierbei hilft das Andocksteuerelement. Wird ein Fenster auf ein entsprechendes Symbol gezogen, wird dieses automatisch an das Fenster angedockt. Zudem stehen insgesamt neun Registerkartengruppen-Layouts zur Verfügung, mit denen die Fenster automatisch angeordnet werden können.

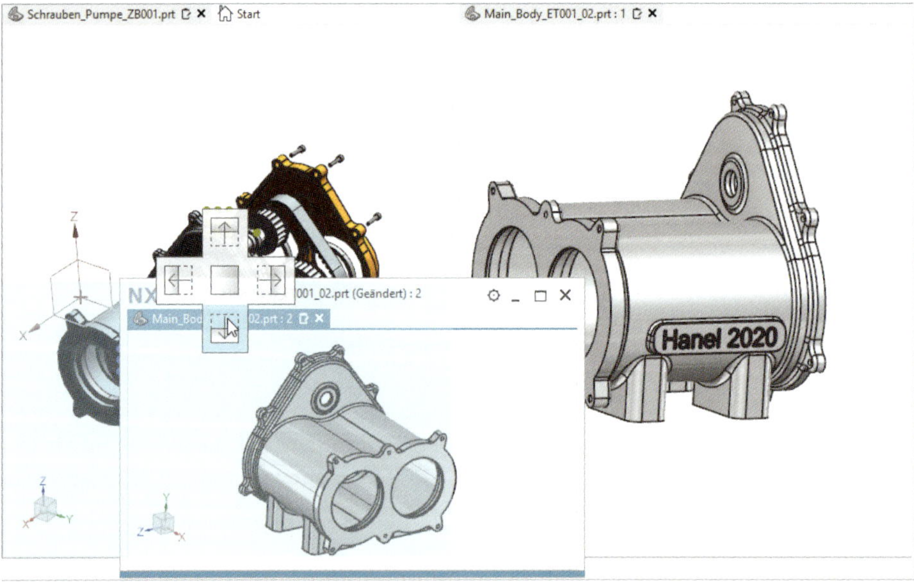

Neben dem gleichzeitigen Anzeigen verschiedener Fenster besteht auch die Möglichkeit, während des Ausführens eines Dialogs die Fenster zu wechseln, um zum Beispiel Selektionen vorzunehmen, oder Details anzeigen zu lassen, um die Parameter exakter definieren zu können.

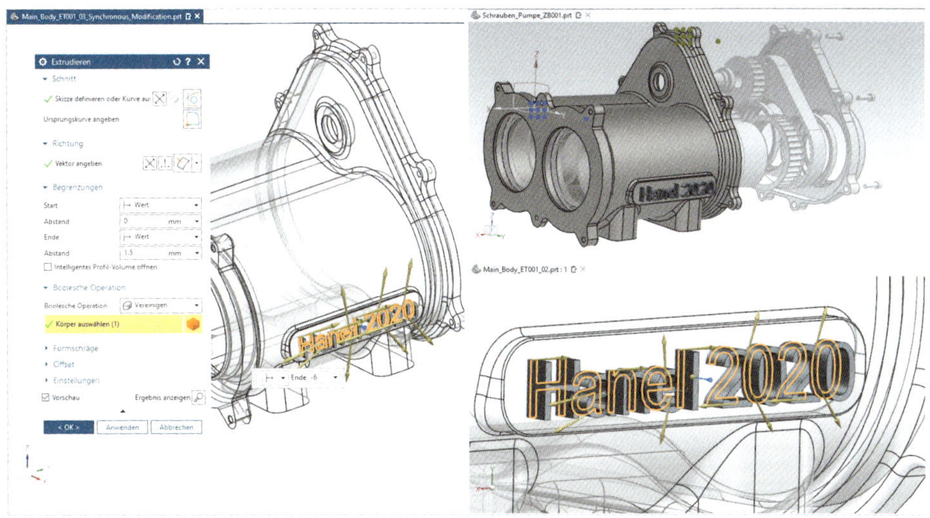

Gruppe Operation

In der Gruppe *Operation* sind Befehle abgelegt, um das Grafikfenster anzupassen. Mit den Befehlen **VERSCHIEBEN**, **DREHEN** und **ZOOMEN** können Sie interaktiv die Ansichten ausrichten, um die Modelle von allen Seiten betrachten zu können. Mit **EINPASSEN** werden alle sichtbaren Objekte im Grafikfenster eingepasst.

Über die Gruppenoptionen (schwarzes Dreieck) kann eine **WEITERE GALERIE** hinzugefügt werden. In dieser finden Sie Befehle für weitere Ansichtsoptionen, wie z. B. **KAMERA ERFASSEN UND BEARBEITEN**. Dieser Befehl erlaubt es, die aktuelle Ansicht in Form einer Kameraposition unter eigenem Namen zu sichern. Danach können Sie diese mit einem Doppelklick im *Teile-Navigator* unter *Kameras* wieder aktivieren.

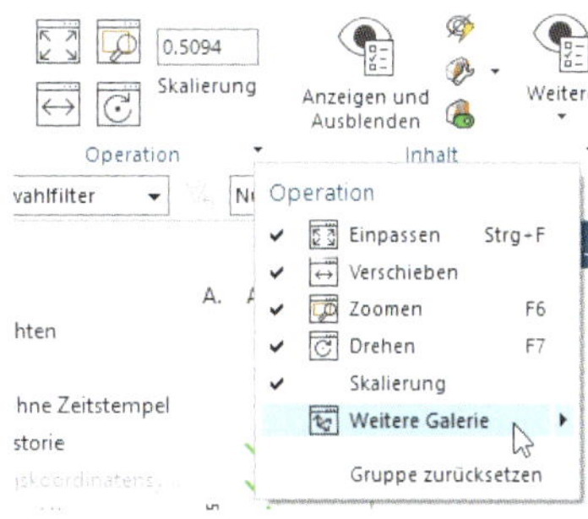

Außerdem stehen ein Kontextmenü im Grafikfenster, die Maus, die Tastatur, eine Triade und 3D-Eingabegeräte zur Verfügung, um die Bildschirmansicht zu beeinflussen.

Im Folgenden werden zunächst die Befehle der Gruppe *Operation* erläutert.

ZOOMEN: Der Bildausschnitt kann mit einem Rechteck neu definiert werden (**F6**).

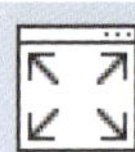

EINPASSEN: Die Ansicht wird an alle sichtbaren Objekte angepasst (**STRG+F**).

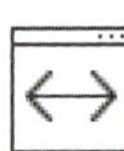

VERSCHIEBEN: Mit **MT1** kann die Ansicht verschoben werden (**UMSCHALT+MT2**).

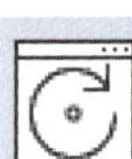

DREHEN: Mit **MT1** kann die Ansicht gedreht werden. Die Definition einer Rotationsachse ist durch die Auswahl einer Kante möglich. Dabei ist auch die Eingabe eines Winkels möglich (**F7**).

Gruppe Inhalt

Anzeigen und Ausblenden

Anzeigen und Ausblenden (Show and Hide) oder Strg+W

Mit **ANZEIGEN UND AUSBLENDEN** können Sie Objekte nach *Typ* ein- oder ausblenden. Eine gängige Vorgehensweise ist es, z. B. vor dem Abspeichern einer fertigen Konstruktion alle Objekte (*Typ Alle*) auszublenden und danach nur die finale Abschlussgeometrie (*Volumenkörper*) wieder einzublenden, um so ein aussagekräftiges Vorschaubild beim Speichern zu erhalten. Ausgewählte Objekte können auch mit der *Kurztasten*-Toolbar oder der Tastenkombination **STRG+B** ausgeblendet werden.

Neu ist, dass Sie durch einen Klick auf das Symbol im *Teile-Navigator* die Formelemente direkt **ANZEIGEN** oder **AUSBLENDEN** können. Auch eine vorherige Multiselektion ist möglich, um mehrere Elemente gleichzeitig zu bearbeiten.

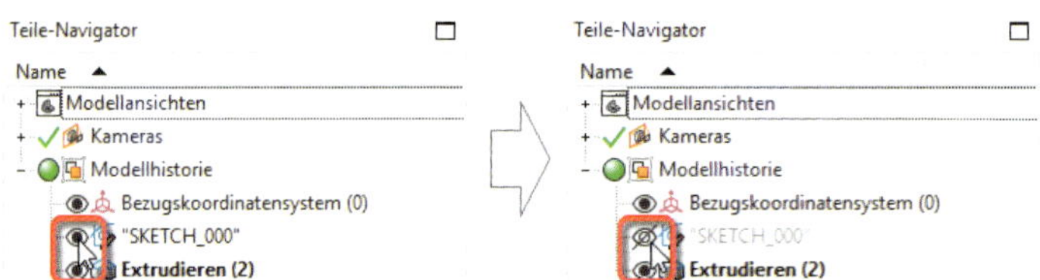

Ausgeblendete Elemente werden im *Teile-Navigator* gedimmt dargestellt. Des Weiteren besteht die Möglichkeit, im *Teile-Navigator* das Kontextmenü eines Elements zu verwenden. Auch hier stehen die Befehle zum **AUSBLENDEN** bzw. **ANZEIGEN** zur Verfügung.

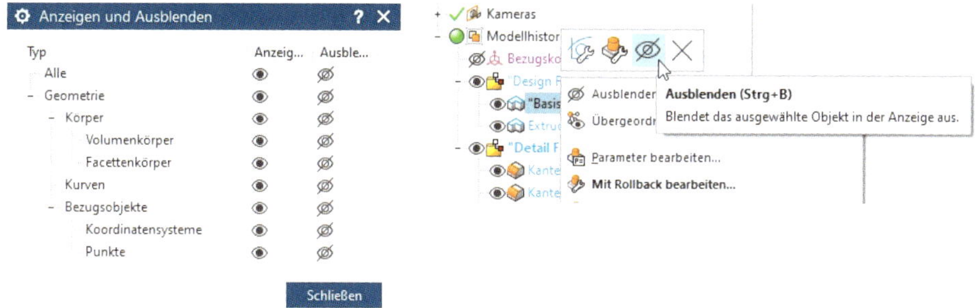

Neben **ANZEIGEN UND AUSBLENDEN** kann die Sichtbarkeit eines Objekts mit einem Reference Set gesteuert werden. Ein Reference Set ist ein Organisationsobjekt in NX, um die Sichtbarkeit von Komponenten innerhalb einer Baugruppe zu steuern. Zusätzlich steuert ein Reference Set, welche Objekte einer Komponente geladen werden. Dadurch ist es möglich, nur jene Komponenten zu laden, die auch tatsächlich für die aktuelle Bearbeitung benötigt werden. Das Ausblenden nicht benötigter Komponenten erhöht die Übersichtlichkeit und beschleunigt die Anzeige im Grafikfenster, insbesondere bei der Arbeit mit großen Baugruppen (siehe Kapitel 5).

Ansichtsschnitt

In NX können Modelle mithilfe von *Ansichtsschnitt* geschnitten dargestellt werden. Dadurch wird es möglich, die innere Kontur von Modellen zu untersuchen, um z. B. Kollisionen zu erkennen. Die verfügbaren Befehle zum Erstellen und Verwalten von Schnitten werden im Folgenden erläutert.

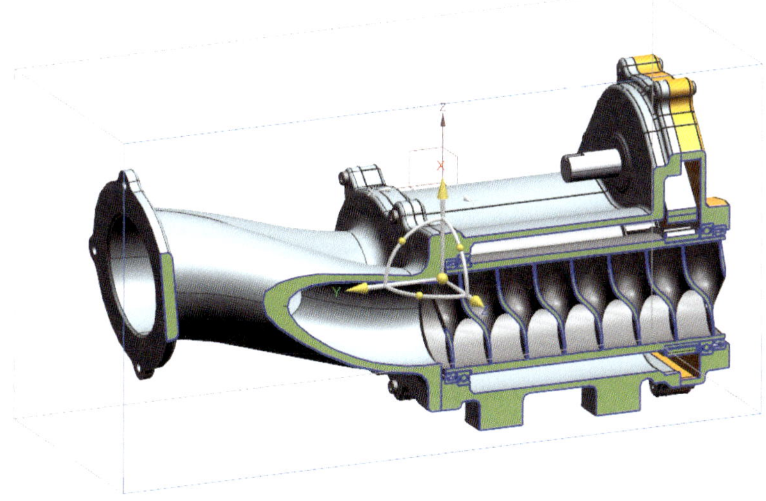

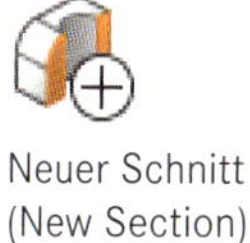

Neuer Schnitt (New Section)

Mit dem Befehl **NEUER SCHNITT** können Sie einen solchen definieren. Im Dialogfenster können Sie mit *Typ* die Anzahl der Schnittebenen wählen. Sie haben die Wahl zwischen *1*, *2* oder *6* (Box). Die Ebenen werden im Grafikfenster dargestellt. Die Abbildung zeigt ein Beispiel für den *Typ Box*. Die einzelnen Ebenen der Box können durch Ziehen am Handle verschoben werden. Durch Zeigen auf eine Ebene wird diese farblich hervorgehoben und kann mit **MT1** aktiviert werden. Sie können einen Namen für Ihren Schnitt vergeben. Der Schnitt wird im *Baugruppen-Navigator* angezeigt. Nach der Definition eines neuen Schnitts ist die Schnittdarstellung aktiviert.

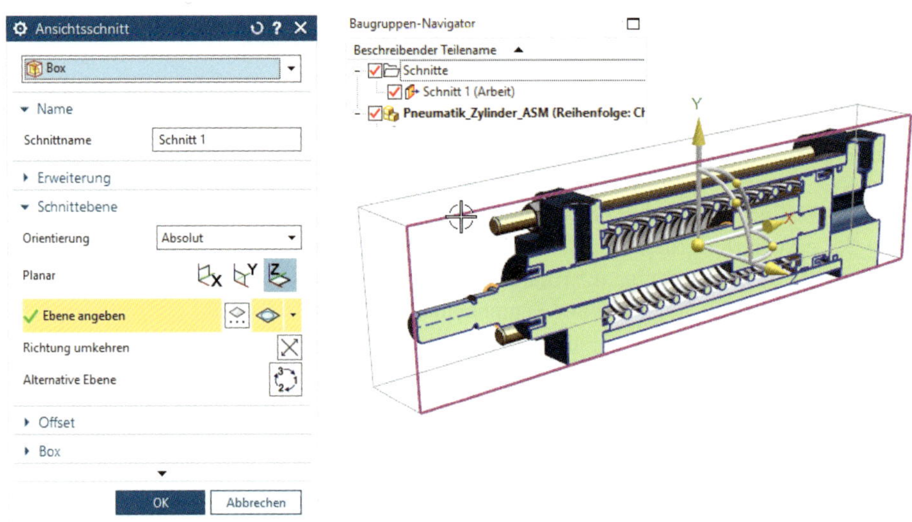

Die Größe der Box kann durch die Selektion eines Objekts abgeleitet werden. Hierbei können Sie mit *Rand* ein Aufmaß für die Box definieren. Die Abbildung zeigt ein Beispiel für die Anwendung.

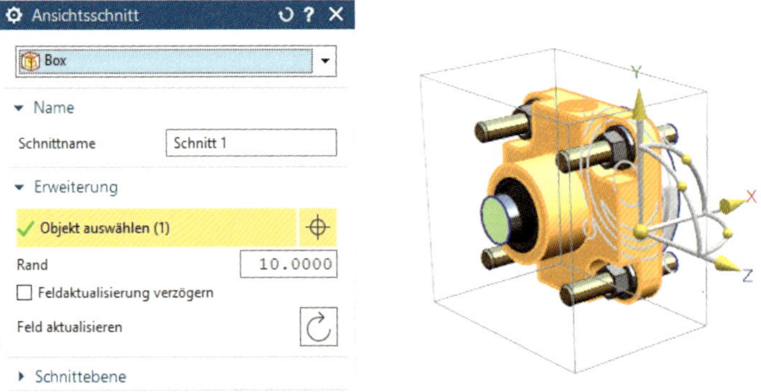

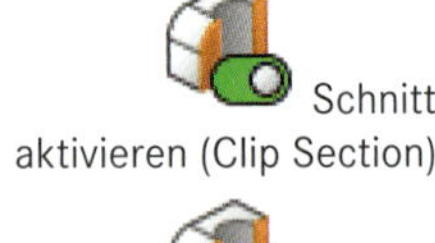

Schnitt aktivieren (Clip Section)

Schnitt bearbeiten (Edit Section)

Mit dem Befehl **SCHNITT AKTIVIEREN** kann die Schnittdarstellung ein- und ausgeschaltet werden. Mit dem Befehl **SCHNITT BEARBEITEN** können Sie die Parameter eines bestehenden Schnitts bearbeiten.

Raster

Um die Orientierung im Arbeitsraum zu unterstützen, kann mit dem Befehl **DATEI > VOREINSTELLUNGEN > RASTER** ein Gitter in der XC-YC-Ebene eingeblendet werden. Beim Gittertyp steht neben *Rechteckig einheitlich/nicht einheitlich* der *Typ Polar* zur Verfügung.

An dieser Stelle möchten wir darauf hinweisen, dass Sie mit dem Befehl **BEZUGSEBENENRASTER** ein Gitter auf Bezugsebenen einblenden können. Diesen Befehl finden Sie unter **MENÜ > EINFÜGEN > BEZUGSOBJEKT/PUNKT/EBENE > BEZUGSEBENENRASTER**. Die Abbildung zeigt ein Beispiel für die Verwendung von Gittern.

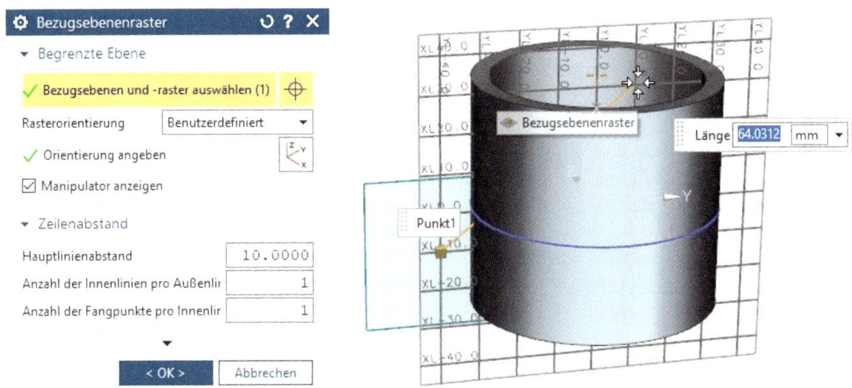

Anzeige spiegeln

In der Gruppe *Inhalt* unter der Registerkarte *Ansicht* finden Sie unter *Weitere* die Befehle **ANZEIGE SPIEGELN** und **SPIEGELEBENE SETZEN**.

Mit **ANZEIGE SPIEGELN** kann die Bildschirmdarstellung über eine Ebene gespiegelt werden. Mit **SPIEGELEBENE SETZEN** definieren Sie die Spiegelebene. Die Verwendung dieser Funktionalität empfiehlt sich, wenn bei spiegelsymmetrischen Konstruktionen nur die Hälfte eines Teils erstellt wird. Die gespiegelte Seite wird nur dargestellt und reduziert damit die Modellgröße. Die Abbildung zeigt links ein halbes Bauteil mit dem Spiegelsystem und rechts das Ergebnis der gespiegelten Anzeige. Dabei wird die Information über die Spiegelebene mit dem Teil gespeichert.

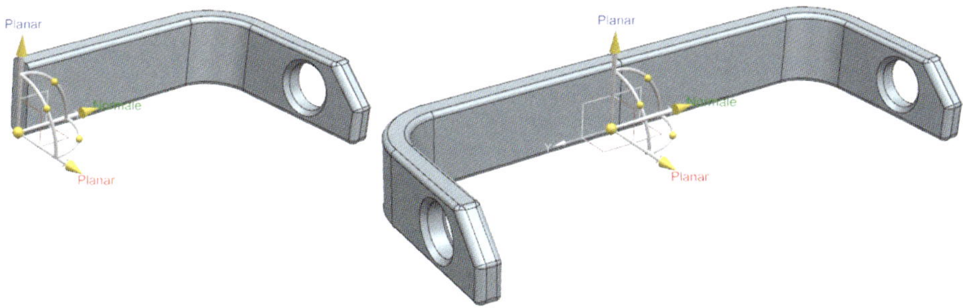

Gruppe Layer

Ein Layer ist ein Organisationsobjekt in NX, um die Sichtbarkeit verschiedener Objekte innerhalb von Teilen zu steuern. Bei der Erstellung von 3D-Modellen werden häufig Hilfsobjekte, wie Achsen, Koordinatensysteme oder importierte Geometrien, verwendet. Diese

Hilfsobjekte werden üblicherweise nach deren Verwendung aus Gründen der Übersichtlichkeit ausgeblendet. Durch die Zuordnung zu einem Layer können mehrere Objekte auf einmal ausgeblendet werden, indem der entsprechende Layer ausgeschaltet wird. Es stehen 256 Layer zur Verfügung, um die Sichtbarkeit von Objekten auf Teileebene zu verwalten. Jedes Objekt wird einem Layer zugeordnet. In Abhängigkeit von der Sichtbarkeit des Layers wird das Element im Grafikfenster angezeigt oder ausgeblendet. Es ist sinnvoll, Klassen von Objekten den zuvor definierten Layern einheitlich zuzuordnen. Dadurch steigt die Übersichtlichkeit der Konstruktionen, und das Zurechtfinden in fremden Modellen wird erleichtert. Es ist empfehlenswert, die Layer-Zuordnung von Objekten vor dem Beginn der ersten Konstruktion festzulegen, um einen einheitlichen Modellaufbau zu gewährleisten.

Gruppe Anzeige

Perspektive

Die Gruppe *Anzeige* in der Registerkarte *Ansicht* enthält Voreinstellungen für die Darstellung von Teilen im Grafikfenster.

Perspektive (Perspective)

Mit dem Befehl **PERSPEKTIVE** kann eine perspektivische Verzerrung eingestellt werden. Dadurch erscheint die Geometrie räumlicher. Dies macht Sinn, wenn Bilder zum Beispiel für eine Präsentation erstellt werden sollen. Während der Konstruktion ist diese Art der Ansicht aufgrund der Verzerrung eher hinderlich.

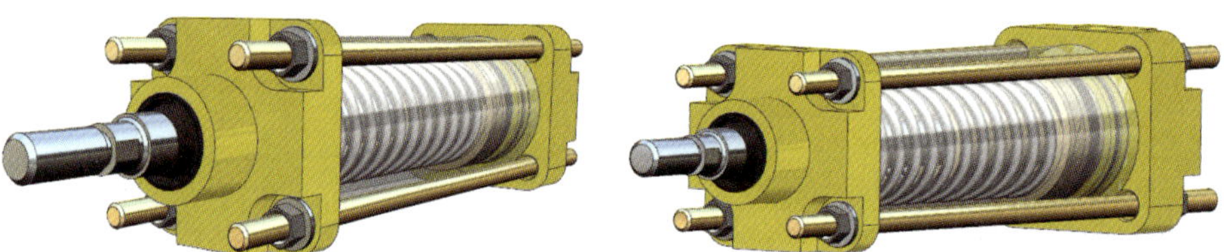

Stil

Folgende Optionen stehen in der Gruppe *Stil* zur grafischen Darstellung zur Verfügung:

	**SCHATTIERT MIT KANTEN**: Flächen werden schattiert mit Kanten dargestellt.
	**SCHATTIERT**: Flächen werden schattiert ohne Kanten dargestellt.
	**TEILWEISE SCHATTIERT**: Nur Flächen, die als **TEILWEISE SCHATTIERT** markiert sind, werden schattiert dargestellt, alle weiteren Flächen nur in Kantendarstellung. Beachten Sie hierzu die Option **TEILWEISE SCHATTIERT** in Absatz „Gruppe Objekt – Objektdarstellung bearbeiten“.
	**DRAHTMODELL MIT AUSGEBLENDETEN KANTEN**: Nur sichtbare Kanten werden dargestellt.
	**DRAHTMODELL MIT ABGEBLENDETEN KANTEN**: Sichtbare Kanten werden voll, unsichtbare Kanten gedimmt dargestellt.

STATISCHES DRAHTMODELL: Alle Kanten werden dargestellt.

STUDIO stellt Flächen entsprechend grundlegender Materialien, Texturen und Beleuchtung realistisch dar.

FLÄCHENANALYSE: Nur Flächen, die mit Flächenanalyse markiert sind, werden schattiert dargestellt (alle weiteren Flächen nur in Kantendarstellung). Beachten Sie hierzu die Option **FLÄCHENANALYSE** in Absatz „Gruppe Objekt – Objektdarstellung bearbeiten".

Hintergrund

In der Galerie *Hintergrund* stehen verschiedene standardisierte Hintergründe zur Verfügung.

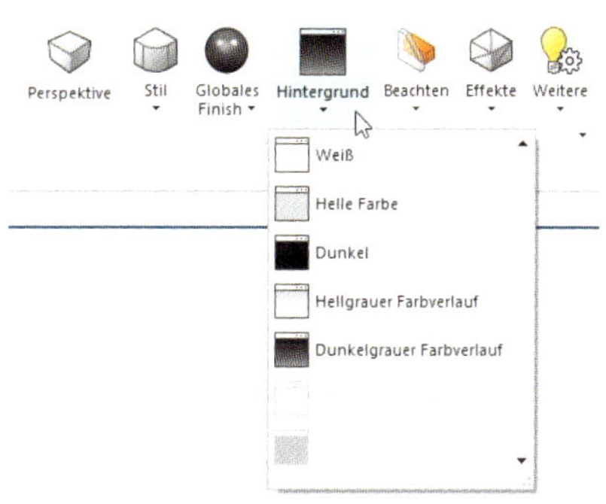

Gruppe Objekt

Objektdarstellung bearbeiten (Edit Object Display)

Mit dem Befehl **OBJEKTDARSTELLUNG BEARBEITEN** können die Darstellungseigenschaften von Objekten gesteuert werden. Die Funktion erlaubt **nach** der Auswahl eines oder mehrerer Objekte die Anpassung der Darstellung.

Die folgenden Möglichkeiten stehen zur Verfügung:

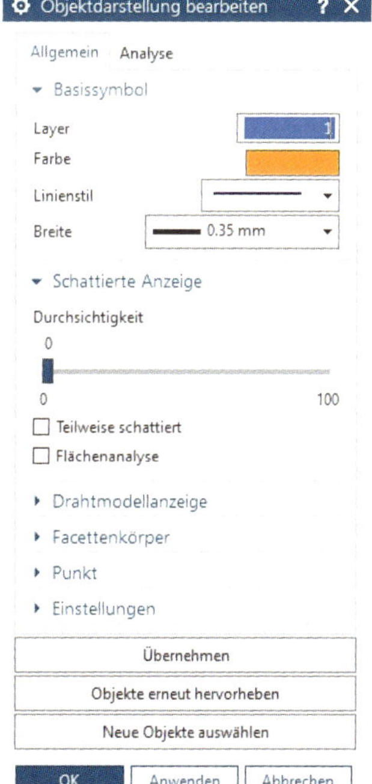

Mit *Layer* definieren Sie die Zuordnung zu einem Layer. Mit *Farbe* definieren Sie die Farbe des Objekts. Mit *Linienstil* definieren Sie die Linienart und mit *Breite* die Breite von Kanten und einzelnen Kurven.

Mit dem Schieberegler der *Durchsichtigkeit* können Sie die Lichtdurchlässigkeit von schattierten Flächen steuern, damit Sie durch diese hindurchsehen können. *Teilweise schattiert* markiert eine Fläche explizit für die schattierte Darstellung. Diese Einstellung wirkt im Anzeigestil *Teilweise schattiert*. *Flächenanalyse* markiert eine Fläche explizit für die schattierte Darstellung. Diese Einstellung wirkt im Anzeigestil *Flächenanalyse*.

Der Befehl **ÜBERNEHMEN** erlaubt es, die Darstellungseigenschaften eines anderen Objekts zu übernehmen.

Gruppe Bild

Bild exportieren (Export Image)

BILD EXPORTIEREN erlaubt es, die aktuelle Anzeige im Grafikfenster in eine Bilddatei des Typs *PNG*, *JPG*, *GIF* oder *TIFF* zu exportieren. Hierbei kann auch ein spezieller Hintergrund gewählt werden.

Hochaufgelöstes Bild exportieren (Export High Resolution Image)

Wenn Bilder mit höherer Auflösung benötigt werden, besteht die Möglichkeit, den Befehl **HOCHAUFGELÖSTES BILD EXPORTIEREN** zu verwenden. Hier können Sie die Bildgröße und Bildqualität nach Ihren Bedürfnissen einstellen.

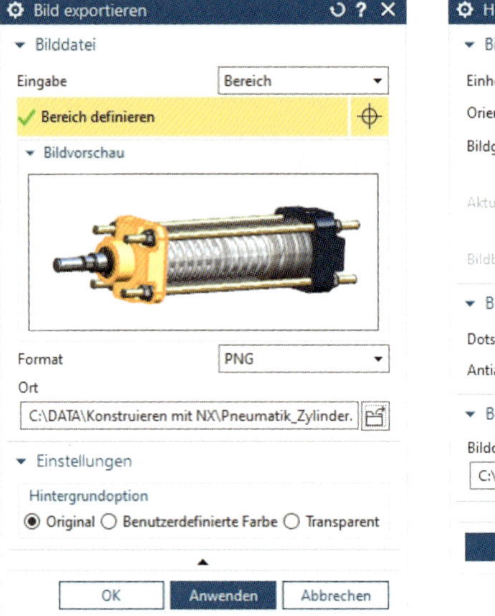

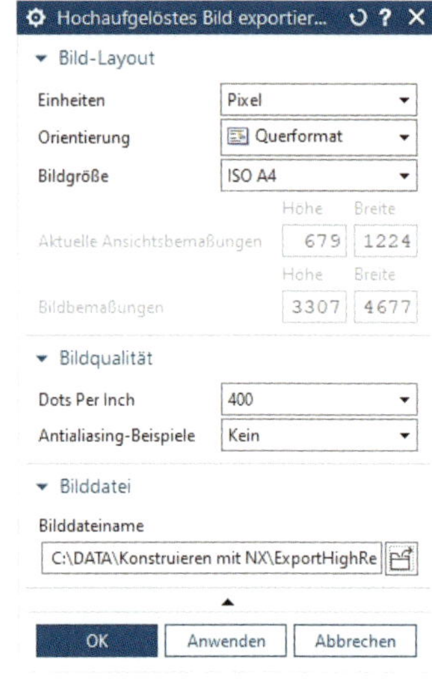

Erweiterte Beleuchtung

Erweiterte Beleuchtung (Advanced Lights)

Für die Beleuchtung einer Szene stehen Ihnen einzelne Lichtquellen mit weiteren Einstellungen und Typen zur Verfügung. Diese können Sie mit dem Befehl **MENÜ > ANSICHT > VISUALISIERUNG > ERWEITERTE BELEUCHTUNG** aktivieren. Diese vielfältigen Einstellungen sind besonders für die Erstellung fotorealistischer Darstellungen interessant.

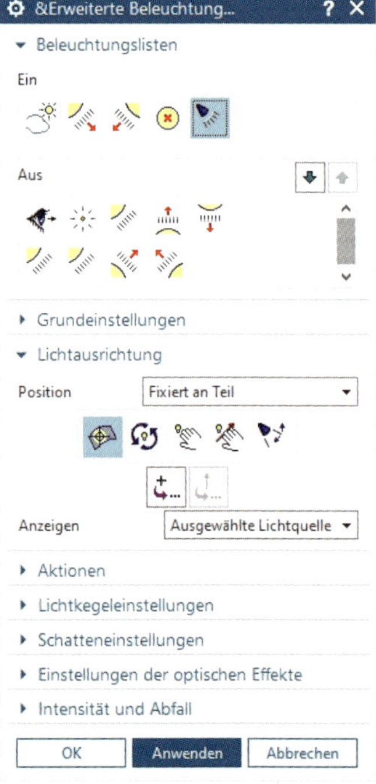

Im oberen Bereich des Dialogs (siehe Abbildungen) befinden sich die *Beleuchtungsliste* des Typs *Ein* und *Aus*. Mit diesen Listen wird der Zustand der Lichtquellen gesteuert. Mit den Pfeilen zwischen der Beleuchtungsliste kann eine Lichtquelle ein- oder ausgeschaltet werden. Durch die Auswahl einer aktivierten Lichtquelle werden die zugehörigen Einstellungen aktiv und können modifiziert werden.

Die *Farbe* und die *Intensität* können Sie in den *Grundeinstellungen* mit dem Regler ändern.

Zum Einstellen der Beleuchtung ist es hilfreich, über *Lichtausrichtung* die einzelnen Lichtquellen anzeigen zu lassen. Diese werden am Rand des Grafikfensters mit kleinen Symbolen dargestellt. Bei einzelnen Lichtquellen wie z. B. dem *Standard-Z-Lichtkegel* lässt sich die Position über Auswahl der Icons steuern. Beim Modifizieren wird die Anzeige entsprechend aktualisiert, sodass die Auswirkung auf die Beleuchtungsverhältnisse sofort sichtbar wird.

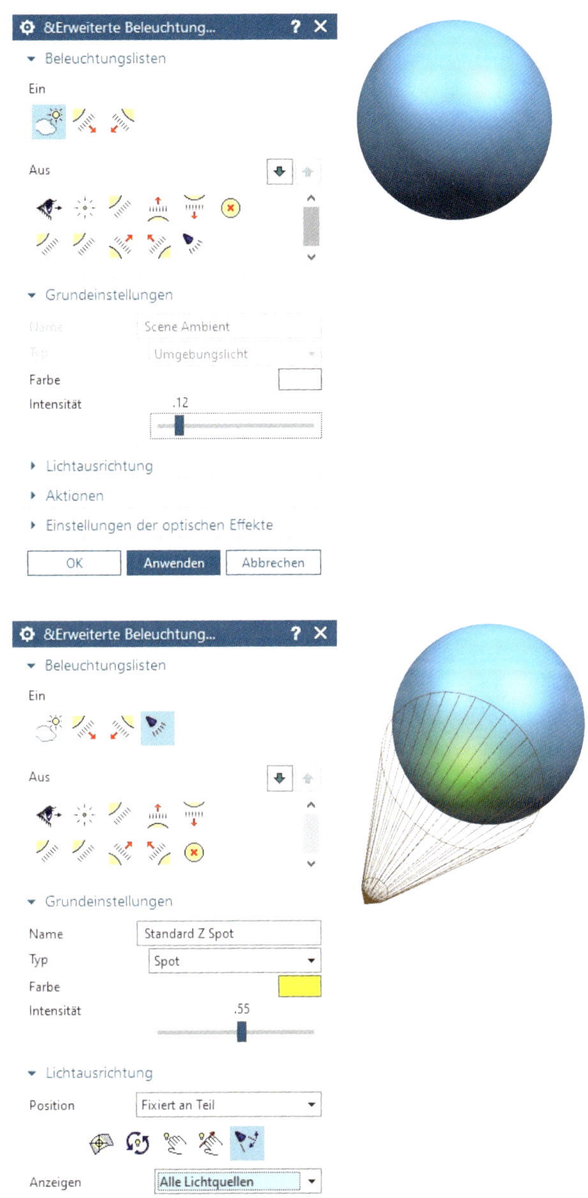

In NX stehen sechs Arten von Lichtquellen zur Verfügung. Einige von ihnen werden im Folgenden beispielhaft anhand zweier beleuchteter Kugeln erläutert.

Mit *Szenenumgebung* steuern Sie das Umgebungslicht. Dieses Licht generiert keine Schatten und Glanzeffekte. Es ist vergleichbar mit den Lichtverhältnissen bei bedecktem Himmel.

Es stehen je drei *Szene*-Beleuchtungen für den oberen und unteren Bereich des Grafikfensters zur Verfügung und eine von vorne. Im folgenden Beispiel sind neben *Szenenumgebung* noch *Szene links oben* und *rechts oben* aktiviert. Daher sind auf der Kugel in der Abbildung oben links und rechts Reflexionen zu sehen.

Im zweiten Beispiel wurde ein *Standard-Z-Lichtkegel* mit der Farbe Gelb zusätzlich auf die Kugel gerichtet. Der *Standard-Z-Lichtkegel* ermöglicht die Ausleuchtung eines bestimmten Bereichs wie mit einer Taschenlampe. An der Reflexion erkennen Sie die Positionierung.

Im dritten Beispiel wurde ein *Standard-Z-Punkt* des Typs *Punktförmige Lichtquelle* hinzugefügt und zwischen den beiden Kugeln platziert. Dadurch erhalten Sie eine Beleuchtung wie bei einer Glühlampe ohne Lampenschirm. Daher entsteht die Reflexion auf beiden Kugeln.

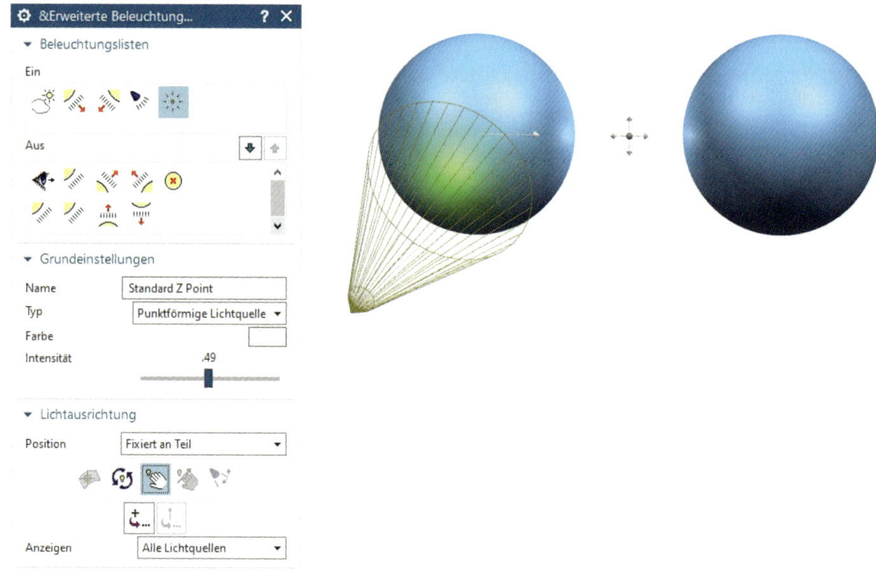

2.3.6 Ressourcenleiste

Die Ressourcenleiste gestattet den schnellen Zugriff auf Informationen, Dateien und Einstellungen. Die Position befindet sich standardmäßig am linken Bildschirmrand. Mit den *Optionen für die* Ressourcenleiste kann die Leiste an den rechten Rand verschoben und der Inhalt angepasst werden. Mit der Option *Offene anheften* kann gesteuert werden, ob die Ressourcenleiste permanent angezeigt werden soll oder nur dann, wenn sich der Mauszeiger am Rand des Fensters befindet.

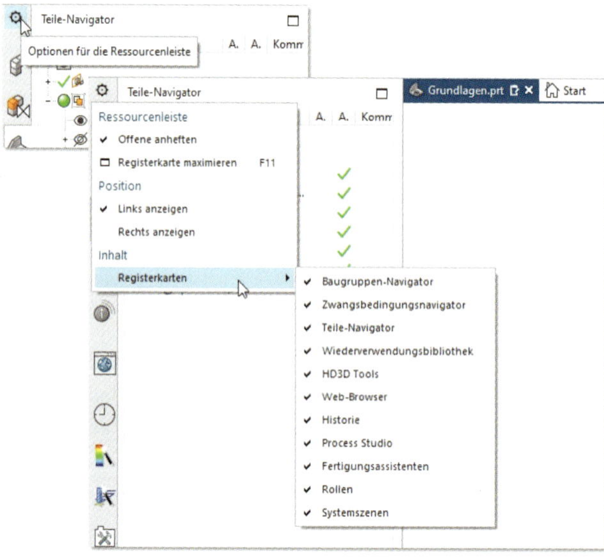

Für die Konstruktion im allgemeinen Maschinenbau finden die folgenden Ressourcen Anwendung:

BAUGRUPPEN-NAVIGATOR: Anzeige und Verwaltung der Baugruppenstruktur

ZWANGSBEDINGUNGSNAVIGATOR steuert die Anzeige und Verwaltung von Abhängigkeiten zwischen Objekten. Durch Selektion mit **MT1** werden referenzierte Objekte im Grafikfenster hervorgehoben.

TEILE-NAVIGATOR steuert die Anzeige und Verwaltung der Entstehungshistorie eines Bauteils. Einzelne Konstruktionsschritte können hier modifiziert werden.

WIEDERVERWENDUNGSBIBLIOTHEK: Zugriff auf zentral vorgegebene Inhalte wie Normteile oder anwenderdefinierte Formelemente

HD3D TOOLS: Mit diesem Werkzeug können Sie zusätzliche Informationen zu Ihrer Konstruktion schnell finden und interpretieren.

WEB-BROWSER: Browser für Webzugriffe

HISTORIE: Zugriff auf zuletzt bearbeitete Dateien

ROLLEN: Verwalten voreingestellter oder angepasster Zustände der Benutzeroberfläche von NX

2.3.6.1 Teile-Navigator

Teile-Navigator (Part-Navigator)

Bei der Konstruktion eines Bauteils werden die erstellten Formelemente im *Teile-Navigator* in zeitlicher Reihenfolge protokolliert. Durch diese Protokollierung entsteht eine Zeitachse, auf der die einzelnen Formelemente nacheinander angeordnet sind. So kann die Entstehung des Bauteils schrittweise nachvollzogen werden. Zudem ist es möglich, die Parameter einzelner Formelemente anzupassen, um so ein anderes geometrisches Ergebnis zu erzielen.

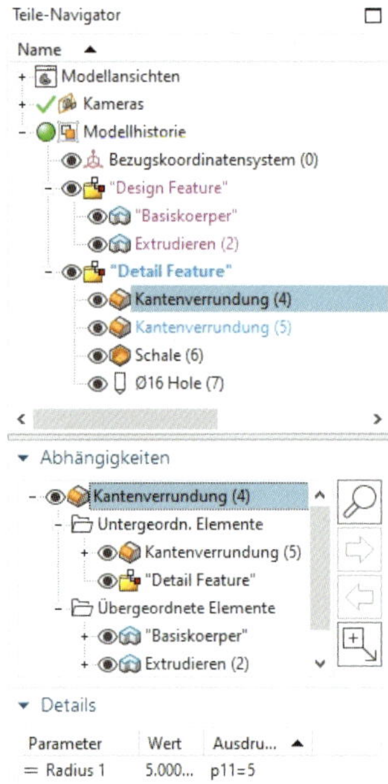

Der *Teile-Navigator* besteht aus vier Teilen. Der obere Teil ist der Navigator. Hier werden die einzelnen Formelemente dargestellt, die in ihrer Summe das vollständige Bauteil geometrisch beschreiben. Im Teil *Abhängigkeiten* werden die Abhängigkeiten des gewählten Formelements zu und von anderen Formelementen angezeigt. Der Bereich *Details* zeigt die Parameter des gewählten Formelements und erlaubt deren Modifikation. Im Teil *Vorschau* werden gespeicherte Modellansichten angezeigt.

Durch einen Klick auf die Bereichsüberschriften können die einzelnen Bereiche des *Teile-Navigators* auf- oder zugeklappt werden.

Im Folgenden wird die Bedeutung der Symbole innerhalb des *Teile-Navigators* erläutert.

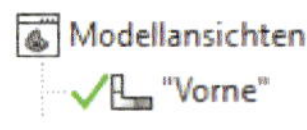

Modellansichten: Zusätzliche Ansichten können Sie mit der Option *Ansicht hinzufügen* erzeugen. Damit wird die aktuelle Darstellung im Grafikfenster gespeichert. Die Option steht im Kontextmenü zur Verfügung. Durch einen Doppelklick mit **MT1** auf eine *Modellansicht* wird das Modell entsprechend orientiert.

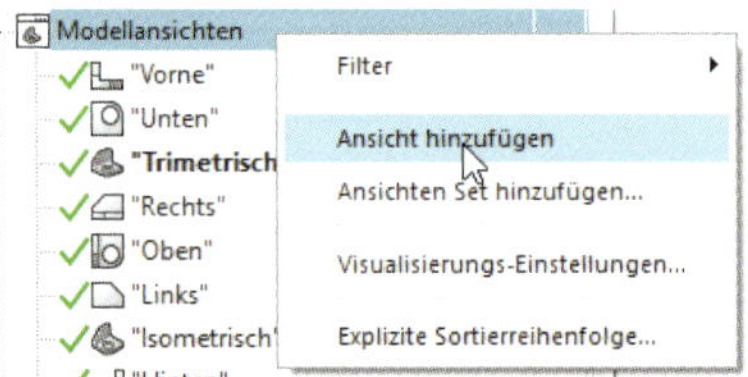

Kameras: Der Knoten listet die verfügbaren Kameras auf. Mit **MT3** können die Einstellungen der einzelnen Kameras modifiziert werden.

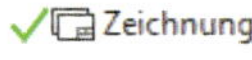

Zeichnung: Hier werden die Zeichnungsblätter des Modells angezeigt. Dieser Knoten ist in der Anwendung **ZEICHNUNGSERSTELLUNG** von Bedeutung. Durch Doppelklick mit **MT1** auf ein Zeichnungsblatt wird in die Anwendung *Zeichnungserstellung* gewechselt.

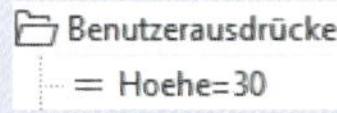

Benutzerdefinierte Ausdrücke: Dieser Knoten listet alle benutzerdefinierten Ausdrücke auf. Per Doppelklick mit **MT1** ist das Modifizieren der Formel möglich.

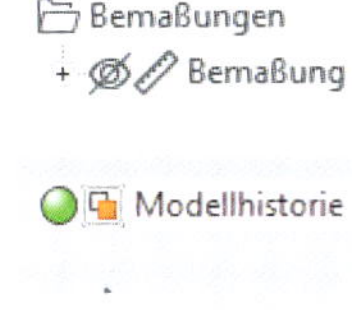

Bemaßungen: Erstellte Messungen werden hier aufgelistet. Durch Anklicken mit **MT1** wird das Messergebnis im Grafikbereich angezeigt. Per Doppelklick mit **MT1** ist das Modifizieren der Messung möglich.

(Konstruktionsgruppe) Modellhistorie: Hier werden die Formelemente der Konstruktion in ihrer zeitlichen Reihenfolge aufgelistet. Hierfür ist es erforderlich, dass die Option *Reihenfolge der Zeitstempel* aktiviert ist.

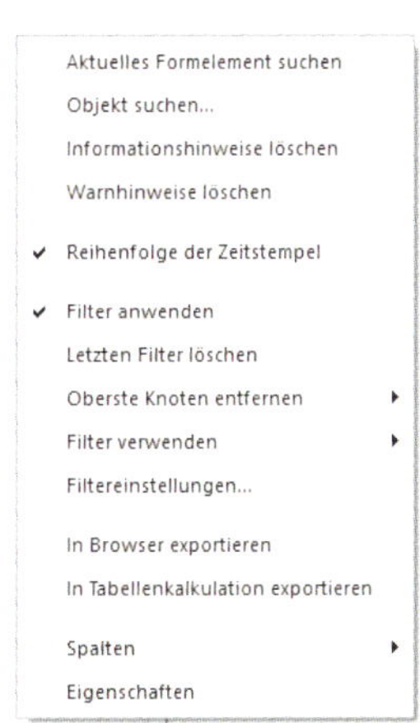

Wenn **MT3** im freien Bereich des *Teile-Navigators* oder in der Titelzeile gedrückt wird, erscheint das abgebildete Kontextmenü. Mit diesem kann im *Teile-Navigator* gesucht werden. Zudem können Filter gesetzt sowie die zeitliche Darstellung der Elemente geändert werden.

Mit der Option *Reihenfolge der Zeitstempel* wird gesteuert, ob die Modellhistorie nach ihrem Entstehungszeitpunkt gelistet wird. Zudem ist es über den Eintrag *Spalten* möglich, die angezeigten Spalten zu wählen oder die Darstellung in den *Eigenschaften* zu konfigurieren.

Mit *Oberste Knoten entfernen* können einzelne Knoten ausgefiltert werden. Um die ausgeschalteten Knoten wieder anzuzeigen, muss die Option *Filter anwenden* deaktiviert werden.

Durch das gezielte Verwenden von Filtern kann die Anzeige bei komplexen Modellen übersichtlicher gestaltet werden. Dazu können Sie unter *Filtereinstellungen …* einen neuen Filter erstellen und diesen mit **SPEICHERN** sichern. Danach steht Ihr Filter unter *Filter verwenden* zur Verfügung.

Die Abbildungen zeigen ein Beispiel zum Ausfiltern aller Formelemente des Typs *Extrudieren*.

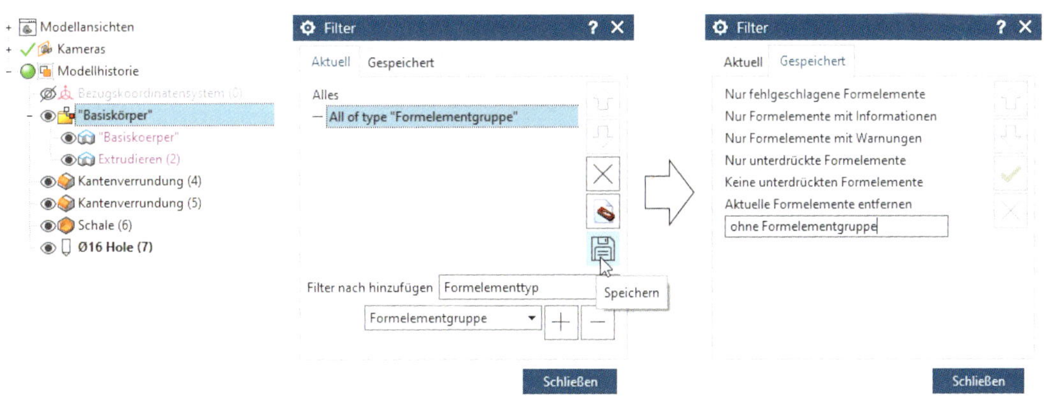

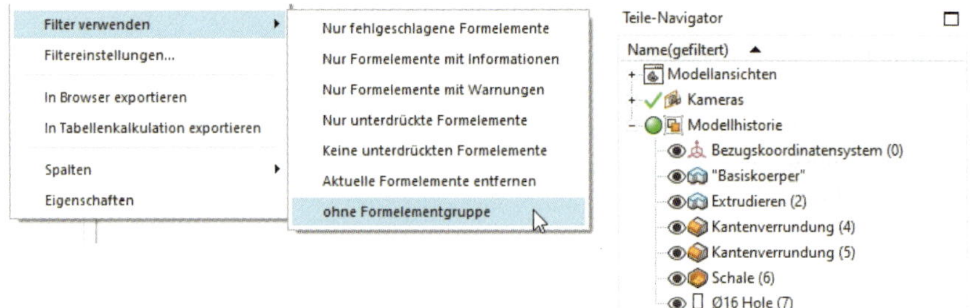

Formelemente können am Modell oder im *Teile-Navigator* ausgewählt werden. Gewählte Elemente werden im Navigator und im Grafikfenster hervorgehoben. Durch einen Doppelklick mit **MT1** auf das Element wird der Befehl **MIT ROLLBACK BEARBEITEN** aktiv.

Dieses Verhalten kann unter **MENÜ > VOREINSTELLUNGEN > KONSTRUKTION > BEARBEITEN > AUF AKTION DOPPELKLICKEN (FORMELEMENTE)** konfiguriert werden.

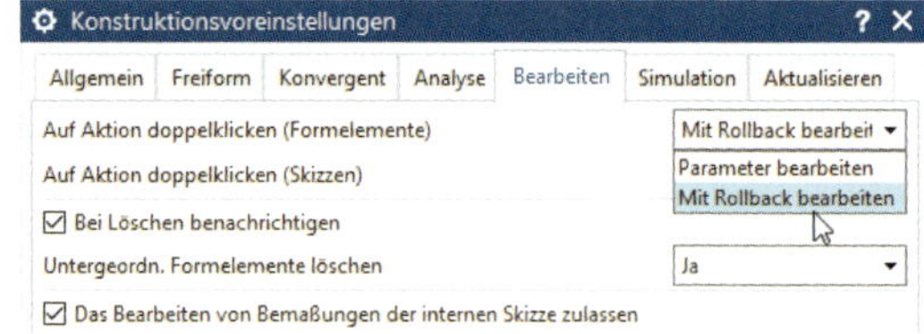

In der Abbildung wurde das Formelement *Extrudieren (2)* selektiert. Für dieses Formelement existieren sowohl über- als auch untergeordnete Abhängigkeiten. Diese Abhängigkeiten werden in den Farben Rot (übergeordnet) und Blau (untergeordnet) dargestellt. Im Bereich *Abhängigkeiten* werden die abhängigen Elemente explizit aufgelistet. Dabei steuert das Icon *Detaillierte Ansicht* die Anzeige. Ist das Icon aktiv, werden die Geometrieelemente aufgelistet; sonst erfolgt eine Anzeige der Formelemente.

Im *Teile-Navigator* können durch die Kombination von **MT1+STRG** oder **MT1+UMSCHALT** mehrere Elemente gleichzeitig ausgewählt werden.

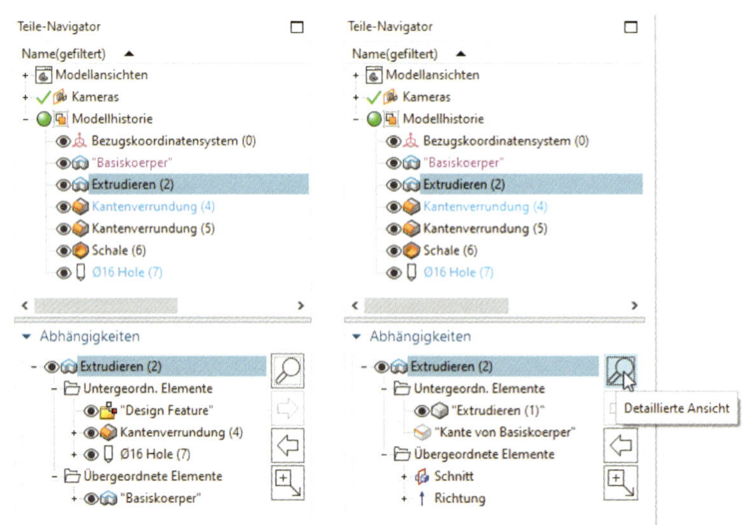

Formelement-Status im Teile-Navigator

Vor jedem Formelement befindet sich ein Symbol, welches den ausgeblendeten oder unterdrückten Status anzeigt.

Aktive/Inaktive Konstruktionsgruppe: Es ist jeweils nur eine Konstruktionsgruppe aktiv. Ist sie aktiv, so werden alle neuen Formelemente in ihr erzeugt. Wenn Sie das Symbol einer inaktiven Konstruktionsgruppe anwählen, wird diese aktiviert.

Unterdrückt: Das Formelement ist unterdrückt. Das Ein- und Ausschalten der Unterdrückung kann durch **MT3** und über das Kontextmenü auf dem Formelement erfolgen.

Geändert: Das Formelement wurde geändert, aber die Änderung noch nicht berechnet.

Aktualisierung fehlgeschlagen: Bei der Berechnung des Formelements ist ein Fehler aufgetreten. Das Formelement wird nicht mehr angezeigt.

Inaktiv: Das Formelement ist nicht aktiv.

Wenn Sie im *Teile-Navigator* auf ein Formelement mit **MT3** klicken, erscheint das Kontextmenü. Im Rahmen dieses Abschnitts werden nur die Befehle des Kontextmenüs erläutert, die speziell im *Teile-Navigator* verfügbar sind. Die weiteren Befehle sind auch auf anderen Wegen erreichbar und werden deshalb in den folgenden Abschnitten separat erklärt.

Der Befehl **FORMELEMENT ALS AKTUELL FESTLEGEN** erlaubt den zeitlichen Rücksprung auf das gewählte Formelement. Alle folgenden Formelemente im *Teile-Navigator* werden unterdrückt. Damit kann an dieser Position der Entstehungshistorie ein neues Formelement eingefügt werden.

Nach dem Einfügen können Sie die nachfolgenden Formelemente wieder aktivieren, wenn Sie im Kontextmenü des *Teile-Navigators* **LETZTES FORMELEMENT ALS AKTUELL FESTLEGEN** ausführen. Beachten Sie, dass dieses Kontextmenü nur erscheint, wenn Sie mit **MT3** in den freien Bereich des Teile-Navigators klicken.

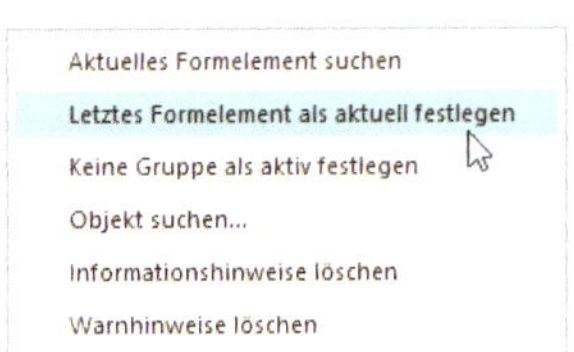

Mit den Befehlen **NEU EINORDNEN VOR** und **NEU EINORDNEN NACH** können Sie ein Formelement auf der Zeitachse verschieben. Effektiver ist jedoch die alternative Vorgehensweise, indem Sie die Formelemente auswählen und dann per Drag & Drop auf der Zeitachse verschieben.

Neu einordnen vor/Neu einordnen nach (Reorder Before/Reorder After)

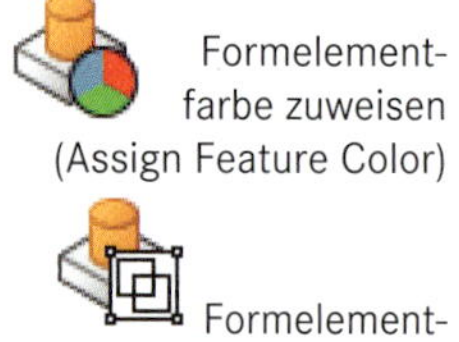
Formelementfarbe zuweisen (Assign Feature Color)

Formelementgruppe (Feature Group)

Mit dem Befehl **FORMELEMENTFARBE ZUWEISEN** werden alle resultierenden Flächen eines Formelementes in der definierten Farbe eingefärbt.

Formelemente können in Formelementgruppen organisiert werden. Eine Formelementgruppe ist ein Ordner auf der Zeitachse, mit dem thematisch zusammengehörende Formelemente zusammengefasst werden können. Dies erhöht die Übersichtlichkeit und erleichtert die Verwaltung der Konstruktion. Durch eine Formelementgruppe können alle beinhalteten Formelemente gleichzeitig verwaltet werden. So ist es z. B. möglich, alle Formelemente der Gruppe auf einmal zu unterdrücken, auszublenden, zu löschen, zu verschieben oder zu kopieren.

Um eine Formelementgruppe zu erstellen, markieren Sie zunächst die Formelemente und wählen dann im Kontextmenü den Befehl **FORMELEMENTGRUPPE**. Nach der Eingabe eines Namens und Bestätigung mit **OK** ist die neue Formelementgruppe erstellt.

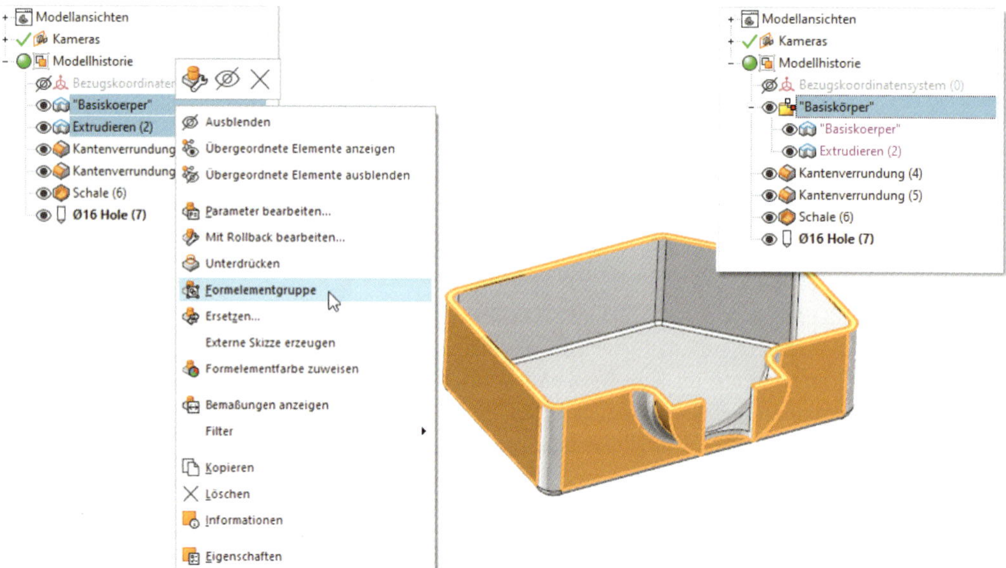

Ein Doppelklick auf eine Formelementgruppe im *Teile-Navigator* öffnet das dargestellte Dialogfenster, um die Formelementgruppe zu verwalten. Mithilfe der Listen können Sie weitere Formelemente zur Gruppe hinzufügen oder entfernen. Bei aktivierter Option *Abhängigkeiten hinzufügen* werden weitere abhängige Formelemente automatisch hinzugefügt. *Alle in Volumenkörper* fügt alle Formelemente des Körpers hinzu. Die Option *Eingebettete Formelementgruppenmitglieder* erhöht die Übersicht, da die Formelemente nur noch innerhalb der Formelementgruppe angezeigt werden. Die Option

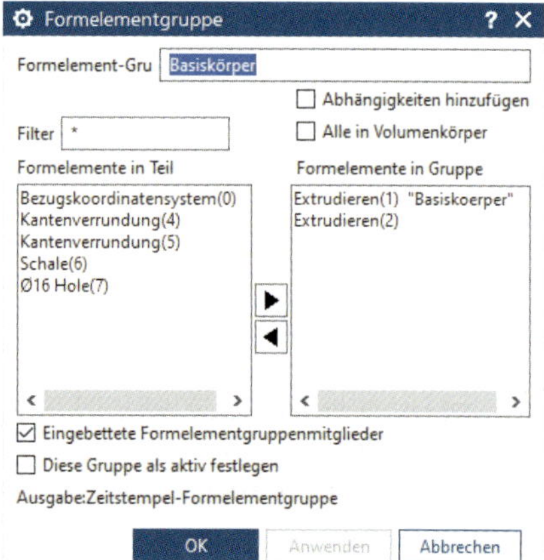

Diese Gruppe als aktiv festlegen sorgt dafür, dass neue Formelemente automatisch zu dieser Gruppe hinzugefügt werden.

Ferner kann einer Formelementgruppe über das Kontextmenü eine **FORMELEMENTGRUPPENFARBE** zugewiesen werden, welche auf alle beinhalteten Formelemente angewendet wird. Die Abbildung zeigt ein Beispiel für die Anwendung.

Formelementgruppenfarbe zuweisen (Assign Feature Group Color)

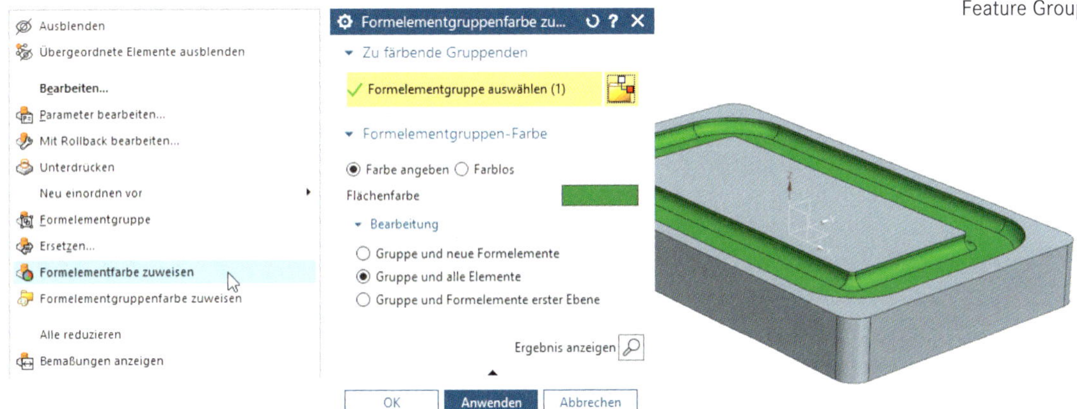

Aktualisieren

NX berechnet die Formelemente automatisch nach jeder Änderung und aktualisiert das Modell entsprechend.

Da diese automatische Aktualisierung bei umfangreichen Modifikationen und/oder an komplexen Geometrien einige Zeit in Anspruch nehmen kann, ist es möglich, diesen Automatismus abzuschalten. Hierfür steht der Befehl **MODELLAKTUALISIERUNG VERZÖGERN** unter **MENÜ** > **WERKZEUGE** > **AKTUALISIEREN** zur Verfügung. Aktualisierungen können in der Folge nur noch manuell initiiert werden.

Modellaktualisierung verzögern (Delay Model Update)

Bei deaktivierter automatischer Aktualisierung steht der Befehl **MODELL AKTUALISIEREN** unter **MENÜ** > **WERKZEUGE** > **AKTUALISIEREN** zur Verfügung, um die Aktualisierung auszulösen.

Modell aktualisieren (Update Model)

Unterdrücken/Unterdrücken aufheben

Bei Bedarf können einzelne Formelemente unterdrückt werden. Hierfür steht der Befehl **UNTERDRÜCKEN** zur Verfügung. Durch das Unterdrücken wird das Formelement von der Berechnung ausgeschlossen und die resultierende Geometrie nicht mehr angezeigt. Die Definition des Formelements bleibt jedoch erhalten.

Unterdrücken (Suppress)

Nach der Selektion des zu unterdrückenden Formelements mit **MT3** kann die Unterdrückung im Kontextmenü mit **UNTERDRÜCKEN AUFHEBEN** wieder aufgehoben werden. Objekte, die in Beziehung zu einem unterdrückten Formelement stehen, werden ebenfalls automatisch unterdrückt. So kann z. B. eine Bohrung nicht mehr dargestellt werden, wenn ihre Platzierungsfläche unterdrückt ist.

Unterdrücken aufheben (Unsuppress)

2.3.6.2 Baugruppen-Navigator

Baugruppen-Navigator

Für die Verwaltung mehrerer Einzelteile innerhalb einer Baugruppe stellt NX den *Baugruppen-Navigator* zur Verfügung. Im Kontext einer Baugruppe spricht man bei einem Teil von einer Komponente. Der *Baugruppen-Navigator* erlaubt die Navigation und Organisation von Komponenten in der Baugruppenstruktur und erhöht so die Übersichtlichkeit. Der *Baugruppen-Navigator* kann über die Ressourcenleiste aufgerufen werden. Die Abbildung stellt die einzelnen Funktionsbereiche vor. Der obere Teil enthält die Übersicht der Baugruppenstruktur und bietet die Möglichkeit einer schnellen Bearbeitung der verschiedenen Komponenten. Jede Komponente wird als Knoten in der Baumstruktur dargestellt und kann dort ausgewählt werden.

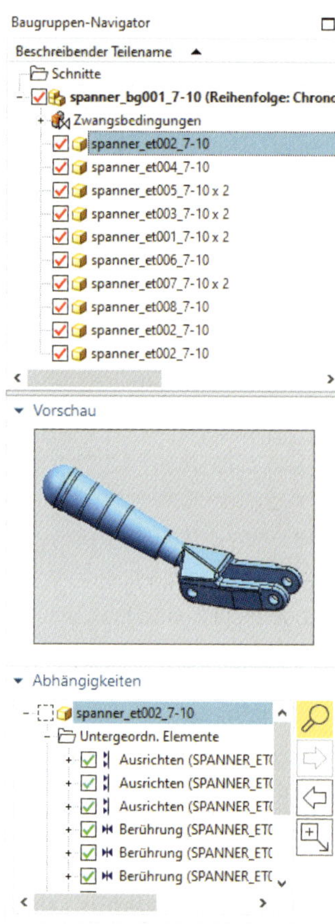

Nach der Selektion einer Komponente wird diese im Grafikfenster hervorgehoben. Zudem wird unter *Vorschau* die einzelne Komponente mit ihrem Vorschaubild angezeigt. Die Abhängigkeiten der gewählten Komponente werden im Bereich *Abhängigkeiten* angezeigt. An dieser Stelle können mit der Lupe auch die *Zwangsbedingungen* dieser Komponente angezeigt werden.

Die Anzeige der Spalten im *Baugruppen-Navigator* ist individuell über das Kontextmenü konfigurierbar. Zum Öffnen des Kontextmenüs klicken Sie mit **MT3** auf die Spaltenüberschrift. Über den Eintrag *Spalten* können Sie einzelne Spalten für die Anzeige von Attributen ein- und ausblenden.

Mit *Konfigurieren* können Sie eigene Attribute erstellen. Dazu geben Sie den Namen im Feld *Attribut* ein und bestätigen diesen mit **RETURN**. Dies erzeugt eine neue Spalte für das neue Attribut, die entsprechend angeordnet werden kann.

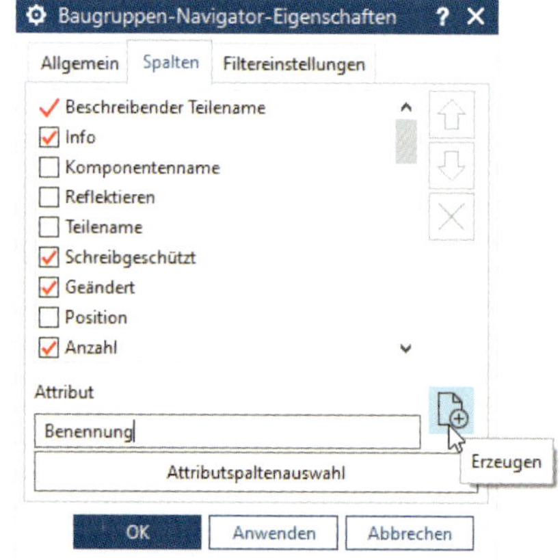

Es kann sinnvoll sein, ein eigenes Attribut für die Benennung zu verwenden und dieses im *Baugruppen-Navigator* anzuzeigen, um damit eine Zuordnung der Teilenamen zum Dateiinhalt zu ermöglichen. Die Abbildung zeigt das neu erstellte Attribut *Benennung*.

Die Abbildung zeigt ein Beispiel zur Anordnung der Spalten.

Die Anpassungen des *Baugruppen-Navigators* werden beim Verlassen von NX gespeichert und stehen beim nächsten Start des Systems wieder zur Verfügung.

Durch Auswahl der Spaltenüberschriften mit **MT1** können die Einträge alphabetisch sortiert werden.

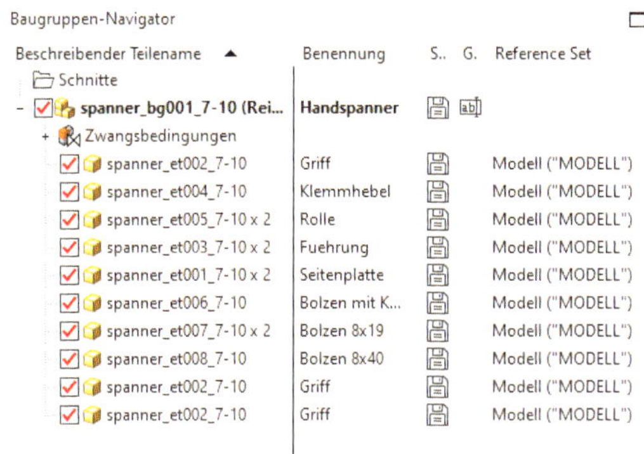

Im *Baugruppen-Navigator* wird der Status einzelner Komponenten durch Symbole dargestellt. Je nach Spalte haben die Symbole folgende Bedeutung:

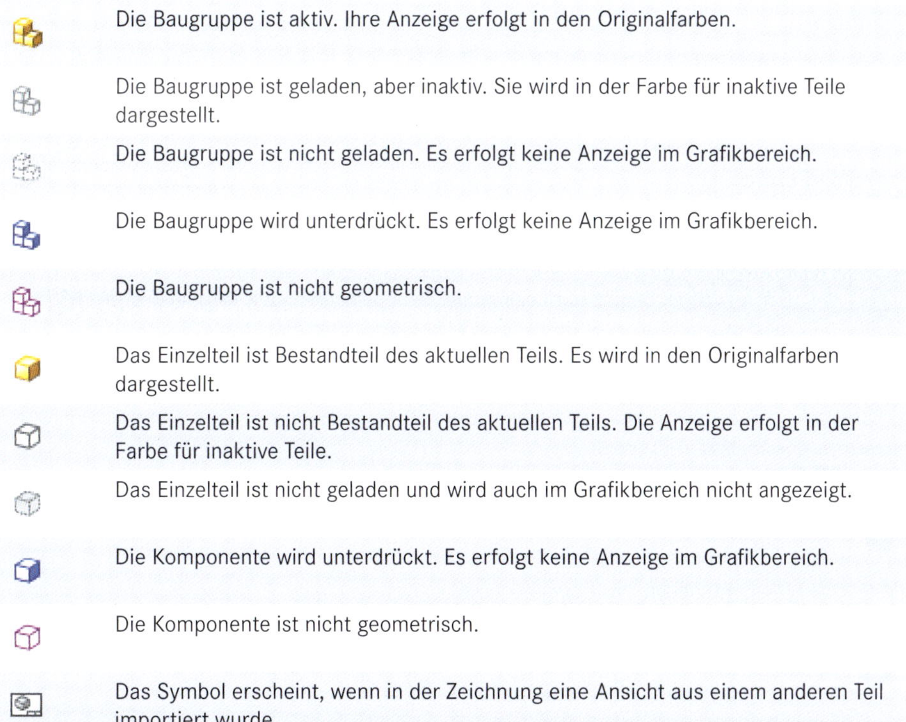

Symbol	Bedeutung
	Die Baugruppe ist aktiv. Ihre Anzeige erfolgt in den Originalfarben.
	Die Baugruppe ist geladen, aber inaktiv. Sie wird in der Farbe für inaktive Teile dargestellt.
	Die Baugruppe ist nicht geladen. Es erfolgt keine Anzeige im Grafikbereich.
	Die Baugruppe wird unterdrückt. Es erfolgt keine Anzeige im Grafikbereich.
	Die Baugruppe ist nicht geometrisch.
	Das Einzelteil ist Bestandteil des aktuellen Teils. Es wird in den Originalfarben dargestellt.
	Das Einzelteil ist nicht Bestandteil des aktuellen Teils. Die Anzeige erfolgt in der Farbe für inaktive Teile.
	Das Einzelteil ist nicht geladen und wird auch im Grafikbereich nicht angezeigt.
	Die Komponente wird unterdrückt. Es erfolgt keine Anzeige im Grafikbereich.
	Die Komponente ist nicht geometrisch.
	Das Symbol erscheint, wenn in der Zeichnung eine Ansicht aus einem anderen Teil importiert wurde.

Es folgt eine Übersicht der Icons zur Statusanzeige der Komponenten (*Checkbox*). Durch Anklicken dieser Icons mit **MT1** können Teile einfach ein- und ausgeblendet und geladen werden.

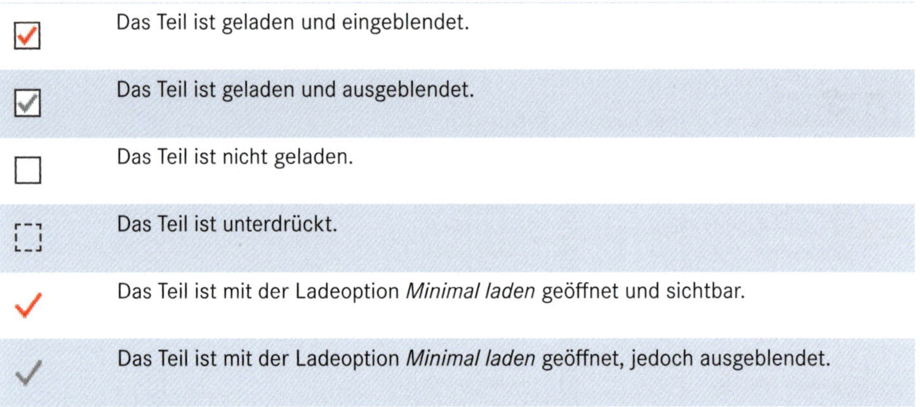

Beschreibung
Das Teil ist geladen und eingeblendet.
Das Teil ist geladen und ausgeblendet.
Das Teil ist nicht geladen.
Das Teil ist unterdrückt.
Das Teil ist mit der Ladeoption *Minimal laden* geöffnet und sichtbar.
Das Teil ist mit der Ladeoption *Minimal laden* geöffnet, jedoch ausgeblendet.

Nachfolgend werden die Icons aufgeführt, die Sie in den weiteren Spalten im *Baugruppen-Navigator* sehen können. Hierzu ist es unter Umständen nötig, diese Spalten zuerst sichtbar zu machen.

Geändert

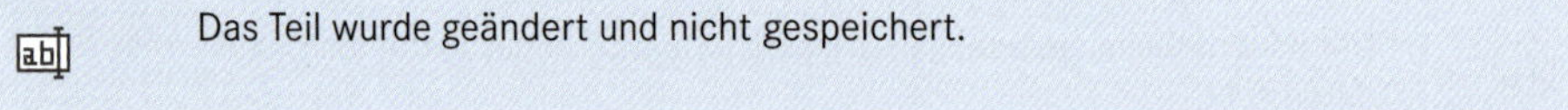

Beschreibung
Das Teil wurde geändert und nicht gespeichert.

Schreibgeschützt

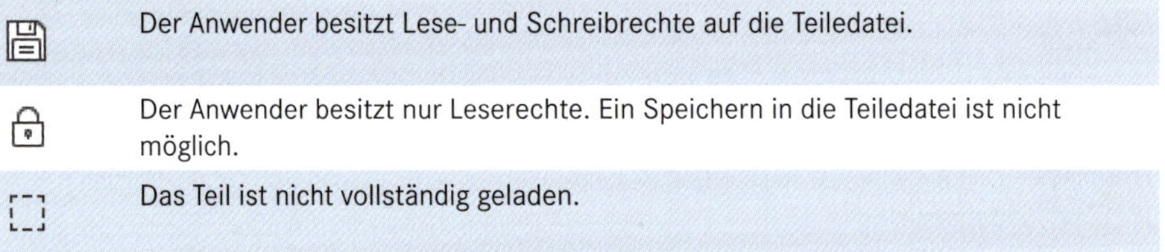

Beschreibung
Der Anwender besitzt Lese- und Schreibrechte auf die Teiledatei.
Der Anwender besitzt nur Leserechte. Ein Speichern in die Teiledatei ist nicht möglich.
Das Teil ist nicht vollständig geladen.

Ladestatus

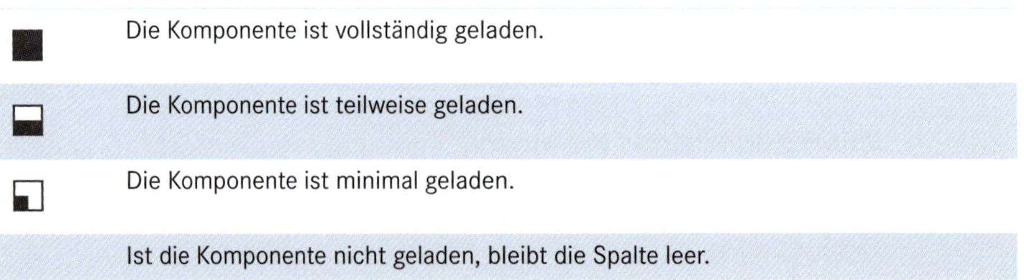

Beschreibung
Die Komponente ist vollständig geladen.
Die Komponente ist teilweise geladen.
Die Komponente ist minimal geladen.
Ist die Komponente nicht geladen, bleibt die Spalte leer.

Position

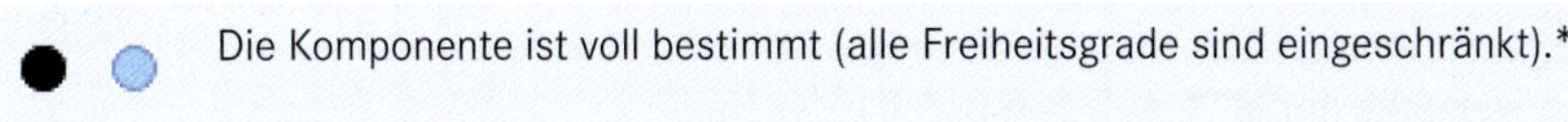

Die Komponente ist voll bestimmt (alle Freiheitsgrade sind eingeschränkt).*

Die Komponente ist teilweise bestimmt (mindestens ein Freiheitsgrad ist nicht eingeschränkt).*

Die Positionierung (Positionsüberlagerung) der Komponente wird überschrieben (implizit = weißer Pfeil; explizit = grüner Pfeil).*

Die Komponente ist nicht bestimmt (alle Freiheitsgrade sind nicht eingeschränkt).

Die vergebenen Bedingungen sind inkonsistent.

Die Bedingungen sind nicht aktiv, da nicht alle erforderlichen Daten zur Verfügung stehen.

Die Bedingung ist nicht aktualisiert.

Die Komponente ist vollständig bestimmt, wird aber durch eine Anordnung gesteuert.

Die Komponente ist vollständig bestimmt und wird durch eine Anordnung gesteuert. Sie besitzt aber zusätzlich eine Positionsüberlagerung.

Die Komponente ist teilweise bestimmt und wird durch eine Anordnung gesteuert. Sie besitzt aber zusätzlich eine explizite Positionsüberlagerung.

Die Komponente besitzt keine Baugruppenzwangsbedingungen, wird aber durch eine Anordnung gesteuert.

* Die blauen Symbole tauchen nur bei Verbindungsverknüpfungen auf. Es handelt sich um Zwangsbedingungen, die vor NX 6 erstellt wurden.

Veraltet

Das Teil ist nicht aktuell.

Der Status ist unbekannt, da eventuell nicht alles geladen ist.

Form

Die Komponente wurde in der angezeigten Baugruppe verformt.

Die Komponente wurde in der angezeigten Baugruppe verformt, ist aber nicht aktualisiert.

Die Komponente kann verformt werden.

Im *Baugruppen-Navigator* steht neben dem Kontextmenü einer Komponente auch ein weiteres Kontextmenü zur Verfügung, wenn Sie mit **MT3** im freien Bereich des Navigators oder auf eine Spaltenüberschrift klicken. Mit diesem können Sie die Anzeige der Komponenten steuern. Im oberen Bereich des Kontextmenüs finden Sie Optionen für generelle Anzeigeoptionen. Hier können Sie beispielsweise den Knoten zur Verwaltung definierter Querschnitte (**SCHNITT EINSCHLIESSEN**) ein- und ausblenden. Mit den Optionen *Spalten* und *Eigenschaften* am Ende des Kontextmenüs können Sie die grundsätzliche Darstellung im Navigator steuern. Wenn Sie das Kontextmenü mit **MT3** in einer Spaltenüberschrift aufrufen, wird zusätzlich der Befehl **SPALTE SPERREN** oder **SPALTE FREIGEBEN** angezeigt. Ersteres fixiert die Spalte. Alle weiteren Spalten können mit dem Scrollbalken angezeigt werden. Mit **SPALTE FREIGEBEN** wird diese Eigenschaft wieder aufgehoben. Mit den Optionen in der Mitte des Kontextmenüs können Sie die Darstellung von Komponenten anpassen, um die Übersichtlichkeit im *Baugruppen-Navigator* zu erhöhen.

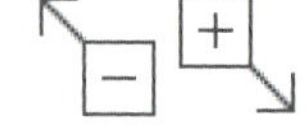

Alle reduzieren/Alle Komponenten erweitern (Collapse All/Expand All Components)

Mit **ALLE REDUZIEREN** werden alle Strukturebenen geschlossen. Es werden nur noch Komponenten unterhalb der Hauptbaugruppe angezeigt. **ALLE KOMPONENTEN ERWEITERN** bewirkt das Gegenteil.

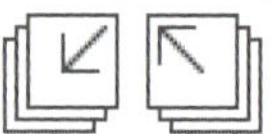

Alle packen/ Alle entpacken (Pack/Unpack)

Mit **ALLE PACKEN** können Sie mehrfach verwendete Komponenten einer Baugruppe zusammenfassen. Die Anzahl der zusammengefassten Komponenten wird entsprechend angezeigt. Die Abbildung zeigt ein Beispiel für die Anwendung von **ALLE PACKEN**. Mit **ALLE ENTPACKEN** wird jede Komponente wieder einzeln aufgelistet.

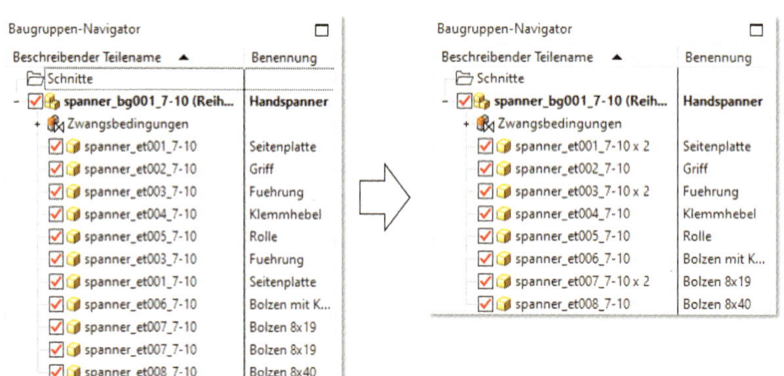

In NX können Sie ausschließlich das aktive Teil bearbeiten. Daher ist es beim Bearbeiten von Baugruppen erforderlich, zwischen den verschiedenen Komponenten zu wechseln. Um ein Teil für die Bearbeitung zu aktivieren, stehen zwei Befehle zur Verfügung.

AKTIVES TEIL FESTLEGEN aktiviert ein Teil für die Bearbeitung im Kontext der Baugruppe. Ein Doppelklick mit **MT1** führt diesen Befehl ebenfalls aus.

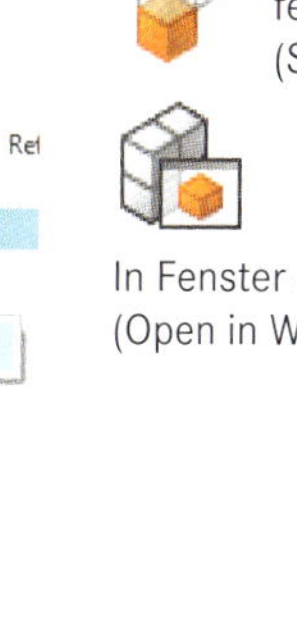

Aktives Teil festlegen (Set Work Part)

In Fenster öffnen (Open in Window)

IN FENSTER ÖFFNEN aktiviert ein Teil für die Bearbeitung und zeigt dieses exklusiv im Grafikfenster an. Um das Teil wieder im Kontext der Baugruppe zu sehen, verwenden Sie den Befehl **ÜBERORDNUNG IN FENSTER ÖFFNEN** im Kontextmenü. Die Abbildung zeigt hierfür ein Beispiel.

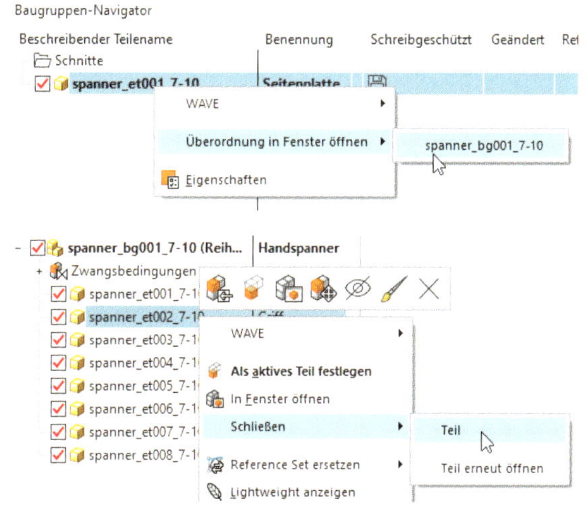

Aktuell nicht benötigte Komponenten einer Baugruppe können mit **SCHLIESSEN** geschlossen werden. Die Komponente wird dann entladen und entlastet dadurch das System. Diese Option kann besonders beim Bearbeiten großer Baugruppen die Systemperformance erhöhen. Die Abbildung zeigt ein Beispiel für die Anwendung. Mit **ÖFFNEN** können Sie nicht geladene Komponenten laden. Mit **TEIL ERNEUT ÖFFNEN** können Sie den gespeicherten Zustand eines Teils erneut laden, um nicht gespeicherte Änderungen zu verwerfen.

Schließen/Öffnen/Teil erneut öffnen (Close/Open/Reopen Part)

Die Option **EIGENSCHAFTEN** erlaubt die Anpassung der Eigenschaften einer Komponente. Die Abbildung zeigt das Dialogfenster **KOMPONENTE EIGENSCHAFTEN** zur Festlegung von Komponenteneigenschaften. Im Tab *Baugruppe* können Sie die Layerzuordnung der selektierten Komponente definieren. Damit ist es beispielsweise möglich, nachträglich die Layervergabe aus dem Einzelteil in die Baugruppe zu übernehmen.

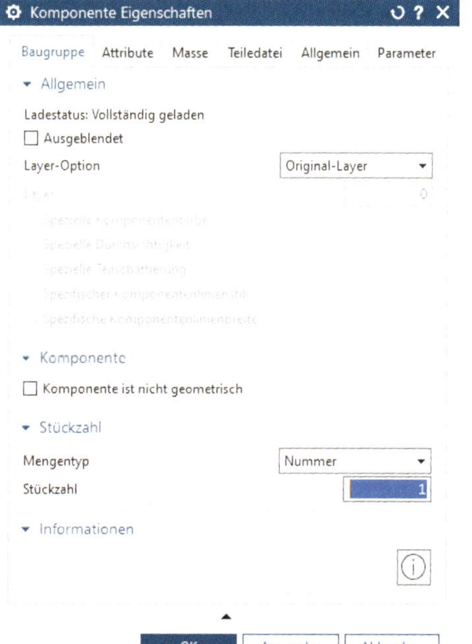

Eigenschaften (Properties)

HINWEIS: Bei der Vergabe von Komponenteneigenschaften ist unbedingt der Kontext zu beachten. Die Eigenschaften einer Komponente, die innerhalb einer Baugruppe vergeben werden, sind nur im Kontext dieser Baugruppe verfügbar.

Attribute (Attributes)

Zur besseren Orientierung innerhalb von Baugruppen, für die weitere Nutzung von Eigenschaften und zur automatischen Erstellung von Stücklisten kann man den Komponenten Attribute zuordnen. Attribute bestehen aus einem Titel und einem Wert und besitzen einen Typ. Sie können zusätzlich in Kategorien zusammengefasst werden. Dabei ist es sinnvoll, die Titel und Kategorien der Attribute in den einzelnen Teilen einheitlich festzulegen. Für das in der Abbildung dargestellte Beispiel wurden zwei Anwenderattribute eingegeben. Bei den Attributen *Schritt1* und *Schritt2* wurde die Kategorie *Bearbeitung* definiert. Zudem wurde ein Systemattribut (*SECTION-COMPONENT*) mit dem Wert „no" versehen. Durch dieses Systemattribut wird verhindert, dass das betroffene Teil in Schnittdarstellungen auf Zeichnungen geschnitten dargestellt wird.

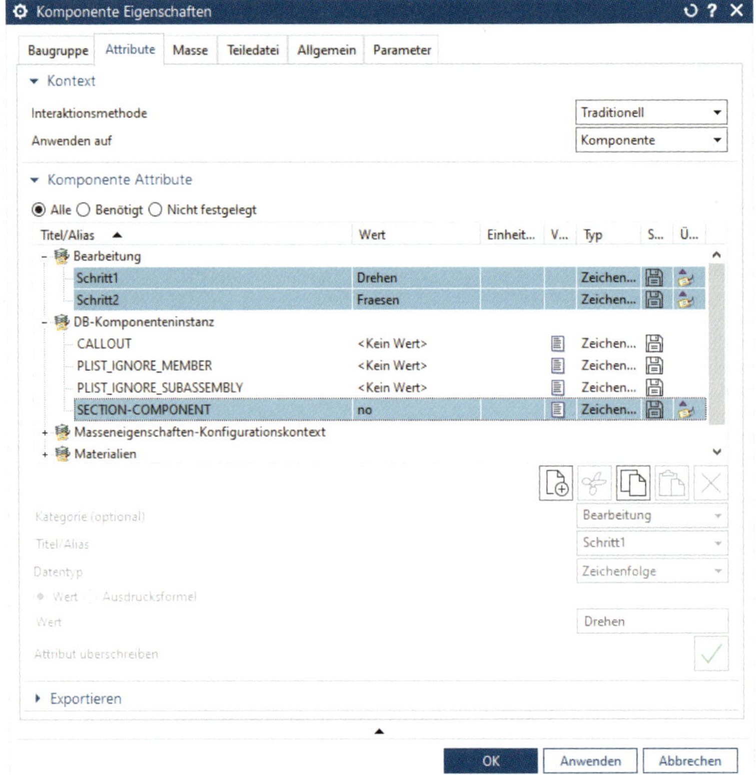

Die Symbole in der Tabelle *Komponente Eigenschaften* haben folgende Bedeutung:

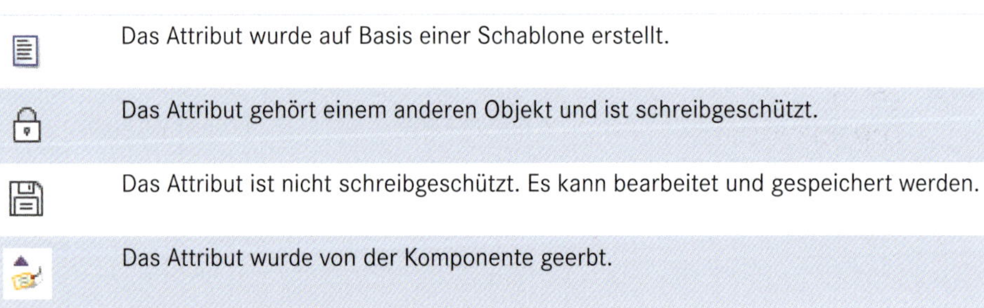

Symbol	Bedeutung
	Das Attribut wurde auf Basis einer Schablone erstellt.
	Das Attribut gehört einem anderen Objekt und ist schreibgeschützt.
	Das Attribut ist nicht schreibgeschützt. Es kann bearbeitet und gespeichert werden.
	Das Attribut wurde von der Komponente geerbt.

Weitere Symbole und Funktionen der Schaltflächen:

Symbol	Funktion
	Mit dieser Option werden die Eingabefelder zum Definieren des Attributs gelöscht, sodass ein neues Attribut erstellt werden kann.
	Diese Option schneidet die ausgewählten Attribute aus und kopiert sie in die Zwischenablage.
	Diese Option kopiert die ausgewählten Attribute in die Zwischenablage.
	Diese Option fügt die Attribute aus der Zwischenablage ein.
	Diese Option löscht das ausgewählte Attribut.
= Formel...	Diese Option öffnet das Dialogfenster **AUSDRÜCKE**, sodass ein Attribut mit einem Ausdruck verbunden werden kann. *Ausdrucksformel* muss hierfür aktiviert werden.
f(x) Funktion...	Diese Option unterstützt das Eingeben von Funktionen über den Dialog **FUNKTION EINFÜGEN**. *Ausdrucksformel* muss hierfür aktiviert werden.
ab Erweiterter Text...	Diese Option ermöglicht das Referenzieren einer systemgenerierten Zeichenfolge, die im Dialogfenster **ERWEITERTER TEXTEINTRAG** erstellt wurde. *Ausdrucksformel* muss hierfür aktiviert werden.
	Diese Option ermöglicht das Aufbrechen von Beziehungen zwischen Attributen und Ausdrücken.

Der Aufruf des Dialogfensters zur Vergabe der Attribute erfolgt durch Selektion einer Komponente im *Baugruppen-Navigator* oder im Grafikfenster mit **MT3**. Im Kontextmenü kann das Dialogfenster via **EIGENSCHAFTEN** gestartet werden. Im Register *Attribute* können *Kategorien, Titel* und *Wert* eingegeben und gespeichert werden. Anschließend erscheint das definierte Attribut in der Liste der entsprechenden *Kategorie*. Nach der Eingabe muss die Datei gespeichert werden, um die Änderungen dauerhaft zu übernehmen.

HINWEIS: Es ist sinnvoll, dass das Teil für die Vergabe der Attribute in einem separaten Fenster geöffnet ist. Nur so werden die Attribute direkt in der Teiledatei hinterlegt. Wenn die Attribute im Kontext einer Baugruppe an ein aktives Teil vergeben werden, dann werden sie mit der Baugruppe gespeichert und nicht im Einzelteil. Um solche Attribute in das Einzelteil zu übertragen, können Sie im **KOMPONENTE EIGENSCHAFTEN**-Dialog in der Registerkarte *Attribute* **KONTEXT > ANWENDEN AUF > TEIL** auswählen. ■

Bei Bedarf können Sie sich die Teilenamen der einzelnen Komponenten im Grafikbereich anzeigen lassen. Dazu müssen Sie zuerst unter **VOREINSTELLUNGEN > VISUALISIERUNG** und dort unter **ANSICHT > DEKORATIONEN > NAMEN UND RÄNDER** bei *Objektnamen anzeigen* die Option *Arbeitsansicht* auswählen. Zusätzlich sollten Sie die Option *Modellansichtsnamen anzeigen* aktivieren. Anschließend erfolgt die Anzeige der Namen am Ursprungspunkt des jeweiligen Teils. Wenn mehrere Teile denselben Ursprung besitzen, werden die Namen übereinander dargestellt.

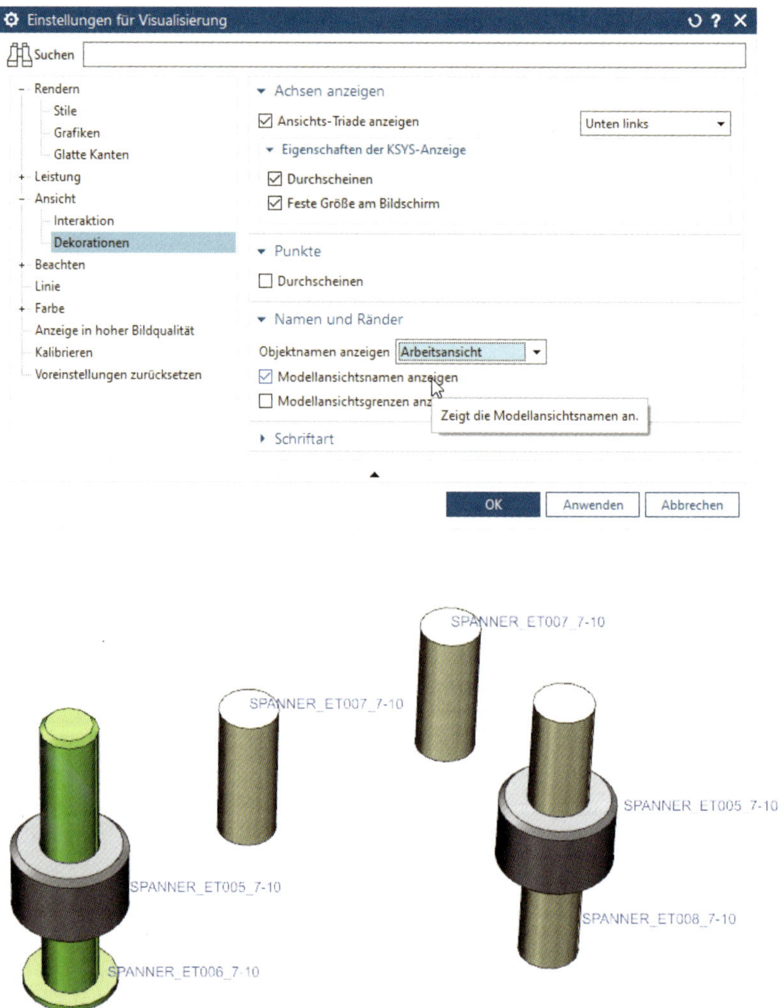

Um einen Namen zu verschieben, selektieren Sie die Komponente mit **MT3**. Mit **EIGENSCHAFTEN > ALLGEMEIN > NAMENSPOSITION ANGEBEN** können Sie einen neuen Ursprungspunkt für den Teilenamen definieren. Die Abbildung zeigt den Befehl in der Oberfläche.

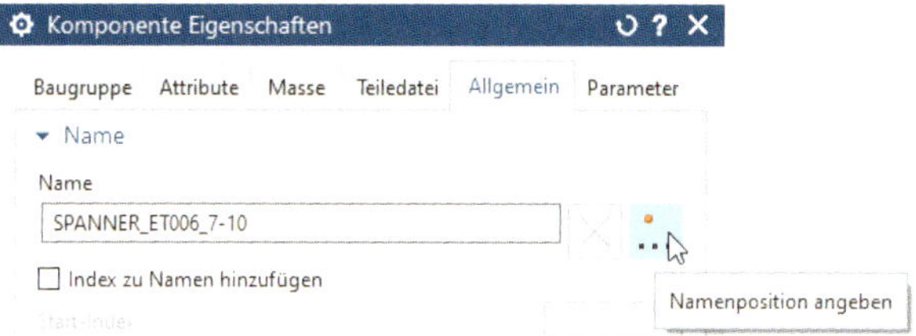

2.3.6.3 Zwangsbedingungsnavigator

Zwangsbedingungs-navigator (Constraint Navigator)

Der *Zwangsbedingungsnavigator* in NX dient dazu, Sie bei der Analyse und Organisation von Baugruppenzwangsbedingungen zu unterstützen. Alle vorhandenen Baugruppenzwangsbedingungen werden hier mit ihrem aktuellen Status gelistet. Neben der reinen Anzeige ist auch das Bearbeiten von hier aus möglich.

Ist bei einer Bedingung die entsprechende Komponente nicht geladen, so wird in der Spalte *Geladen* ein Fragezeichen dargestellt. Im Kontextmenü (**MT3**) können Sie die fehlende Geometrie mit **VERBUNDENE GEOMETRIE LADEN** nachladen.

Mit **MT3** in der Titelleiste öffnen Sie das Kontextmenü, um die Darstellung des *Zwangsbedingungsnavigators* anzupassen.

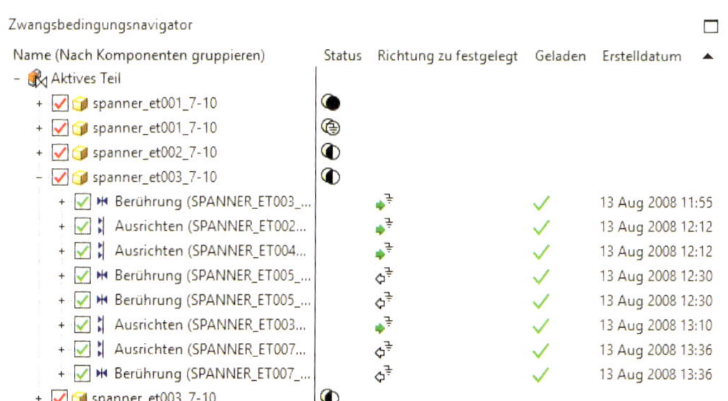

Wählen Sie hier die Einstellung **NACH KOMPONENTEN GRUPPIEREN**, um fehlende Bedingungen zu erkennen.

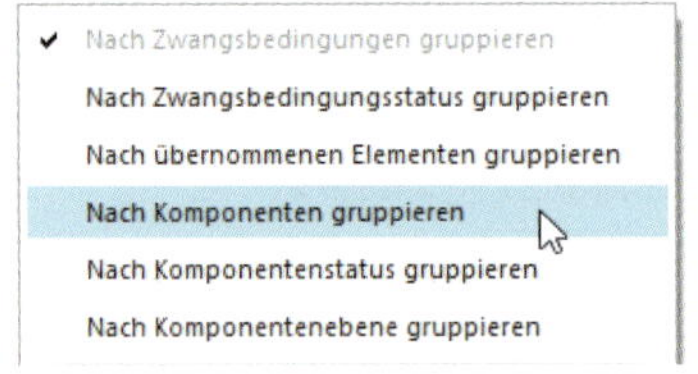

Aktualisierung von Baugruppenzwangsbedingungen verzögern (Delay Assembly Constraints Update)

Bei umfangreichen Änderungen kann es sinnvoll sein, die automatische Aktualisierung der Baugruppenzwangsbedingungen zu deaktivieren. Dadurch können mehrere Änderungen eingebracht werden, ohne dass die Geometrie nach jeder Änderung aktualisiert wird. NX bietet mit dem Befehl **MENÜ > WERKZEUGE > AKTUALISIEREN > TEILEÜBERGREIFENDE AKTUALISIERUNG > AKTUALISIERUNG VON BAUGRUPPENZWANGSBEDINGUNGEN VERZÖGERN** die Option an, die automatische Aktualisierung zu steuern.

Zwangsbedingungen einer Baugruppe, die nicht aktuell sind, werden in der Spalte *Status* sowohl im *Baugruppen-Navigator* als auch im *Zwangsbedingungsnavigator* mit einem „!" markiert. Mit dem Befehl **VERZÖGERTE ZWANGSBEDINGUNGEN IN TEIL AKTUALISIEREN** im Kontextmenü (**MT3**) können diese einzeln oder komplett manuell aktualisiert werden.

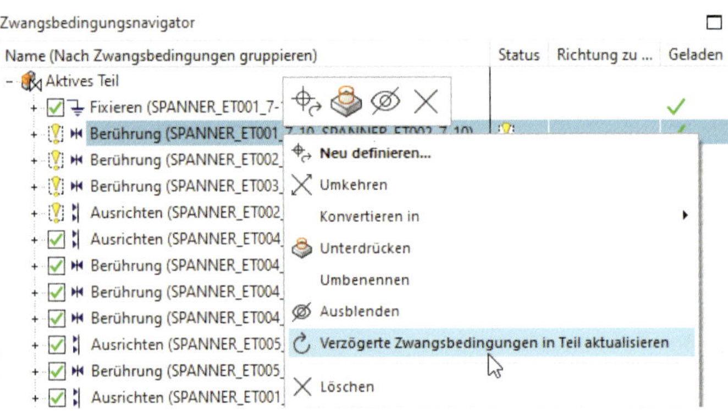

Neue Zwangsbedingungsgruppe (New Constraint Group)

Um die Übersichtlichkeit zu erhöhen, können Sie mehrere Constraints in Gruppen organisieren. Um eine Gruppe zu erstellen, steht der Befehl **NEUE ZWANGSBEDINGUNGSGRUPPE** zur Verfügung. Sie finden den Befehl in der Oberfläche unter **MENÜ > FORMAT > GRUPPE** oder selbstverständlich auch über die Befehlssuche.

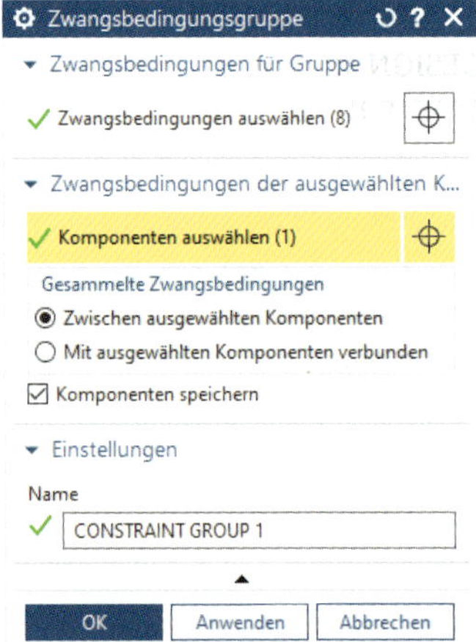

Mit **NEUE ZWANGSBEDINGUNGSGRUPPE** können Sie einzelne Zwangsbedingungen direkt oder indirekt mit **ZWANGSBEDINGUNGEN DER AUSGEWÄHLTEN KOMPONENTEN** über selektierte Komponenten auswählen. Bei letzterer Variante können Sie mit **ZWANGSBEDINGUNGEN DER AUSGEWÄHLTEN KOMPONENTEN** zwischen allen Zwangsbedingungen wählen, die mit den selektierten Komponenten verbunden sind, oder mit **ZWISCHEN AUSGEWÄHLTEN KOMPONENTEN** nur jene, die zwischen den selektierten Komponenten bestehen.

Nach Bestätigung mit **OK** wird die Gruppe entsprechend erstellt.

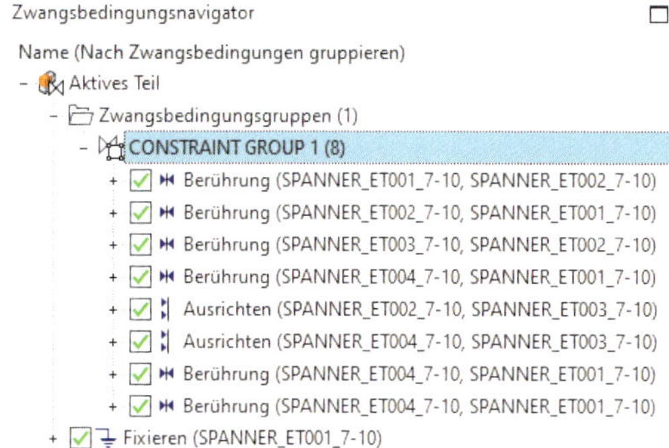

2.3.6.4 Wiederverwendungsbibliothek

Wiederverwendungsbibliothek (Reuse Library)

Die *Wiederverwendungsbibliothek* ist ein Werkzeug, um mehrfach verwendete Geometrien zu verwalten und diese als Template bereitzustellen. Dabei kann die Geometrie aus einem kompletten Bauteil, einem geometrischen Teilbereich oder lediglich einigen Linien bestehen. Die *Wiederverwendungsbibliothek* ist in vier Bereiche aufgeteilt. Im oberen Teil stehen die einzelnen Bibliotheken in einer Ordnerstruktur zur Verfügung. Die Anzahl der verfügbaren Objekte ist abhängig von einer vordefinierten Konfiguration, die üblicherweise an zentraler Stelle von einem Administrator vorgenommen wird. Da die Konfiguration der *Wiederverwendungsbibliothek* den Rahmen dieses Buches sprengen würde, verweisen wir an dieser Stelle auf die NX-Hilfe unter **STARTSEITE > DESIGN (CAD) > DATENWIEDERVERWENDUNG > WIEDERVERWENDUNGSBIBLIOTHEK.**

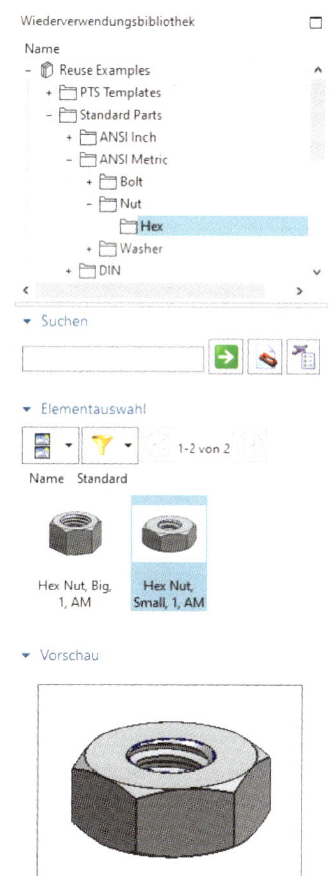

Der Teil *Suchen* dient der Suche nach Objekten im gewählten Ordner. Die Suchergebnisse werden dann als Teil unter *Elementauswahl* angezeigt. Mithilfe von Filtern kann das Suchergebnis eingegrenzt werden. Nach der Auswahl eines Treffers mit **MT1** wird unter *Vorschau* das einzufügende Objekt angezeigt. Mit einem Doppelklick fügen Sie das Objekt in Ihre Konstruktion ein. Das Kontextmenü bietet weitere Optionen.

2.3.6.5 Historie

Historie (History)

Die Abbildung zeigt die Palette *Historie*, welche den komfortablen Zugriff auf Ihre zuletzt geöffneten Dateien erlaubt. Es ist sinnvoll, im Drop-down-Menü die Einstellung *Vorschau* zu wählen, um die Vorschaubilder der Dateien anzuzeigen. Das Eingabefeld erlaubt das Filtern mit einer Zeichenfolge, sodass nur jene Dateien angezeigt werden, die dem Filter entsprechen. Deaktivieren Sie den Filter durch Klicken mit **MT1** auf den Aktualisierungspfeil neben dem Eingabefeld.

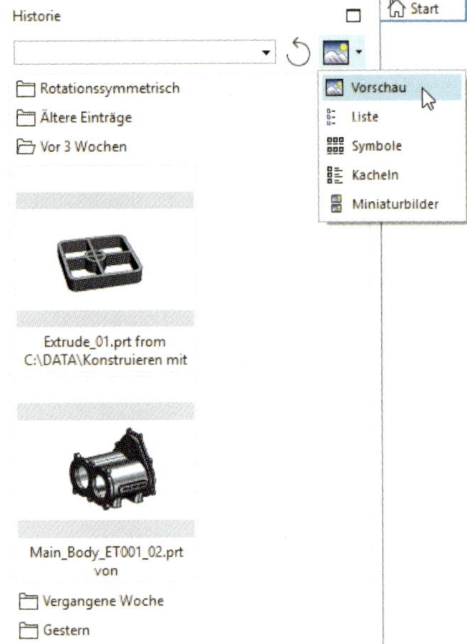

Web-Browser

Die Startseite des Web-Browsers können Sie unter **VOREINSTELLUNGEN > BENUTZEROBERFLÄCHE > RESSOURCENLEISTE** auf der Registerkarte *Web-Browser* konfigurieren.

2.3.6.6 Rollen

Rollen (Roles)

Anpassungen der Benutzeroberfläche werden beim Beenden automatisch gespeichert und stehen beim nächsten NX-Start wieder zur Verfügung. Für unterschiedliche Aufgabenstellungen bietet NX verschiedene Konfigurationen der Oberfläche an. Diese Konfigurationen sind in *Rollen* gespeichert. Eine *Rolle* kann über die Ressourcenleiste aktiviert werden. Sie können Ihre persönliche Konfiguration der Oberfläche in einer *Rolle* sichern, indem Sie im freien Bereich **MT3** klicken und im Kontextmenü **NEUE BENUTZERROLLE** wählen.

Mit dem Dialogfenster *Rolleneigenschaft* sichern Sie die aktuelle Konfiguration der Benutzeroberfläche unter einem eigenen Namen. Optional können Sie Ihrer *Rolle* ein Bild zuweisen, den *Rollentyp* definieren und die *Anwendung* wählen, auf die Ihre *Rolle* wirken soll. Nach dem Bestätigen mit **OK** können Sie Ihre *Rolle* in der Ressourcenleiste durch einen Klick mit **MT1** aktivieren.

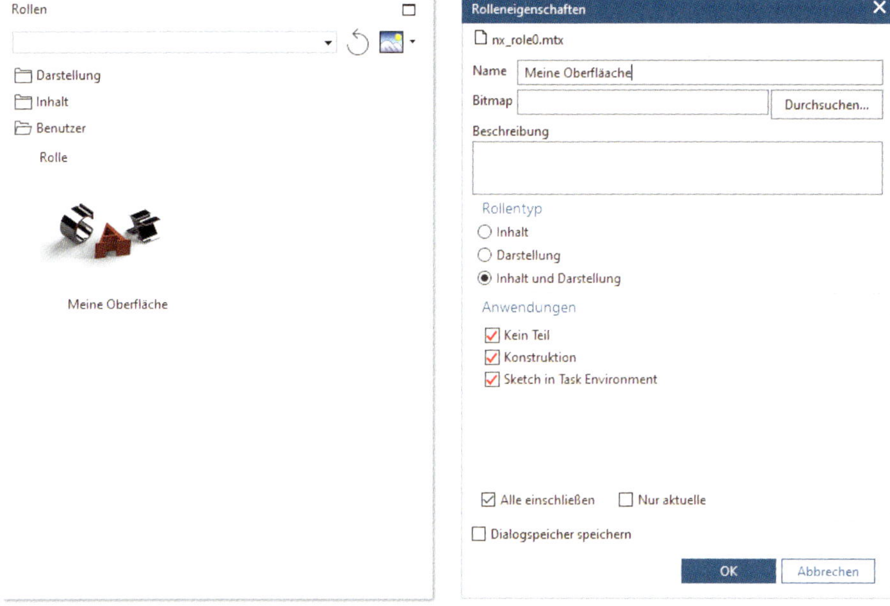

2.3.7 Obere Rahmenleiste

Die Funktionen für die Auswahl und das Filtern von Objekten sind in der Rahmenleiste zusammengefasst. Die Rahmenleiste befindet sich in der Voreinstellung oberhalb des Grafikfensters. Die wesentlichen Funktionen werden in Abschnitt 2.4.1.1 erläutert.

■ 2.4 Basisfunktionen

In diesem Abschnitt werden die generellen Basisfunktionen beschrieben, die bei der Anwendung von großer Bedeutung sind.

2.4.1 Objekte auswählen

Durch Zeigen mit dem Mauszeiger auf ein Objekt im Grafikfenster wird dieses in **Rot** hervorgehoben. Diese Hervorhebung ist die Vorauswahl des Objekts. Name und Typ des Objekts werden in einem *Tooltip* angezeigt. Für die Auswahl mit dem Mauszeiger besteht generell eine Toleranz, die Fangbereich genannt wird. Die Größe des Fangbereichs ist durch einen Radius definiert, dessen Mittelpunkt auf der Spitze des Mauszeigers sitzt. Objekte, die sich innerhalb des Fangbereichs befinden, werden vorausgewählt und können mit **MT1** ausgewählt werden. Ausgewählte Objekte werden in der Auswahlfarbe **Orange** angezeigt. Beim Auswählen mehrerer Objekte arbeitet NX mit Listen, die durch Verwendung von Filtern noch reduziert werden können. Um die Auswahl einzelner Objekte rückgängig zu machen, können Sie diese mit **UMSCHALT+MT1** wieder abwählen. Dadurch wird das Objekt wieder von der Auswahlliste entfernt. Durch Drücken von **ESC** können Sie die aktuelle Auswahl komplett abbrechen.

Objekte können vor oder nach dem Aufruf eines Befehls ausgewählt werden. Vorausgewählte Objekte werden von einem Befehl automatisch verwendet. Mit den Einstellungen in der Rahmenleiste und der Szenen-Leiste können Sie die Auswahl beeinflussen. Mit dem Drop-down *Auswahlpriorität* können Sie die Auswahlpriorität für Objekte definieren. Beachten Sie hierzu, dass für jede Auswahlpriorität auch eine separate Tastenkombination vorkonfiguriert ist. In der Voreinstellung ist dieses Drop-down ausgeblendet. Über das kleine Dreieck in der unteren rechten Ecke der oberen Randleiste können Sie dieses Drop-down einblenden.

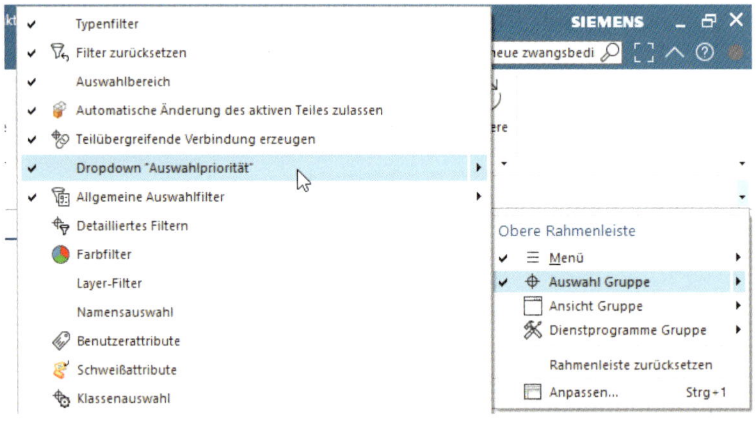

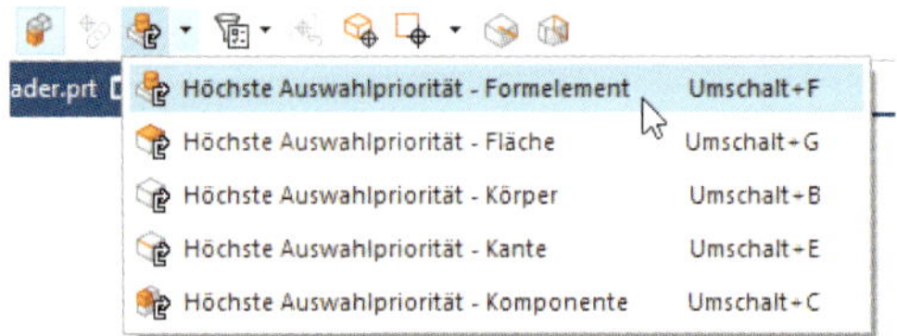

Im folgenden Beispiel wurde *Höchste Auswahlpriorität – Kante* verwendet.

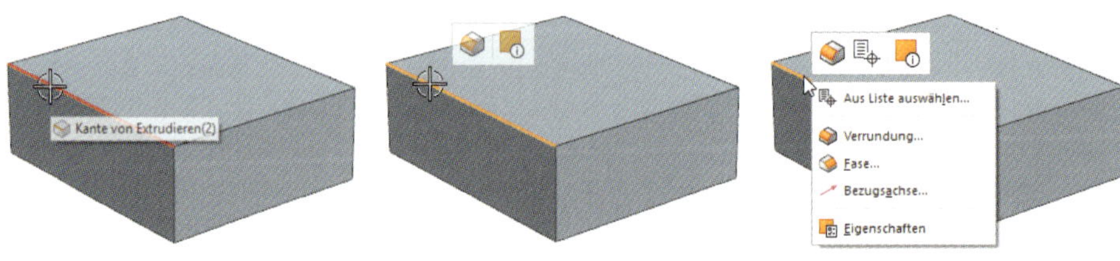

Mit Maus über die Kante ziehen — Kante mit MB1 ausgewählt — Kontextmenü mit MB3 geöffnet

Nach der Auswahl der Kante mit **MT1** wurde mit **MT3** das Kontextmenü geöffnet. In diesem werden die möglichen Aktionen im Kontext der Kante gelistet. Die Abbildung zeigt das Erzeugen einer Fase mit dem Befehl **FASE**.

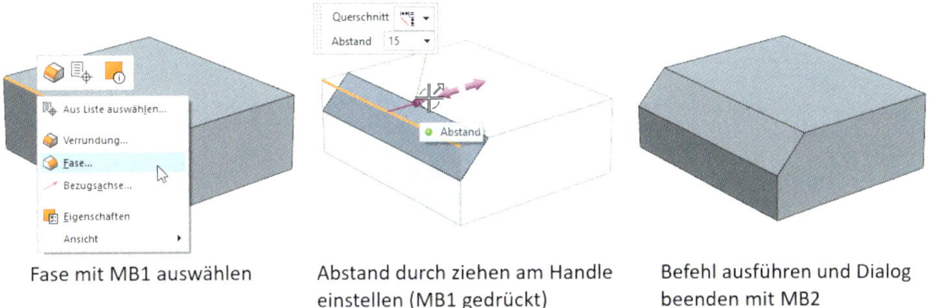

Fase mit MB1 auswählen

Abstand durch ziehen am Handle einstellen (MB1 gedrückt)

Befehl ausführen und Dialog beenden mit MB2

TIPP: An diesem einfachen Beispiel wird auch erkennbar, dass das Dialogfenster eines Befehls nicht immer mit der Maus besucht werden muss, um Werte einzugeben. ■

2.4.1.1 Rahmenleiste

Die Rahmenleiste kann zu jeder Zeit verwendet werden, um Einstellungen für die Objektauswahl vorzunehmen. Die wesentlichen Optionen werden im Folgenden erläutert.

Mit dem *Filter-Typ* können Sie die Auswahlliste auf einen definierten Objekttyp filtern. So ist es z. B. möglich, einen Auswahlrahmen um eine komplette Baugruppe zu ziehen und diese Auswahlliste auf *Volumenkörper* zu filtern. Das Ergebnis dieser gefilterten Auswahl sind dann alle Volumenkörper der Baugruppe. Der *Auswahlbereich* definiert den Selektionsbereich bezogen auf die Komponente. So können Sie z. B. durch die Verwendung von *Nur in Arbeitsteil* vermeiden, dass Objekte außerhalb des aktiven Teils in die Auswahl einbezogen werden. Mit dem *Layer-Filter* können Sie die Auswahl auf einen bestimmten Layer begrenzen.

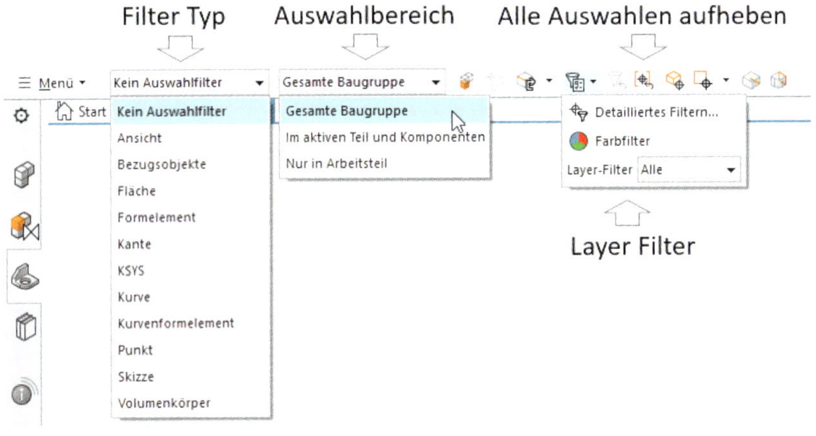

Die weiteren Funktionen werden in der folgenden Tabelle kurz erläutert.

	**FILTER ZURÜCKSETZEN** setzt alle Filteroptionen auf deren ursprünglichen Status zurück.
	**DETAILLIERTES FILTERN** erlaubt die Kombination mehrerer Filter in einem Dialog.
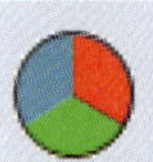	**FARBFILTER**: Die Auswahl wird auf Objekte einer definierten Farbe begrenzt.
	**ALLE AUSWAHLEN AUFHEBEN**: Die Selektion aller ausgewählten Objekte wird aufgehoben.
	**IN NAVIGATOR ANZEIGEN**: Die ausgewählten Objekte werden im *Teile*-bzw. *Baugruppen-Navigator* markiert. (Dieser Befehl muss über *Anpassen* der Rahmenleiste hinzugefügt werden.)
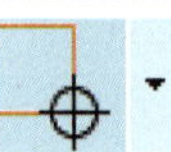	**DROPDOWN MEHRFACHAUSWAHL** erlaubt die Auswahl mehrerer Objekte mithilfe eines Auswahlrahmens oder des Lassos.
	**AUSWAHL AUSGEBLENDETER DRAHTMODELLE ERLAUBEN**: Bei aktivierter Funktion können Sie verdeckte Kanten auswählen.
	**HIGHLIGHT HIDDEN EDGES**: Aktuell nicht sichtbare Kanten werden hervorgehoben, wenn Sie in den Auswahlfokus gelangen.

Im Folgenden werden einige Funktionen der Rahmenleiste ausführlicher dargestellt.

Klassenauswahl

Klassenauswahl (Class Selection)

Der **KLASSENAUSWAHL**-Dialog erlaubt die Auswahl von Objekten und anschließendes Filtern der gewählten Objekte durch die Kombination von Auswahlfiltern. Eine sehr nützliche Option ist **AUSWAHL UMKEHREN**. Diese erlaubt es, die gefilterte Auswahl umzukehren.

TIPP: Mit der Option **AUSWAHL UMKEHREN** können Sie in manchen Fällen die Auswahl erheblich beschleunigen: Wenn Sie z. B. 96 von 100 Kanten auswählen möchten, wählen Sie nur vier Kanten und verwenden dann **AUSWAHL UMKEHREN**, um die Auswahl umzukehren. ■

Mehrfachauswahl

Mehrfachauswahl (Multi-Select Gesture)

Durch Verwenden von **MEHRFACHAUSWAHL** können Sie mehrere Objekte zugleich auswählen. Hierfür können Sie mit einem **RECHTECK**, **LASSO** oder **KREIS** einen Auswahlbereich definieren. Mit dem Dropdown **MEHRFACHAUSWAHL** können Sie zwischen den Varianten umschalten.

Die Funktionsweise von **MEHRFACHAUSWAHL** können Sie mit der **MEHRFACHAUSWAHL-REGEL** beeinflussen. In der Standardeinstellung werden alle Objekte gewählt, die sich vollständig innerhalb des Auswahlrahmens befinden (*Innen*). Die **MEHRFACHAUSWAHL-REGEL** können Sie in der *Auswahl Gruppe* einblenden. Beachten Sie hierzu die Abbildung.

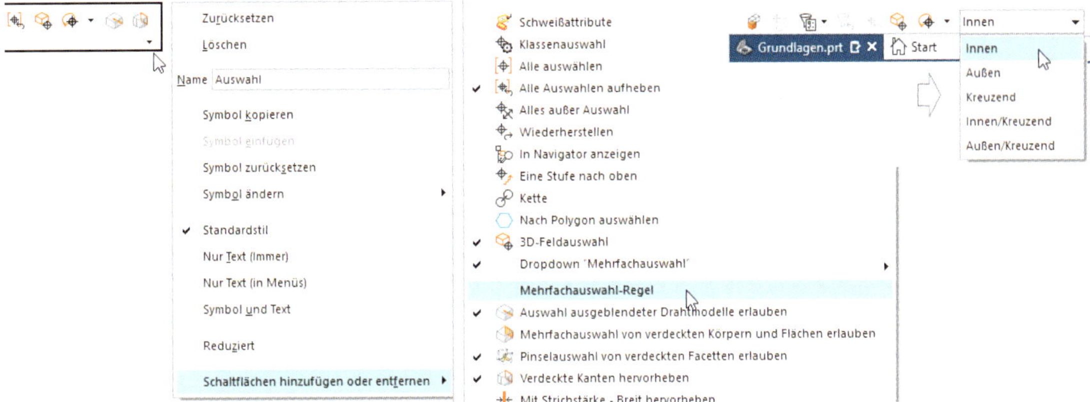

2.4.1.2 Szenen-Leiste

Beim Erzeugen oder Bearbeiten von Formelementen können Sie mit *Auswahlregel* die Auswahl präziser definieren, um das Verhalten des Modells bei zukünftigen Änderungen zu beeinflussen. Die Abbildungen zeigen die generelle Funktionsweise anhand eines einfachen Beispiels. An einem Quader wird eine Fase erzeugt. Bei der Auswahl der Kante wird die *Kurvenregel Tangentiale Kurven* verwendet. Das Ergebnis ist eine Fase an einer Kante.

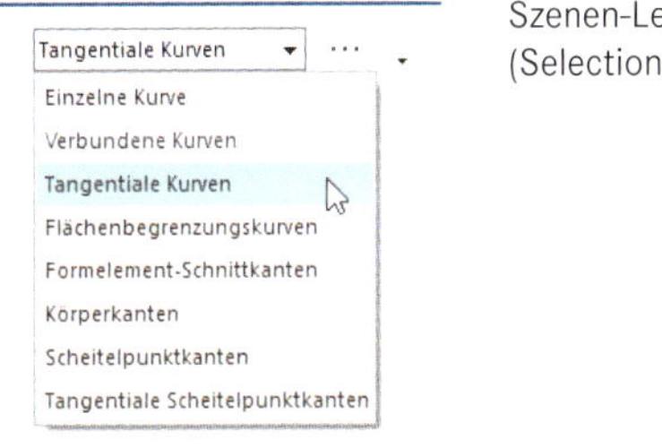

Szenen-Leiste (Selection Scene Bar)

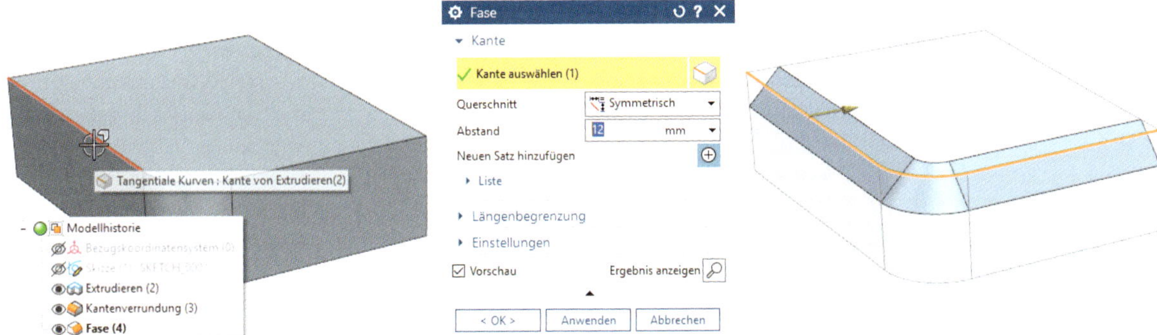

Danach wird vor dem Formelement **FASE** eine *Kantenverrundung* eingefügt und das Teil mit **LETZTES FORMELEMENT ALS AKTUELL FESTLEGEN** aktualisiert. Durch die Verwendung der Auswahlregel *Tangentiale Kurve* wird die Fase automatisch auf weitere tangentiale Kanten angewendet. Das Ergebnis ist eine Fase an allen tangentialen Kanten.

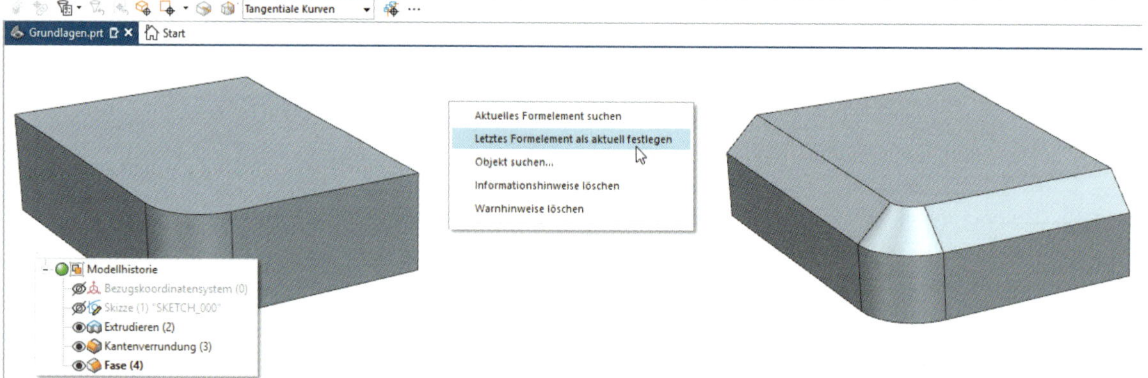

Die Auswahlregel können Sie im Grafikfenster innerhalb des aktiven Befehls mit **MT3** auf den bereits gewählten Elementen ändern. Die Abbildung zeigt hierfür ein Beispiel.

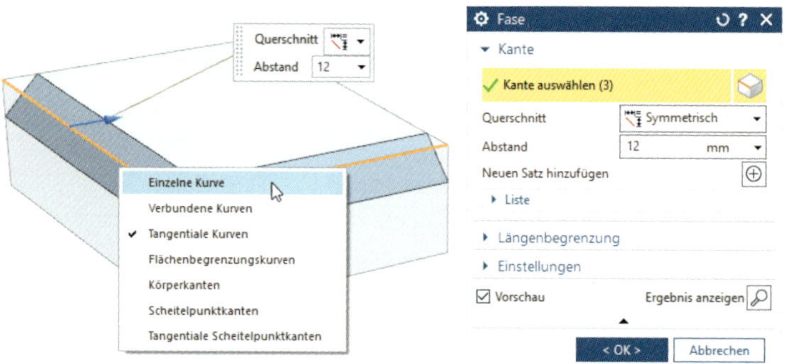

Flächen auswählen mit Flächenregel

Mithilfe der *Flächenregel* wird die Auswahl von Flächen unterstützt. Die grundsätzlichen Optionen bei der Auswahl von Flächen sind in der Abbildung dargestellt. Dabei wird ein Bauteil verwendet, das mit verschiedenen Formelementen erzeugt wurde. In jedem dieser Beispiele wurde nur die einzelne Fläche mit **MT1** angeklickt. Im ersten Bildelement von links wurde die Option *Einzelflächen* verwendet. Dadurch wird nur diese einzelne Fläche ausgewählt. Das zweite Bildelement zeigt die Wirkung der Option *Tangentiale Flächen*. Es werden die Fläche und alle tangential anschließenden Flächen ausgewählt. Im dritten Bildelement wurden mit der Option *Benachbarte Flächen* nur die unmittelbar benachbarten Flächen ausgewählt. Das Bildelement ganz rechts zeigt die Option *Formelementflächen*. Mit dieser Option werden alle Flächen des Formelements *Kantenverrundung* ausgewählt.

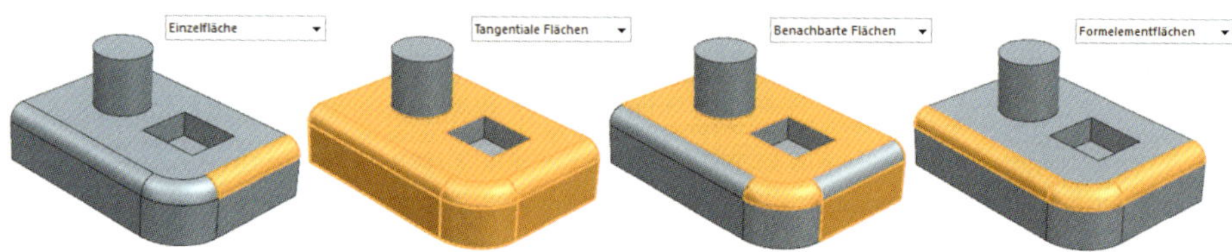

Kurven auswählen

Die Auswahl von Kurven wird durch verschiedene Optionen der Szenen-Leiste unterstützt. Diese Optionen werden im Folgenden erläutert.

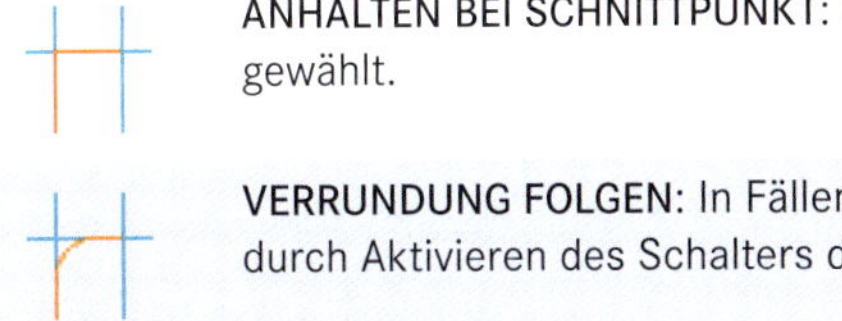

ANHALTEN BEI SCHNITTPUNKT: Kurven werden bis zum nächsten Schnittpunkt ausgewählt.

VERRUNDUNG FOLGEN: In Fällen, in denen die Kontur nicht eindeutig ist, folgt NX durch Aktivieren des Schalters dem Verlauf der Verrundung.

VERKETTUNG INNERHALB VON FORMELEMENT: Bei der Wahl zusammenhängender Kurven werden nur Kurven eines Formelements gewählt.

WEITERE erlaubt die Definition einer Toleranz für tangentiale Übergänge im Pfad.

In der Abbildung wird die Wirkung der Optionen aufgezeigt. Dabei wird mit dem Auswahlfilter *Tangentiale Kurven* die Kurve mit **MT1** immer an der gleichen Stelle gewählt. Dies zeigt das Bildelement ganz links. Im zweiten Bildelement von links ist die Option *Anhalten bei Schnittpunkt* gewählt. Deshalb wird die Kurve nur bis zum nächsten Schnittpunkt gewählt. Das dritte Bildelement zeigt das Ergebnis der Auswahl mit aktivierter Option *Verrundung folgen*. Das Bildelement ganz rechts zeigt die Auswahl ohne Option. Das Ergebnis ist nur die eine Kante, da an deren Endpunkt keine weiteren Kanten tangential anschließen.

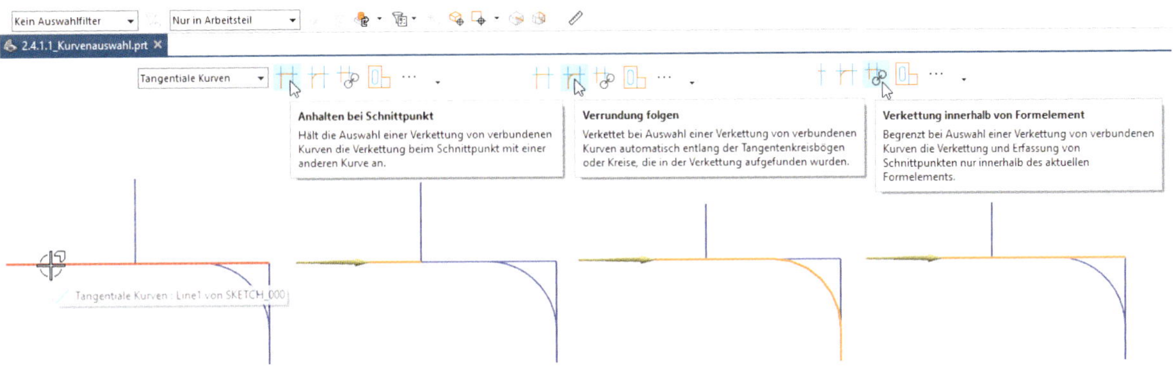

Punkte auswählen

Punkte können entweder durch die Eingabe von Koordinaten oder durch die Auswahl von Kontrollpunkten auf Flächen, Kurven oder Kanten definiert werden. Die Optionen zum Fangen von Punkten sind in der Rahmenleiste integriert.

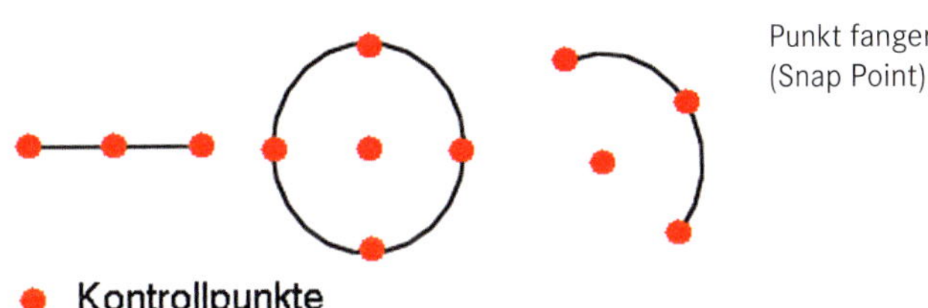

Kontrollpunkt (Control Point)

Linien und Kreisbögen verfügen über Kontrollpunkte an den Enden und in der Mitte. Kreisbögen besitzen zusätzlich noch einen Punkt im Zentrum. Kreise werden durch ihren Mittelpunkt und einen Punkt auf dem Radius definiert. Weiterhin ist die Wahl eines Quadrantenpunkts möglich.

Wenn das Fangen von Punkten aktiv ist, erfolgt eine Voranzeige auf den zu selektierenden Punkt, sobald sich dieser im Fangbereich des Cursors befindet. Die Symbole entsprechen in ihrer Darstellung den Icons der Rahmenleiste. Damit wird die gezielte Selektion unterstützt. Die folgende Tabelle zeigt einige Beispiele. Drücken Sie in diesem Zustand **MT1**, wird jeweils der entsprechende Punkt ausgewählt.

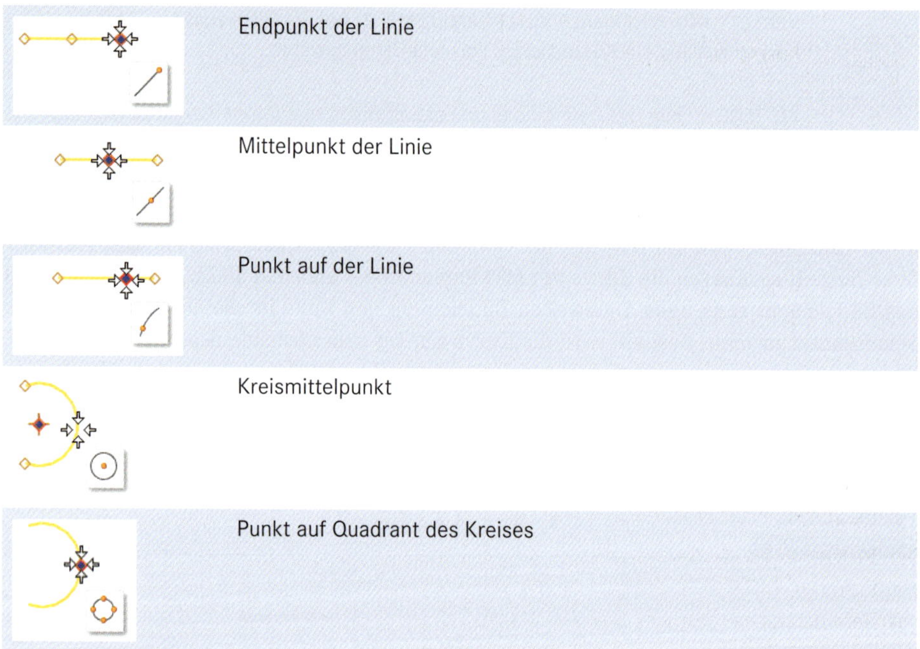

In der Szenen-Leiste werden die Filter für die verschiedenen Punkttypen angezeigt, wobei mehrere Typen gleichzeitig aktiv sein können. Die Filter werden durch Drücken der Icons ein- und ausgeschaltet. Die Optionen werden im Folgenden erläutert.

 **PUNKT FANGEN AKTIVIEREN:** Die Funktionalität des Fangens von Punkten von Objekten wird grundsätzlich ein- bzw. ausgeschaltet.

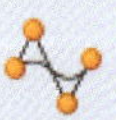 **POL:** Pole von Splinekurven oder Flächen werden gefangen.

 **ENDPUNKT:** Endpunkte von Objekten werden gefangen.

 **MITTELPUNKT:** Mittelpunkte von Objekten werden gefangen.

 **KONTROLLPUNKT:** Kontrollpunkte von Objekten werden gefangen.

SCHNITTPUNKT: Schnittpunkte zweier Objekte werden gefangen.

BOGENMITTELPUNKT: Mittelpunkte von Kreisbögen werden gefangen.

QUADRANTENPUNKT: Quadrantenpunkte von Kreisen und Ellipsen werden gefangen.

VORHANDENER PUNKT: Nur bereits vorhandene Punkte werden gefangen.

PUNKT AUF KURVE: Ein beliebiger Punkt auf einer Kurve wird gefangen.

TANGENTENPUNKT: Tangentenpunkte werden gefangen. Diese Option ist beim Bemaßen in der Zeichnungserstellung aktiv.

PUNKT AUF FLÄCHE: Ein beliebiger Punkt auf einer Fläche wird gefangen.

PUNKT AUF FACETTE SCHEITELPUNKT: Der Punkt auf einem facettierten Körper, der sich am nächsten zur Cursorspitze befindet, wird gefangen.

PUNKT AUF BEGRENZTEM RASTER: Ein Punkt auf einem begrenzten Raster wird gefangen.

Punkt-Dialog

Der **PUNKT-DIALOG** unterstützt Sie bei der Definition von Punkten. Er kann direkt aus dem Dialogfenster eines Befehls aufgerufen werden. Es besteht auch die Möglichkeit, den Dialog über *Anpassen* in der Rahmenleiste anzeigen zu lassen. Mit dem **PUNKT-DIALOG** können Sie Koordinaten relativ zu einem Referenzkoordinatensystem eingeben, vorhandene Punkte von einem Modell übernehmen oder Punkte neu konstruieren. Im Dialog stehen, neben den bereits bekannten Typen, weitere Optionen zur Verfügung. Im oberen Bereich definieren Sie die Art, wie der Punkt gewählt bzw. erstellt werden soll.

Punkt-Dialog (Point Dialog)

Im Vergleich zur Szenen-Leiste stehen erweiterte und zusätzliche Filter zur Verfügung. Die Erweiterungen und Zusätze werden im Folgenden beschrieben.

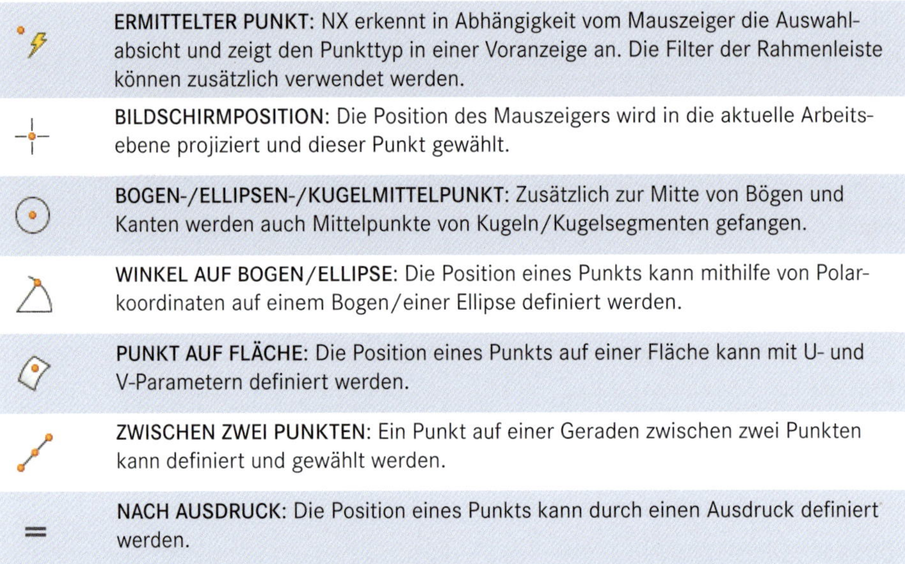

ERMITTELTER PUNKT: NX erkennt in Abhängigkeit vom Mauszeiger die Auswahlabsicht und zeigt den Punkttyp in einer Voranzeige an. Die Filter der Rahmenleiste können zusätzlich verwendet werden.

BILDSCHIRMPOSITION: Die Position des Mauszeigers wird in die aktuelle Arbeitsebene projiziert und dieser Punkt gewählt.

BOGEN-/ELLIPSEN-/KUGELMITTELPUNKT: Zusätzlich zur Mitte von Bögen und Kanten werden auch Mittelpunkte von Kugeln/Kugelsegmenten gefangen.

WINKEL AUF BOGEN/ELLIPSE: Die Position eines Punkts kann mithilfe von Polarkoordinaten auf einem Bogen/einer Ellipse definiert werden.

PUNKT AUF FLÄCHE: Die Position eines Punkts auf einer Fläche kann mit U- und V-Parametern definiert werden.

ZWISCHEN ZWEI PUNKTEN: Ein Punkt auf einer Geraden zwischen zwei Punkten kann definiert und gewählt werden.

NACH AUSDRUCK: Die Position eines Punkts kann durch einen Ausdruck definiert werden.

Im Bereich *Ausgabekoordinaten* können Sie den Punkt durch die Eingabe von Koordinaten bestimmen. Hierbei können Sie mit *Referenz* das Referenzkoordinatensystem bestimmen. *Offset-Option* bestimmt die Angabe eines zusätzlichen Versatzes zum definierten Punkt.

HINWEIS: Werden Punkte unter Bezug zu vorhandener Geometrie bestimmt, sind diese assoziativ. Damit verhalten sich die abhängigen Objekte entsprechend.

Im abgebildeten Beispiel soll der Mittelpunkt einer Kugel festgelegt werden. Dazu verwenden Sie im **PUNKT-DIALOG** den *Typ Zwischen zwei Punkten*. Anschließend wählen Sie die dargestellten Eckpunkte aus. Durch die Angabe von *50 %* im Eingabefeld *% Position* befindet sich der Ursprungspunkt der Kugel in der Mitte der Verbindungslinie zwischen den Eckpunkten. Diese Lage bleibt auch bei Änderungen erhalten. Damit befindet sich die Kugel immer in der Mitte der Quaderfläche, auch dann, wenn sich dessen Größe ändert.

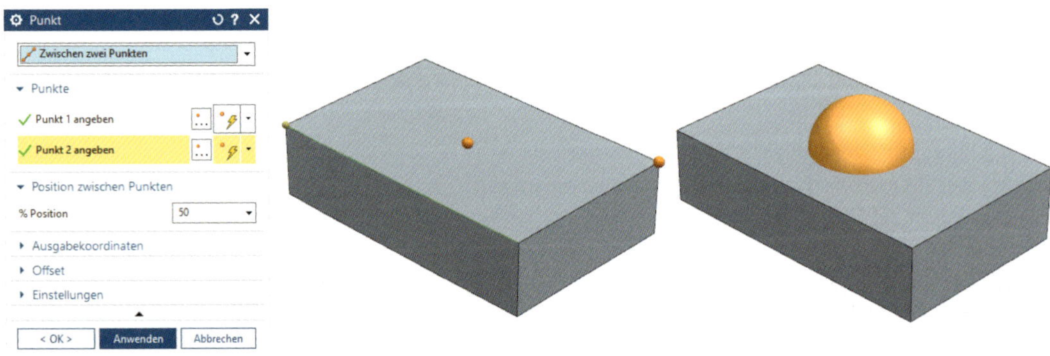

2.4.1.3 QuickPick

Die grundsätzliche Arbeitsweise des Auswahlalgorithmus in NX können Sie sich in Form eines Lichtstrahls, der den Durchmesser des Fangkreises besitzt, vorstellen. Dieser Lichtstrahl fällt an der Stelle des Mauszeigers senkrecht auf den Bildschirm und durchdringt alle Objekte in der Tiefe. Das Objekt, das sich am nächsten zu Ihnen befindet, wird zunächst ausgewählt.

Wenn Sie kurze Zeit auf einem im Voraus gewählten Objekt verweilen, werden am Cursor drei Punkte angezeigt. Durch Drücken von **MT1** verschwindet der Fangbereich, und das abgebildete **QUICKPICK**-Fenster wird angezeigt. Alternativ können Sie **MT1** gedrückt halten und nach dem Erscheinen der Punkte loslassen. Die Wartezeit bis zur Anzeige des **QUICKPICK**-Fensters stellen Sie unter **VOREINSTELLUNGEN > AUSWAHL > QUICKPICK > VERZÖGERUNG** ein. Alle Objekte im Fangbereich werden gelistet und können mit **MT1** ausgewählt werden. Objekte mit aktueller Auswahlpriorität stehen am Anfang.

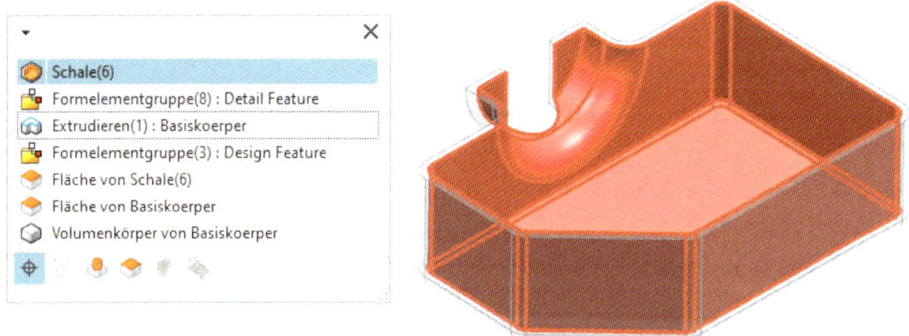

Mit den Icons im **QUICKPICK**-Fenster können die Objekte wie folgt gefiltert werden:

ALLE OBJEKTE: Alle Objekte im Fangbereich des Cursors werden angezeigt.

KONSTRUKTIONSOBJEKTE: Es werden nur Bezugsobjekte, Skizzenelemente und Kurven angezeigt.

FORMELEMENTE: Elemente, die zu einem Formelelement gehören, werden angezeigt.

KÖRPEROBJEKTE: Elemente, die zu einem Körper gehören, werden angezeigt.

KOMPONENTEN: Elemente, die zu einer Baugruppe gehören, werden angezeigt.

BESCHRIFTUNGEN: Produkt- und Fertigungsinformationen werden angezeigt.

TIPP: Die Auswahl im **QUICKPICK**-Fenster ist abhängig vom *Filtertyp* in der Rahmenleiste. Dieser wirkt wie ein Vorfilter. ■

2.4.2 Löschen, Wiederherstellen, Rückgängig, Wiederholen

Löschen (Delete) oder Strg+D

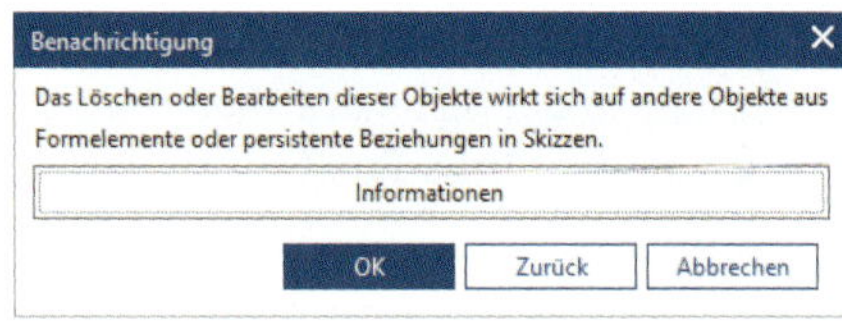

Um ein Objekt zu löschen, wird empfohlen, dieses Objekt zunächst vorauszuwählen, um es dann mit der **ENTF**-Taste zu löschen. Weitere Optionen sind die Verwendung des Befehls **LÖSCHEN** oder der Tastenkombination (**STRG+D**). Beim Aufruf des Befehls ohne Vorauswahl müssen die zu löschenden Objekte definiert werden. Dafür wird die **KLASSENAUSWAHL** aufgerufen (siehe Absatz „Klassenauswahl" unter Abschnitt 2.4.1.1).

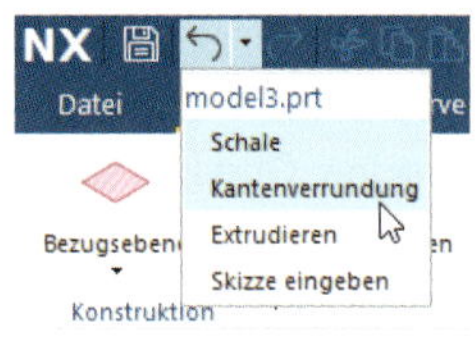

Wenn vom zu löschenden Objekt weitere Objekte abhängig sind, erhalten Sie den in der Abbildung dargestellten Hinweis. Innerhalb einer aktiven NX-Sitzung kann das Löschen rückgängig gemacht werden.

Rückgängig, Wiederherstellen (Undo, Redo) oder Strg+Z, Strg+Y

Ihre Aktionen innerhalb von NX werden in einem Sitzungsjournal protokolliert. Mit den Befehlen **RÜCKGÄNGIG** und **WIEDERHERSTELLEN** können Sie in diesem Journal vor und zurück navigieren. Auf dieses Weise können Sie eine protokollierte Aktion, wie z. B. das Löschen, rückgängig machen bzw. wiederherstellen. Das Drop-down **RÜCKGÄNGIG** enthält die zuletzt ausgeführten Befehle. Durch die Wahl eines Eintrags können Sie einen oder mehrere Befehle rückgängig machen.

Befehl wiederholen

Das Drop-down **BEFEHL WIEDERHOLEN** besteht aus einer Liste der zuletzt ausgeführten Befehle. Durch Auswahl aus der Liste kann ein Befehl erneut aufgerufen werden. Mit **F4** führen Sie den zuletzt aufgerufenen Befehl erneut aus.

2.4.3 Parameter entfernen

Parameter entfernen (Remove Parameter)

Bei der Änderung komplexer Modelle ist es möglich, dass aufgrund der vorhandenen Abhängigkeiten Fehler bei der Aktualisierung des Modells auftreten, die nicht automatisch behoben werden können. Um in diesem Fall dennoch mit der Konstruktion fortfahren zu können, können Sie alle Parameter mit dem Befehl **MENÜ > BEARBEITEN > FORMELEMENT > PARAMETER ENTFERNEN** löschen.

Die Abbildung zeigt die Auswirkung von **PARAMETER ENTFERNEN**. Die Formelemente werden verworfen, während die Geometrie vollständig erhalten bleibt. Innerhalb der aktiven Sitzung kann der Befehl **PARAMETER ENTFERNEN** widerrufen werden.

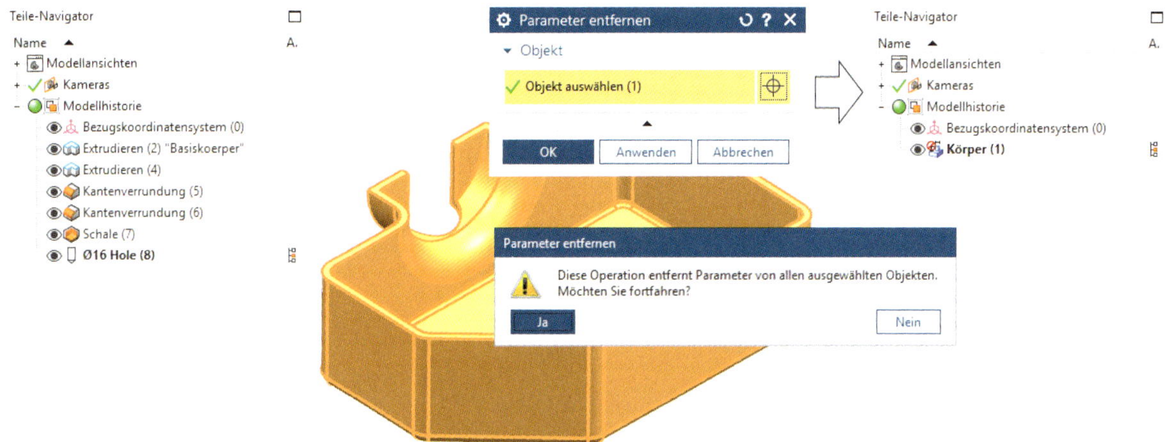

TIPP: Um einen nicht parametrischen Körper zu ändern, bieten sich die Synchronous Modeling-Befehle an, da diese ausschließlich auf vorhandener Geometrie aufbauen. Weitere Informationen hierzu finden Sie in Kapitel 4 und dem entsprechenden Übungsbeispiel in Abschnitt 7.2.

2.4.4 Design Logic

Design Logic ist der Oberbegriff für eine Funktionalität innerhalb NX, die immer dann Anwendung findet, wenn Parameter definiert werden. Anstelle von absoluten Werten arbeitet NX mit Ausdrücken.

Ein Ausdruck besteht aus einer Variablen und einem ihr zugeordneten Wert. Die Abbildung zeigt ein Modell mit zwei Bohrungen, welche durch das Formelement *Bohrung* definiert sind. Bei der Eingabe des Werts *12* für den Durchmesser hat NX diesen in einen Ausdruck umgewandelt, indem es den Wert *12* einer Variablen *p335* zugeordnet hat. Dadurch ist der Ausdruck *p335=12* erstellt worden. Diese Information kann aus den *Details* der Bohrung herausgelesen werden.

Ausdrücke (Expressions)

Als Anwender können Sie bei der Eingabe die Variable eines Ausdrucks angeben. Hierfür können Sie bei jeder Parametereingabe den Pfeil neben dem Eingabefeld oder das Ausdrucksmenü verwenden, welches Sie unter **MENÜ > WERKZEUGE > AUSDRÜCKE** finden. Alternativ können Sie auch die Tastenkombination (**STRG+E**) verwenden. Innerhalb NX spricht man von Benutzerausdruck, wenn ein Ausdruck explizit durch den Anwender erstellt wurde.

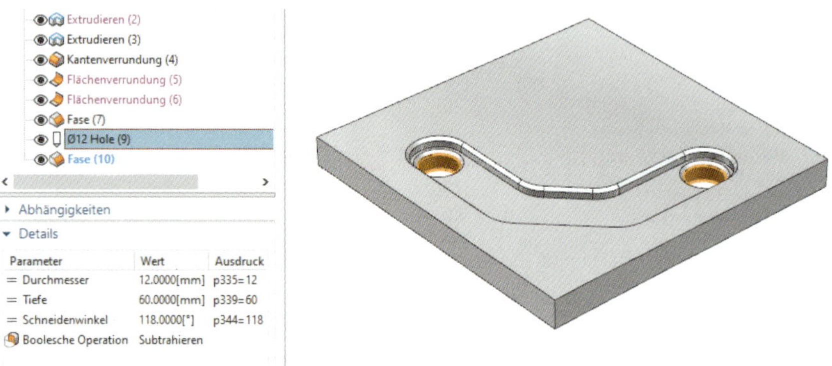

Zur Bestimmung von Ausdrücken werden

- Zahlen, z. B. *p24=2.56*,
- bereits definierte Variablen, z. B. *p25=p24*,
- Kombinationen von beiden, z. B. *f=pi()*(durchmesser^2)/4*,
- Bedingungen, z. B. *l=if (b>3) (5) else (2)*,
- Messwerte, z. B. *abstand=distance3*, und
- Funktionen, z. B. *federkonstante=ug_compressionSpringConstant(20[mm],16[mm], 1000[N])*,

verwendet. Die vollständige Beschreibung der Syntax für die Verwendung von Ausdrücken finden Sie in der Online-Hilfe.

Ausdrucksnamen (Expression Names)

Die Namen der Variablen werden beim Erstellen parametrischer Elemente automatisch vergeben. Diese automatisch generierten Variablen beginnen mit dem Buchstaben *p* und erhalten eine fortlaufende Nummerierung (*p0, p1, p2* ...). Ausdrücke können auch durch den Anwender benannt werden. Der Name muss dabei innerhalb eines Teils eindeutig sein. Der Name kann aus einer Folge von Buchstaben und Zahlen bestehen, muss jedoch mit einem Buchstaben beginnen. Die Namen dürfen keine Sonderzeichen beinhalten (außer den Unterstrich).

Ausdrucksnamen können Sie direkt bei der Eingabe erstellen. Dabei können auch Abhängigkeiten zu bereits definierten Ausdrücken vergeben werden. Die Abbildung zeigt ein Beispiel für das Erstellen des Ausdrucks *Hoehe=15.*

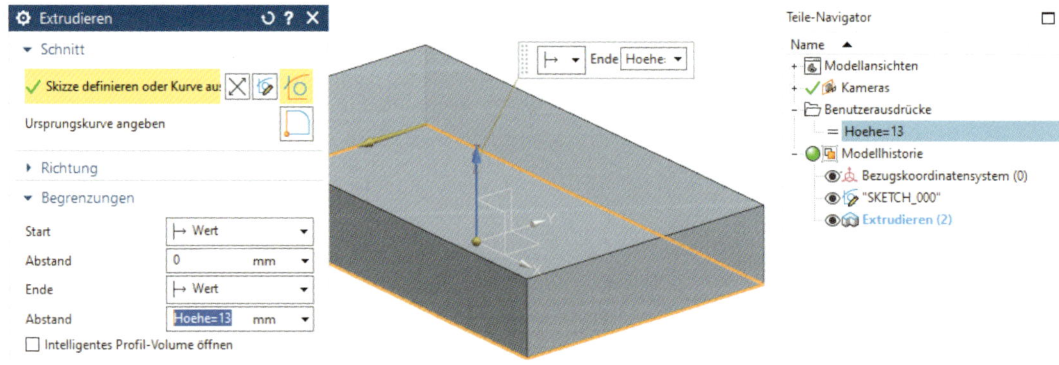

Zur weiteren Kennzeichnung können Sie Ausdrücke bei der Eingabe der Parameter mit einem Kommentar versehen. Dieser Text ist durch // zu kennzeichnen, z. B. *d1=10 //Wellendurchmesser*.

Verwaltung von Ausdrücken

Um Ausdrücke zu verwalten und auf weitere Funktionen von *Design Logic* zugreifen zu können, steht ein entsprechender Dialog (siehe Abbildung) zur Verfügung, der unter **MENÜ > WERKZEUGE > AUSDRÜCKE** oder mit der Tastenkombination **STRG+E** aufgerufen werden kann. An dieser Stelle werden alle Ausdrücke der Konstruktion mit ihrem Namen, der Formel, ihrem aktuellen Wert, der Einheit, dem Typ, einem Kommentar und Prüfungen dargestellt.

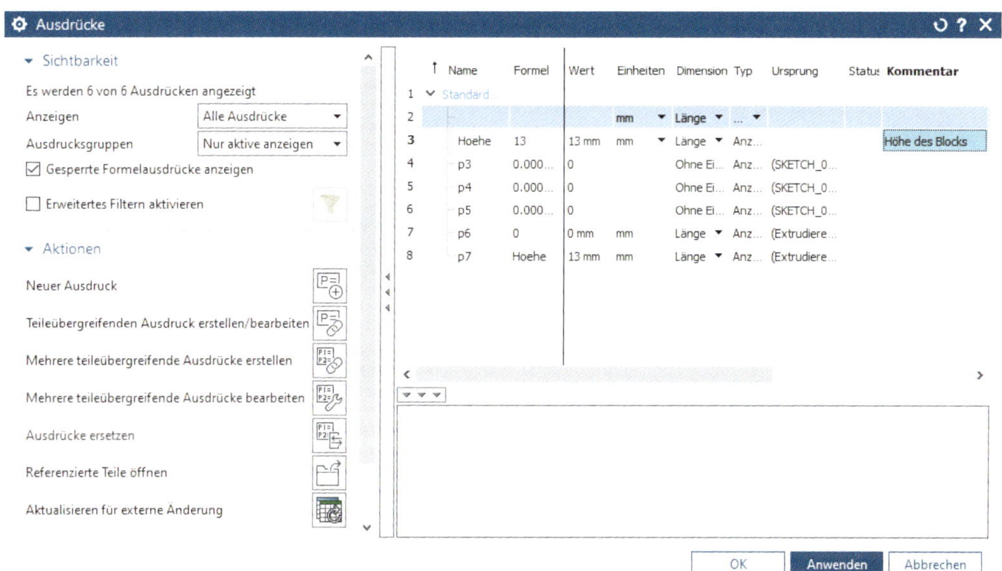

Unter *Sichtbarkeit* können vorhandene Ausdrücke nach verschiedenen Kriterien gefiltert werden. Mit der Option **ANZEIGEN > BENANNTE AUSDRÜCKE** werden die durch den Anwender selbst erstellten oder umbenannten Ausdrücke angezeigt. *Benutzerdefinierte Ausdrücke* zeigt nur jene Ausdrücke an, die durch den Anwender festgelegt wurden. Bei Verwendung von *Elementausdrücke* muss zusätzlich ein Element im Geometriefenster selektiert werden, damit dessen Ausdrücke im Dialog erscheinen.

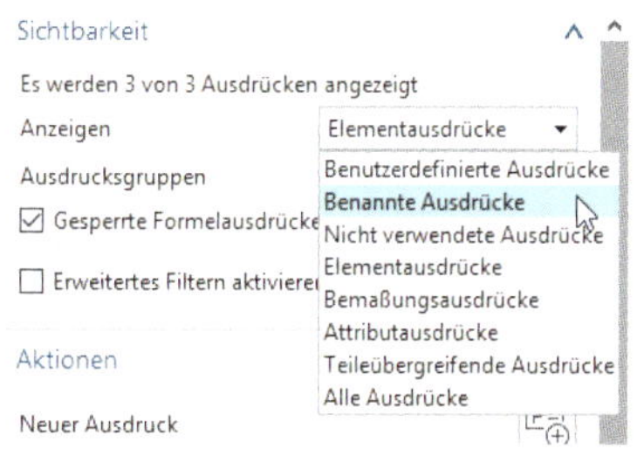

Wird *Erweitertes Filtern aktivieren* angewählt, so öffnet sich durch Klick auf das Filter-Symbol ein Dialog, mit dessen Hilfe nach weiteren Kriterien gefiltert werden kann. Aktiviert man hier beispielsweise *Nach Name filtern* mit der Auswahl *Ist nicht gleich* und der Eingabe *H**, so werden alle Ausdrücke ausgeblendet, die mit *H* im Namen beginnen. Dabei wird das Zeichen * als beliebiger Text interpretiert, jedoch nur bei der Auswahl *Gleich* und *Ist nicht gleich*.

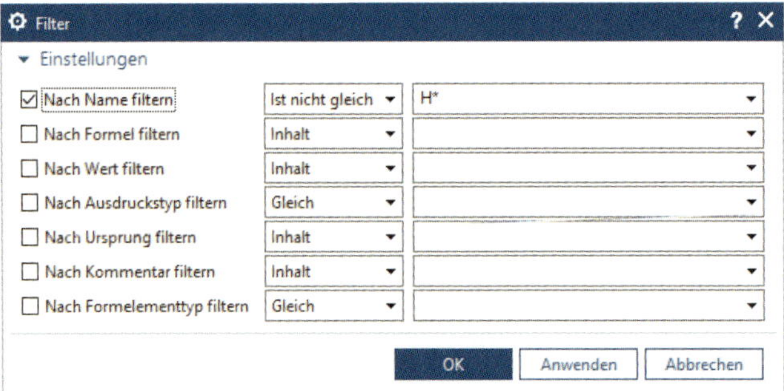

Mit **MT3** auf die Spaltenüberschrift wird das Kontextmenü angezeigt. Hier gibt es die Option, die Ausdrücke nach Namen aufsteigend oder absteigend zu sortieren. Zudem besteht die Möglichkeit, die Ausdrücke nach oder entgegen ihrer Erstellungsreihenfolge sortieren zu lassen.

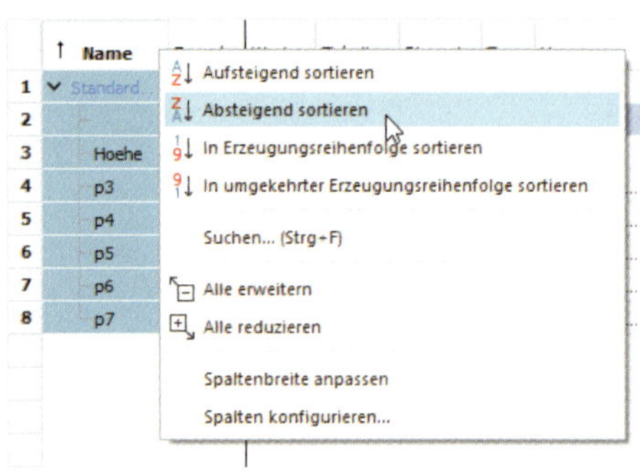

Nach Auswahl eines Ausdrucks mit **MT1** kann dessen *Name* oder *Formel* angepasst werden. In der Spalte *Formel* kann neben einer Formel auch ein einzelner Wert stehen. Das Ergebnis aus der Formel wird dann in der Spalte *Wert* angezeigt. Dieses Feld ist nicht editierbar. Die weiteren Felder wie *Einheiten*, *Typ* oder *Kommentar* lassen sich durch Auswahl mit **MT1** editieren bzw. einstellen.

Neue Gruppe (New Group)

In der ersten Zeile wird die *Standardgruppe* angezeigt. Ein Klick mit **MT3** auf diese Zeile eröffnet die Möglichkeit, mit **NEUE GRUPPE** weitere Gruppen zur Strukturierung von Ausdrücken zu erzeugen. Dies macht Sinn, wenn die Anzahl der Ausdrücke zu groß wird und die Übersichtlichkeit darunter leidet. Vor der Erzeugung eines Ausdrucks muss die jeweilige Gruppe mit **GRUPPE ALS AKTIV FESTLEGEN** aktiviert werden.

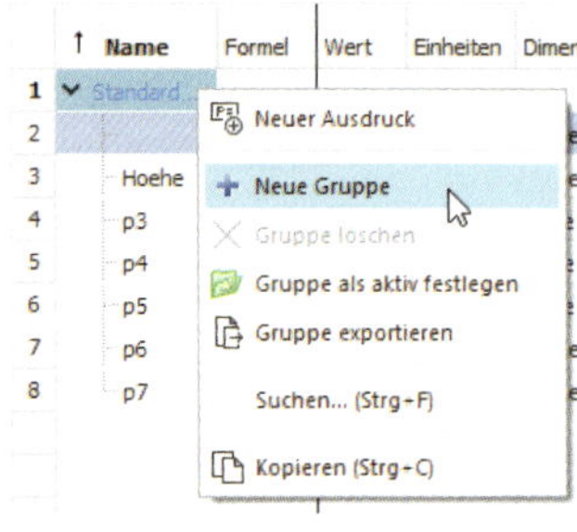

Neuer Ausdruck (New Expression)

Ein neuer Ausdruck kann über mehrere Wege erstellt werden. Zum einen kann im Kontextmenü der Gruppe **NEUER AUSDRUCK** ausgewählt werden. Des Weiteren besteht aber auch die Möglichkeit, diesen über das Icon **NEUER AUSDRUCK** unter *Aktionen* zu definieren. Dadurch wird eine neue „blaue" Zeile in der Ausdrucksliste erstellt. Müssen mehrere Ausdrücke erzeugt werden, so können durch mehrmaliges Auswählen des Befehls mehrere Ausdrücke vordefiniert werden. Durch Aktivieren eines „blauen" Feldes mit einem Doppelklick kann dieses editiert werden. Zu beachten ist, dass zumindest in der ersten Spalte ein *Name* eingetragen wird. Durch die Verwendung dieses Dialogfensters können mehrere Bedingungen eines Modells gleichzeitig geändert werden. Mit **ANWENDEN** wird die Konstruktion dann mit den geänderten Werten aktualisiert. Auf diese Weise können Sie verschiedene Varianten prüfen, ohne die Formelemente einzeln ändern zu müssen.

Die Icons im Dialogfenster haben folgende Bedeutung:

NEUER AUSDRUCK zur Erstellung eines neuen Benutzerausdrucks

TEILEÜBERGREIFENDEN AUSDRUCK ERSTELLEN/BEARBEITEN erlaubt es, eine einzelne Expression aus einer anderen Teiledatei zu referenzieren.

MEHRERE TEILEÜBERGREIFENDE AUSDRÜCKE ERSTELLEN erlaubt es, mehrere Expressions aus einer anderen Teiledatei zu referenzieren.

MEHRERE TEILEÜBERGREIFENDE AUSDRÜCKE BEARBEITEN erlaubt es, die externen Referenzen zu verwalten (Teiledatei ändern, Löschen).

AUSDRÜCKE ERSETZEN tauscht die Formel eines Ausdrucks mit der eines anderen Ausdrucks.

REFERENZIERTE TEILE ÖFFNEN erlaubt das Öffnen referenzierter Teile.

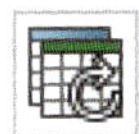

AKTUALISIEREN FÜR EXTERNE ÄNDERUNG erlaubt das Aktualisieren der Expressions mit jenen Werten der externen Tabelle.

AUSDRÜCKE IMPORTIEREN: Es werden Dateien des Typs *.exp* eingelesen. Bei gleichen Ausdrücken können Sie die Ersetzungsstrategie bei der Auswahl der zu importierenden Datei vorgeben.

AUSDRÜCKE EXPORTIEREN: Die Ausdrücke werden in eine Textdatei des Typs *.exp* geschrieben. Diese Datei können Sie mit einem Texteditor bearbeiten.

Dieses Icon öffnet den Dialog zu FILTER-Einstellungen, um mit erweiterten Möglichkeiten nach Ausdrücken zu filtern.

Weitere Optionen erhält man durch Auswahl eines Ausdrucks mit **MT3**. Im Kontextmenü stehen unter anderem Befehle zum Löschen, Sperren oder Kommentieren zur Verfügung.

Die Möglichkeiten von *Design Logic* können Sie bereits bei der Erstellung von Formelementen verwenden, und zwar durch einen Klick mit **MT1** auf den Pfeil neben dem Feld für die Parametereingabe. Es erscheint das abgebildete Kontextmenü. Dieses enthält die verschiedenen Optionen zur Erstellung von Ausdrücken. Weiterhin wird eine Liste der letzten Eingabewerte und verfügbaren Ausdrücke für die direkte Auswahl angeboten.

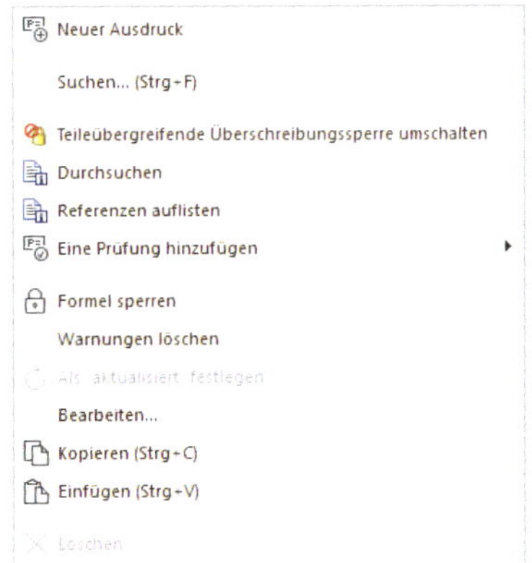

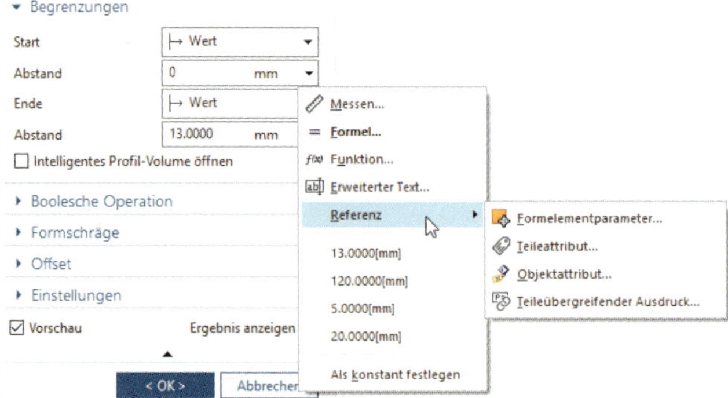

Mit **MESSEN** kann das Ergebnis einer Längen- oder Winkelmessung übernommen werden. Die Messung wird im *Teile-Navigator* protokolliert. Mit **FORMEL** gelangen Sie in das Dialogfenster **AUSDRÜCKE** und können eine Formel definieren. Mit **REFERENZ** ist es unter anderem möglich, vorhandene Parameter zu referenzieren. Hierzu wählen Sie mit **MT1** die vorhandene Geometrie und wählen dann aus den verfügbaren Parametern einen aus.

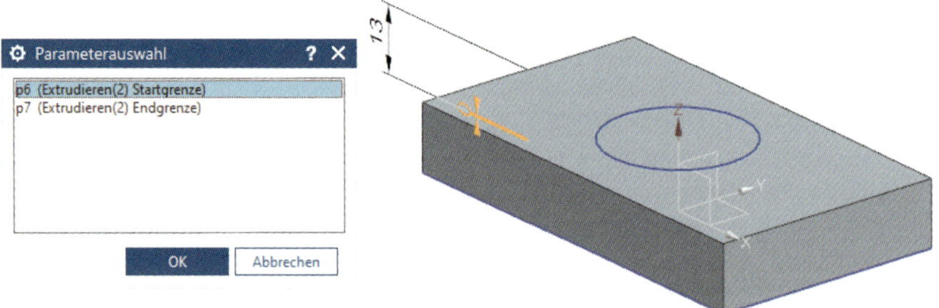

Mit **ALS KONSTANT FESTLEGEN** gelangen Sie wieder zur Standard-Werteeingabe zurück.

2.5 Basiswerkzeuge

In diesem Abschnitt werden die generellen Basiswerkzeuge beschrieben, die bei der Anwendung von großer Bedeutung sind.

2.5.1 Messen

Messen (Measure)

Grundsätzlich ist zu sagen, dass es in NX entgegen früherer Versionen nur noch einen **MESSEN**-Befehl gibt, mit dem alle Messungen vorgenommen werden können. Diesen finden Sie in der Registerkarte *Analyse*. Nach Aufruf des Befehls **MESSEN** wird das abgebildete Dialogfenster angezeigt. Der Dialog ist in vier Bereiche aufgeteilt, auf die wir im Folgenden genauer eingehen werden.

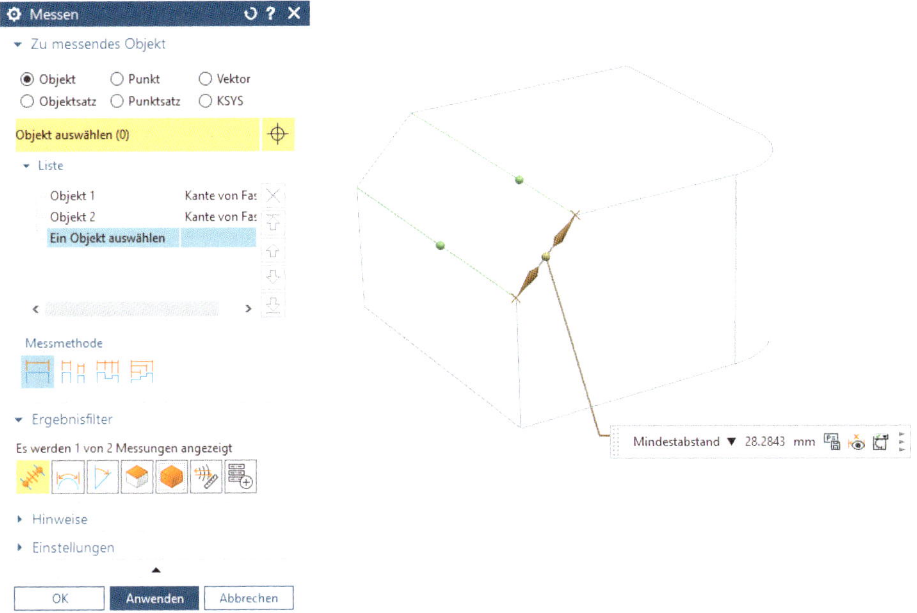

Unter *Zu messendes Objekt* wird die Geometrie ausgewählt, die zu messen ist. Hier besteht die Möglichkeit, einzelne Objekte zu wählen oder auch ganze Gruppen wie zum Beispiel mehrere Körper als Objektsatz. Für Punkte gilt das Gleiche. Neben Geometrie können Sie auch Richtungen in Form von Vektoren der Messung mitgeben. Unter *Liste* wird die Auswahl aufgeführt. Bei einzelnen Messungen muss die Reihenfolge berücksichtigt werden, deshalb besteht die Möglichkeit, diese Liste mit den Pfeilen umzusortieren oder einzelne Elemente wieder zu löschen. Des Weiteren kann die Messmethode eingestellt werden, zum Beispiel ob eine Kettenmessung oder Referenzmessung erstellt werden soll.

Haben Sie die Objekte ausgewählt, werden die zu dieser Auswahl möglichen Messungen sofort im Grafikbereich angezeigt. Um das Ergebnis einzugrenzen, können Sie diese unter *Ergebnisfilter* filtern. Es werden nicht alle möglichen Ergebnisse angezeigt. Unter **EINSTELLUNGEN > MESSUNGSVOREINSTELLUNGEN** können Sie weitere Messungen aktivieren.

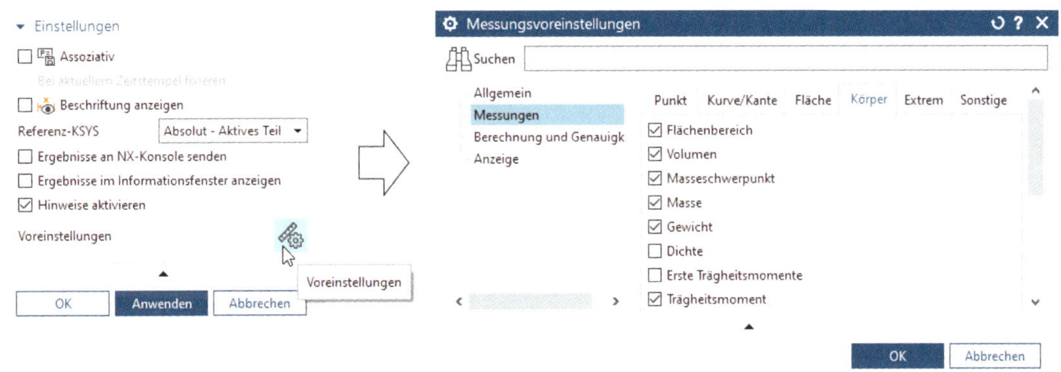

Da die Messen-Funktion sehr umfangreich ist, bietet NX unter *Hinweise* Tipps an, welche Objekte oder Selektionen noch vorgenommen werden müssen, um die jeweilige Messung zu erstellen.

Nachfolgend werden wir Ihnen einige ausgewählte Messungen mit ihren Selektionen und Ergebnissen vorstellen. Die einfachste Messung erfolgt durch Starten des Messen-Befehls. Anschließend bewegen Sie die Maus über ein Objekt, wie zum Beispiel eine Körperkante oder eine Fläche. Im Tooltip wird dann ein Messergebnis angezeigt, ohne dass Sie eine Selektion vornehmen müssen.

2.5.1.1 Abstandsmessung

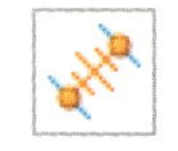

Abstandsmessung (Distance)

Wenn Sie zwei Objekte (z. B. zwei Kanten im folgenden Beispiel) nacheinander anwählen und zusätzlich den *Ergebnisfilter* ABSTAND aktivieren, bekommen Sie den *Mindestabstand* in einem sogenannten Szenendialog angezeigt. Im Szenendialog haben Sie weitere Möglichkeiten, die Messung zu beeinflussen. Durch Selektion des schwarzen Pfeils und Auswahl von *Max. Abstand* wird der Typ der Messung auf maximalen Abstand umgestellt.

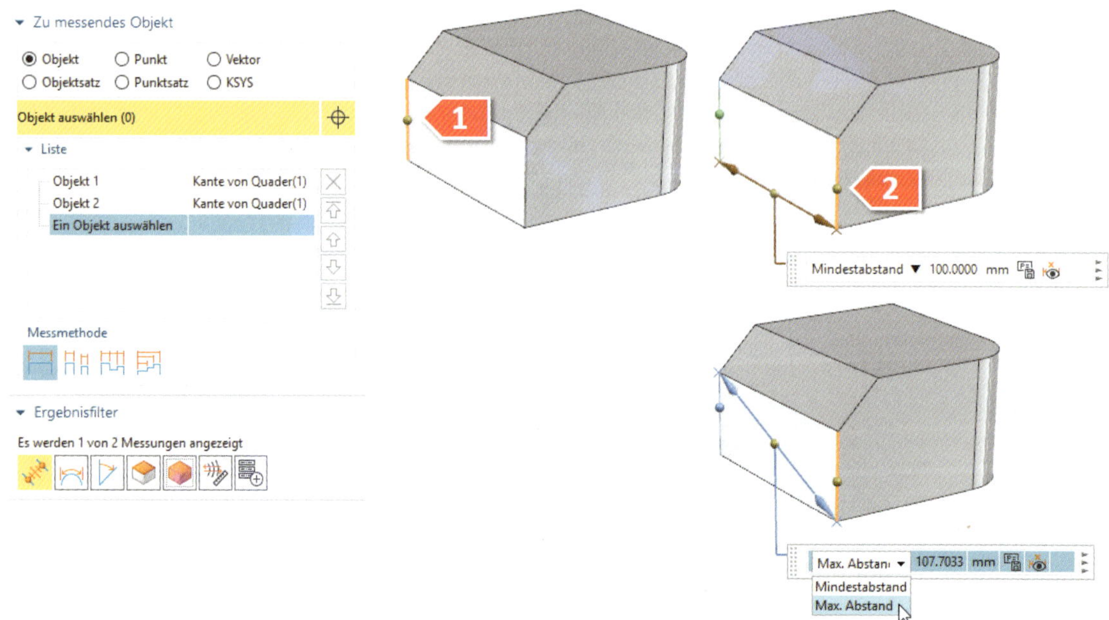

Im nächsten Beispiel wird ein Objektsatz verwendet. In einem Objektsatz können verschiedenste Objekte zusammengefasst werden. Hierbei spielt es keine Rolle, ob Sie die Elemente einzeln nacheinander selektieren oder dies mit einer Auswahlbox erledigen.

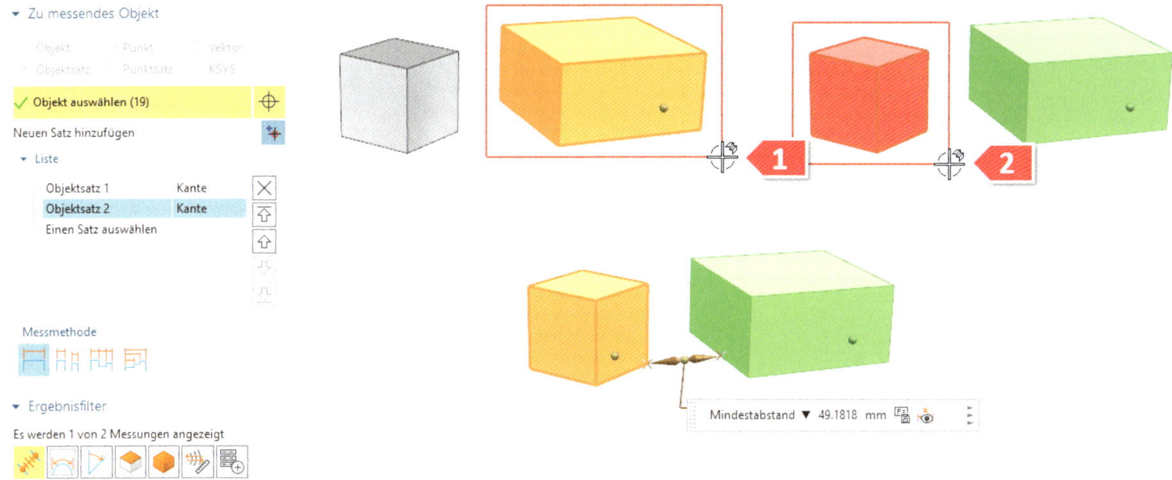

2.5.1.2 Winkelmessung

Wenn Sie zwei Objekte auswählen, wird unter *Ergebnisfilter* angezeigt, wie viele Messungen von NX grundsätzlich mit diesen Elementen berechnet werden können. Aktivieren Sie hier nur den Winkelfilter, erhalten Sie das in der Abbildung dargestellte Ergebnis. Auch hier besteht die Möglichkeit, im Szenendialog weitere Varianten der Winkelmessung auszuwählen.

Winkelmessung (Angle)

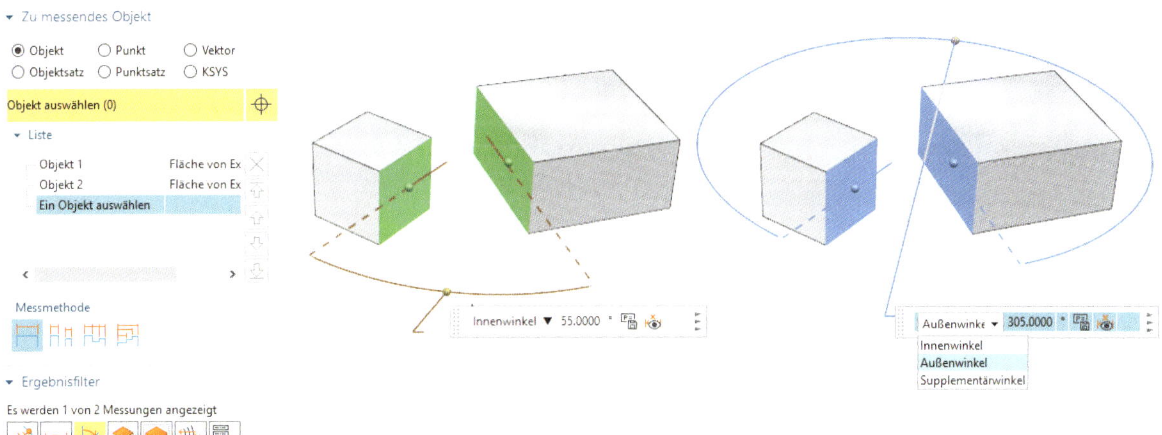

Im nächsten Beispiel wird als Referenz zuerst eine Kante als Objekt selektiert und anschließend ein Vektor verwendet. Nach dem Aktivieren des Vektors wird dieser über zwei Punkte erstellt. Erster Punkt ist die Ecke ganz links, und als zweiter Punkt wird der Mittelpunkt der Bohrung verwendet.

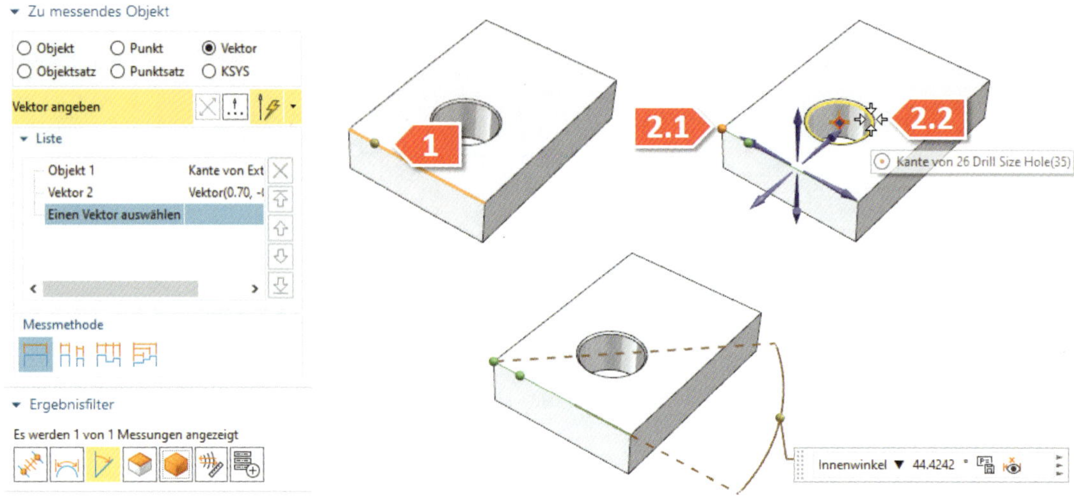

2.5.1.3 Punktmessung

Punktmessung (Point Measurement)

Die einfache Punktmessung erfolgt durch die Selektion eines Punktes. Der Ergebnisfilter muss in diesem Fall auf Abstand eingestellt werden, da das Ergebnis Abstände in X, Y und Z ausgibt. Im dargestellten Beispiel wurde der Mittelpunkt der Bohrung selektiert. Als Ergebnis werden die Koordinaten zum Arbeitskoordinatensystem (WCS) ausgegeben.

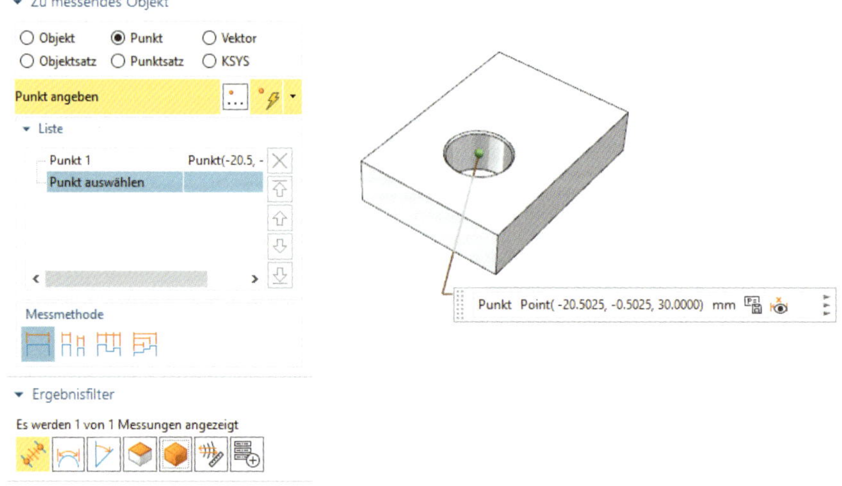

Wird zusätzlich zu dem Punkt noch ein Koordinatensystem ausgewählt, so werden die Koordinaten des Punktes relativ zu diesem KSYS berechnet und ausgegeben.

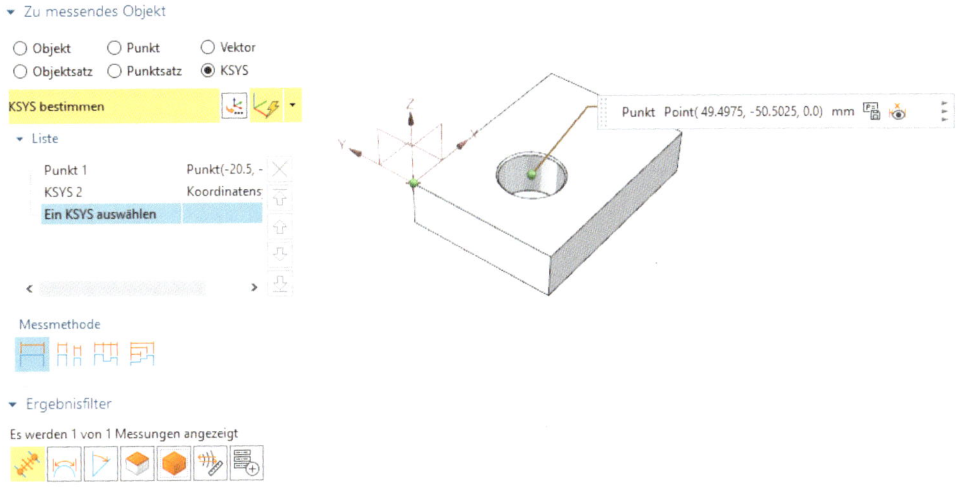

2.5.1.4 Kurven-/Kantenmessung

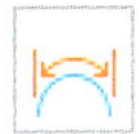

Kurve-/Kantenmessung (Curve/Edge)

Wenn aufgrund der zu messenden Objekte gleich mehrere Ergebnisse zustande kommen, werden diese im Szenendialog untereinander aufgelistet. So auch beim nächsten Beispiel: Hier wurde als Objekt die Kurve (Kante) des Radius ausgewählt.

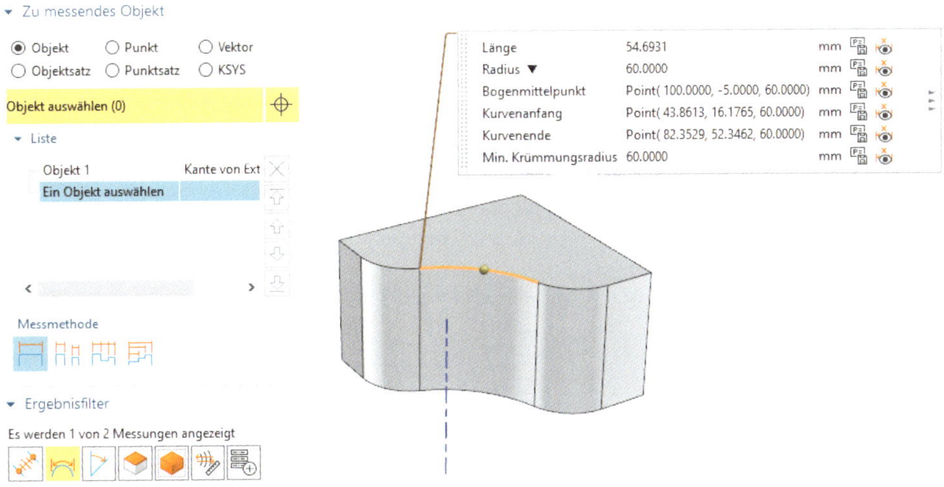

Assoziativ (Associative)

Durch Aktivieren der Option **ASSOZIATIV** unter **EINSTELLUNGEN** wird ein Eintrag im *Teile-Navigator* an der aktuellen Position erstellt. Dieser Eintrag wird wie ein Formelement behandelt. Zudem erscheint der Ordner *Bemaßungen*, in dem alle assoziativen Messungen der Komponente aufgelistet werden. Um eine Messung assoziativ zu machen, können Sie auch das entsprechende Icon im Szenendialog auswählen.

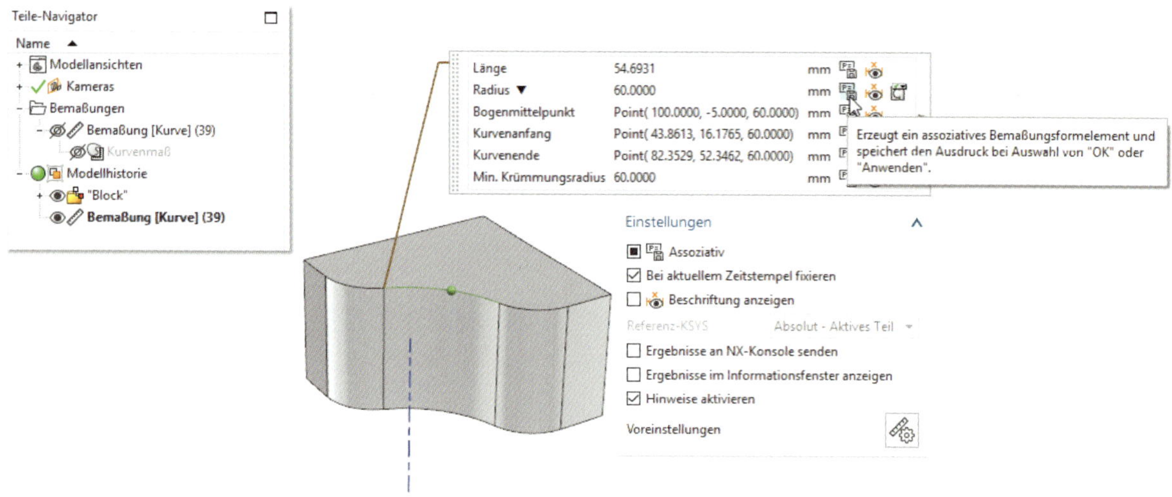

Beschriftung anzeigen (Displays and Annotation)

Wenn Sie bei *Zu messendes Objekt Objektsatz* auswählen und anschließend einen Kurvenzug selektieren, werden die gesamte *Länge* und der *Min. Krümmungsradius* angezeigt. Durch Aktivieren der Option *Beschriftung anzeigen* wird das Messergebnis im Grafikfenster dargestellt. Sie können die Sichtbarkeit im *Teile-Navigator* unter **BEMASSUNGEN** steuern.

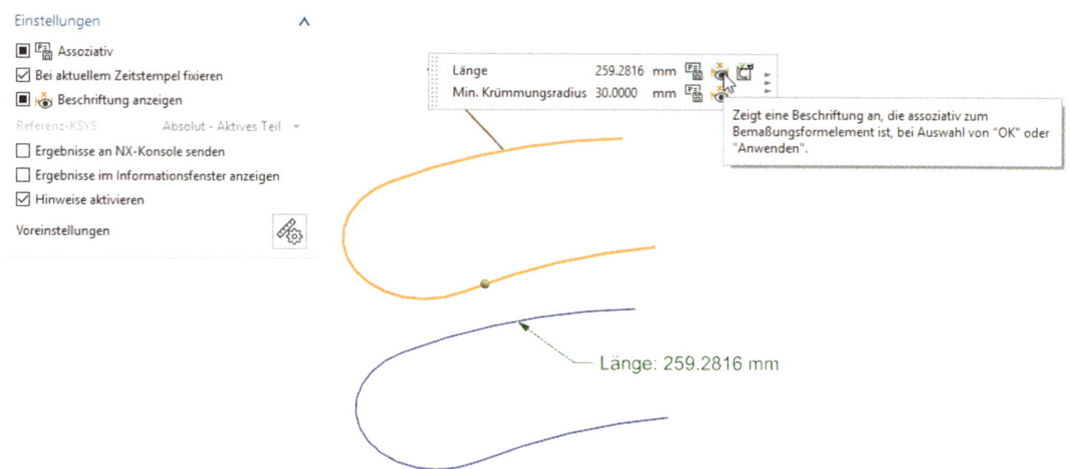

2.5.1.5 Flächenmessung

Flächenmessung (Face)

Beim Messen von Flächen müssen Sie den *Ergebnisfilter* auf **FLÄCHE** einstellen. Im Szenendialog werden dann die Ergebnisse angezeigt. Wenn Sie im Szenendialog die drei Pfeile auf der rechten Seite anwählen, wird dieser etwas erweitert.

Geometrie erzeugen (Creates Geometry)

Mit **GEOMETRIE ERZEUGEN** haben Sie die Möglichkeit, zum Beispiel einen Schwerpunkt als Geometrie erzeugen zu lassen. In diesem Fall sollte **ASSOZIATIV** ebenfalls aktiviert werden, sodass bei einer Änderung die Geometrie (also hier der Schwerpunkt) mit neu berechnet wird.

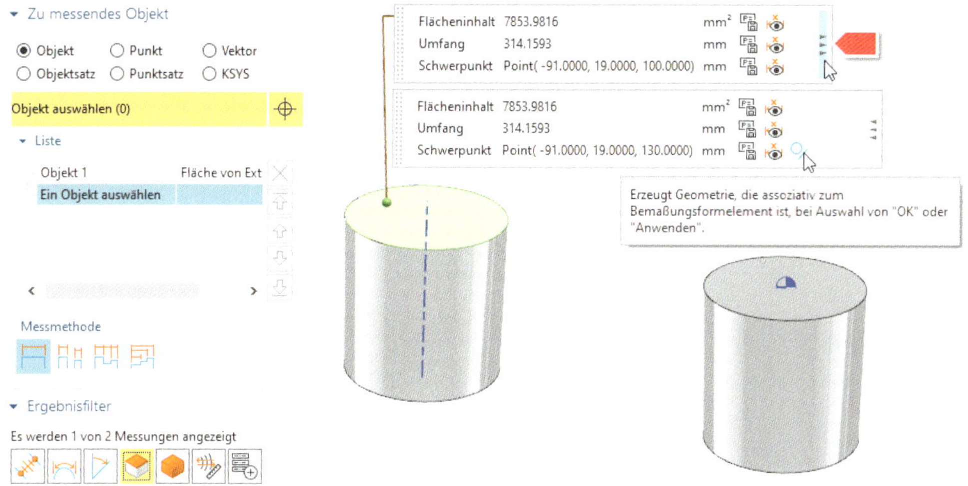

2.5.1.6 Körpermessung

Um einen Körper zu messen, müssen Sie sicherstellen, dass Sie auch den Volumenkörper als Objekt selektieren. Hierzu können Sie den *QuickPick* verwenden, oder Sie schalten die *Körperregel* von *Einzelner Körper* auf *Formelementkörper* um. Danach können Sie im Grafikfenster die Geometrie selektieren. Wie Sie in der Abbildung sehen können, gibt es auch hier die Möglichkeit, Geometrie aus dem Messergebnis zu erzeugen, wie zum Beispiel den Masseschwerpunkt oder die Hauptachse.

Körpermessung (Solid)

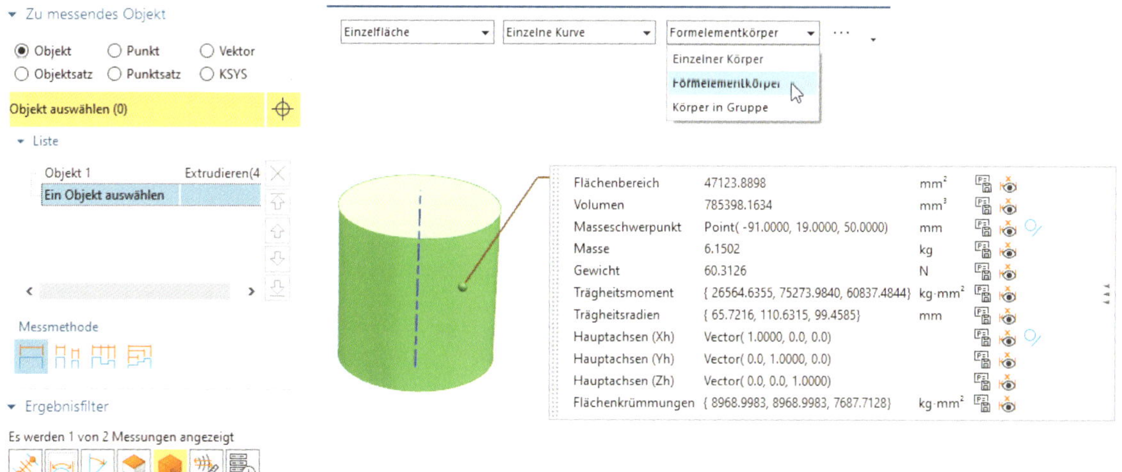

Wenn Sie mehrere Körper gemeinsam messen möchten, dann können Sie als **ZU MESSENDES OBJEKT** auch eine *Formelementgruppe* selektieren, in der die Körper enthalten sind. Hier ist jedoch zu beachten, dass diese Körper nicht mit booleschen Operationen zusammengebaut

Mehrere Körper (Multi Bodies)

wurden. In diesen Fällen können Sie aber auch einen Objektsatz erstellen und die einzelnen Volumina, wie zuvor beschrieben, mit dem *QuickPick* oder über *Formelementkörper* hinzufügen.

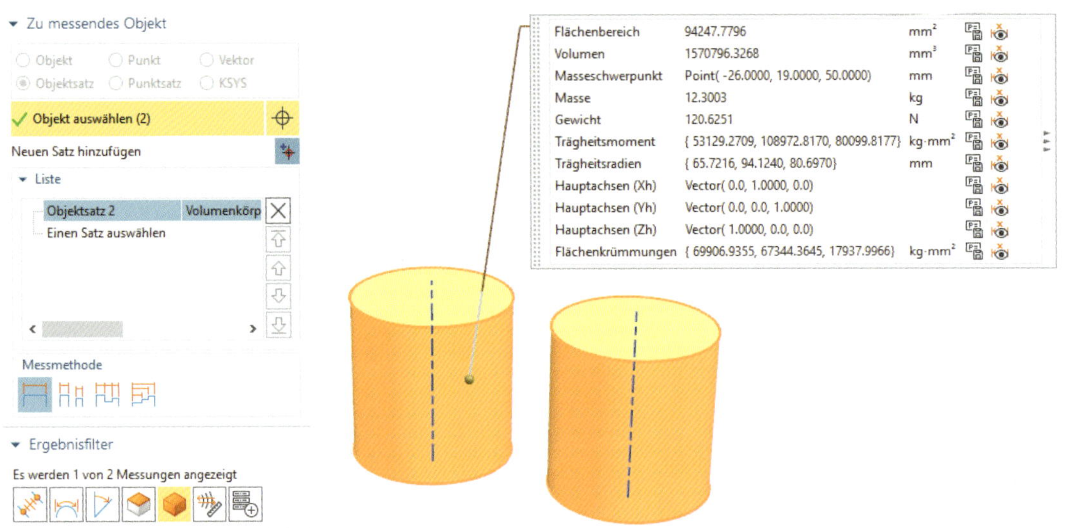

2.5.1.7 Spezielle Messungen

Projizierte Messung (Projected measurement)

Es gibt auch Messungen, die mehrere Objekte als Eingabe benötigen. Im nächsten Beispiel wird der Abstand zweier Kugeln entlang einer Richtung gemessen. Aufgrund der angegebenen Richtung muss hierbei das System die Messung projizieren. Als Selektion werden beide Kugeln mit dem Typ *Objekt* ausgewählt. Zusätzlich wird über *Vektor* eine Richtung gewählt (hier wurde die X-Richtung verwendet). Als Ergebnis wird *Minimaler projizierter Abstand* angezeigt.

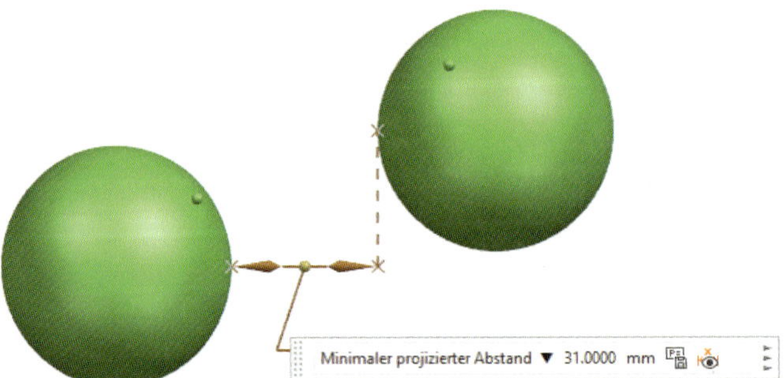

Im Szenendialog kann der Typ auf *Minimale projizierte Berührung* umgestellt werden. Das ist der Abstand, der angibt, wie weit die beiden Körper in der ausgewählten Richtung entfernt sind, bis sie sich berühren würden.

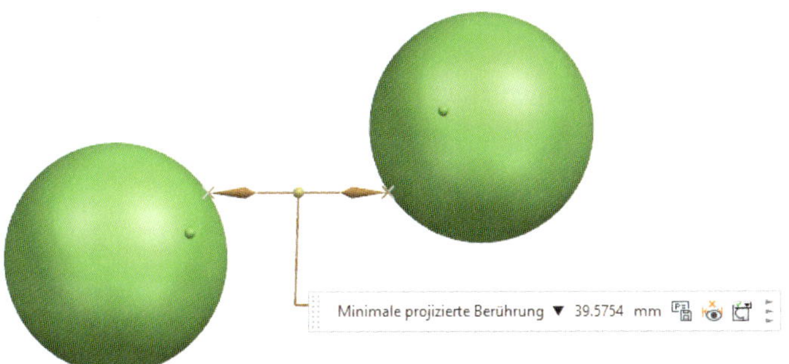

Als weiterer Typ steht *Minimale projizierte Orthogonale* zur Verfügung. Hier wird der minimale Abstand der beiden Körper auf den selektierten Vektor rechtwinklig abgetragen.

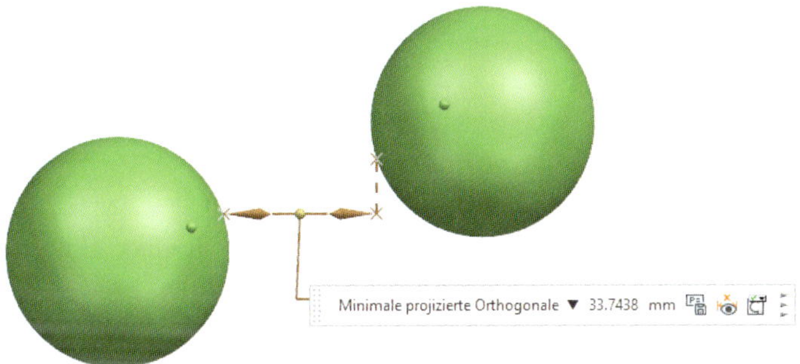

Neben den Standardmessungen können Sie weitere hinzufügen. Hierzu müssen Sie unter *Einstellungen* VOREINSTELLUNGEN auswählen. Im neuen MESSUNGSVOREINSTELLUNGEN-Dialog können Sie unter *Messungen* weitere hinzufügen oder auch abwählen. Im folgenden Beispiel wurde die Messung *Extrempunkt* hinzugenommen.

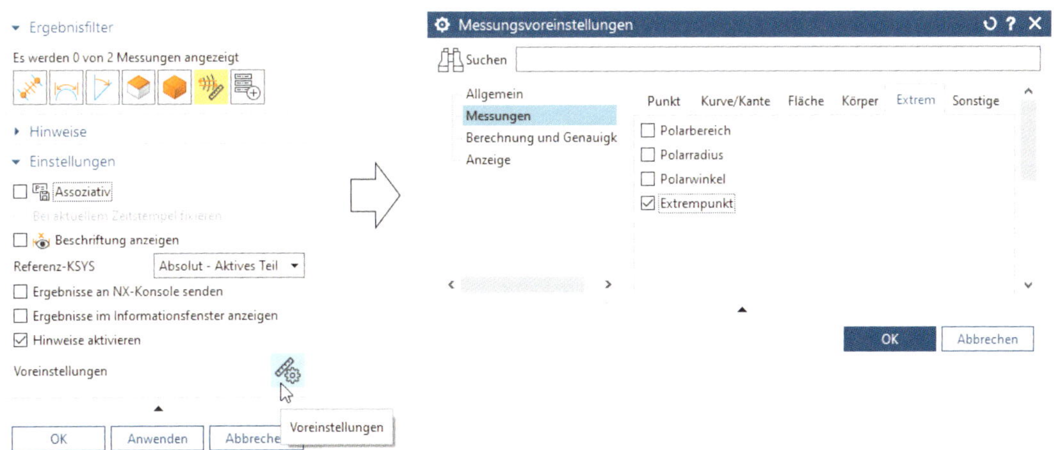

Extrempunkt Messung (Extremepoint Measurement)

Um einen Extrempunkt zu messen, sind neben dem Objekt noch Vektoren zu wählen. In unserem Beispiel wurde als *Objekt* der Würfel angewählt und anschließend drei *Vektoren*. In der Abbildung werden die Richtungen mit den orangefarbenen Pfeilen angezeigt.

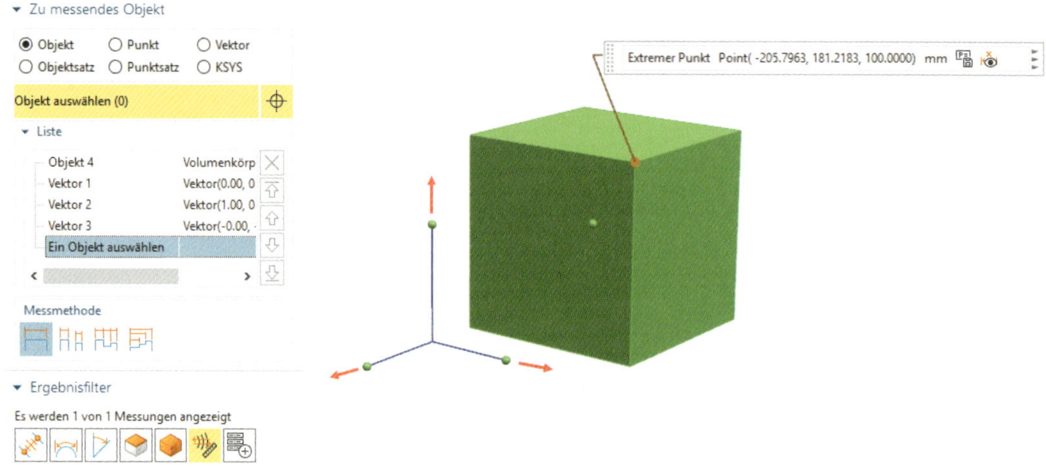

Damit der Extrempunkt angezeigt wird, muss der entsprechende *Ergebnisfilter* aktiviert werden. Der gemessene Punkt kann auch als Geometrie erzeugt werden. Hierzu sollten Sie den Szenendialog erweitern und das Icon zur Geometrie-Erzeugung anwählen. Auch hier empfiehlt es sich, eine assoziative Messung zu erstellen.

Messung mit Referenzobjekt (Measurement from Reference Object)

Im nächsten Beispiel wird die *Messmethode* **VON REFERENZOBJEKT** verwendet. Hierzu muss zuallererst das Referenzobjekt gewählt werden. In unserem Beispiel wurde die linke Seitenfläche des Bleches ausgewählt. Dabei bleibt die Anzahl der Referenzobjekte auf 1 eingestellt. Anschließend wurden die Kreismittelpunkte selektiert.

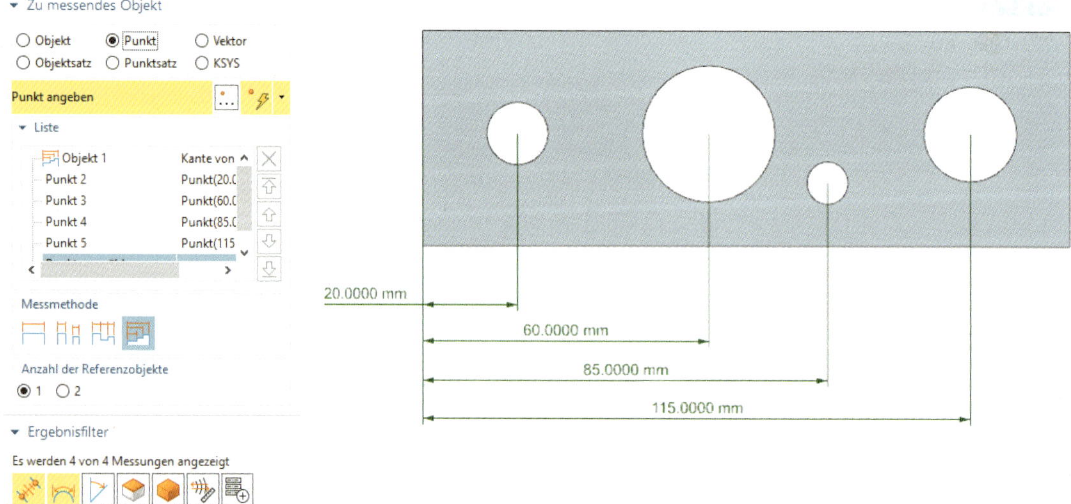

2.5.2 Dichte zuweisen

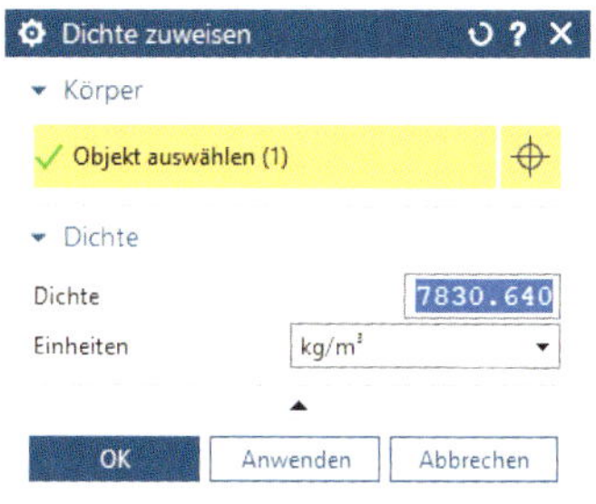

Dichte bearbeiten (Edit Solid Density)

Jedem Volumenkörper wird automatisch eine Dichte zugeordnet. Die Standarddichte ist unter **DATEI > VOREINSTELLUNGEN > KONSTRUKTION > ALLGEMEIN** definiert. Um die Dichte eines Körpers zu ändern, steht der Befehl **MENÜ > BEARBEITEN > FORMELEMENT > DICHTE ...** zur Verfügung. Nachdem ein Volumenkörper gewählt wurde, kann die Dichte für diesen definiert und mit **OK/ANWENDEN** zugewiesen werden. Eine weitere Möglichkeit der Zuordnung einer Dichte besteht darin, einem Körper ein Material zuzuweisen. Damit werden neben der Dichte weitere mechanische, thermische sowie elektrische Eigenschaften zugewiesen, die in Simulationen, wie z. B. Finite-Elemente-Analysen, relevant sind. Hierbei können die Materialbibliotheken verwendet oder eigene Materialien definiert werden. Den Befehl **MATERIALIEN ZUWEISEN** finden Sie in der Registerkarte *Werkzeuge* unter der Gruppe *Dienstprogramme* oder natürlich auch über die Befehlssuche.

2.5.3 Formelement Wiedergabe

Um den Aufbau einer Konstruktion nachzuvollziehen, wird empfohlen, zunächst die Gruppe *Formelement Wiedergabe* einzublenden. Verwenden Sie hierzu das kleine Dreieck in der linken unteren Ecke der Registerkarte *Startseite*. Die Befehle der Gruppe *Formelement Wiedergabe* erlauben die schrittweise Navigation durch die Formelement-Historie einer Konstruktion. Die Abbildung zeigt die Gruppe *Formelement Wiedergabe* sowie das Menü zum Einblenden der Gruppe.

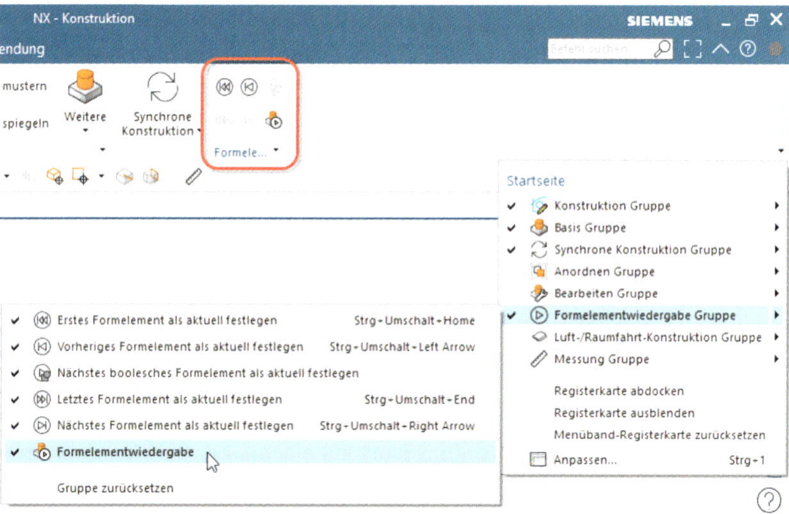

2.5.4 Film

Ihre Interaktionen mit NX können Sie in einer Video-Datei des Typs *.avi* speichern. Die erforderlichen Befehle hierzu finden Sie im Tab *Werkzeuge* in der Gruppe *Film*. Solche Aufnahmen werden häufig für Präsentationszwecke verwendet oder um Fehler zu dokumentieren.

Die verfügbaren Befehle werden nachfolgend erläutert.

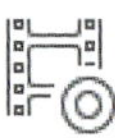	**AUFZEICHNUNG** (ALT+F5): Die Aufzeichnung wird gestartet. Der Speicherort für die *.avi*-Datei kann definiert werden.
	**AUFZEICHNUNG PAUSIEREN** (ALT+F6): Die Aufzeichnung wird unterbrochen.
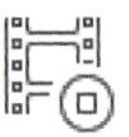	**AUFZEICHNUNG STOPPEN** (ALT+F7): Die Aufzeichnung wird abgeschlossen und die *.avi*-Datei generiert.
	**EINSTELLUNGEN** erlaubt die Definition von Erfassungsbereich, Qualität und Wiedergabegeschwindigkeit.

Eine weitere Anwendung von Videos ist das Darstellen des Zusammenbaus von Baugruppen. Hierfür steht der Befehl **BAUGRUPPENSEQUENZ** zur Verfügung. Weitere Informationen hierzu finden Sie in Abschnitt 5.12.

2.5.5 Vektoren

Vektoren definieren

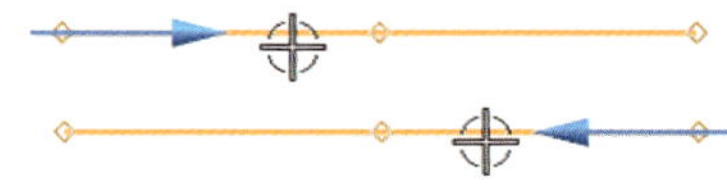

Bei der Arbeit mit NX ist es in vielen Fällen erforderlich, eine Richtung zu definieren. Diese Definition erfolgt mithilfe von Vektoren. In der Regel werden bestehende Objekte verwendet, um eine Richtung zu übernehmen. Wenn Sie Kurven oder Körperkanten verwenden, um eine Richtung zu übernehmen, sollten Sie deren Kontrollpunkte beachten. Die Abbildung zeigt beispielhaft eine Kurve mit ihren Kontrollpunkten während der Definition eines Vektors. Durch die Auswahl auf der linken Seite wird der Vektor nach links definiert. Bei der Auswahl der rechten Seite wechselt die Richtung entsprechend.

OrientXpress

Die Definition eines Vektors erfolgt im jeweiligen Dialogfenster mit **RICHTUNG**. Um Sie bei der Definition des Vektors zu unterstützen, wird der *OrientXpress* angezeigt. Der *OrientXpress* ist ein Hilfsmittel, von dem Sie eine Richtung, eine Achse oder eine Ebene übernehmen können. Die Darstellung ist abhängig von der aktuellen Aufgabe. So werden z. B. bei der Definition einer Achse keine Ebenen angezeigt. In einigen Befehlen bietet der *OrientXpress* zusätzliche Handles in Form einer Kugel oder eines Pfeils an, um Abstände und Winkel dynamisch zu definieren. Eine definierte Richtung kann mit einem Doppelklick auf die Pfeilspitze umgekehrt werden.

Die Abbildung zeigt den *OrientXpress* in unterschiedlichen Ausprägungen.

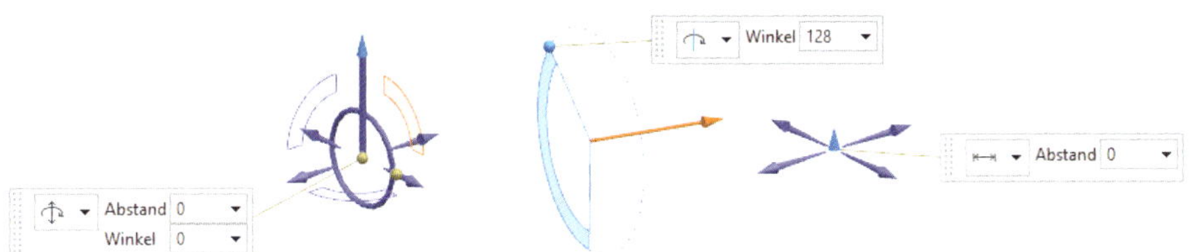

In Fällen, in denen ein Vektor nicht von Objekten übernommen werden kann, können Sie mit dem Befehl **VEKTORDIALOG** einen neuen Vektor konstruieren. Für die Definition stehen verschiedene Optionen zur Verfügung. Diese werden im Folgenden erläutert.

Vektordialog

 ERMITTELTER VEKTOR: In Abhängigkeit von den selektierten Elementen versucht das System automatisch, den passenden Vektor zu finden.

 ZWEI PUNKTE: Es werden zwei Punkte festgelegt, die den Vektor definieren. Der Vektor zeigt dabei vom ersten zum zweiten Punkt.

 BEI WINKEL ZU XC: In der XC-YC-Ebene des Arbeitskoordinatensystems wird ein Vektor in einem Winkel zur XC-Achse definiert.

 KURVE/ACHSENVEKTOR: Der Vektor wird parallel zu einer Referenzachse oder tangential zu einer Kurve am Startpunkt erzeugt. Bei Kreisen/Bögen wird ein Vektor im Mittelpunkt definiert.

 AUF KURVENVEKTOR: Der Vektor wird tangential zu einer Kurve erzeugt. Dabei kann der Punkt definiert werden.

 FLÄCHEN-/EBENENNORMALE: Der Vektor wird parallel zur Normale einer Fläche oder Ebene definiert.

 ANSICHTSRICHTUNG: Der Vektor wird parallel zur aktuellen Blickrichtung definiert.

NACH KOEFFIZIENZ: Dieser Typ erlaubt die Definition eines Vektors durch Eingabe von Koordinatenwerten. Diese beziehen sich auf ein kartesisches Koordinatensystem oder ein Kugelkoordinatensystem. Bei der Verwendung kartesischer Koordinaten entsprechen die Achsen des WCS den Richtungen I, J und K.

= NACH AUSDRUCK: Es wird eine vorhandene oder neue Expression zur Definition des Vektors verwendet.

Die weiteren Optionen erzeugen jeweils einen Vektor in Richtung der entsprechenden Achse des WCS.

Wird zur Bestimmung eines Vektors vorhandene Geometrie referenziert, so sind die Richtungen und die damit definierten Elemente assoziativ.

2.5.6 Koordinatensysteme

Bei der Arbeit mit NX werden Sie mit verschiedenen Koordinatensystemen in Berührung kommen. Diese Koordinatensysteme sind das Absolute-KSYS (welches nicht sichtbar ist), das Arbeits-KSYS (kurz WCS), das Dynamik-KSYS und das Bezugs-KSYS. Die Abbildungen zeigen die Darstellung verschiedener Arten von Koordinatensystemen. Im Folgenden werden diese näher erläutert.

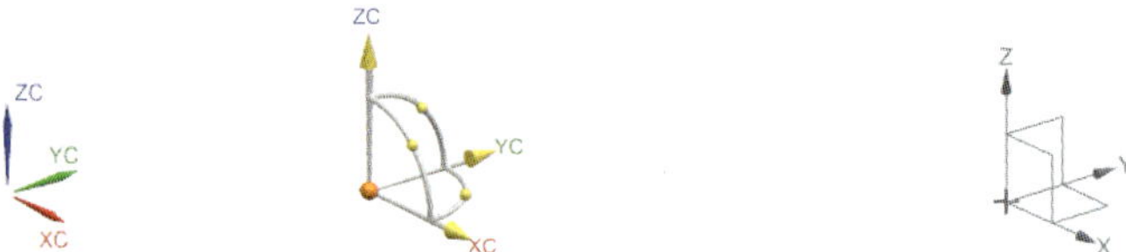

Arbeitskoordinatensystem (WCS) | Dynamik-KSYS (wird beim Erstellen/Ändern von Bezugs-KSYS angezeigt) | Bezugs-KSYS (als Formelement auch im *Teile-Navigator* sichtbar)

2.5.6.1 Absolutes Koordinatensystem

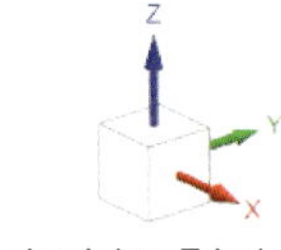

Ansichts-Triade

Das *Absolute-KSYS* ist in NX die Basis für alle Berechnungen. Das *Absolute-KSYS* ist fest und kann nicht verändert werden. Die Orientierung des *Absolute-KSYS* wird durch die *Ansichts-Triade* in der unteren linken Ecke des Grafikfensters angezeigt.

2.5.6.2 Arbeitskoordinatensystem (WCS)

WCS

Das Arbeitskoordinatensystem (**W**ork **C**oordinate **S**ystem) dient zur Orientierung und Unterstützung im Raum und wird bei der Arbeit mit NX häufig in seiner Lage verändert. Das WCS kann frei positioniert werden. Die Achsen des WCS werden mit XC, YC und ZC bezeichnet. Wenn im NX-Kontext von horizontal und vertikal die Rede ist, bedeutet horizontal parallel zur XC-Achse und vertikal parallel zur YC-Achse.

Die Befehle für die Arbeit mit dem WCS finden Sie in der Registerkarte *Werkzeuge* in der Gruppe *Dienstprogramme* im Drop-down-Menü *Weitere*. Diese werden im Folgenden näher erläutert.

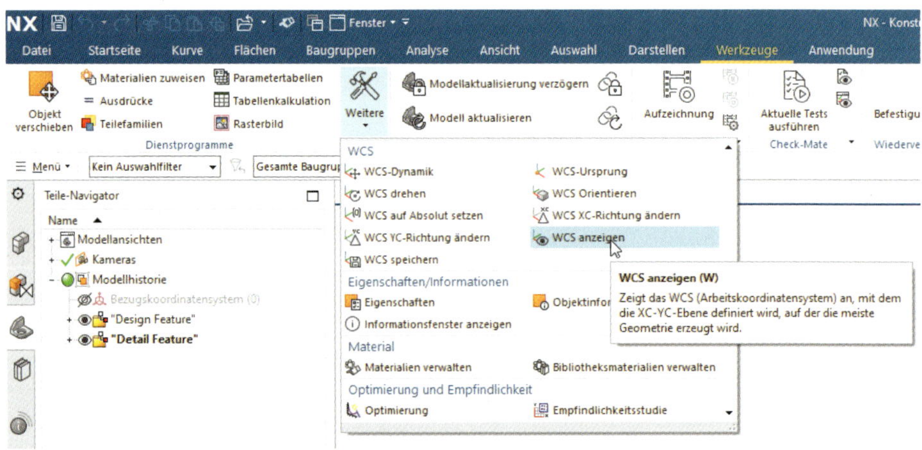

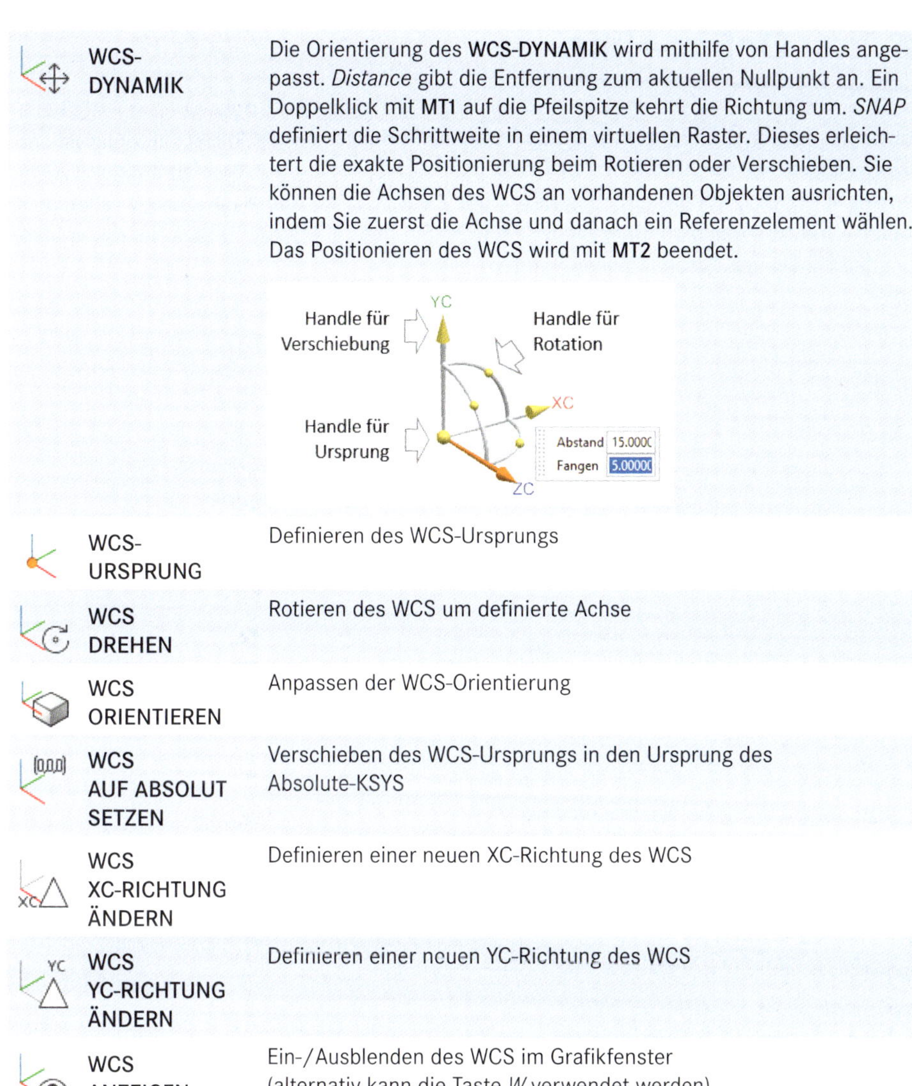

WCS-DYNAMIK	Die Orientierung des **WCS-DYNAMIK** wird mithilfe von Handles angepasst. *Distance* gibt die Entfernung zum aktuellen Nullpunkt an. Ein Doppelklick mit **MT1** auf die Pfeilspitze kehrt die Richtung um. *SNAP* definiert die Schrittweite in einem virtuellen Raster. Dieses erleichtert die exakte Positionierung beim Rotieren oder Verschieben. Sie können die Achsen des WCS an vorhandenen Objekten ausrichten, indem Sie zuerst die Achse und danach ein Referenzelement wählen. Das Positionieren des WCS wird mit **MT2** beendet.
WCS-URSPRUNG	Definieren des WCS-Ursprungs
WCS DREHEN	Rotieren des WCS um definierte Achse
WCS ORIENTIEREN	Anpassen der WCS-Orientierung
WCS AUF ABSOLUT SETZEN	Verschieben des WCS-Ursprungs in den Ursprung des Absolute-KSYS
WCS XC-RICHTUNG ÄNDERN	Definieren einer neuen XC-Richtung des WCS
WCS YC-RICHTUNG ÄNDERN	Definieren einer neuen YC-Richtung des WCS
WCS ANZEIGEN	Ein-/Ausblenden des WCS im Grafikfenster (alternativ kann die Taste *W* verwendet werden)
WCS SPEICHERN	Erstellen eines Bezugs-KSYS im Ursprung des WCS

2.5.6.3 Bezugs-KSYS

Ein Bezugs-KSYS ist ein Hilfsobjekt, das aus einem Satz assoziativer Objekte besteht. Neben einzelnen Ebenen und Achsen können der Ursprung sowie das gesamte Koordinatensystem referenziert werden. Sie können innerhalb einer Konstruktion beliebig viele Bezugs-KSYS erzeugen, um diese z.B. beim Erstellen von Skizzen oder Formelementen zu referenzieren.

■ 2.6 Online-Hilfe

Die kontextsensitive Online-Hilfe von NX ist sehr umfangreich und bietet an vielen Stellen Erläuterungen mit der Unterstützung durch Videos. Für den Einsatz im allgemeinen Maschinenbau bieten sich die Kapitel *Grundlagen* und *Design (CAD)* zum Nachschlagen an. Für detaillierte Informationen zu einem Befehl starten Sie den Befehl und öffnen Sie die entsprechenden Hilfeseiten durch Drücken von **F1**.

3 3D-Modelle

In diesem Kapitel erfahren Sie, wie Sie 3D-Modelle erstellen und ändern können. Zunächst erhalten Sie eine Einführung in die Grundlagen der 3D-Modellierung mit NX. Anschließend werden die Befehle zur Erstellung von Bezugsobjekten, Kurven und Körpern erklärt und an Beispielen demonstriert.

3.1 Einführung

Die Anwendung **KONSTRUKTION** ermöglicht das Erzeugen und Ändern von 3D-Modellen. Neben Volumenkörpern können Sie auch Freiformflächen erzeugen. Die Arbeit mit Flächen wird hier jedoch nicht näher beschrieben. Die Abbildung zeigt die Menübandleiste der Anwendung **KONSTRUKTION** mit ihren Befehlen.

Konstruktion (Modeling)

Unter der Registerkarte *Startseite* befinden sich die Basisfunktionen zum Erstellen von Geometrie. Dazu gehören die Gruppe *Konstruktion* mit **BEZUGSEBENE** und **SKIZZE** zur Erstellung von Bezugsobjekten und 2D-Kurven, die Gruppe *Basis* mit Designformelementen zur Erstellung von Volumenkörpern sowie Detail-Formelementen zu deren Verfeinerung und Ausgestaltung sowie die Gruppe *Synchrone Konstruktion*.

Weitere Befehle in der Registerkarte *Kurve* werden in Abschnitt 3.5.1 ausführlich beschrieben. In der Gruppe *Abgeleitet* können Kurven mit Bedingungen zu vorhandenen Objekten erzeugt werden. Diese Kurven werden über Parameter und Regeln gesteuert.

Die Befehle aus der Gruppe *Synchrone Konstruktion* dienen unter anderem der nachträglichen Parametrisierung von 3D-Modellen und dem Ändern von nicht parametrischen Bauteilen. Diese Befehle sind z. B. hilfreich, wenn Körper über neutrale Schnittstellen aus einem anderen CAD-System in NX importiert wurden. Die Synchrone Konstruktion wird in Kapitel 4 behandelt.

3.2 Grundlagen

In diesem Abschnitt erhalten Sie eine Einführung in die Funktionsweise von NX. Wir erklären Ihnen, wie Sie mit Formelementen Geometrie aufbauen und diese mit booleschen Operationen verbinden können. Des Weiteren erhalten Sie einen Einblick in die Möglichkeit, Modelle mit den neuen Konstruktionsgruppen aufzubauen und große Einzelteilkonstruktionen auf mehrere Anwender zu verteilen.

3.2.1 Formelement

Die Konstruktion eines Bauteils entsteht durch die Definition einzelner Formelemente. Ein Formelement beschreibt ein in sich geschlossenes geometrisches Objekt, das mithilfe von Parametern definiert wird. Die Summe aller Formelemente entspricht der detaillierten geometrischen Beschreibung des gesamten Bauteils. Es stehen zahlreiche NX-Befehle zur Verfügung, um Formelemente zu erzeugen. Ein NX-Befehl sammelt die erforderlichen Formelemente-Parameter mithilfe eines Dialogfensters. Nach der vollständigen Definition aller Parameter kann mit **OK** die resultierende Geometrie erzeugt werden. Somit besteht ein Formelement aus Regeln und Parametern zum Beschreiben der resultierenden Geometrie.

Die Formelemente werden im *Teile-Navigator* in der Konstruktionsgruppe *Modellhistorie* abgelegt. Daraus folgt, dass bei Selektion im *Teile-Navigator* nur Formelemente selektiert werden können und nicht die Geometrie selbst. Diese kann im Grafikfenster über den *QuickPick* oder über die *Abhängigkeiten* eines Formelements selektiert werden.

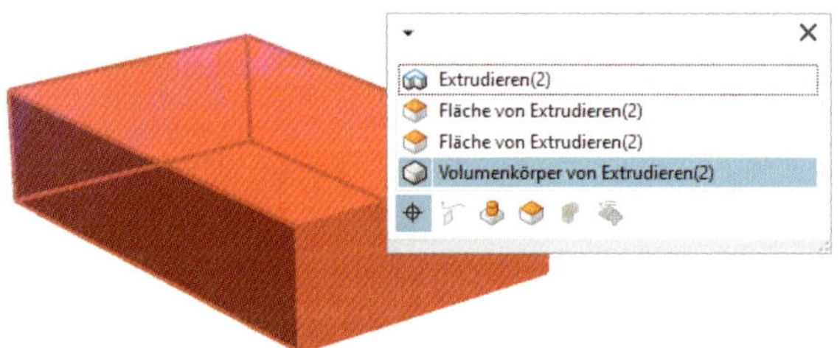

3.2.2 Einstieg in die 3D-Modellierung

NX bietet mehrere Möglichkeiten, um 3D-Geometrien zu erstellen. Sie können z. B. mit Quadern und Zylindern Geometrien aufbauen und diese anschließend verrunden oder voneinander abziehen, oder Sie erstellen eine skizzenbasierte Geometrie, indem Sie Kurven in einem Sketch erstellen und diese entlang einer Richtung ziehen. Hier hat man den Vorteil, dass eine spätere Änderung durch Anpassen des Sketches erfolgen kann. Komplexe Geometrien werden dabei in einfache Bausteine zerlegt und schrittweise aufgebaut. Während der Erstellung werden die einzelnen Schritte von NX im *Teile-Navigator* als Formelement gespeichert und können jederzeit wieder aufgerufen werden. Es ergeben sich Abhängigkeiten zwischen den Objekten, die auch als Eltern-Kind-Beziehungen bezeichnet werden.

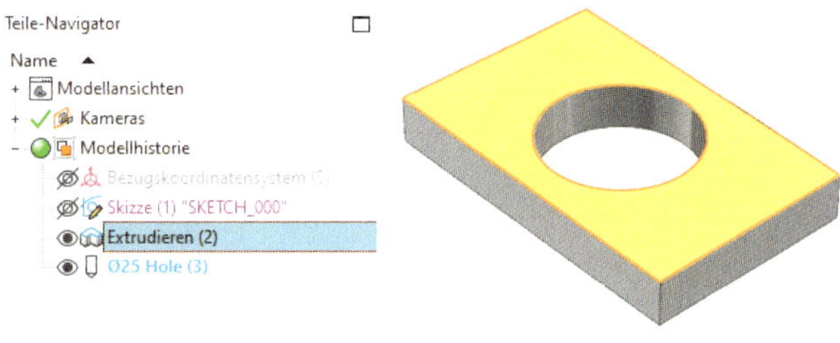

Die Abbildung zeigt einen Quader mit einer Bohrung. Dabei ist der Quader das übergeordnete Element der Bohrung, da diese eine Fläche benötigt, auf der sie abgelegt wird. In diesem Fall ist es die orange gefärbte Quaderfläche. Dadurch entsteht eine Abhängigkeit. Die Bohrung ist jetzt assoziativ zur Quaderfläche und wird bei Änderungen des Quaders entsprechend angepasst. Im *Teile-Navigator* werden die Eltern-Kind-Beziehungen mithilfe der Farben Magenta und Blau hervorgehoben.

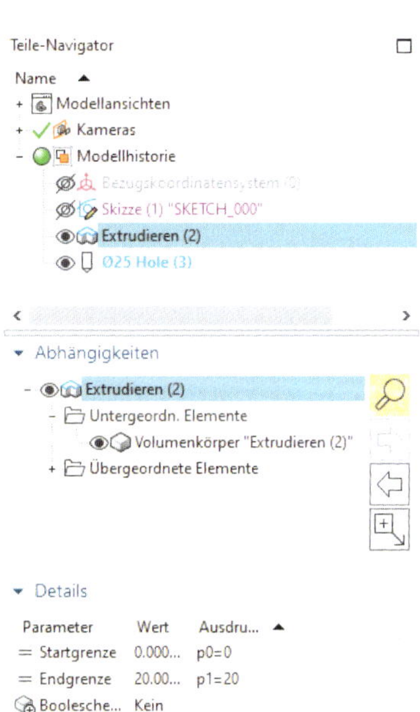

Weiterhin wird die Bohrung in Bezug zum Quader positioniert. Dazu wurden die Abstände von zwei Quaderkanten zur Bohrungsmitte verwendet. Die Angabe der Position ist nicht zwingend erforderlich. Werden hier keine Parameter definiert, erzeugt das System die Bohrung an der Stelle, an der die Platzierungsfläche selektiert wurde. Die Positionsparameter können auch nachträglich vergeben werden. Die Abhängigkeiten und Parameter werden im *Teile-Navigator* angezeigt und können auch dort bearbeitet werden.

Bei der Erzeugung und Änderung von Modellen ist zu beachten, dass das System die Formelemente in der zeitlichen Reihenfolge ihrer Entstehung abarbeitet.

TIPP: Wir empfehlen, die Konstruktion mit einem Basiselement zu beginnen. Dazu können Sie einen Basiskörper, z. B. eine Skizze, mit einer entsprechenden Ziehfunktion verwenden. Anschließend wird mit weiteren Konstruktionsformelementen Material hinzugefügt bzw. entfernt. Bohrungen, Rundungen und Fasen sollten Sie aus Gründen der Update-Stabilität zum Schluss erzeugen. ■

3.2.3 Boolesche Operationen

Einzelne Körper werden mit booleschen Operationen zusammengefügt oder voneinander abgezogen. Dabei entstehen Schnittkanten und neu begrenzte Oberflächen. Boolesche Operationen sind in einigen Befehlen wie **BOHRUNG, EXTRUDE** etc. integriert und können dort direkt benutzt werden. Sie können boolesche Operationen aber auch separat als Formelement erzeugen (zu finden unter **MENÜ > EINFÜGEN > KOMBINIEREN** oder über die Registerkarte **STARTSEITE > BASIS**).

Es stehen folgende Typen zur Verfügung:

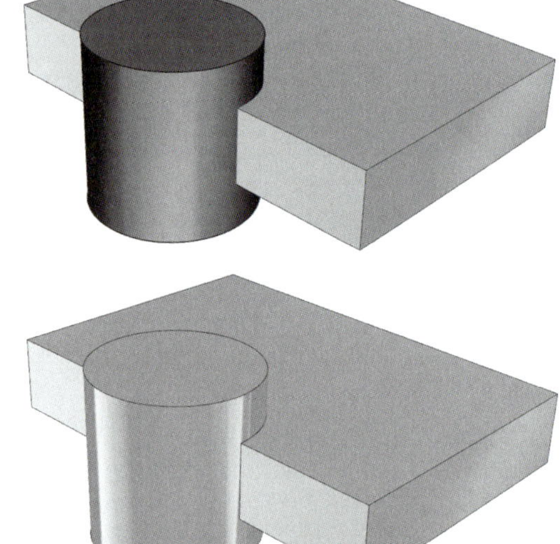

Keine (None)

KEINE steht nur bei Formelementen zur Verfügung, in denen die boolesche Operation integriert ist. Dadurch hat man die Möglichkeit, separate Körper zu generieren, auch wenn diese sich durchdringen oder berühren.

Vereinigen (Unite)

Durch **VEREINIGEN** wird aus den sich durchdringenden Objekten ein neuer Körper. Hierbei wird das Ziel-Werkzeug-Prinzip angewendet. Der Quader wird in diesem Fall als *Ziel* und der Zylinder als *Werkzeug* selektiert. Dadurch werden die Eigenschaften des Quaders (wie z.B. die Farbe) an den Zylinder übergeben.

HINWEIS: Die Eigenschaften des Ziels bleiben erhalten, während jene des Werkzeugs verworfen werden. Wird die boolesche Operation aus einem Befehl heraus erstellt, so ist dieser immer als Werkzeug zu verstehen.

Subtrahieren (Subtract)

Mit der Option **SUBTRAHIEREN** wird der Zylinder (*Werkzeug*) vom Quader (*Ziel*) abgezogen, und es ergibt sich ein angebohrter Quader.

Wenn man den Zylinder als *Ziel* festlegt und den Quader als *Werkzeug*, erhält man den abgebildeten Zylinder mit einer Aussparung.

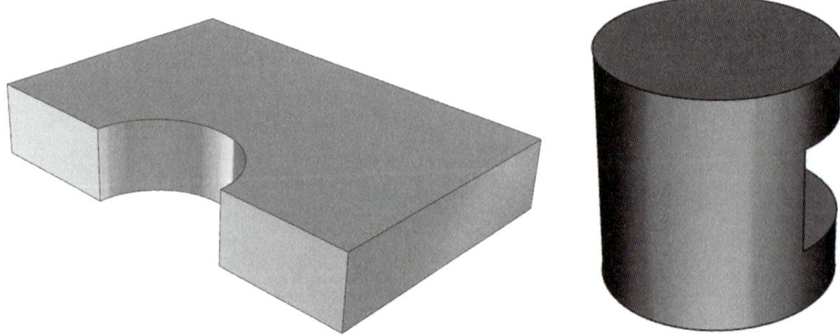

Durch **SCHNEIDEN/SCHNITTMENGE** der beiden Körper ergibt sich ihr Durchdringungsbereich als Ergebnis (siehe Abbildung).

Schneiden/Schnittmenge (Intersect)

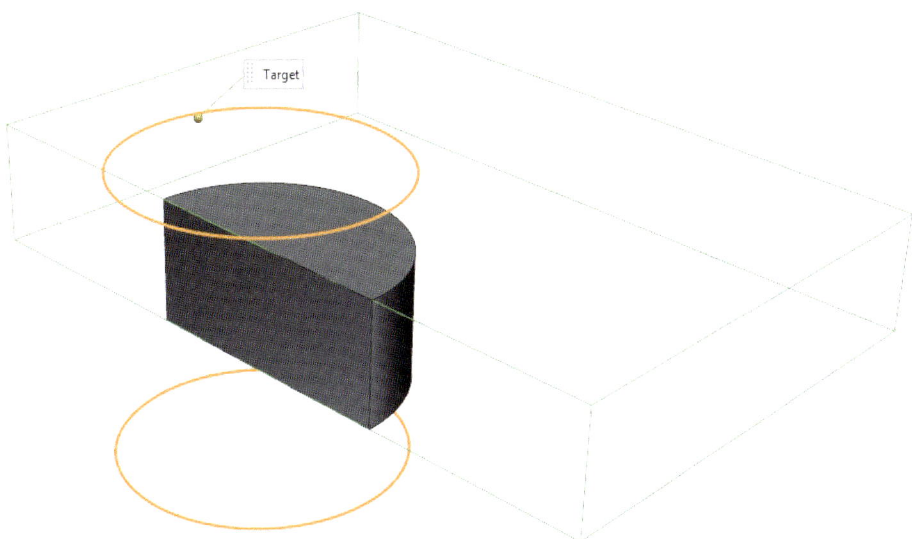

Wird eine integrierte boolesche Operation verwendet, so muss unter **KÖRPER AUSWÄHLEN** der Ziel-Körper selektiert werden. Wenn mehrere Körper existieren, muss eine Auswahl durch den Anwender erfolgen. Ist nur ein Körper existent, wird dieser automatisch von NX selektiert.

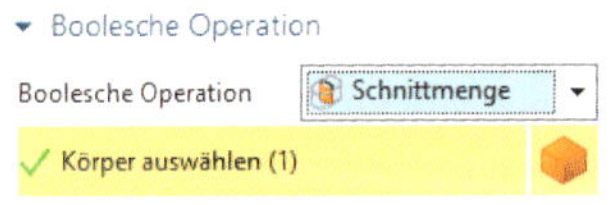

Bei den in Grundkörpern bzw. Zieh-Befehlen integrierten booleschen Operationen bildet der neue Körper das Werkzeug. Der Ziel-Körper verleiht dem neuen Gesamtkörper seine Eigenschaften wie Layer, Farbe und Material.

Führen Sie boolesche Operationen unabhängig von der Erzeugung eines neuen Körpers im Nachhinein durch, entsteht ein zusätzlicher, editierbarer Eintrag im *Teile-Navigator*. So können beispielsweise Werkzeug-Körper ausgetauscht oder die Operation gelöscht werden, wodurch die Ursprungsgeometrien wieder separat zur Verfügung stehen.

Bei Aufruf der booleschen Operation über das entsprechende Icon erscheint der abgebildete Dialog. Es müssen ein *Ziel*-Körper und ein oder mehrere *Werkzeug*-Körper angegeben werden. Es ist möglich, dass die Subtraktion einen Körper in zwei Teile zerlegt.

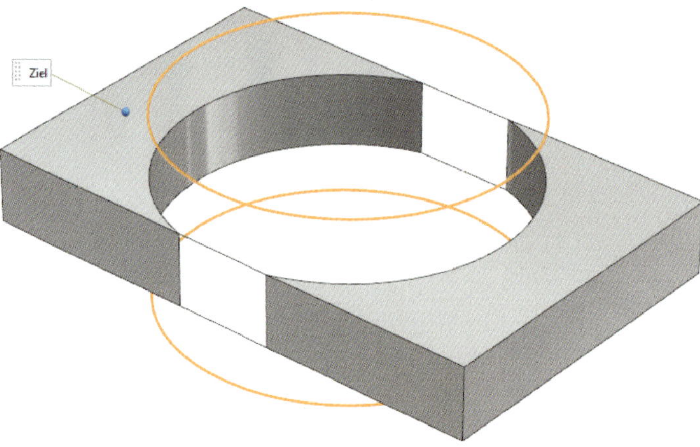

Passt, wie in der Abbildung, der Zylinder genau zwischen die Seitenflächen des Quaders, entsteht beim Subtrahieren des Zylinders vom Quader ein zusammenhängender Körper.

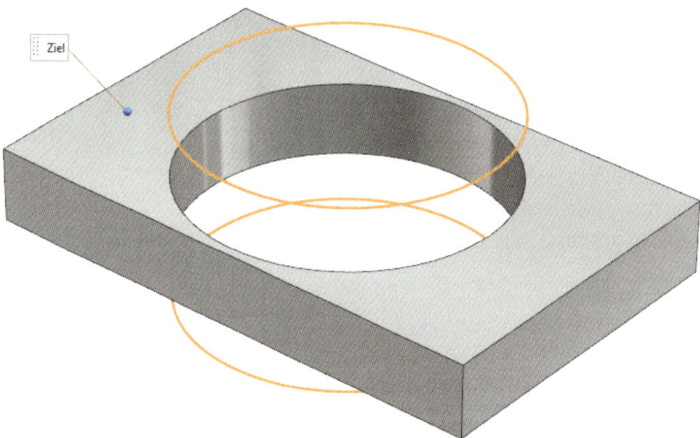

Ist der Zylinder größer als der Quader, führt die Subtraktion zur Trennung des *Ziel*-Körpers, wobei die Parametrik jedoch vollständig erhalten bleibt. Beim Löschen von booleschen Elementen werden die nachfolgenden Operationen so weit wie möglich erhalten, um Nacharbeiten am Modell zu vermeiden.

3.2.4 Konstruktionsgruppe

Konstruktionsgruppe (Design Group)

NX bietet mehrere Möglichkeiten, strukturiert zu arbeiten. Neben den Formelementgruppen haben Sie nun auch die Möglichkeit, **KONSTRUKTIONSGRUPPEN** einzusetzen. Diese Art der Gruppierung hat enorme Vorteile bei großen Bauteilen, da jede einzelne Gruppe so gekapselt ist, dass sie separat aktualisiert werden kann. Dadurch werden bei Änderungen die Aktualisierungszeiten deutlich minimiert. In Konstruktionsgruppen können Sie Formelemente in logische Gruppen organisieren, wie zum Beispiel *Referenzgeometrien*, *Zielkörper*, *Werkzeugkörper*, *Boolesche Operationen* oder *Formelemente zum Ändern des Zielkörpers*.

Bei der Verwendung von Konstruktionsgruppen ist zu berücksichtigen, dass die Formelemente einer Gruppe innerhalb dieser Gruppe nahezu isoliert sind, allerdings können Formelemente einer späteren Gruppe Geometrien einer früheren Gruppe referenzieren. Aus diesem Grund unterscheidet sich auch die methodische Vorgehensweise beim Arbeiten mit Konstruktionsgruppen im Vergleich zu Formelementgruppen. Schauen Sie sich hierzu auch das entsprechende Beispiel in den Übungen an (Abschnitt 7.2).

Grundsätzlich ist in jedem Modell eine Konstruktionsgruppe vorhanden, da auch der erste Knoten in einem leeren (neuen) Teil eine Konstruktionsgruppe (Modellhistorie) ist. Auch beim Öffnen von älteren Modellen wird der Knoten *Modellhistorie* in eine Konstruktionsgruppe gewandelt. Dabei ist zu berücksichtigen, dass historienunabhängige Modelle vor NX 11 Konstruktionsgruppen nicht unterstützen.

Wenn man mit Konstruktionsgruppen arbeitet, ist es ratsam, die Modellaktualisierung zu verzögern. Dazu steuern Sie **MENÜ > WERKZEUGE > AKTUALISIERUNG > MODELLAKTUALISIERUNG VERZÖGERN** an. Alternativ können Sie auch über **DATEI > KONSTRUKTION** die Konstruktionsvoreinstellungen öffnen und hier *Modellaktualisierung verzögern* aktivieren.

Modellaktualisierung verzögern (Delay Model Update)

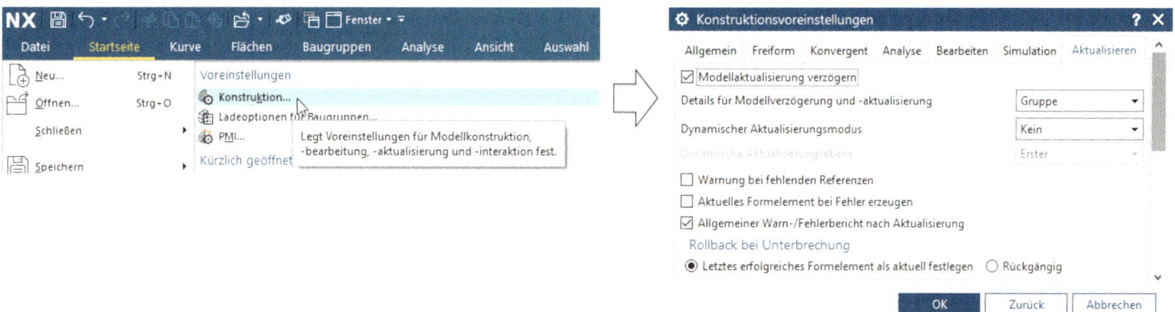

Oder noch einfacher: Sie gehen über die Menübandleiste und wählen in der Registerkarte *Werkzeuge* **MODELLAKTUALISIERUNG VERZÖGERN** aus. Hier finden Sie auch die Möglichkeit, über den Befehl **MODELLE AKTUALISIEREN** diese Geometrie manuell zu aktualisieren.

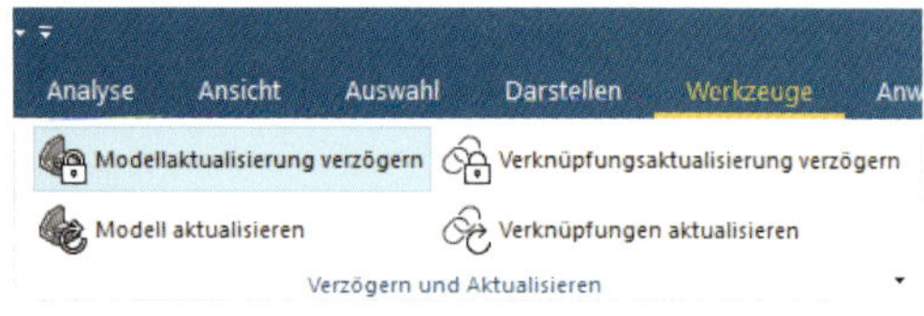

Konstruktionsgruppen können durch Klick auf das Symbol aktiviert oder deaktiviert werden. Auch wenn Sie ein Formelement als aktuell festlegen, wird dessen Konstruktionsgruppe automatisch aktiviert. Die Geometrie in den anderen Konstruktionsgruppen wird dann gedimmt dargestellt.

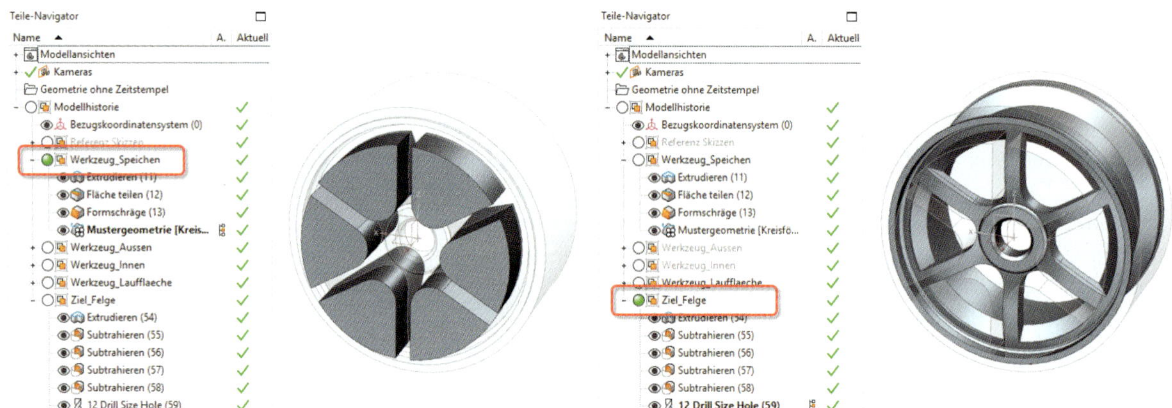

Prinzipielle Vorgehensweise:

Das Prinzip von Konstruktionsgruppen werden wir an einem kleinen Beispiel veranschaulichen. Erstellen Sie mit **MENÜ > EINFÜGEN > KONSTRUKTIONSGRUPPE** eine neue Gruppe und benennen Sie sie in *Referenz Geometrie* um.

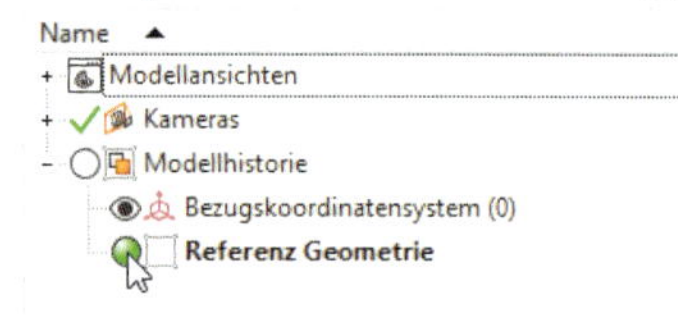

Durch Selektieren des Symbols wird die Konstruktionsgruppe aktiviert. Sie können nun Referenzgeometrien wie Skizzen, Bezugsebenen oder Begrenzungsflächen darin erzeugen. Selbstverständlich haben Sie auch später jederzeit die Möglichkeit, durch Aktivieren der Konstruktionsgruppe weitere Geometrien in der Gruppe zu erzeugen.

Erstellen Sie nun eine weitere Konstruktionsgruppe und benennen sie in *Zielkörper* um. Hier können Sie nun die Basisgeometrie für Ihr Bauteil erstellen. Dabei können Sie jederzeit auf die Referenzgeometrie zugreifen.

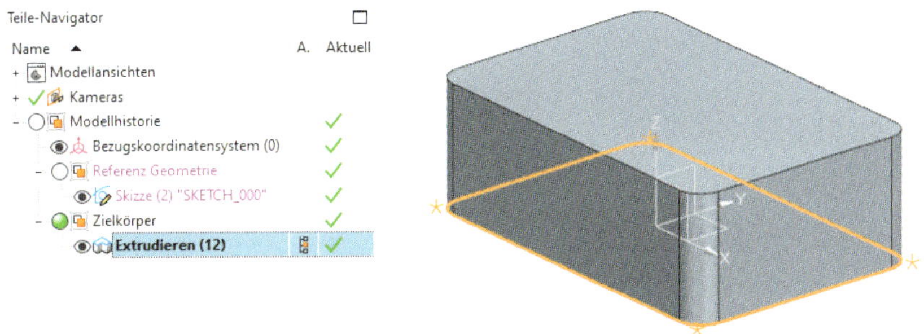

Erstellen Sie noch eine dritte Konstruktionsgruppe, allerdings von der Historie her vor dem *Zielkörper*, mit dem Namen *Werkzeugkörper*. Hier erzeugen Sie zum Beispiel einen Abzugskörper. Obwohl der Zielkörper von der Historie her erst danach kommt, ist er sichtbar und kann als Orientierung verwendet werden. Darauf zu referenzieren ist jedoch nicht möglich.

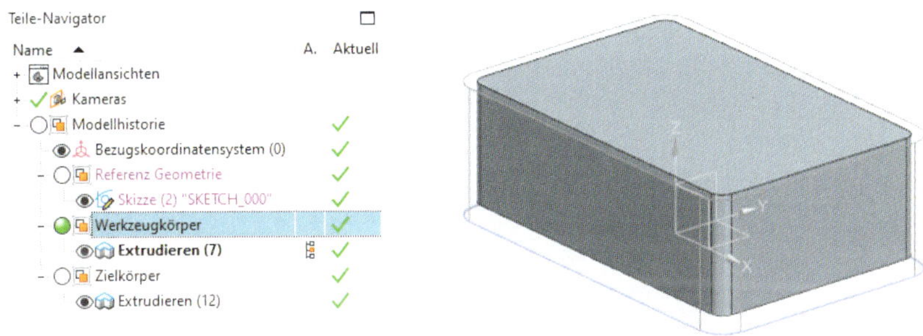

Wechseln Sie durch Klick auf das Aktivieren-Symbol zurück in den *Zielkörper* und erstellen eine boolesche Operation (Subtrahieren). Verwenden Sie als Werkzeug den *Werkzeugkörper*. Damit erstellen Sie eine Referenz zur Konstruktionsgruppe *Werkzeugkörper*.

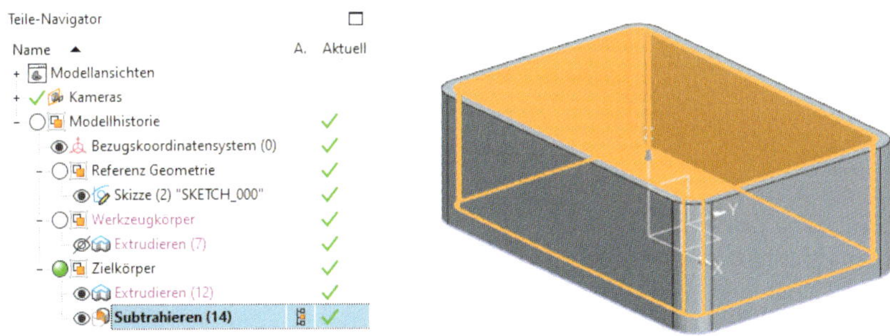

Bei dieser Strukturierung haben Sie nun die Möglichkeit, Änderungen am Werkzeugkörper vorzunehmen, ohne dabei den Zielkörper aktualisieren zu müssen. Zu berücksichtigen ist natürlich, dass der Zielkörper bis zu seiner Aktualisierung veraltet ist. Dies kann man gut im *Teile-Navigator* in der Spalte *Aktuell* erkennen. Hier haben Sie auch die Möglichkeit, die Aktualisierung durch Klick auf das Symbol vorzunehmen.

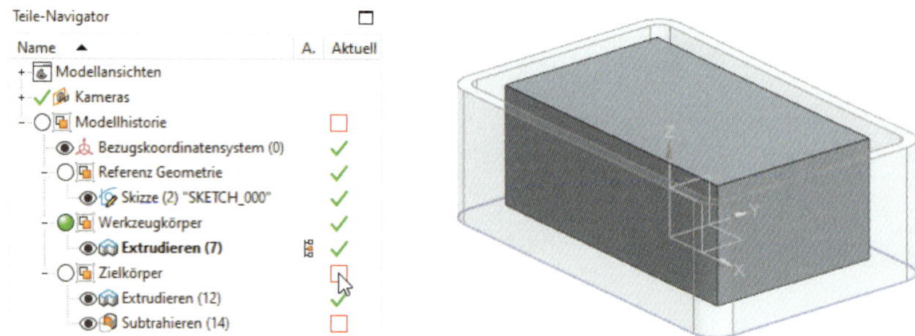

Zu berücksichtigen ist, dass NX bislang bei einer Änderung alle nachfolgenden Formelemente neu berechnet. Mit dieser Konstruktionsform wird nur die Konstruktionsgruppe berücksichtigt, die aktuell aktiv ist. Dadurch verkürzt sich die Updatezeit bei intelligentem Aufbau enorm.

Geometrie extrahieren (Extract Geometry)

Grundsätzlich zu beachten ist, dass Sie in einer Konstruktionsgruppe Geometrie aufbauen müssen, das heißt, Sie müssen mit Formelementen beginnen, die Geometrie erstellen und nicht absorbieren. Zum Beispiel können Sie nicht mit einer booleschen Operation beginnen, um Körper aus zwei weiteren Konstruktionsgruppen zu vereinigen.

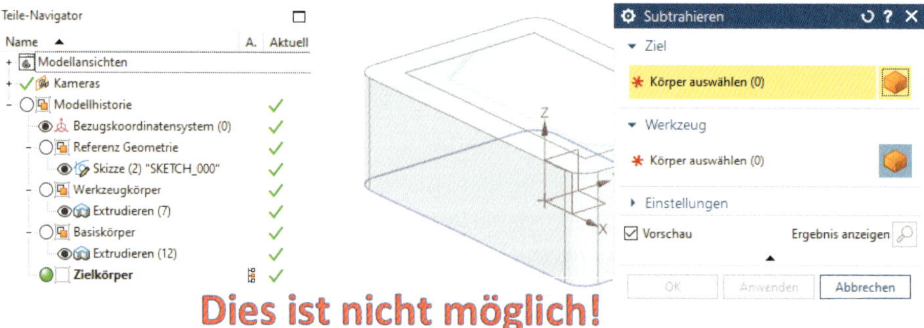

In diesem Fall können Sie mit dem Befehl **GEOMETRIE EXTRAHIEREN** den Körper (Zielkörper) zuerst in Ihre Konstruktionsgruppe holen. Anschließend können Sie den Werkzeugkörper mit einer booleschen Operation in den Zielkörper verbauen.

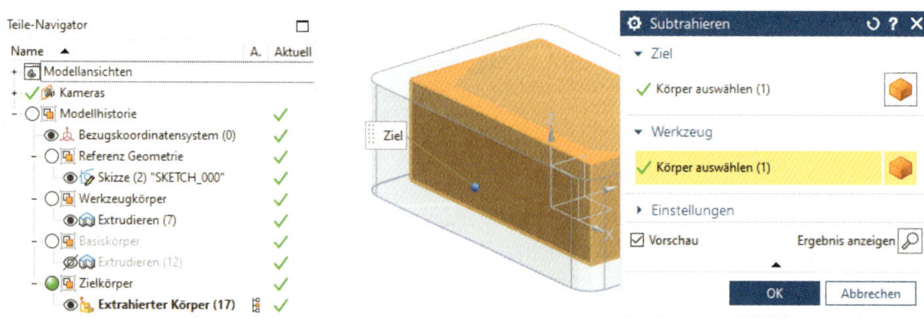

Prinzipiell ist es auch machbar, Unterkonstruktionsgruppen zu erzeugen. Beachten Sie jedoch hierbei, dass eine zu hohe Verschachtelung die Vorteile des Zeitgewinns zunichtemacht. Eine Kombination zwischen Konstruktionsgruppen und Formelementgruppen zur besseren Strukturierung ist möglich. Hierzu folgt abschließend ein Beispiel eines Kunststoffgehäuses mit Versteifungsrippen und dem dazugehörigen *Teile-Navigator*.

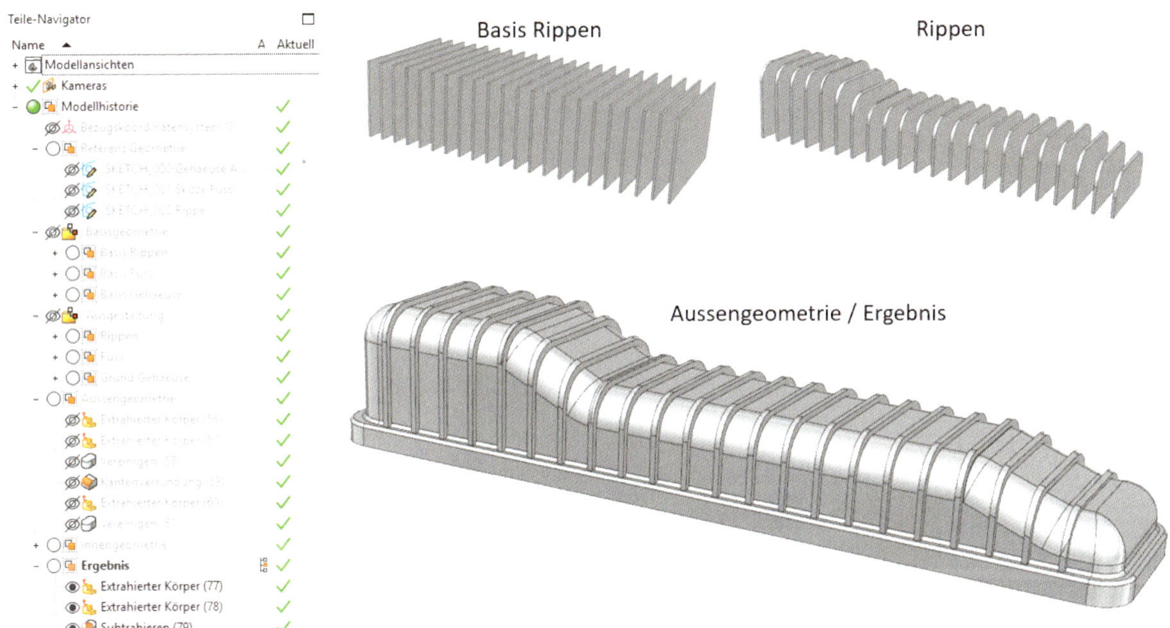

3.2.5 Teilemodul

Mithilfe der Teilemodul-Befehle steht Ihnen ein weiteres Tool zur Verfügung, das Ihnen erlaubt, die Einzelteilkonstruktion in Module zu unterteilen. Dadurch können komplexe Einzelteile in logische Gruppen aufgeteilt werden, um dann z. B. von mehreren Konstrukteuren ausdetailliert zu werden. Oder es können definierte Teilbereiche bearbeitet werden, ohne die gesamte Geometrie jederzeit aktualisieren zu müssen. Auch das Darstellen und Austesten verschiedener Detailvarianten wird dadurch ermöglicht.

3.2.5.1 Einführung

Die Erzeugung der Teilemodule erfolgt in einer Hauptkomponente. Hierzu werden den einzelnen Teilemodulen Eingabereferenzen zugewiesen. Befindet man sich in einem Teilemodul, kann nur auf diese Eingabereferenzen zugegriffen werden. Ist die Geometrie im Teilemodul erzeugt, wird das Ergebnis als Ausgabereferenz definiert und kann in der Hauptkomponente weiterbearbeitet werden.

Handelt es sich um komplexe Einzelteile, so ist es erforderlich, im Vorfeld klare Regeln zu definieren. Es muss eine entsprechende Basisgeometrie vorhanden sein, deren Schnittstellen zu den Teilbereichen als Eingabereferenzen im Teilemodul definiert werden. Sie können die einzelnen Module auslagern, sodass mehrere Konstrukteure gleichzeitig an der Geometrieerstellung arbeiten können.

In der Hauptkomponente können Sie während des Konstruktionsprozesses jederzeit die einzelnen Teilemodule unabhängig voneinander aktualisieren. Ist die Konstruktion beendet, werden die fertigen Teilemodule wieder in der Hauptkomponente zusammengeführt.

3.2.5.2 Neues Teilemodul

Neues Teilemodul (New Part Module)

Die Verwendung von Teilemodulen wollen wir an einem einfachen Beispiel aufzeigen. Hierzu wird eine Basisgeometrie, in unserem Beispiel ein Quader mit Verrundungen, in einer neuen Komponente erzeugt. Anschließend soll in einem Teilemodul die Innengeometrie und in einem weiteren die Außengeometrie unabhängig voneinander erstellt werden. Mit dem Befehl **NEUES TEILEMODUL** erzeugen wir zunächst ein solches. Dieses erhält den Namen *„Aussengeometrie“* und wird anschließend als Formelement im *Teile-Navigator* angezeigt. Anhand des grünen Icons (Kreis) kann erkannt werden, ob dieses Modul gerade aktiv ist. Ist dem so, werden alle neuen Formelemente innerhalb des Teilemoduls erzeugt.

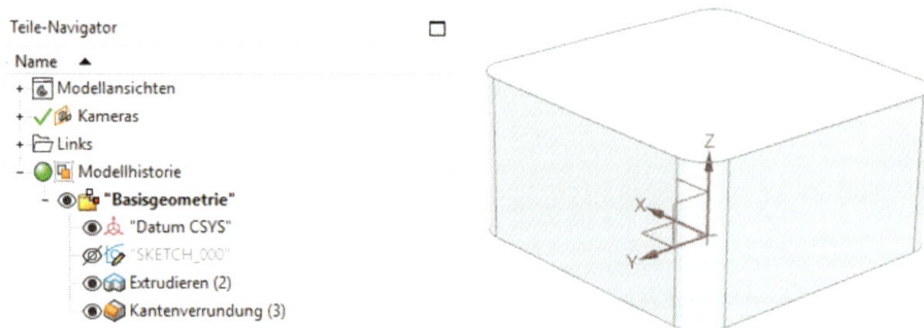

Teilemoduleingabe festlegen (Define Part Module Input)

Auf Formelemente außerhalb des Teilemoduls kann nicht zugegriffen werden, es sei denn, man definiert diese mit dem Befehl **TEILEMODULEINGABE FESTLEGEN** als Input-Elemente.

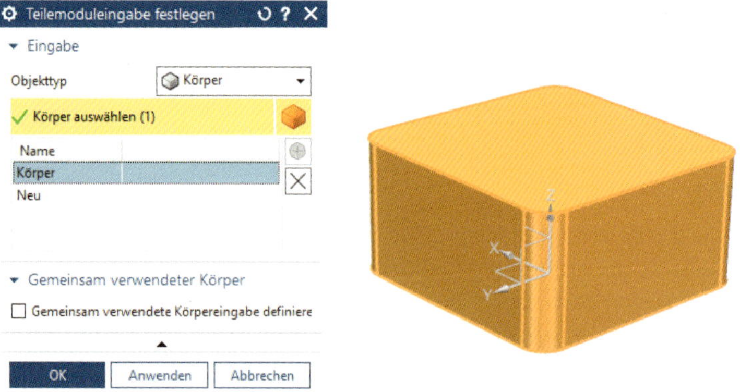

Durch Anklicken des grünen Icons (Kreis) im *Teile-Navigator* wird das Teilemodul deaktiviert und das Icon weiß, sodass nun nur die Ausgaben-Geometrie, wenn vorhanden, angezeigt wird.

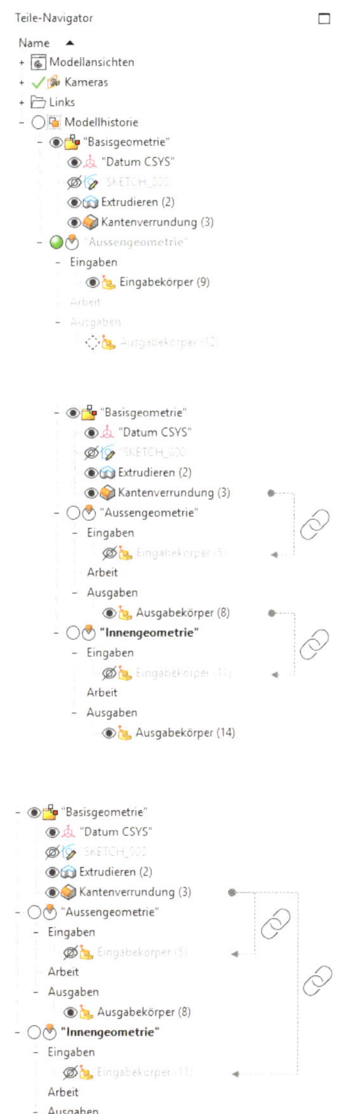

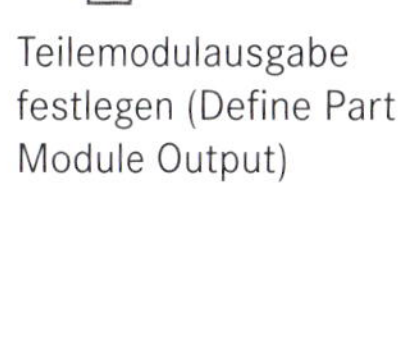

Teilemodulausgabe festlegen (Define Part Module Output)

In unserem Beispiel wird die Basisgeometrie als Input definiert. Dieser wird dadurch als Extrakt im Teilemodul abgelegt. Auf diese Weise bleibt das Teilemodul von der übergeordneten Geometrie isoliert. Zudem wird mit dem Befehl **TEILEMODULAUSGABE FESTLEGEN** die Ergebnisgeometrie bestimmt. Da im Teilemodul noch keine neuen Formelemente hinzugekommen sind, entspricht die Ausgaben-Geometrie exakt der Eingaben-Geometrie.

Im Beispiel verwenden wir noch ein zweites Teilemodul mit dem Namen *„Innengeometrie"*. Nun wählen wir als Eingabe-Geometrie die Ausgabe-Geometrie des ersten Teilemoduls. Mit **TEILEMODULAUSGABE FESTLEGEN** wird auch hier wieder die Eingabe-Geometrie als Ausgabe definiert. An dieser Stelle könnte man auch die Basisgeometrie als Eingabe-Geometrie verwenden. Dadurch hätte man zwei unabhängige Körper, die man am Ende mit einer booleschen Operation zusammenfügen müsste. In diesem Fall wäre es erforderlich, die *„Innengeometrie"* als negativen Körper (Abzugskörper) aufzubauen.

3.2.5.3 Extern verlinktes Teilemodul

In NX wird zwischen dem internen Teilemodul und dem extern verlinkten Teilemodul unterschieden. Bei einem internen Teilemodul liegt der Fokus darin, die Aktualisierung der Geometrie zu steuern, sodass bei einer Änderung das Update nicht über die komplette Komponente läuft, sondern nur der betroffene Teilbereich aktualisiert wird. Erst am Ende wird ein Aktualisieren über den gesamten Bereich durchgeführt. Alle Teilemodule sind dabei ausschließlich in der Hauptkomponente enthalten.

Verbundenes Teilemodul-Teil erzeugen

Teilemodule, die als extern verlinktes Teilemodul erstellt sind, ermöglichen es, dass mehrere Anwender gleichzeitig an einem Einzelteil arbeiten können. Man nennt diese Arbeitsweise auch Concurrent Engineering. Hierzu werden die Teilemodule mit dem Befehl **VERBUNDENES TEILEMODUL-TEIL ERZEUGEN** ausgelagert und mit einer WAVE-Schnittstellen-Verbindung mit der Hauptkomponente verbunden. Dadurch kann in der Hauptkomponente immer der aktuelle Stand abgerufen werden, während in den ausgelagerten Komponenten weiter konstruiert wird.

In unserem Beispiel werden beide Teilemodule ausgelagert und erhalten die Dateinamen *Linked_Aussengeometrie.prt* und *Linked_Innengeometrie.prt.*

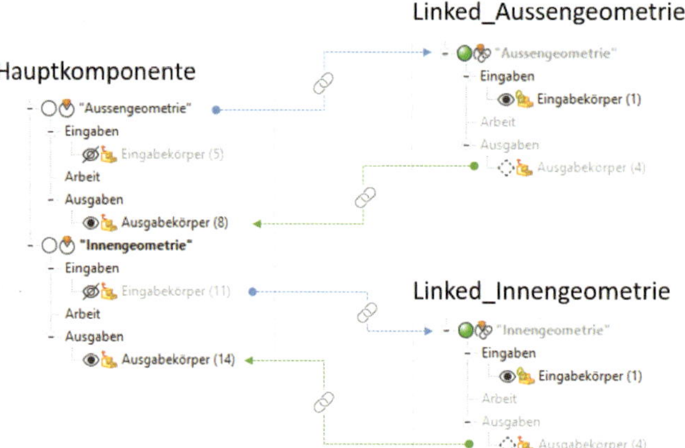

Anschließend wird die Außengeometrie im Teil *Linked_Aussengeometrie* erstellt. Mithilfe des Kontextmenüs vom Teilemodul *Aussengeometrie* können Sie den Befehl **VERBUNDENES TEIL ANZEIGEN** ausführen, sodass dieses in einem neuen Fenster angezeigt wird.

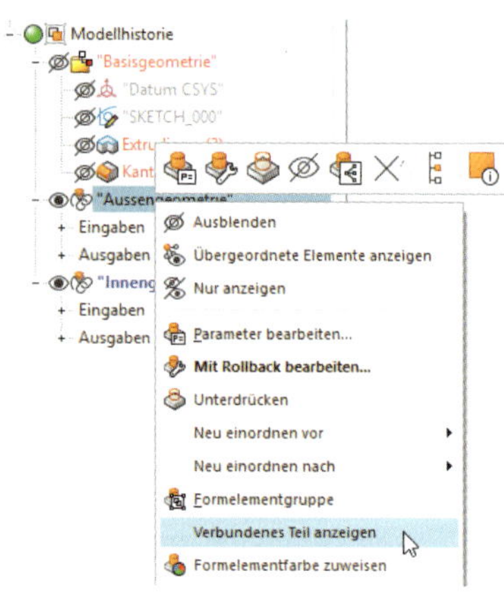

Falls nötig, aktivieren Sie das Teilemodul, indem Sie den weißen Kreis (Icon) vor dem Teilemodul im *Teile-Navigator* anklicken. Nun können Sie mithilfe der Eingaben-Geometrie die *„Aussengeometrie"* erstellen. Im Beispiel wird hierzu ein **EXTRUDIEREN** auf die Außenfläche erzeugt und diese mit einer **KANTENVERRUNDUNG** verrundet. Ist die Konstruktion abgeschlossen, ist es erforderlich, dass Sie das Teilemodul wieder deaktivieren, indem Sie *Modellhistorie* aktivieren.

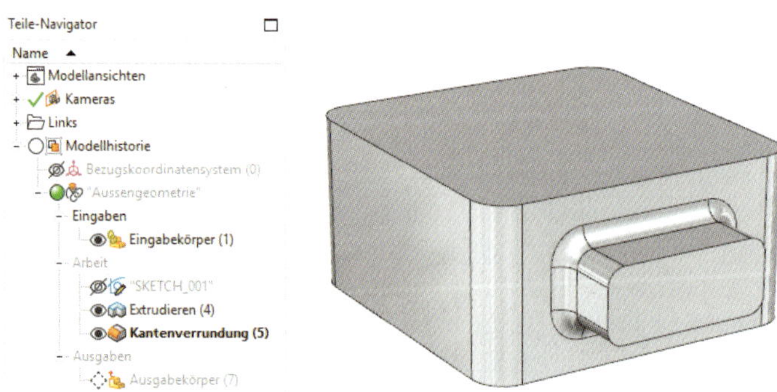

Auf die gleiche Art und Weise wird mit der *„Innengeometrie"* verfahren. Im Beispiel wurde mit dem Befehl **SCHALE** der Quader ausgehöhlt und mit **EXTRUDIEREN** wurden Rippen konstruiert.

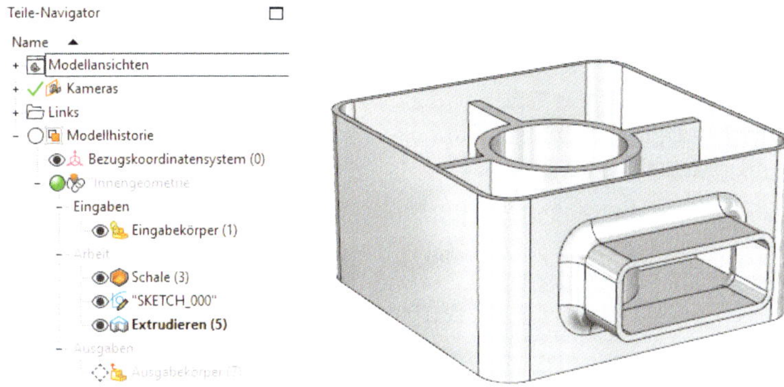

3.2.5.4 Teilemodule aktualisieren

Mit dem Befehl **EINGABEREFERENZEN AKTUALISIEREN** bzw. mit **AUSGABEREFERENZEN AKTUALISIEREN** wird lediglich geprüft, ob die letzte Version der Eltern im Speicher geladen ist. Diese können bei Bedarf entsprechend nachgeladen werden.

Eingabe-/Ausgabe-referenzen aktualisieren (Update Input/Output References)

Sie können in NX allerdings steuern, wie Modelle generell aktualisiert werden sollen. Dazu müssen Sie unter **MENÜ > WERKZEUGE > AKTUALISIEREN** den Befehl **MODELLAKTUALISIERUNG VERZÖGERN** aktivieren. Dadurch verhindern Sie das automatische Aktualisieren, das bei großen Komponenten sehr zeitaufwendig sein kann.

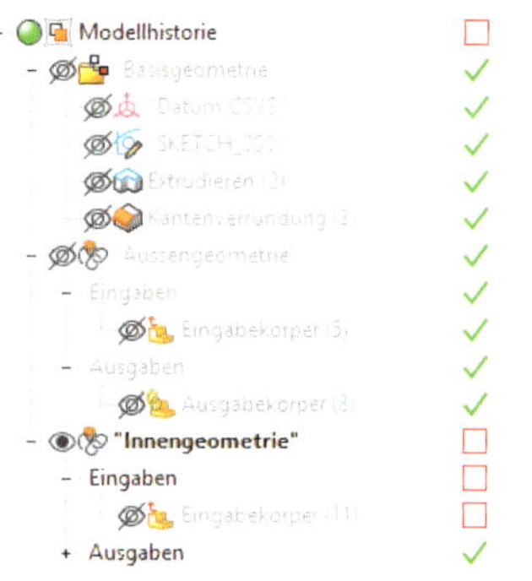

Modellaktualisierung verzögern (Delay Model Update)

Über den Befehl **MODELL AKTUALISIEREN** können die Formelemente aktualisiert werden. Die Teilemodule werden dabei nicht aktualisiert. Ist der Befehl **MODELLAKTUALISIERUNG VERZÖGERN** aktiv, so wird eine Änderung im *Teile-Navigator* in der Spalte *Veraltet* angezeigt. Ist die Geometrie nicht auf dem aktuellen Stand, erscheint hier ein rotes Quadrat. Durch Anklicken des Icons werden dieses Formelement und alle veralteten übergeordneten Elemente aktualisiert.

Modell aktualisieren (Update Model)

Nach der Aktualisierung erhalten die extern verlinkten Teilemodule ein „!" mit dem Status *Veraltet*. Um auch diese zu aktualisieren, wird der Befehl **VERBUNDENE TEILEMODULE AKTUALISIEREN** verwendet.

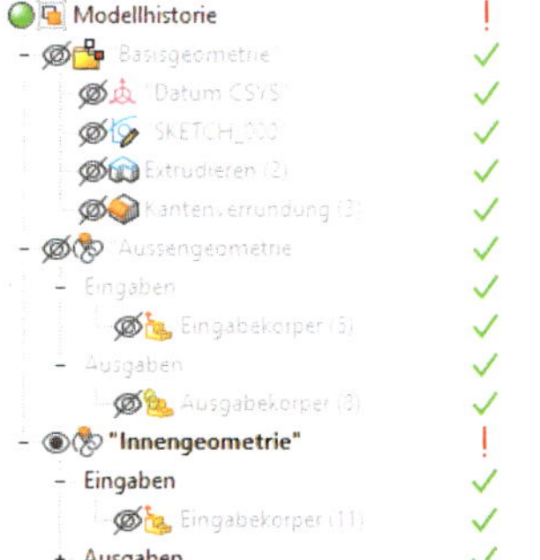

Verbundene Teilemodule aktualisieren (Update Linked Part Module)

In unserem Beispiel wurden die Teilemodule mit Geometrie befüllt, sodass es nun erforderlich ist, in der Hauptkomponente ein Aktualisieren durchzuführen.

Anschließend wollen wir in der *„Aussengeometrie"* weitere Geometrie hinzufügen. Hierzu wechseln wir zurück in das Teil *Linked_Aussengeometrie* und erstellen im Teilemodul weitere Formelemente. Nach Beendigung gehen wir wieder zurück in die Hauptkomponente und können nun in der Spalte *Aktuell* erkennen, dass sich im Teilemodul *„Aussengeometrie"* etwas verändert hat. Das rote „!" zeigt an, dass das Teilemodul in *Linked_Aussengeometrie* geändert, aber noch nicht in der Hauptkomponente aktualisiert wurde.

Durch Auswahl von **VERBUNDENE TEILEMODULE AKTUALISIEREN** oder das Deaktivieren von **MODELLAKTUALISIERUNG VERZÖGERN** werden auch die Teilemodule aktualisiert.

3.2.5.5 Teilemodule vereinigen

Modul vereinigen (Merge Part Module)

Ist die Komponente fertiggestellt und werden die Teilemodule nicht mehr benötigt, so können die extern verlinkten Teilemodule mit dem Befehl **MODUL VEREINIGEN** wieder in die Hauptkomponente integriert werden. Anschließend besteht keine Verbindung mehr zu den *„Linked_..."*-Parts.

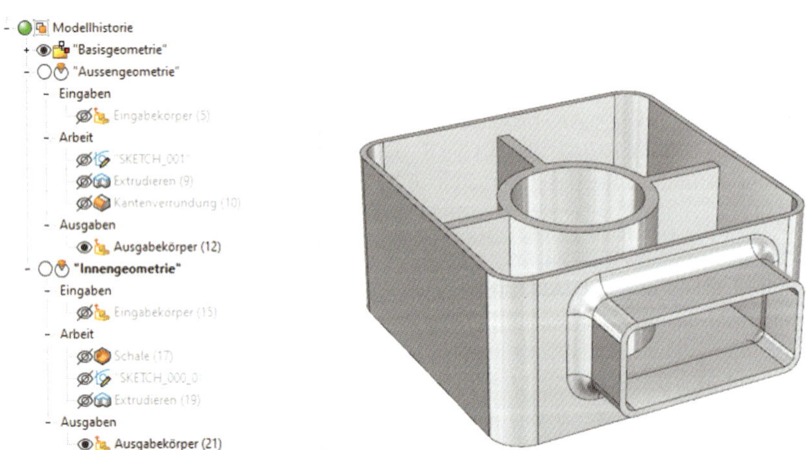

3.2.5.6 Nur Teilemodul anzeigen

Nur anzeigen (Show Only)

Mithilfe des Befehls **NUR ANZEIGEN** besteht die Möglichkeit, die Sichtbarkeit der einzelnen Teilemodule zu steuern. Bewegen Sie hierzu die Maus im *Teile-Navigator* auf ein Teilemodul. Mit **MT3** gelangen Sie in das Kontextmenü. Wählen Sie hier **NUR ANZEIGEN** aus, so wird im Grafikfenster nur die Ausgaben-Geometrie dieses Teilemoduls angezeigt.

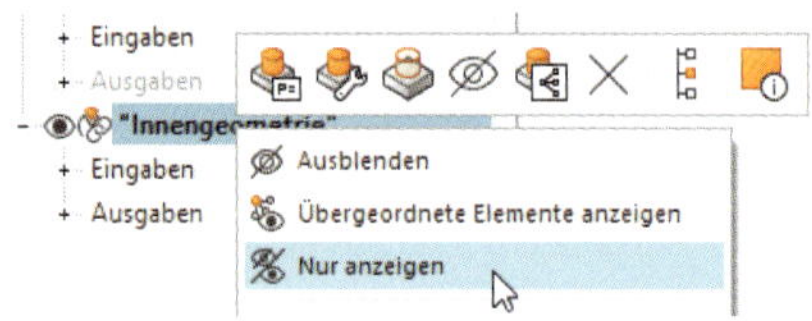

Verwenden Sie stattdessen den Befehl **TEILEMODUL AKTIVIEREN**, so wird ebenfalls nur dieses Teilemodul angezeigt, allerdings wird das Teilemodul gleichzeitig auch aktiviert, sodass Sie die kompletten Formelemente im Grafikfenster sehen.

Teilemodul aktivieren (Activate, Show Only and Expand)

3.3 Bezugsobjekte

Wenn die vorhandenen Elemente zur Orientierung nicht ausreichen, werden oft Bezug/Punkt-Formelemente, also Punkt, Bezugsebene, Bezugsachsen und Koordinatensysteme (KSYS), als Hilfsmittel verwendet. Die Bezugsobjekte werden als Formelement im *Teile-Navigator* abgelegt und können dadurch auch mehrfach benutzt werden. Gerade um eine Konstruktion stabiler für Aktualisierungen zu machen, ist es manchmal sinnvoller, auf **BEZUGSEBENEN** zu referenzieren als auf Körperflächen, da diese Flächen während einer Änderung unter Umständen so geändert werden, dass sie als Referenz nicht mehr gültig sind. Das Bezug/Punkt-Drop-down-Menü lässt sich über **ANPASSEN** erweitern. In der Standardrolle *Erweitert* werden beispielsweise die Befehle für Punkte nicht mit aufgeführt.

Bezug/Punkt (Bezugsebene, Bezugsachse, Bezugs-KSYS ...)

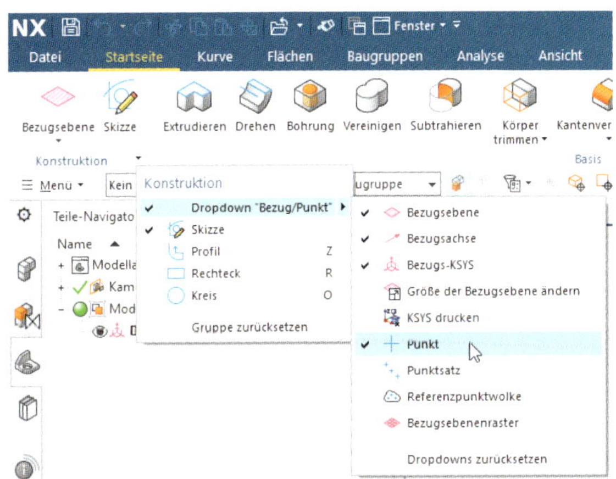

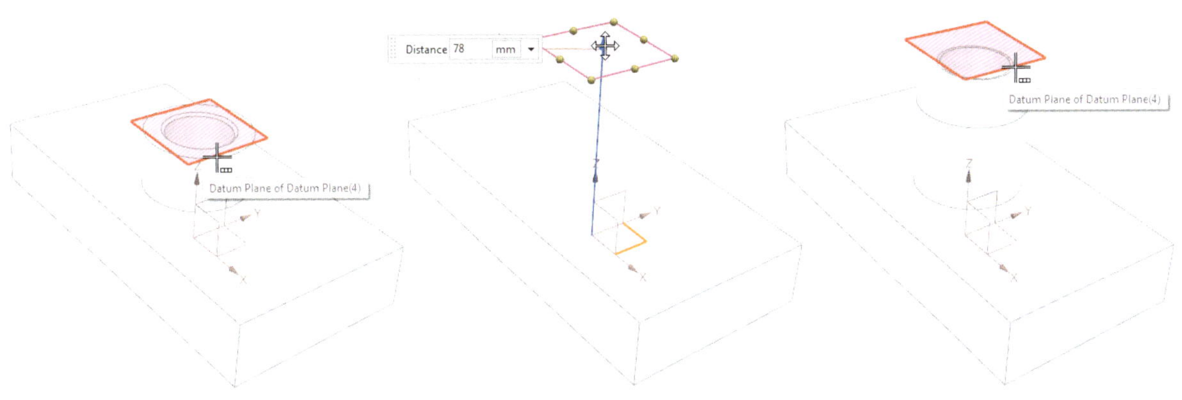

Bezugsobjekte finden auch Anwendung in der sogenannten Skelett-Methodik, bei der im Vorfeld **BEZUGSEBENEN**, z. B. zur Begrenzung oder zur Definition einer Lage, erstellt werden, **BEZUGS-KSYS**, um Positionen zu definieren, oder auch **BEZUGSACHSEN**, um allgemeingültige Richtungen vorzugeben. Diese Bezugs-Formelemente sind assoziativ miteinander verbunden. Die Konstruktion bezieht sich hauptsächlich auf diese Bezugsobjekte, sodass durch Ändern dieser Objekte sehr schnell verschiedene Varianten ausprobiert und erstellt werden können.

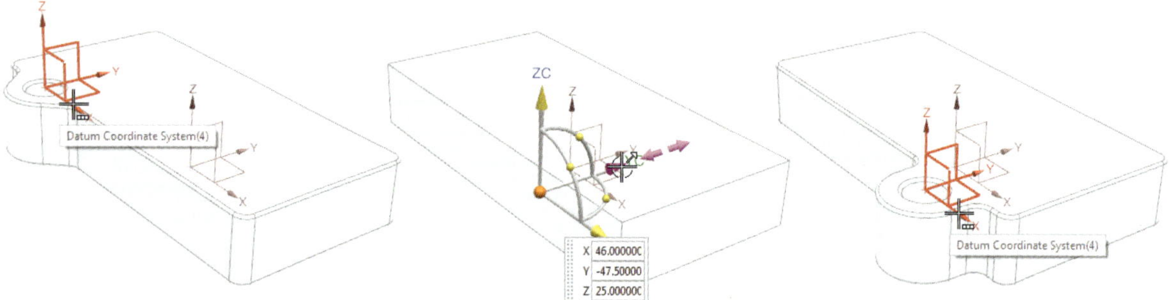

BEZUGS-KSYS werden sehr häufig zum Positionieren von unabhängigen Teilbereichen verwendet, da hierbei nicht nur die Position definiert wird, sondern zusätzlich noch drei **BEZUGSEBENEN** mit **BEZUGSACHSEN** vorhanden sind, auf die referenziert werden kann.

Grundsätzlich wird zwischen assoziativen und nicht assoziativen Bezugs-Formelementen unterschieden. Während die nicht assoziativen Bezugs-Formelemente absolut im Raum stehen und ihre Lage nicht verändern, werden assoziative Bezugs-Formelemente in Abhängigkeit zu vorhandenen Objekten erstellt. Ändern sich diese Objekte, so verändern sich auch die Position und Lage der Bezugs-Formelemente.

3.3.1 Bezugsebene

Bezugsebene (Datum Plane)

Beim Erstellen einer **BEZUGSEBENE** erscheint das abgebildete Dialogfenster. Das Dialogfenster passt sich, je nach ausgewähltem Typ, an und lässt weitere Auswahlmöglichkeiten und Optionen zu. Die definierte **BEZUGSEBENE** wird als Vorschau angezeigt. Ihre Größe kann über das Eingabefeld oder durch Ziehen an den Handles im Randbereich festgelegt bzw. geändert werden. Mit **MT1** lässt sich die Größe variieren. Um eine Ebene im Nachhinein in ihrer Größe anzupassen, markieren Sie diese mit **MT3**. Der zur Auswahl stehende Befehl **GRÖSSE DER BEZUGSEBENE ÄNDERN** kann (z. B. bei größeren Modellen) angewandt werden, ohne ein Update anzustoßen.

Bezugsebene
Ermittelt
Objekte zur Ebenendefinition
Objekt auswählen (1)
Offset
Ebenenorientierung
Einstellungen
< OK > Anwenden Abbrechen

Ermittelt

Standardmäßig ist der Typ **ERMITTELT** eingestellt. Das heißt, NX erkennt anhand der gewählten Objekte automatisch die passenden Ebenen. Dieses Vorgehen wird im Folgenden anhand praxisrelevanter Beispiele gezeigt.

Ermittelt (Inferred)

Im Abstand

1. Selektieren Sie eine Fläche oder eine bestehende **BEZUGSEBENE**.
2. Bestimmen Sie einen **ABSTAND** über das Eingabefeld oder durch Ziehen am Pfeil.

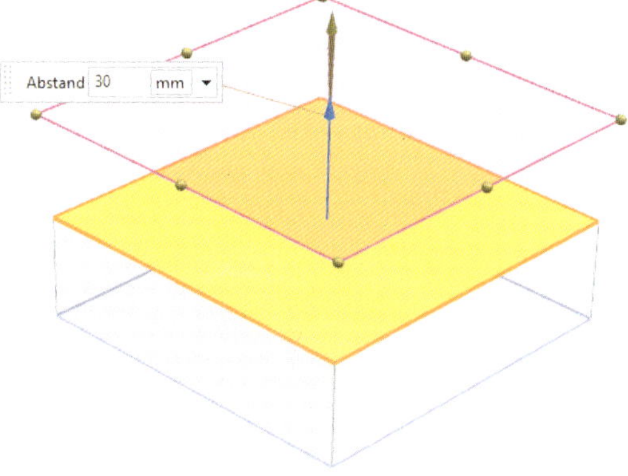

Im Abstand (At Distance)

Bisektor

Bisektor (Bisector)

1. Selektieren Sie zuerst die Fläche 1.

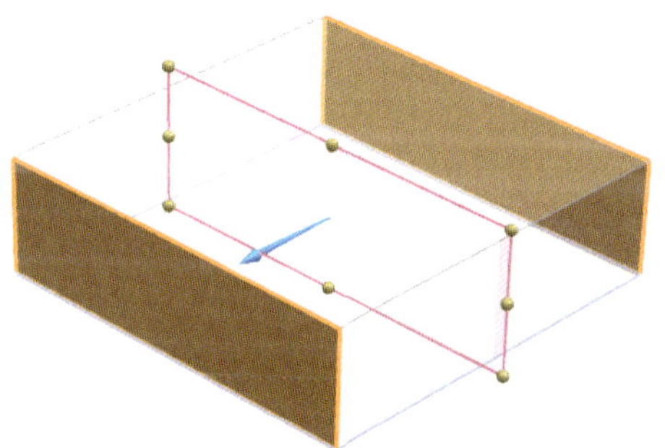

2. Danach selektieren Sie die Fläche 2.

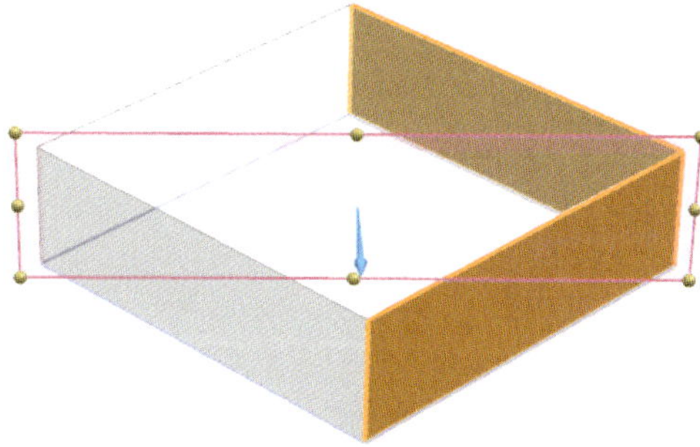

Zwei Linien

Zwei Linien (Two Lines)

1. Selektieren Sie die erste Kante.
2. Nun wählen Sie die zweite Kante.

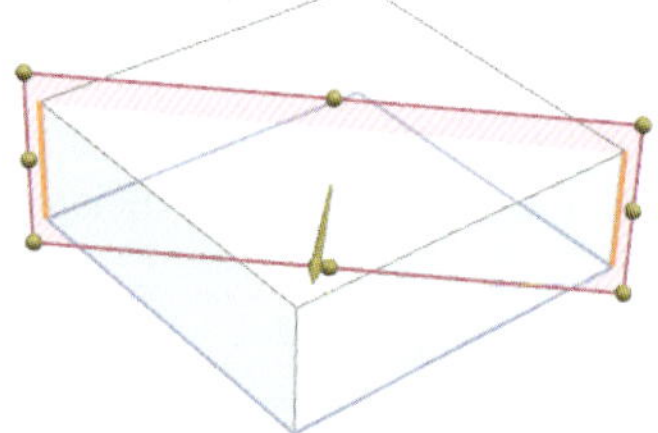

Kurven und Punkte, Untertyp: Drei Punkte

Kurven und Punkte (Curves and Points)

Selektieren Sie der Reihe nach drei Punkte.

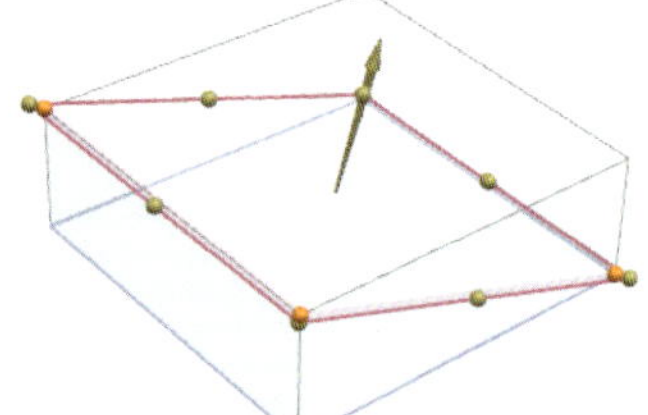

Im Winkel

Im Winkel (At Angle)

Selektieren Sie eine Fläche.

1. Wählen Sie die Drehachse (z. B. eine Kante).
2. Geben Sie danach den Drehwinkel ein oder ziehen am Punkt.

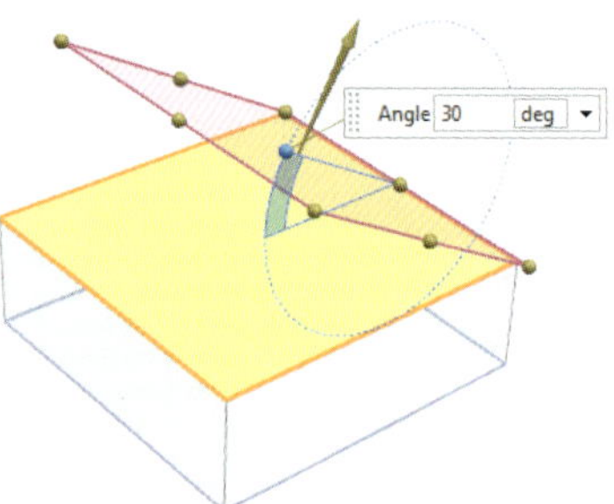

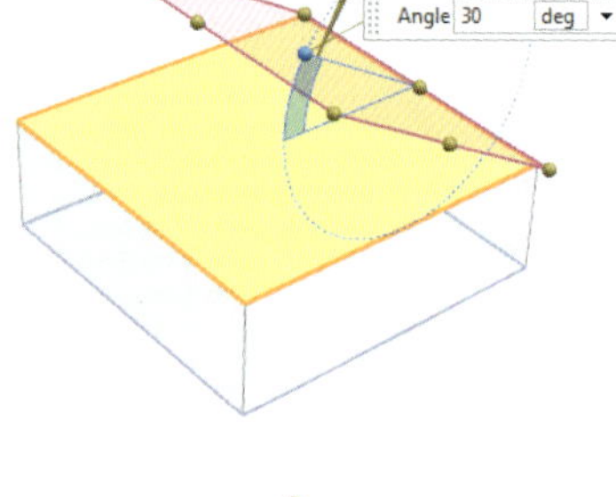

Durch Objekt

Durch Objekt (Through Object)

Wählen Sie die Achse des Zylinders.

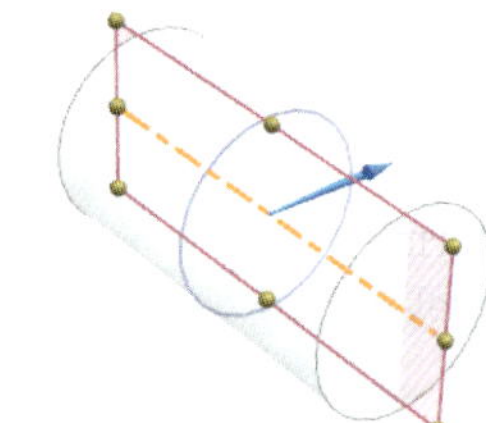

Im Winkel, durch Achse

Im Winkel (At Angle)

1. Selektieren Sie zunächst die Mittelachse des Zylinders.
2. Wählen Sie die vorhandene Mittelebene.
3. Geben Sie den Winkel ein oder ziehen am Punkt.

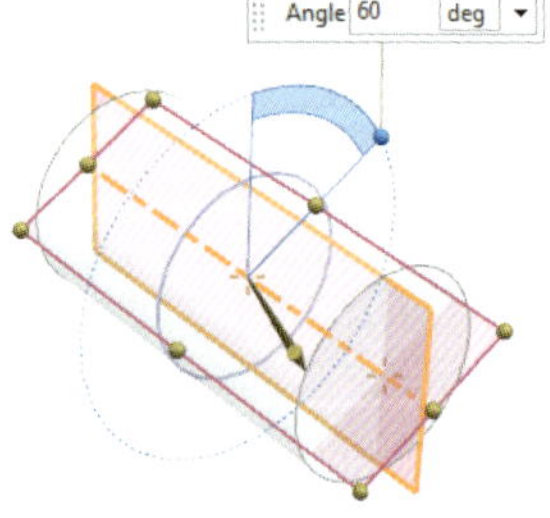

Tangente, Untertyp: Durchgangslinie

1. Selektieren Sie die Zylinderfläche.

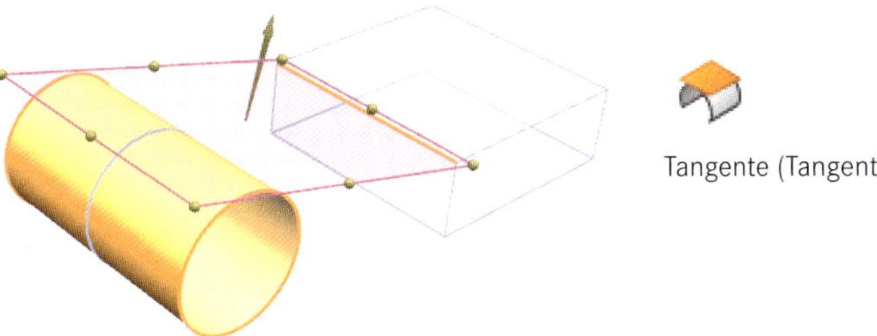

Tangente (Tangent)

2. Wählen Sie die Kante des Quaders. Es stehen unter *Ebenenorientierung* zwei alternative Lösungen zur Auswahl.

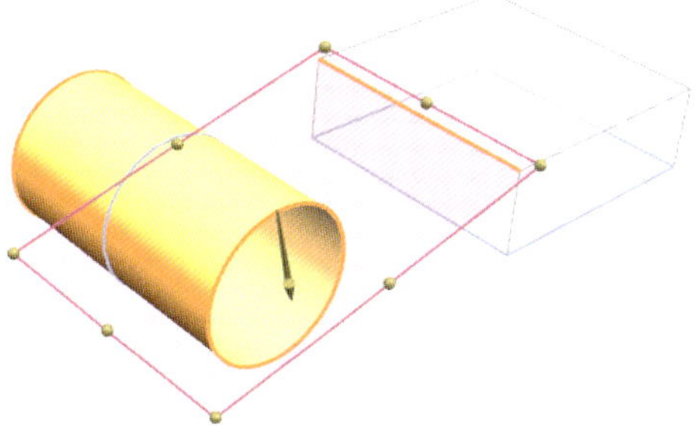

Tangente, Untertyp: Winkel zu Ebene

1. Selektieren Sie die vorhandene Bezugsebene.
2. Wählen Sie die Zylindermantelfläche aus.
3. Legen Sie den *Winkel* fest.
4. Mit der Option **ALTERNATIVE LÖSUNG** erstellen Sie die Variante.

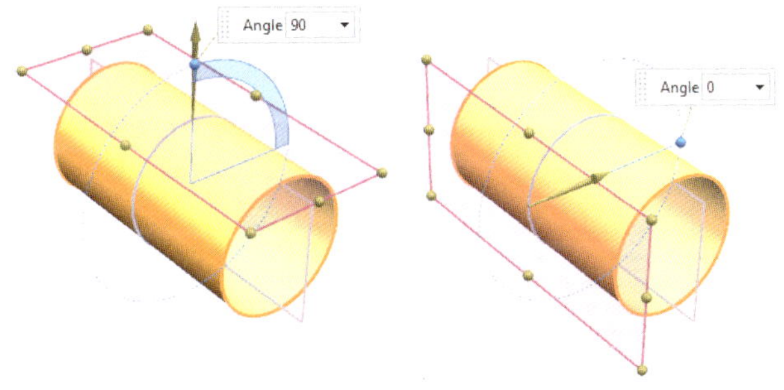

In der Abbildung wird links eine Ebene normal zur Mittelebene und rechts parallel zur Mitte erzeugt.

3.3.2 Bezugsachse

Die **BEZUGSACHSE** wird beispielsweise als Achse für Rotationskörper oder zur Definition der Richtung bei extrudierten Körpern verwendet. Die grundsätzliche Arbeitsweise und der Dialogaufbau sind analog zur **BEZUGSEBENE**. Die Bedeutung der Icons im Bereich *Typ* ist teilweise analog zum **VEKTOR DEFINITION** und wurde bereits in den Grundlagen in Abschnitt 2.5.5 beschrieben.

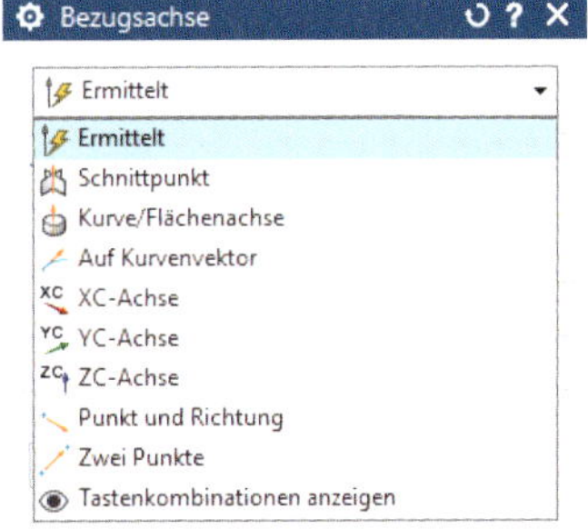

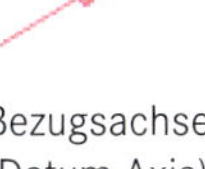

Bezugsachse (Datum Axis)

Damit Sie beim Typ *Ermittelt* auf Kanten zugreifen können, sollten Sie entweder den *QuickPick* verwenden oder bei der Selektion darauf achten, dass der Filter *Punkt auf Kurve* ausgeschaltet ist. Alternativ können Sie auch die **ALT**-Taste drücken, und damit werden die Punktfangfilter vorübergehend deaktiviert.

Im Folgenden werden einige Beispiele zum Erzeugen von Bezugsachsen erläutert.

Kurve/Flächenachse

Kurve/Flächenachse (Curve/Face Axis)

Sie müssen eine Kurve oder eine zylindrische Mantelfläche selektieren. Die Richtung des Vektors können Sie durch Doppelklick auf die Pfeilspitze oder mit dem Icon im Dialogfenster umkehren.

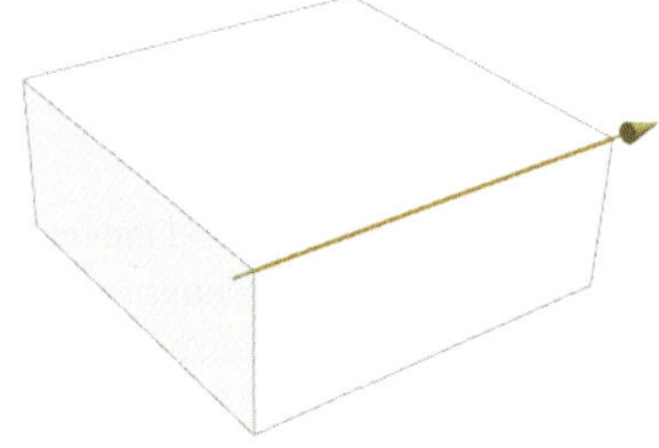

Zwei Punkte

Zwei Punkte (Two Points)

Der erste und der zweite Punkt werden selektiert, wobei die Reihenfolge die Orientierung des Vektors bestimmt.

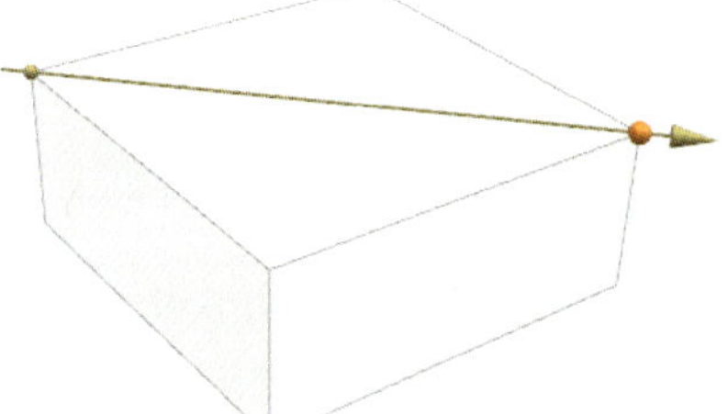

Schnittpunkt

Schnittpunkt (Intersection)

In diesem Beispiel befindet sich eine Bezugsebene in einem bestimmten Abstand über einer Quaderfläche. Um zu dieser Ebene eine weitere Bezugsebene in einem gewissen Winkel zu erstellen, benötigen Sie einen Drehvektor. Dazu selektieren Sie die beiden Flächen nacheinander. In ihrer Schnittlinie wird die **BEZUGSACHSE** erzeugt.

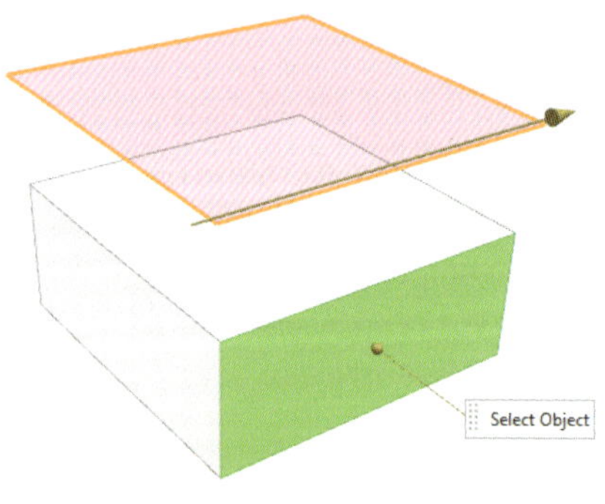

Kurve/Flächenachse

Kurve/Flächenachse (Curve/Face Axis)

Mit der Auswahl der Zylindermantelfläche wird ein Vektor durch die Mittelachse erzeugt. Die Orientierung der **BEZUGSACHSE** ergibt sich aus der Ausrichtung des Zylinders.

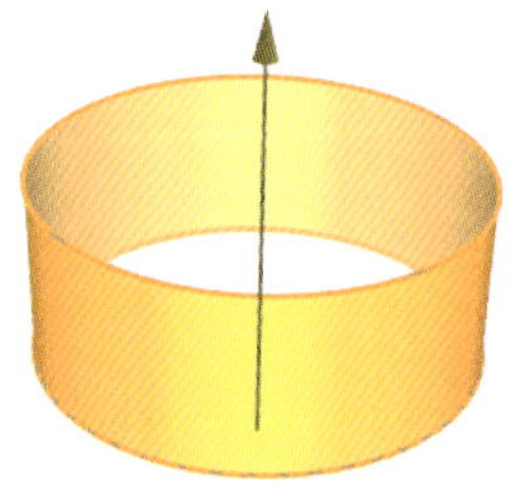

Auf Kurvenvektor

Auf Kurvenvektor (On Curve Vector)

Im Dialogfenster wird der Typ **AUF KURVENVEKTOR** aktiviert und die gewünschte Kurve selektiert. Der entsprechende Tangentenvektor wird am Selektionspunkt angezeigt. Dieser Punkt kann dynamisch durch Verschieben des Punkts oder Eingabe der *Bogenlänge* geändert werden. Im Bereich *Orientierung auf Kurve* können unter *Orientierung* verschiedene Möglichkeiten ausgewählt werden. In den drei Beispielen wurden die Varianten *Tangent*, *Normal* und *Bi-Normal* verwendet.

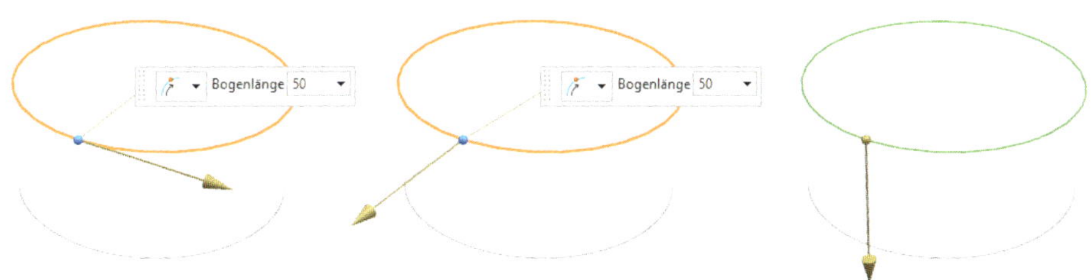

3.3.3 Bezugs-KSYS

Bezugs-KSYS (Datum CSYS)

Mit dem Befehl **BEZUGS-KSYS** werden drei *Bezugsebenen*, drei *Bezugsachsen*, ein *Ursprungspunkt* und ein *Bezugskoordinatensystem* in einem Formelement erstellt. Dies ist sehr schön mit der Selektionshilfe *QuickPick* zu erkennen. Die Definition erfolgt über den entsprechenden Dialog. Alle Objekte sind assoziativ zu den bei der Festlegung benutzten Elementen, wenn diese Option unter *Einstellung* aktiv ist.

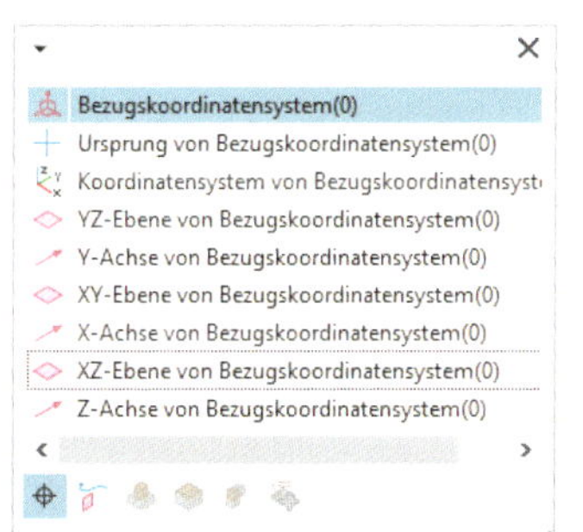

Die Koordinatensysteme dienen als Bezugsobjekt, auf denen Bezugsebenen, z. B. Skizzen, erstellt werden können. Wird das Koordinatensystem von der Lage her verändert, ändert sich auch die Lage der Skizze und so weiter. Aus diesem Grund werden sie sehr häufig zum Positionieren von Basiskörpern oder anderen Konstruktions-Formelementen verwendet. Zudem können die Achsen als Richtungsvektoren eingesetzt werden.

3.3.4 Punkt/Point Set

Punkt (Point)

Neben den Bezugsformelementen dienen auch Punkte sehr häufig als Bezugsobjekte. Damit können Positionen im Raum, auf Kurven oder auf Flächen definiert werden. Wenn Sie im **PUNKT**-Dialogfenster den Typ *Ermittelter Punkt* auswählen und die entsprechenden Filter, wie z. B. Mittelpunkt, Punkt auf Kurve, Bogenmittelpunkt …, aktiviert haben, können Sie sehr einfach durch Auswählen der richtigen Referenzgeometrie entsprechende Punkte erzeugen. Die Punkte sind in der Regel assoziativ, passen sich also den Referenzobjekten an. Im Bereich *Ausgabekoordinaten* können auch X-, Y- und Z-Koordinaten in Bezug zu einer Referenz angegeben werden. Mit **ANWENDEN** oder **OK** wird dann der Punkt erstellt.

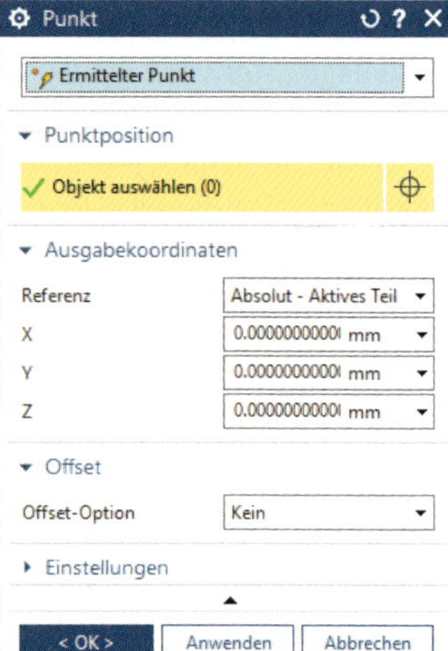

Punktsatz (Point Set)

Um mehrere Punkte zu erstellen, stehen mit dem Befehl **PUNKTSATZ** zahlreiche Optionen zur Verfügung. Im Beispiel wurde der Typ *Kurvenpunkte* ausgewählt, unter *Basisgeometrie* die Kante des Quaders selektiert und bei *Anzahl der Punkte* die Anzahl 5 eingegeben. Über *Startprozentsatz* und *Endprozentsatz* besteht zusätzlich noch die Möglichkeit, am Anfang und Ende einen Offset-Wert zu definieren.

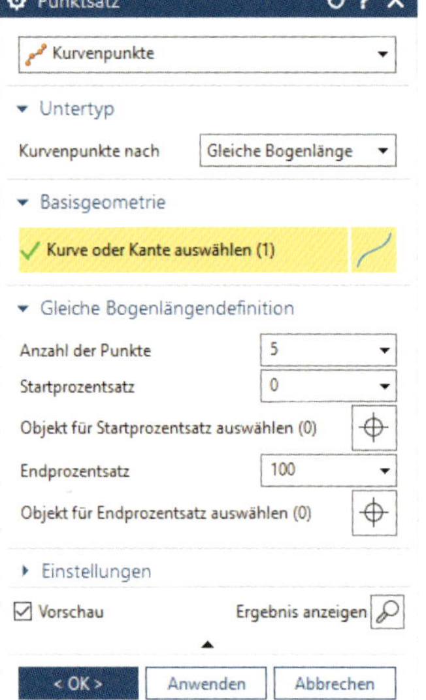

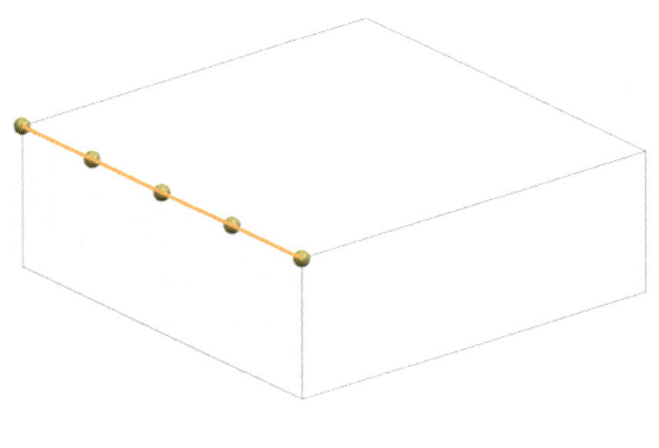

Über die Typ-Auswahl *Flächenpunkte* können Punkte auf einer Fläche verteilt werden. Hierzu kann unter *Untertyp* eine weitere Auswahl getroffen werden, anhand derer die Punkte erzeugt werden. Im nachfolgenden Beispiel wurde als Untertyp *Muster* ausgewählt und die Anzahl in *U-* und *V-Richtung* auf 10 gesetzt.

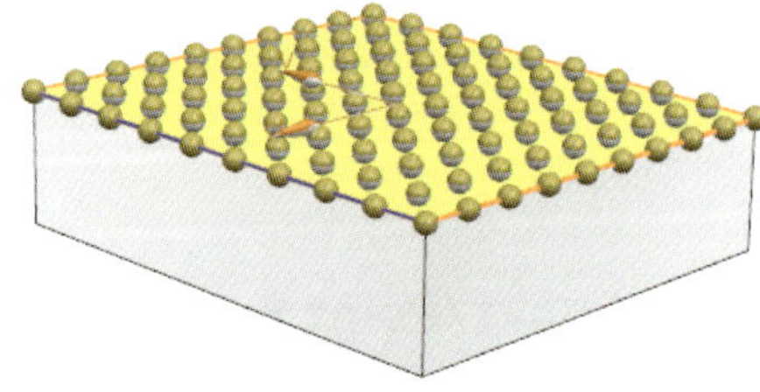

3.4 Skizze

In diesem Abschnitt erfahren Sie alles über das Erstellen von Skizzen. Nach einer kurzen Einführung werden die Skizzen-Befehle ausführlich beschrieben und an Beispielen veranschaulicht. Die Anwendung **SKIZZE** wurde in Version 1926 stark überarbeitet. Das Erscheinungsbild und auch die Handhabung sind nun auf das Wesentliche minimiert und auf ein schnelles und intuitives Arbeiten ausgelegt.

3.4.1 Einführung

Skizzen bestehen aus zweidimensionalen Kurven und Punkten, die in einer vordefinierten Ebene liegen. Sie dienen u. a. zur Definition von Querschnitten für Profilkörper und zur Festlegung von Leitgeometrie. Skizzen sind assoziativ zu der Ebene, in der sie erstellt werden. Wird diese Ebene verändert, so wird die Skizze entsprechend angepasst. Beim Löschen der Ebene verliert sie ihre Referenz und wird unbrauchbar.

Vor dem Beginn des Arbeitens mit Skizzen sind folgende Dinge zu beachten:

1. **Inhalt einer Skizze festlegen:** Skizzen sollten möglichst einfach und übersichtlich sein. Es ist besser, mehrere einfache als wenige umfangreiche Skizzen zu verwenden.
2. **Skizzierebene, Skizzenorientierung und Skizzenursprung für die Positionierung festlegen:** Neben der Skizzierebene ist es wichtig, auch die Objekte für die Positionierung festzulegen. Damit wird die Lage einer Skizze im Raum bestimmt. Als Skizzierebene kann eine Bezugsebene, ein Bezugs-KSYS oder eine Ebene der Fläche/Oberfläche verwendet werden.
3. **Geeigneten Namen festlegen:** Es ist sinnvoll, für jede Skizze einen eigenen Namen zu vergeben. Vergeben Sie keinen Namen, bildet NX automatisch eine Benennung, die sich aus dem Standardpräfix für Skizzennamen und einer fortlaufenden Nummer zusammensetzt. Ist als Präfix z. B. *SKETCH_* voreingestellt, so erhalten Sie automatisch die Namen *SKETCH_000*, *SKETCH_001* usw. Diese Benennungen erscheinen im *Teile-Navigator* und beim Bearbeiten vorhandener Skizzen.

3.4.2 Skizzen erstellen

Skizze (Sketch)

Zum Erstellen einer Skizze wird standardmäßig die Anwendung **SKIZZE** verwendet. Hierbei wird eine spezielle Umgebung mit eigener Menübandleiste geöffnet. Unter dem Register *Task* sind einige spezielle Voreinstellungen für die Skizze zusammengefasst. Zum Beispiel können Sie über **TASK > SKIZZEN-EINSTELLUNGEN** die Größe des Bemaßungstextes ändern. Neben der Registerkarte *Task* gibt es die *Startseite* mit den Befehlen zum Erstellen von Kurven und Punkten. Dahinter liegen die Registerkarten *Ansicht* und *Auswahl* mit einigen nützlichen Befehlen, auf die wir im Verlauf eingehen werden.

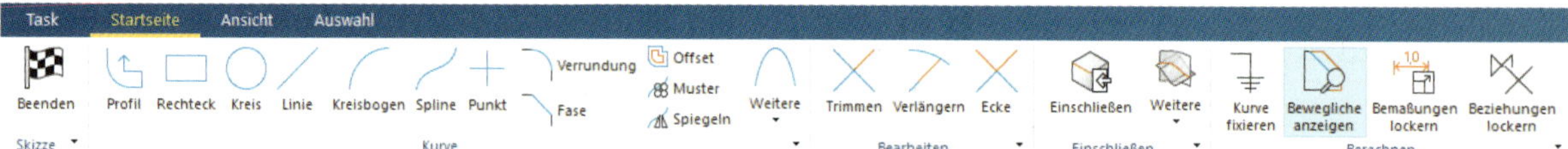

Der Skizzierer kommt neben der Einzelteilkonstruktion auch im Bereich der Zeichnungserstellung zum Einsatz. Dabei werden die Skizzen in einer Ansicht oder auf dem Zeichnungsblatt erzeugt. Generell können Sie vorhandene Skizzen durch Doppelklick oder über den *Teile-Navigator* zum Bearbeiten aufrufen.

Interne/Externe Skizze

Beim Erstellen einer neuen Skizze ist grundsätzlich zwischen der internen und der externen Arbeitsweise zu unterscheiden. Eine interne Skizze wird bei Bedarf aus dem jeweiligen Befehl heraus erzeugt und dann mit diesem Formelement verwaltet. Dadurch wird die Skizze im *Teile-Navigator* nicht aufgelistet, womit dieser übersichtlicher bleibt. Durch die Selektion des Formelements im *Teile-Navigator* mit **MT3 > EXTERNE SKIZZE ERZEUGEN** können Sie die Skizze jederzeit in einen externen Eintrag umwandeln. Diesen Vorgang können Sie auf die gleiche Weise wieder rückgängig machen, solange die Skizze nicht als Referenz für weitere Objekte genutzt wird.

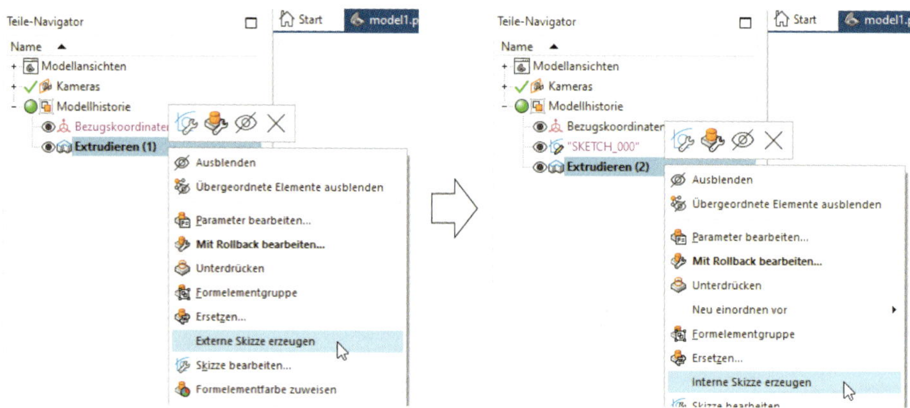

3.4.2.1 Skizzierebene und Skizzenursprung

Beim Erstellen einer neuen externen Skizze erscheint das abgebildete Menü zur Festlegung der Skizzierebene und des Skizzenursprungs.

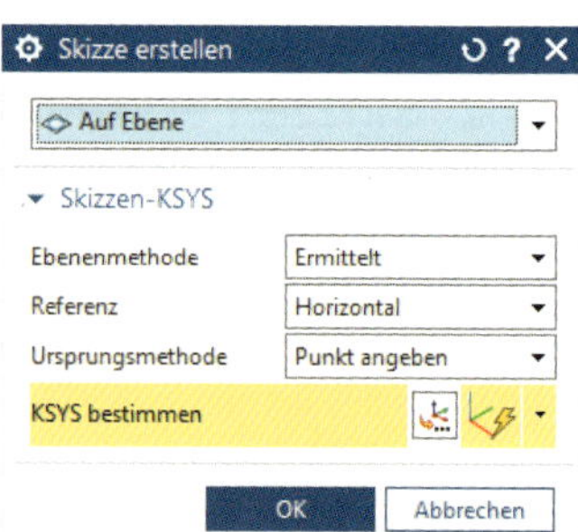

Skizzierebene: Auf Ebene

Auf Ebene (On Plane)

Um auf planaren Flächen im Raum zu skizzieren, muss der Skizzierebenentyp **AUF EBENE** aktiv sein. Die Selektion einer Bezugsebene erfolgt dann standardmäßig unter Verwendung der Ebenenmethode *Ermittelt*. Hier können ebene Flächen von Objekten oder Bezugsebenen ausgewählt werden.

Mit der Ebenenmethode *Neue Ebene* wird eine neue Bezugsebene definiert. Dazu rufen Sie mit dem Icon **DIALOGFENSTER „EBENE“** den Befehl zur Ebenenerstellung auf. Als Referenz besteht die Auswahl zwischen *Horizontal* und *Vertikal*. Haben Sie die Ebenenmethode *Neue Ebene* ausgewählt, so können Sie hier die horizontale bzw. vertikale Ausrichtung durch die Selektion eines Vektors angeben. Auch hier können Sie über das Icon **VEKTORDIALOG** einen neuen Vektor erzeugen.

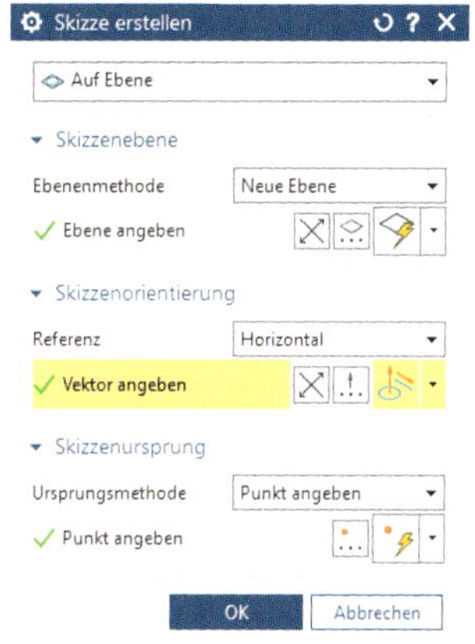

Es ist darauf zu achten, dass die Y-Achse der Voranzeige nach oben zeigt und die X-Achse nach rechts. Nach einem **OK** würde dann entsprechend dieser Ausrichtung in die Skizze gedreht und die Anwendung **SKIZZE** angezeigt werden. Sollte eine Richtung nicht stimmen, so kann mit einem Doppelklick auf die hervorgehobene X-Achse die Richtung umgekehrt werden. Unter Umständen ist es dabei hilfreich, zusätzliche Formelemente im *Teile-Navigator* durch Klick auf das „Auge“-Symbol zu verdecken.

Über *Ursprungsmethode* wird der Nullpunkt der Skizze definiert. Hier kann auch die orangefarbene Kugel der Achsensystem-Voranzeige per Drag & Drop verschoben werden. Während des Verschiebens wirken die Fangoptionen, die in der Szenen-Leiste eingestellt sind.

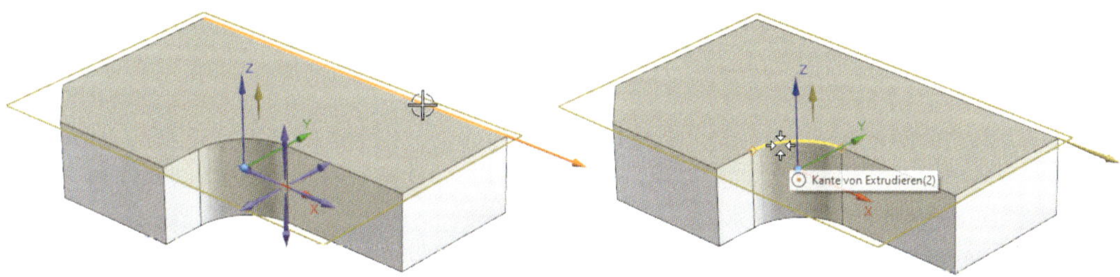

Skizzierebene: Auf Pfad

Die Skizzierebene des Typs **AUF PFAD** verwendet zur Festlegung der Skizzierebene eine Kurve oder einen Kurvenzug. Am Selektionspunkt erscheint dann die Voranzeige für die Skizzierebene. Diese steht zunächst senkrecht zur gewählten Kurve. Diese Lage können Sie durch Verschieben der blauen Kugel bzw. im Dialogfenster im Bereich *Ebenenposition* anpassen.

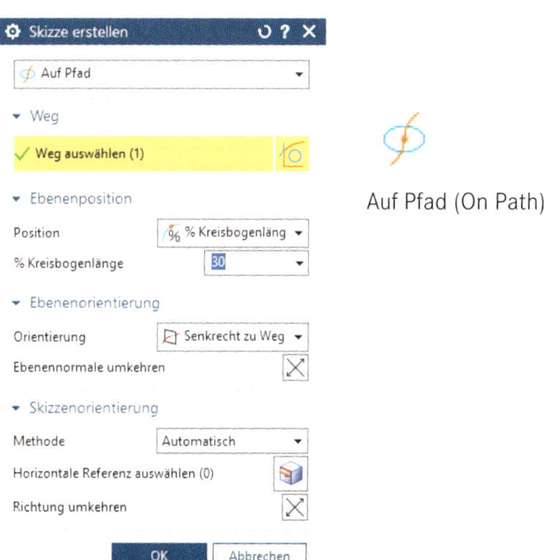

Auf Pfad (On Path)

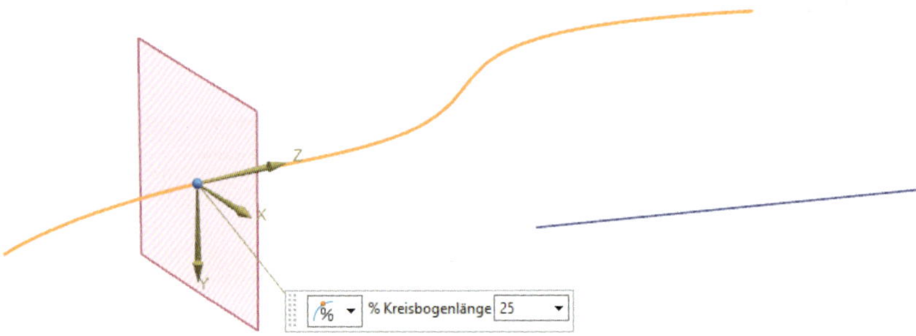

Die *Position* können Sie auch mit der Option *Durch Punkt* bestimmen. NX erwartet dann die Auswahl eines Punktes, durch den die Ebene assoziativ verläuft. Im folgenden Beispiel wurde der *Endpunkt* der blauen Linie verwendet.

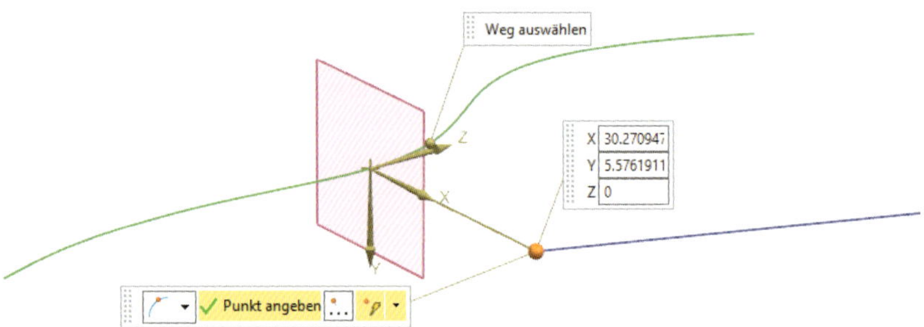

Der Richtungssinn der angezeigten Achsen kann wie immer durch Doppelklick umgekehrt werden. Die Orientierung der Ebene legen Sie durch die *Ebenenorientierung* fest.

In der Abbildung wurde die Orientierung von *Senkrecht zu Weg* auf *Senkrecht zu Vektor* umgestellt und als Richtung die positive Y-Achse verwendet. Dieser Vektor wird dann in der Vorschau angezeigt und die Ebene so orientiert, dass sie den Kurvenpunkt trifft und der gewählte Vektor senkrecht auf ihr steht. Mit den weiteren Orientierungen *Parallel zu Vektor* und *Durch Achse* richten Sie die Ebene entsprechend aus.

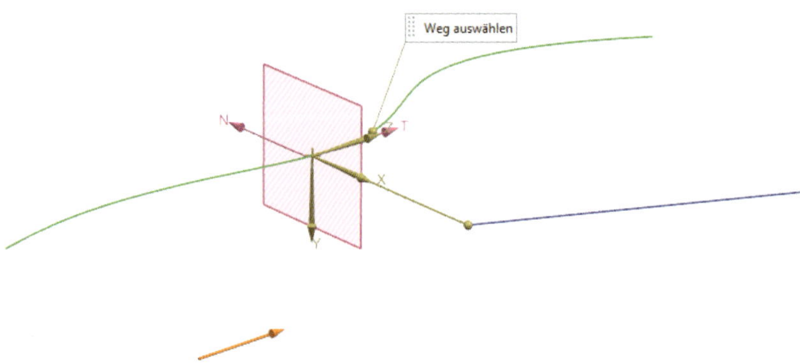

Verwendet man für die Angabe des Vektors vorhandene Objekte, wird die Skizzierebene assoziativ dazu erzeugt und verhält sich bei Änderungen entsprechend.

3.4.2.2 Grundsätzliches zur Skizze

Wenn Sie sich in der Anwendung **SKIZZE** befinden, sehen Sie im Gegensatz zu früheren NX-Versionen nur noch eine gepunktete horizontale und vertikale unendliche Linie, deren Schnittpunkt den Ursprungspunkt der Skizze repräsentiert. Dieser wird durch einen Punkt dargestellt. Der Punkt und die beiden Linien sind zu diesem Zeitpunkt die einzigen selektierbaren Elemente in der Skizze.

Die Anwendung **SKIZZE** beenden Sie durch Anklicken der Zielfahne (**BEENDEN**). Damit verlassen Sie die Arbeitsumgebung und wechseln zurück in die Anwendung, aus der Sie gekommen sind. Alternativ können Sie auch **MT3** verwenden und die Skizze im Kontextmenü mit **SKIZZE BEENDEN** schließen. Die Kurztaste **STRG+Q** steht ebenfalls zur Verfügung.

Beenden (Finish Sketch) oder Strg+Q

Die Abbildung zeigt eine Skizze mit typischen Elementen. Wenn Sie sich in der Skizzierumgebung befinden, werden die einzelnen Objekte in Abhängigkeit von ihrem Zustand in unterschiedlichen Farben dargestellt. Diese Farbzuordnung finden Sie unter **DIENSTPROGRAMME > ANWENDERSTANDARDS > SKIZZE > ALLGEMEIN > TEILEEINSTELLUNGEN** oder innerhalb der Anwendung unter **TASK > VOREINSTELLUNGEN > SKIZZE > TEILEEINSTELLUNGEN**.

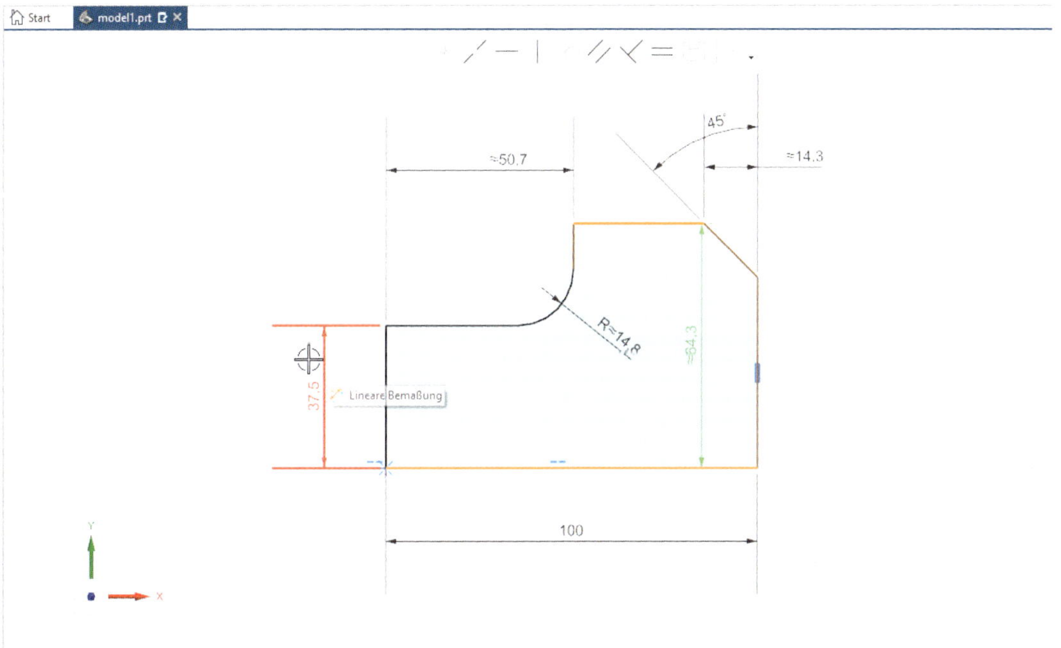

Bei der Verwendung von Kurven-Befehlen aus der Registerkarte *Startseite > Kurve* werden in Abhängigkeit von der jeweils gewählten Art zusätzliche Dialogfenster aktiv, welche die Auswahl entsprechender Optionen ermöglichen. So können Sie beispielsweise mit dem abgebildeten *Objekttyp* im Befehl **PROFIL** zwischen dem Erstellen einer *Linie* und eines *Kreisbogens* wechseln. Je nach Auswahl erscheinen dann zusätzlich die passenden dynamischen Eingabefelder.

Die Art der Eingabe legen Sie durch Aktivierung von Icons im *Eingabemodus* fest. Dabei gibt es grundsätzlich die Möglichkeit, Koordinaten oder Parameter zu benutzen. Die Abbildung zeigt die Parameter zur Definition einer Linie über *Länge* und *Winkel*. Die Werte können direkt mit der Tastatur in das aktive Feld eingegeben werden. Nach dem Wechsel in das nächste Eingabefeld bzw. mit **ENTER** fixieren Sie den Wert. Sind zwei Punkte definiert, so wird die Kurve mit den eingegebenen Bemaßungen erzeugt. In den meisten Fällen wird die Kurve jedoch erst grob erzeugt und anschließend bemaßt.

Beim Erstellen von Kurven erfolgt eine dynamische Voranzeige unter Bezug auf mögliche geometrische Beziehungen. Achten Sie darauf, dass dabei keine unerwünschten Abhängigkeiten generiert werden. Die Abbildung zeigt eine Linie, die tangential an einen Halbkreis anschließt.

Außerdem erfolgt eine Anzeige von Hilfslinien. Hier wird zwischen zwei Typen unterschieden:

- Die *punktierten Linien* kennzeichnen die Ausrichtung zu Kontrollpunkten von vorhandenen Objekten. Im dargestellten Beispiel würde der Endpunkt des Bogens auf der Höhe des Mittelpunktes sein.
- Eine *gestrichelte Linie* zeigt geometrische Bedingungen zu bereits vorhandenen Objekten an. Dabei wird das Objekt, auf das sich die Bedingung bezieht, in der Selektionsfarbe dargestellt. Mit **MT2** können Sie diese Abhängigkeiten sperren bzw. durch nochmaliges Drücken von **MT2** wieder freigeben.

TIPP: Oftmals lassen sich Skizzen schneller erzeugen, wenn Sie zunächst die Kontur grob festlegen, ohne auf die exakten Werte zu achten. Danach definieren Sie dann die einzelnen geometrischen Beziehungen und Bemaßungen. ■

Generell ist es sinnvoll, dass Sie die Kurven näherungsweise in der Größenordnung des Endergebnisses erstellen, um bei der späteren Festlegung der exakten Maße nicht stark verzerrte Konturen zu erhalten.

Skalierung

Haben Sie Ihre Kontur aus Versehen zu groß gezeichnet und merken dies erst nach dem Definieren der ersten Bemaßung, so erhalten Sie, nachdem Sie das erste Maß ändern wollen, von NX eine Abfrage, ob Sie die ganze Skizze skalieren möchten.

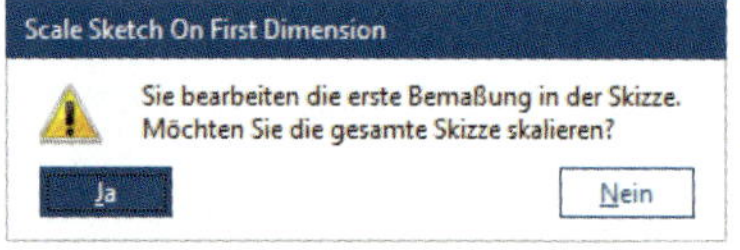

Hierbei ist es ratsam, unter **TASK > SKIZZENEINSTELLUNG** im Bereich *Aktive Skizze* die *Feste Texthöhe* zu aktivieren, so wird auch der Bemaßungstext mit skaliert bzw. bleibt in der Größe konstant.

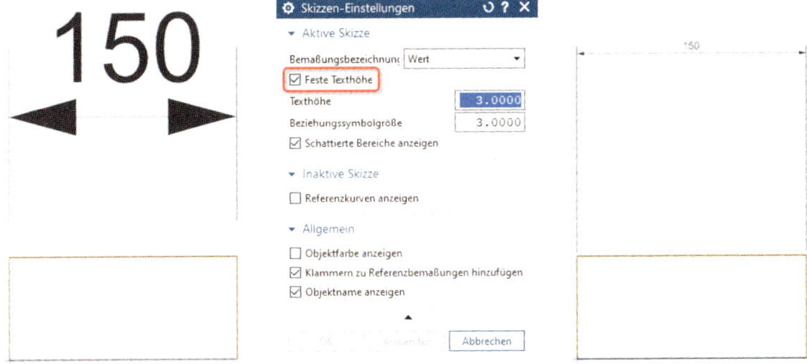

Sobald Sie eine geschlossene Kontur erzeugt haben, wird deren Fläche mit einem hellen Blauton markiert. Dadurch können Sie schnell erkennen, ob Ihre Kontur geschlossen ist beziehungsweise Lücken hat.

Diese Einstellung können Sie über die Registerkarte **ANSICHT > SKIZZENANZEIGE** mit dem Befehl **SCHATTIERTER BEREICH** steuern. Des Weiteren ist hier der Befehl **SKIZZENHERVORHEBUNG** zu finden, mit dem Sie die Skizze vor dem Hintergrund abheben können. Dies ist insbesondere dann von Vorteil, wenn Sie schon weiter in der Konstruktion fortgeschritten sind und im Hintergrund viel Geometrie sichtbar ist.

In der Abbildung sind verschiedene Varianten der beiden Optionen zu sehen:

- **(1):** **SCHATTIERTER BEREICH** und **SKIZZENHERVORHEBUNG** sind aktiv.
- **(2):** Es ist nur die Option **SKIZZENHERVORHEBUNG** aktiv.
- **(3):** Es ist nur die Option **SCHATTIERTER BEREICH** aktiv.
- **(4):** Beide Optionen sind deaktiviert.

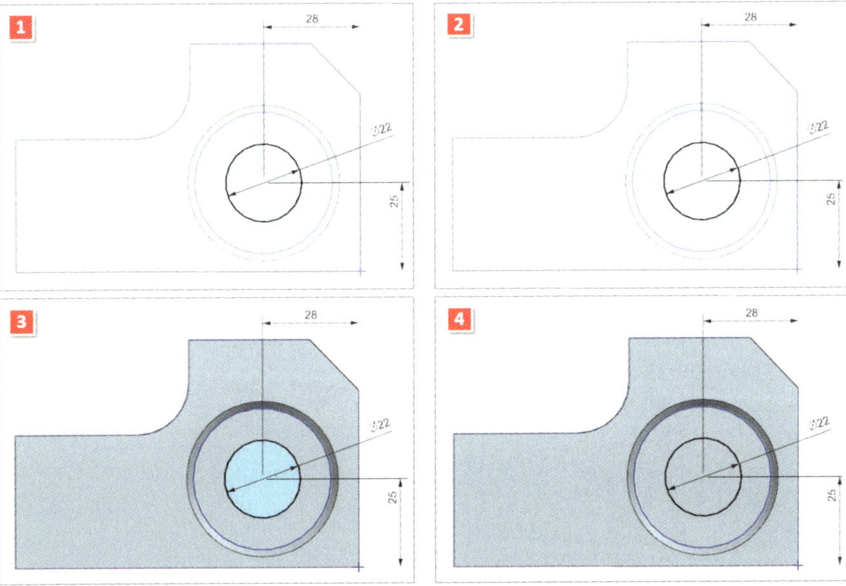

Ansicht an Skizze ausrichten (Orient View to Sketch))

Auch im Skizzierer können Sie die Ansichts-Triade verwenden. Diese ist sehr hilfreich, falls Sie die Ansicht aus Versehen oder bewusst gedreht haben. Alternativ besteht auch die Möglichkeit, im Kontextmenü den Befehl **ANSICHT AN SKIZZE AUSRICHTEN** einzusetzen.

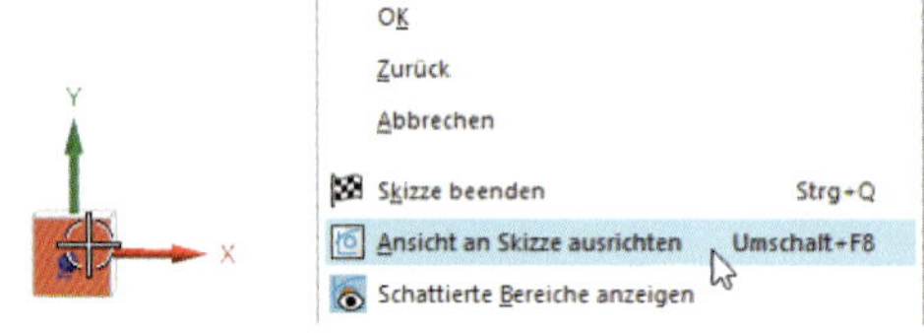

3.4.3 Bemaßung erstellen

Eine der wesentlichen Neuerungen im Skizzierer ist, dass die Bemaßungsbefehle auf den ersten Blick weggefallen zu sein scheinen. Das heißt nicht, dass Sie jetzt nicht mehr bemaßen können, allerdings hat sich die Vorgehensweise gänzlich geändert. Wenn Sie eine Kontur erstellt haben, reicht es nun aus, eine Kurve zu selektieren. Daraufhin zeigt NX die möglichen Bemaßungen automatisch in einem grünen Farbton an. Wenn Sie zusätzlich noch eine Referenz wählen, werden die Möglichkeiten mit dieser Referenz angezeigt. Diese grünen Maße sind keine persistenten Maße und verschwinden wieder, sobald Sie in den Hintergrund klicken.

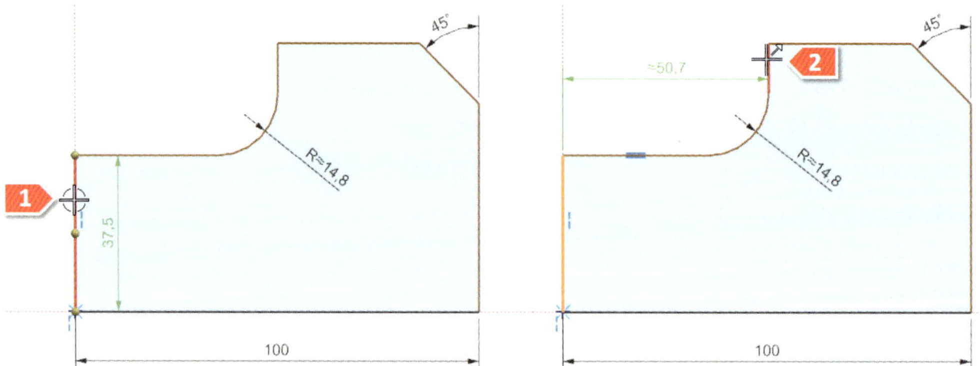

Bemaßung bearbeiten

Wählen Sie ein grünes Maß mit **MT1** einmalig an, können Sie den Wert anpassen oder per Drag & Drop das Maß an den Pfeilen ändern. Mit **MT2** oder **ENTER** wird die Bearbeitung beendet. Das Maß wird nun in schwarzer Farbe dargestellt. Möchten Sie das Maß erneut bearbeiten, müssen Sie einen Doppelklick mit **MT1** ausführen. Wählen Sie das Maß mit **MT1** aus und verschieben Sie es, um es an der richtigen Stelle zu positionieren. Das Positionieren können Sie auch während des Erstellens erledigen, indem Sie ein grünes Maß mit **MT1** einmalig auswählen und dabei kurz bei gedrückter Maustaste warten. Anschließend können Sie das Maß an die richtige Stelle schieben und bearbeiten.

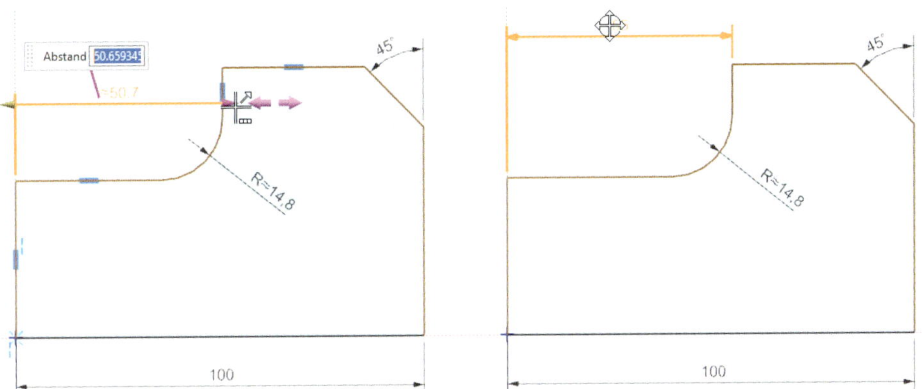

Bemaßung mit Ausdruck

Während der Bemaßung erzeugt NX standardmäßig keine Ausdrücke mehr. Sie haben allerdings die Möglichkeit, mit **AUSDRUCK HINZUFÜGEN/ENTFERNEN** diese im Nachgang explizit für bestimmte Bemaßungen zu definieren. Dazu wählen Sie das Maß mit **MT3** und selektieren im Kontextmenü **AUSDRUCK HINZUFÜGEN/ENTFERNEN**. Das Maß wird nun blau angezeigt.

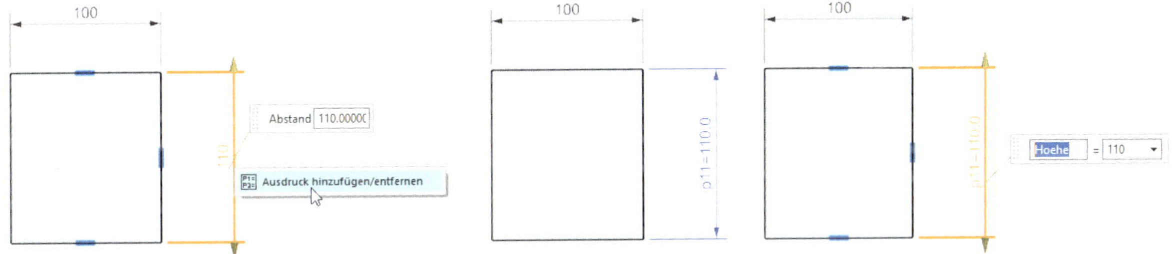

Wenn Sie den Wert bearbeiten, bekommen Sie den Namen des Ausdrucks angezeigt. NX erzeugt hier einen Ausdruck mit dem Namen „p" und einer fortlaufenden Nummer, z. B. „p11". Den Namen können Sie hier direkt anpassen. (Falls es zu Problemen kommt, besteht auch die Möglichkeit, nach dem Verlassen der Skizze, den Dialog für Ausdrücke zu öffnen, um dort die Namen anzupassen). Den Wert können Sie weiterhin editieren. Zusätzlich haben Sie im Drop-down Menü die Möglichkeit, **MESSEN** oder **FORMEL** zu verwenden, um den Wert zu definieren. Sie können Formeln auch direkt in das Eingabefeld schreiben.

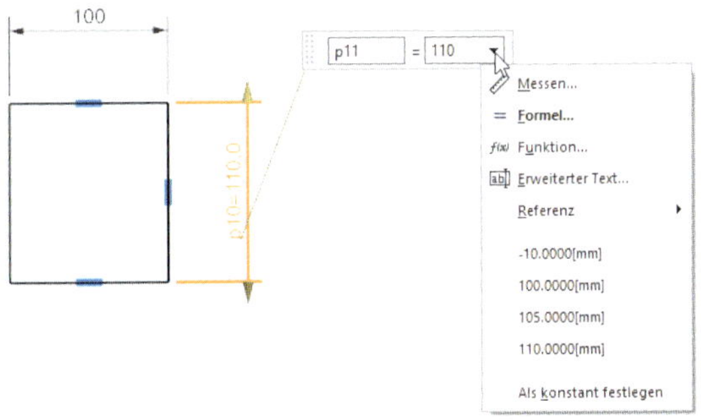

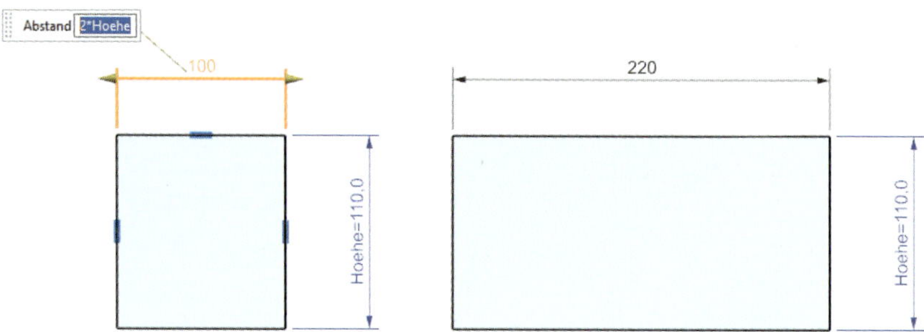

Es empfiehlt sich, bei der Verwendung von Ausdrücken die *Bemaßungsbezeichnung* in den **SKIZZEN-EINSTELLUNGEN** auf *Ausdruck* umzustellen. Die **SKIZZEN-EINSTELLUNGEN** finden Sie unter der Registerkarte *Task*.

Bemaßung löschen

Wie schon erwähnt, verschwinden die grünen Bemaßungen automatisch durch Klick in den Hintergrund bzw. beim Anwenden eines anderen Befehls. Die schwarzen Maße können nach der Selektion wie jedes andere Element gelöscht werden.

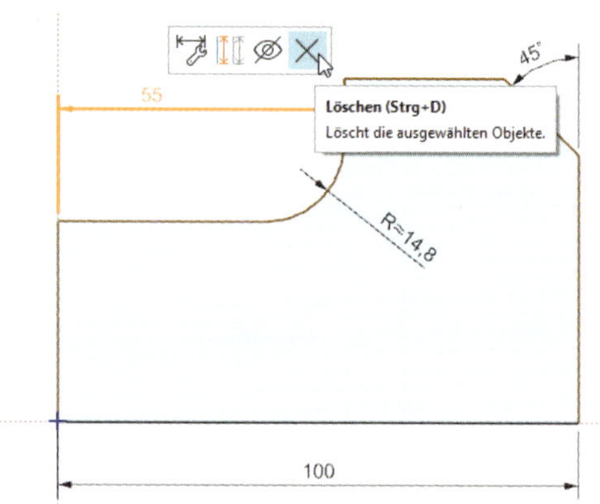

Vollständig bestimmen

Wenn alle Maße einer Kurve gesetzt sind, sodass diese vollständig bestimmt ist, wird die Kurve schwarz dargestellt. Alle noch freien und demnach noch beweglichen Kurven werden in einem bräunlichen Farbton angezeigt. Im Beispiel wurden die Farben für verschiebbare Kurven auf ein Rot gestellt, damit der Unterschied deutlicher sichtbar wird. Durch Ziehen an der Kurve kann man feststellen, in welcher Richtung noch Freiheitsgrade vorhanden sind.

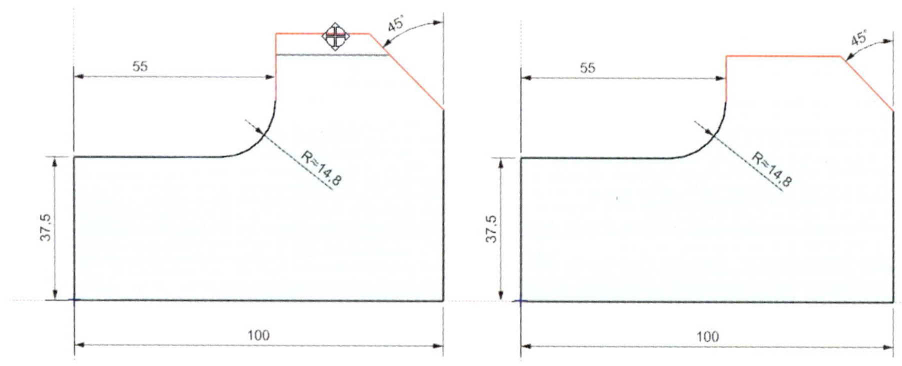

Bemassungen lockern (Relax Dimensions)

Beim Arbeiten mit Skizzen - vor allem beim Ändern - kann es passieren, dass bestehende Bemaßungen das Verschieben von Kurven verhindern. In solchen Fällen kann die Bemaßung mithilfe des Befehls **BEMASSUNGEN LOCKERN** unterdrückt werden. Versuchen Sie nun eine bemaßte Kurve zu bewegen, werden die Maße im Farbton Magenta angezeigt und passen sich im Wert der Bewegung an. Nach dem Loslassen werden die Bemaßungen wieder schwarz.

Falls Sie die frühere Bemaßungsmethode vermissen, haben Sie die Möglichkeit, über **MENÜ > EINFÜGEN > BEMASSUNGEN** auf die wichtigsten Bemaßungstypen zuzugreifen. Hierbei öffnet sich der gewohnte Bemaßungsdialog (Näheres hierzu in Abschnitt 3.4.8).

3.4.4 Beziehungen erstellen

Jede in einer Skizze erzeugte Kurve wird durch Punkte definiert. Eine Linie benötigt beispielsweise den Anfangs- und den Endpunkt; ein Kreisbogen den Anfangs-, den End- und den Mittelpunkt. Diese Kontrollpunkte besitzen zunächst zwei Freiheitsgrade in der Skizzenebene.

Mit den Beziehungen werden grundlegende Eigenschaften eines Objekts festgelegt. Damit wird z. B. bestimmt, dass eine Linie horizontal oder parallel zu einer anderen Linie ist. Die Länge der Linie ist noch offen. Sie wird über eine Bemaßung definiert.

NX findet die zusammengehörenden Beziehungen automatisch. Dennoch kann es sein, dass eine Linie Sie zum Beispiel nicht parallel zu einer anderen Linie gezeichnet haben. Um diese Linie nun parallel auszurichten, können Sie den Befehl **ALS PARALLEL FESTLEGEN** anwenden. Dadurch verschieben Sie diese Linie so, dass beide Kurven parallel sind.

Bei der Selektion von Geometrie werden die Beziehungen automatisch gefunden und mit blauen Symbolen versehen. Sie werden jedoch nur dann dargestellt, wenn sie mit der aktuellen Selektion in Verbindung stehen. Falls NX eine Beziehung nicht findet, haben Sie allerdings die Möglichkeit, eine persistente (dauerhafte) Beziehung manuell zu erzeugen.

Beziehungen erstellen

Möchten Sie zum Beispiel erreichen, dass bei einem bestehenden Kurvenzug zwei Kurven rechtwinklig zueinander stehen, dann selektieren Sie beide Kurven und wählen in der Szenen-Leiste die entsprechende Beziehung aus. Die beiden Kurven sind nun rechtwinklig zueinander. Die erstellte Beziehung ist jedoch verschwunden, da sie eigentlich auch nicht mehr benötigt wird. NX erkennt automatisch Abhängigkeiten und wird die Beziehung als blaues Symbol anzeigen, sobald Sie den Eckpunkt ausgewählt haben.

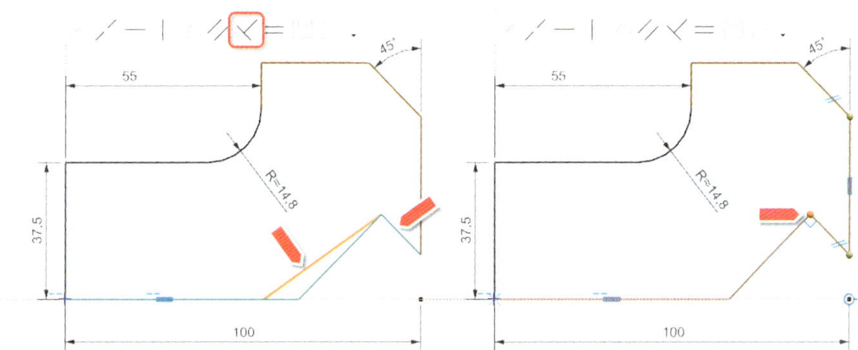

Persistente Beziehungen erstellen (Create Persistent Relations)

Persistente Beziehungen anzeigen (Display Persistent Relations)

Beziehungen lockern (Relax Relations)

Wenn Sie sichergehen wollen, können Sie auch eine persistente Beziehung erzeugen. Hierzu müssen Sie vorher in der Szenen-Leiste den Befehl **PERSISTENTE BEZIEHUNGEN ERSTELLEN** aktivieren. Die Beziehung wird dann nach dem Erstellen ebenfalls verschwinden, nach einem Klick auf die Ecke wird das Rechtwinkligkeitssymbol jedoch in einem dunkleren Blau angezeigt.

Sie haben zusätzlich die Möglichkeit, über **MENÜ > WERKZEUGE > PERSISTENTE BEZIEHUNGEN ANZEIGEN** diese dauerhaft anzuzeigen.

Die definierten Beziehungen werden so lange von NX beibehalten, bis man sie lockert. Lockern bedeutet, dass man, sobald eine blaue Beziehung angezeigt wird, diese mit einem Klick (**MT1**) lockert. Diese Beziehung wird dann magentafarben dargestellt. Dabei wird die Beziehung unterdrückt und eine Änderung kann erfolgen. Macht diese Bedingung nach der Änderung keinen Sinn mehr, wird sie von NX automatisch entfernt.

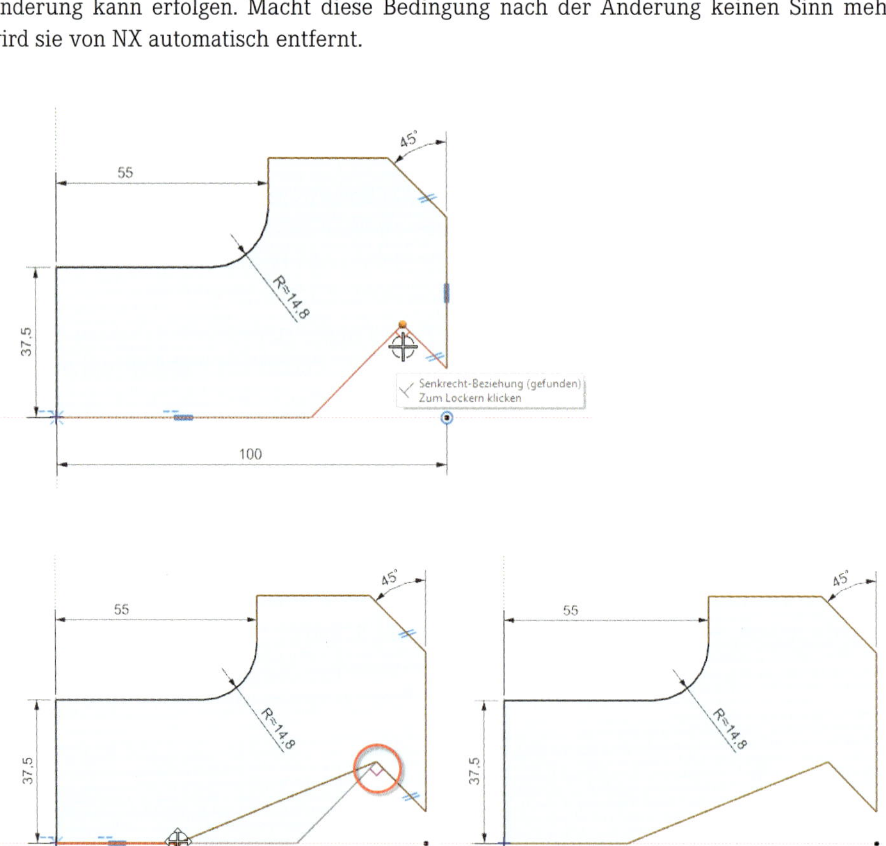

Alternativ besteht mit dem Befehl **BEZIEHUNGEN LOCKERN** die Möglichkeit, alle Beziehungen zu lockern. Dadurch haben Sie die Möglichkeit, ein skizziertes Profil zu ändern, auch wenn viele persistente Beziehungen vorhanden sind.

Kann eine Beziehung oder eine Bemaßung aufgrund anderer bestehender Bedingungen nicht erzeugt werden, so erhält man eine Warnmeldung mit dem Hinweis, Beziehungen oder Bemaßungen zu lockern.

TIPP: Wenn Sie an einer Kurve oder an einem Endpunkt mit gedrückter **MT1** rütteln, werden die Beziehungen aufgebrochen.

Möchten Sie eine oder mehrere Kurven fixieren, so können Sie diese mit dem Befehl **KURVE FIXIEREN** festsetzen und von der Berechnung ausschließen. Um die Kurve wieder freizugeben, müssen Sie einfach wieder den Befehl starten und die Kurve deselektieren.

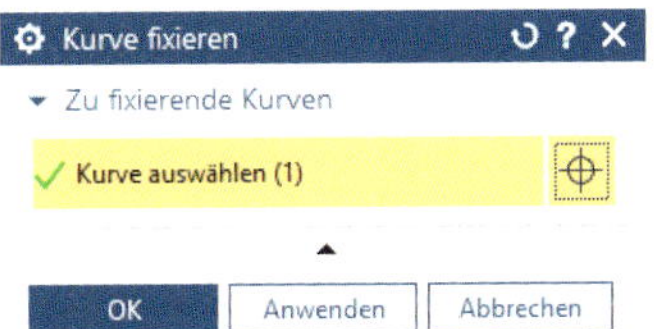

Kurve Fixieren (Fix Curve)

3.4.4.1 Referenzelemente

Bei der Skizzenerstellung besteht oftmals die Notwendigkeit, Kurven oder Maße als Hilfselemente zu erzeugen, die nicht für die nachfolgende Operation verwendet werden sollen. In diesem Fall können Sie die Objekte in eine Referenz umwandeln. Dazu rufen Sie den entsprechenden Befehl unter **MENÜ > WERKZEUGE > IN/AUS REFERENZ KONVERTIEREN** auf und aktivieren die Option *Referenzkurve oder -bemaßung*. Anschließend wählen Sie die betroffenen Elemente aus und wandeln sie mit **OK** um. Über den Schalter *Aktive Kurve oder Bemaßung* können Referenzelemente der Skizze wieder aktiviert werden.

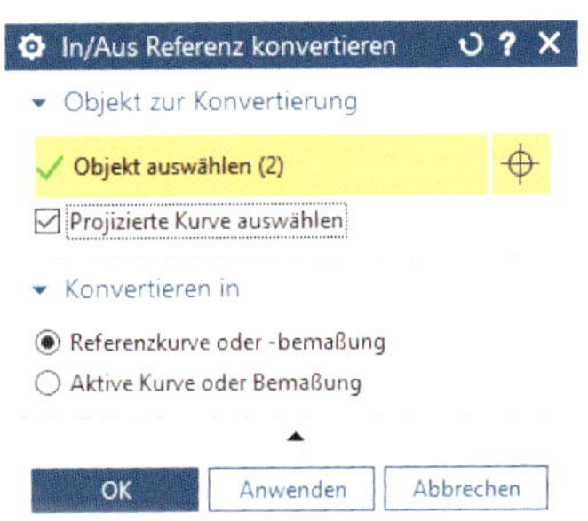

In/Aus Referenz konvertieren (Convert To/From Reference)

Wenn Sie die umzuwandelnden Elemente zuerst selektieren und dann den Befehl ausführen und alle Elemente den gleichen Zustand haben, wird kein Dialogfenster angezeigt. NX wandelt hierbei in den jeweils anderen Zustand um.

Alternativ können Sie auch mit **MT3** das Kontextmenü öffnen und in der Kontext-Miniauswahlleiste den Befehl **IN/AUS REFERENZ KONVERTIEREN** auswählen.

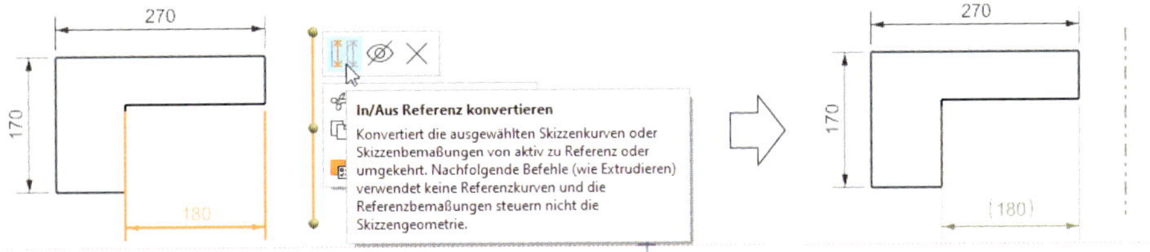

Referenzelemente werden in einer speziellen Farbe dargestellt. Bei Kurven erfolgt eine Anzeige als Strich-Zweipunkt-Linie. Referenzmaße erscheinen zwar in der Skizze, und ihr Wert wird aktualisiert, sie steuern aber keine Geometrie.

3.4.4.2 Beziehungen mit Kurven/Punkten

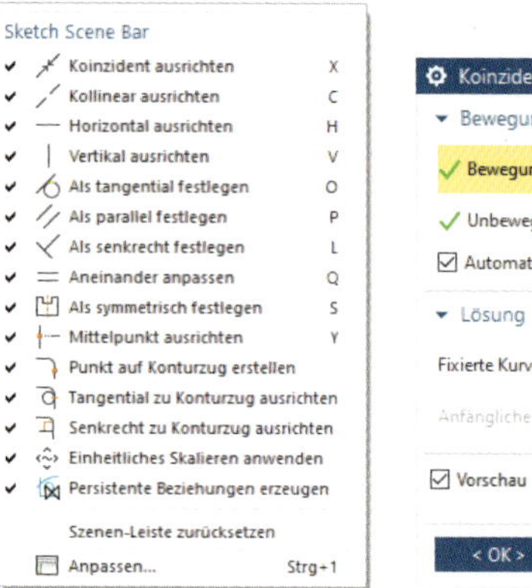

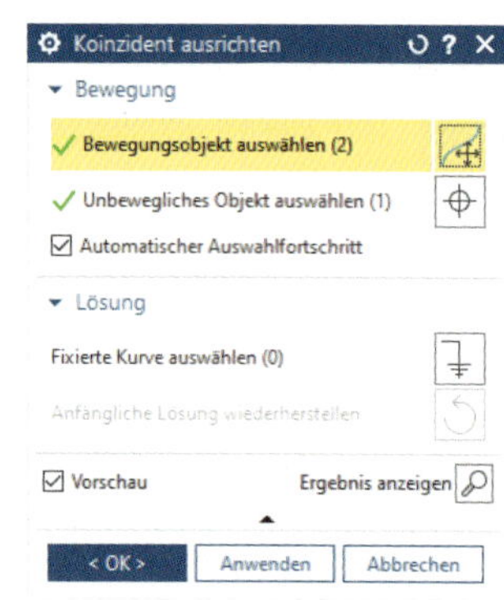

Im Folgenden werden die einzelnen Beziehungen, die beim Erzeugen von 2D-Geometrie Verwendung finden, genauer beschrieben. Der Dialog, der sich öffnet, wenn Sie in der Szenen-Leiste eine Beziehung auswählen, ist bei allen nahezu identisch. Die erste Auswahl findet unter **BEWEGUNGSOBJEKT AUSWÄHLEN** statt. Hier wird die Kurve gewählt, die sich verändern soll. Als Zweites wird unter **UNBEWEGLICHES OBJEKT AUSWÄHLEN** das Objekt ausgewählt, zu dem die Verschiebung stattfindet. Anschließend sind je nach Beziehung weitere Selektionen notwendig. Meist können Sie unter **BEWEGUNGSOBJEKT AUSWÄHLEN** mehrere Elemente wählen, die sich verschieben sollen. In der Voranzeige wird das zu bewegende Objekt orange dargestellt. Unbewegliche Kurven werden hellgrün angezeigt, während Punkte in einem Goldton dargestellt werden. Das Ergebnis erscheint in einem Dunkelgrün.

Koinzident ausrichten

Koinzident ausrichten (Make Coincident) oder X

Hierbei werden die ausgewählten Elemente so verschoben, dass sie koinzident oder konzentrisch zueinander sind. Wurden ein Punkt und eine Kurve ausgewählt, wird der Punkt auf die Kurve, bzw. in Flucht dazu, verschoben. Werden zwei Punkte selektiert, so werden sie deckungsgleich ausgerichtet, zum Beispiel die Mittelpunkte zweier Kreise. Mit **BEWEGUNGSELEMENTE AUSWÄHLEN** können mehrere Elemente selektiert werden (alle orange markierten Punkte in der Abbildung rechts).

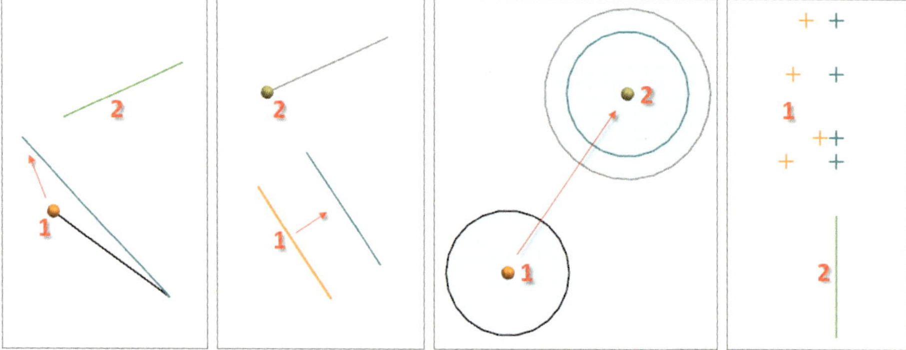

Kollinear ausrichten

Bei der Auswahl von mindestens zwei Linien werden diese zueinander ausgerichtet. Im Dialog können Sie mehrere Linien als bewegliches Objekt definieren. Eine Linie muss jedoch als unbewegliches Objekt definiert sein.

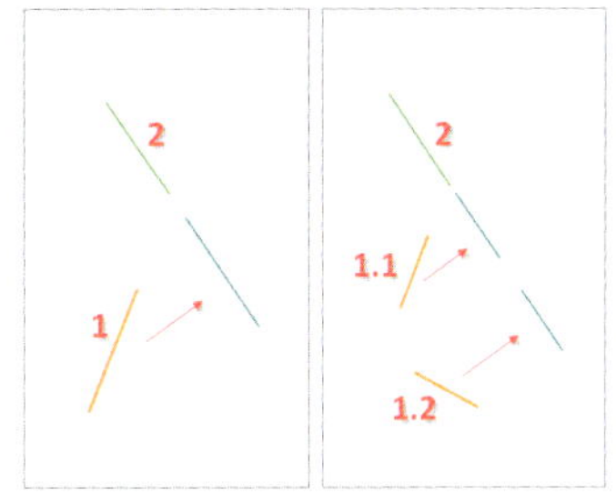

Kollinear ausrichten (Make Collinear) oder C

Horizontal/Vertikal ausrichten

Linien oder Punkte können horizontal oder vertikal ausgerichtet werden. Dabei besteht die Möglichkeit, ein Element über **UNBEWEGLICHES OBJEKT AUSWÄHLEN** zu definieren, sodass alle weiteren Objekte an diesem Element horizontal bzw. vertikal ausgerichtet werden.

Horizontal/Vertikal (Make Horizontal/Make Vertikal) oder H/V

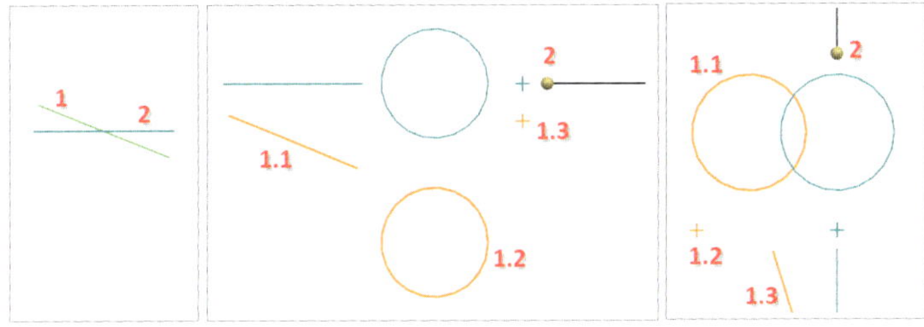

Als tangential festlegen

Zwei Kurven können auch tangential zueinander positioniert werden. Hierbei spielt es unter Umständen eine Rolle, auf welcher Seite Sie die Kurven auswählen (im Beispiel unten am Kreis oder oben). Zudem ist zu berücksichtigen, welches Element als unbeweglich definiert ist.

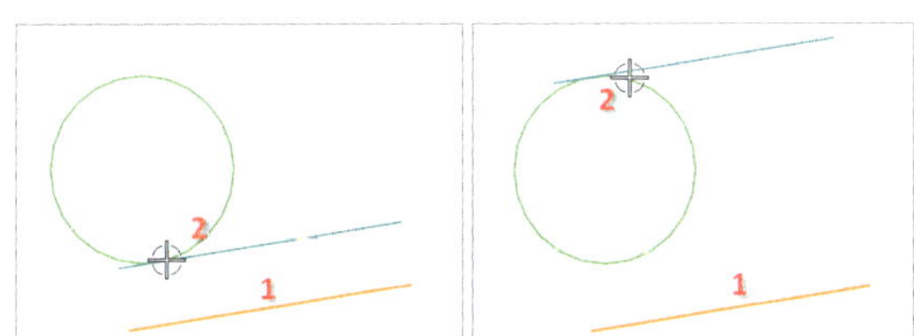

Als tangential festlegen (Make Tangent) oder O

Als parallel festlegen

Mit dieser Beziehung wird eine Linie parallel zu einer ausgewählten Linie gesetzt. Auch hier haben Sie die Möglichkeit, mehrere Linien unter **BEWEGUNGSOBJEKT AUSWÄHLEN** zu selektieren.

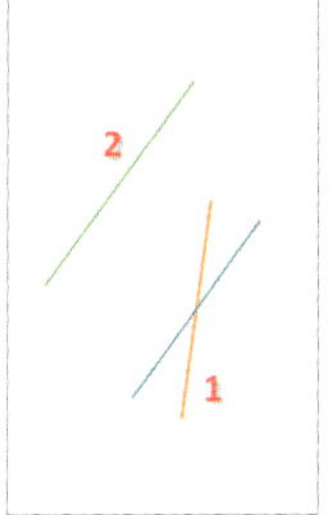

Als parallel festlegen (Make Parallel) oder P

Als senkrecht festlegen

Verwenden Sie diese Beziehung, um zwei Kurven rechtwinklig zueinander zu positionieren. Die Kurven müssen sich dabei nicht berühren. Wenn Sie eine nichtlineare Kurve verwenden, wie zum Beispiel einen Spline oder einen Kreis, müssen Sie eine persistente Beziehung erzeugen. Aktivieren Sie dazu **PERSISTENTE BEZIEHUNGEN ERZEUGEN** in der Szenen-Leiste.

Als senkrecht festlegen (Make Perpendicular) oder L

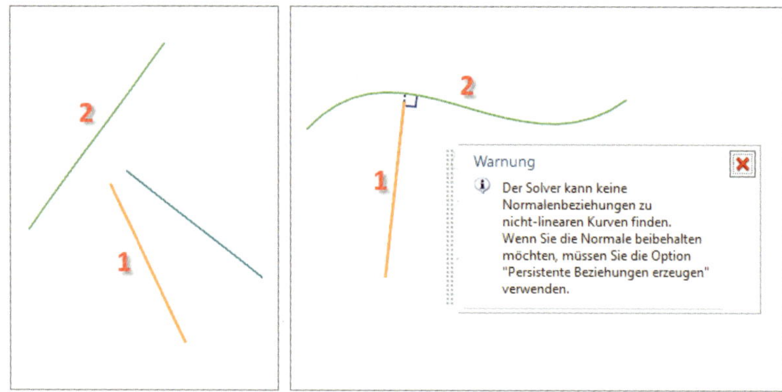

Aneinander anpassen

Aneinander anpassen (Make Equal) oder Q

Mit diesem Befehl können Kurven von der Länge bzw. vom Radius aneinander angepasst werden. Im Dialog müssen Sie hier zusätzlich die Option **GLEICHER RADIUS** oder **GLEICHE LÄNGE** auswählen. Im dritten Bildelement werden zum Beispiel alle Kantenlängen an der mit 1 markierten angepasst.

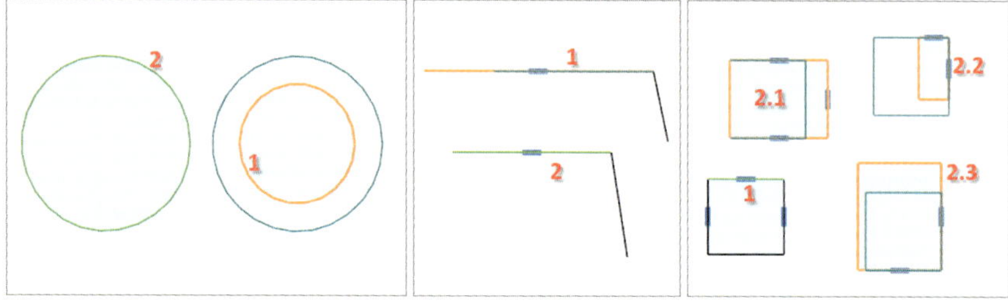

Als symmetrisch festlegen

Als symmetrisch festlegen (Make Symmetric) oder S

Mit dem Befehl **ALS SYMMETRISCH FESTLEGEN** können zwei Punkte oder Kurven, wie Linien, Bögen oder Kreise desselben Typs, symmetrisch zu einer Mittellinie erstellt werden. Hierbei werden sowohl die Lage als auch die Größe der Geometrie symmetrisch zueinander gesetzt.

Im folgenden Beispiel sollen zunächst die zwei markierten Linien symmetrisch zur Mittellinie definiert werden.

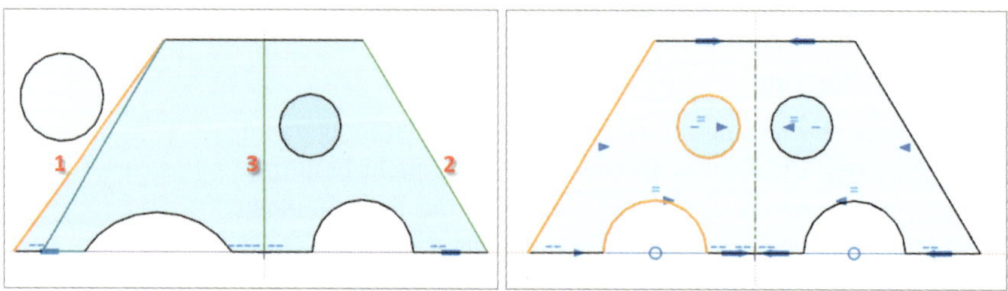

In der Dialogbox wählen Sie unter **BEWEGUNGSOBJEKT AUSWÄHLEN** und **UNBEWEGLICHES OBJEKT AUSWÄHLEN** die zwei markierten Linien. Letzteres gibt die Länge/Größe und auch die Position vor. Anschließend wählen Sie durch **SYMMETRIELINIE AUSWÄHLEN** die Mittellinie. Danach wird die Voranzeige angezeigt. Die Dialogbox bleibt weiter aktiv. Auch **SYMMETRIELINIE AUSWÄHLEN** bleibt weiter selektiert, sodass nun bei der Auswahl der zwei Kreise über **BEWEGUNGSOBJEKT AUSWÄHLEN** und **UNBEWEGLICHES OBJEKT AUSWÄHLEN** diese symmetrisch zur Mittellinie erzeugt werden. Mit den zwei Kreisbögen verfahren Sie auf die gleiche Art und Weise.

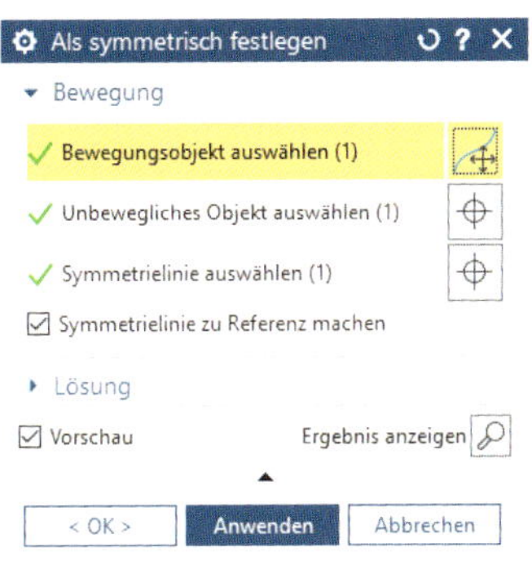

Mittelpunkt ausrichten

Dieser Befehl verschiebt einen Punkt und richtet ihn am Mittelpunkt einer Linie aus. Hierbei wird eine dauerhafte Beziehung erstellt. In der Abbildung links wurde der Radiusmittelpunkt am Mittelpunkt der senkrechten Kurve ausgerichtet.

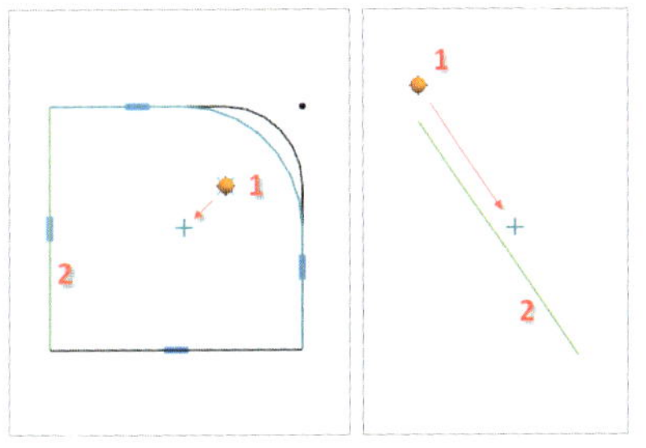

Mittelpunkt ausrichten (Make Midpoint Aligned) oder Y

3.4.4.3 Beziehungen mit Vorschriftskurven

PUNKT AUF KONTURZUG ERSTELLEN, **TANGENTIAL ZU KURVENZUG AUSRICHTEN** und **SENKRECHT ZU KURVENZUG AUSRICHTEN** sind Befehle, die nur mit Vorschriftskurven (z. B. einer Schnittkurve oder einer projizierten Kurve) angewendet werden können. Um diese Befehle in der Szenen-Leiste anzuzeigen, muss der Befehl **PERSISTENTE BEZIEHUNGEN ERZEUGEN** aktiv sein. Alle drei Befehle erzeugen dauerhafte (persistente) Beziehungen.

Punkt auf Konturzug erstellen

Die in der Abbildung dargestellte grüne Kurve stammt aus einer Fläche, die über eine Schnittkurve in die aktuelle Skizze eingeschlossen wurde. Der Punkt wird durch den Befehl normal auf die Kurve projiziert und darauf fixiert. Die Position auf der Kurve kann im Anschluss durch eine Bemaßung gesteuert werden.

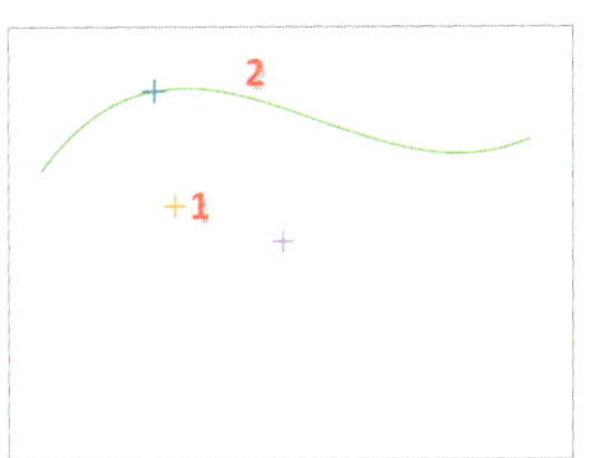

Punkt auf Konturzug erstellen (Make Point on String)

Tangential zu Kurvenzug ausrichten

Dieser Befehl ähnelt dem Befehl **ALS TANGENTIAL FESTLEGEN** sehr, allerdings sind hier als unbewegliches Objekt nur Vorschriftskurven erlaubt. Auch hier ist es von Bedeutung, an welcher Stelle die Vorschriftskurve ausgewählt wird.

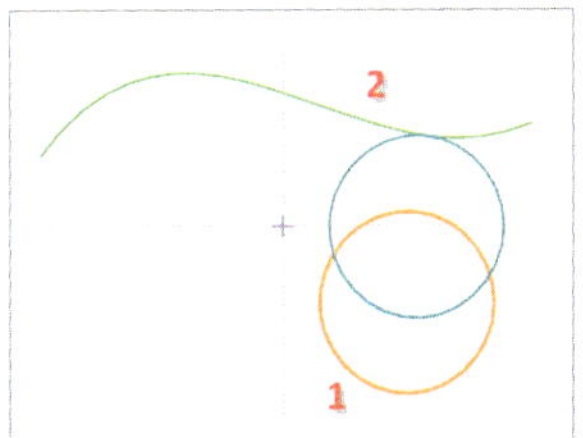

Tangential zu Kurvenzug ausrichten (Make Tangent to String)

Senkrecht zu Kurvenzug ausrichten (Make Perpendicular to String)

Senkrecht zu Kurvenzug ausrichten

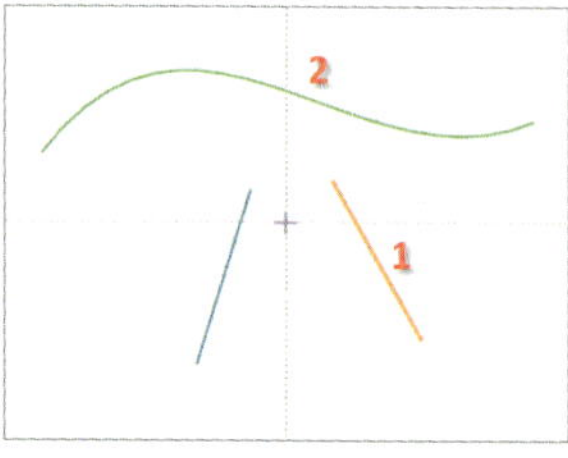

Dieser Befehl ist vergleichbar mit **ALS SENKRECHT FESTLEGEN** und folgt den gleichen Prinzipien. Unter **UNBEWEGLICHES OBJEKT AUSWÄHLEN** ist hier allerdings nur die Auswahl einer *Vorschriftskurve* möglich. Am Ende wird eine dauerhafte (persistente) Beziehung erstellt.

3.4.5 Kurven erstellen

Ansicht an Skizze ausrichten (Orient View to Sketch) oder Strg+F8

Beim Erstellen einer Skizze wird das Grafikfenster senkrecht zur Skizzierebene gedreht. Zur besseren Orientierung kann auch im Skizzenmodus die Ansicht im Grafikfenster gedreht werden. Es ist jedoch ratsam, beim Erstellen der Kurve senkrecht zur Skizzierebene zu schauen. Dies können Sie über die Funktion **ANSICHT AN SKIZZE AUSRICHTEN** oder **STRG+F8** erreichen, wobei gleichzeitig ein Einpassen der Skizze erfolgt.

3.4.5.1 Profile

Profil (Profile) oder Z

Mit dem Befehl **PROFIL** können Sie verkettete Linien und Kreisbögen erzeugen. Dabei bildet der Endpunkt des letzten den Anfangspunkt des neuen Kurvenabschnitts. Mit **MT2** können Sie diesen Modus für die Erstellung einer Kurve unterbrechen, sodass Sie einen neuen Anfangspunkt erhalten.

Nach Start des Befehls sind zunächst der Objekttyp **LINIE** und der Eingabemodus **XY-KOORDINATENMODUS** aktiv. Wenn der Startpunkt festgelegt wurde, schaltet NX den Eingabemodus auf **PARAMETERMODUS** um. Damit werden die Linien über *Länge* und *Winkel* definiert.

Mit dem Objekttyp können Sie zwischen **LINIE** und **BOGEN** wechseln. Wenn Sie das Icon **BOGEN** anwählen, wechselt NX für die Erstellung eines Kreisbogens in diesen Modus und anschließend wieder auf Linienerstellung zurück. Wenn Sie **MT1** im Grafikbereich gedrückt halten und die Maus bewegen, aktiviert NX ebenfalls die Erstellung von **BOGEN**. Soll grundsätzlich in die Erzeugung von **BOGEN** gewechselt werden, müssen Sie das entsprechende Icon mit Doppelklick einschalten.

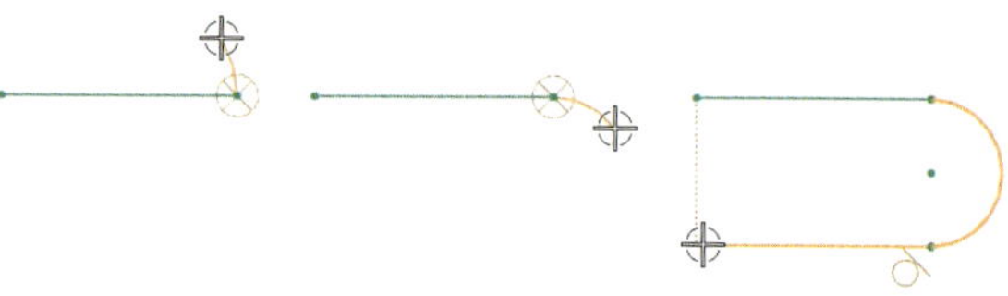

Ist der Typ **BOGEN** aktiv, erscheint am Endpunkt der zuletzt erstellten Kurve ein Quadrantensymbol. Damit werden die Beziehungen, bezogen auf die letzte Kurve, festgelegt. Wenn der Mauszeiger durch einen Quadranten bewegt wird, erzeugt NX den neuen Bogen als tangentiale Verlängerung oder entsprechend des Quadranten senkrecht zur letzten Kurve. Wenn ein anderer Quadrant verwendet werden soll, bewegen Sie den Mauszeiger zum Mittelpunkt des Quadrantensymbols und anschließend durch den neuen Quadranten, ohne dabei eine Maustaste zu drücken. Der gewählte Quadrant kann im oder entgegen dem Uhrzeigersinn verlassen werden. Mit **MT1** legen Sie den Endpunkt des Bogens fest und erstellen die Kurve.

3.4.5.2 Linie

Linie (Line) oder L

Der Befehl **LINIE** erzeugt Geraden durch die Angabe ihres Anfangs- und Endpunkts. Den ersten Punkt legen Sie über **XY-KOORDINATENMODUS** oder **MT1** fest. Danach schaltet NX auf **PARAMETERMODUS**, sodass die Definition des Endpunkts über *Länge* und *Winkel* oder durch die Auswahl mit **MT1** erfolgen kann.

Das Beispiel zeigt die Erstellung einer Geraden in einem Winkel zu einer zweiten Linie. Die erste Linie erzeugen Sie, indem Sie Ihren Startpunkt mit **MT1** angeben. Das Ende der Linie legen Sie durch die Eingabe einer Länge und eines Winkels fest. NX bestimmt diesen Winkel, bezogen auf die horizontale Skizzenrichtung. Positive Winkel werden entgegen dem Uhrzeigersinn gemessen, negative Winkel im Uhrzeigersinn. Auf diese Weise erhalten Sie die abgebildete Linie.

Für die zweite Linie selektieren Sie zuerst den Startpunkt der bestehenden Linie. Danach erfolgt die Ausrichtung der neuen auf die vorhandene Linie durch Anwenden der Voranzeige für geometrische Bedingungen. Sie bewegen dazu den Mauszeiger über die bestehende Linie, bis das Symbol *Kollinear* erscheint. Durch Drücken von **MT2** wird diese Bedingung gesperrt. NX erzeugt jetzt einen Winkel unter Bezug auf die erste Linie. Sie legen nun die Parameter *Länge* und *Relativer Winkel* für die neue Linie fest und übergeben diese mit **ENTER**.

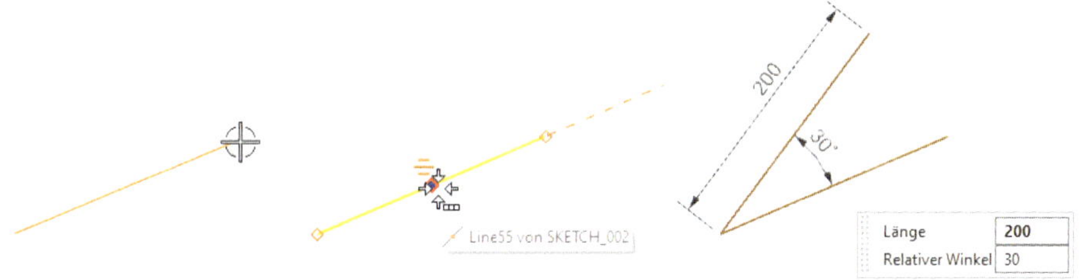

3.4.5.3 Kreisbogen

Kreisbogen (Arc) oder A

Es existieren zwei Methoden zur Erstellung von Kreisbögen:

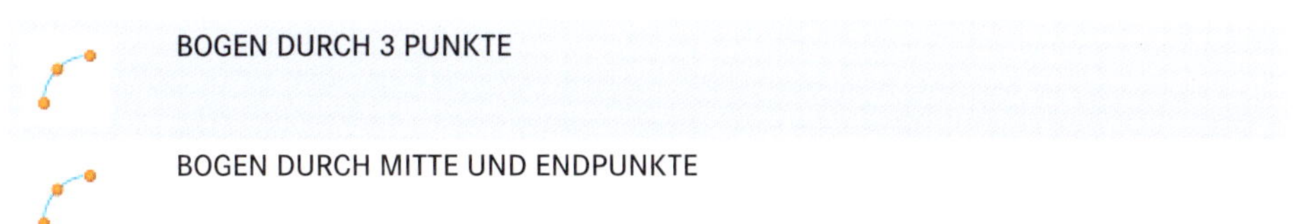

Nach Start des Befehls **KREISBOGEN** ist die Definition **BOGEN DURCH 3 PUNKTE** aktiv. Die beiden ersten Punkte definieren die Endpositionen des Kreisbogens, während mit dem dritten Punkt der Radius festgelegt wird. Den Radius können Sie auch über das Eingabefeld bestimmen. Dann definiert der dritte Punkt die Lage des Kreisbogens. Die Abbildung zeigt die vier Möglichkeiten zur Festlegung der Lage eines Kreisbogens bei konstantem Radius. Wenn der dritte Punkt das Bogenende festlegen soll, müssen Sie den Mauszeiger über den zu ersetzenden Punkt bewegen.

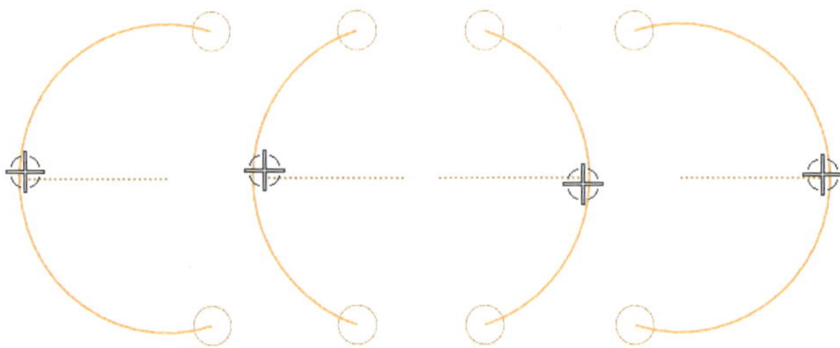

Durch Ziehen des Kreisbogens ist es möglich, durch Nutzung der dynamischen Voranzeige automatisch geometrische Bedingungen zu bestehenden Kurven zu generieren. In der Abbildung wird der Bogen tangential zu einer Linie erzeugt.

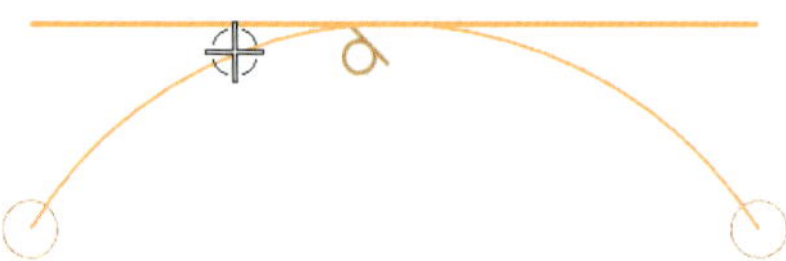

Über die Option **BOGEN DURCH MITTE UND ENDPUNKTE** legen Sie mit Angabe des ersten Punkts die Mitte des Kreisbogens fest. Danach erfolgt die Bestimmung des Startpunkts, und mit dem dritten Punkt definieren Sie das Ende des Bogens.

Die Abbildung zeigt die Erzeugung eines entsprechenden Kreisbogens. Nach Selektion des Mittelpunkts wurde der Radius durch Nutzung des Eingabefelds definiert. Dieser Wert ist dann fixiert. Den Öffnungswinkel können Sie durch **MT1** oder ebenfalls über das Eingabefeld bestimmen.

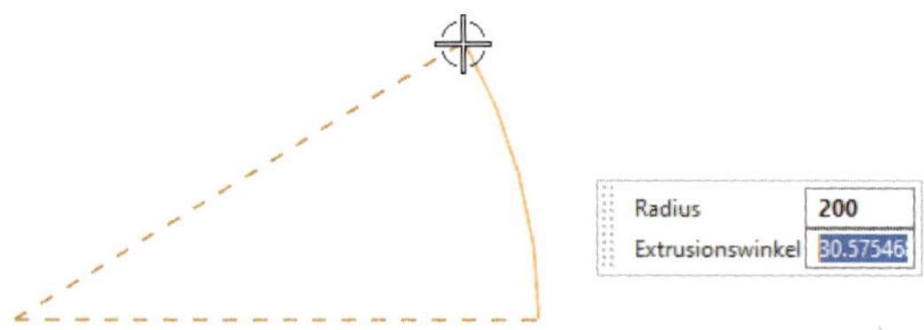

3.4.5.4 Kreis

Kreis (Circle)

Für die Erstellung eines Kreises mit dem Befehl **KREIS** gelten die gleichen Bedingungen wie für **KREISBÖGEN**. Auch hier bestehen die grundsätzlichen Erzeugungsmöglichkeiten:

KREIS DURCH 3 PUNKTE

KREIS DURCH MITTE UND DURCHMESSER

Die Option **KREIS DURCH MITTE UND DURCHMESSER** ist nach Aufruf des Befehls **KREIS** automatisch aktiv. Für die Erzeugung mehrerer Kreise mit gleichem Durchmesser erstellen Sie zunächst den ersten Kreis durch Selektion des Mittelpunkts und Eingabe des Durchmessers. NX speichert diesen Durchmesser. Wird nach Erzeugen des ersten Objekts der Mauszeiger bewegt, erscheint ein weiterer Kreis, für den nur noch der Mittelpunkt angewählt werden muss. Durch Eingabe eines neuen Durchmessers können Sie weitere Kreise mit dieser Methode generieren. Weiterhin können Sie beim Erstellen geometrische Beziehungen zu vorhandenen Kurven erzeugen.

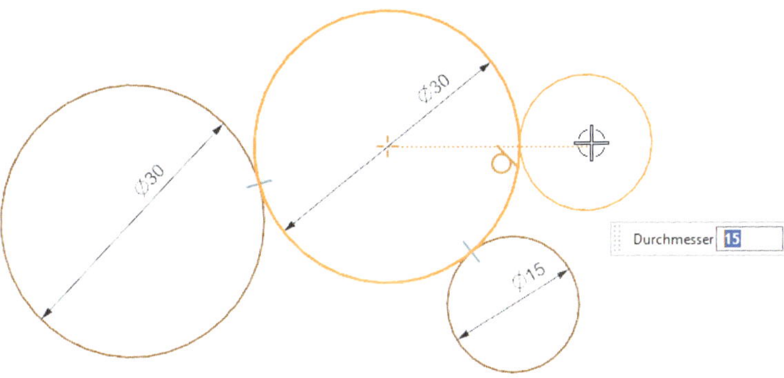

3.4.5.5 Rechteck

Zur Erstellung von Rechtecken stehen folgende drei Methoden zur Verfügung:

Rechteck (Rectangle) oder R

DURCH 2 PUNKTE

DURCH 3 PUNKTE

VON MITTE

Bei allen Varianten arbeiten Sie am schnellsten, wenn Sie das Rechteck durch Anklicken der entsprechenden Punkte festlegen und die Maße später nachtragen. Natürlich besteht auch bei diesem Befehl die Möglichkeit, Werte über den *Parametermodus* einzugeben. Sind alle Eingabegrößen bekannt, erwartet das System noch die Festlegung der Richtung, in der das Rechteck erzeugt werden soll.

Während die Option **DURCH 2 PUNKTE** Rechtecke parallel zu den Skizzenachsen generiert, können Sie mit **DURCH 3 PUNKTE** Rechtecke, die um einen Winkel gedreht sind, erstellen. Dazu definieren Sie zunächst durch Angabe von zwei Punkten die *Breite*. Gleichzeitig wird damit der Winkel gegenüber der x-Achse der Skizze festgelegt. Mit der Eingabe des dritten Punkts bestimmen Sie die *Höhe* und erstellen das Rechteck. Bei Bedarf können Sie die einzelnen Werte in den Eingabefeldern ändern, bevor Sie den letzten Punkt definieren.

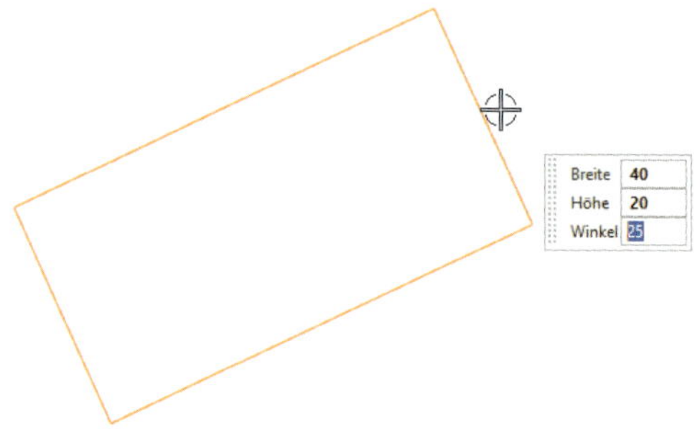

3.4.5.6 Studio-Spline

Spline (Spline)

Spline-Kurven besitzen eine große Bedeutung für die Erstellung von Freiformflächen. Bei der Arbeit mit Skizzen werden sie seltener verwendet. Deshalb wollen wir an dieser Stelle nur die wesentlichen Grundlagen der Nutzung des Befehls **STUDIO-SPLINE** erläutern.

Splines werden durch eine Anzahl von Punkten definiert. Diese Punkte liegen entweder auf der Kurve oder bilden deren Pole. In der Abbildung wurde der Typ *Durch Punkte* verwendet und mit **MT1** ein Start- und Endpunkt definiert. Mit **MT1** auf der vorhandenen Kurve können Sie weitere Stützpunkte einfügen, die dann durch Verschieben an die richtigen Stellen gebracht werden.

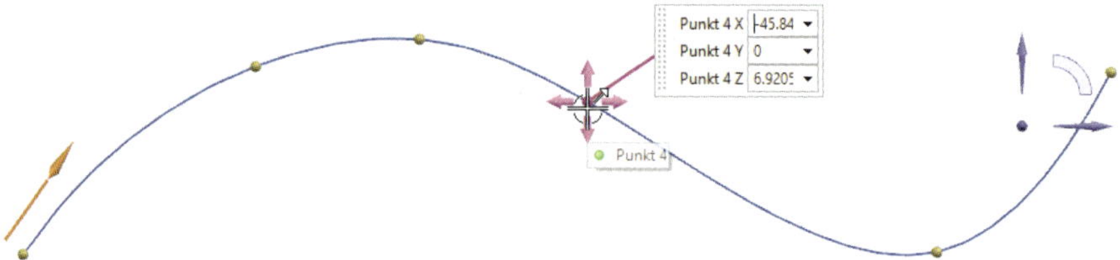

Wenn Sie die Option *Geschlossen* unter *Parametrisierung* aktivieren, erfolgt ein Verbinden des ersten und letzten Spline-Punkts.

Die einzelnen Definitionspunkte können Sie mit **MT3** bearbeiten. Hierbei können Sie zwischen *Punkt löschen* und *Zwangsbedingungen angeben* wählen. Am aktiven Punkt wird ein Manipulator angezeigt, über den die lokalen Eigenschaften der Spline-Kurve dynamisch verändert werden können.

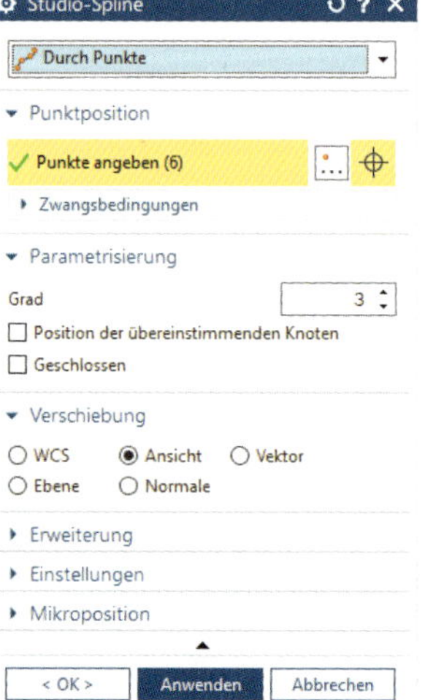

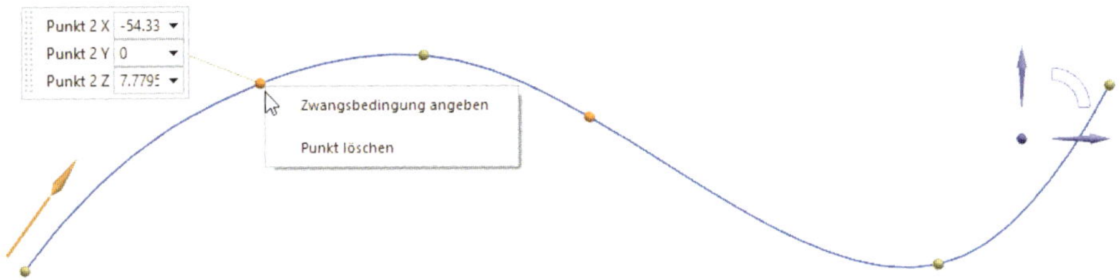

Durch Selektion mit Doppelklick können Sie vorhandene Splines nachträglich bearbeiten.

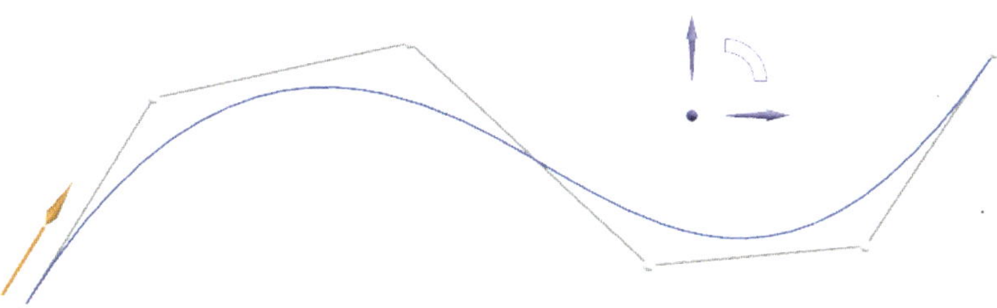

Wenn Sie einen Spline mit der Methode *Pol* erstellen, wird der Spline über die Polpunkte definiert. Die Optionen sind dabei analog zu den Splines durch Punkte.

3.4.5.7 Polygon

Mit dem Befehl **POLYGON** werden Vielecke erzeugt. Zuerst ist die Eingabe unter *Mittelpunkt* erforderlich. Anschließend wählen Sie die *Anzahl Seiten* aus. Größe und Ausrichtung werden im Bereich *Größe* eingestellt.

Polygon (Polygon)

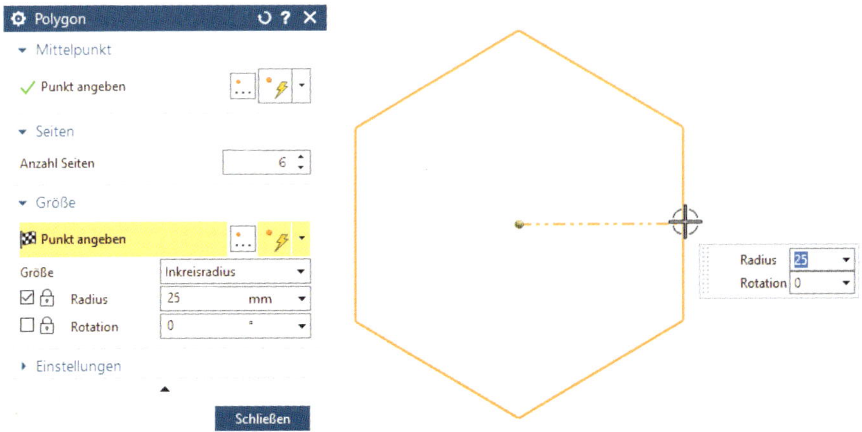

Nach dem Erstellen kann das Polygon nur noch über *Bemaßungen* gesteuert werden. Ein Weg zurück ins Dialogfenster ist nicht mehr möglich.

3.4.5.8 Ellipse

Ellipse (Ellipse)

Die Ellipse wird über einen *Mittelpunkt* und zwei Radien, *Außenradius* und *Innenradius*, definiert. Zusätzlich kann sie im Bereich *Rotation* über *Winkel* gedreht werden.

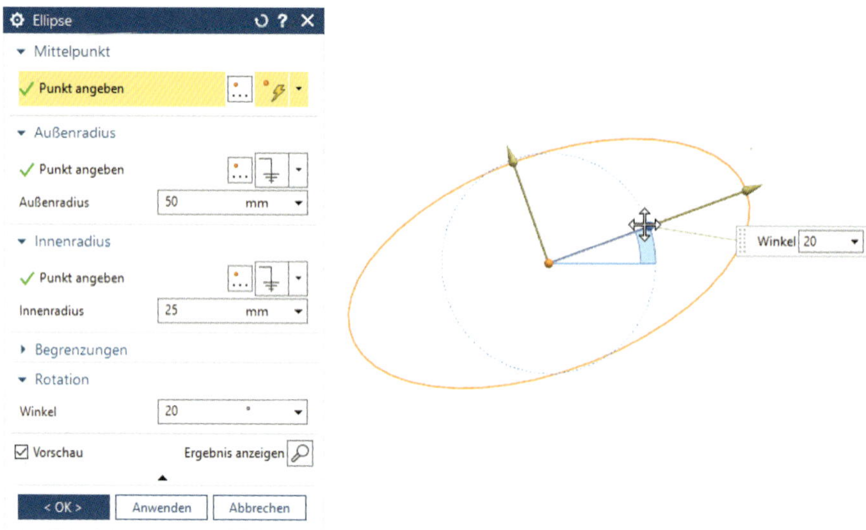

3.4.5.9 Punkt

Punkt (Point)

Der Befehl **PUNKT** startet das *Skizzenpunkt*-Dialogfenster, mit dem der Punkt durch Eingabe der Koordinaten oder Selektion vorhandener Geometrie definiert wird. Mit dem Befehl **PUNKT** erzeugte Objekte verhalten sich nicht assoziativ zu den für ihre Festlegung verwendeten externen Geometrien. Sie besitzen eine absolute Lage im Raum und sollten deshalb immer in der Skizze bemaßt werden.

3.4.6 Kurven bearbeiten

3.4.6.1 Verrundung

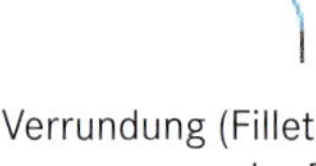
Verrundung (Fillet) oder F

Mit dem Befehl **VERRUNDUNG** können Sie zwei Kurven miteinander verrunden. Dabei können die Linien auch parallel zueinander verlaufen. Nach dem Start des Befehls **VERRUNDUNG** erscheint das dargestellte Dialogfenster.

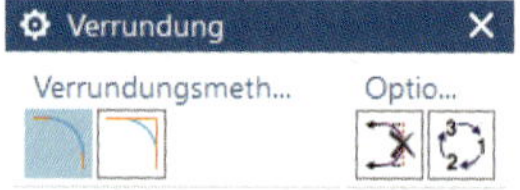

Es gibt unterschiedliche Selektionsmöglichkeiten, die Verrundung zu erstellen. Im folgenden Beispiel wird ein Schnittpunkt zweier Kurven selektiert. Danach ziehen Sie die Voranzeige der Kurve in den gewünschten Bereich und erstellen mit **MT1** die Verrundung.

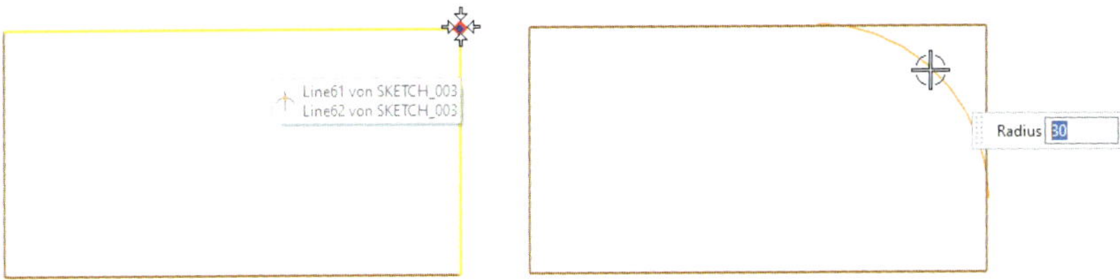

Dasselbe Ergebnis erhalten Sie, wenn Sie beide Kanten separat mit **MT1** selektieren. Alternativ halten Sie nach dem Aufruf des Befehls **VERRUNDUNG** die **MT1**-Taste gedrückt und malen dann, mit dem dabei erscheinenden Stift, über die zu verrundenden Kurven (siehe Abbildung).

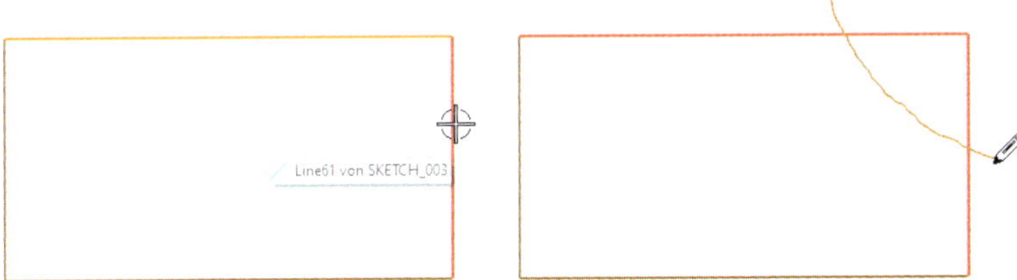

Sollen zwei parallele Linien miteinander verrundet werden, hat man oft die Situation, dass die angezeigte Lösung in die falsche Richtung geht. Mit der in der Abbildung dargestellten Option *Alternative Verrundung erzeugen* kann man zwischen den Möglichkeiten hin und her wechseln.

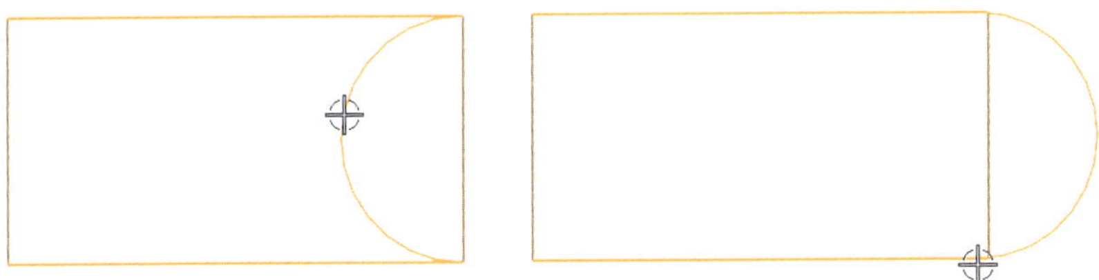

Im Dialogfenster des Befehls **VERRUNDUNG** werden neben der Option *Alternative Verrundung erzeugen* folgende Verrundungsmethoden und Optionen angeboten:

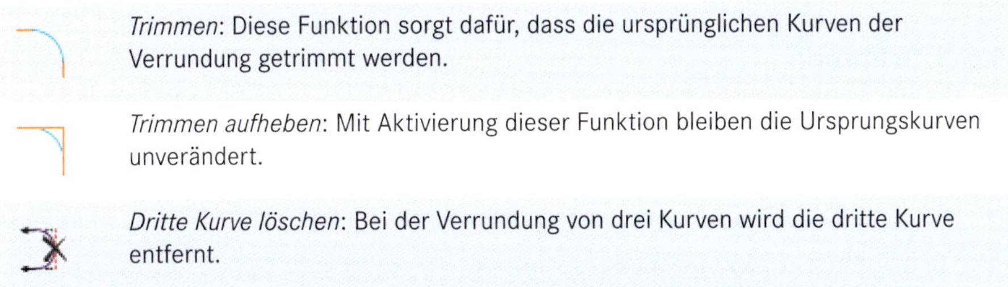

Trimmen: Diese Funktion sorgt dafür, dass die ursprünglichen Kurven der Verrundung getrimmt werden.

Trimmen aufheben: Mit Aktivierung dieser Funktion bleiben die Ursprungskurven unverändert.

Dritte Kurve löschen: Bei der Verrundung von drei Kurven wird die dritte Kurve entfernt.

Alternative Verrundung erzeugen: Es können zusätzliche Möglichkeiten der Verrundung erstellt werden.

Die Abbildung zeigt ein kleines Beispiel. Im linken Bildelement war der Verrundungsmodus *Trimmen* aktiv, im mittleren Bildelement die Funktion *Trimmen aufheben* und im rechten Bildelement wurde neben dem Verrundungsmodus *Trimmen* die Option *Dritte Kurve löschen* angewendet.

3.4.6.2 Fase

Fase (Chamfer)

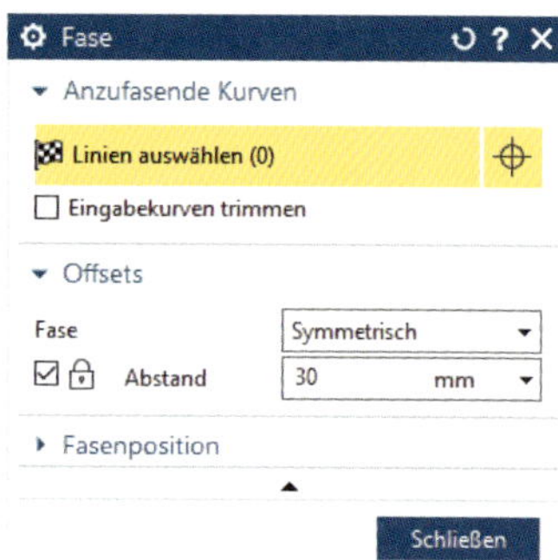

Mit dem Befehl **FASE** können Sie zwischen zwei Kurven eine Fase erstellen. Im Dialogfenster können Sie über den Haken *Eingabekurven trimmen* festlegen, ob die selektierten Kurven getrimmt werden sollen. Zudem besteht die Möglichkeit, über *Offsets* > *Fase* zwischen *Symmetrisch*, *Asymmetrisch* und *Offset und Winkel* zu wechseln. Ist der Haken vor *Abstand* gesetzt, so wird der eingegebene Wert übernommen. Ansonsten wird der Wert nach dem Selektieren der Kurven über die Mausposition definiert.

Auch hier besteht die Möglichkeit, mit gedrückter **MT1**-Taste und dem Stift über die Kurven zu malen, um somit die Fase zu definieren.

3.4.6.3 Trimmen

Trimmen (Trim) oder T

Mit der **TRIMMEN**-Funktion werden Kurven verkürzt. Nach Aufruf des Befehls ist im Dialogfenster die Einstellung *Zu trimmende Kurve* aktiv. Nun können mit **MT1** nacheinander Elemente selektiert werden. Diese werden automatisch bis zur nächstgelegenen Geometrie verkürzt. Wenn es keinen Schnittpunkt mit einer anderen Kurve gibt, wird das selektierte Element gelöscht.

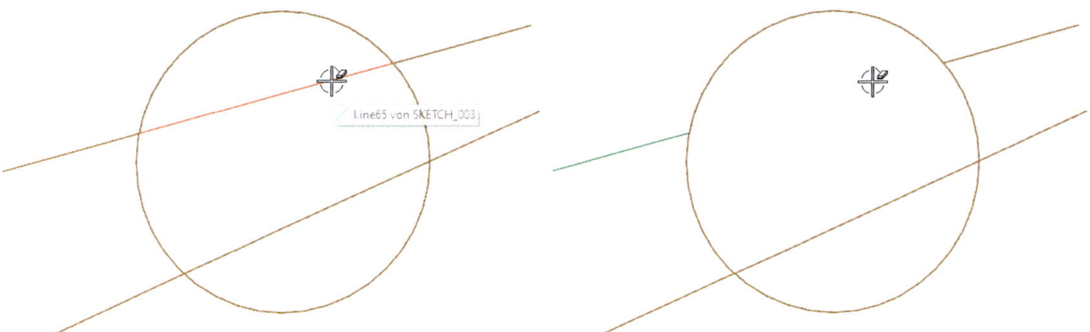

Wenn mehrere Kurven gleichzeitig getrimmt werden sollen, können Sie diese durch Gedrückt-Halten von **MT1** auswählen. Es erscheint dann ein Stift, mit dem Sie die zu trimmenden Elemente überfahren müssen.

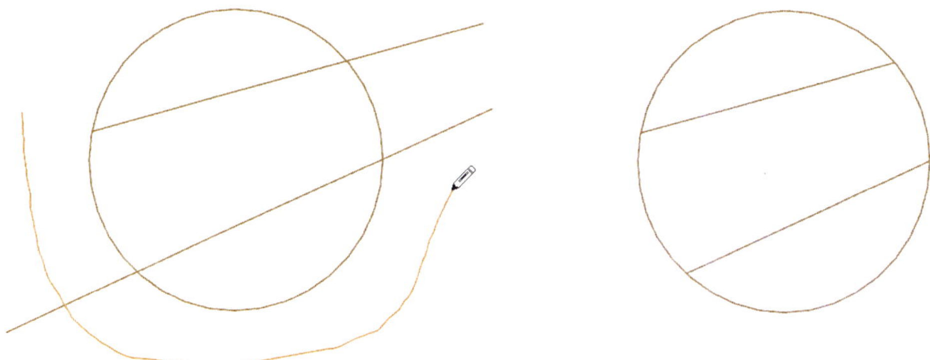

Nach dem Trimmen einer Kurve wird automatisch die entsprechende Zwangsbedingung erzeugt. So wurden in der Abbildung z. B. Punkte auf dem Kreis (blaue Kreise) generiert.

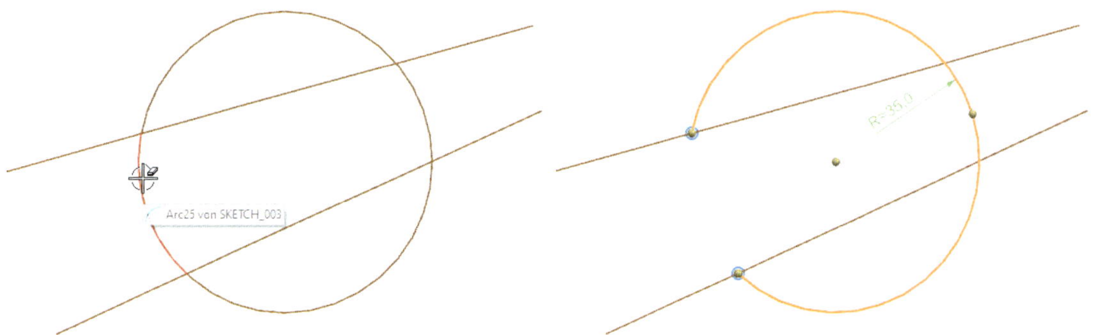

Durch die Auswahl von *Boundary Curve* können Begrenzungskurven definiert werden, zu denen getrimmt wird. Auf diese Weise wird das Trimmen bis zur nächsten Kurve unterdrückt.

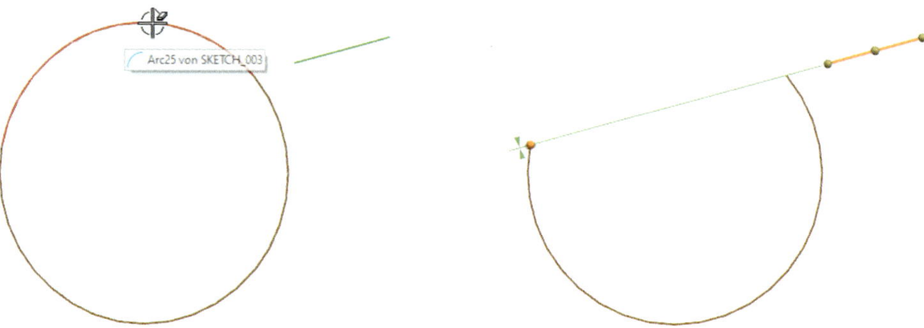

Im Dialogfenster befindet sich unter *Einstellungen* der Schalter *An Verlängerung trimmen*. Damit kann NX ein Element auch trimmen, wenn es seine Begrenzungskurve nicht trifft. Dazu wählen Sie die Linie zuerst als *Begrenzungskurve* und wechseln anschließend mit **MT2** in die Auswahl der zu trimmenden Kurve. Indem Sie das entsprechende Kreissegment selektieren, wird es an der Linie getrimmt. Ist die Option *An Verlängerung trimmen* ausgeschaltet, wird der Kreis vollständig gelöscht. Zu beachten ist, dass hierbei keine Beziehung zur Begrenzung erstellt wird.

3.4.6.4 Verlängern

Verlängern (Extend) oder E

Die Anwendung des Befehls **VERLÄNGERN** verhält sich analog zum Trimmen. Als Ergebnis werden die Kurven jedoch bis zu einer Grenze verlängert. Auch hier gibt die Vorschau einen Eindruck vom Ergebnis der Operation.

Die Abbildung links zeigt das Erweitern bis zur nächsten Kurve. Im mittleren Bildelement wurde der Kreisbogen als *Begrenzungskurve* angegeben. Ganz rechts ist *Begrenzungskurve* und *Zu erweiternde Kurve* aktiv.

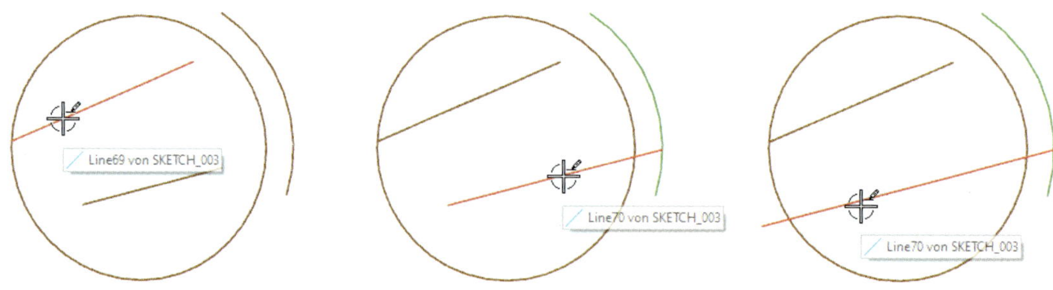

3.4.6.5 Ecke

Der Befehl **ECKE** ermöglicht das Erstellen einer Ecke, indem zwei Kurven auf einen gemeinsamen Schnittpunkt erweitert oder getrimmt werden. Dazu selektieren Sie die zwei Kurven nacheinander an. Wenn Sie den Mauszeiger über der zweiten Kurve bewegen, zeigt NX in einer Vorschau das Ergebnis an. Mit **MT1** selektieren Sie dann die Ecke. Dabei wird der Kreisbogen verkürzt und die Linie entsprechend verlängert.

Ecke (Corner)

3.4.6.6 Abgeleitete Kurve trimmen

Der Befehl **ABGELEITETE KURVE TRIMMEN** dient zum assoziativen Trimmen von projizierten Kurven. Das System erzeugt dabei eine assoziative persistente Zwangsbedingung für die getrimmten Objekte, deren Parameter erhalten bleiben.

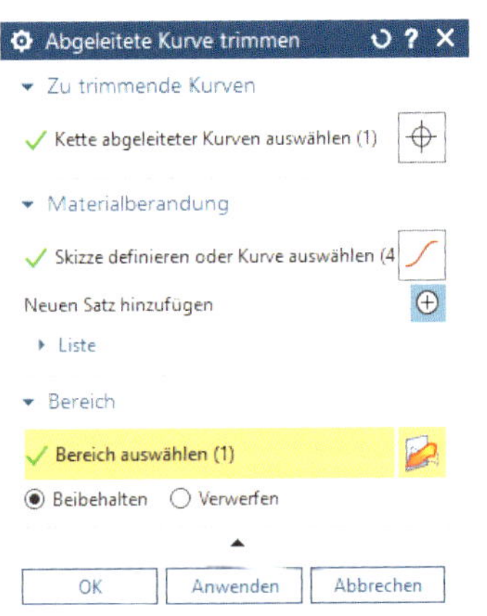

Abgeleitete Kurve trimmen (Trim Recipe Curve)

Zuerst selektieren Sie *Zu trimmende Kurven* (siehe Abbildung mit Dialogfenster). Hierbei muss es sich um eine sogenannte Vorschriftskurve handeln, also eine Schnittkurve oder eine projizierte Kurve. Im folgenden Beispiel ist es die blaue Kurve, die in der Abbildung ausgewählt wird. Danach erfolgt die Auswahl der *Materialberandung*. Unter *Bereich* erhalten Sie nun einen Vorschlag. Sie können einen anderen Kurvenbereich selektieren oder mit *Beibehalten* und *Verwerfen* entscheiden, ob Sie den Kurvenbereich erhalten bzw. verwerfen wollen. Nach Klick auf **OK** werden zwei persistente Trimmbedingungen angezeigt. Durch Doppelklick auf die getrimmte Kurve gelangen Sie wieder in das Dialogfenster **ABGELEITETE KURVE TRIMMEN** und können diese bearbeiten.

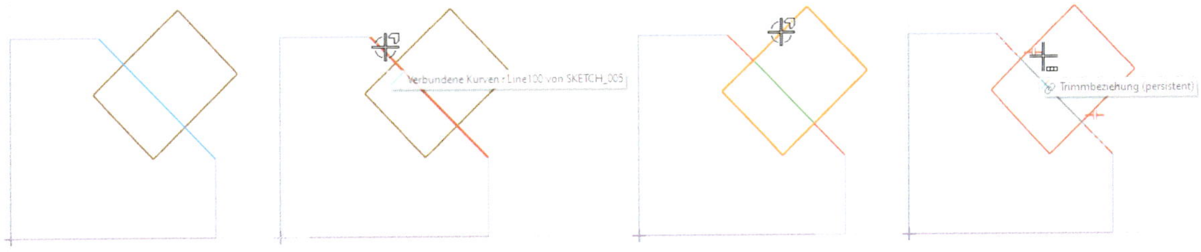

3.4.7 Kurven wiederverwenden

3.4.7.1 Offset-Kurve

Offset (Offset Curve)

Kurven können mit einem konstanten Abstand zu projizierten Kurven oder zu Skizzenkurven erzeugt werden. Die erstellte Geometrie kann assoziativ sein und mit persistenten Beziehungen und Maßen versehen werden. Dabei werden zum Bearbeiten entweder die Bemaßungsbedingungen oder die Offset-Kurven mit Doppelklick angewählt.

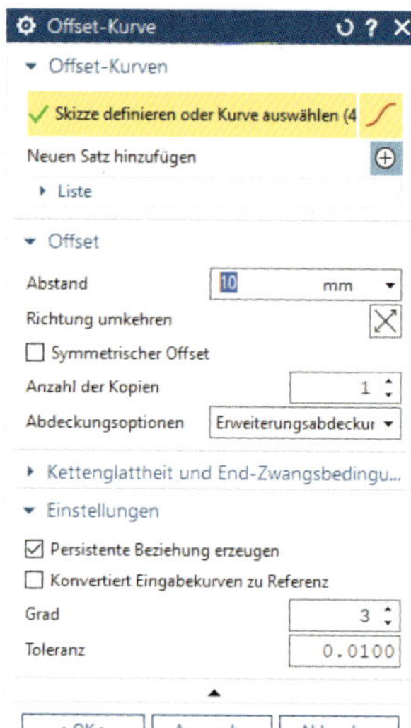

Nach dem Start des Befehls **OFFSET-KURVE** müssen die Offset-Kurven-Elemente ausgewählt werden. Anschließend zeigt NX eine Vorschau mit einem Manipulator für den Offset an. Sie können jetzt den gewünschten Abstand festlegen oder die Richtung für die Offset-Kurve mit Doppelklick auf die Pfeilspitze umkehren.

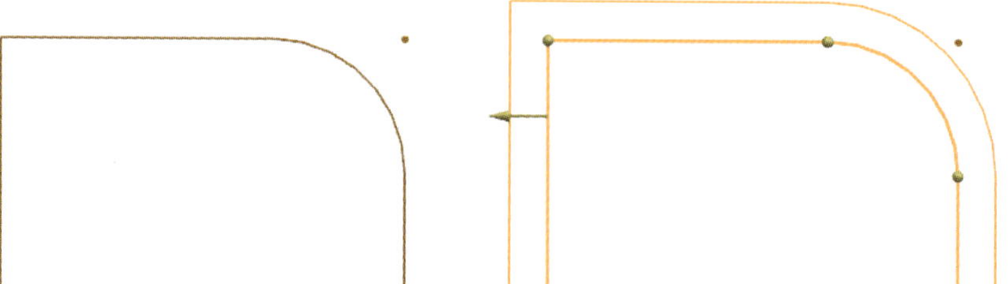

Durch Aktivieren der Option *Symmetrischer Offset* werden Offset-Kurven auf beiden Seiten zur Basis erzeugt. Mit Einschalten von *Persistente Beziehung erzeugen* unter *Einstellungen* wird nach Beenden des Befehls das entsprechende Maß für den Abstand generiert. Damit kann dessen Größe sehr einfach modifiziert werden.

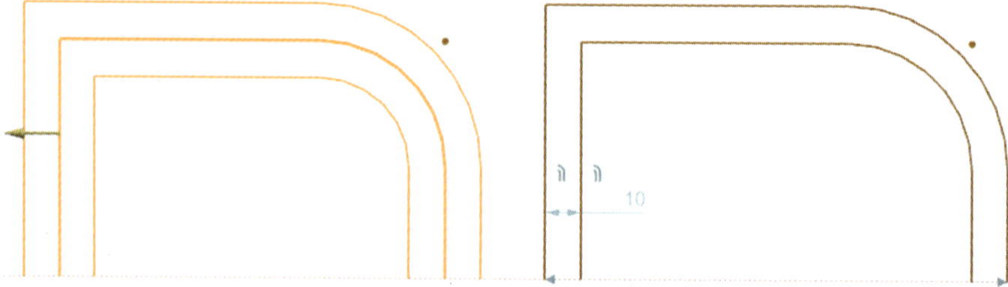

In der Abbildung können Sie die Behandlung von Verrundungen erkennen. Wenn die neuen Kurven kleiner als die Ursprungselemente sind, werden aus Verrundungen Ecken.

Die *Abdeckungsoptionen* steuern die Behandlung von Ecken. Wenn *Erweiterungsabdeckung* eingestellt ist, bleiben die ursprünglichen Ecken erhalten und die Kurven werden verlängert. Die *Kreisbogenabdeckung* erzeugt anstelle der Ecken entsprechende Kreisbögen.

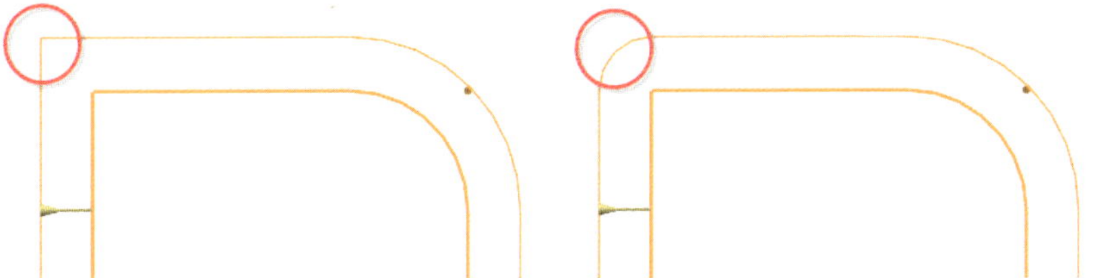

Mit dem Feld *Anzahl der Kopien* können Sie gleichzeitig mehrere Abstandskurven erstellen.

3.4.7.2 Kurve mustern

Den Befehl **MUSTER** gibt es in zwei unterschiedlichen Varianten, abhängig davon, ob die Option *Persistente Beziehungen erzeugen* aktiv ist oder nicht. Ist die Option aktiviert, werden assoziative Muster-Kurven erzeugt, allerdings stehen dabei weniger *Layout*-Typen zur Verfügung. Hier sollen nur die assoziativen Muster-Kurven beschrieben werden, da die nicht assoziativen zum überwiegenden Teil nur für die Ergänzung einer Zeichnung bestimmt sind.

Unter *Zu musternde Kurve* wählen Sie die Kurven, die vervielfältigt werden sollen, aus. Bei der assoziativen Muster-Kurve stehen drei Layouts zur Verfügung: *Linear*, *Kreisförmig* und *Allgemein*.

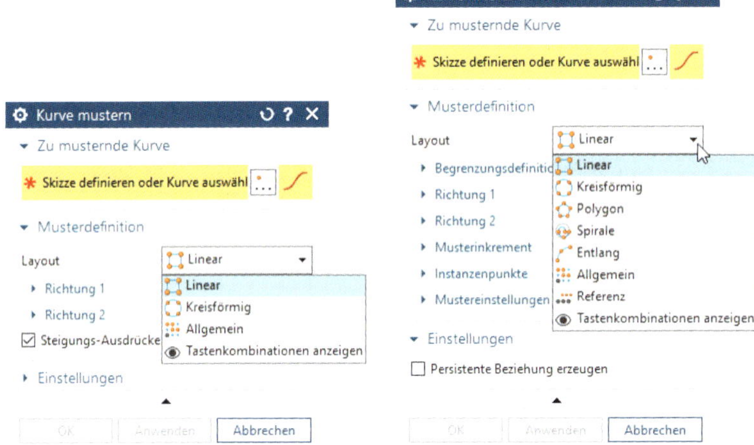

Linear

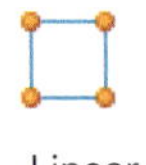

Linear

Unter *Richtung 1* selektieren Sie nun eine Kurve, die die erste Richtung definiert. Im Bereich *Abstand* stehen drei Varianten zur Berechnung der Anzahl der zu kopierenden Elemente zur Auswahl. Mit *Anzahl und Steigung* werden die Anzahl und der Abstand zwischen den zu kopierenden Elementen definiert. Durch die Auswahl *Anzahl und Abstand* wird auf Basis der Gesamtlänge und der Anzahl die Steigung berechnet. Wird *Steigung und Spanne* ausgewählt, so ergibt sich die Anzahl durch das Verhältnis von Spannung und Steigung. Hierbei werden nur die Ganzzahlen berücksichtigt. Optional kann noch eine zweite Richtung definiert werden.

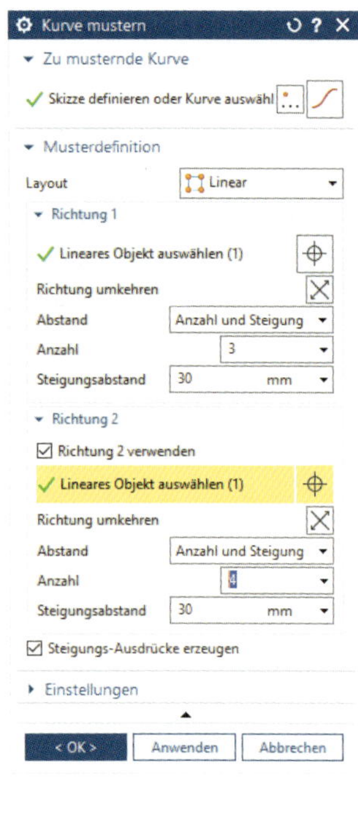

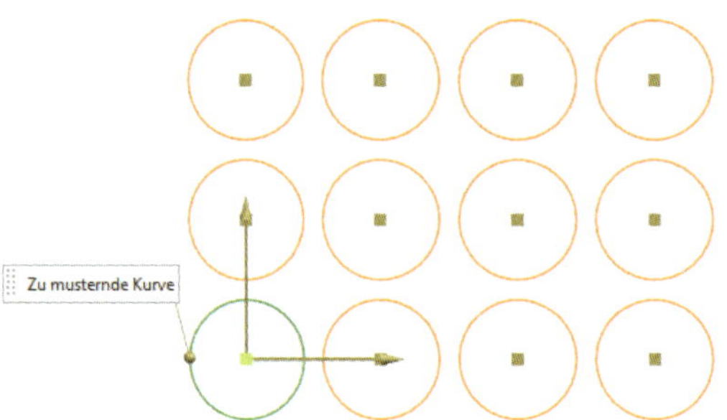

Kreisförmig

Kreisförmig

Die kreisförmige Muster-Kurve ist von der Vorgehensweise mit der linearen Muster-Kurve vergleichbar. Hier wird anstatt einer Richtung ein *Rotationspunkt* definiert und unter *Winkel Richtung* die entsprechende Einstellung vorgenommen.

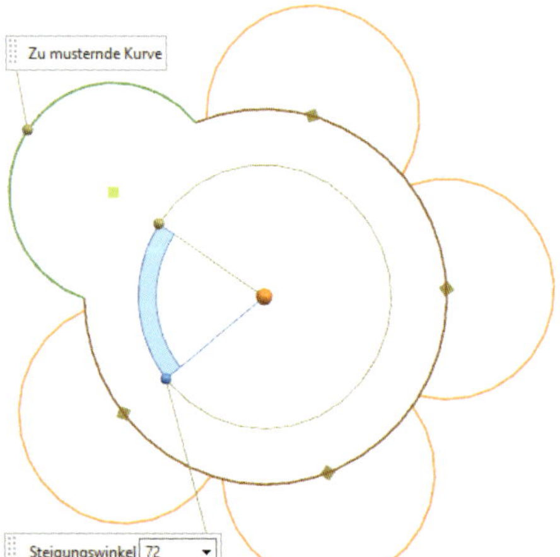

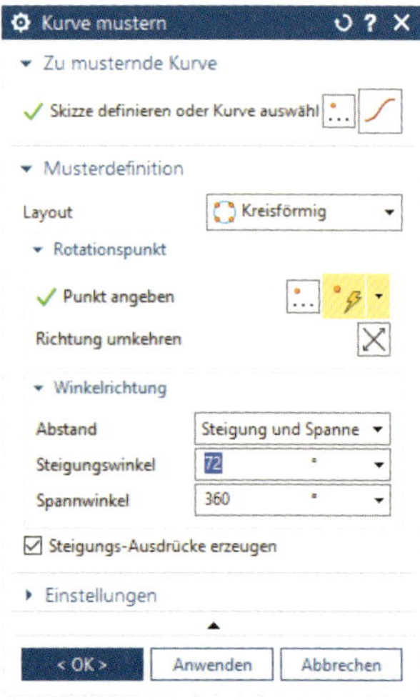

Allgemein

Mit dem Layout-Typ *Allgemein* wird eine Geometrie anhand von Punkten positioniert und vervielfältigt. Im Bereich *Zu musternde Kurve* wählen Sie die zu kopierende Geometrie aus. Unter *Von* können Sie den ersten Referenzpunkt wählen. Es ist zu empfehlen, dass dieser Punkt Bestandteil der zu kopierenden Geometrie ist. Im Bereich *Nach* wählen Sie nun Punkte oder Achsensysteme aus, an denen eine Kopie erzeugt werden soll. Hierbei können auch die Punkt-Fangoptionen in der Szenen-Leiste hilfreich sein.

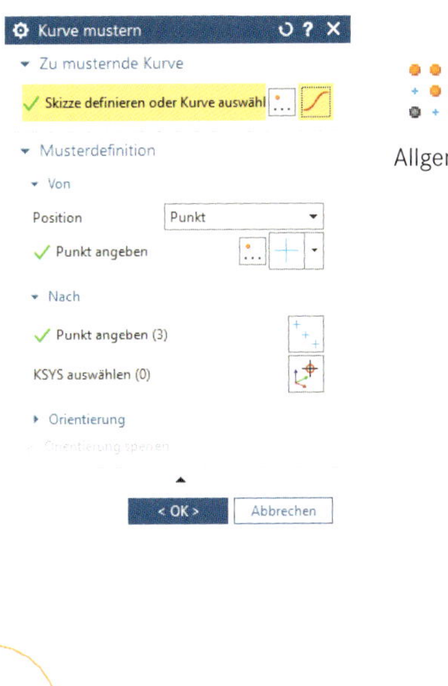

Allgemein

Position

3.4.7.3 Kurve spiegeln

Spiegeln (Mirror)

Der Befehl **SPIEGELN** erzeugt eine gespiegelte assoziative Kopie der ausgewählten Skizzengeometrie. Nach Aufruf des Befehls ist es ratsam, zuerst die *Mittellinie* zu definieren. Dadurch kann diese Kurve unter *Zu spiegelnde Kurve* nicht mehr selektiert werden. Das hat den Vorteil, dass Sie nun mit **STRG+A** die komplette Skizze auswählen können. An dieser Stelle ist noch zu erwähnen, dass mit **STRG+A** nur die Elemente gewählt werden, die im Grafikfenster sichtbar sind. Es erfolgt eine Voranzeige, die mit **OK** oder **MT2** erzeugt wird. Die Mittellinie wird automatisch in eine Referenz umgewandelt, wenn die entsprechende Option unter *Einstellungen* aktiv ist.

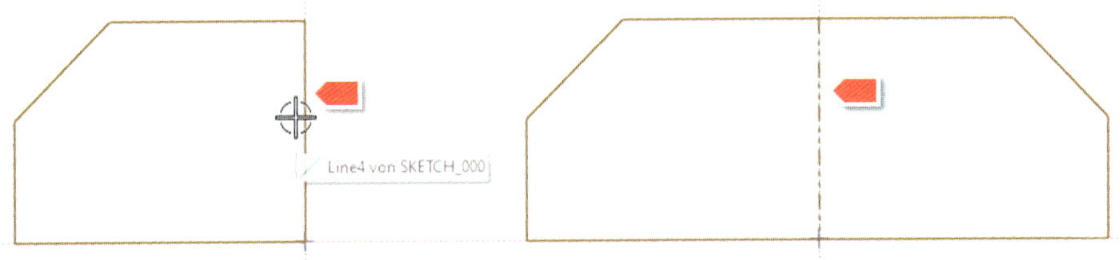

Die Bedingungen der Ursprungselemente steuern auch die gespiegelte Geometrie. Werden beispielsweise Maße geändert, wird diese Änderung auf die gespiegelte Seite übertragen. Das Gleiche gilt auch für das nachträgliche Anbringen von z. B. weiteren Verrundungen.

3.4.7.4 Schnittkurve und Schnittpunkt

Schnittkurve
(Intersection Curve)

Schnittpunkt
(Intersection Point)

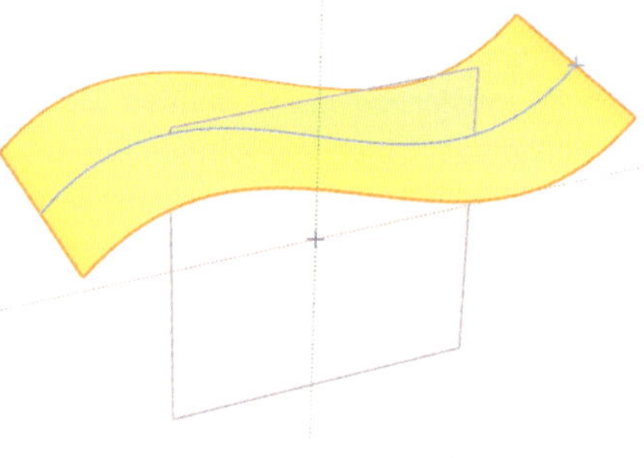

Mit dem Befehl **SCHNITTKURVE** werden assoziative Schnittkurven zwischen externen Flächen und der aktuellen Skizzenebene erstellt. Die Flächen müssen dabei die Skizzierebene schneiden.

Der Befehl **SCHNITTPUNKT** generiert assoziative Punkte zwischen der Skizzenebene und externen Kurven oder Kanten. Dabei werden Kurven, welche die Ebene nicht schneiden, automatisch erweitert. Der Punkt wird dann mit einem N (Normalenvektor) und einem T (tangentialer Vektor) versehen.

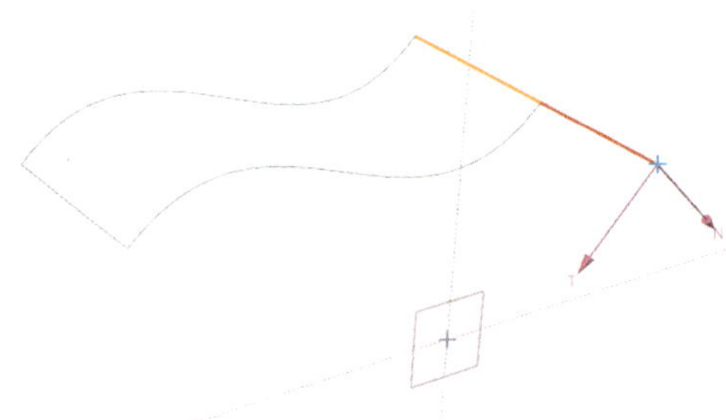

HINWEIS: Die Befehle **SCHNITTKURVE** und **SCHNITTPUNKT** gehören zur Kategorie der Vorschriftskurven. Für das Erzeugen von Beziehungen zwischen Vorschriftskurven stehen spezielle Befehle zur Verfügung.

3.4.7.5 Kurve projizieren – Vorschriftskurven

Kurve projizieren
(Project Curve)

Mit dem Befehl **KURVE PROJIZIEREN** werden Kurven, einzelne Kanten, Kanten einer Fläche, andere Skizzen und Punkte in die aktive Skizze projiziert. Dabei ist die Auswahl der *Kurvenregel* in der Szenen-Leiste zu beachten. Der Projektionsvektor steht immer senkrecht zur Skizzenebene.

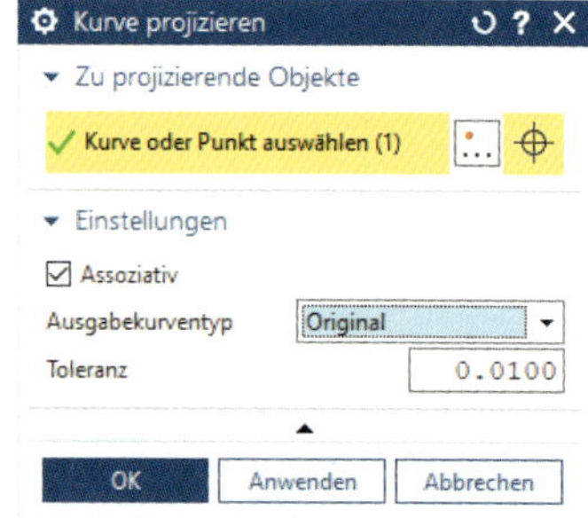

Nach Aufruf des Befehls erscheint das abgebildete Dialogfenster, und NX erwartet *Zu projizierende Objekte*. Unter *Einstellungen* stehen die im Folgenden genannten Optionen zur Verfügung.

Mit *Assoziativ* behalten die projizierten Elemente eine Verbindung zur Originalgeometrie, sodass bei deren Änderung eine Anpassung erfolgt. Die assoziativ projizierten Elemente sind fixiert und können nicht bewegt werden. Assoziativ projizierte Kurven werden in der Skizze blau dargestellt.

Der *Ausgabekurventyp* legt die Art der projizierten Kurve fest. Dabei kann die Kurve mit *Original*, als *Spline-Segment* oder *Einzelner Spline* erstellt werden.

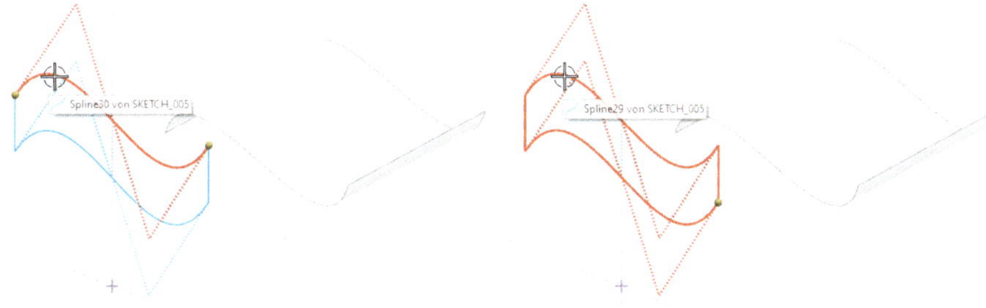

HINWEIS: Auch der Befehl **KURVE PROJIZIEREN** gehört zur Kategorie Vorschriftskurven. Für das Erzeugen von Beziehungen zwischen Vorschriftskurven stehen spezielle Befehle zur Verfügung. ■

3.4.7.6 Einschließen

Einschliessen (Include)

Der Befehl **EINSCHLIESSEN** ähnelt dem Befehl **KURVE PROJIZIEREN**. Der Unterschied ist, dass hier Hilfslinien erzeugt werden, die als Referenz für die Skizzenelemente verwendet werden können. Die Hilfslinien können nicht in Skizzenkurven gewandelt werden. Sie können den Befehl jedoch nutzen, um Kurven, Punkte und sogar Ebenen in die Skizze zu projizieren. Bei Letzterem wird die Schnittlinie der Ebene zur Skizzierebene erstellt.

3.4.7.7 Abgeleitete Linie

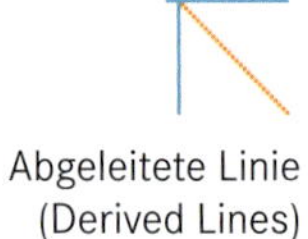

Abgeleitete Linie (Derived Lines)

Mit dem Befehl **ABGELEITETE LINIE** können bestehende Linien parallel verschoben und kopiert werden. Werden zwei gegenüberliegende Linien selektiert, so wird eine Mittellinie erstellt. Werden stattdessen zwei im Winkel zueinander liegende Linien selektiert, wird die Winkelhalbierende erzeugt. Die Länge bzw. der Offset kann über Parameter eingegeben werden. Die entstehende Kurve wird jedoch nicht mit Beziehungen bestimmt.

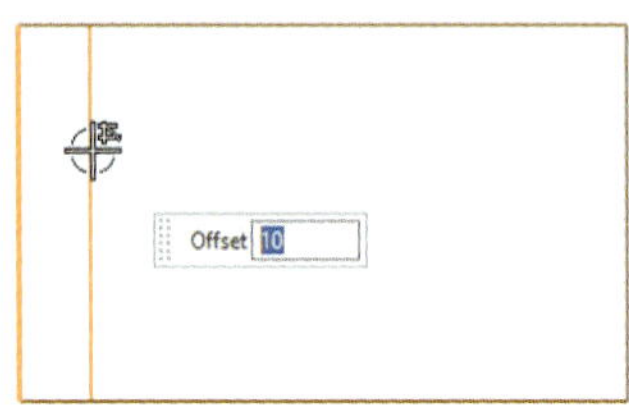

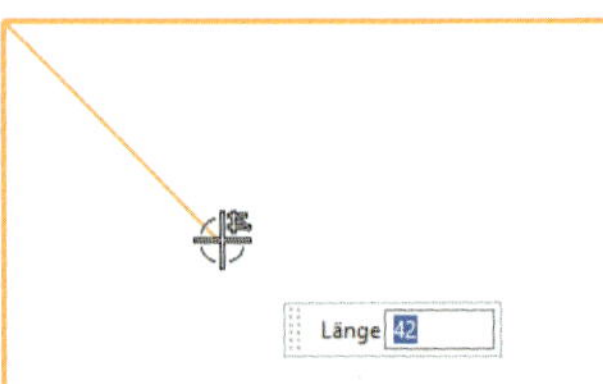

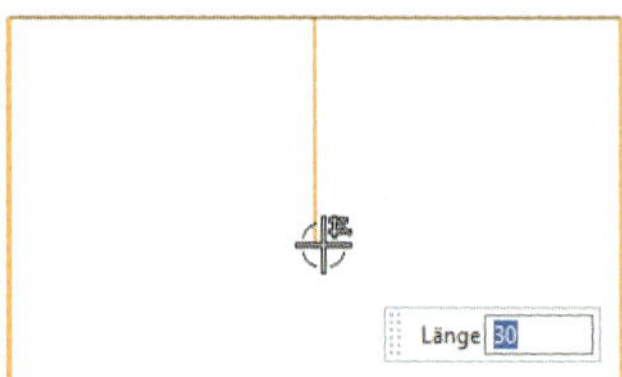

3.4.8 Schnellbemaßung

Schnellbemaßung/ Eilgang (Rapid Dimension)

Neben der neuen Standard-Bemaßungsmethode besteht weiterhin die Möglichkeit, die herkömmlichen Befehle zur Bemaßung zu verwenden. Diese finden Sie unter **MENÜ > EINFÜGEN > BEMASSUNGEN**. Sie können das Drop-down-Menü **BEMASSUNG** auch in der Gruppe **STARTSEITE > BERECHNEN** hinzufügen.

Mit dem Befehl **EILGANG** legen Sie die exakte Größe eines Skizzenobjekts oder den Abstand zwischen zwei Elementen fest. Damit kann beispielsweise die Länge einer Linie oder der Radius eines Kreises definiert werden.

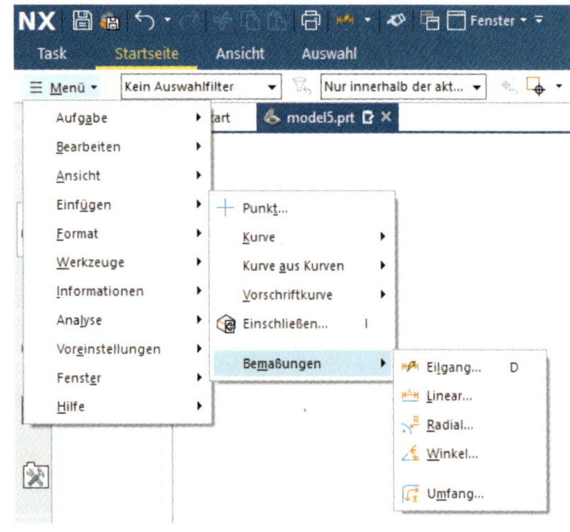

Unter *Referenzen* werden die zu bemaßenden Elemente ausgewählt. Anschließend wird das Maß unter *Ursprung* an die richtige Stelle positioniert und erstellt. Im Bereich *Bemaßung > Methode* kann definiert werden, welcher Typ der Bemaßung erstellt werden soll. Bei **ERMITTELT** wählt NX in Abhängigkeit zum gewählten Element automatisch einen Bemaßungstyp aus. Wenn die Option *Referenz* aktiv ist, werden alle folgenden Bemaßungen als Referenzen generiert. Alternativ können Sie diese Eigenschaft auch mit **MT3** und der Kontext-Miniauswahlleiste vergeben. Wird die Option *Ausdruck* aktiviert, so erzeugt NX neben der Bemaßung noch einen Ausdruck, den Sie auch in Formeln verwenden können. Das erzeugte Maß wird dann blau angezeigt.

Im Folgenden erhalten Sie eine kurze Übersicht der verfügbaren Bemaßungsmethoden.

Symbol	Bemaßungsmethode
	Automatische Erzeugung der Bemaßung
	Horizontale Bemaßung in X-Richtung der Skizze
	Vertikale Bemaßung in Y-Richtung der Skizze
	Parallele Bemaßung (kürzester Abstand zwischen zwei Punkten)
	Senkrechter Abstand zwischen einer Linie und einem Punkt
	Winkel zwischen zwei Linien
	Durchmesser eines Kreises oder Kreisbogens
	Durchmesser eines Zylinders über zwei Linien
	Radius eines Kreises oder Kreisbogens
	Maß für die Bogenlänge

Für die Festlegung der Bemaßung können sowohl Punkte und Kurven der Skizze als auch externe Objekte, wie Körperkanten, Bezugsebenen und Bezugsachsen, verwendet werden. Wichtig ist, dass die externen Objekte zeitlich vor der Skizze erstellt wurden.

Zum Erzeugen der Bemaßung wählen Sie zuerst die gewünschte Methode. Anschließend selektieren Sie die entsprechenden Elemente. Sobald aufgrund der Auswahl ein Maß erzeugt werden kann, hängt die Maßzahl mit ihren Hilfslinien am Mauszeiger. Sie können nun eine weitere Auswahl vornehmen oder durch Drücken von **MT1** die Bemaßung mit dem aktuellen Wert ablegen. Anschließend können Sie sofort die nächsten Bemaßungsobjekte selektieren.

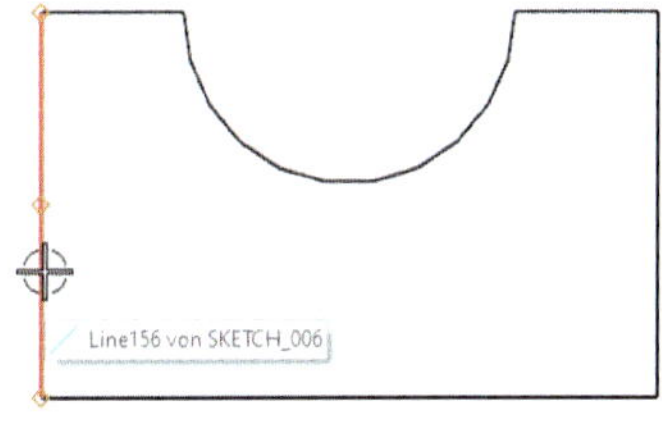

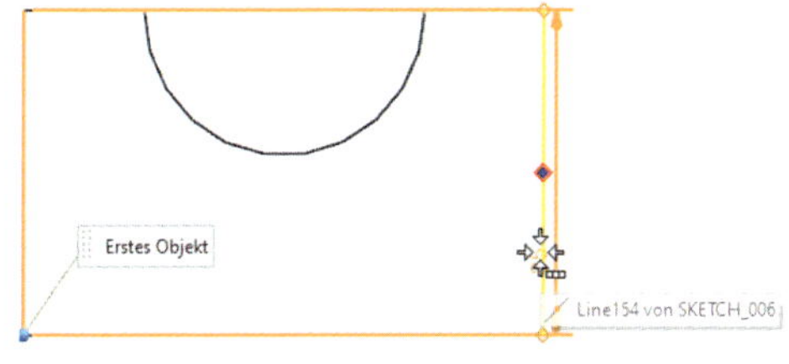

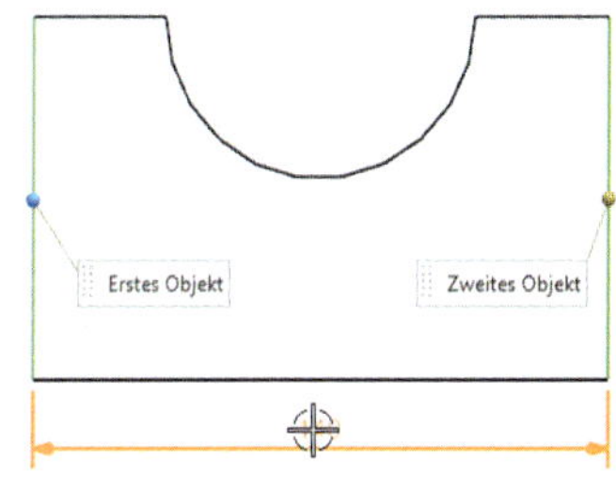

Ermittelt (Inferred)

Mit dem Befehl **ERMITTELT** können unterschiedliche Maßarten automatisch generiert werden. Dabei ist zwischen der Selektion von Kurven und Kontrollpunkten zu unterscheiden. Mit dem Befehl werden Abstandsmaße, aber auch Winkel, Durchmesser und Radien erzeugt.

Die Abbildung stellt die Möglichkeiten bei der Bemaßung einer schrägen Linie dar. Selektieren Sie dazu die Linie (Kurve). In Abhängigkeit von der Bewegungsrichtung des Mauszeigers gibt es drei Varianten. Sie können eine horizontale Bemaßung, eine vertikale Bemaßung oder den kürzesten Abstand zwischen den Linienendpunkten generieren. Die gleichen Möglichkeiten erhalten Sie, wenn Sie zwei Kontrollpunkte (Linienstart- und -endpunkt) für die Bemaßung auswählen.

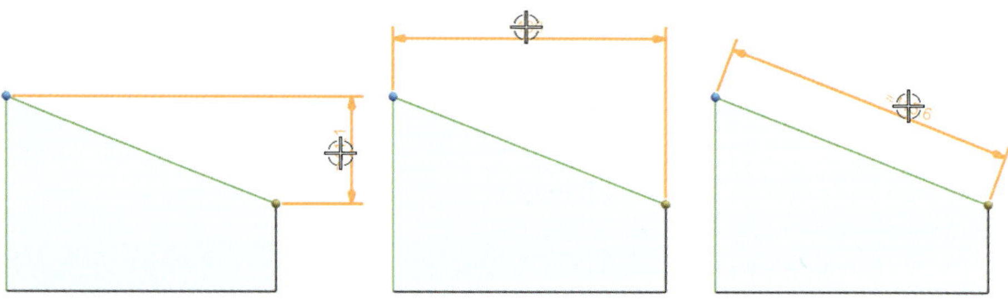

Die Abbildung zeigt ein Beispiel für die ermittelte Bemaßung von Winkeln. Dazu wurden die beiden orange dargestellten Linien selektiert. NX erzeugt dann ein Winkelmaß. Die Art des Winkels bestimmen Sie durch die Position des Mauszeigers.

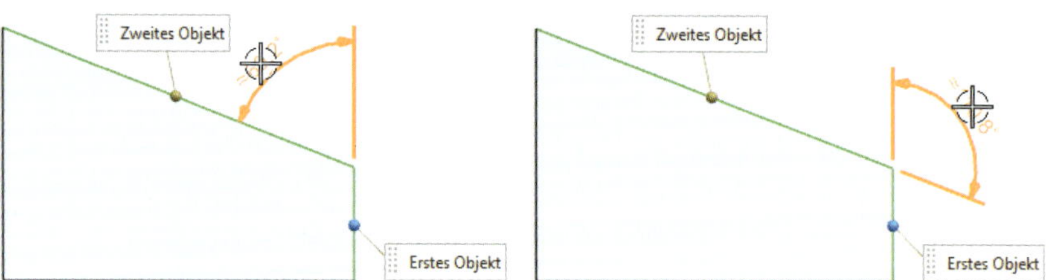

Wenn Sie zuerst eine Linie und anschließend einen Kontrollpunkt selektieren, misst NX den senkrechten Abstand zwischen der Linie und dem Punkt. In der Abbildung wurde mit dieser Option der Abstand zum Kreismittelpunkt festgelegt (links). NX bemaßt bei der Selektion von Kreisen automatisch deren Durchmesser (Mitte) und bei der Auswahl von Kreisbögen den Radius (rechts).

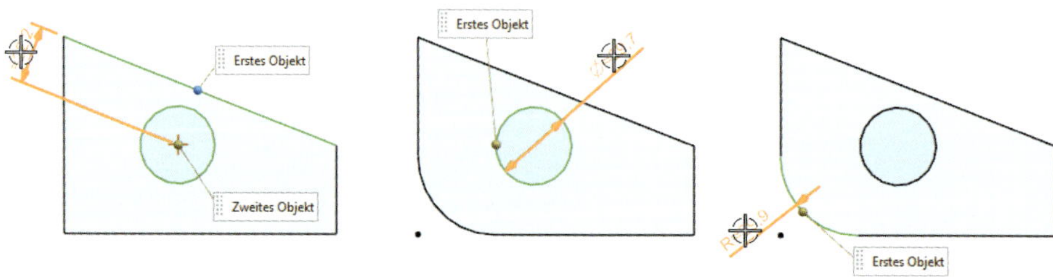

3.4.9 Skizze neu zuordnen

Neu zuordnen (Reattach Sketch)

Innerhalb der Skizzierumgebung besteht die Möglichkeit, die Basisfläche und die Ausrichtung der Skizze zu ändern. Dazu verwenden Sie den Befehl **NEU ZUORDNEN**, den Sie in der Menübandleiste der Gruppe *Skizze* hinzufügen. Nach dessen Aufruf erscheint ein Dialogfenster, in dem Sie, ähnlich wie beim Erstellen einer neuen Skizze, die *Skizzierebene* und die *Skizzenorientierung* bestimmen können. Den *Skizzenursprung* können Sie ebenfalls ändern. Wenn Sie neue Objekte selektiert haben, modifiziert NX nach Beenden des Befehls die Skizze mit allen Abhängigkeiten.

3.4.10 Skizzengruppe

Skizzengruppe (Sketch Group)

Um die Übersicht bei der Anwendung komplexer Skizzen zu verbessern, können Kurven in einer Skizze mit **NEUE SKIZZENGRUPPE** zusammengefasst werden. Die grundsätzlichen Möglichkeiten bei der Arbeit mit Skizzengruppen werden wir an einem einfachen Beispiel erläutern. In der abgebildeten Skizze wurden alle Kurven eines Langlochs selektiert und über das Kontextmenü wurde der Befehl **NEUE SKIZZENGRUPPE** aufgerufen. Im nächsten Schritt geben Sie einen Gruppennamen ein. Mit **ANWENDEN** wird die Gruppe erstellt. Wiederholen Sie den Vorgang mit der Außenkontur, sodass anschließend in der Skizze zwei Gruppen vorhanden sind.

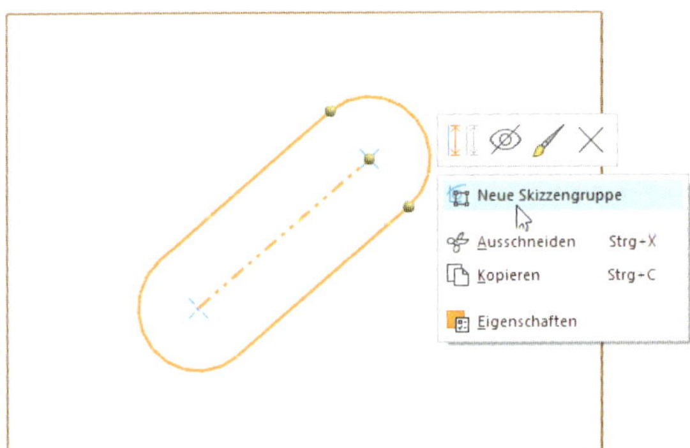

Zur Verwaltung und Anwendung der Gruppen wird der *Teile-Navigator* verwendet. Wenn im Navigator eine Gruppe selektiert wird, erfolgt parallel ihre Anzeige im Grafikbereich. Die Gruppe *LANGLOCH* ist mit einem grünen Ordnersymbol gekennzeichnet (siehe Abbildung). Damit ist diese Gruppe aktiv, und alle neuen Skizzenkurven werden ihr automatisch zugeordnet. Durch einen Klick mit **MT3** auf die Gruppe im *Teile-Navigator* können Sie im Kontextmenü den Befehl **AKTIV** anwählen. Falls die Gruppe aktiv war, wird sie nun deaktiviert. Auf demselben Wege können Sie die Gruppe wieder aktivieren.

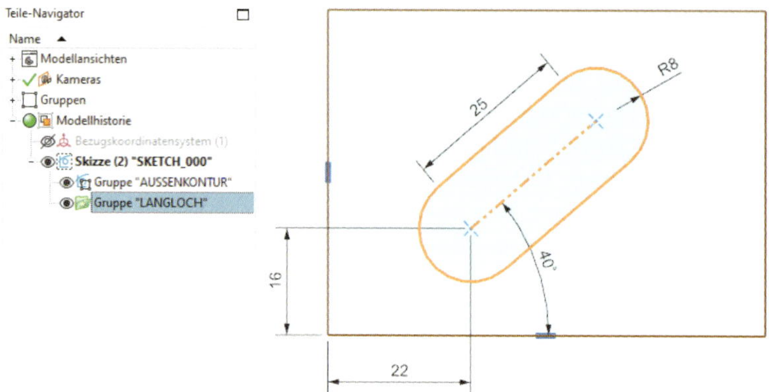

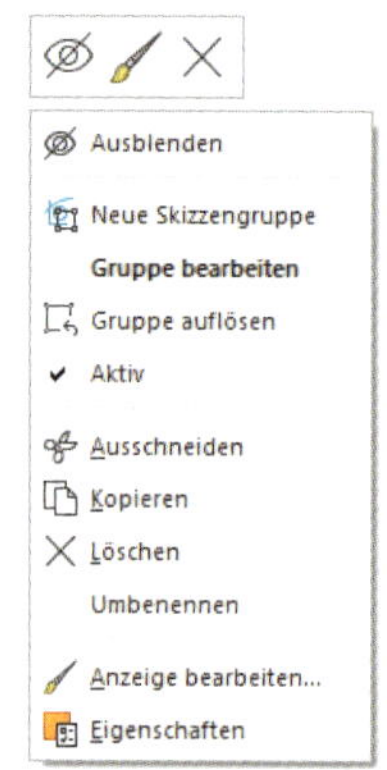

Wenn eine Gruppe mit **MT3** selektiert wird, erscheint das in der Abbildung dargestellte Kontextmenü. Mit dem Befehl **GRUPPE BEARBEITEN** können weitere Kurven zur selektierten Gruppe hinzugefügt oder mit **STRG+MT1** entfernt werden. Dabei müssen Sie sich nicht in der Anwendung **SKIZZIERER** befinden. Der Befehl **GRUPPE AUFLÖSEN** bewirkt, dass die Skizzengruppe gelöscht wird und ihre Elemente wieder zu einzelnen Skizzenelementen werden. Der Befehl **AUSBLENDEN** bewirkt, dass die Kurven nicht mehr angezeigt werden. Nach seiner Anwendung können Sie die Darstellung durch **ANZEIGEN** wieder erzeugen. Wie jedes andere Formelement im *Teile-Navigator* können Sie auch hier das „Auge"-Symbol vor der Gruppe selektieren, um diese auszublenden oder anzuzeigen.

3.4.11 Kopieren und Einfügen

Die Kurven können innerhalb der Skizze kopiert werden. Am einfachsten ist es, sie zu selektieren und anschließend die ausgewählten Elemente mit **STRG** und Gedrückt-Halten von **MT1** an die gewünschte Stelle zu bewegen. In der Abbildung wurde das Langloch mit seinen Beziehungen an eine neue Position kopiert. NX erkennt die Beziehungen zwischen den Kurven, die Maße werden jedoch nicht übernommen und müssen neu vergeben werden.

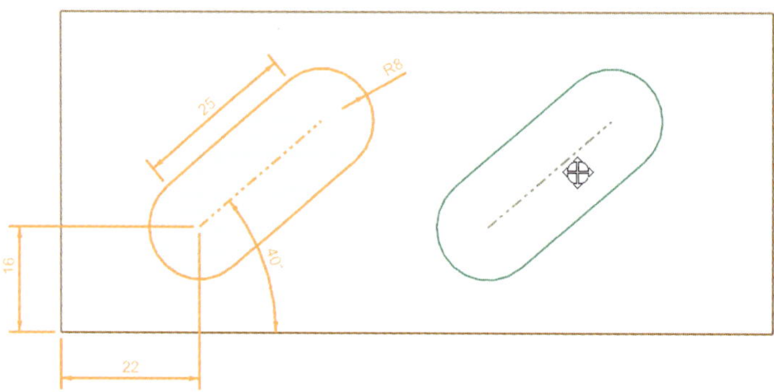

3.5 Assoziative Kurven

In NX besteht die Möglichkeit, Kurven außerhalb der Skizzierumgebung zu erzeugen. Dazu stehen in der Menübandleiste **KURVE**-Befehle für die Erstellung von Kurven und abgeleiteten Kurven zur Verfügung.

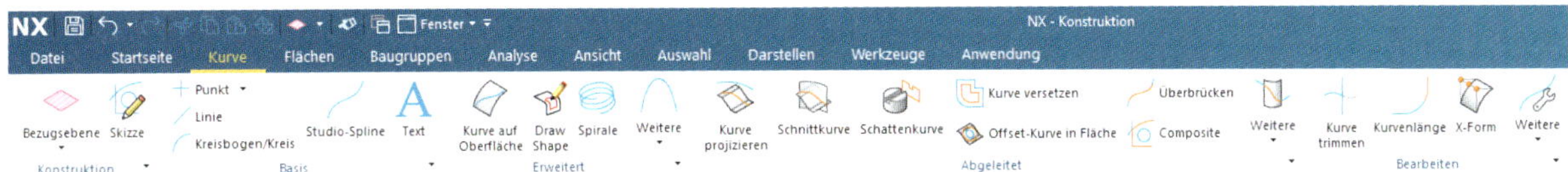

Assoziative Kurven werden über Parameter und Bedingungen gesteuert und im *Teile-Navigator* aufgelistet. Sie eignen sich, um auf schnelle Weise Hilfsgeometrien für die weitere Verwendung in einer Konstruktion zu erzeugen. Damit können Sie beispielsweise die Richtung von Bohrungen steuern. Die Kurven werden durch Parameter, Zwangsbedingungen und ihre Zeichenebene festgelegt. Dazu verwendet NX zunächst die XC-YC-Ebene des WCS. Wenn die Kurven auf dieser Ebene erstellt werden sollen, ist es sinnvoll, die Ansicht mit **F8** so zu orientieren, dass Sie senkrecht auf die Zeichenebene schauen und damit die Objekte in wahrer Größe sehen.

3.5.1 Kurve

3.5.1.1 Linie

Nach Aufruf des Befehls **LINIE** wird das abgebildete Dialogfenster angezeigt. Die Linie wird durch den Startpunkt und den Endpunkt festgelegt. Die beiden Auswahlfelder für die *Startoption* und *Endoption* steuern die Linie. Damit können sowohl Punkte festgelegt als auch Beziehungen zu anderen Objekten hergestellt werden.

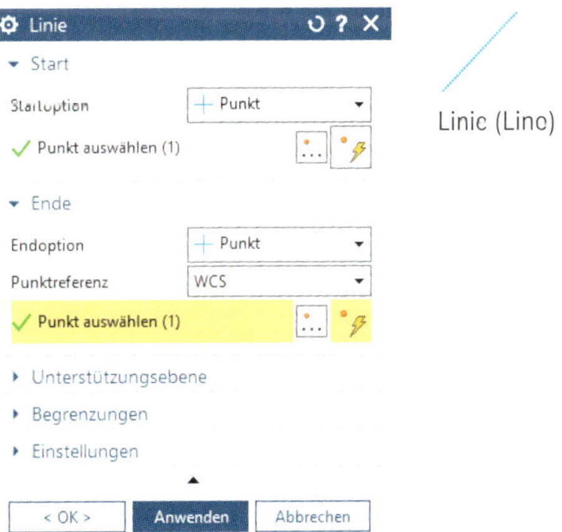

Folgende Optionen sind für die Bestimmung der Linie verfügbar:

	ERMITTELT: NX bestimmt die Position des Punkts oder die Bedingung automatisch, auf Grundlage des selektierten Objekts bzw. des angegebenen Punkts.
	PUNKT: Sie müssen einen Punkt für den Anfang oder das Ende der Linie angeben. Dazu können vorhandene Kontrollpunkte gefangen, die Koordinaten in die Felder eingegeben oder eine freie Bildschirmposition gewählt werden. Unter *Punktreferenz* wird das gewünschte Bezugskoordinatensystem festgelegt.
	TANGENTE: Es wird eine tangentiale Bedingung zum selektierten Objekt hergestellt.
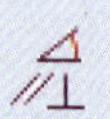	IM WINKEL: Als Bedingung wird ein Winkel zu einem vorhandenen Objekt erzeugt.
	NORMAL*:* Die Linie wird senkrecht zu einer auszuwählenden Kurve oder Oberfläche erstellt. Die Option steht erst zur Verfügung, wenn ein Start- oder Endpunkt gesetzt ist.
 XC  YC ZC	ENTLANG XC, YC, ZC: Die entsprechenden Richtungen der Achsen des WCS werden als Bedingung verwendet.

Alternativ zu den Möglichkeiten des Dialogfensters werden im Grafikbereich Manipulatoren angezeigt, mit denen Sie die Werte dynamisch verändern können. Mit **MT3** und über das Kontextmenü erhalten Sie ebenfalls verschiedene Optionen, um die Start- und Endpunkte zu definieren.

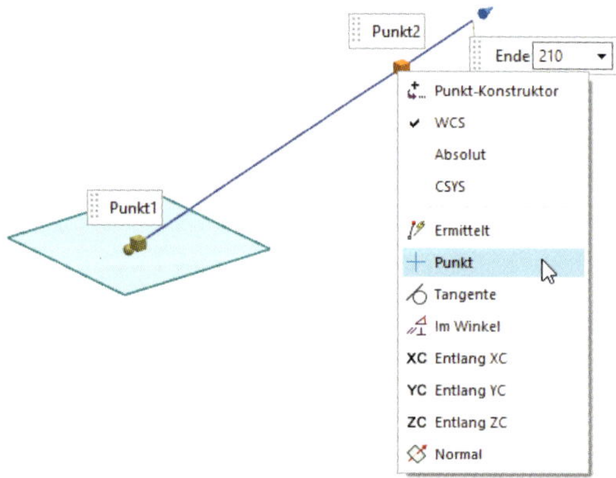

Im folgenden Beispiel soll die Linie im Ursprung des WCS beginnen und mit einer bestimmten Länge parallel zur XC-Achse verlaufen. Nach Aufruf des Befehls erwartet NX die Festlegung des Startpunkts. Dazu wählen Sie **STARTOPTION > PUNKT**. Ist unter Punktreferenz *Absolut* ausgewählt, erscheint im Grafikbereich das Eingabefeld zur Festlegung der Koordinaten. Da dieses Feld jedoch dem Mauszeiger folgt, ist es einfacher, den **PUNKT**-Dialog zu öffnen und hier die Werte einzugeben.

Danach zeigt NX diesen Punkt an und generiert automatisch die Arbeitsebene für die Kurve. Diese Ebene wird ebenfalls dargestellt. Wenn Sie den Cursor bewegen, rastet er ein, sobald Sie in den Fangbereich der Richtungen des WCS geraten, und zeigt die entsprechende Richtung an.

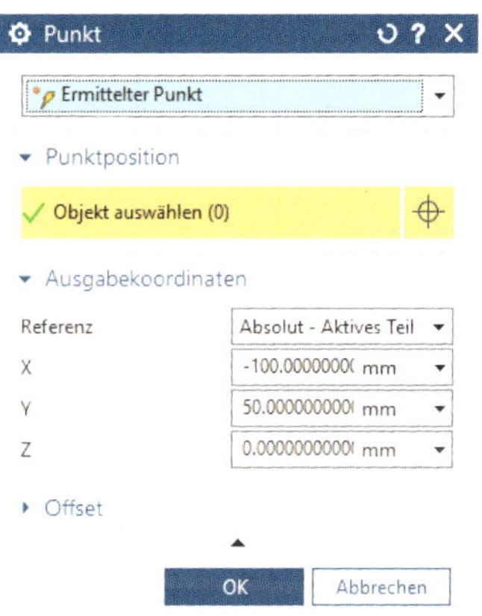

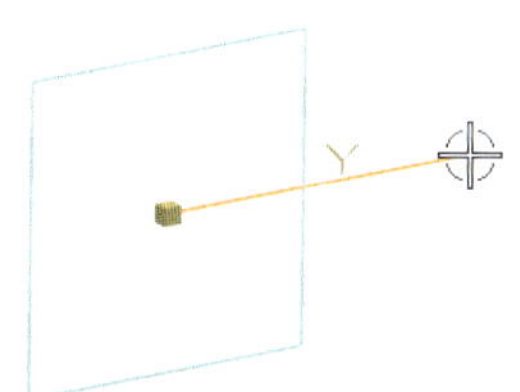

Anschließend tragen Sie die *Länge* in das Eingabefeld ein und bestätigen diese mit **ENTER**. Die Linie ist damit vollständig festgelegt. Bei Bedarf kann sie noch unter Anwendung der Handles oder des Dialogfensters modifiziert werden.

Die Abbildung zeigt die Einstellungen im Dialogfenster und die entsprechende Vorschau im Grafikbereich. Mit **ANWENDEN** erzeugen Sie die Linie. Danach bleibt der Befehl weiter aktiv.

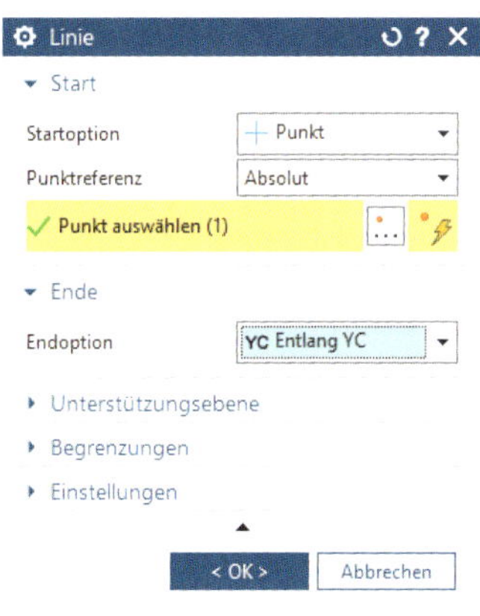

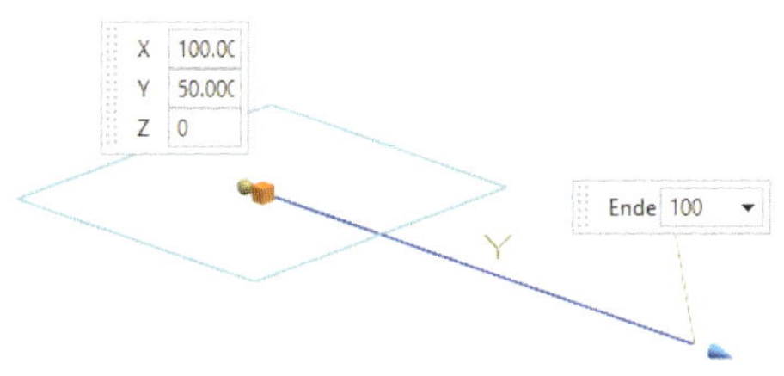

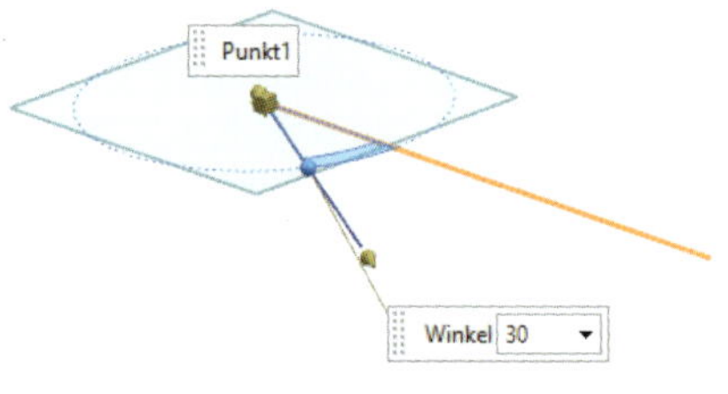

Die nächste Linie soll einen Winkel von 30° zur ersten Line besitzen und am selben Punkt beginnen. Dazu selektieren Sie den Anfangspunkt der ersten Linie. Danach geben Sie die *Länge* ein. Anschließend stellen Sie als Zwangsbedingung für das Ende die Option *Im Winkel* ein und wählen die erste Linie. Alternativ können Sie die vorhandene Linie auch außerhalb eines Kontrollpunkts anklicken. NX orientiert die neue Linie dann zunächst parallel zur ersten. Den Winkel ändern Sie durch Ziehen am Manipulator oder durch Eingabe des Werts. Anschließend erzeugen Sie die zweite Line wie in der Abbildung dargestellt.

3.5.1.2 Kreisbogen/Kreis

Kreisbogen/Kreis (Arc/Circle)

Der Befehl **KREISBOGEN/KREIS** funktioniert ähnlich wie **LINIE**. Im Dialogfenster legen Sie unter *Typ* fest, ob die Kurve über die Angabe von *Dreipunktkreisbogen* oder über *Kreisbogen/Kreis von Mittelpunkt* bestimmt wird. In Abhängigkeit des eingestellten Typs ändern sich die weiteren Eingabefelder.

Im folgenden Beispiel erzeugen wir einen Kreisbogen zwischen einer Linie und einem Kreis, wobei der Übergang zu beiden Objekten tangential sein soll. Dazu verwenden Sie in der Typ-Auswahl *Dreipunktkreisbogen*. Dann selektieren Sie die Linie außerhalb eines Kontrollpunkts. NX zeigt nun die Tangentenbedingung und die Zeichenebene für den Startpunkt an. Danach wählen Sie den Kreis aus, und es erfolgt die Darstellung der Bedingungen am zweiten Bogenpunkt. Geben Sie jetzt den Radius ein. Danach zeigt NX die erste Lösung an. Wenn diese akzeptiert wird, erhalten Sie das abgebildete Ergebnis. Der Kreisbogen schließt tangential an die selektierten Objekte an und hat einen definierten Radius.

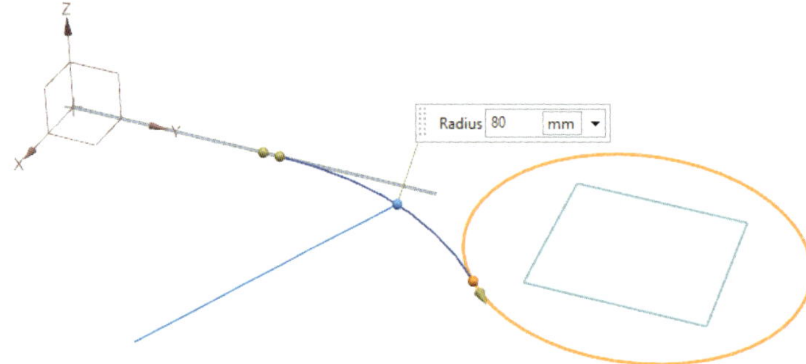

3.5.1.3 Spirale

Spirale (Helix)

Mit dem Befehl **SPIRALE** können spiralförmige Splines entlang eines Vektors oder einer Konstruktionskurve erstellt werden. Unter *Typ* können Sie zwischen den zwei Varianten *Entlang Vektor* und *Entlang Spline* wählen. Wenn Sie den Typ *Entlang Vektor* verwenden, müssen Sie im nächsten Schritt ein Koordinatensystem wählen, dessen Z-Richtung den Vektor definiert.

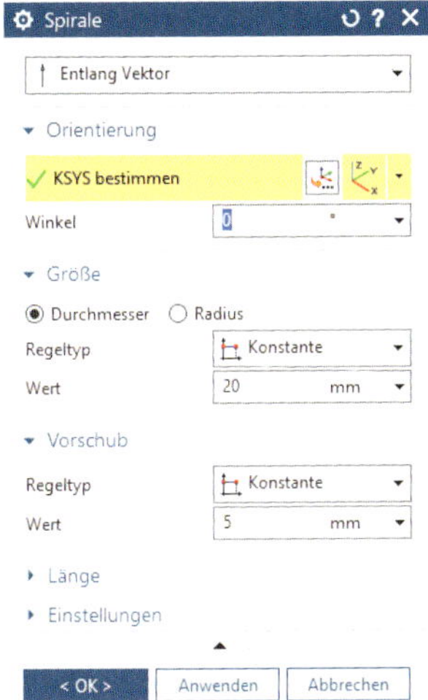

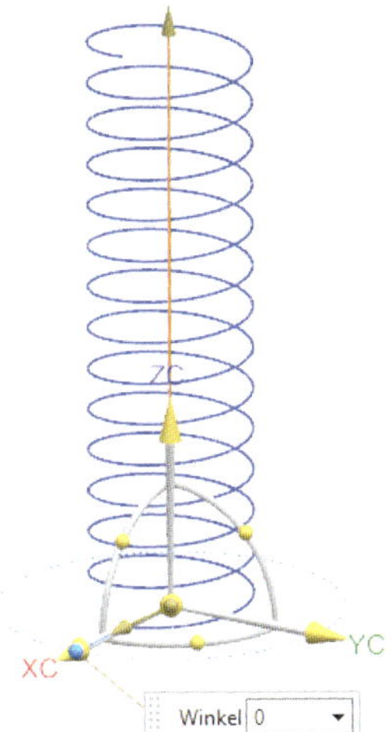

Konstante
Linear
Cubic
Linear entlang Konturzug
Kubisch entlang Spline
Nach Gleichung
Nach Regelkurve
Tastenkombinationen anzeigen

Unter *Größe* wird der Durchmesser bzw. Radius angegeben. Je nach eingestelltem Regeltyp bleibt der Durchmesser konstant oder wird variabel berechnet. Die in der Abbildung dargestellten Einstellmöglichkeiten stehen zur Verfügung.

Der *Vorschub*, also der Abstand zwischen zwei Gängen, kann auf die gleiche Art und Weise konstant oder variabel definiert werden.

Die *Länge* der Spirale wird durch die Methode *Begrenzungen* oder *Umdrehungen* definiert. Beim Typ *Entlang Spline* wird zusätzlich eine *Konstruktionskurve* erwartet, entlang derer die Spirale aufgebaut wird. Hier besteht die Möglichkeit, die Länge der Spirale durch *Bogenlänge* oder durch *% Kreisbogenlänge* zu definieren.

Im folgenden Beispiel wurde links die Steigung auf *Linear entlang Konturzug* gestellt. Es wurden Positionspunkte zur Definition unterschiedlicher Steigungswerte eingefügt. Das mittlere Beispiel zeigt eine Spirale, bei der zusätzlich der *Regeltyp* unter *Größe* auf *Cubic* gesetzt und unterschiedliche Durchmesserwerte angegeben wurden. Rechts wurde eine Spirale mit dem Typ *Entlang Spline* erzeugt. Hierfür wurde eine zusätzliche *Konstruktionskurve* erstellt, die den Verlauf der Spirale definiert. Unter *Größe* wurde der *Regeltyp Cubic* mit zwei unterschiedlichen Durchmessern verwendet.

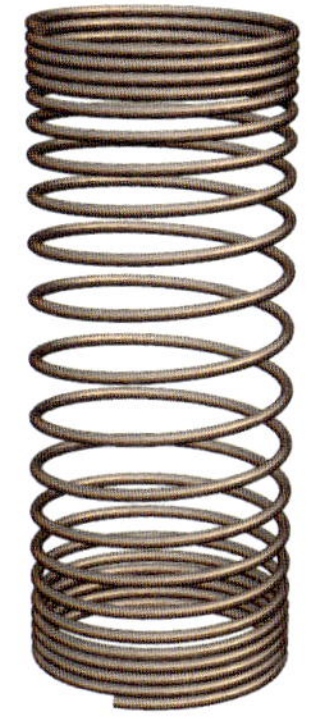

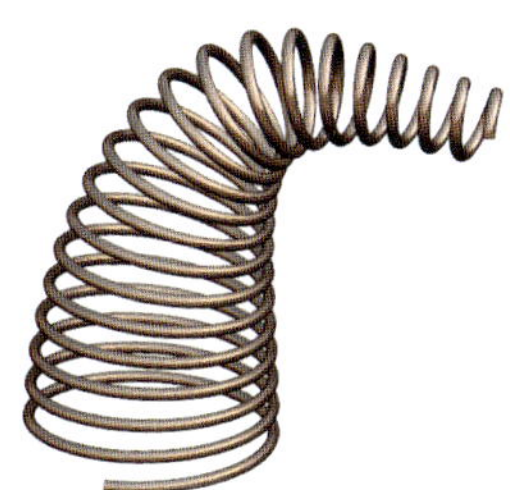

3.5.1.4 Text

Text (Text)

Die Erstellung von Texten für 3D-Konstruktionen wird mit dem Befehl **TEXT** durchgeführt. Der *Typ* legt die Platzierung des Textes fest. Hier gibt es drei Möglichkeiten:

Planar: Der Text wird auf einer Ebene im Raum erstellt.

Auf Kurve: Es wird ein Kurvenzug angegeben, an dem sich der Text orientiert.

Auf Fläche: Es muss eine Platzierungsfläche zur Ablage und eine Kurve zur Orientierung des Textes bestimmt werden.

Unter *Texteigenschaften* befindet sich der Eingabebereich für den Text. Mit *Schriftart* und *Schriftschnitt* können Sie die gewünschte Schriftart einstellen. Mit *Unterscheidungsbereiche verwenden* können Sie den Abstand zwischen den Buchstaben etwas reduzieren, wenn die gewählte *Schriftart* Kernbereiche besitzt. Die Option *Begrenzungsfeldkurven erzeugen* generiert einen passenden Rahmen für den Text.

Einige Möglichkeiten der Texterstellung möchten wir im Folgenden an einem Beispiel darstellen. Als Platzierungsobjekt dient dabei ein Zylinder.

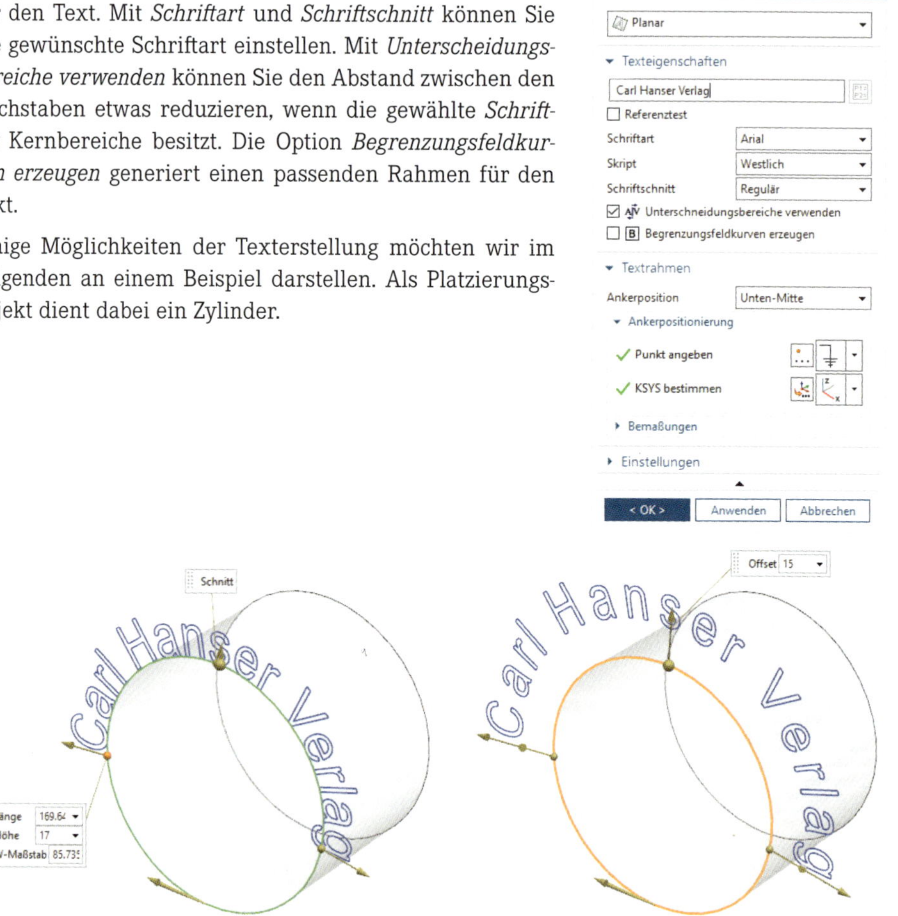

Zuerst erzeugen Sie den Text mit dem *Typ Auf Kurve*. Dazu selektieren Sie die Kante des Zylinders. Als *Vertikale Orientierung* ist *Natürlich* aktiv. Damit orientiert das System den Text normal zur ausgewählten Kurve. Am Text sind verschiedene Manipulatoren und Eingabefelder nutzbar. Durch Ziehen an den Pfeilen können Sie die jeweiligen Größen dynamisch verändern. Der *%-Parameter* unter *Textrahmen* steuert die Position der Mitte des Textes, bezogen auf die selektierte Kurve.

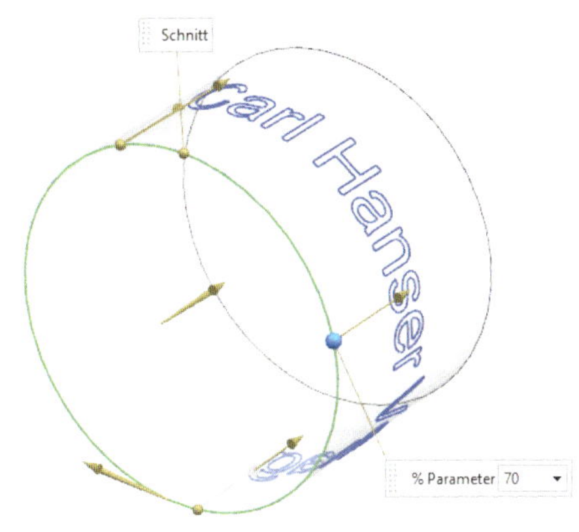

Wenn ein Vektor am Anfang oder Ende des Textes aktiviert wird, lassen sich die *Länge* und *Höhe* eingeben. Mit dem *W-Maßstab* werden die Buchstaben, bezogen auf die aktuelle Schriftart unter Berücksichtigung der eingegebenen *Höhe*, skaliert. Damit ergibt sich die *Länge* automatisch. Der Vektor in der Textmitte dient zur Festlegung eines *Offsets* zur selektierten Kurve.

Wenn Sie die *Orientierungsmethode* unter *Vertikale Orientierung* auf *Vektor* ändern, können Sie eine Richtung zur Orientierung des Textes festlegen. Im Beispiel wurde dafür der Vektor senkrecht zur Bodenfläche des Zylinders angegeben. Weiterhin wurde ein *Offset* zur Platzierungskurve festgelegt.

Nach dem Erstellen kann ein assoziativer Text wie ein „normales" Formelement bearbeitet werden.

3.5.2 Abgeleitete Kurve

3.5.2.1 Kurve versetzen

Kurve versetzen/Offset-Kurve (Offset Curve)

Der Befehl **KURVE VERSETZEN** (auch Offset-Kurve genannt) versetzt eine Kurve, eine zusammengesetzte Kurve, eine projizierte Kurve oder eine Kante um einen definierten Wert in eine gewählte Richtung. Die gewählten Kurven müssen sich in einer Ebene befinden. Unter *Offset* können verschiedene Varianten definiert werden. Mit dem Typ *Abstand* werden Kurven in einer Ebene um einen *Abstand* verschoben.

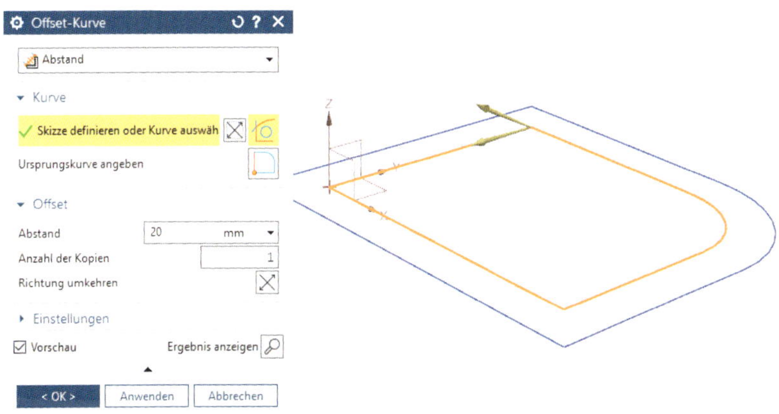

Bei Verwendung des Typs *Formschräge* wird die Kurve in die Höhe verschoben. Hier kann zusätzlich noch ein Winkel verwendet werden, wodurch die Kurve skaliert wird. Durch *Anzahl der Kopien* können mehrere Kurven mit derselben Einstellung erzeugt werden. Die erste Offset-Kurve wird dann als Eingabekurve der nächsten verwendet. Die Möglichkeit, die Anzahl der Kopien zu definieren, ist nur beim ersten Erstellen möglich. Je nach Anzahl der Kopien werden im *Teile-Navigator* mehrere Offset-Kurven erstellt.

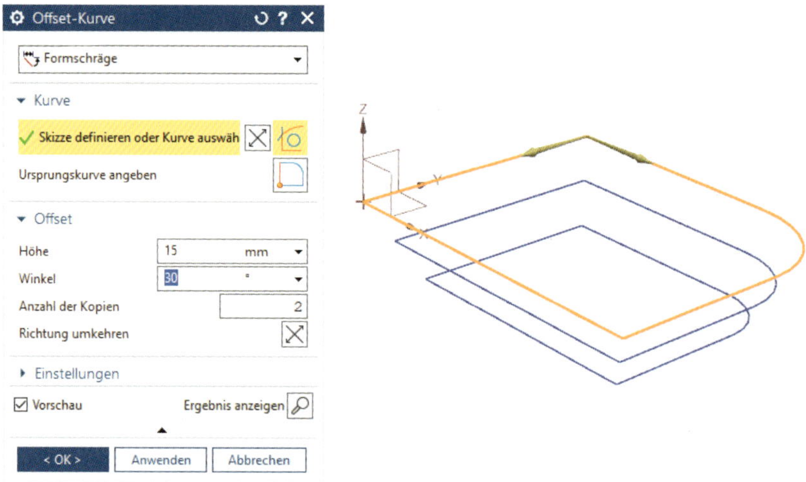

Mit dem Typ *Regeleinstellung* ist es möglich, eine Regel für die Erstellung der Kurven zu definieren. Dadurch können Sie, je nach *Regeltyp*, den Abstand vom Start bis zum Ende der Kurve variabel einstellen. Im Beispiel wurde der *Regeltyp Linear* eingestellt.

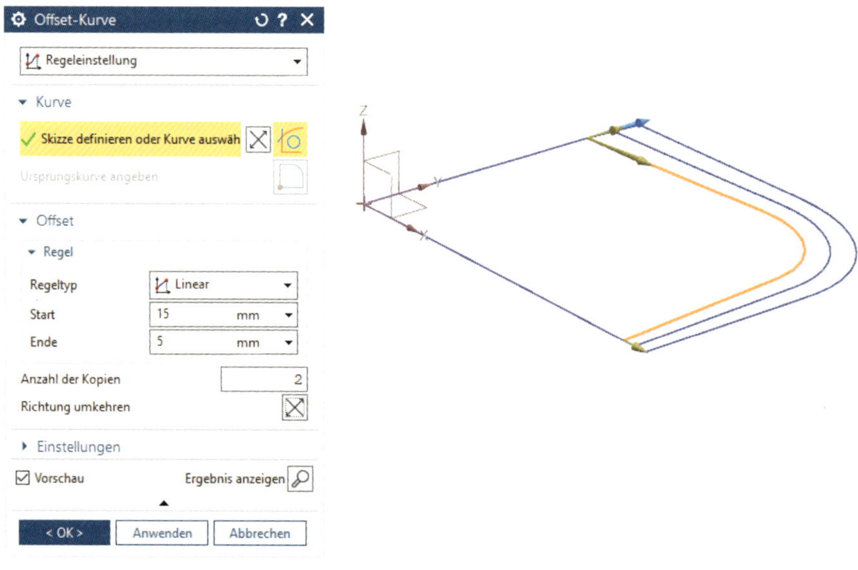

3.5.2.2 Überbrücken

Überbrücken (Bridge Curve)

Mit dem Befehl **ÜBERBRÜCKEN** können zwei Kurven mit einer dritten Kurve verbunden werden. Hierbei kann definiert werden, ob die Übergänge G0 (Position), G1 (Tangente), G2 (Krümmung) oder G3 (Fluss) sein sollen. In der Abbildung sind zwei Varianten dargestellt: G0 (Position) und G1 (Tangente).

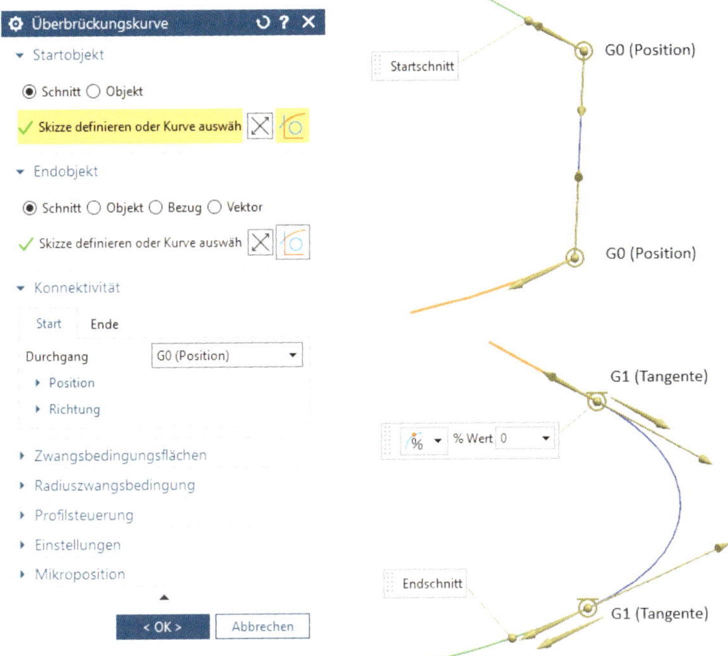

3.5.2.3 Kurve projizieren

Kurve projizieren (Project Curve)

Der Befehl **KURVE PROJIZIEREN** ist im Gegensatz zum gleichnamigen Befehl bei der Skizzenerzeugung weitaus komplexer, da hier eine Projektionsrichtung angegeben werden muss. Zuallererst erfolgt eine Auswahl unter *Kurve oder Punkt auswählen*. Anschließend bestimmen Sie unter *Objekte zur Projizierung* eine Fläche oder Ebene, auf die projiziert wird. Dann wählen Sie die *Projektionsrichtung* aus. Hier stehen verschiedene Verfahren zur Definition der Richtung zur Auswahl. Die gebräuchlichsten sind *Entlang Vektor* und *Entlang Flächennormale*. Während bei der Eingabe eines Vektors nur eine Richtung definiert wird, berechnet sich bei *Entlang Flächennormale* die Richtung in jedem Punkt der zu projizierenden Kurve, bezogen auf die Senkrechte der Fläche.

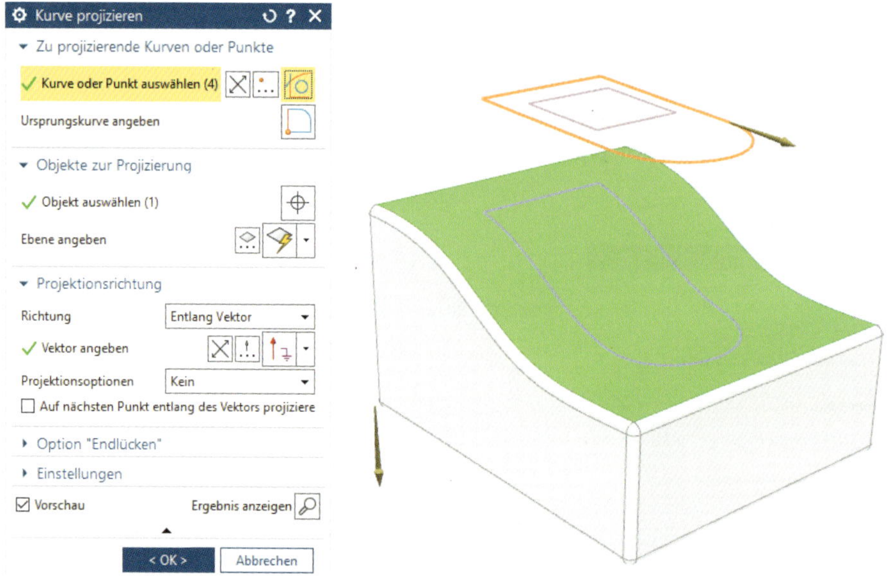

Wenn Sie im Bereich *Option „Endlücken“* die Auswahl *Spalten von Kurven zu Brücken erzeugen* auswählen, so besteht die Möglichkeit, Lücken oder Unterbrechungen, die z.B. während der Projektion durch Bohrungen entstehen, zu überbrücken. Hierzu muss der Wert unter *Max. überbrückte Lückengröße* mindestens auf die Lückengröße eingestellt sein. Der Wert wird in der *Liste „Lücke“* unter *Lückenlänge* angezeigt.

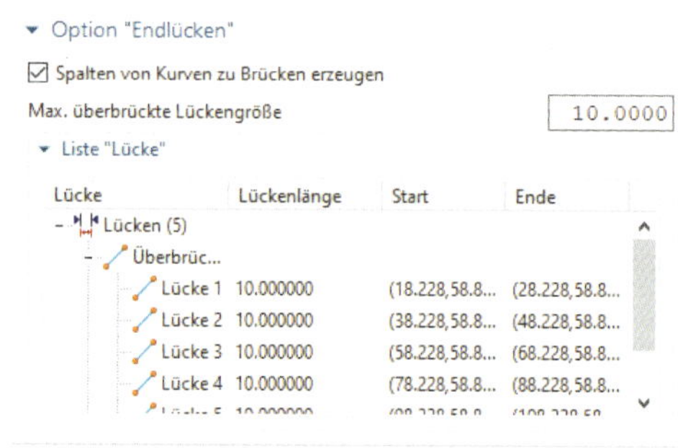

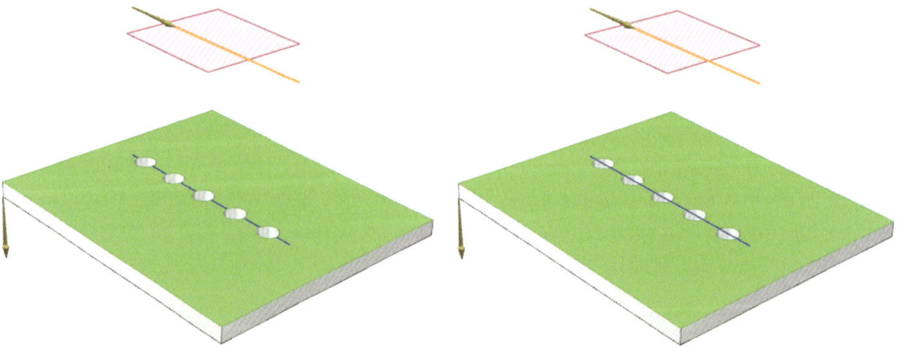

3.5.2.4 Schnittkurve

Mit dem Befehl SCHNITTKURVE werden zwei Flächen miteinander geschnitten. Dabei ergibt sich die Schnittkurve. Die Vorgehensweise ist denkbar einfach. Sie selektieren zwei Flächen, die sich in einem gewissen Bereich überschneiden. Nach Beenden des Befehls wird eine assoziative Kurve erzeugt.

Schnittkurve (Intersection Curve)

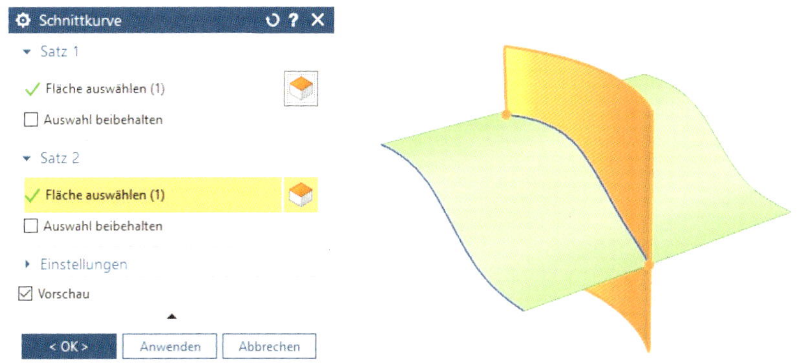

3.5.2.5 Offset-Kurve in Fläche

Der Befehl OFFSET-KURVE IN FLÄCHE ist vergleichbar mit dem Befehl OFFSET. Hierbei besteht die Möglichkeit, eine Kurve, die sich schon auf einer Fläche befindet, mit einem Offset zu verschieben. Die neue Kurve liegt ebenfalls auf der Fläche und ist assoziativ zur Originalkurve.

Offset-Kurve in Fläche (Offset Curve in Face)

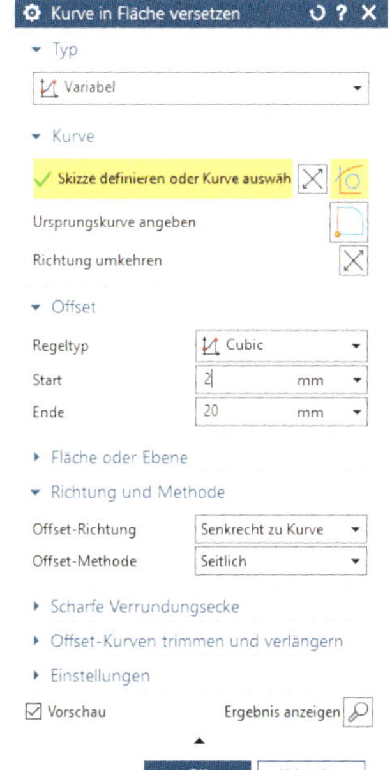

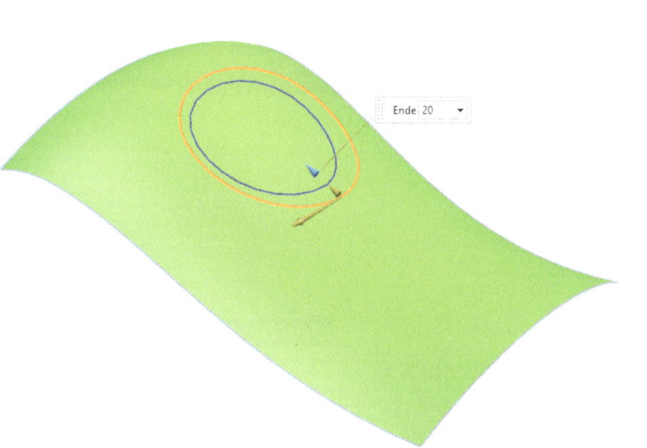

Im Bereich *Typ* kann zwischen *Konstante* und *Variabel* gewählt werden. Wird *Variabel* verwendet, so erweitert sich die Dialogbox um den Bereich *Offset*. Hier kann die Variabilität mit dem Bereich *Regeltyp* gesteuert werden.

3.5.2.6 3D-Kurve versetzen

3D-Kurve versetzen (Offset 3D Curve)

Unter der Menübandleiste **KURVE > ABGELEITET > WEITERE** befindet sich der Befehl **3D-KURVE VERSETZEN**. Mit diesem Formelement können 3D-Offset-Kurven erstellt werden, deren Offset-Wert und -Ausrichtung sich an einer *Referenzrichtung* orientieren.

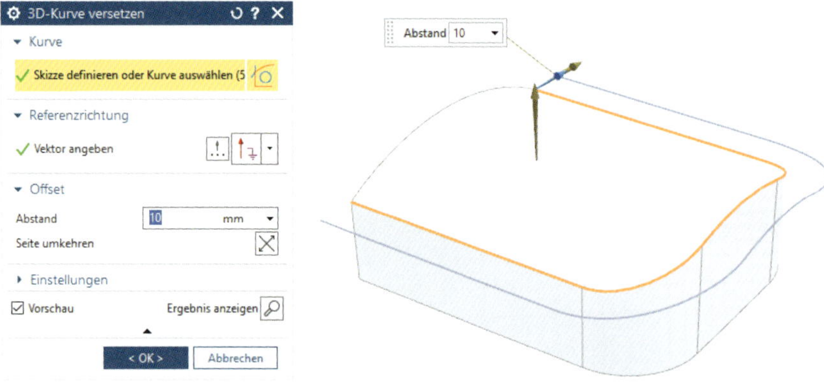

3.5.2.7 Composite/Zusammengesetzte Kurve

Composite/Zusammengesetzte Kurve (Composite Curve)

Mit dem Befehl **COMPOSITE/ZUSAMMENGESETZTE KURVE** können mehrere Kurven oder Kanten zu einer Kurve zusammengefasst werden. Wird hierbei eine geschlossene Kontur erzeugt, so besteht die Möglichkeit, über *Ursprungspunkt angeben* einen Anfangspunkt zu definieren. Zudem kann über das Icon *Richtung umkehren* die Ausrichtung der Kurve geändert werden.

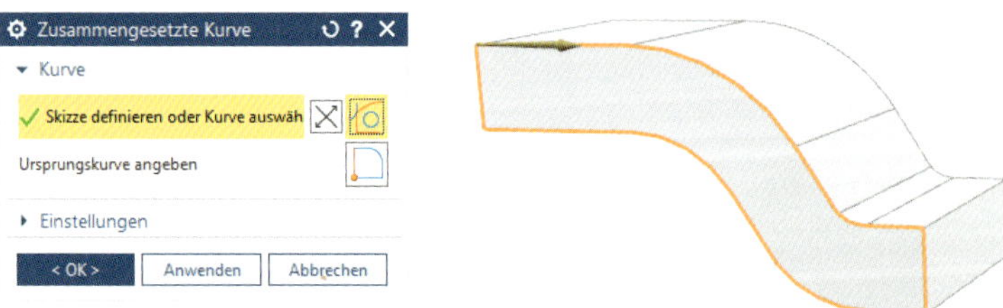

3.5.2.8 Kurve spiegeln

Kurve spiegeln (Mirror Curve)

Nach Aufruf des Befehls **KURVE SPIEGELN** selektieren Sie die Objekte unter Anwendung der Kurvenregel *Tangentiale Kurven*. Zur Definition der *Spiegelebene* stellen Sie die Option *Neue Ebene* ein. Nun öffnet sich das Menü zur Bestimmung von Bezugsebenen. Den rechten Viertelkreis des Kurvenzugs selektieren Sie an seinem Endpunkt. Dadurch generiert NX mit dem Typ *Ermittelt* automatisch eine Ebene durch diesen Punkt, normal zum Kreisbogen. Diese Ebene wird übernommen und die Spiegelung mit **OK** erzeugt.

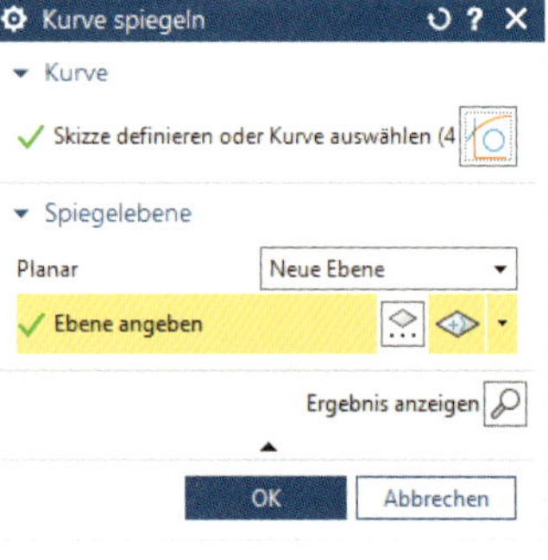

Die Kurven können für die Erstellung von Volumenkörpern auf der Basis von Extrusionen und Rotationen verwendet werden. Im folgenden Beispiel wurde mit dem Befehl *Rohr* der abgebildete Körper erzeugt. Dessen Verlauf wird durch die Ursprungskurven gesteuert.

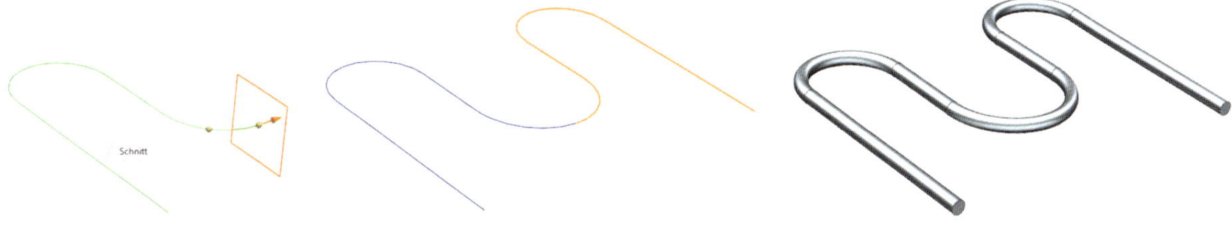

3.5.3 Assoziative Kurven bearbeiten

Die assoziativen Kurven werden wie „normale" Formelemente bearbeitet. Am einfachsten lassen sie sich durch Doppelklick mit **MT1** modifizieren. Es wird dann das entsprechende Dialogfenster angezeigt, und die Einstellungen können geändert werden. Den mit den Befehlen **LINIE**, **KREIS** und **KREISBOGEN** erzeugten Kurven können auf diese Weise zusätzliche Bedingungen zugeordnet werden.

Des Weiteren ist ein nachträgliches Trimmen möglich. Dazu aktivieren Sie die entsprechende Kurve mit Doppelklick. Anschließend selektieren Sie den Manipulator auf der zu trimmenden Seite mit **MT3**. Im Kontextmenü aktivieren Sie *Bis Auswahl* und wählen das Begrenzungsobjekt aus. Das gewählte Objekt trimmt nun die Kurve. Achten Sie darauf, dass das Begrenzungsobjekt zeitlich vor der zu trimmenden Kurve erstellt wurde.

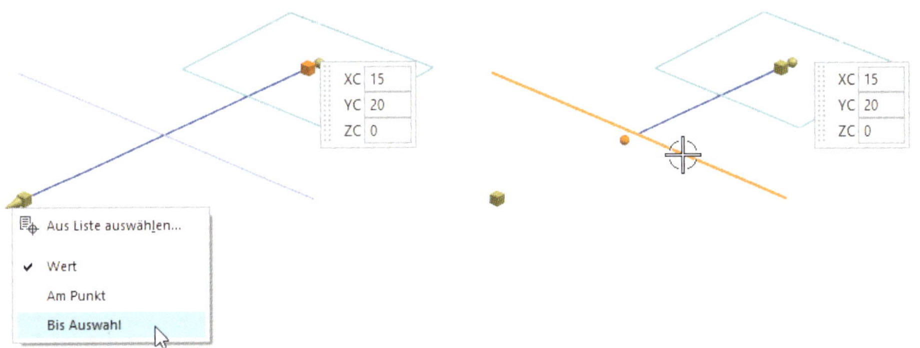

3.6 Designformelemente

In diesem Abschnitt erfahren Sie, welche Möglichkeiten NX bietet, neue Volumenkörper, sogenannte Basiskörper, zu generieren. Weitere Befehle wie Bohrungen und Prägungen gehören ebenfalls zur Rubrik Designformelemente und werden hier ausführlich beschrieben.

3.6.1 Einführung

In einem Designformelement sind die Formelemente zusammengefasst, mit denen die grundlegende Gestalt einer Konstruktion erstellt wird. Die Konstruktion eines Volumenkörpers beginnt immer mit einem Basiskörper, der den Körper zu einem möglichst großen Teil beschreibt. Von diesem Basiskörper ausgehend werden weitere Designformelemente hinzugefügt, um die Form zu detaillieren. Im letzten Schritt werden Detailformelemente verwendet (die in Abschnitt 3.8 beschrieben werden), um die Konstruktion zu vollenden.

Hierzu folgt ein kleines Beispiel. In der Abbildung sehen Sie die *„Design-Formelemente"* mit dem *„Basiskoerper"* und einem weiteren extrudierten Körper.

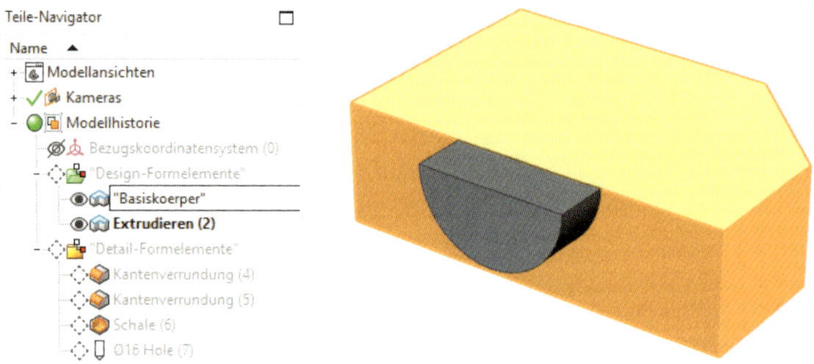

In der nächsten Abbildung sehen Sie die *„Detail-Formelemente"*. Diese Formelemente benötigen immer einen schon bestehenden Körper, an dem sie angebracht werden können, da sie selbst keinen neuen Körper erzeugen können.

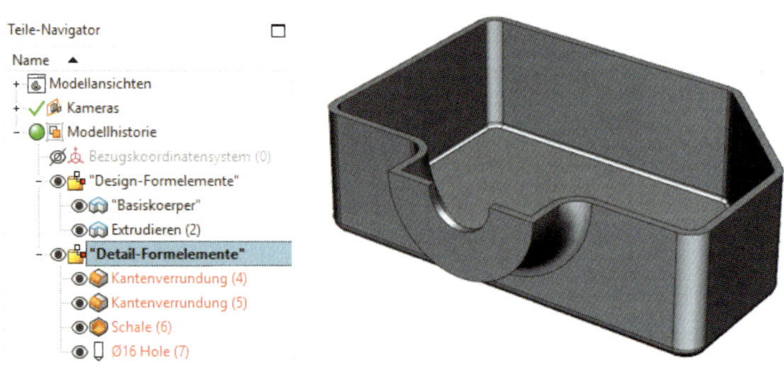

3.6.2 Basiskörper

Die Formelemente, die der Gruppe Basiskörper angehören, erzeugen grundsätzlich neue Körper. Diese Körper dienen als Basis für die weitere Konstruktion. Daraus folgt, dass zu Beginn einer jeden Konstruktion mindestens ein Basiskörper erstellt werden muss. Unter den Basiskörpern befinden sich die zwei skizzenbasierten Formelemente **EXTRUDIEREN** und **DREHEN** sowie die weiteren Formelemente **QUADER**, **ZYLINDER**, **KUGEL** und **KEGEL**. Diese Formelemente können im Lauf der Konstruktion über boolesche Operationen beliebig miteinander kombiniert werden. Die skizzenbasierten Formelemente setzen eine Kurve (z. B. Skizze oder Kante) voraus, anhand der der Körper erstellt wird.

3.6.2.1 Extrudieren

Extrudieren (X) (Extrude)

Den Befehl **EXTRUDIEREN** finden Sie in der Registerkarte *Startseite* in der Gruppe *Basis*. Durch Ziehen einer Kurve oder eines geschlossenen Kurvenzugs um einen bestimmten Wert in eine Richtung wird eine neue Fläche oder ein neuer Körper generiert. Das Profil muss dabei nicht unbedingt in einer Ebene liegen. Abhängig von der Selektion erhält man bei einem nicht geschlossenen Kurvenzug eine Fläche, während man bei einem geschlossenen Kurvenzug standardmäßig einen Körper erhält. Einen nicht geschlossenen Kurvenzug erkennt man an den Sternchen an den Enden der Kurve. Mehrere sich schneidende Kurven können in einer einzelnen Aktion gleichzeitig extrudiert werden.

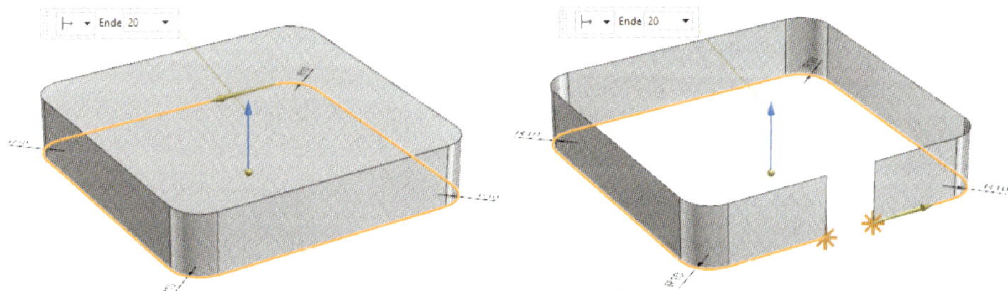

Nach Aufruf des Befehls **EXTRUDIEREN** wird das abgebildete Dialogfenster, in dem alle Parameter verwaltet werden, dargestellt. Das System erwartet zunächst die Auswahl der *Kurve* für den *Schnitt*. Alternativ können Sie innerhalb des Befehls eine neue Skizze über das Icon *Skizzenschnitt* erstellen. NX erzeugt dabei automatisch eine interne Skizze.

Wird bei der Selektion des Schnitts anstatt einer Kurve oder Kante eine Fläche selektiert, so wird abhängig von der *Kurvenregel* die Flächenberandung oder eine Skizzierebene gewählt. Im letzteren Fall öffnet sich dann die Anwendung **SKIZZIERER** und Sie können eine Kontur skizzieren.

Richtung

Liegt das selektierte Profil in einer Ebene, so wird die *Richtung* automatisch gewählt. Doch auch hier können Sie eine andere Richtung vorgeben. Im Beispiel wird der Vektor unter Anwendung eines **BEZUGS-KSYS** definiert. Die Extrusion folgt dieser Richtung, und die Länge wird entlang des Vektors festgelegt. Ein Vertauschen der Extrusionsrichtung ist jeweils durch Doppelklick auf den Extrusionsvektor oder auf **RICHTUNG UMKEHREN** im Dialog möglich.

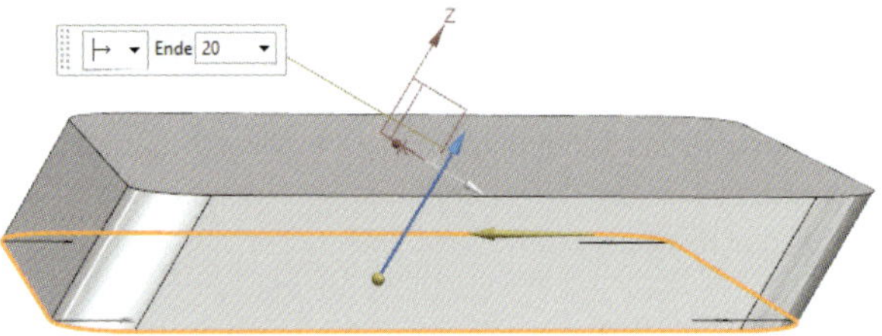

Begrenzungen

Über die *Begrenzungen* wird nun die Kontur extrudiert. Dazu wählen Sie einen *Start*- und einen *Ende*-Wert aus. Die unterschiedlichen Möglichkeiten, die Begrenzungen zu definieren, schauen wir uns nun etwas genauer an.

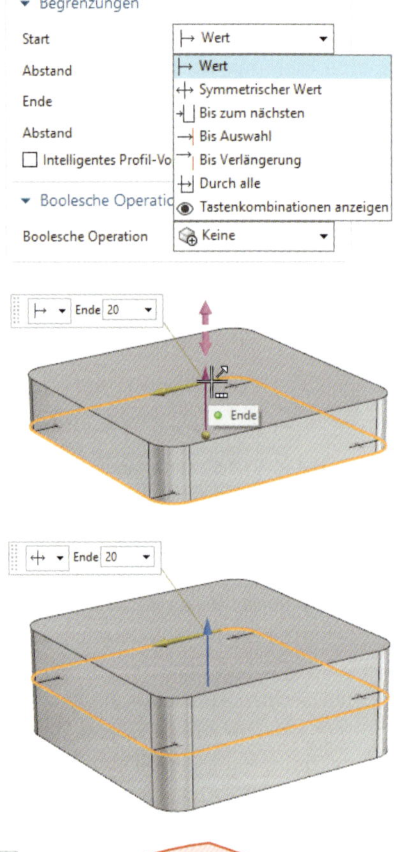

Die Standardeinstellung ist *Wert*. Hier können die Werte manuell eingegeben werden. Alternativ dazu besteht die Möglichkeit, den Extrusionskörper an den entsprechenden Handles im Grafikbereich aufzuziehen.

Bei der Option *Symmetrischer Wert* kann nur ein Wert eingegeben werden. Dieser wird dann für beide Richtungen verwendet.

Die nächsten drei Varianten ähneln sich sehr stark. Bei *Until Next* wird die Kontur bis zur nächsten Fläche gezogen, während bei *Until Selected* die Kontur bis zu einer explizit selektierten Fläche gezogen wird. Diese muss mindestens so groß sein, dass die Kontur die Fläche berühren kann. Ist die Fläche kleiner, kann *Until Extended* verwendet werden. Hierbei wird die Begrenzungsfläche automatisch erweitert, bis ein Ergebnis zustande kommt.

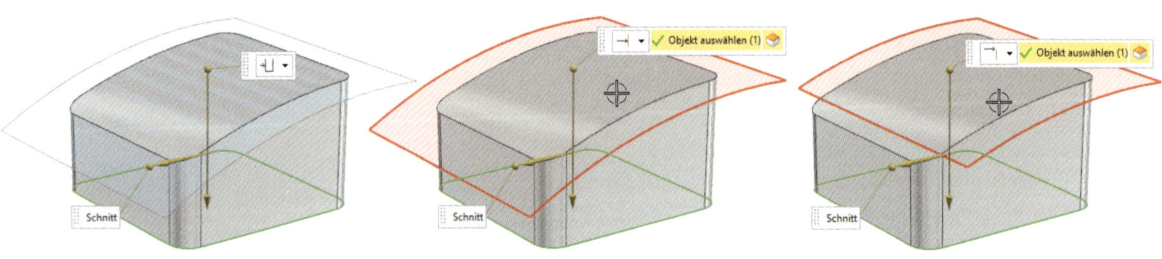

Bei der Option *Durch alle* besteht die Möglichkeit, mehrere Zielkörper auszuwählen. Die Extrusion wird dabei bis zur letzten Fläche in Ziehrichtung durchgeführt. Im folgenden Beispiel ist die obere Kugelhälfte die Begrenzungsfläche.

Bei offenen Profilen können Sie die Option *Open Profile Smart Volumen* unter *Limits* zur Verlängerung bis zur nächsten schneidenden Umgebungsgeometrie nutzen. Das Profil wird als Körper extrudiert und kann mit dem Target-Körper vereint oder davon abgezogen werden. Ein Wechsel der Materialseite ist dabei möglich. Bei Änderung der Umgebungsgeometrie wird die Extrusion erneut an diese angepasst.

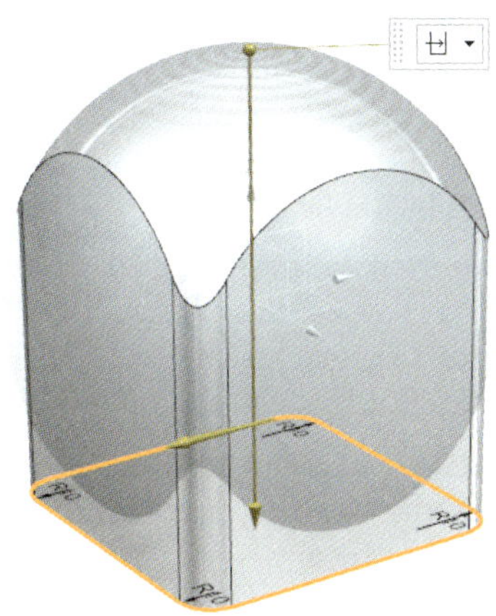

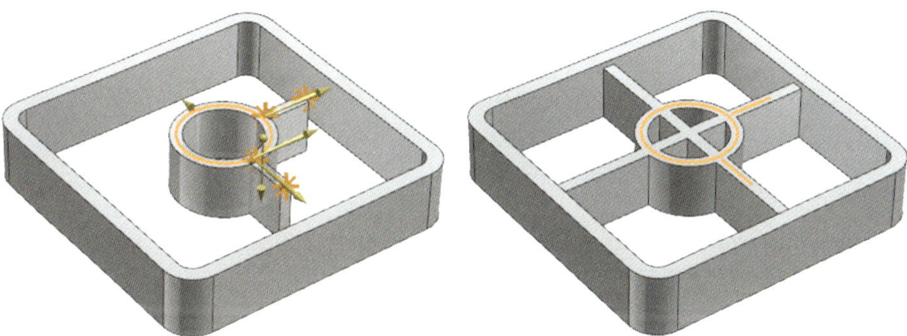

Bewegen Sie den Mauszeiger auf die Voranzeige des Extrudes und drücken **MT3**. Dann erscheint ein Pop-up-Menü, mit dem Sie die Einstellungen für die Extrusion vornehmen können. Neben der Festlegung der **BOOLESCHEN OPERATION**, des **OFFSET** und der **FORMSCHRÄGE** können Sie unter Anwendung des Befehls **RICHTUNG** den Vektor für die Extrusion verändern.

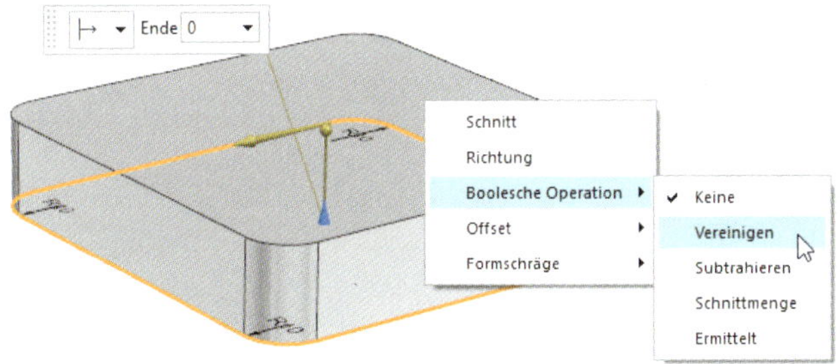

Boolesche Operation

Im Befehl **EXTRUDE** ist die Option **BOOLESCHE OPERATION** integriert. Während der Generierung können Sie diese zur Kombination mit weiteren Elementen anwenden. Das *Ziel*-Objekt wird, sofern möglich, von NX vorgeschlagen. Als Standardoperation ist **ERMITTELT** festgelegt. Das bedeutet, die nächstliegende und ausführbare Option wird auf Basis des

Extrusionsvektors und der Elementposition automatisch gewählt. Berühren sich das *Ziel-* und das *Werkzeug*-Element, so wird ein **VEREINIGEN** angestrebt, sobald sich die beiden Elemente hingegen schneiden, ein **SUBTRAHIEREN**. Bei unpassendem Ergebnis kann auch eine andere Operationsart eingestellt werden. Diese Einstellung wird beim nächsten Aufruf des Befehls wieder als Standard angezeigt.

Formschräge

Eine weitere integrierte Option besteht in der Schrägung der extrudierten Körperseiten. Dazu muss die entsprechende Option unter **FORMSCHRÄGE** aktiviert werden. Das Formelement Formschräge ist unter *„Detail-Formelemente"* zu finden und wird in Abschnitt 3.8.3 beschrieben, weshalb die Option an dieser Stelle nur kurz angerissen werden soll.

Nach der Auswahl der **FORMSCHRÄGE**-Variante *Von Startgrenze* erscheint ein Pfeil, mit dem der Winkel dynamisch verändert werden kann. Ein positiver Winkel schrägt die Seiten der Extrusion nach innen in Richtung des Querschnittzentrums ab. Ein negativer Winkel bewirkt eine Schräge nach außen.

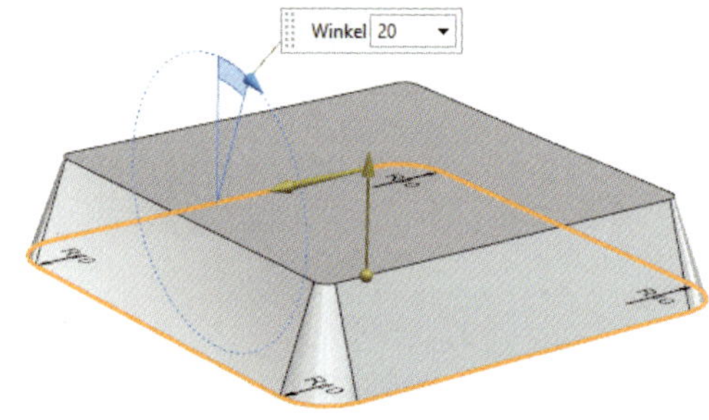

Bei der Anwendung dieser integrierten Optionen ist zu bedenken, dass diese im *Teile-Navigator* nicht ersichtlich sind, da hier nur das Formelement **EXTRUDIEREN** abgelegt wird. Bei einer Änderung muss der Konstrukteur nun wissen, dass er dieses Formelement editieren muss, um die **FORMSCHRÄGE** darin anzupassen.

Offset

Mit Aufruf der Option **OFFSET** wird ein Aufmaß, bezogen auf den selektierten Querschnitt, erzeugt. Es erscheinen Handles, mit denen Sie die Werte für die Wanddicke festlegen können. Positive Eingabewerte bedeuten ein Aufmaß in Richtung des angezeigten Vektors. Beinhaltet der Schnitt Radien, so werden diese so lange konzentrisch verkleinert, bis der Wert null erreicht ist. Ab dieser Größe wird eine Ecke erzeugt.

Grundsätzlich gibt es drei Arten des Offsets: *Einseitig*, *Zweiseitig* und *Symmetrisch*. Die Abbildung zeigt den Offset *Einseitig* (links). Hier wird nur ein Aufmaß abgetragen, das auch negativ sein kann. NX erzeugt dann einen Vollkörper. Schalten Sie, wie im mittleren Bildelement, auf *Zweiseitig* um, müssen zwei Maße definiert werden. Im rechten Bildelement ist der Typ *Symmetrisch* dargestellt.

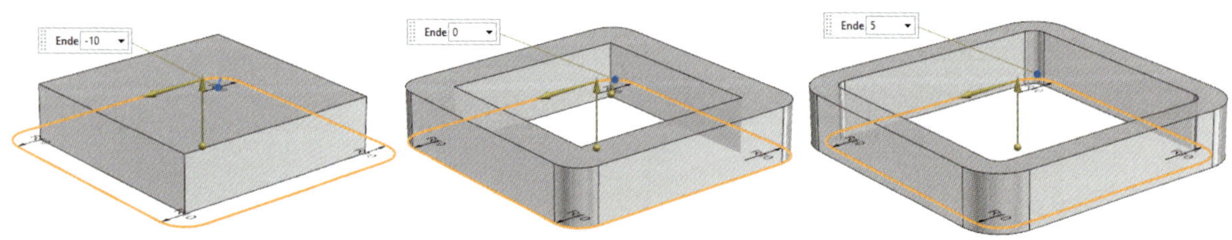

3.6.2.2 Drehen

Mit dem Befehl **DREHEN** wird durch Drehen eines Querschnitts um eine Achse ein neuer Körper erzeugt. Das Vorgehen ist ähnlich wie beim Extrudieren. Auch bei diesem Befehl können die Parameter sowohl im Grafikbereich als auch im Dialog eingegeben werden.

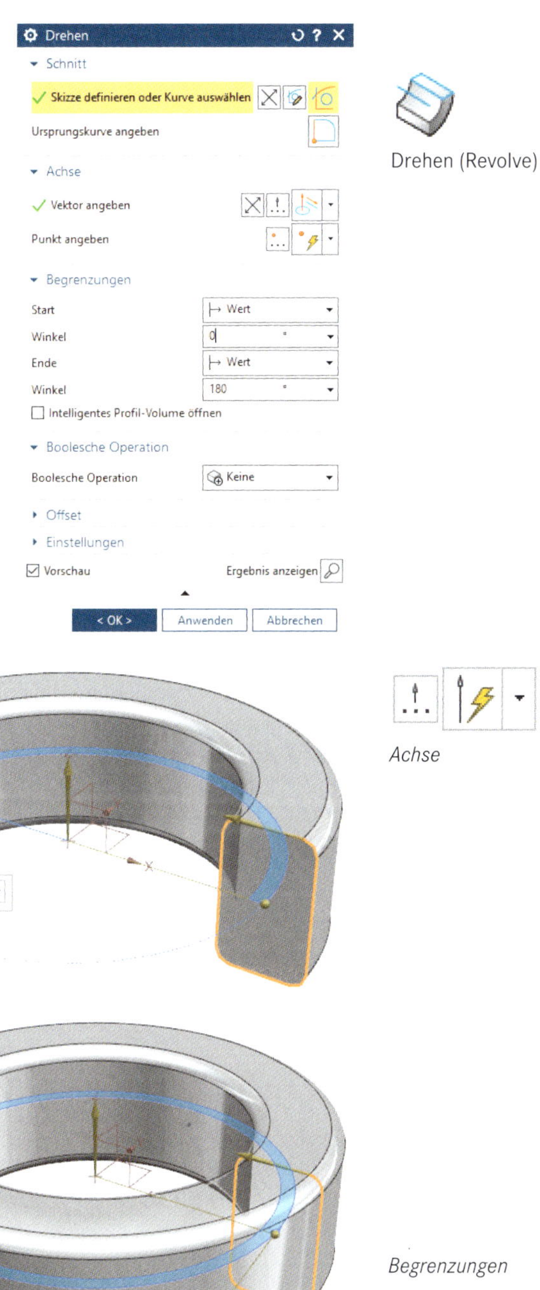

Drehen (Revolve)

An einem einfachen Beispiel wird die grundsätzliche Vorgehensweise erläutert. Es soll eine Skizze mit einem geschlossenen Profil um eine Achse rotiert werden. Nach dem Start des Befehls müssen Sie die Elemente für den Schnitt auswählen. Sie können über das Icon *Skizzenschnitt* eine neue interne Skizze erzeugen oder bestehende Kurven auswählen. Hierzu ist es hilfreich, die entsprechende *Kurvenregel* zu verwenden. Da wir im Beispiel eine bestehende Skizze verwenden wollen, benutzen wir *Formelementkurven* und wählen eine Kurve der Skizze aus. Eine Änderung der Skizze wird nun ohne weiteres Selektieren automatisch in den Rotationskörper übernommen.

Achse

Danach springen Sie mit **MT2** oder direkt im Dialogfenster in den Bereich *Achse*. Hier erwartet NX die Eingabe einer Rotationsachse. Sie haben nun zwei Möglichkeiten: Entweder Sie wählen eine bestehende Achse über *Ermittelter Vektor* oder einen anderen Typ aus, oder Sie erzeugen sich über das Icon *Vektordialog* einen neuen Vektor, der dann als Rotationsachse verwendet wird.

Falls Sie eine Kurve ausgewählt haben, die zwar die Richtung angibt, aber selbst nicht an der richtigen Position liegt, so besteht die Möglichkeit, mit *Punkt angeben* den Ursprungspunkt der Rotation zu definieren.

Im Beispiel wird die Z-Achse des *Bezugs-KSYS* verwendet.

Begrenzungen

Im Bereich *Begrenzungen* können Sie ähnlich wie beim Extrudieren den *Start*- und *Ende*-Wert der Rotation bestimmen. Für das Beispiel legen Sie eine vollständige Rotation von 0 bis 360° fest.

Es ist nicht immer erforderlich, einen geschlossenen Querschnitt zu selektieren, um einen Rotationskörper zu generieren. Im nächsten Beispiel wird nur eine **LINIE** als *Schnitt* selektiert. Als Rotationsachse wird wieder die Z-Achse des *Bezugs-KSYS* verwendet. Bei einer Rotation von 360° entsteht ein Volumenkörper. Bei einem Winkel, der kleiner als 360° ist, ergibt sich ein Flächenkörper.

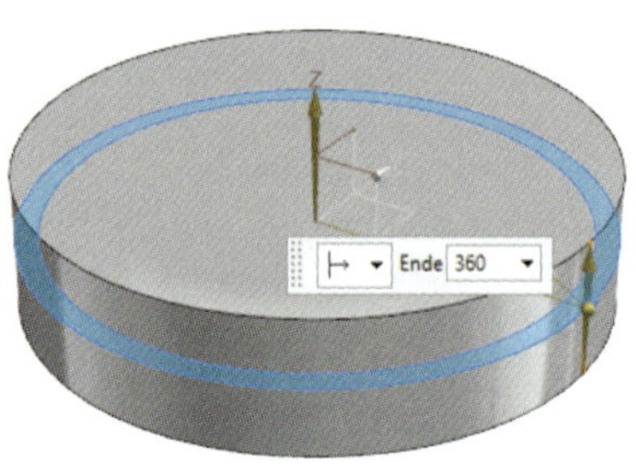

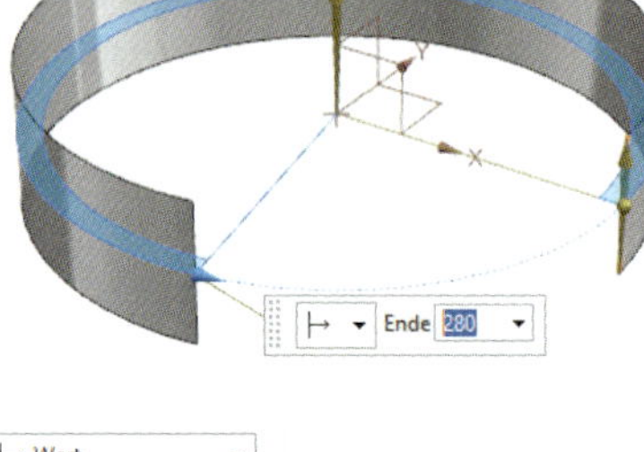

Neben der Eingabe von Winkeln können Sie die Rotationsgrenzen assoziativ zu vorhandenen Objekten festlegen. Dazu nutzen Sie für *Start* oder *Ende* die Option *Bis Auswahl*. NX zeigt hierbei ein Beispielbild, um die Option besser zu veranschaulichen.

Offset

Zusätzlich zu den Winkeln können Abstände für die Erzeugung von Wandstärken eingegeben werden. Dazu muss **OFFSET** des Typs *Zweiseitig* im Dialog oder mit **MT3** auf dem Rotationskörper aktiviert werden. Bei gleichem Abstand in beide Richtungen bildet das Querschnittprofil die Mittellinie des entstandenen Hohlkörpers.

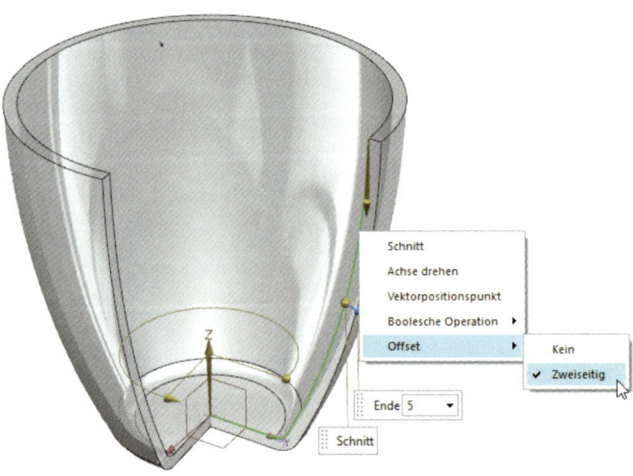

3.6.2.3 Quader

Quader (Block)

Der Befehl **QUADER** gehört zu den Basiskörpern, die ohne eine Skizze oder ohne zusätzliche Geometrien erstellt werden können. Es stehen drei Erzeugungstypen zur Auswahl:

Ursprung und Kantenlängen: Durch Eingabe der drei Kanten legen Sie die Größe fest (positive Werte). Der Ursprung bestimmt den Eckpunkt des Quaders, von dem die Kantenlängen in Richtung der positiven Achsen des WCS abgetragen werden.

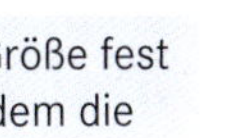

Zwei Punkte und Höhe: Die Eingabe der *Höhe* in Richtung der positiven ZC-Achse des WCS und die Bestimmung der Diagonalen der Grundseite durch zwei Points werden benötigt. Dabei legt der erste Punkt den Ursprung fest.

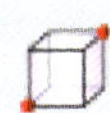

Zwei diagonale Punkte: Der Quader wird durch die Angabe von zwei Punkten, welche die Raumdiagonale definieren, erzeugt.

Im Folgenden soll ein Beispiel zur Anwendung des Befehls **QUADER** aufgezeigt werden. In der Abbildung wird ein Quader im Ursprung des WCS mit der Angabe von drei Kantenlängen erzeugt. Hierzu wird der Typ *Ursprung und Kantenlängen* verwendet. Den angezeigten Ursprungspunkt können Sie im Grafikbereich mit **MT1** verschieben.

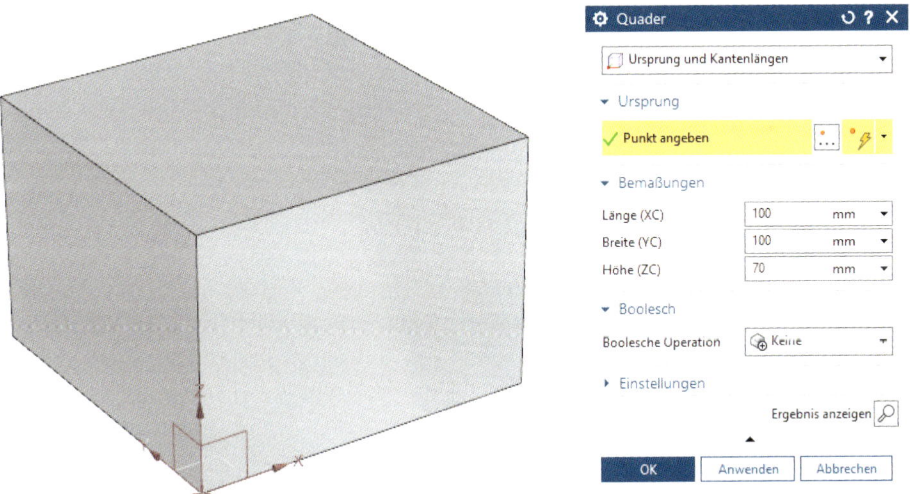

Anschließend wird ein zweiter Quader des Typs *Zwei Punkte und Höhe* erzeugt. Als *Ursprung* wird ein Eckpunkt des vorherigen Quaders verwendet und als *Punkt XC, YC vom Ursprung* ein Mittelpunkt einer Kante. Durch Auswahl der booleschen Operation *Vereinigen* werden beide Körper miteinander vereinigt.

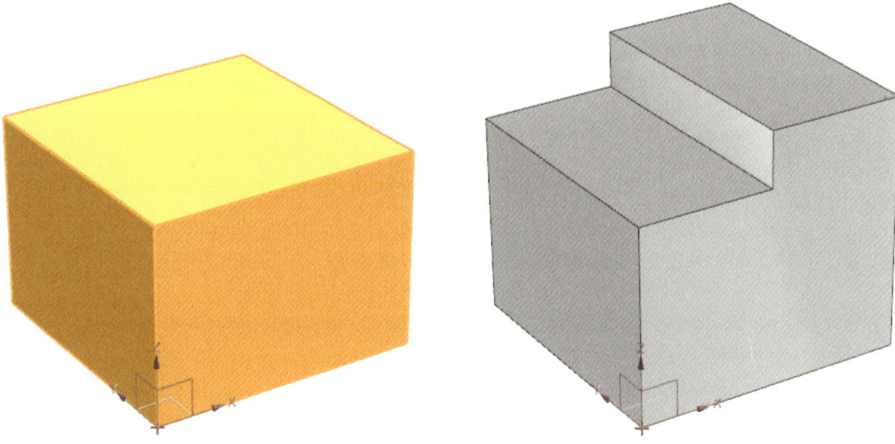

3.6.2.4 Zylinder

Zylinder (Cylinder)

Auch das Formelement **ZYLINDER** ist ein Basiskörper, der ohne weitere Geometrieelemente erstellt werden kann. Zur Erstellung werden zwei Varianten angeboten:

Achse, Durchmesser und Höhe: Die beiden Bemaßungen, die Orientierung der Zylinderachse und der Ursprung, sind erforderlich. Der Ursprungspunkt des Zylinders befindet sich in der Mitte seiner Bodenfläche.

Kreisbogen und Höhe: Die Option erfordert die Eingabe der Zylinderhöhe und die Selektion eines Bogens. Mit der Auswahl dieses Elements sind Achse und Ursprung des Zylinders bestimmt. Der Ursprung befindet sich in der Mitte des Bogens, während die Zylinderachse senkrecht auf der Bogenfläche steht.

Das folgende Beispiel zeigt einen Zylinder, der im Ursprung eines Bezugs-KSYS und in Richtung der Z-Achse erzeugt wurde. Ein weiterer Zylinder wird assoziativ unter Verwendung des Mittelpunkts der oberen Deckfläche und der Mittelachse des vorhandenen Zylinders generiert. Dadurch übernimmt dieses Element alle Änderungen des Elternobjekts.

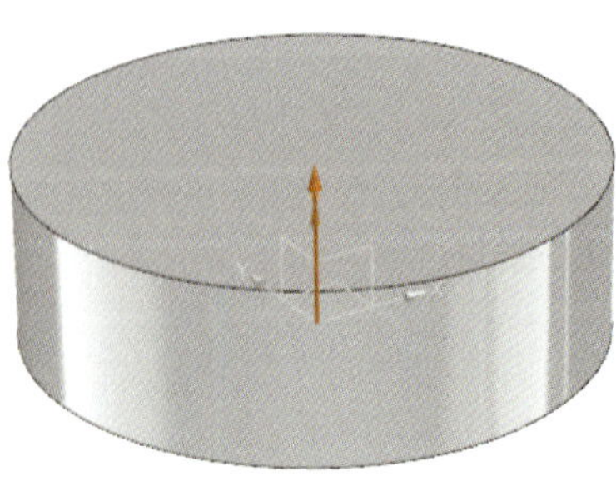

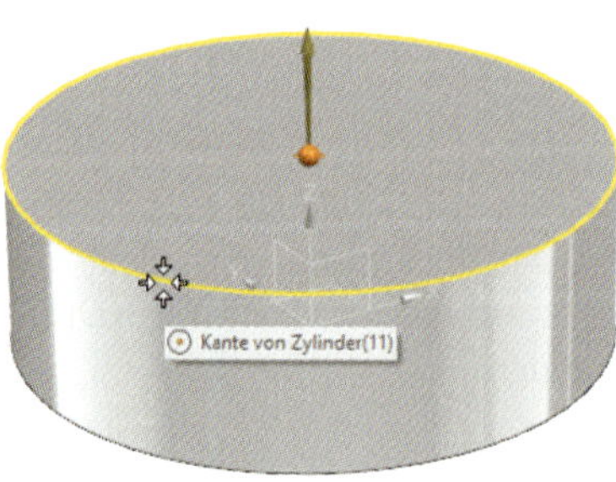

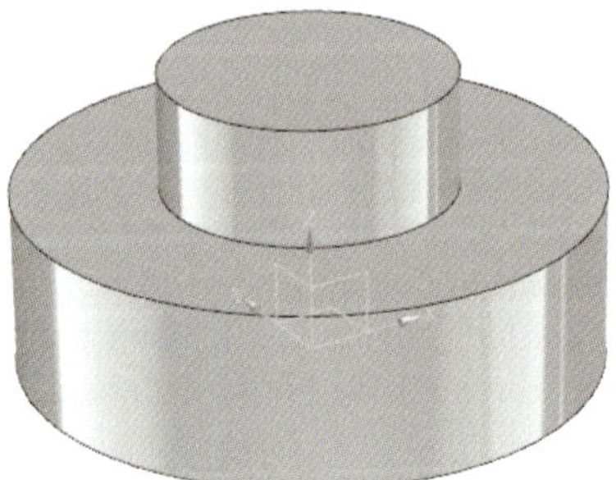

3.6.2.5 Kugel

Zur Erzeugung von Kugeln stehen zwei Methoden zur Verfügung:

Kugel (Sphere)

 *Mittelpunkt und Durchmesser*: Der Ursprung für die Platzierung ist der Kugelmittelpunkt. Der Kugeldurchmesser wird eingegeben.

 *Bogen*: Bei dieser Option muss ein vorhandener Kreisbogen selektiert werden. Der Durchmesser dieses Objekts wird übernommen, und die Mitte der Kugel resultiert aus der Kreisbogenmitte.

Im Beispiel wurde eine Kugel auf der Basis eines **BOGEN** (Zylinderkante) erzeugt. Die Kugel ist assoziativ zur ausgewählten Kante. Wird der Zylinder modifiziert, passt sich die Kugel entsprechend an.

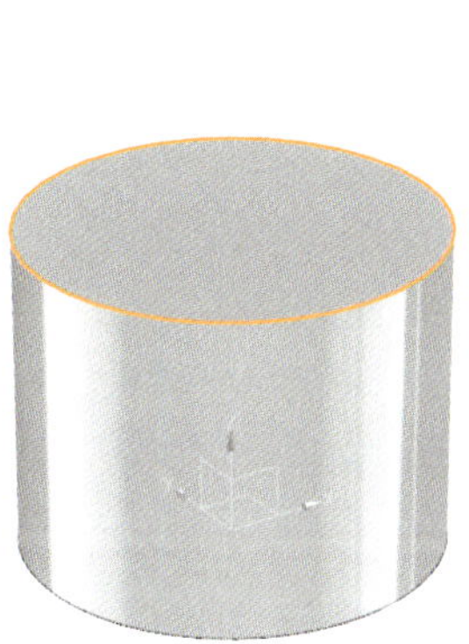

3.6.2.6 Kegel

Zur Erzeugung von Kegeln bietet NX fünf Möglichkeiten:

Kegel (Cone)

 *Durchmesser und Höhe*: Der Kegel wird über die Eingabe des unteren und oberen Durchmessers und der Höhe definiert.

 *Durchmesser und Halber Winkel*: Hier sind der untere und obere Durchmesser und der halbe Kegelwinkel für die Geometriedefinition erforderlich. Dabei können Sie auch negative Winkel eingeben.

 *Basisdurchmesser, Höhe und Halber Winkel*: Zur Geometriebestimmung müssen der untere Durchmesser, die Kegelhöhe und der halbe Winkel eingegeben werden.

 *Oberer Durchmesser, Höhe und Halber Winkel*: Bei diesem Typ werden der obere Durchmesser, die Höhe und der halbe Kegelwinkel verlangt.

 *Zwei koaxiale Bogen*: Es werden zwei Kreisbögen ausgewählt. Dadurch werden der obere und untere Durchmesser festgelegt. Die verwendeten Kreise müssen nicht koaxial sein. Die Richtung resultiert aus der Normalen des ersten Bogens. Dieser legt auch den Ursprung des Kegels fest. Die Höhe ergibt sich aus dem Abstand zwischen den Flächen der gewählten Kreise. Das System projiziert den zweiten Kreis in die Mitte des ersten und erzeugt dann den Kegel.

Im folgenden Beispiel wird ein erster Kegel mit dem Typ *Durchmesser und Halber Winkel* erstellt. Hierzu werden nach dem Definieren der *Achse* die Bemaßungen eingegeben - zuerst die beiden Durchmesser und anschließend mit *Halber Winkel* der halbe Kegelwinkel. Der zweite Kegel wird mit *Durchmesser und Höhe* erstellt. Als Basis dient die obere Kante aus dem Beispiel zuvor. Anschließend wird der obere Durchmesser angegeben und die Höhe eingetragen.

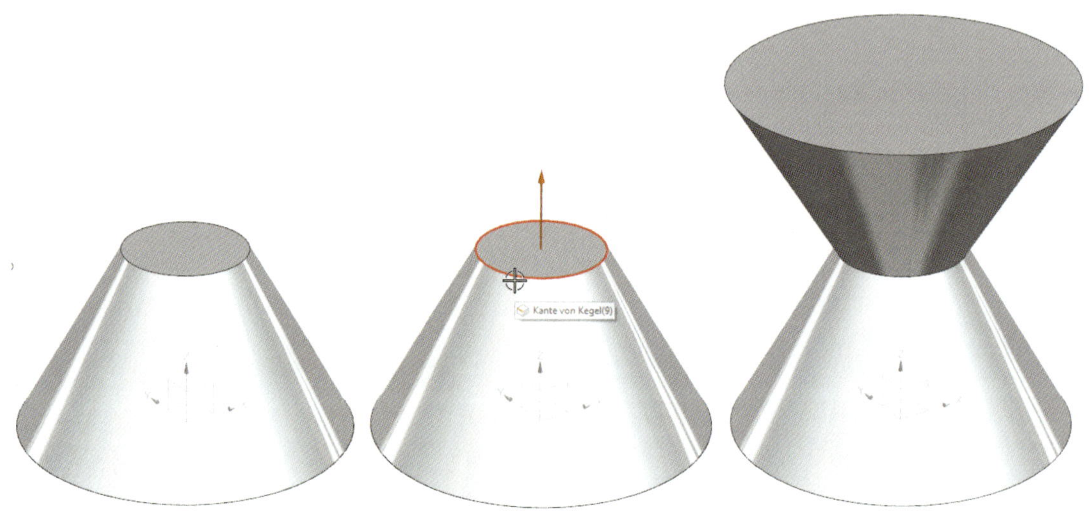

3.6.3 Bohrung

Bohrung (Hole)

Der Dialog **BOHRUNG** in der Gruppe *Basis* enthält folgende Typen:

EINFACH: Hier erstellen Sie eine Bohrung ohne Senkung und Gewinde. Für die Bohrungsgröße stehen folgende Typen zu Verfügung: *Anwenderdefiniert*, *Bohrungsgröße* und *Schraubenfreiraum*.

FLACHSENKUNG: Mit diesem Typ erstellen Sie eine Bohrung mit Flachsenkung. Sie können die Werte frei eingeben oder einen vorgegebenen Sicherheitsabstand verwenden.

KEGELSENKUNG: Der Befehl erstellt eine Kegelsenkung. Sie können die Werte frei eingeben oder einen vorgegebenen Sicherheitsabstand verwenden.

ABGESCHRÄGT: Mit diesem Bohrungstyp können Sie konische Bohrungen erstellen.

GEWINDEBOHRUNG: NX generiert Gewindebohrungen unter Verwendung von im System hinterlegten Tabellen. Alternativ können Sie die Abmessungen selbst eingeben.

BOHRUNGSREIHE: Der Befehl erstellt verschiedenartige konzentrische Bohrungen durch mehrere Teile.

Bei den ersten fünf Optionen ist es nachträglich möglich, den Bohrungstyp zu wechseln. Nur in eine Bohrungsreihe lassen sich diese nicht wandeln. Genauso kann aus einer Bohrungsreihe kein anderer Typ entstehen.

Allgemeines zu Bohrungen

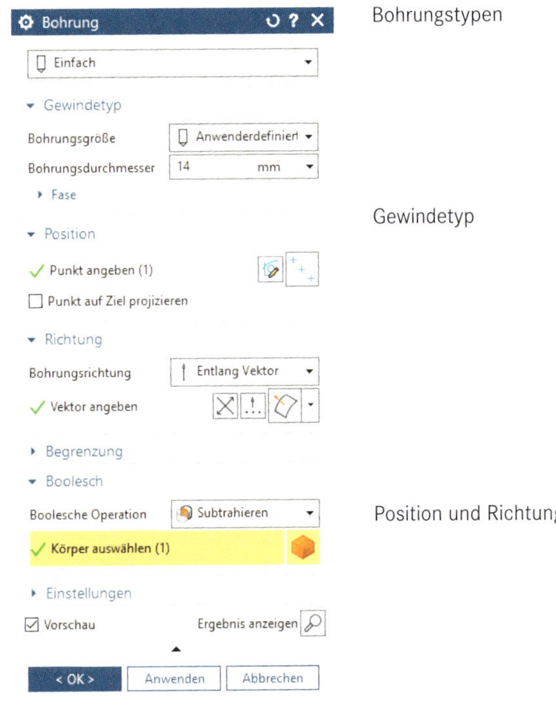

Bohrungstypen

Es stehen verschiedene Varianten von Bohrungstypen zur Verfügung. Hierbei handelt es sich um Bohrungen des Typs **EINFACH** (einfache Bohrung), **FLACHSENKUNG**, **KEGELSENKUNG** und **ABGESCHRÄGT**. Die Bohrungstypen **MIT GEWINDE** und **BOHRUNGSREIHE** sind etwas spezieller und werden separat beschrieben.

Gewindetyp

Mit der Auswahl des Typs verändern sich die geometrischen Eingabewerte entsprechend. Die Vorschau wird im Anschluss automatisch aktualisiert. Jeder dieser Bohrungstypen (bis auf den Typ **ABGESCHRÄGT**) besitzt als Gewindetyp ein Drop-down-Menü *Bohrungsgröße* mit den Untertypen **ANWENDERDEFINIERT** und **SCHRAUBENFREIRAUM** (Schraubendurchgangsloch). Die einfache Bohrung besitzt hier noch den Typ **BOHRERGRÖSSE**.

Position und Richtung

Nach der Festlegung des Typs ist es erforderlich, dass Sie die *Position* und die *Richtung* bestimmen. Zur Definition der Bohrungsmitte kann eine Skizze erstellt werden, oder es wird das Fangen von Punkten genutzt. Ist unter *Bohrungsrichtung Senkrecht zu Fläche* gewählt, wird mit der Angabe des Punkts automatisch der *Zielkörper* für die boolesche Operation festgelegt.

NX zeigt eine Vorschau im Grafikbereich an. Die Bohrungsrichtung ist zunächst senkrecht zur Platzierungsfläche des Mittelpunkts.

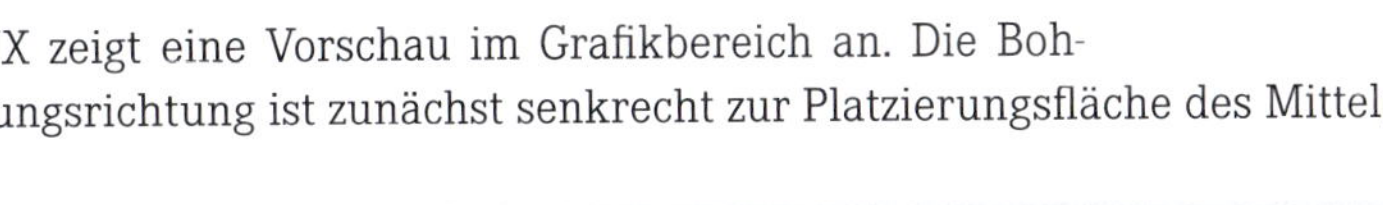

TIPP: Wird ein Bezugs-KSYS zur Definition der Bohrposition verwendet, ist das nachträgliche Ändern sehr einfach über dieses KSYS realisierbar.

Hierzu folgt ein kleines Beispiel. Die Bohrposition wird mithilfe eines **BEZUGS-KSYS** und des *Punkt*-Dialogs erstellt. Im *Punkt*-Dialog wird zuerst die Fangoption *Bogen-/Ellipsen-/Kugelmittelpunkt* verwendet und die *Kante* des Zylinders ausgewählt. Anschließend besteht die Möglichkeit, unter *Offset* die Option *Zylindrisch* auszuwählen. Dadurch kann der Punkt auf der Mantelfläche positioniert werden. Als Radius wurde eine Formel (*p66/2*) verwendet. Hierbei entspricht *p66* der Durchmesserbemaßung des Zylinders.

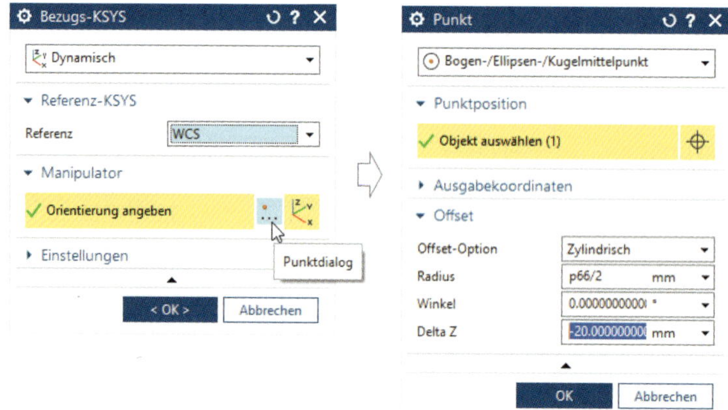

Im Beispiel wurde die X-Achse als *Richtung* verwendet. Auch eine Linie, Kante oder Bezugsachse kann als *Richtung* verwendet werden.

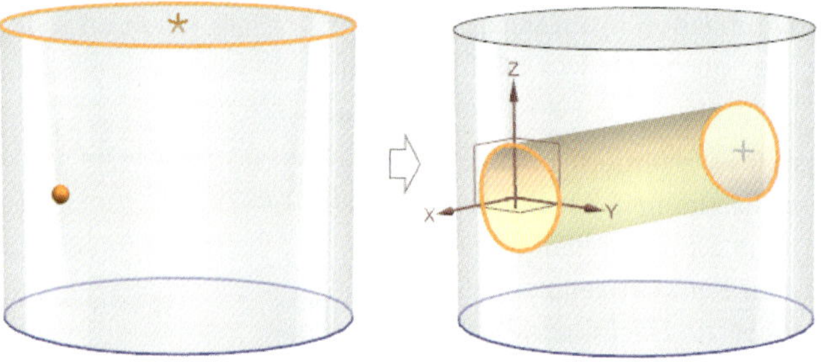

Begrenzung

Die Bohrungstiefe steuern Sie über *Tiefenbegrenzung* unter *Begrenzung*. Mit der Option *Wert* können Sie auch ein Sackloch erzeugen. Je nachdem, welche Option gewählt wird, passt sich der Dialog an. Ist *Wert* ausgewählt, sind auch die Felder für *Bohrtiefe* und *Schneidenwinkel* sichtbar. Der Wert für *Bohrtiefe* muss immer positiv sein. Verwenden Sie für *Schneidenwinkel* null, erzeugt NX eine Bohrung mit flachem Boden. Unter *Tiefenbegrenzung* sind weitere Optionen wählbar: *Bis Auswahl* erstellt Bohrungen bis zur Angabe einer Zielfläche, *Bis zum nächsten* bis zur nächsten Fläche in Bohrungsrichtung und *Durch Körper* durch den gesamten Körper. Dabei können Sie beliebige Bezugsebenen oder Flächen wählen. In der Abbildung werden die verschiedenen *Tiefenbegrenzungen* wie *Wert*, *Durch Körper*, *Bis Auswahl* und *Bis zum nächsten* dargestellt.

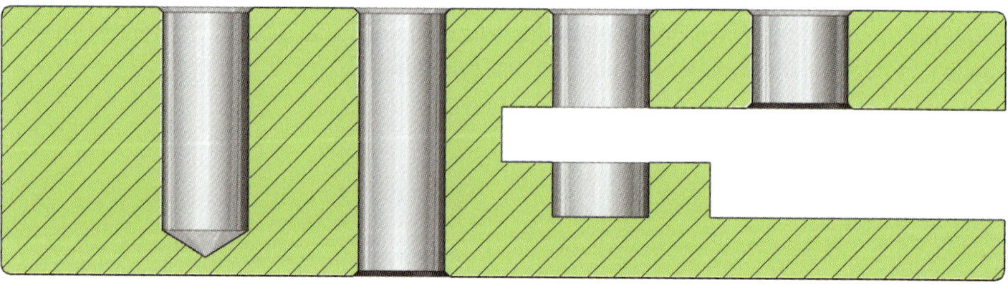

Gewindetyp: Anwenderdefiniert (Allgemeine Bohrung)

Anwenderdefiniert (Custom)

Unter *Gewindetyp* und *Begrenzung* können Sie die Geometrie und die Abmessungen der Bohrung ändern. Beim Gewindetyp **ANWENDERDEFINIERT** können Sie den Durchmesser frei wählen.

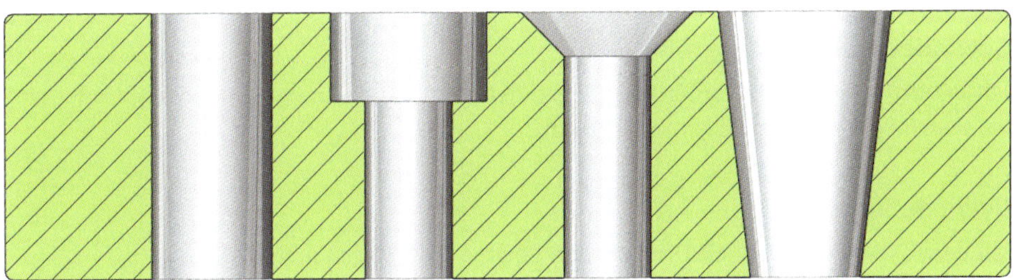

Boolean

Die Bohrung wird normalerweise immer vom Ziel-Körper abgezogen. Bei Bedarf können Sie mit dem Befehl jedoch auch einen Körper erzeugen, wenn unter *Boolesch* die Option *Keine* und als Richtung *Entlang Vektor* ausgewählt wird. Diese positive Bohrung können Sie nutzen, wenn der *Ziel*-Körper noch nicht bestimmt oder noch nicht im Teil vorhanden ist.

Gewindetyp: Schraubenfreiraum (Schraubendurchgangsloch)

Schraubenfreiraum (Screw Clearance Hole)

Der Gewindetyp **SCHRAUBENFREIRAUM** ist dazu gedacht, Durchgangsbohrungen in Abhängigkeit zu einer entsprechenden Schraube zu generieren.

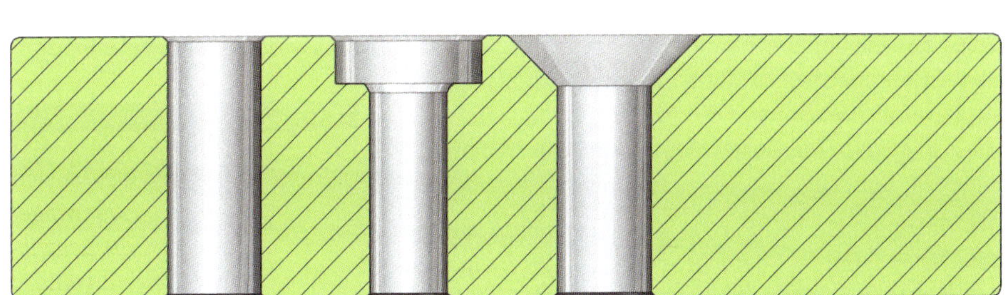

Im Vergleich zur allgemeinen Bohrung ändert sich das Dialogfenster nur im Bereich von *Gewindetyp*. Die Größen werden zum Teil über die ausgewählte Schraube gesteuert. Zuerst wird die Form definiert. Hier wird zwischen **EINFACH**, **FLACHSENKSCHRAUBE** und **KEGELSENKUNG** unterschieden. Je nach Auswahl steht unter *Schraubentyp* und *Schraubengröße* die entsprechende Schraubenbohrung zur Verfügung.

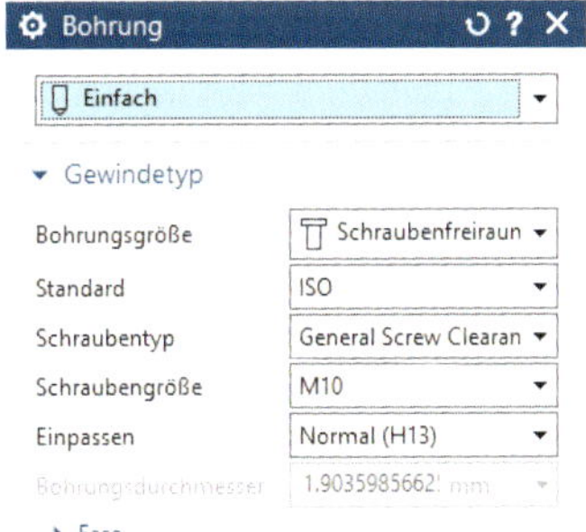

TIPP: Diese Standardtabellen können Sie auch an die Erfordernisse Ihres Unternehmens anpassen. Nähere Informationen hierzu erhalten Sie in der Online-Hilfe.

Über *Einpassen* kann noch die Passung eingestellt werden. Wird hier *Custom* gewählt, können alle *Maße* frei editiert werden. Diese werden dann nicht mehr über die Schraube gesteuert.

Zusätzlich besteht die Möglichkeit, über *Startfase* und *Endfase* an den Enden der Bohrung eine Fase anzubringen.

Gewindetyp: Bohrungsgröße

Bohrungsgrösse (Drill Size Hole)

Mit **BOHRUNGSGRÖSSE** werden Bohrungen definiert, deren Größe anhand von vordefinierten Bohrtabellen ausgewählt werden kann.

Gewindebohrung

Gewindebohrung (Threaded Hole)

Mit dem Typ **GEWINDEBOHRUNG** werden Gewindebohrungen erstellt.

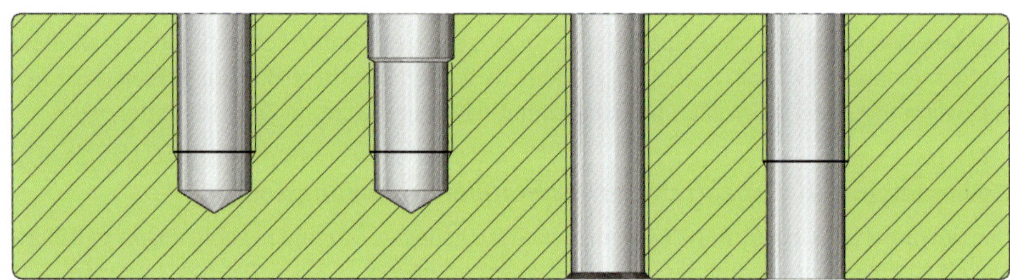

Auch bei diesem Typ sind Bohrungstabellen hinterlegt, sodass im Bereich *Gewindetyp* unter *Größe* nur die entsprechenden Standardbohrungen ausgewählt werden können. Unter *Standard* ist ein metrisches Normalgewinde (*Metric Coarse*) ausgewählt. Hier können Sie weitere Voreinstellungen, wie z. B. *Metric Fine*, auswählen. Diese steuern dann die Maße der Bohrung.

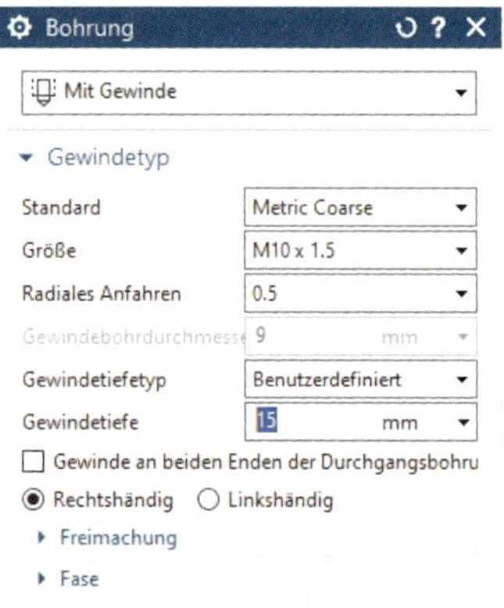

Die Gewindetiefe wird unter *Gewindetiefetyp* angegeben. Hier sind vordefinierte Werte in Form von *1.0xDurchmesser* hinterlegt. Die Auswahl *Vollständig* und *Benutzerdefiniert* ist auch vorhanden.

Mit *Freimachung* kann zusätzlich noch der Freilauf des Gewindes festgelegt werden. Zudem besteht die Möglichkeit, eine *Startfase* bzw. *Endfase* zu definieren.

Im Bereich *Begrenzung* wird wie bei allen anderen Bohrungen die Bohrungstiefe definiert.

Bohrungsreihe

Bohrungsreihe (Hole Series)

Für eine **BOHRUNGSREIHE** sind mindestens drei Körper erforderlich. Diese werden gemeinsam durchbohrt, wobei NX zwischen den Regionen *Start*, *Mitte* (alles zwischen erstem und letztem Körper) und *Ende* unterscheidet. Für jeden Bereich erscheint ein eigenes Register, in das Sie die entsprechenden Parameter eingeben können. Weiterhin besteht die Möglichkeit, die Abmessungen der Startbohrung zu übernehmen. NX vergibt damit die Parameter automatisch. Für jeden Abschnitt können Anfangs- und Endfasen definiert werden.

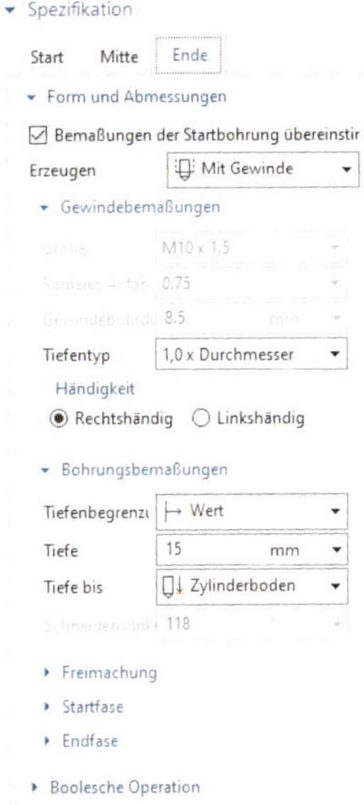

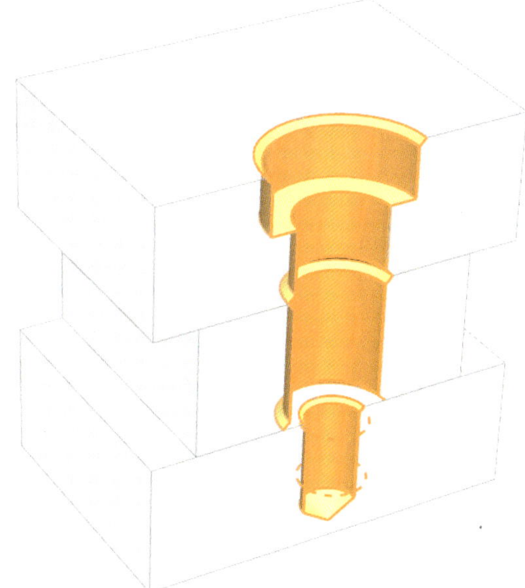

3.6.4 Prägen

Prägen (Emboss)

Mit dem Befehl **PRÄGEN** (zu finden unter den *Detailformelementen*) werden komplexe, assoziative und parametrische Bauteilgeometrien erzeugt. Dabei kann sowohl Material hinzugefügt als auch entfernt werden. Die Anwendung des Befehls wird an einigen Beispielen erläutert. Als Prägefläche dient dabei der abgebildete Quader mit schräger Oberfläche. Zur Definition der Prägekontur wurde dic rot dargestellte Skizze auf einer Bezugsebene erstellt. Diese Ebene befindet sich im Bereich der schrägen Fläche.

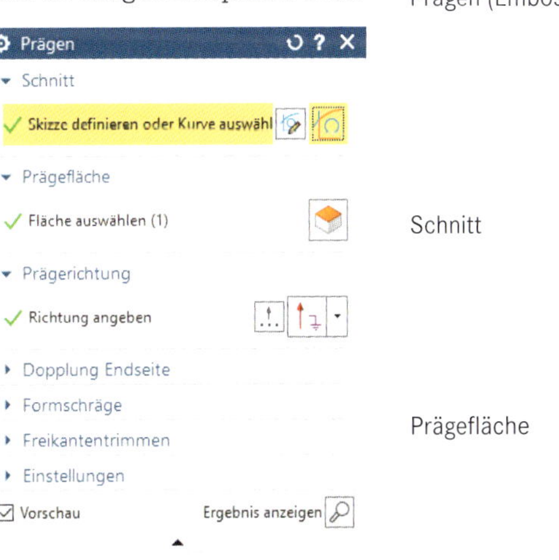

Schnitt

Nach Aufruf des Befehls **PRÄGEN** muss zunächst ein Kurvenzug zur Definition der Schnittgeometrie ausgewählt werden. Alternativ können Sie im Befehl eine Skizze mit dem entsprechenden Icon *Skizzenschnitt* starten und den Schnitt neu erzeugen.

Prägefläche

Für das Beispiel werden die Kurven der vorhandenen Skizze selektiert. Mit **MT2** wechseln Sie zum nächsten Auswahlschritt, der Festlegung der *Prägefläche*. Im Beispiel wird die schräge Oberfläche gewählt. In der Vorschau sind die einzelnen Parameter als Manipulatoren enthalten. Damit können Sie die Eigenschaften auch im Grafikbereich bearbeiten.

Prägerichtung

Die Prägerichtung wird von NX automatisch festgelegt: Das System nutzt dabei die Normale zur festgelegten Schnittkontur. Durch Aktivieren von *Richtung angeben* können Sie einen richtungsweisenden Vektor definieren.

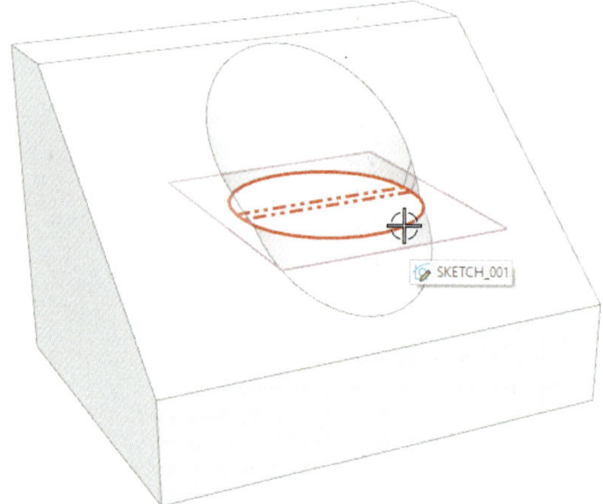

Formschräge

Nun wird automatisch eine Formschräge mit einem definierten Winkel generiert. Verwenden Sie unter *Schrägungsoption* die Option *Keine*, werden gerade Seitenwände erzeugt.

Mit der Schrägungsoption *Aus Endabdeckung* können Sie einen Schrägungswinkel eingeben, der zunächst für alle Seiten gleich ist.

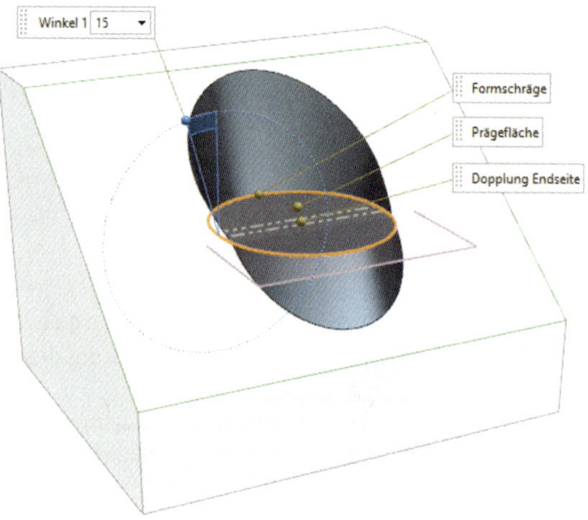

Verwenden Sie zur Definition des Schnitts einen Kurvenzug, der nicht tangentenstetig ist, werden Einzelflächen erzeugt, für die unterschiedliche Winkel angegeben werden können. Jeder Winkel erhält einen eigenen Manipulator. Dessen Wert wird im Dialog aufgelistet. Aktivieren Sie die Option *Alle für gleichen Wert festlegen*, werden alle Winkel gleichzeitig geändert.

Dopplung Endseite

Im Bereich *Dopplung Endseite* wird unter *Geometrie* die Gestalt des Formelements gesteuert. Die Optionen *Ebene des Schnitts*, *Prägeflächen*, *Bezugsebene* und *Ausgewählte Flächen* sind möglich. Bei den bisherigen Beispielen war die Option *Ebene des Schnitts* aktiv. Damit befindet sich die *Dopplung Endseite* im Bereich des Schnittes.

Verwenden Sie die Option *Prägeflächen*, werden sowohl in diesem Bereich als auch im Bereich *Formschräge* unter *Schrägungsoption* neue Möglichkeiten eröffnet. Mit *Prägeflächen* erfolgt ein Verschieben der Schnittgeometrie. NX projiziert zunächst den Schnitt entlang der *Prägerichtung* auf die *Prägefläche*. Diese Kontur wird aus der *Prägefläche* um einen bestimmten Wert verschoben.

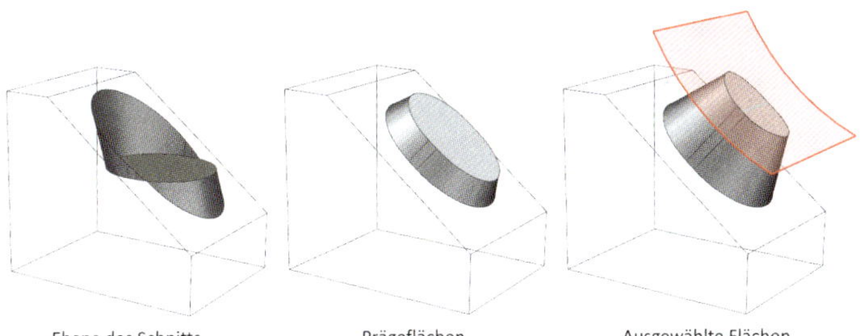

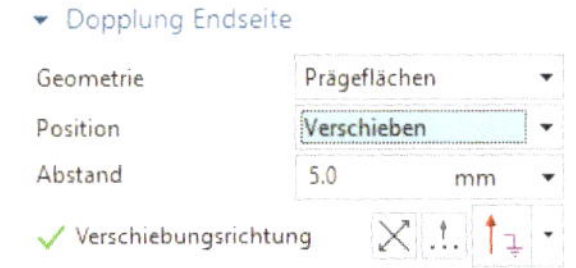

Bei der Festlegung des Abstands existieren zwei Optionen. Mit *Offset* wird der eingegebene Abstand für jeden Punkt der Kontur normal zur Schnittfläche gemessen. Die Option *Verschieben* erlaubt die Angabe eines Vektors, der eine einheitliche Richtung für die Abstandsmessung festlegt.

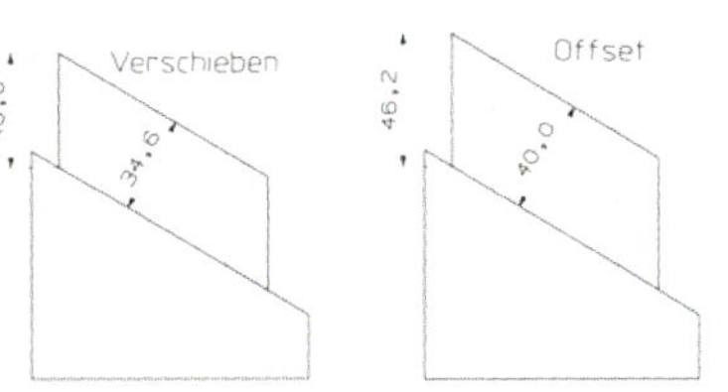

Prägefläche – Schrägungsmethode

Im Zusammenhang mit der Option *Prägefläche* für die *Dopplung Endseite* sind zur Festlegung eines Winkels verschiedene Einstellungen im Bereich *Formschräge* möglich. Zunächst werden die *Schrägungsmethoden* gegenübergestellt. Dabei ist *Aus Prägeflächen* eingestellt. Das System projiziert an dieser Stelle den Schnitt auf die *Prägefläche* und beginnt mit der Schräge. Die Abbildung zeigt die Ergebnisse für die verschiedenen *Schrägungsmethoden*.

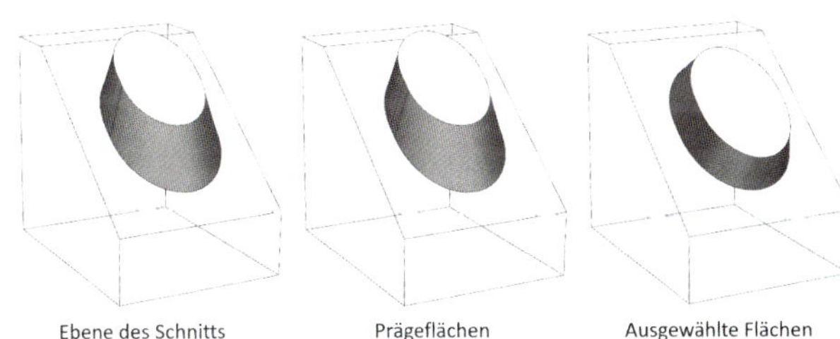

Bei den folgenden Darstellungen wurde nur die *Schrägungsmethode Isokline-Schrägung* verwendet. Die *Schrägungsoption* wurde dafür modifiziert. Sie legt fest, in welcher Fläche der Querschnitt projiziert wird. Alle anderen Einstellungen blieben bei den einzelnen Varianten gleich. Bei der Option *Aus ausgewähltem Bezug* wurde die abgebildete Bezugsebene selektiert.

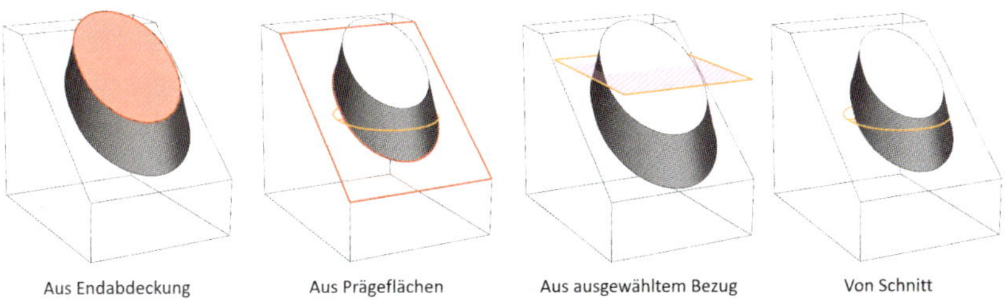

3.6.5 Körper prägen

Körper Prägen (Emboss Body)

Unter der Menübandleiste **STARTSEITE > BASIS > WEITERE > KOMBINIEREN** befindet sich der Befehl **KÖRPER PRÄGEN**, mit dem Prägungen an Flächen- oder Volumenkörpern erzeugt werden können. Der Dialog gestaltet sich ähnlich wie der der booleschen Operation. Bei der Wahl des *Ziel*-Körpers und des *Werkzeug*-Körpers sind sowohl Volumenkörper als auch Flächenkörper zulässig.

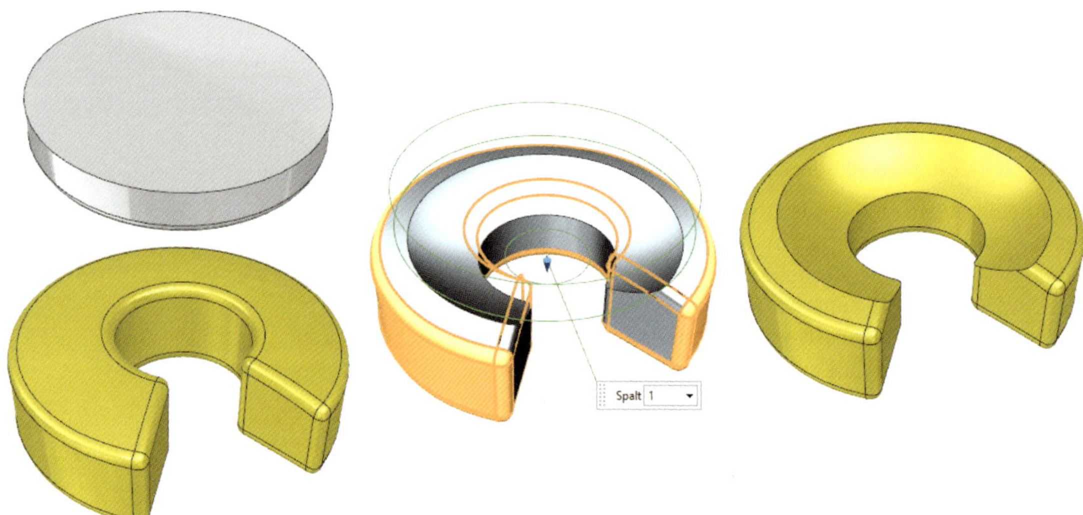

Der Bereich für die Prägung kann gewählt werden, sofern mehrere Auswahlmöglichkeiten existieren. Die Vergabe eines *Sicherheitsabstands* zwischen den Körpern ist möglich. Sofern es sich beim Zielkörper um einen Volumenkörper mit Wandstärke handelt, kann zusätzlich die Option *Verstärken* aktiviert und unter *Stärke* ein Wert eingetragen werden. Dadurch kann verhindert werden, dass der Körper aufgrund der booleschen Operation und der geringen Wandstärke auseinandergeschnitten wird.

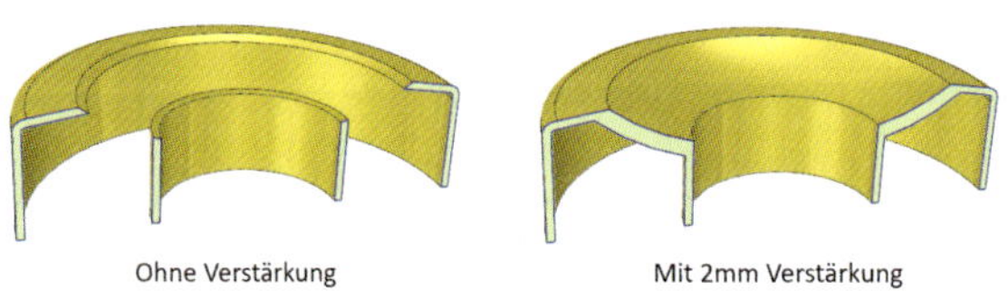

Ohne Verstärkung Mit 2mm Verstärkung

Bei Flächenkörpern können Sie die Materialseite und/oder Prägerichtung umkehren.

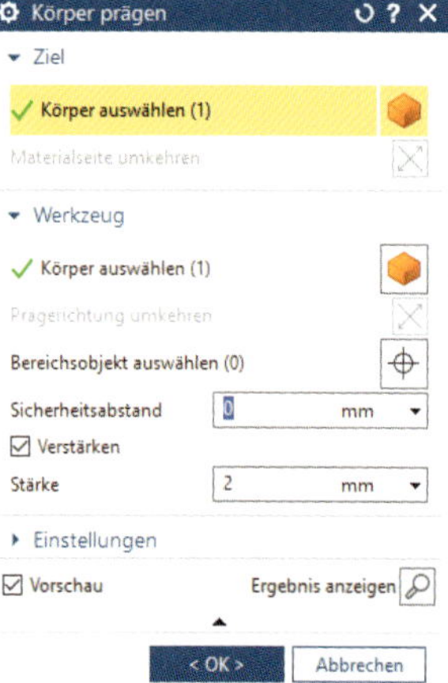

3.7 Extrudieren

In diesem Abschnitt werden Befehle zum Extrudieren, also zum Entlangziehen eines Profils an einer Führungskurve, beschrieben. Die Befehle besitzen insbesondere im Flächenbereich eine große Bedeutung. Wir beschränken uns hier rein auf die Solid-Funktionalität.

3.7.1 Entlang Führung extrudieren

Mit dem Befehl **ENTLANG FÜHRUNG EXTRUDIEREN** unter dem Menüband **FLÄCHEN > WEITERE > EXTRUDIEREN** kann ein *Schnitt* entlang einer *Führung* gezogen werden. Damit sind vielfältige Formen auf einfache Art herstellbar. Nach dem Start erfolgt die Aufforderung, einen offenen oder geschlossenen *Schnitt* auszuwählen. Mithilfe der *Kurvenregel* können Sie die entsprechende Kurve wählen. Der Schnitt sollte sich generell auf der Führungskurve befinden.

Entlang Führung extrudieren (Sweep Along Guide)

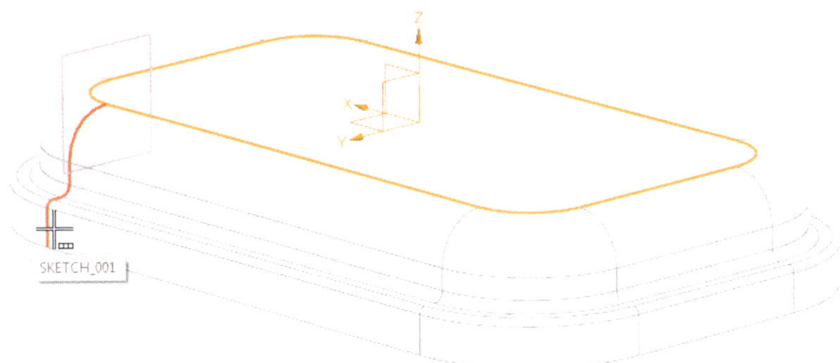

Offener Schnitt mit geschlossener Führungskurve

Im Beispiel wird das orange gekennzeichnete offene Profil als Schnitt selektiert und mit **MT2** zum nächsten Auswahlschritt gewechselt. Bei der zu wählenden Führungskurve sind die Optionen der Auswahlleiste aktiv. Der Kurvenzug kann ebenfalls offen oder geschlossen sein und Ecken enthalten. Als Führung selektieren Sie hier die geschlossene Profilkurve.

Die Offsets zur Festlegung einer Wandstärke können im Dialog eingegeben werden. In diesem Beispiel werden beide Abstände auf null gesetzt. Durch die Anwendung einer geschlossenen Führung werden automatisch Deck- und Bodenflächen für einen Volumenkörper erzeugt.

Geschlossener Schnitt mit offener Führungskurve

Das folgende Beispiel befasst sich mit der Verwendung eines geschlossenen Schnitts (Rechteck) und einer offenen Führung. Bei dieser Variante ist es wesentlich, dass der Schnitt am Anfang der Führung liegt. Als Ergebnis erhalten Sie einen Volumenkörper. Geben Sie bei der Erstellung Offsets ein, entsteht ein Hohlprofil (Abbildung rechts).

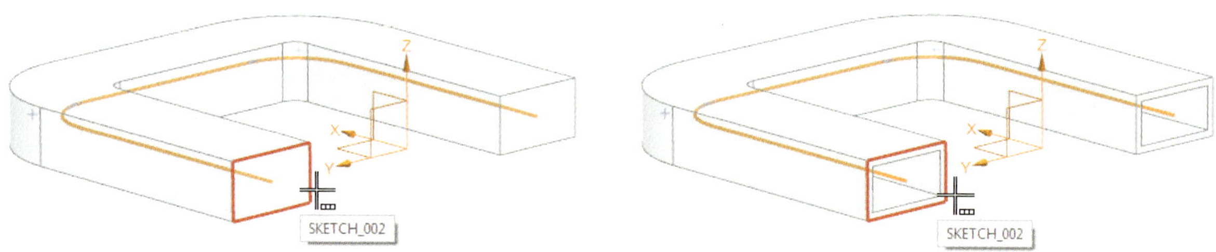

Verwendet man sowohl für den Schnitt als auch für die Führung offene Konturen ohne Offsets, ergibt sich ein Flächenkörper. Werden für den Schnitt Offsets definiert, so erhält man einen Volumenkörper.

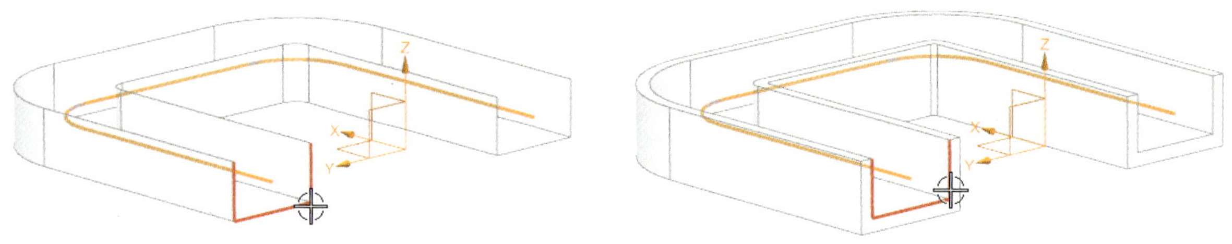

3.7.2 Rohr

Rohr (Tube)

Der Befehl **ROHR** unter **FLÄCHEN > WEITERE > EXTRUDIEREN** funktioniert ähnlich wie **ENTLANG FÜHRUNG EXTRUDIEREN**. Der Querschnitt hat dabei immer die Form eines Kreises oder Kreisrings und wird über die Eingabe des Außendurchmessers und des Innendurchmessers festgelegt. Geben Sie keinen Innendurchmesser ein, erzeugt das System automatisch einen Kreis.

Der Querschnitt wird entlang eines zu definierenden tangentenstetigen Pfades durch den Raum gezogen. Besitzt der Pfad Radien, sollten diese größer als der Außendurchmesser sein, um die Bildung von Knicken zu vermeiden.

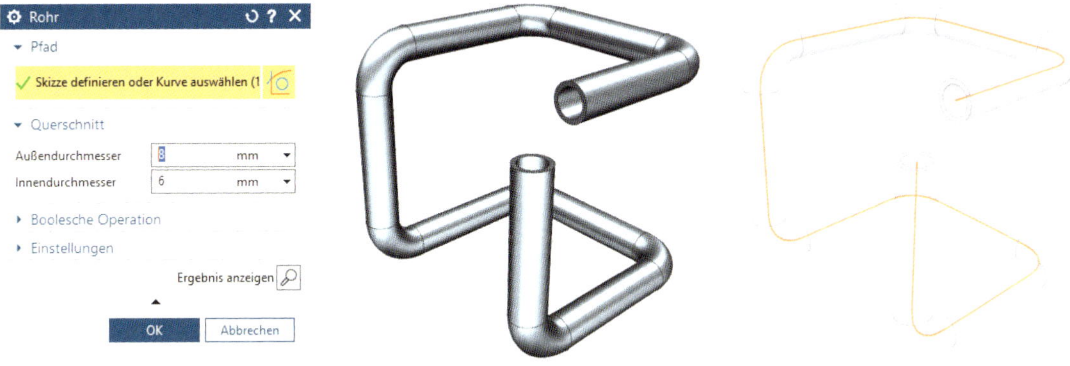

3.8 Detailformelement

Mit *Detailformelement* werden Bearbeitungen am 3D-Modell durchgeführt. Dazu gehören beispielsweise Befehle wie **KANTENVERRUNDUNG**, **FASE**, **SCHALE**, **KÖRPER TRIMMEN** und **FLÄCHE VERSETZEN**. In den folgenden Abschnitten werden wir die wesentlichen Operationen für Volumenkörper erläutern.

3.8.1 Verrundung

In NX werden mehrere Befehle zum Erzeugen von Verrundungen angeboten. In der Basisversion stehen folgende Formelemente zur Verfügung:

- KANTENVERRUNDUNG
- FLÄCHENVERRUNDUNG

Die Formelemente **ÄSTHETISCHE FLÄCHENVERRUNDUNG** und **GESTALTETE ECKE** bieten umfangreiche Optionen zum Erstellen von komplexen Übergängen zwischen Flächen. Diese Verrundungen kommen hauptsächlich im Flächen-Bereich zum Einsatz, es wird allerdings eine zusätzliche Lizenz benötigt. Aus diesem Grund werden sie in diesem Buch nicht beschrieben.

HINWEIS: Sie finden eine ausführliche Beschreibung zu allen Verrundungsformelementen in der Dokumentation von NX

Grundsätzliches vorweg: Verrundungen sollten erst am Ende der Konstruktion erstellt werden, denn durch das Verrunden sind die Kanten nicht mehr als Bezug verfügbar. Außerdem ist es möglich, dass NX die vorhandenen Verrundungen bei nachträglichen Änderungen der Geometrie nicht mehr berechnen kann und dann eine Fehlermeldung erscheint.

Wenn an einem Bauteil mehrere sich überschneidende Verrundungen erzeugt werden, besitzt die Reihenfolge, in der die Kanten verrundet werden, einen wesentlichen Einfluss auf das Ergebnis. Dabei spielt Ihre Erfahrung eine große Rolle. Es empfiehlt sich, die Rundungen mit den größten Radien und der höchsten Priorität zuerst zu erzeugen und anschließend die kleineren Radien und unwichtigeren Verrundungen. Sofern es möglich ist, sollten Sie immer mehrere zusammenhängende Kanten gleichzeitig verrunden.

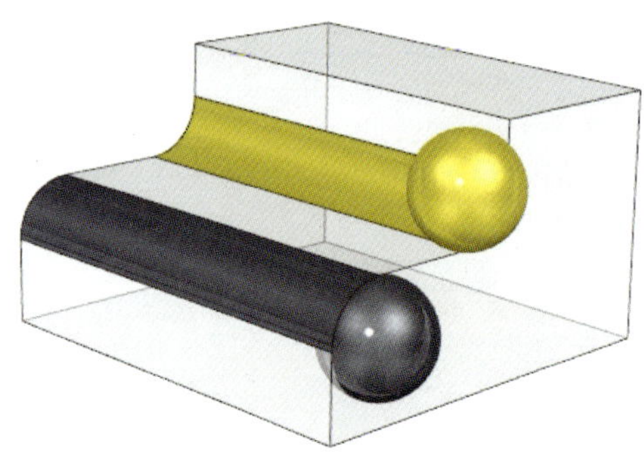

Die Verrundungen werden an Innen- (konkav) und Außenkanten (konvex) erstellt. Zum besseren Verständnis können Sie sich die Erzeugung der Verrundung so vorstellen, dass eine Kugel auf den Flächen entlang der selektierten Kante „rollt". Diese Kugel berührt die angrenzenden Flächen an den Kontaktlinien. Die Flächen werden beim Verrunden bis zu dieser Linie angepasst. Dabei wird bei konkaven Kanten Material hinzugefügt. Sie erhalten dann eine Ausrundung (in der Abbildung gelb dargestellt). Bei konvexen Kanten wird Material entfernt und es ergibt sich eine Abrundung (in der Abbildung grau dargestellt).

3.8.1.1 Kantenverrundung

Kantenverrundung (Edge Blend)

Mit dem Befehl **KANTENVERRUNDUNG** können Körperkanten verrundet werden. Nach dem Start des Befehls erscheint das abgebildete Dialogfenster. Zunächst ist es erforderlich, dass Sie die zu verrundenden Kanten selektieren. Dabei ist die geeignete *Kurvenregel* zu berücksichtigen. Mit der Kurvenregelauswahl *Formelement-Schnittkante* wird ermöglicht, Formelemente eines Körpers zu selektieren, dessen Durchdringungskurven dann verrundet werden. Im Beispiel wurde nur das Formelement **EXTRUDIEREN** (der Zylinder) selektiert.

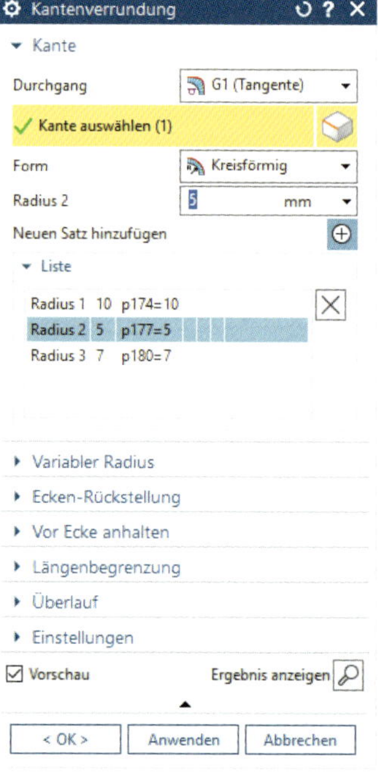

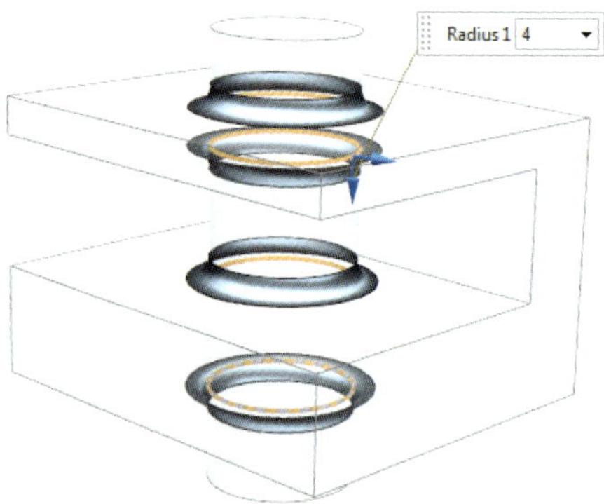

Im Grafikbereich werden dann entsprechende Manipulatoren und Eingabefelder zur Verfügung gestellt. Das Verrundungsergebnis wird in der Vorschau angezeigt.

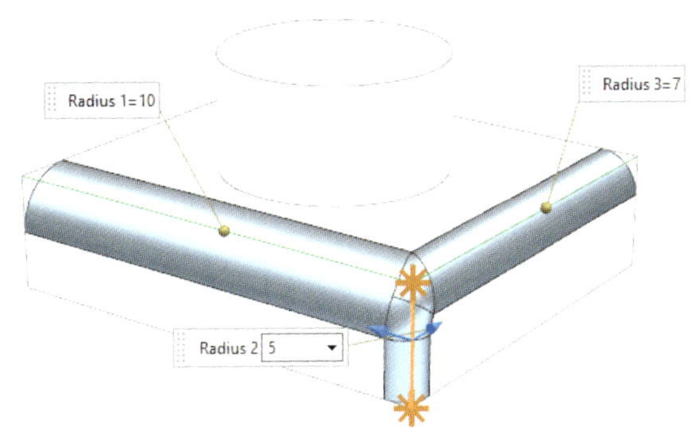

Unter *Kante* > *Durchgang* kann generell zwischen einer Verrundung des Typs *G1(Tangente)* und *G2(Krümmung)* gewählt werden. Wird *G1 (Tangente)* ausgewählt, muss unter *Form* noch definiert werden, ob *Kreisförmig* (also ein Radius) oder *Kegelförmig* (also ein Kegelschnitt) als Profil verwendet werden soll. Je nach Auswahl können Sie nun im nächsten Schritt einen *Radius* oder einen *Begrenzungsradius* und einen *Mittenradius* eingeben.

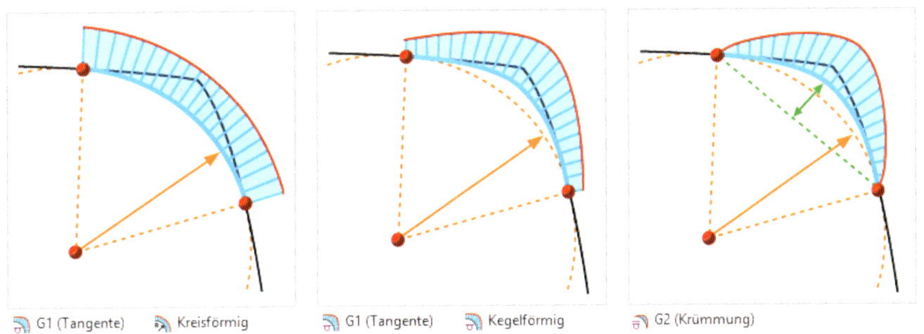

HINWEIS: Bei der Wahl der unterschiedlichen Formen sollte auch die Fertigung mit berücksichtigt werden, denn nur *Kreisförmig* kann mit einem Radiusfräser gefräst werden.

Konstanter Radius

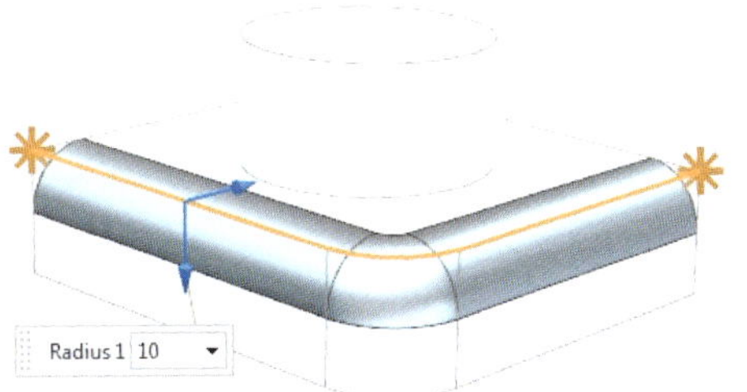

In einem Verrundungsbefehl können verschiedene Kantensätze mit unterschiedlichen Radien und Einstellungen verwaltet werden. Ist der erste Satz entsprechend definiert, dann können Sie diesen mit **MT2** oder durch das Icon *Neuen Satz hinzufügen* generieren und im Dialogfenster unter *Liste* bzw. im Grafikbereich anzeigen lassen.

Nachdem die Kanten festgelegt wurden, erzeugt NX zunächst eine Verrundung mit konstantem Radius.

Variabler Radius Punkte

Möchte man die Kante mit einem variablen Radius versehen, so muss im Dialogfenster der Bereich *Variabler Radius* aufgeklappt werden. Unter *Radiuspunkt angeben* können Sie einen Punkt angeben, an dessen Stelle ein neuer Radius definiert werden soll. Dieser Radius wird mit dem Manipulator dynamisch oder durch Eingabe verändert. Die Lage des Punkts wird durch die Position bestimmt. Sie können diese durch Eingabe der Bogenlänge in Prozent oder als Maß bzw. durch Verwendung eines Kontrollpunkts exakt festlegen. Alle selektierten Punkte werden in der Liste verwaltet. Durch Selektion mit **MT1** wird der jeweilige Datensatz wieder aktiv und kann bearbeitet oder auch gelöscht werden.

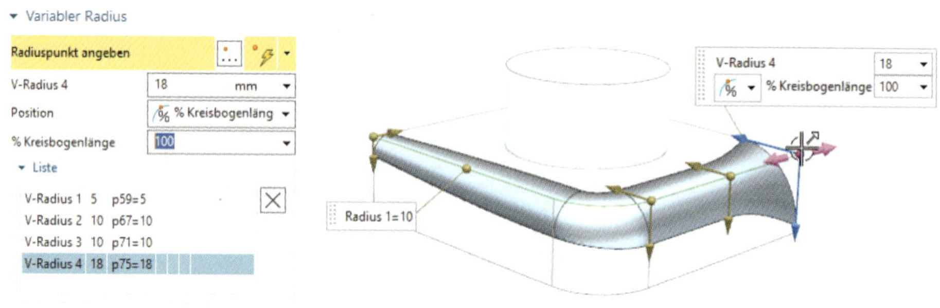

Ecken-Rückstellung

Zur Erzeugung von Verrundungen mit Eckenrückstellung (Kofferecke) selektieren Sie zunächst die erforderliche Kante. Anschließend erfolgt die Festlegung der Verrundungsradien. Danach aktivieren Sie im Bereich *Ecken-Rückstellung* die Option *Endpunkt auswählen*. Das System erwartet nun die Angabe des Eckpunkts, an dem die Kanten zusammentreffen, um die Eckenrückstellung zu definieren. Nach der Selektion erscheinen die Eingabefelder zur Festlegung des Versatzes in den einzelnen Richtungen. Alternativ können Sie den Abstand mit den Manipulatoren festlegen.

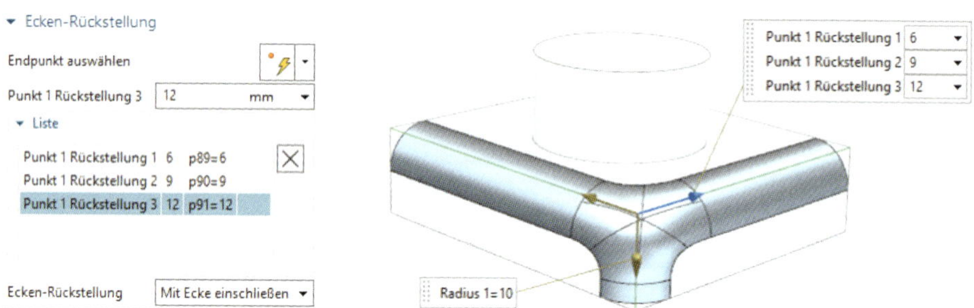

Vor Ecke anhalten

Mit *Vor Ecke anhalten* kann die Verrundung auf der ausgewählten Kante begrenzt werden. Dazu selektieren Sie zuerst die Kante und ordnen ihr dann den Radius zu. Nach dem Aktivieren des Auswahlschritts *Endpunkt auswählen* können Sie die Endpunkte von Kanten bestimmen und anschließend verschieben. Dazu verwenden Sie unter *Begrenzung* die Option *Abstand*. Im Feld *Position* können Sie nun einstellen, wie die exakte Festlegung des Endpunkts erfolgen soll. Wird dabei die Option *Durch Punkt* aktiviert, so wird die Endposition durch die Angabe eines Punkts definiert. In der Abbildung wurde der linke Endpunkt über die Bogenlänge und der rechte durch Verwendung des Kreismittelpunkts vom Zylinder bestimmt.

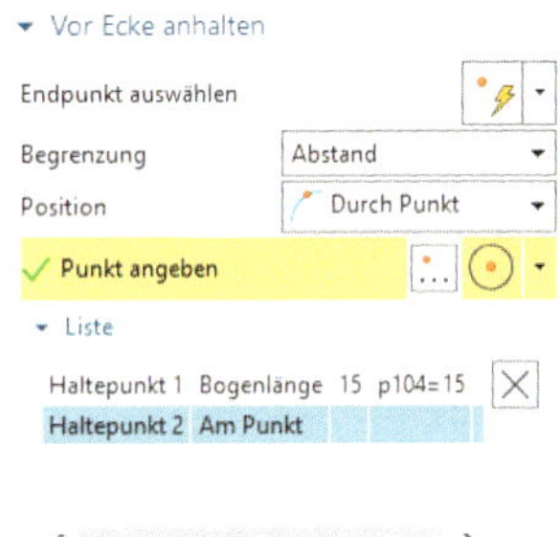

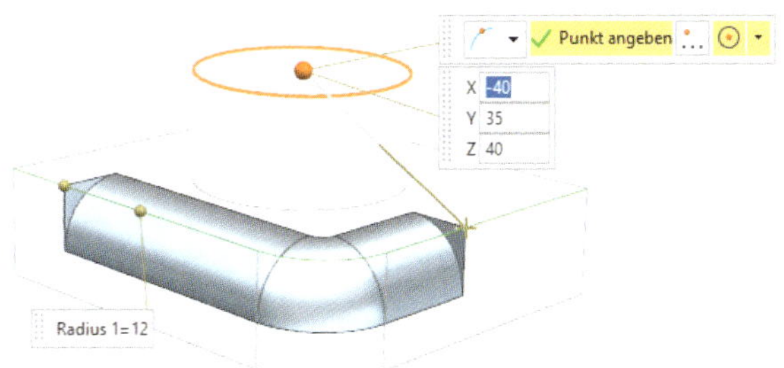

Soll die Verrundung an einer gemeinsamen Ecke beendet werden, müssen Sie im Feld *Begrenzung* die Option *Verrundungsschnittpunkt* aktivieren. NX erwartet dann die Auswahl des Punkts und erzeugt das abgebildete Ergebnis.

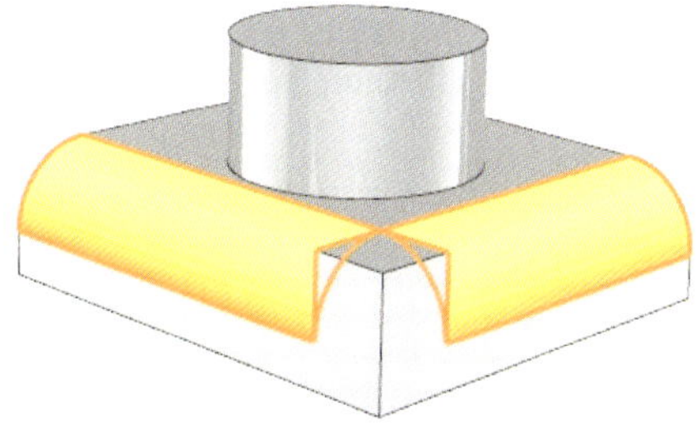

Im Bereich *Längenbegrenzung* können Sie Flächen angeben, bis zu denen die Verrundung generiert werden soll. Diese Funktion möchten wir wieder an einem Beispiel erläutern. Zunächst verrunden Sie die beiden Kanten des abgebildeten Bauteils ohne Längenbegrenzung und erhalten dann das dargestellte Resultat.

Längenbegrenzung

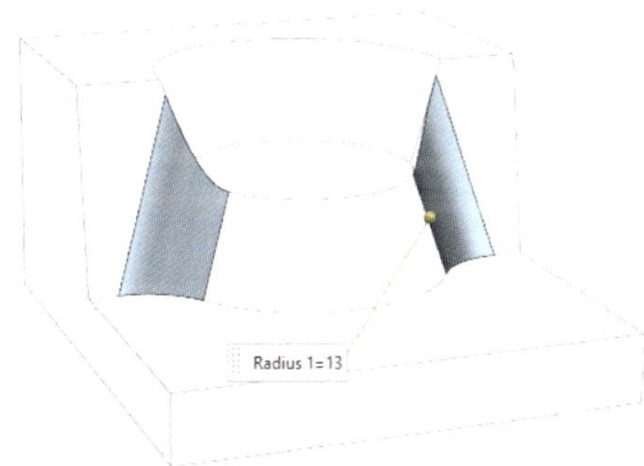

Wenn Sie nun unter *Längenbegrenzung* den Schalter *Längenbegrenzung aktivieren* setzen, werden zusätzliche Angaben angezeigt. Sie können jetzt eine Bezugsebene oder Fläche festlegen, welche die Verrundung begrenzt. Dazu wählen Sie unter *Objekt begrenzen* die Option *Fläche* und selektieren anschließend die abgebildete Oberfläche. Danach wird die Trimmrichtung als Vektor angezeigt. Der Vektor zeigt in die Richtung, in der der Radius begrenzt werden soll. Durch Umkehren des Vektors erhalten Sie in diesem Fall das gewünschte Ergebnis.

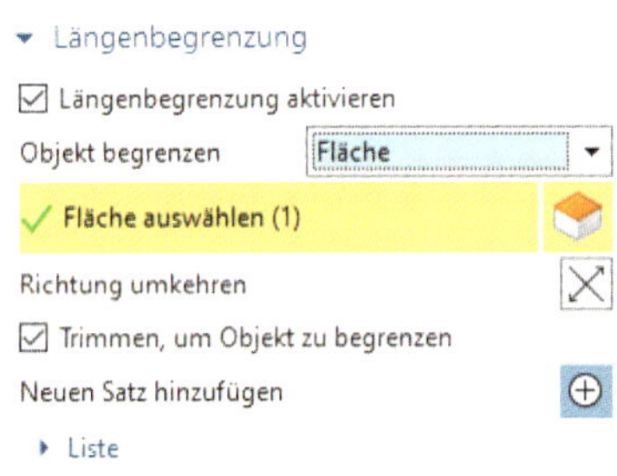

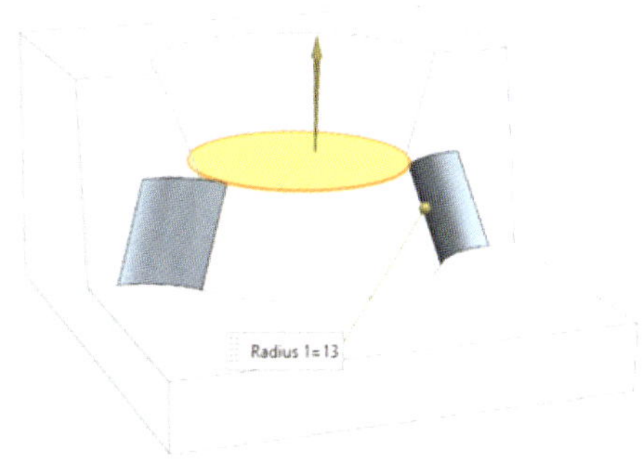

Überlauf

Im unteren Bereich des Dialogfensters befinden sich die Überlaufoptionen (siehe Abbildung). Diese steuern den Übergang zu angrenzenden Flächen. NX arbeitet die unter *Überlauf > Bevorzugt* aktivierten Typen in der Reihenfolge des Menüs ab. Sobald eine Einstellung passend ist, wird sie angewendet. Bei entsprechend großen Radien ist es möglich, dass der verfügbare Platz nicht genügt und die Verrundung in einen Bereich überläuft, der nicht mehr zu den eigentlich betroffenen Flächen gehört. Dann werden die Überlaufoptionen zum Steuern der Verrundung benötigt.

Mit der Option *Über glatte Kanten rollen* werden Lichtkanten von der Verrundung überschritten. Ist die Option deaktiviert, bleiben die Lichtkanten als ursprüngliche Grenze erhalten, und die Verrundung wird auf der anderen Seite angepasst. Die Option *Entlang Kante rollen* bewirkt, dass die bestehende Kante stehen bleibt und über die Kante gerollt wird. Ist die Option deaktiviert und die Option *Verrundung trimmen* aktiv, so wird die Verrundung beibehalten und die Kante angepasst.

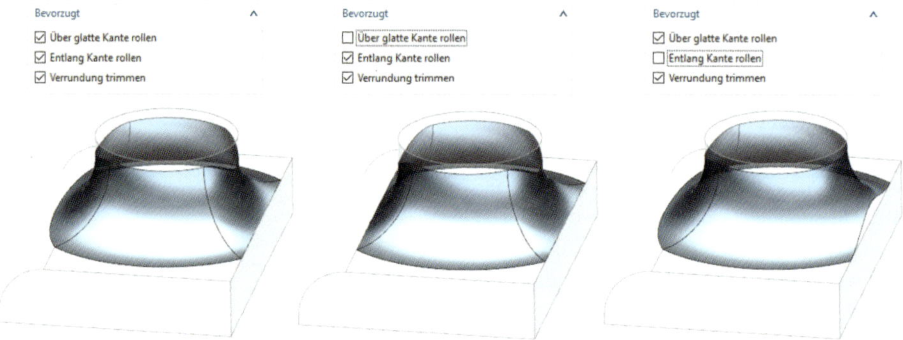

Im Bereich *Explizit* können Sie den Überlauf auch manuell durch Selektion von Kanten angeben. Im Beispiel wurde bei *Kante zur Erzeugung von Rollen auswählen* die Lichtkante der Verrundung selektiert.

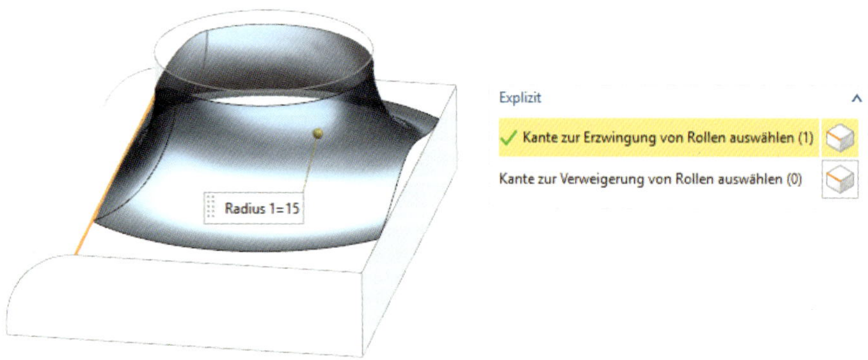

3.8.1.2 Flächenverrundung

Flächenverrundung (Face Blend)

Im Gegensatz zum Befehl **KANTENVERRUNDUNG** werden bei **FLÄCHENVERRUNDUNG** bis auf eine Ausnahme nur Flächen als Auswahl zugelassen. Der Vorteil liegt darin, dass, wenn zwei Flächen von zwei voneinander unabhängigen Körpern als zu verrundende Flächen selektiert werden, automatisch eine boolesche Operation erfolgt und dabei die zwei Körper vereinigt werden.

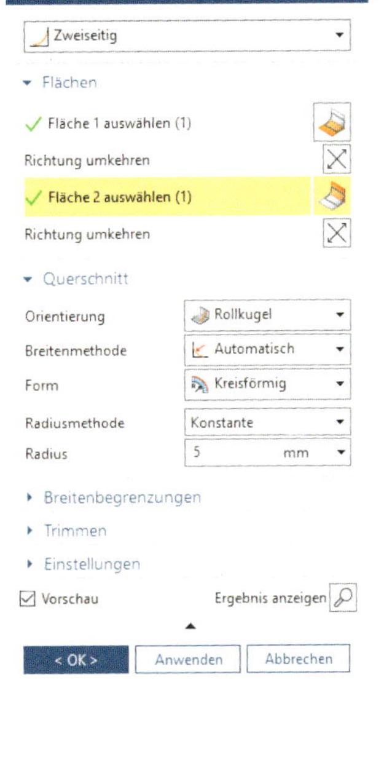

Zweiseitig

Grundsätzlich wird zwischen dem Typ *Zweiseitig*, *Dreiseitig* und *Formelement-Schnittkante* unterschieden. Nach Auswahl des Typs müssen Sie nun die zu verrundenden Flächen unter *Flächen* auswählen. Dabei ist die Flächennormale zu berücksichtigen, die mit einem Doppelklick auf die Pfeile umgekehrt werden kann. Der Pfeil muss immer in Richtung Radiusmittelpunkt zeigen.

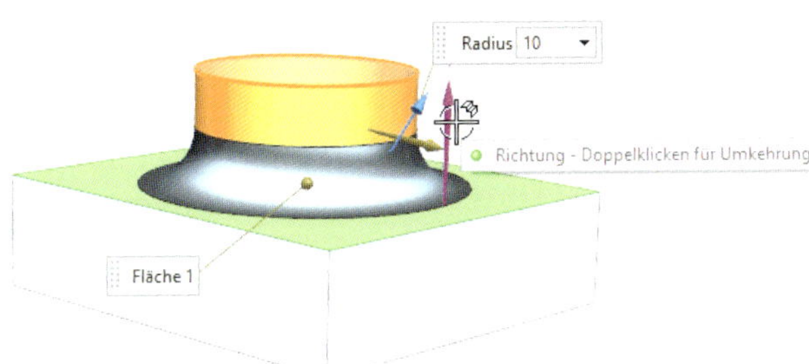

Querschnitt

Im Bereich *Querschnitt* kann nun das Profil der Verrundung angepasst werden. Unter *Form* steht hierzu die Auswahl zwischen *Kreisförmig*, *Tangente* und *Krümmung* bereit. Bei Tangente und Krümmung ist zusätzlich noch eine asymmetrische Variante vorhanden.

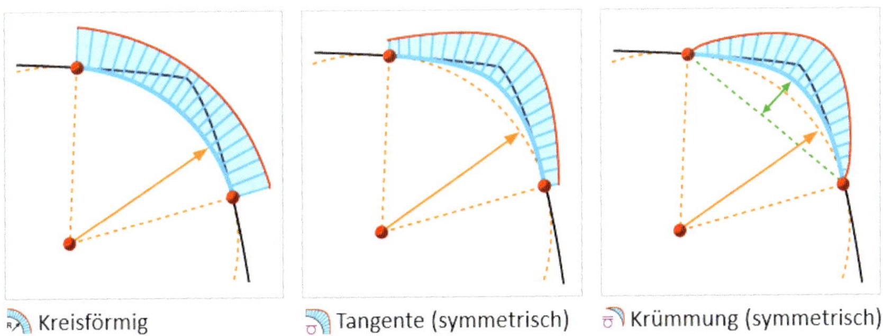

Kreisförmig   Tangente (symmetrisch)   Krümmung (symmetrisch)

Je nach *Form*-Auswahl passt sich das Dialogfenster entsprechend an und stellt weitere Einstellmöglichkeiten zur Verfügung. Die komplette Beschreibung des Befehls können Sie der Hilfe in NX entnehmen. Sie ist zu komplex, um sie hier auszuführen.

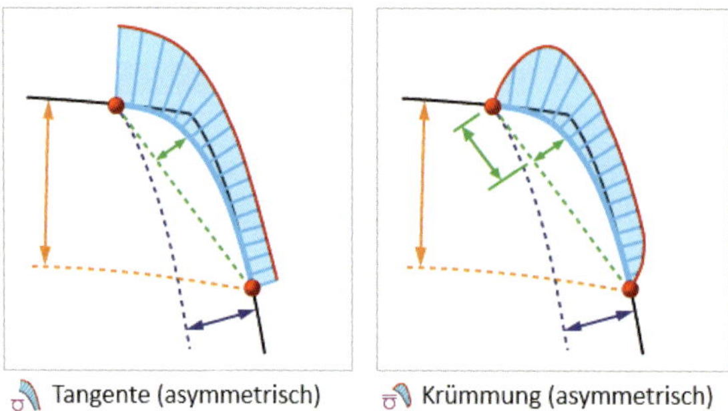

Es folgen ein paar gängige Beispiele, die die Vielfalt dieser Funktion verdeutlichen sollen. In der Abbildung wird eine Verrundung mit einer *Form* des Typs *Tangente (symmetrisch)* gezeigt. Unter *Kegelmethode* kann nun der Kegelschnitt, der das Profil bildet, weiter eingestellt werden.

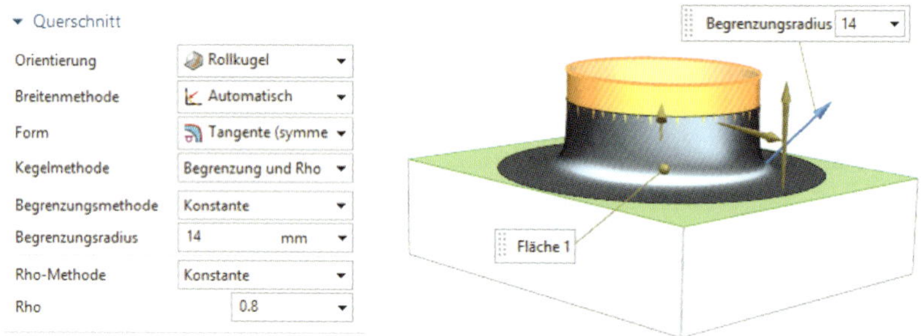

Im nächsten Beispiel wurde mit einer *Form* des Typs *Tangente (asymmetrisch)* eine Verrundung erstellt. Über *Offset 1* und *Offset 2* hat man nun die Möglichkeit, unterschiedliche Randbedingungen zu definieren.

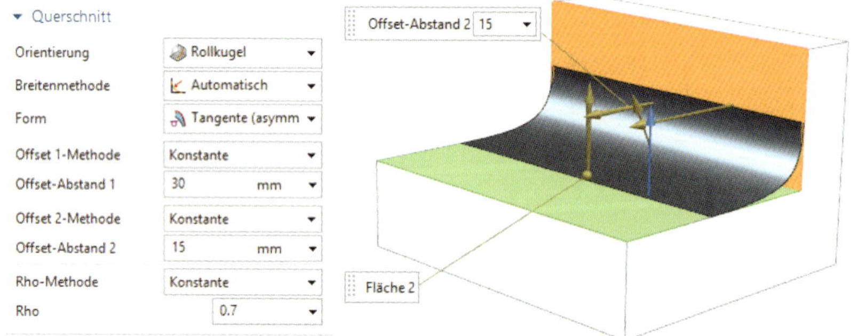

In der folgenden Variante wurde der *Form*-Typ *Kreisförmig* verwendet, allerdings mit der Radiusmethode *Begrenzungskurve*. Unter *Tangentiale Begrenzungskurve auswählen* wurde nun eine Kurve selektiert, an der die Verrundung tangentenstetig ausläuft. Dadurch entsteht eine variable Verrundung.

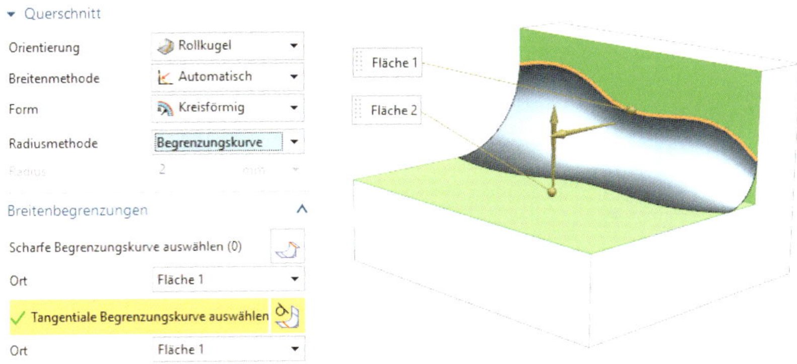

Dreiseitig

Wird der Flächenverrundungstyp *Dreiseitig* verwendet, so werden mit den ersten beiden Selektionen die Flächen gewählt, in denen die Verrundung tangentenstetig ausläuft. Mit *Mittelfläche auswählen* wird die dritte Fläche gewählt, an der die Verrundung tangentenstetig anliegt und die durch die Verrundungsfläche ersetzt wird.

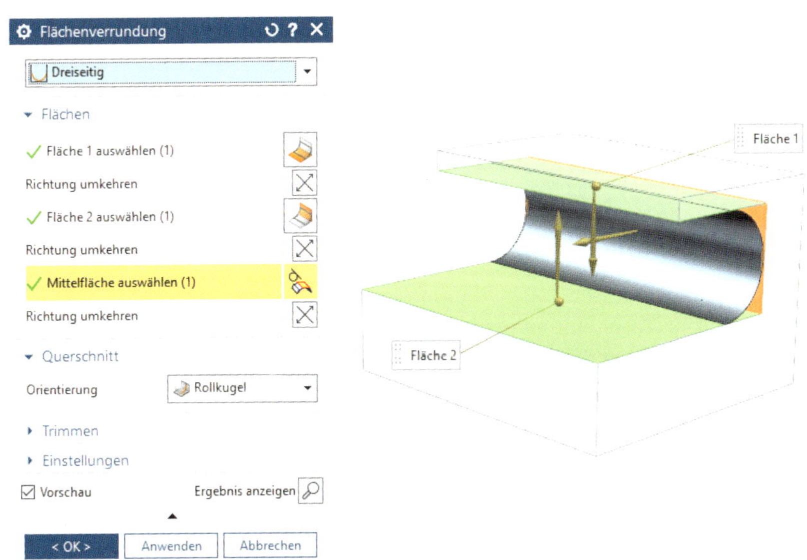

Formelement-Schnittkante

Bei der Flächenverrundung des Typs *Formelement-Schnittkante* werden auch Kanten selektiert, jedoch nur solche, die durch Verschneiden von Formelementen erzeugt wurden. Wird dabei die Kurvenregel *Einzelne Kurve* verwendet, so kann die Schnittkurve manuell ausgewählt werden. Bei der Verwendung der Kurvenregel *Formelement-Schnittkante* werden die Schnittkanten durch Selektion des Formelements automatisch gewählt. Im Beispiel wurden alle vier Knäufe durch ein Formelement erstellt, und nur dieses wurde für die Verrundung ausgewählt.

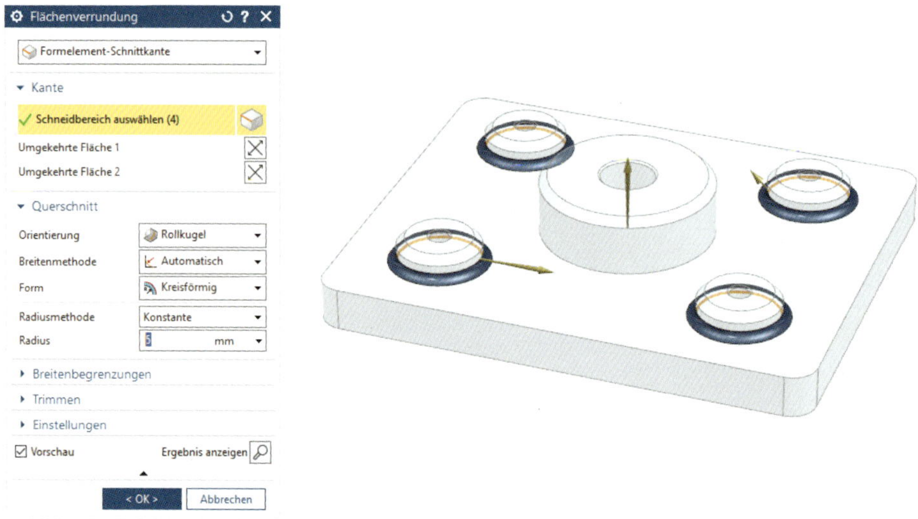

3.8.2 Fase

Fase (Chamfer)

Fasen dienen zum Abschrägen von Kanten. Dabei wird in Analogie zu den Verrundungen entweder Material hinzugefügt oder entfernt. Zuerst müssen Sie die entsprechenden Kanten auswählen. Anschließend wird das Ergebnis der Funktion angezeigt, und Sie können die Werte dann durch Manipulatoren im Grafikbereich direkt am Bauteil bearbeiten.

Im Dialogfenster wählen Sie im Feld *Querschnitt* die Art der Fase. Mit *Symmetrisch* erzeugen Sie eine Fase mit zwei gleich langen Seiten. Die Optionen *Asymmetrisch* und *Offset und Winkel* bieten die Möglichkeit, Fasen mit unterschiedlich langen Seiten zu erstellen. Dabei werden entweder die beiden *Abstand*-Werte oder der *Abstand* einer Seite und ein *Winkel* definiert. Bei Fasen mit unterschiedlichen Seitenlängen besitzt das Dialogfenster den Schalter *Richtung umkehren*. Damit können Sie sehr effizient die Orientierung der aktuellen Fase festlegen.

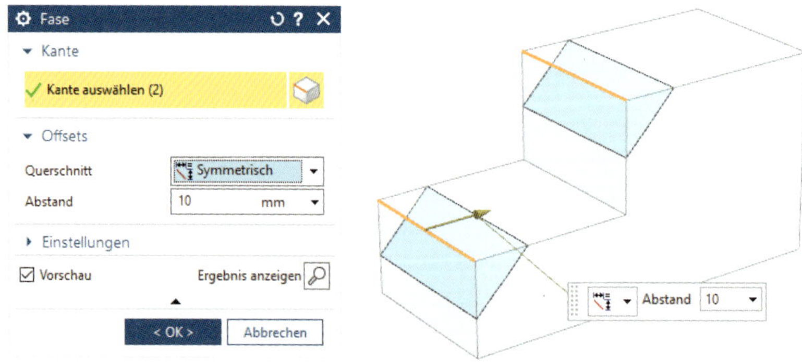

3.8.3 Formschräge

Formschräge (Draft)

Mit dem Befehl **FORMSCHRÄGE** werden ausgewählte Flächen eines Modells abgeschrägt. Nach Aufruf des Befehls werden zunächst das Dialogfenster und ein Vektor zur Definition der *Zieh- und Umformrichtung* angezeigt. Je nach eingestelltem *Typ* müssen verschiedene Objekte selektiert werden. Nach der Auswahl der Objekte kann die Vorschau im Grafikbereich mit Handles angepasst werden. Die Abbildung zeigt hierfür ein Beispiel.

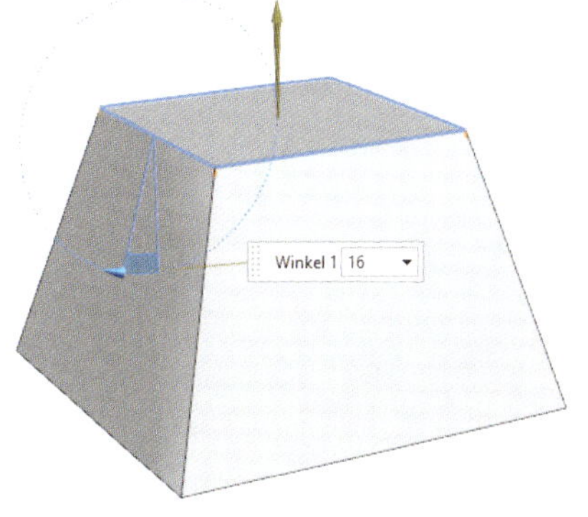

Mehrere Formschrägen können in einem Formelement zusammengefasst werden. Mit der Option *Neuen Satz hinzufügen* schließen Sie die Definition der aktuellen Schrägung ab und definieren eine weitere. NX verwendet automatisch die ZC-Richtung des WCS für die *Zieh- und Umformrichtung*. Diesen Vektor können Sie mit *Vektor angeben* ändern.

Im Bereich *Einstellungen* steht mit *Echte Schrägung* eine weitere Methode zur Verfügung, die für den Fall empfohlen wird, wenn die Kanten der Flächen nahezu parallel zur *Zieh- und Umformrichtung* verlaufen.

Für die Erzeugung von Schrägen stehen folgende Typen zur Verfügung:

Fläche: Die abzuschrägenden Flächen werden ausgewählt. Mit *Formschrägenreferenzen* wird die Fläche bestimmt, deren Gestalt unverändert bleibt.

Kante: Eine oder mehrere Kanten werden selektiert, die den Beginn der Schrägung festlegen. Angrenzende Flächen werden in Richtung des Vektors abgeschrägt. Diese Methode kann insbesondere dann verwendet werden, wenn die Schrägung an einer nicht linearen Kante beginnen soll. Weiterhin besteht die Möglichkeit, durch weitere Punkte auf den Kanten variable Schrägungswinkel zu erzeugen.

Tangential zu Fläche: Bei diesem Typ werden die selektierten Flächen tangential unter einem definierten Winkel abgeschrägt.

Trennkante: Die Schrägen dieses Typs werden durch eine Trennkante begrenzt. Zur Festlegung der Schräge muss eine unveränderte Ebene angegeben werden.

Je nach gewähltem Typ sind verschiedene Eingaben erforderlich. Durch Klicken mit **MT2** wechseln Sie zum nächsten Schritt. Sie können die Schritte aber auch jederzeit mit **MT1** wählen, um Änderungen vorzunehmen.

Die wesentlichen Möglichkeiten des Befehls **FORMSCHRÄGE** werden wir im Folgenden an Beispielen erläutern. Zuerst verwenden wir den Typ *Fläche*. Damit sollen vier Seiten eines Würfels abgeschrägt werden. Nach Start des Befehls zeigt NX den Schrägungsvektor an. Dieser wird mit **MT2** akzeptiert. Im nächsten Eingabeschritt selektieren Sie als *Formschrägenreferenzen* unter *Unveränderte Fläche auswählen* die in der Abbildung grün hervorgehobene Fläche. Die orange hervorgehobenen Flächen wählen Sie als *Flächen für Formschräge* aus. Anschließend geben Sie den Winkel ein. Dabei können auch negative Werte verwendet werden. Alternativ können Sie den Winkel auch durch Ziehen am Handle festlegen. Die Schrägung verläuft von *Unveränderte Fläche* in positiver und negativer Richtung des definierten Vektors. Nach Bestätigung mit **OK** wird der Befehl beendet, und Sie erhalten das abgebildete Ergebnis.

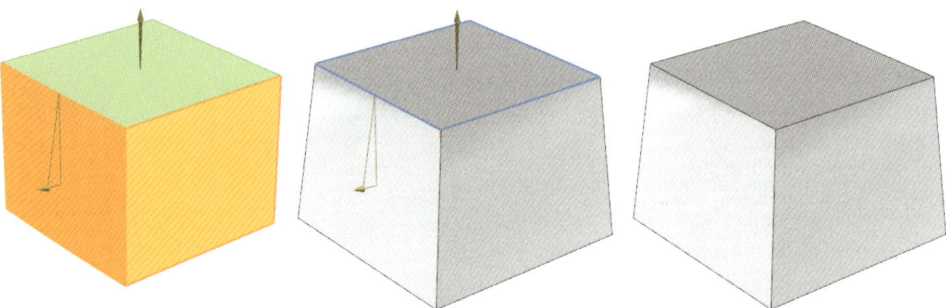

Das nächste Beispiel zeigt einen Würfel, bei dem eine Fläche abgeschrägt wurde. Der Winkel und die *Zieh- und Umformrichtung* blieben dabei immer gleich, nur die *Unveränderte Fläche* wurde modifiziert. Sie erhalten deshalb unterschiedliche Ergebnisse. Im linken Bildelement wurde die obere Fläche des Würfels als *Unveränderte Fläche* verwendet. Zur Definition von *Unveränderte Fläche* können auch Punkte genutzt werden. Dazu wurde im rechten Bildelement der Mittelpunkt der Würfelkante angegeben.

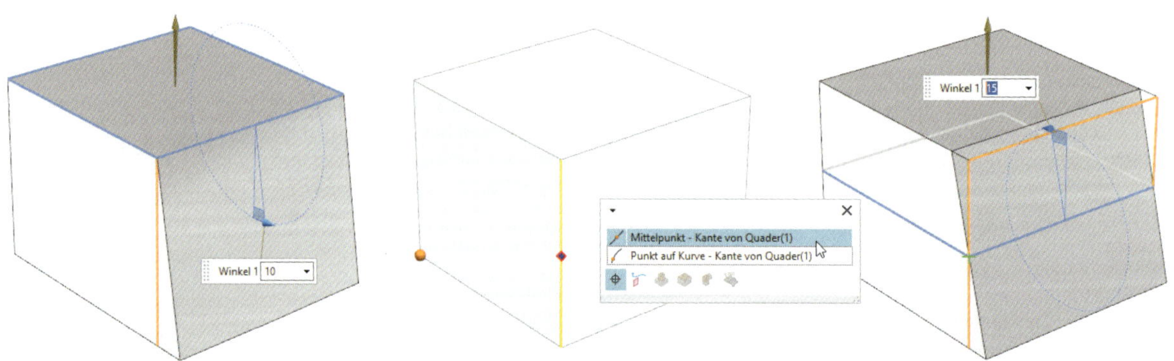

Im folgenden Beispiel sollen alle Innen- und Außenflächen des dargestellten Körpers mit einem konstanten Winkel abgeschrägt werden. Dazu selektieren Sie nach Aufruf des Befehls **FORMSCHRÄGE**, unter Verwendung der Voreinstellung *Ermittelter Vektor*, zunächst eine Körperkante zur Bestimmung der *Zieh- und Umformrichtung*. Der nächste Auswahlschritt wird dann automatisch aktiv. In diesem Schritt legen Sie die *Unveränderte Fläche* fest und wählen danach alle abzuschrägenden Flächen aus. Dann geben Sie den Winkel ein. Der Befehl kann jetzt mit **OK** ausgeführt und die Schrägung erzeugt werden. Das Ergebnis zeigt, dass die Außenflächen nach innen und die Innenflächen nach außen abgeschrägt wurden.

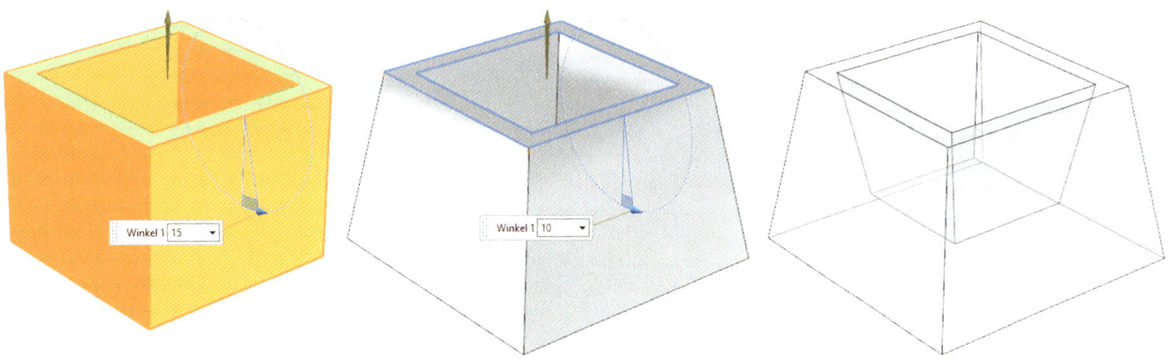

Um die Außenflächen und den Durchbruch in die gleiche Richtung zu schrägen, ist es erforderlich, zwei Schrägungssätze zu erzeugen. Dazu selektieren Sie zunächst nur die Außenflächen zum Abschrägen. Nach der Festlegung des Winkels erzeugen Sie mit **MT2** das erste Set. Dieses wird dann im Dialogfenster aufgelistet. Danach wählen Sie die Flächen des Durchbruchs aus. Als Winkel geben Sie einen negativen Wert ein, um die Schrägungsrichtung umzukehren. Den Befehl beenden Sie mit **OK** und erhalten dann das in der Abbildung dargestellte Ergebnis.

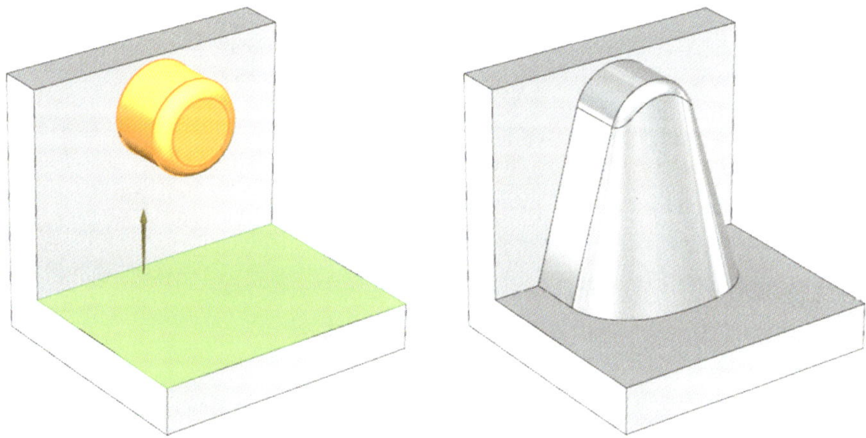

Das nächste Beispiel zeigt einen Anwendungsfall für den Typ *Kante*. Der dargestellte Körper wird auf seiner Oberseite durch eine Freiformfläche begrenzt. Ausgehend von deren Kanten soll eine gleichmäßige Schrägung erzeugt werden, bei der die Fläche nicht verändert wird. Nach der Wahl des Schrägungstyps definieren Sie die Vektorrichtung wie im mittleren Bildelement dargestellt. Anschließend setzen Sie die Kurvenregel auf *Tangentiale Kurven* und selektieren eine Kante der Freiformfläche. Damit werden alle Kanten der Fläche selektiert. Geben Sie nun den Schrägungswinkel ein und führen den Befehl mit **OK** aus.

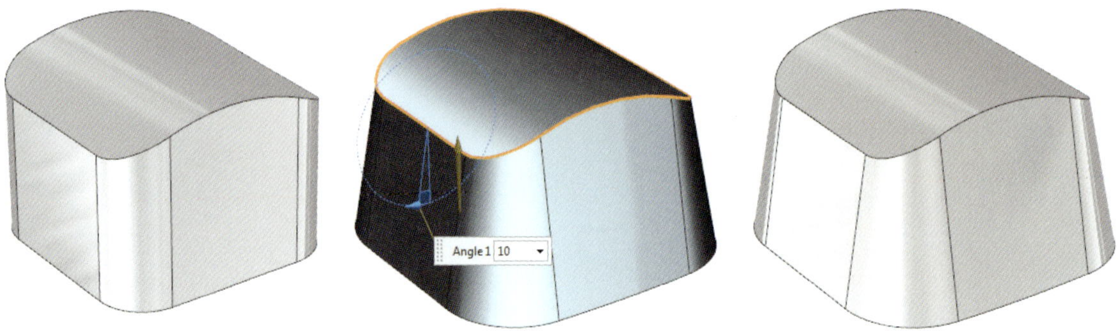

Mit dem Typ *Kante* können auch variable Winkel generiert werden. Für den Quader in der Abbildung wurde dazu zunächst die Vektorrichtung festgelegt und anschließend eine Kante selektiert. Im Bereich *Variabler Schrägungspunkt* aktivieren Sie *Punkt angeben* und wählen die Punkte auf der selektierten Kante aus. Im Grafikbereich erscheint nun ein Eingabefeld, um den Winkel in diesem Punkt zu definieren. Ähnlich wie bei variablen Verrundungen können Sie auch hier den Punkt dynamisch bzw. durch Eingabe eines Werts für die Bogenlänge auf der Kante verschieben. Über die Auswahl mit **MT3** können Sie die Punkte löschen. Des Weiteren ist das Löschen auch in der Tabelle *Liste* möglich.

Im Beispiel wurden die beiden Endpunkte und der Mittelpunkt der Kante selektiert und mit unterschiedlichen Winkeln versehen. Als Ergebnis erhalten Sie die oben dargestellte Freiformfläche, wobei die verschiedenen Winkel kontinuierlich ineinander übergehen.

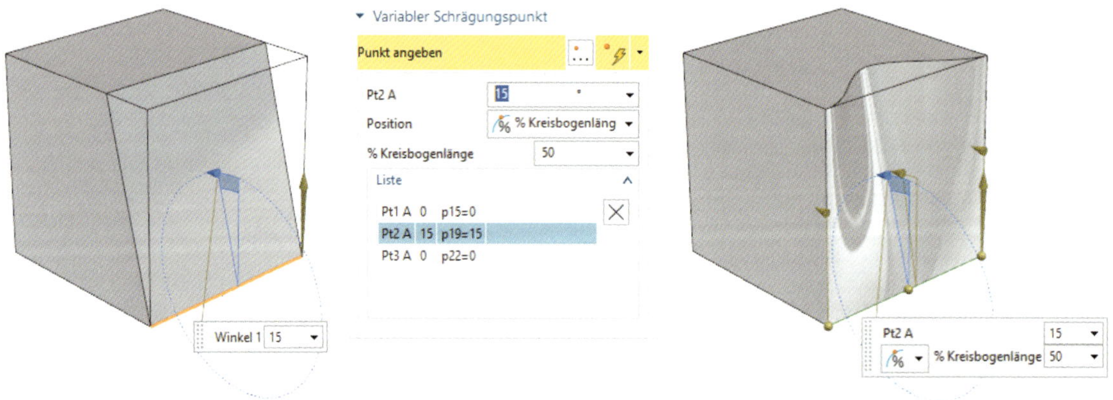

Den Typ *Tangential zu Fläche* möchten wir am Beispiel einer Halbkugel, die sich auf einem Quader befindet, erläutern. Die Kugel soll so abgeschrägt werden, dass ihre Fläche tangential in einen Winkel übergeht. Dazu definieren Sie die *Zieh- und Umformrichtung*, wie im mittleren Bildelement dargestellt. Anschließend selektieren Sie die Kugelfläche. Nach Eingabe des Winkels und Beenden des Befehls erhalten Sie das dargestellte Ergebnis. Die Schrägung wird so ausgeführt, dass kein Winkel der selektierten Flächen kleiner ist als der Schrägungswinkel.

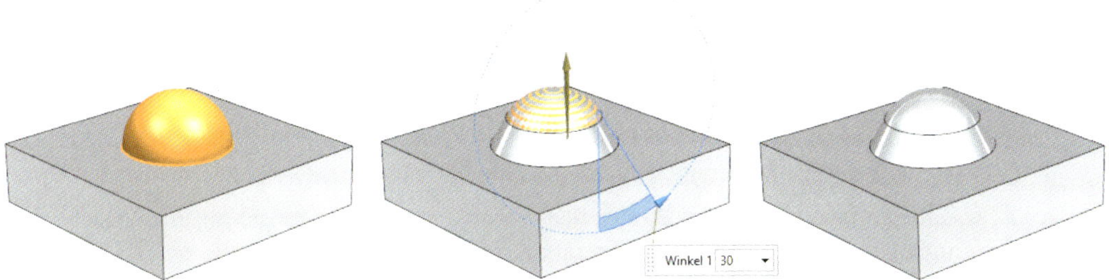

Das nächste Beispiel stellt die Verwendung des Typs *Trennkante* dar. Nach der Definition von *Zieh- und Umformrichtung*, *Unveränderte Ebene* und *Winkel* wurden hier die hervorgehobenen Kanten als Trennkante *(Parting Edges)* definiert, um die Formschräge bis zu den gewählten Kanten zu erzeugen.

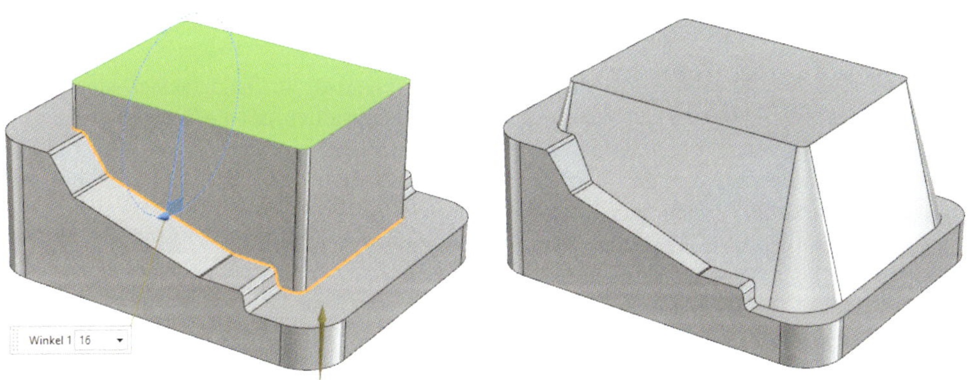

3.8.4 Körper schrägen

Der Befehl **KÖRPER SCHRÄGEN** unterstützt Sie bei der Konstruktion von Guss- und Kunststoffbauteilen. Um Teile fertigungsgerecht zu gestalten, kann der Befehl am Ende der Geometrieerstellung eingesetzt werden.

Körper schrägen (Draft Body)

Hierbei wird grundsätzlich zwischen drei Arten unterschieden:

- **Doppelseitige Körperschrägungen:** Die Schräge beginnt an einer oder mehreren Flächen im Körper und wird von dort in entgegengesetzte Richtungen durchgeführt. Die Schrägungswinkel haben unterschiedliche Vorzeichen.
- **Schrägungen für Unterschnitte:** Mit dieser Variante kann Material an Konstruktionselementen hinzugefügt und gleichzeitig mit einer Schrägung versehen werden.
- **Schrägung am höchsten Punkt:** Der höchste Punkt einer abzuschrägenden Fläche wird automatisch als Endpunkt der Operation genutzt.

Für die Erzeugung einer Körperschrägung stehen zwei Typen zur Verfügung:

	*Kante*: Die Schrägung kann mit zwei Kantensätzen definiert werden. Von diesen Kanten startet die Schrägung bis zur Trennebene.
	*Fläche*: Die Schrägung wird mit Flächen definiert.

Abhängig vom gewählten *Typ* sind verschiedene Eingaben im Dialogfenster (siehe Abbildung) erforderlich. Zuerst ist immer das *Trennobjekt* zu wählen, um die Trennebene festzulegen. Dafür können Sie eine Bezugsebene oder eine vorhandene Fläche verwenden. Anschließend definieren Sie die *Zieh- und Umformrichtung*. Danach sind, je nach gewähltem Typ, Selektionen von Flächen oder Kanten erforderlich. Dabei können mehrere Elemente eines Körpers gewählt werden. Beim Typ *Kante* legen Sie mit *Unveränderte Kanten* fest, wo die gewählten Kanten in Relation zum *Trennobjekt* liegen. Auf diese Weise definieren Sie, auf welchen Seiten der Körper abgeschrägt wird.

Mit *Winkel* definieren Sie den *Schrägungswinkel*.

Im Bereich *Flächen bei Trennobjekt anpassen* steuern Sie den Übergang der Flächen zwischen der oberen und unteren Schrägung. Dazu dient das Feld *Umfang übereinstimmen*. Wenn dort *Alle* aktiviert ist, werden die abgeschrägten Flächen so berechnet, dass sie sich exakt in der Trennebene treffen. Mit der Option *Alle außer Auswahl* können Sie einzelne Flächen ausschließen. Bei der Option *Kein* entsteht an der Trennebene ein Versatz, sofern die Trennebene nicht exakt in der Mitte des Körpers liegt. Mit der Option *Trennkanten reparieren* steuern Sie, wie die Kanten in der Trennebene angepasst werden.

Der Bereich *Auf abgeschrägte Fläche zu verschieben ...* gestattet die Bestimmung von Kanten, die sich beim Abschrägen bewegen dürfen.

Die grundsätzlichen Möglichkeiten des Befehls **KÖRPER SCHRÄGEN** werden an Beispielen dargestellt. Zuerst werden wir eine doppelte Schrägung an einem Körper erzeugen. Dazu aktivieren Sie den Typ *Fläche*. Die Bezugsebene innerhalb des Körpers wird als *Trennobjekt* verwendet. Die *Zieh- und Umformrichtung* wird durch die Normale der Bezugsebene definiert. Danach ist die Auswahl der abzuschrägenden Flächen erforderlich. Im Beispiel wurden alle Außenflächen mithilfe der Flächenregel *Tangentiale Flächen* selektiert. Zuletzt legen Sie im Bereich *Flächen bei Trennobjekt anpassen* fest, ob die Flächen in der Trennfläche angepasst werden sollen. Für das Beispiel wurde *Übereinstimmungstyp* gleich *Kein* verwendet. Nach Eingabe des Winkels können Sie die Schräge wie abgebildet erzeugen. Da die Trennebene nicht in der Mitte des Teils liegt, entsteht bei konstantem Winkel auf beiden Seiten ein Absatz. Beachten Sie hierzu das rechte Bildelement der Abbildung.

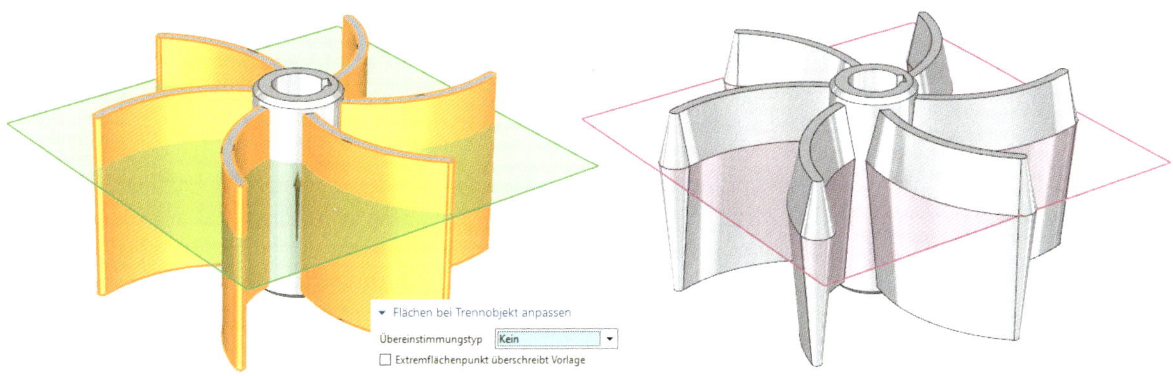

Durch Verwenden der Option *Flächen bei Trennobjekt anpassen* können die Flächen angepasst und so der Absatz vermieden werden.

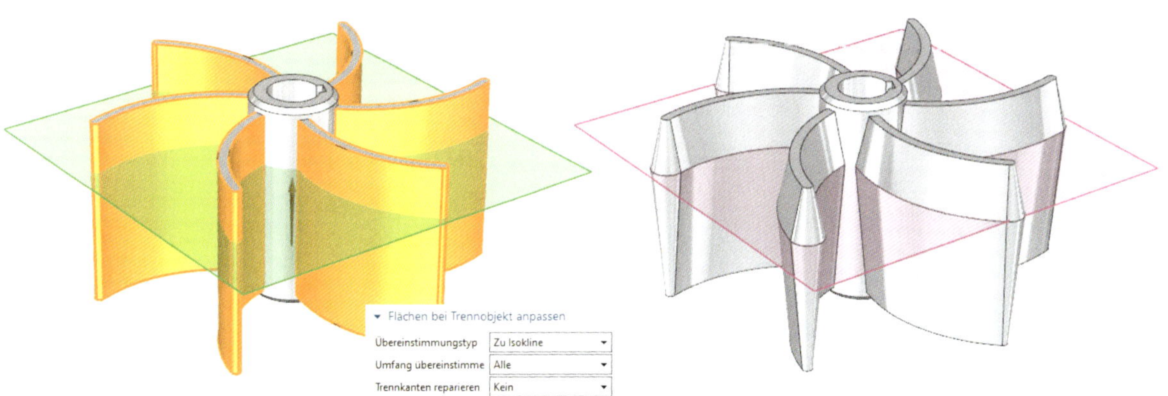

HINWEIS: Durch Verwenden der Option *Flächen bei Trennobjekt anpassen* wird der definierte Schrägungswinkel angepasst.

Die Option *Umfang übereinstimmen > Alles außer Auswahl* erlaubt es, einzelne Flächen von der Anpassung auszuschließen. Die Abbildung zeigt hierfür ein Beispiel.

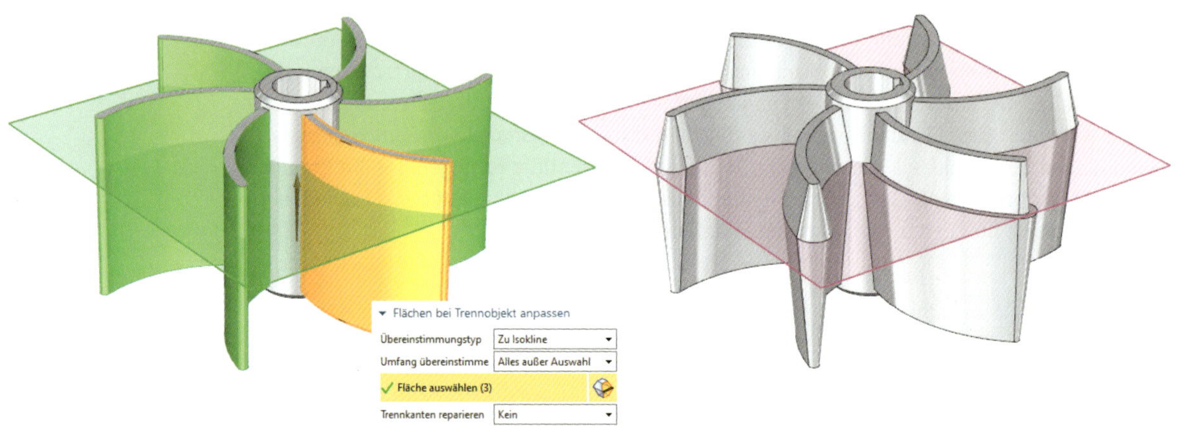

Das nächste Beispiel zeigt die Erstellung einer Körperschrägung zum Auffüllen von Bereichen. Als Typ wird *Fläche* verwendet. Eine Trennebene ist in diesem Fall nicht erforderlich. Definieren Sie den Vektor für die *Zieh- und Umformrichtung*, wie in der Abbildung dargestellt. Die Schrägung verläuft in entgegengesetzter Richtung zum definierten Vektor bis zur nächsten Körperfläche. Wählen Sie dann eine der hervorgehobenen Flächen mit der Flächenregel *Tangentiale Fläche* aus. Nach der Eingabe eines Winkels kann die Körperschrägung, wie in der Abbildung rechts dargestellt, erzeugt werden.

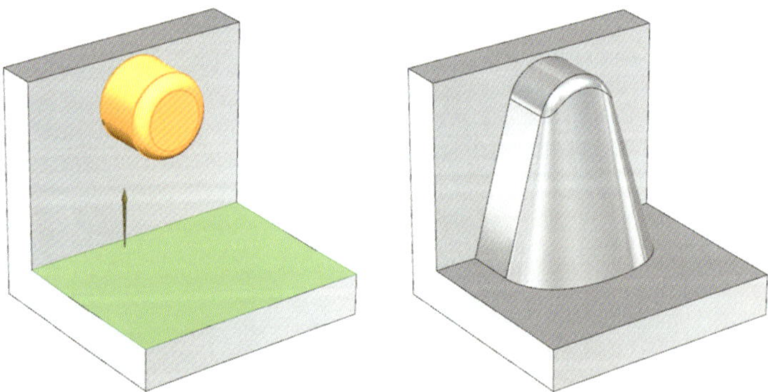

Das folgende Beispiel demonstriert die Anwendung der Option *Extremflächenpunkt überschreibt Vorlage* im Bereich *Flächen bei Trennobjekt anpassen*. Der abgebildete Körper soll außen mit einer Körperschräge versehen werden. Als *Trennobjekt* dient in diesem Fall die untere Fläche. Die *Ziel- und Umformrichtung* legen Sie durch Selektion einer Kante senkrecht zur Trennebene fest. Nun selektieren Sie die vier Außenflächen des Körpers zum Abschrägen und geben den Winkel ein. Um die Körperschrägung zu erzeugen, muss im Bereich *Einstellungen* die Option *Schrägungsmethode > Echte Schrägung* aktiv sein. Dann erhalten Sie das dargestellte Ergebnis. In der Trennebene wurde der Querschnitt verändert, sodass die Außenflächen Absätze besitzen.

Soll die Topologie des Körpers beim Schrägen unverändert bleiben, ist es erforderlich, die Körperschräge mit der Option *Extremflächenpunkt überschreibt Vorlage* zu erzeugen. Die Abbildung stellt das Ergebnis dieser Operation dar.

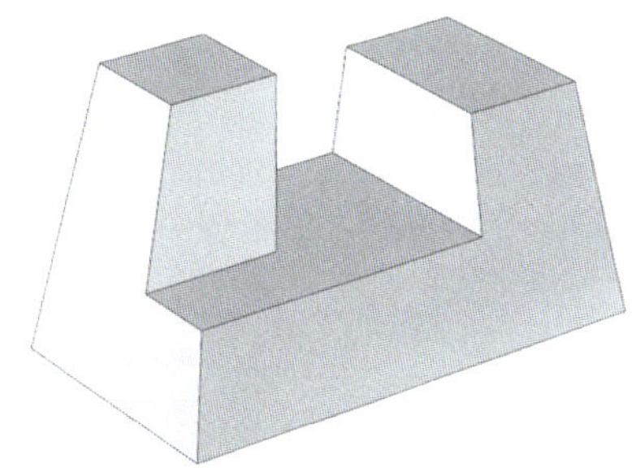

3.8.5 Schale

Mit dem Befehl **SCHALE** können Körper ausgehöhlt werden. Dazu wählen Sie einen vorhandenen Körper aus und definieren eine Wandstärke. Die Flächen des selektierten Körpers dienen als Basis für die Berechnung. Die Richtung der Wandstärke wird durch einen Vektor angezeigt. Dabei kann die Wandstärke nach innen oder außen definiert werden. Darüber hinaus sind individuelle Wandstärken für eine oder mehrere Flächen möglich. Dazu müssen die entsprechenden Bereiche eine klare Abgrenzung zu den Flächen mit anderen Wandstärken besitzen.

Schale (Shell)

Ein Körper kann durch Entfernen ausgewählter Flächen geöffnet werden. Die Abbildung zeigt das Dialogfenster und einen Körper, der mit dem Befehl **SCHALE** ausgehöhlt wurde. Zwei Wandstärken wurden abweichend vom Standardwert festgelegt.

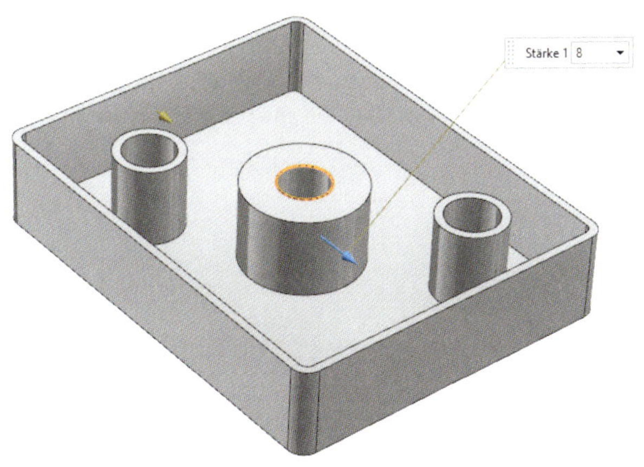

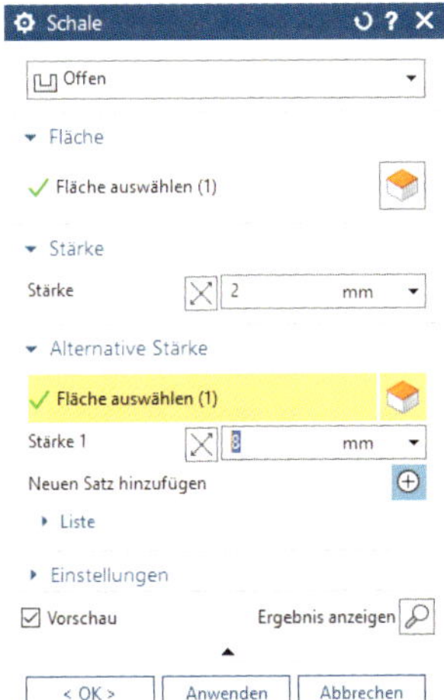

Es existieren zwei Typen zur Erstellung von Schalen:

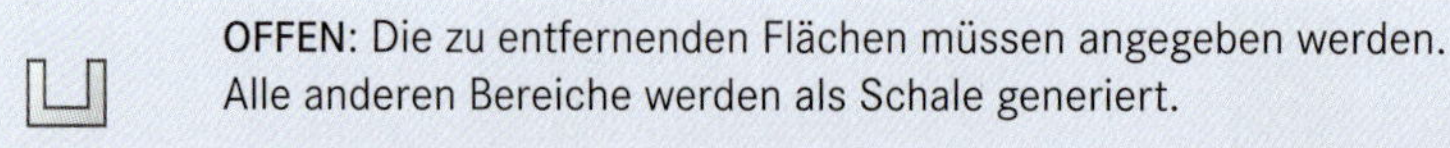

	OFFEN: Die zu entfernenden Flächen müssen angegeben werden. Alle anderen Bereiche werden als Schale generiert.
	GESCHLOSSEN: Damit wird ein Volumenkörper vollständig ausgehöhlt. Es werden keine Flächen entfernt.

Mit *Stärke* bestimmen Sie zunächst die Wandstärke für alle Flächen auf einheitliche Weise. Alternative Wandstärken können im Bereich *Alternative Stärke* definiert werden. Dabei können Sie mehrere Flächensätze mit individuellen Wandstärken festlegen.

Beim Aushöhlen wird die Außenkontur eines Volumenkörpers versetzt, d. h., es können topologische Änderungen entstehen, z. B. wenn beim Verkleinern ein Außenradius geringer ist als die Wandstärke in diesem Bereich. Sobald der Radius den Wert null erreicht, wird eine Ecke erzeugt, und die ursprüngliche Radiusfläche entfällt. Beachten Sie hierzu die Abbildung.

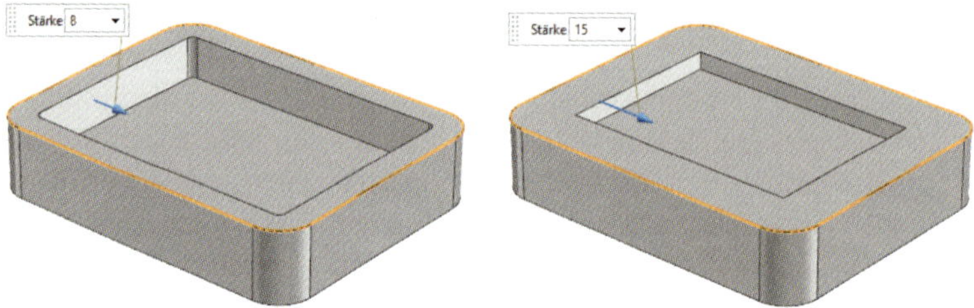

Das grundsätzliche Vorgehen beim Erzeugen von ausgehöhlten Körpern soll an einem weiteren Beispiel verdeutlicht werden. Nach dem Start des Befehls steht der Typ auf *Offen*. Definieren Sie mit *Fläche* die Fläche, an der der Körper geöffnet werden soll (siehe Abbildung ganz links). Legen Sie nun mit *Stärke* die Wandstärke fest und betrachten die Vorschau. Sie zeigt den Körper im zweiten Bildelement von links. Aktivieren Sie nun im Bereich *Alternative Stärke* die Option *Fläche auswählen*, und selektieren Sie mit der Flächenregel *Tangentiale Fläche* eine Seitenfläche, damit diese und alle tangential angrenzenden Flächen ausgewählt werden. Dann geben Sie die *Alternative Stärke* ein, und der im dritten Bildelement von links dargestellte Körper wird erzeugt. Wenn Sie bei der Auswahl der Fläche für die alternative Wandstärke nur eine Einzelfläche wählen, erhalten Sie das ganz rechts dargestellte Ergebnis.

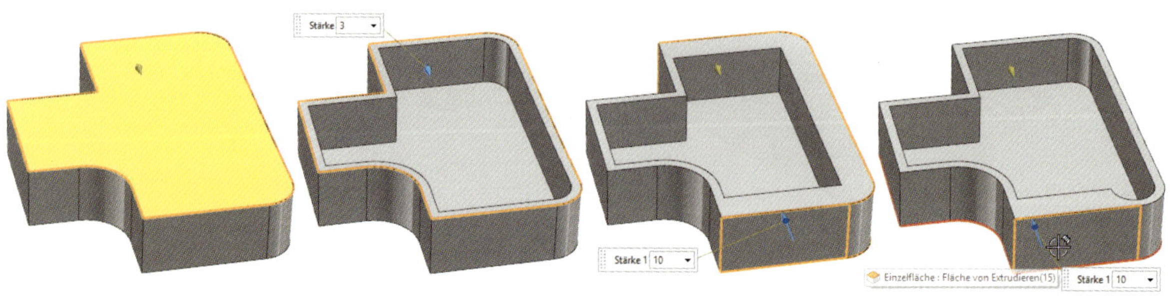

Für Bearbeitungen, die **nach** der Operation **SCHALE** vorgenommen werden, erfolgt keine Übertragung auf die Innenkontur. So wurden im folgenden Beispiel nachträglich zwei Außenkanten verrundet. Die Radien werden nicht auf die Innenkontur übertragen. Um dies zu erreichen, müssen die Flächen vor dem Aushöhlen mit **SCHALE** erzeugt werden. In diesem Beispiel wurde das Formelement **KANTENVERRUNDUNG** im *Teile-Navigator* vor dem Formelement **SCHALE** verschoben. Die Abbildung zeigt links die beiden Verrundungen, die nach dem Schalenkörper erzeugt wurden. Rechts befindet sich das Formelement **KANTENVERRUNDUNG** vor dem Formelement **SCHALE**. Dadurch werden die Verrundungen auf den Innenbereich übertragen.

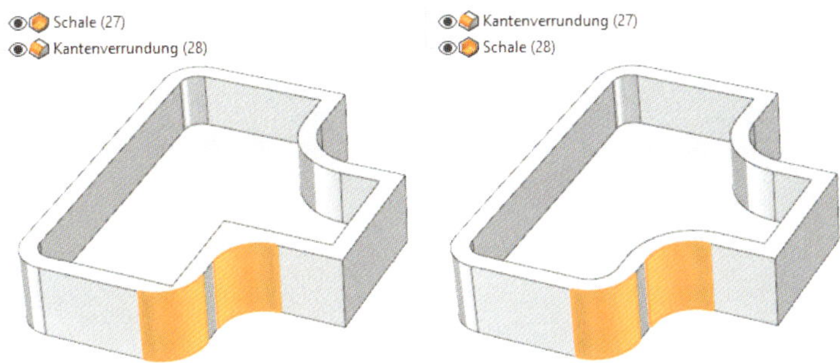

Ein Sonderfall liegt vor, wenn die Fläche zum Öffnen des Körpers tangential zur Nachbarschaftsfläche verläuft. In diesem Fall muss eine zusätzliche Fläche hinzugefügt werden, damit ein gültiger Volumenkörper entsteht (siehe Abbildung rechts). Hierfür steht im Bereich *Einstellungen* unter *Tangentiale Kanten* die Option *Abschlussfläche an die tangentiale Kante hinzufügen* zur Verfügung.

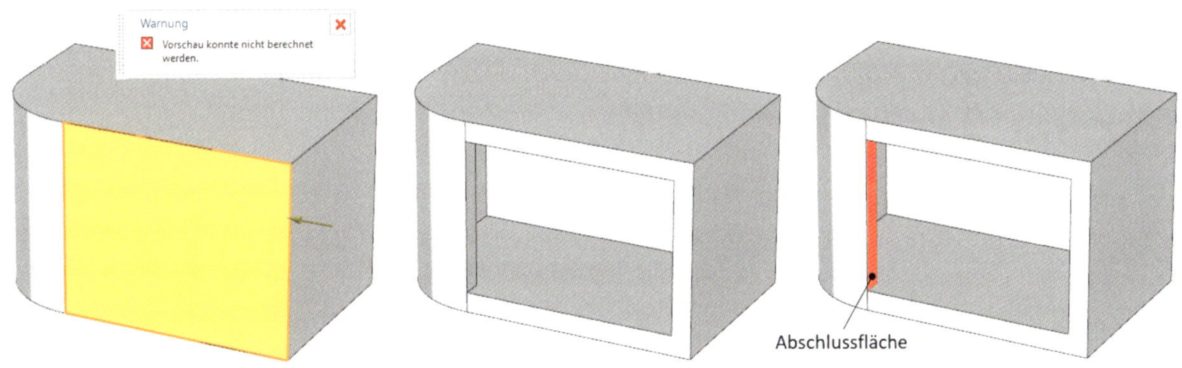

3.8.6 Körper trimmen

Mit dem Befehl **KÖRPER TRIMMEN** können Sie einen Körper mithilfe einer Fläche oder Ebene neu begrenzen. Im Dialog definieren Sie mit *Ziel* den Körper. In einem weiteren Schritt legen Sie mit *Werkzeug* eine Trimmfläche oder Ebene fest. Hierbei ist es auch möglich, eine neue Bezugsebene als Werkzeug zu erstellen.

Körper trimmen (Trim Body)

Die Abbildung zeigt ein Beispiel für die Anwendung mit einer Werkzeugfläche. Wichtig ist dabei, dass die Fläche den Körper vollständig schneidet. Der Körper wird als *Ziel* und die Fläche als *Werkzeug* definiert. Danach erfolgt eine Vorschau auf das Trimmergebnis, in der die Trimmrichtung mit einem Vektor angezeigt wird. Diese Richtung kann geändert werden.

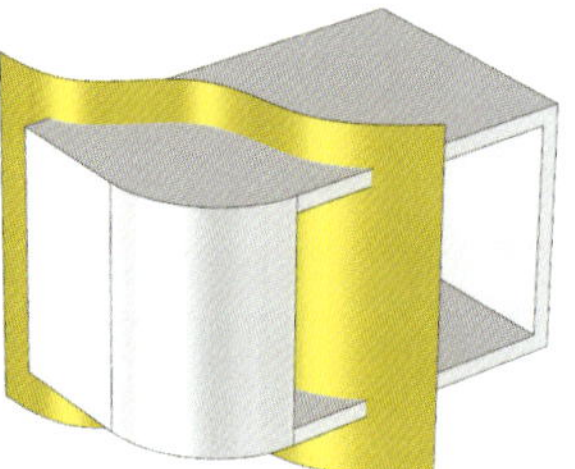

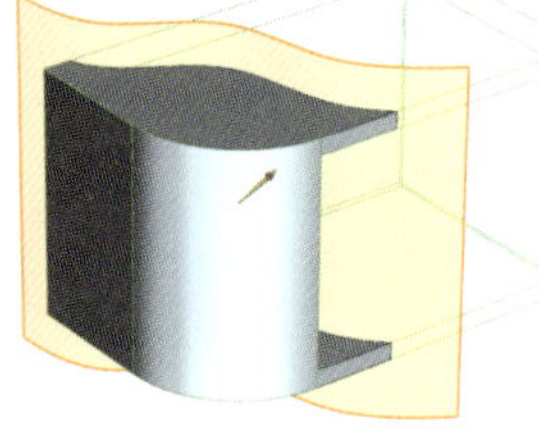

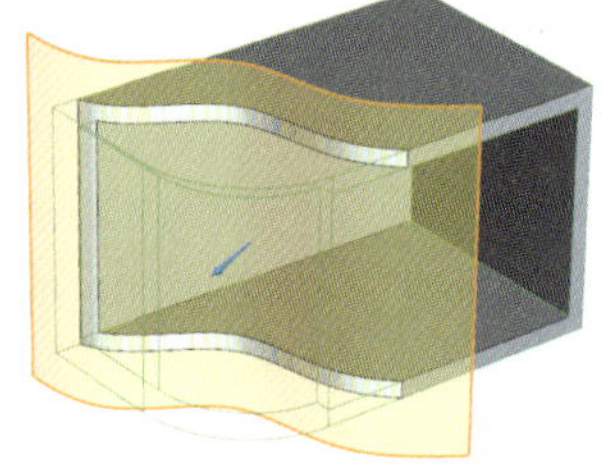

3.8.7 Körper teilen

Körper teilen (Split Body)

Mit dem Befehl **KÖRPER TEILEN** kann ein Körper in mehrere Teile aufgeteilt werden. Der wesentliche Unterschied zu **KÖRPER TRIMMEN** besteht darin, dass beim Trennvorgang keine Geometrie entfernt wird. Die Arbeitsweise dieses Befehls ist analog zu der des Befehls **KÖRPER TRIMMEN**.

Nach Aufruf des Befehls wurde im folgenden Beispiel der Quader als *Ziel* definiert. In einem weiteren Schritt wurde mit **MT3** zum nächsten Eingabeschritt gewechselt und die Werkzeugfläche mit *Werkzeugoption > Fläche oder Ebene* ausgewählt. Die Abbildung zeigt rechts das Ergebnis. Die beiden Körper wurden geteilt und können separat weiterbearbeitet werden.

Als *Werkzeugoption* stehen zusätzlich *Neue Ebene*, *Extrudieren* und *Drehen* zur Verfügung. Damit können Sie innerhalb des Befehls einen Querschnitt wählen oder erzeugen. Bei Extrudieren und Drehen wird dieser in einer internen Skizze verwaltet und dient der Erstellung eines temporären Werkzeugkörpers für die Teilung. Um diesen neuen Körper zu löschen, können Sie den Befehl **KÖRPER LÖSCHEN** verwenden. Das Ergebnis entspricht dann dem von **KÖRPER TRIMMEN**.

Körper löschen (Delete Body)

Im nächsten Beispiel möchten wir Ihnen die Anwendung der Option *Drehen* demonstrieren. Nach dem Start des Befehls **KÖRPER TEILEN** und der Auswahl der Werkzeugoption *Drehen* aktivieren Sie *Skizze definieren oder Kurve auswählen* und erzeugen eine neue Ebene in der Mitte des Würfels. Auf dieser erzeugen Sie die abgebildete Kontur und beenden die Skizzierumgebung anschließend. Danach legen Sie als Rotationsvektor die Zylinderachse fest. Der Querschnitt rotiert dann um diese Achse, und die Trennung wird sichtbar. Die Abbildung zeigt ganz rechts das Ergebnis nach Ausblenden des Volumenkörpers, der durch die Operation entsteht.

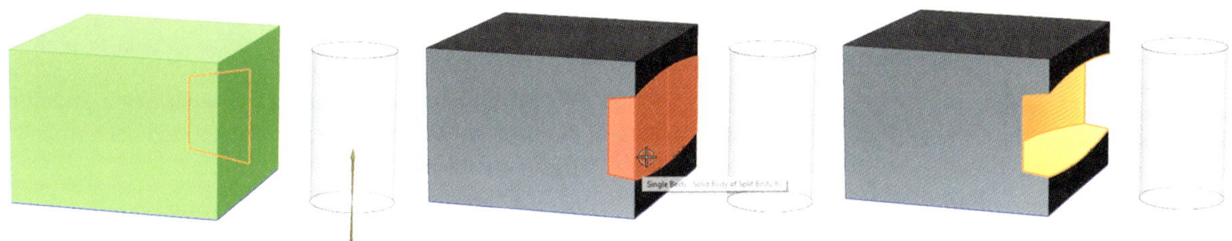

Mit den Befehl **KÖRPER TEILEN** und **KÖRPER TRIMMEN** können auch Flächen bearbeitet werden. Dazu wählen Sie, wie in der Abbildung zu sehen, die Fläche als Ziel und die Flächen des Quaders als Werkzeug.

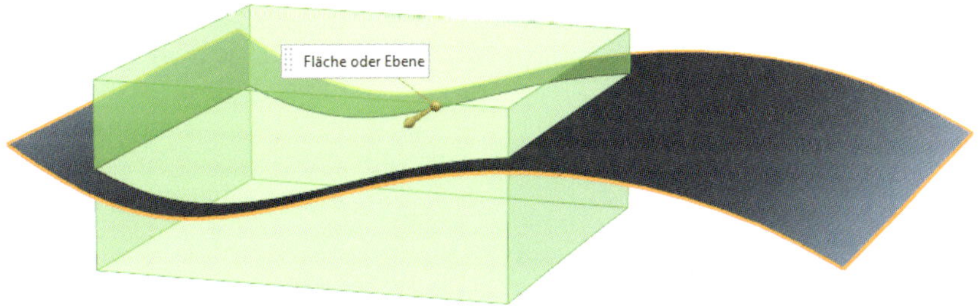

3.8.8 Körper skalieren

Mit dem Befehl **KÖRPER SKALIEREN** können Volumenkörper und Flächenkörper maßstäblich skaliert werden. Hierfür stehen folgende Typen zur Verfügung:

Körper skalieren (Scale Body)

	*Einheitlich*: In alle Richtungen wird die gleiche Skalierung durchgeführt.
	*Achsensymmetrisch*: Es werden zwei Maßstabfaktoren definiert. Der erste Faktor wirkt entlang einer definierten Achse. Der zweite Wert gibt die Skalierung in die anderen Richtungen an.
	*Uneinheitlich*: Die Skalierung wird mit unterschiedlichen Faktoren entlang der Achsen eines Koordinatensystems durchgeführt.

Je nach gewählter Methode sind verschiedene Eingaben erforderlich. Sie können einen oder mehrere Körper auswählen. Danach legen Sie die gewünschte Skalierung der Referenzobjekte fest. Anschließend können Sie die Faktoren eingeben.

Die Anwendung des Befehls möchten wir im Folgenden an zwei Beispielen erläutern. Im ersten Beispiel ist ein Körper gleichmäßig vergrößert worden. Dazu wurde zunächst der Typ *Einheitlich* eingestellt. Danach erfolgte die Selektion des Körpers. NX zeigt dann automatisch als *Skalierungspunkt* den Ursprung des WCS an. Dieser Punkt bildet das Zentrum der Skalierung. Sie können die Vorgabe mit **MT2** akzeptieren. Der skalierte Körper wird dann unter Verwendung des Ursprungs des WCS erzeugt. Alternativ können Sie auch einen anderen *Skalierungspunkt* definieren. Die Abbildung zeigt einen Körper vor (links) und nach (rechts) dem Anwenden von **KÖRPER SKALIEREN**.

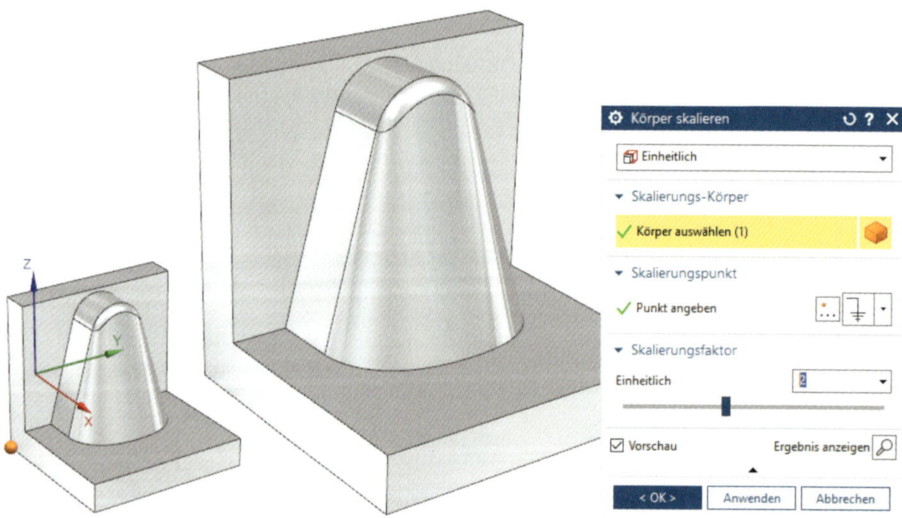

Das nächste Beispiel demonstriert die Skalierung in zwei Richtungen. Als Ausgangsgeometrie dient eine Kugel. Als Typ wird hier *Achsensymmetrisch* verwendet. Anschließend selektieren Sie die Kugel und akzeptieren den Ursprung des WCS als Basispunkt für die Skalierung. Im nächsten Schritt definieren Sie den Vektor für den *Skalierungsfaktor* über das Feld *Entlang Achse*. Im Beispiel wurde die Vorgabe verwendet. Damit wird die ZC-Achse verwendet. Für *Andere Richtungen* bleiben dann XC und YC. Zuerst wurde für *Entlang Achse* der *Skalierungsfaktor* 3 und für *Andere Richtungen* der *Skalierungsfaktor* 1 eingegeben. Damit erhalten Sie das in der Abbildung mittig dargestellte Resultat. Tauscht man die Faktoren, wird die Kugel in zwei Richtungen verzerrt. Das Ergebnis sehen Sie rechts in der Abbildung.

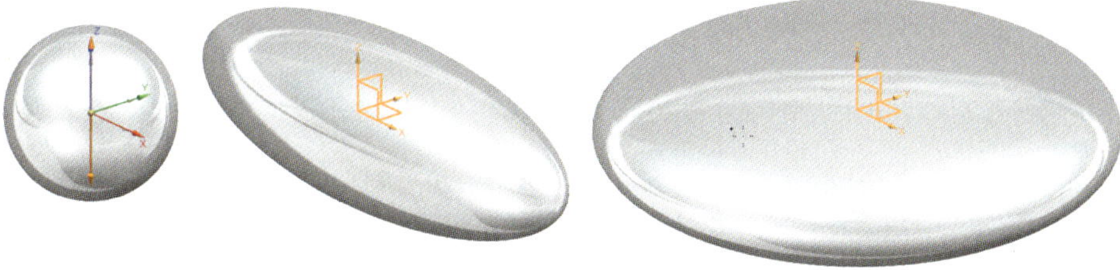

3.8.9 Gewinde

Gewinde (Thread)

Der Befehl **GEWINDE** wurde neu überarbeitet, sodass auch der Dialog nun im aktuellen Design erscheint. Mit dem Befehl können an zylindrischen Flächen symbolische oder detaillierte Gewinde erzeugt werden. NX erkennt dabei anhand der gewählten Fläche automatisch, ob es sich um ein Innen- oder Außengewinde handelt. Die Abbildung zeigt beispielhaft die verschiedenen Varianten.

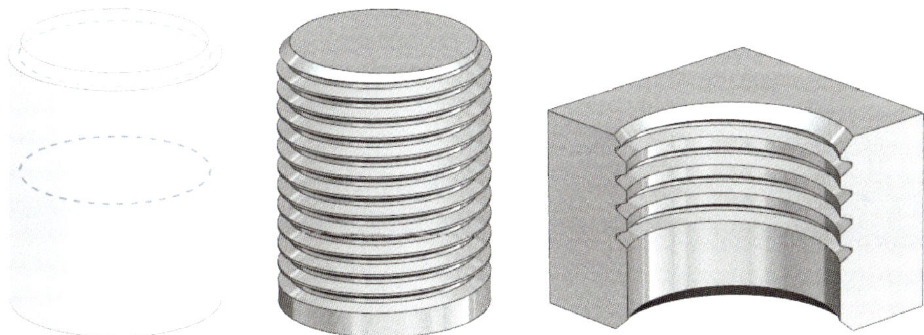

Symbolische Gewinde werden durch gestrichelte Kreise auf den Anfangs- und Endflächen gekennzeichnet. Bei detaillierten Gewinden erfolgt eine realistische Darstellung. Diese ist sehr rechenintensiv und sollte nur in Ausnahmefällen verwendet werden.

HINWEIS: Symbolische Gewinde dienen neben der Basis einer normgerechten Darstellung bei der Erstellung von Zeichnungen auch als Träger von Technologieinformationen für die Herstellung des Bauteils.

Die Abbildung zeigt das Dialogfenster des Befehls **GEWINDE**. Nach der Wahl von *Gewindetyp* (*Symbolisch* oder *Detailliert*) selektieren Sie die Zylinderfläche und das Startobjekt. Nach der Auswahl zeigt ein Vektor die Richtung und den Start des Gewindes an. NX ermittelt in Abhängigkeit vom Zylinderdurchmesser ein passendes Gewinde und füllt den Dialog mit Parametern. Hierzu sollte die Option *Intelligentes Gewinde* aktiv sein. Diese Parameter sind in Tabellen abgelegt. *Methode* definiert das Herstellverfahren für das Gewinde. Mit *Anzahl Gewindegänge* definieren Sie die Anzahl der Gewindeumdrehungen. Mit *Gewindelänge* unter *Begrenzung* definieren Sie die Gewindelänge. Des Weiteren haben Sie die Möglichkeit, unter *Gewindebegrenzung* das Gewinde mit einem *Wert* zu begrenzen. Mit *Vollständig* wird der ganze Zylinder mit einem Gewinde versehen. Zudem ermöglicht die Variante mit *Nicht ganz vollständig*, das Gewinde durch ein *Steigungsvielfaches* vor dem Zylinderende stoppen zu lassen.

Die Abbildung zeigt ein Beispiel, bei dem eine Bezugsebene als Startfläche verwendet wurde. Als Ergebnis erhalten Sie am Körper das symbolische Gewinde und eine normgerechte Darstellung in der abgeleiteten Zeichnung.

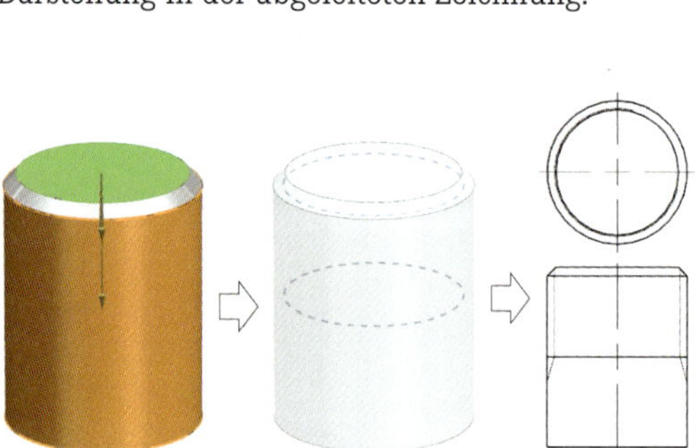

Hinweis: Die Tabellen für metrische Gewinde befinden sich in der NX-Datei *thd_metric.dat* im Ordner *UGII*. Weitere Informationen zur Anpassung der Tabellen finden Sie in der Online-Hilfe.

3.9 Assoziative Kopie

NX bietet vielfältige Optionen zum Kopieren und Vervielfältigen von Geometrie. Die verfügbaren Befehle werden im Folgenden vorgestellt.

3.9.1 Geometrie mustern

Geometrie mustern (Pattern Geometry)

Der Befehl **GEOMETRIE MUSTERN** kopiert Geometrie wie Punkte, Kurven oder Körper. Zusätzlich unterstützt werden Bezugsobjekte wie 3D-Punkte, Bezugsebenen oder Bezugskoordinatensysteme. **GEOMETRIE MUSTERN** bietet dieselben allgemeinen Optionen zum Erzeugen von Mustern wie die Befehle **FLÄCHE MUSTERN** und **FORMELEMENT MUSTERN**. Die Befehle sind unter der Menübandleiste **STARTSEITE > BASIS > WEITERE > KOPIEREN** zu finden.

Die Abbildung zeigt ein Beispiel für das Kopieren von Geometrie mit der Musterdefinition *Layout > Allgemein* unter Verwendung von Bezugskoordinatensystemen. Hierbei ist es besonders wichtig, die Option *Fläche folgen* im Bereich *Orientierung* auszuwählen, damit die kopierten Flächen korrekt orientiert sind.

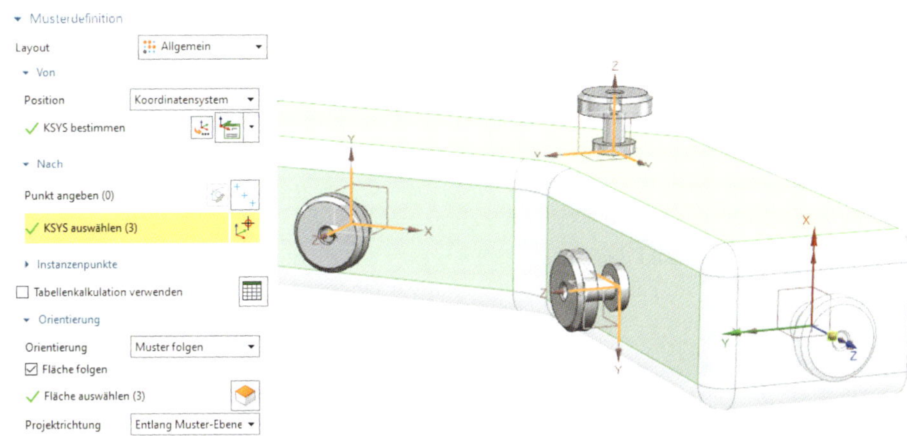

Ein Merkmal von **GEOMETRIE MUSTERN** ist, dass die Geometrie jeweils in einen separaten Körper kopiert wird. Demzufolge ist gegebenenfalls ein weiterer Schritt zum Vereinen erforderlich. Die Abbildung zeigt das geometrische Ergebnis nach der Anwendung von **GEOMETRIE MUSTERN**.

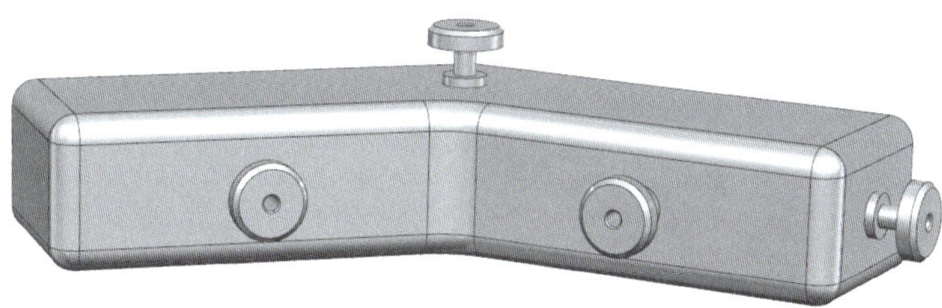

3.9.2 Flächen mustern

Mit **FLÄCHEN MUSTERN** können beliebige Flächen in Mustern vervielfältigt werden. Der Hauptunterschied im direkten Vergleich zu **GEOMETRIE MUSTERN** ist, dass **FLÄCHEN MUSTERN** ausschließlich Flächen verarbeitet und diese Flächen am Zielort in einen vorhandenen Körper einfügt. Daher ist es Voraussetzung, dass die Flächen zu einem Körper hinzugefügt werden können. Die Abbildung zeigt beispielhaft, wie mehrere Flächen in einem kreisförmigen Muster vervielfältigt wurden.

Flächen mustern (Pattern Face)

Die nächste Abbildung zeigt das geometrische Ergebnis nach der Anwendung von **FLÄCHEN MUSTERN**. Die kopierten Flächen wurden in den vorhandenen Body eingefügt.

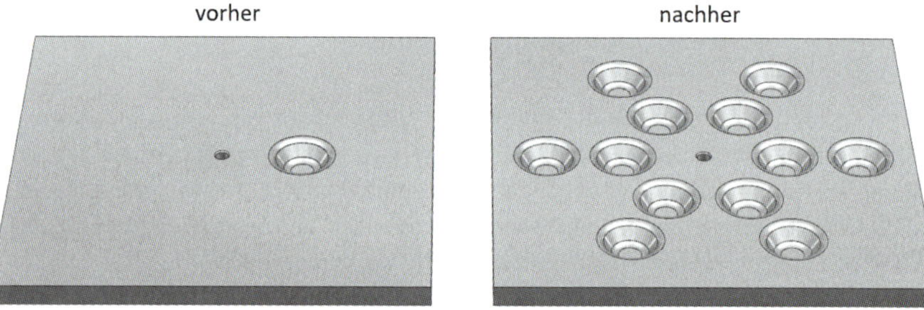

HINWEIS: Achten Sie bei der Erstellung von Mustern darauf, dass sich alle Instanzen mit der Zielfläche verschneiden können, um einen gültigen Körper zu erhalten.

3.9.3 Formelement mustern

Formelement mustern (Pattern Feature)

Mit dem Befehl **FORMELEMENT MUSTERN** können Sie Formelemente (vgl. Formelement in Abschnitt 3.2.1) in einem definierten Muster in mehrere Instanzen vervielfältigen. Änderungen am Quell-Formelement werden automatisch auf weitere Musterelemente übertragen. Zudem haben Sie die Möglichkeit, jede Instanz des Musters individuell anhand ihrer Parameter anzupassen.

Nach dem Start des Befehls **FORMELEMENT MUSTERN** definieren Sie das Quell-Formelement. Im nächsten Dialogschritt definieren Sie mit *Layout* das Muster. Je nach Layout sind verschiedene Parameter erforderlich. Die Abbildung zeigt unser erstes Beispiel, in dem eine Schraubensenkung mithilfe des Layouts *Linear* vervielfältigt wurde.

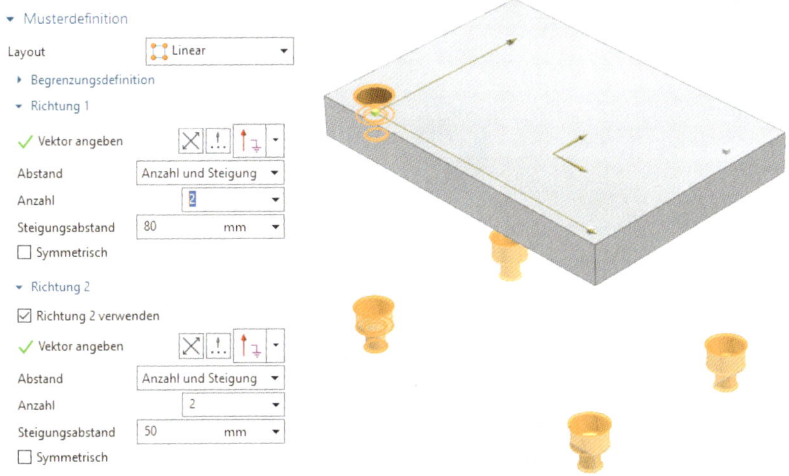

Das nächste Beispiel zeigt die Funktionsweise der Option *Symmetrisch* bei der Erstellung eines linearen Musters. Nach der Definition der beiden Richtungen zeigt die Vorschau das links dargestellte Ergebnis.

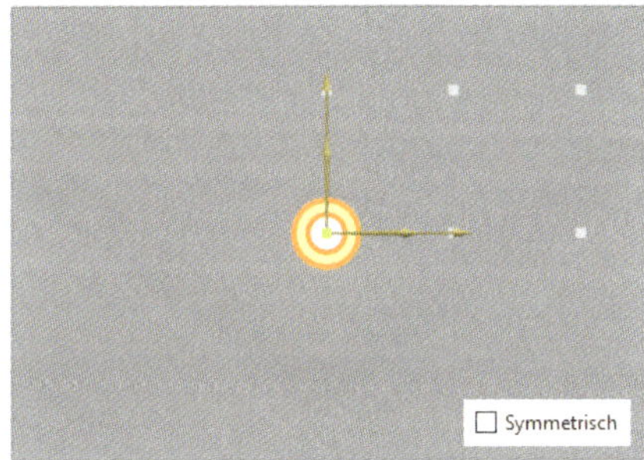

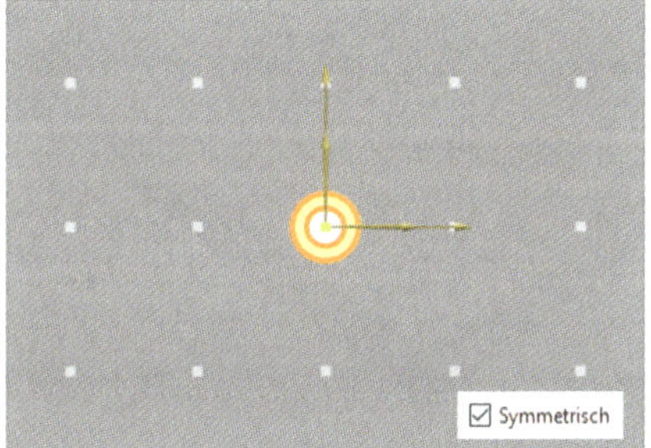

Das Ergebnis ist ein Muster, in dem das mittlere Formelement gleichmäßig vervielfältigt wurde (siehe Abbildung).

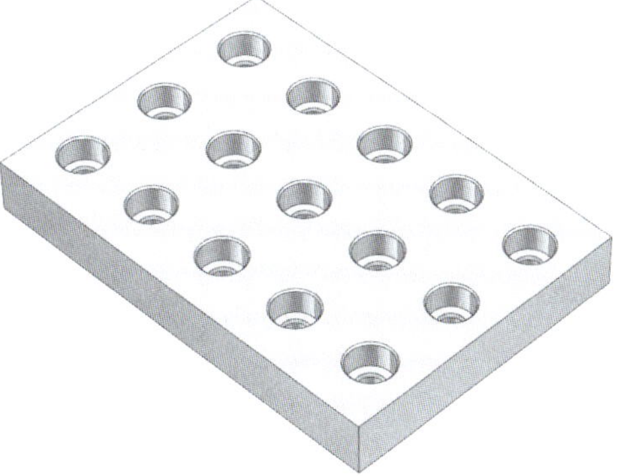

Das folgende Beispiel zeigt exemplarisch die Verwendung des Layouts *Entlang*. Als Referenz wurde ein Spline auf der Fläche verwendet.

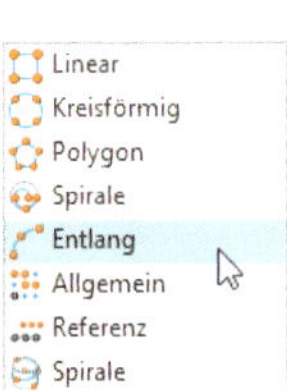

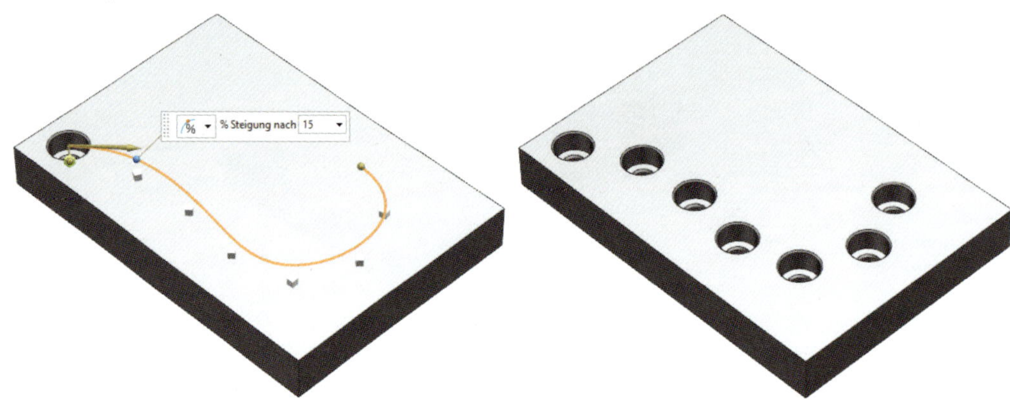

Die Abbildung zeigt, wie Sie eine einzelne Instanz mithilfe von *Unterdrücken* im Kontextmenü unterdrücken können. Auf die gleiche Weise können Sie die Instanz mit *Unterdrückung aufheben* wieder aktivieren.

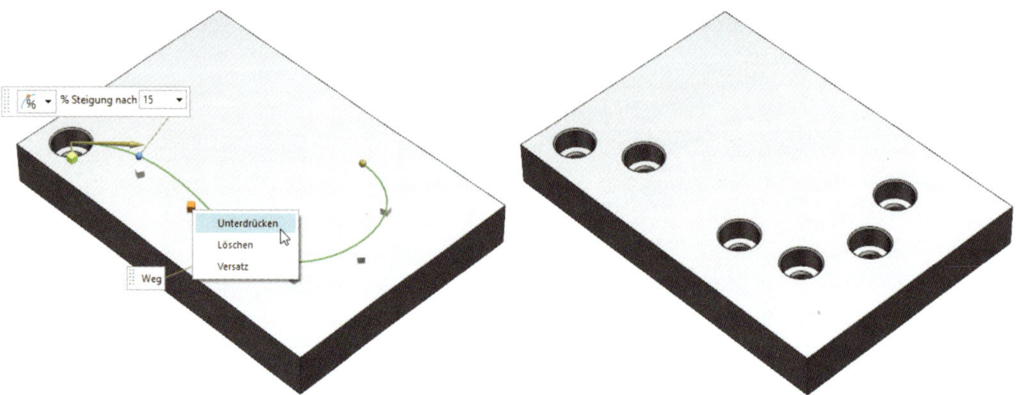

Im nächsten Schritt wird eine gemusterte Bohrung mit Definition eines Versatzes verschoben. Hierzu müssen Sie im Kontextmenü die entsprechende Instanz *Versatz* auswählen und die neue Position angeben.

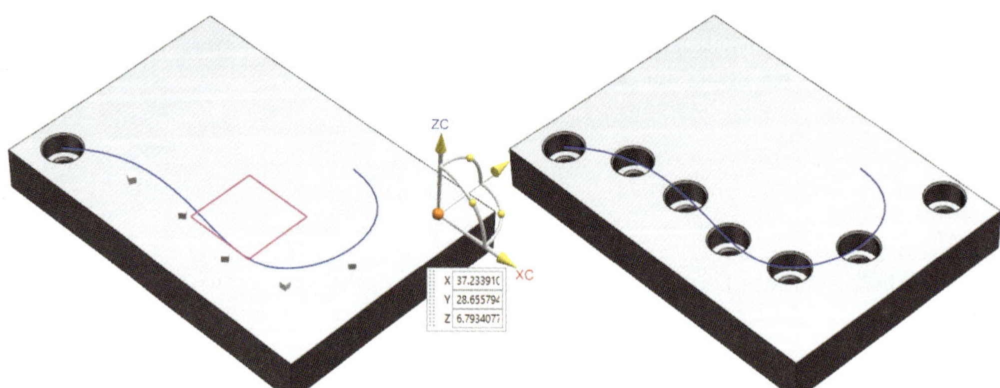

Die Abbildung zeigt, wie Sie mithilfe von **ABWEICHUNG FESTLEGEN** im Kontextmenü den Dialog **ABWEICHUNG** aufrufen, um einzelne Parameter der Instanz anzupassen. Im Beispiel wurden *Counter Bore Diameter* angepasst. Die Option **ABWEICHUNG FESTLEGEN** steht nicht bei allen Bohrungsarten zur Verfügung. Auch werden unterschiedliche Parameter im Dialog **ABWEICHUNG** angezeigt. Um einen Parameterwert zu editieren, muss dieser mit **MT3** selektiert und **ADD TO EDIT** ausgewählt werden. Anschließend kann der *Wert* unter *Werte* geändert werden.

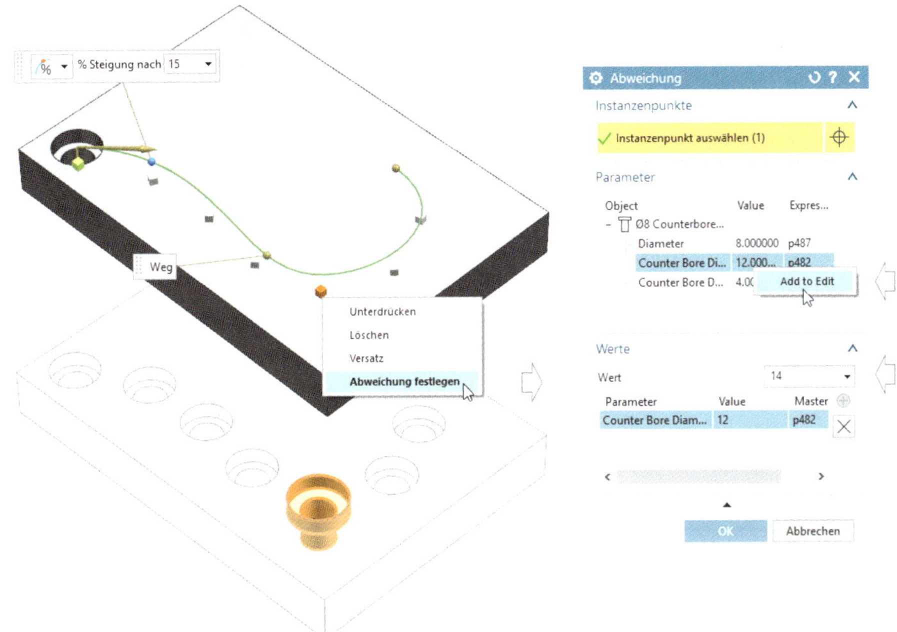

HINWEIS: Für detaillierte Informationen zu weiteren Optionen und Mustern verweisen wir an dieser Stelle auf den Bereich *Musterkonstruktion in NX* in der umfangreichen NX-Online-Hilfe.

3.9.4 Formelement spiegeln

Formelement spiegeln (Mirror Feature)

Formelemente können mit dem Befehl **FORMELEMENT SPIEGELN** gespiegelt werden. Dazu wählen Sie im Dialog zunächst *Zu spiegelnde Formelemente* aus. Diese Auswahl ist sowohl im *Teile-Navigator* als auch im Grafikfenster möglich.

Im dargestellten Beispiel wurden die Formelemente *Extrudieren* und *Kantenverrundung* ausgewählt. Als *Spiegelebene* können ebene Flächen oder Bezugsebenen verwendet werden. Zudem kann durch die Option *Neue Ebene* eine Spiegelebene erzeugt werden. Im Beispiel wurde die vorhandene Bezugsebene gewählt und der Befehl mit **OK** ausgeführt. Das gespiegelte Formelement ist vollständig assoziativ zum Quellelement.

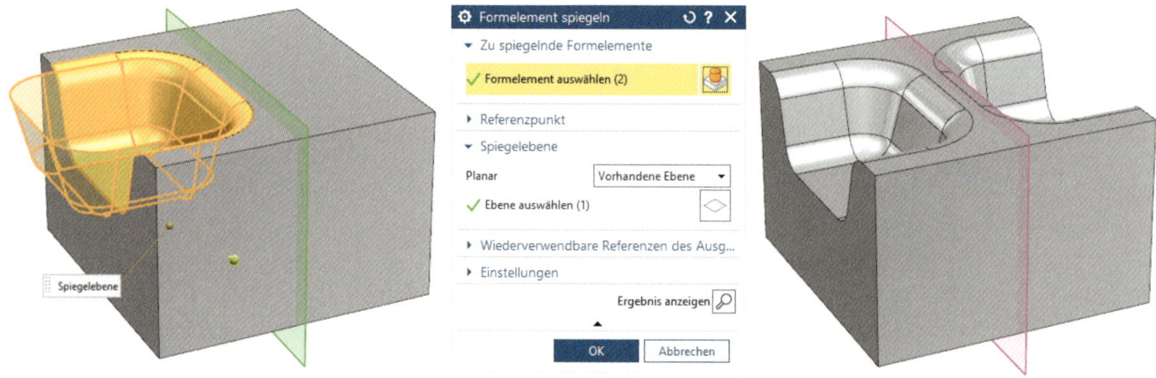

3.9.5 Geometrie spiegeln

Geometrie spiegeln (Mirror Geometry)

Der Befehl **GEOMETRIE SPIEGELN** erlaubt das Erstellen gespiegelter Geometrie. Der Einsatz ist bei spiegelsymmetrischen Bereichen eines Modells sinnvoll, da in diesem Fall nur eine Seite des Bauteils konstruiert werden muss. Sie können steuern, ob die gespiegelte Geometrie assoziativ ist. Die Abbildung zeigt ein Beispiel für die Anwendung.

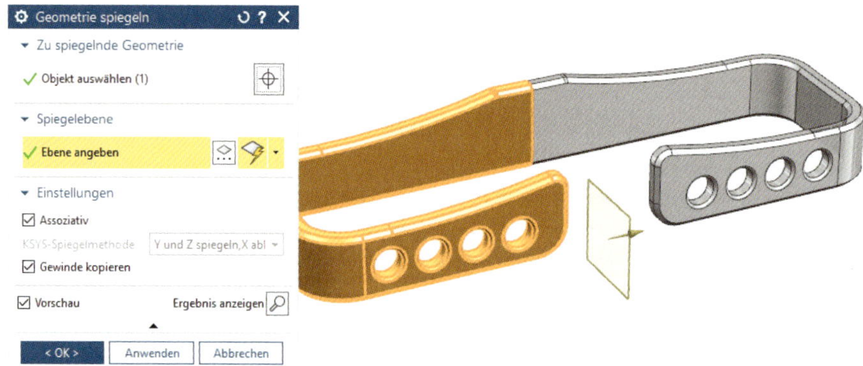

3.9.6 Geometrie extrahieren

Geometrie extrahieren (Extract Geometry)

Der Befehl **GEOMETRIE EXTRAHIEREN** erlaubt es, aus einer bestehenden Konstruktion assoziative Kopien von Körpern, Punkten, Kurven, Flächen oder Bezugsobjekten zu erstellen. Die verfügbaren Typen werden im Folgenden beispielhaft erläutert. Durch die Fixierung beim aktuellen Zeitstempel (*Bei aktuellem Zeitstempel fixieren*) wirken sich nachträgliche Änderungen an der Quellgeometrie nicht auf die Kopie aus. Somit können Zwischenstände eines Körpers abgeleitet werden.

Folgende Typen stehen zur Auswahl:

- Der Typ **ZUSAMMENGESETZTE KURVE** erlaubt das Kopieren von Kanten. Hierbei können verbundene Kanten verschmolzen werden. Die Abbildung zeigt eine beispielhafte Anwendung, in der zwei Kanten des Modells mit der Option *Kurve verbinden > Allgemein* verschmolzen werden. Beim Extrudieren der Kopie entsteht demzufolge eine einzelne Fläche.

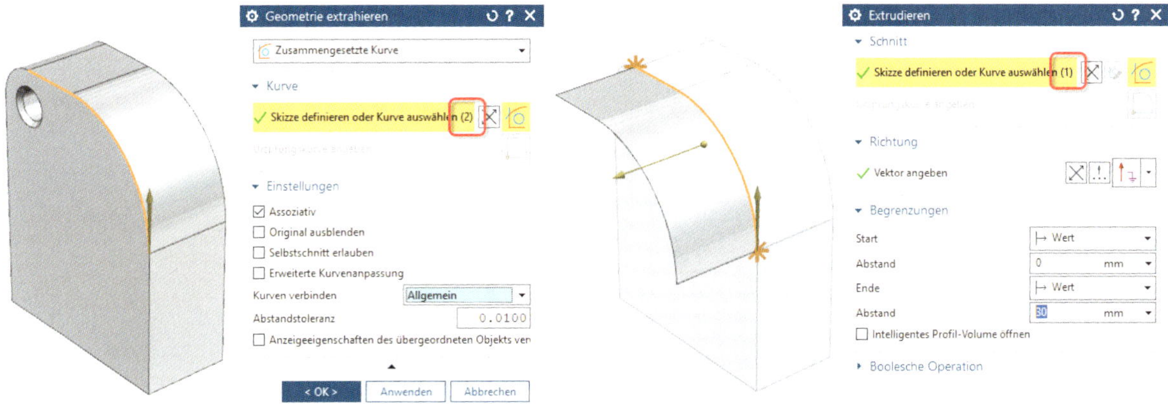

- Der Typ *Punkt* erlaubt das Kopieren von Punkten.

- Der Typ *Bezug* erlaubt das Kopieren von Bezugsebenen.

- Der Typ *Fläche* erlaubt das Kopieren von Flächen.

- Der Typ *Flächenbereich* erlaubt das Kopieren von Flächen eines definierten Bereichs. Den Bereich definieren Sie mithilfe einer *Ursprungsfläche* und einer oder mehrerer *Begrenzungsflächen* (in der Abbildung grün). Die Ursprungsfläche und alle weiteren Flächen bis zur Begrenzungsfläche werden ausgewählt. Die Abbildung zeigt beispielhaft das Extrahieren der Flächen einer Verprägung. Die Begrenzung wird in diesem Fall durch die grüne Fläche definiert.

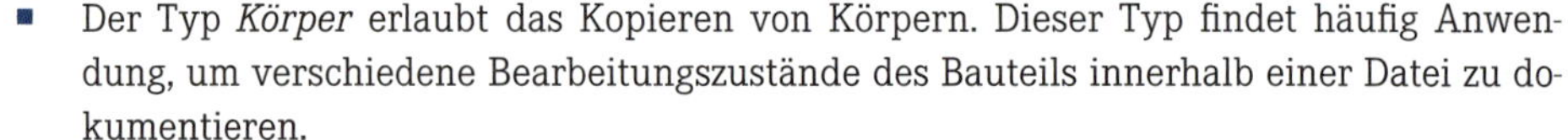

- Der Typ *Körper* erlaubt das Kopieren von Körpern. Dieser Typ findet häufig Anwendung, um verschiedene Bearbeitungszustände des Bauteils innerhalb einer Datei zu dokumentieren.

- Eine Besonderheit bietet der Typ *Körper spiegeln*. Dieser erlaubt das Kopieren assoziativ gespiegelter Volumenkörper. Die Abbildung zeigt hierfür ein Beispiel.

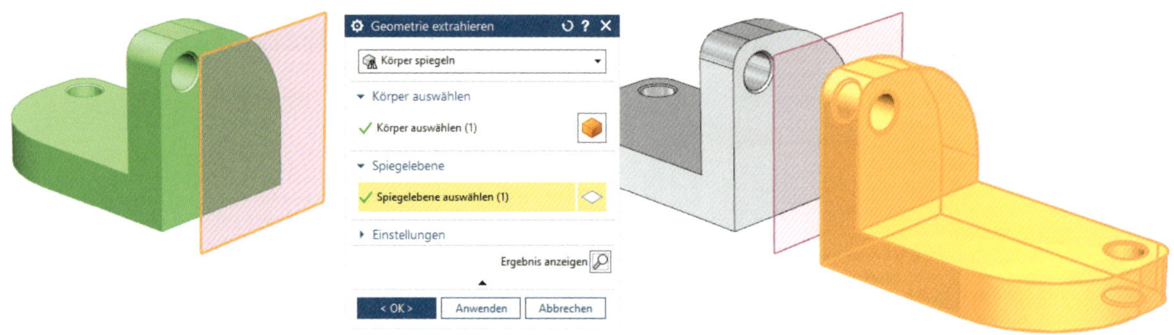

4 Synchrone Technologie (Synchronous Technology)

Synchrone Technologie (Synchronous Technology) bzw. Synchrone Konstruktion sind Oberbegriffe für eine Funktionalität in NX, mit der sich Modelle allein auf Basis ihrer geometrischen Eigenschaften verändern lassen.

4.1 Einführung

NX bietet mit den Befehlen der Synchronen Konstruktion vielfältige Optionen an, mit denen die Flächen eines Modells auf der Basis geometrischer Eigenschaften verändert werden können. Dies ist insbesondere dann sehr hilfreich, wenn die Abhängigkeiten einzelner Formelemente in der Entstehungshistorie eines Bauteils unbekannt sind. Diese Abhängigkeiten spielen beim Verändern des Modells mit den Befehlen der Synchronen Konstruktion keine Rolle. Daher ist das direkte Ändern importierter Modelle ohne Historie eine Domäne dieser Befehle. Grundsätzlich könnte man sagen, dass die Befehle der Synchronen Technologie „ergebnisorientiert" sind, da ihre Anwendung ausschließlich auf dem **geometrischen** Ergebnis der vorangegangenen Konstruktion basiert.

4.2 Grundlagen der Synchronen Konstruktion

Ein 3D-Modell besteht aus einzelnen Flächen. Wenn diese Flächen ein Volumen vollständig umschließen, spricht man von einem gültigen Volumenmodell oder Volumenkörper, ansonsten von einem Flächenmodell oder Flächenkörper.

Eine Fläche besteht aus ihrer Oberfläche sowie der Flächenberandung. Die Flächenberandung bestimmt die Größe der Fläche. Sie besteht aus einzelnen Kanten, die sich in den meisten Fällen aus Verschneidungen mit benachbarten Flächen ergeben. In der Abbildung ist dieser Sachverhalt dargestellt. In diesem Beispiel wurde ein Quader mithilfe einer Fläche getrimmt. Daher ergibt sich am Quader eine neue Fläche, welche im rechten Bildelement gelb dargestellt ist. Die Größe der Fläche ist durch die Flächenberandung begrenzt. Diese ergibt sich durch die Verschneidung der Oberfläche mit den weiteren Flächen.

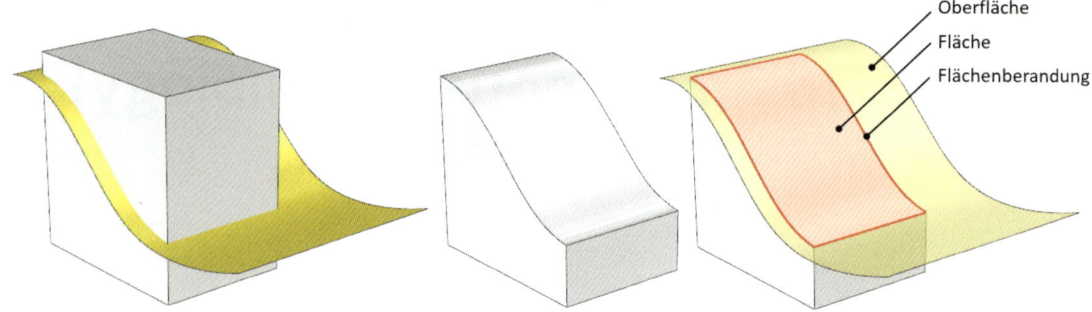

Durch diesen Sachverhalt ist es prinzipiell möglich, die Größe einer Fläche durch das Verschieben der Flächenberandung zu verändern. Diese prinzipielle Betrachtungsweise gilt, solange die Oberfläche, auf der die Fläche basiert, ausreichend groß ist. Zur weiteren Darstellung dient das folgende Beispiel, in dem die hervorgehobene Fläche entlang ihrer Flächennormalen verschoben wird. Infolgedessen wird die Fläche aus dem vorangegangenen Beispiel auf der Basis ihrer Oberfläche vergrößert.

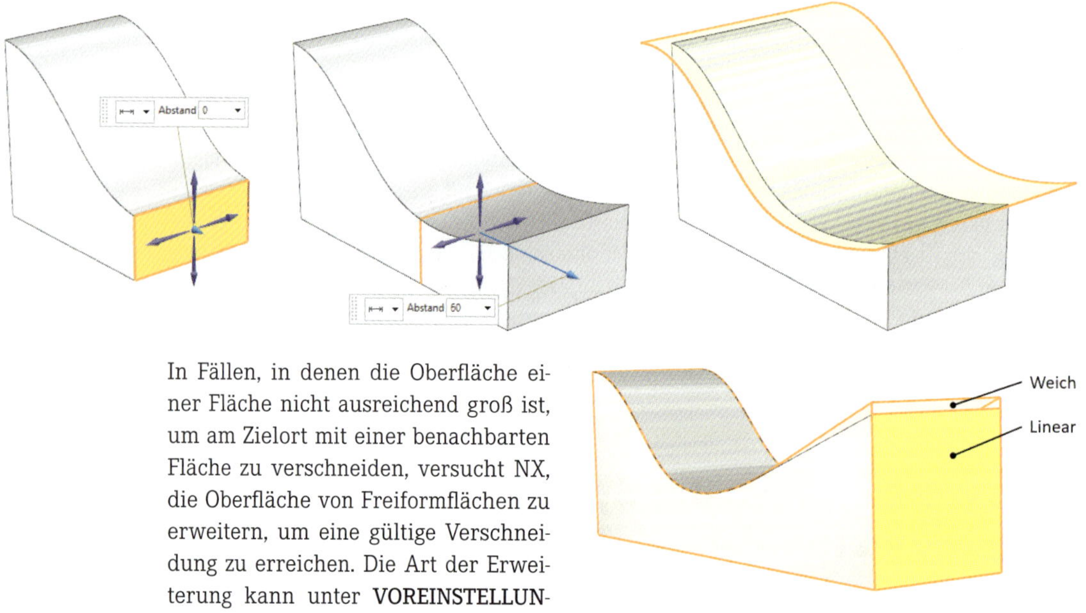

In Fällen, in denen die Oberfläche einer Fläche nicht ausreichend groß ist, um am Zielort mit einer benachbarten Fläche zu verschneiden, versucht NX, die Oberfläche von Freiformflächen zu erweitern, um eine gültige Verschneidung zu erreichen. Die Art der Erweiterung kann unter VOREINSTELLUNGEN > KONSTRUKTION > FREIFORM > OBERFLÄCHEN-ERWEITERUNGSMETHODE konfiguriert werden. Zur Auswahl stehen an dieser Stelle *Linear* und *Weich*. Die Abbildung zeigt das Resultat beider Varianten.

Auf dieser Basis funktioniert Synchrone Konstruktion.

In einem weiteren konkreten Beispiel (siehe Abbildung) wird die orange hervorgehobene Fläche aus einem Modell herausgelöst und etwas nach oben bewegt. Das Ergebnis wäre ein nicht korrekt begrenztes Volumenmodell mit offenen Kanten (siehe drittes Bildelement von links). Um ein gültiges Volumenmodell zu bilden, werden im Kontext der Synchronen Konstruktion die beteiligten Flächen auf Basis ihrer geometrischen Eigenschaften erweitert und neu verschnitten. Das Ergebnis einer Verschiebung mit dem Befehl **FLÄCHE VERSCHIEBEN** ist im Bildelement ganz rechts zu sehen.

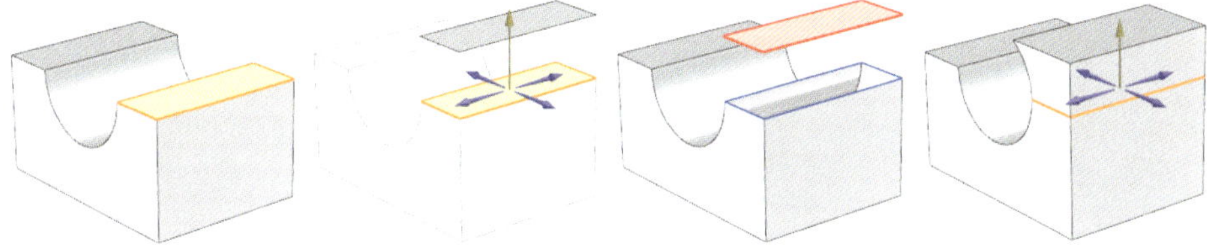

■ 4.3 Flächen auswählen

Zusätzlich zu den Standardmethoden wird die Auswahl von Flächen im Kontext der Synchronen Technologie durch weitere Funktionen unterstützt. Diese erweiterten Funktionen werden im Folgenden erläutert.

4.3.1 Flächenauswahl

Fläche < Flächen auswählen steht innerhalb der Dialogfenster der synchronen Konstruktionsbefehle zur Verfügung und unterstützt Sie bei der effektiven Auswahl von Flächen. Zu den initial gewählten Flächen können im Register *Ergebnisse* weitere Flächen mithilfe von geometrischen Bedingungen zur Auswahl hinzugefügt werden. So werden beispielsweise durch die Auswahl von *Koaxial* alle Flächen hinzugefügt, deren Achse identisch orientiert ist. Die Abbildung zeigt hierfür ein Beispiel.

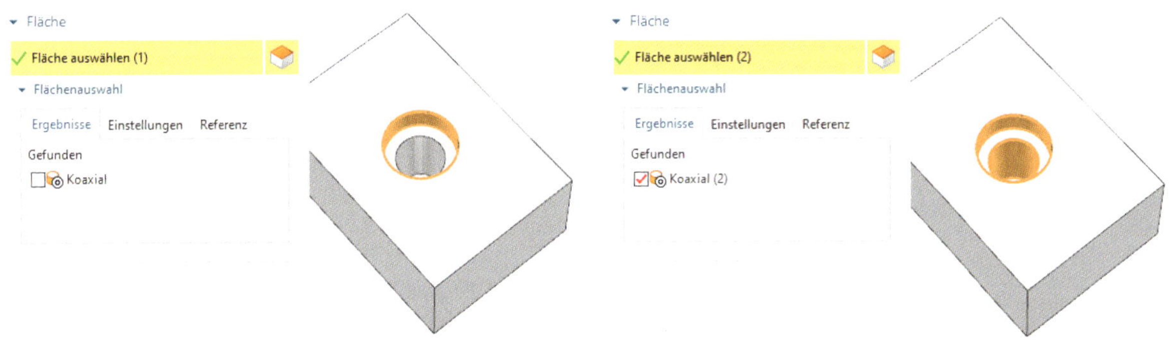

Im Register *Einstellungen* kann die automatische Auswahl von Flächen konfiguriert werden. Die Optionen und ihre Wirkungsweisen werden im Folgenden erläutert.

Flächenauswahl verwenden: Nach Aktivieren dieser Option werden nach der Auswahl einer Fläche im Register *Ergebnisse* mögliche weitere Flächen aufgelistet. Diese können dann durch Setzen der Checkbox zur Auswahl hinzugefügt werden.

Koaxial auswählen: Flächen, deren Oberflächenachse identisch orientiert ist, werden zur Auswahl hinzugefügt.

Tangente auswählen: Flächen, die tangential an die Auswahl anschließen, werden zur Auswahl hinzugefügt.

Koplanar auswählen: Flächen, die in derselben Ebene wie die Auswahl liegen, werden zur Auswahl hinzugefügt.

Koplanare Achse auswählen: Flächen, deren Achse in derselben Ebene wie die Achse der Auswahl liegen, werden zur Auswahl hinzugefügt.

Gleichen Radius auswählen: Zylindrische Flächen mit gleichem Radius werden zur Auswahl hinzugefügt.

Symmetrisch auswählen: Bei Modellen mit symmetrischem Aufbau werden symmetrische Flächen zur Auswahl hinzugefügt.

Offset auswählen: Flächen, die in einem Abstand parallel zur Auswahl liegen, werden zur Auswahl hinzugefügt.

4.3.2 Flächenregel

Mithilfe der *Flächenregel* wird die effektive Auswahl von Knauf-, Taschen-, Rippen oder Nutenflächen unterstützt. Die Auswahlmöglichkeit der *Flächenregel* befindet sich in der Rahmenleiste direkt unterhalb der Menübandleiste. Sie wird immer dann sichtbar, wenn ein Befehl Flächen als Inputgeometrie benötigt. Mit den Flächenregeln können zusammengehörige Flächen dieser Typen leicht ausgewählt werden. Die *Flächenregel* arbeitet ausschließlich auf Basis geometrischer Eigenschaften und kann daher ohne Einschränkung auch bei Modellen ohne Historie verwendet werden. Die Tabelle enthält geometrische Kennzeichen der einzelnen Typen.

Typ	Geometrische Kennzeichen
Knaufflächen	Die Flächen eines Knaufs beschreiben einen in sich geschlossenen Bereich, der zu einem Volumenkörper hinzugefügt wird. Die Verbindung erfolgt in der Regel an einer Fläche. Ein Knauf vergrößert das Volumen des Körpers.
Taschenflächen	Die Flächen einer Tasche beschreiben einen in sich geschlossenen Bereich, der von einem Volumenkörper abgezogen wird. Die Verbindung erfolgt in der Regel an einer Fläche. Eine Tasche verringert das Volumen des Körpers.

Typ	Geometrische Kennzeichen
Rippenflächen	Die Flächen einer Rippe beschreiben einen in sich geschlossenen Bereich, der zu einem Volumenkörper hinzugefügt wird. Die Verbindung erfolgt in der Regel an zwei oder mehreren Flächen. Eine Rippe vergrößert das Volumen des Körpers.
Nutenflächen	Die Flächen einer Nut beschreiben einen Bereich, der von einem Volumenkörper entfernt wird. Die Verbindung erfolgt in der Regel an zwei oder mehreren Flächen. Eine Nut verringert das Volumen des Körpers.

Die einzelnen Typen werden an einem Beispiel erläutert, in dem Flächen zum Löschen mit dem Befehl **LÖSCHEN** ausgewählt werden. Im ersten Fall wird die hervorgehobene Fläche des Typs *Knauf- oder Taschenflächen* gewählt. Die Vorschau zeigt, dass alle Flächen im inneren Bereich gewählt und gelöscht werden. Der Grund hierfür ist, dass der Algorithmus die gewählte Fläche als Teil eines Knaufs erkannt und somit die Flächen bis zur Berührung mit dem Boden gewählt hat.

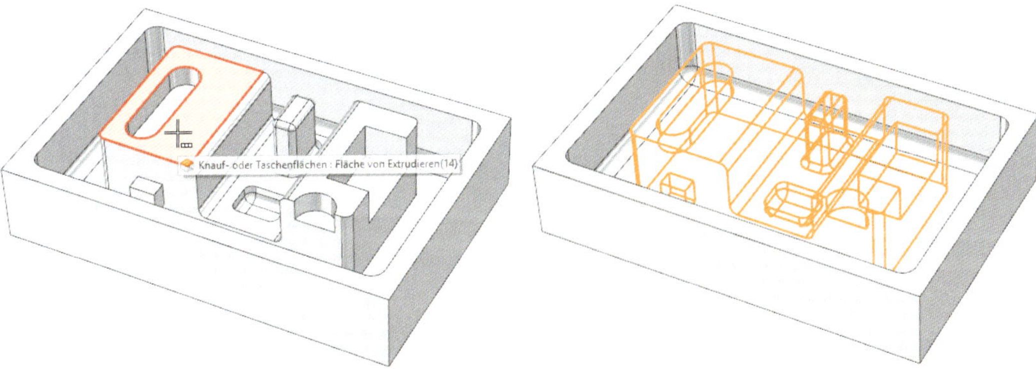

Im nächsten Fall wird die hervorgehobene Fläche des Typs *Knauf- oder Taschenflächen* gewählt. Die Vorschau zeigt, dass nur die Tasche gewählt und gelöscht wird. Der Grund hierfür ist, dass der Algorithmus die gewählte Fläche als Teil einer Tasche erkannt und somit die Flächen der Tasche gewählt hat.

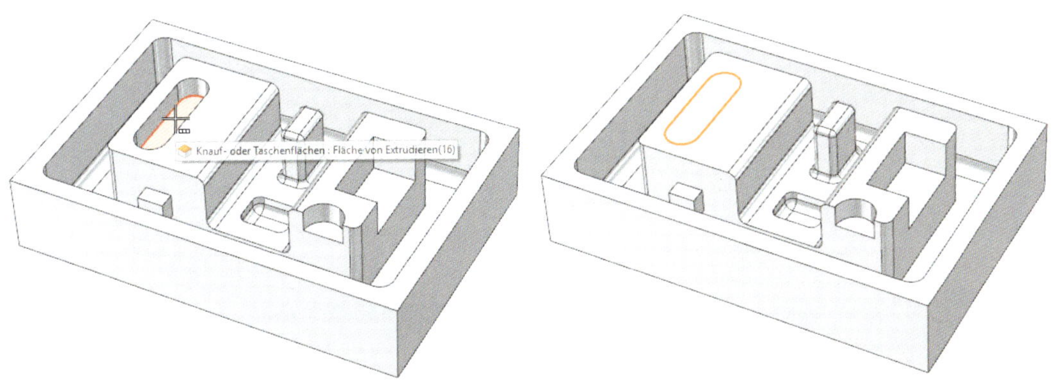

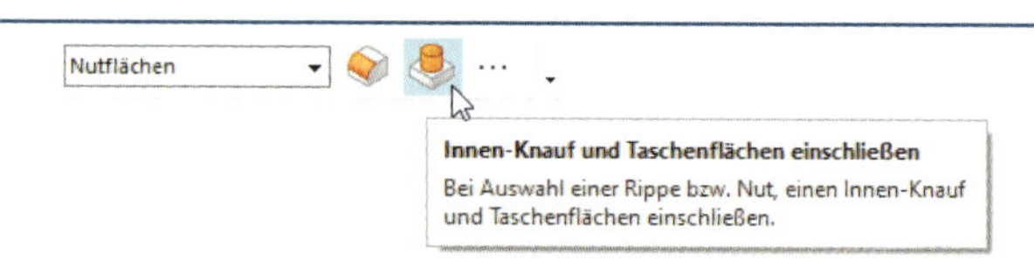

Im nächsten Fall wird die hervorgehobene Fläche des Typs *Nutenfläche* gewählt. Zusätzlich wird noch als *Kappenfläche* die orangefarbene Deckfläche selektiert. Die Vorschau im mittleren Bildelement zeigt, dass nur die Flächen der Nut gewählt und gelöscht werden. Die Tasche sowie der Knauf bleiben im Volumenkörper enthalten. Der Grund hierfür ist, dass der Algorithmus die gewählte Fläche als Teil einer Nut erkannt und somit die Flächen der Nut gewählt hat. Um sowohl den Knauf als auch die Tasche innerhalb der Nut zu löschen, können Sie die Option *Innen-Knauf und Taschenflächen einschließen* vor der Auswahl aktivieren. Sie finden diese Option neben den Flächenregeln in der Rahmenleiste. Das Ergebnis ist in der Abbildung rechts dargestellt.

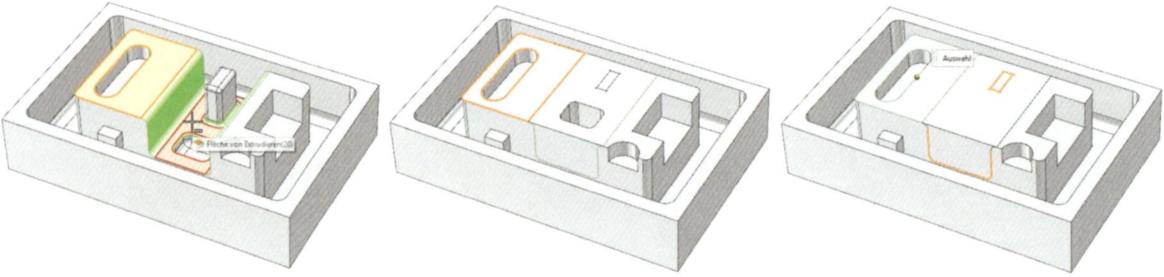

Im nächsten Fall wird die hervorgehobene Fläche des Typs *Rippenfläche* gewählt. Die Vorschau zeigt, dass nur die Flächen der Rippe gewählt und gelöscht werden. Der Grund hierfür ist, dass der Algorithmus die gewählte Fläche als Teil einer Rippe erkannt und somit die Flächen der Rippe gewählt hat.

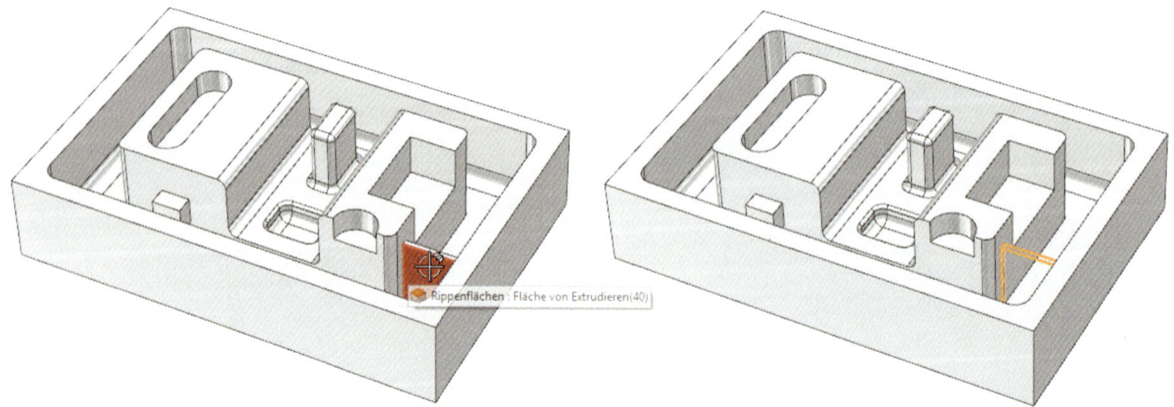

Mit dem folgenden Beispiel soll der Unterschied zwischen *Knauf- und Taschenfläche* und *Nutfläche* dargestellt werden. Die hervorgehobenen Flächen sollen mithilfe der *Flächenregel* gelöscht werden. Hierfür wird die hervorgehobene Fläche des Typs *Nutfläche* gewählt.

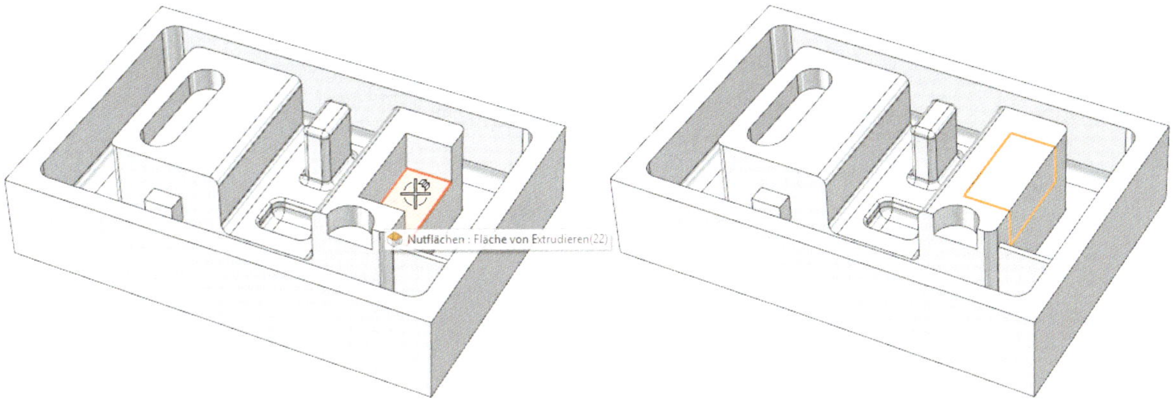

Der Algorithmus erkennt die Fläche als Teil einer Nut und löscht somit alle Flächen der Nut. Die Auswahl der hervorgehobenen Fläche des Typs *Knauf- und Taschenflächen* führt in diesem Fall nicht zum gewünschten Ergebnis. Der Algorithmus erkennt die Fläche als Teil eines Knaufs und löscht somit alle seine Flächen.

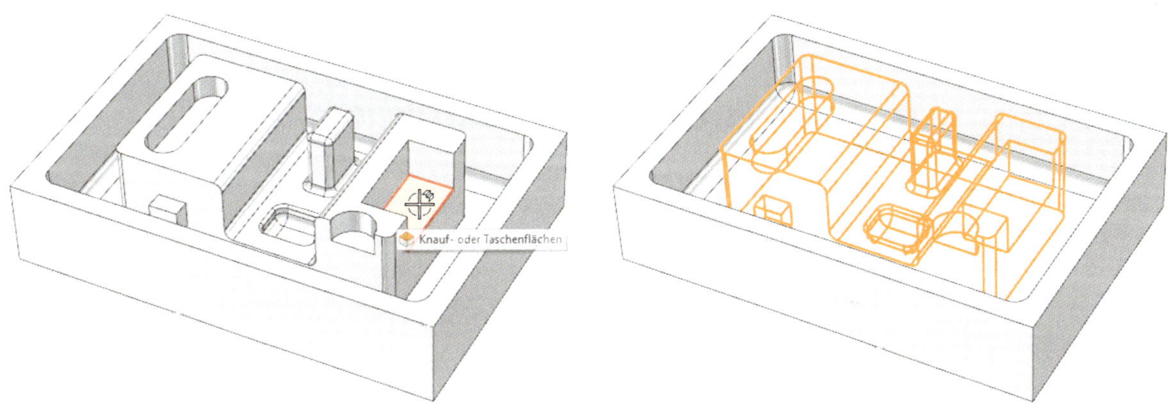

4.3.3 Suggestive Auswahl

Bei der Auswahl von Flächen im Kontext der Synchronen Konstruktion erscheint in der Nähe des Cursors im Grafikfenster automatisch eine Kontextsymbolleiste, welche die jeweils zutreffenden Filtermöglichkeiten der Rahmenleiste mit den Flächenregeln und der Flächenauswahl enthält. Diese Funktion wird als *Suggestive Auswahl* bezeichnet. Die *Suggestive Auswahl* erlaubt auf Basis der gewählten Flächen die Auswahl weiterer Flächen. Bewegt man den Cursor von der Leiste weg, wird sie ausgeblendet.

Im folgenden Anwendungsbeispiel wird der Befehl GRÖSSE DER VERRUNDUNG VERÄNDERN verwendet und mit der Flächenregel *Einzelfläche* die erste Fläche ausgewählt. Weitere verbundene Verrundungen können mit *Verbundene Verrundungsflächen* ausgewählt werden.

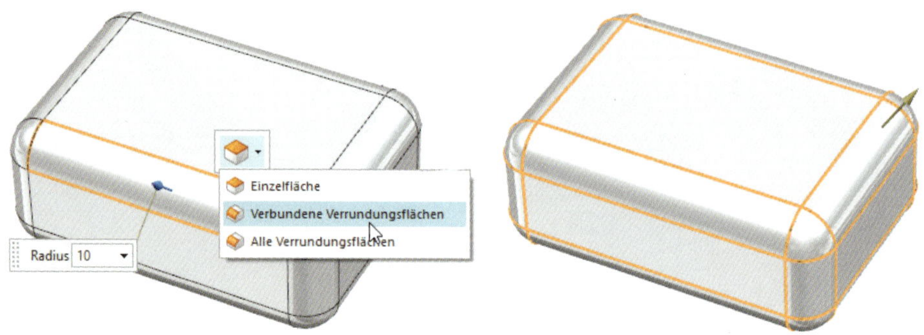

4.3.4 Gruppenfläche

Gruppenfläche (Group Face)

Mit dem Befehl **GRUPPENFLÄCHE** können beliebige Flächen zu einer Gruppe zusammengefasst werden. Dies vereinfacht die Auswahl mehrerer Flächen durch die Selektion der Gruppe im *Teile-Navigator*.

■ 4.4 Synchrone Konstruktionsbefehle

Die verfügbaren *Synchrone Technologie*-Befehle können in verschiedene Kategorien eingeteilt werden. Neben den Befehlen zum Bewegen stehen weitere zum Vervielfältigen, zum Ersetzen und zum Entfernen von Flächen zur Verfügung. Die Kategorien mit den verfügbaren Befehlen werden in diesem Abschnitt vorgestellt und erläutert.

4.4.1 Flächen bewegen

Flächen können auf verschiedene Arten bewegt werden. Neben der direkten Positionierung können Flächen mithilfe geometrischer Bedingungen oder mit steuernden Bemaßungen bewegt werden. Durch die vielfältigen Kombinationsmöglichkeiten, die sich aus der Auswahl der Flächen und der Definition der Bewegung ergeben, erscheinen manche Befehle auf den ersten Blick sehr komplex. Die grundsätzliche Vorgehensweise besteht jedoch immer aus zwei Schritten:

1. Flächen auswählen
2. Bewegung definieren

Die verfügbaren Befehle zum Bewegen von Flächen werden im Folgenden erläutert.

4.4.1.1 Flächen bewegen durch Positionieren

4.4.1.1.1 Verschieben

VERSCHIEBEN erlaubt es Ihnen, die Gestalt eines 3D-Modells zu verändern, indem Sie eine oder mehrere Flächen definiert bewegen. Die Funktionsweise wird an einem Beispiel erläutert. In diesem wurden fünf Flächen um 20 mm bewegt und so die Länge der Nut entsprechend verkürzt und zugleich die Bohrung verschoben.

Verschieben (Move Face)

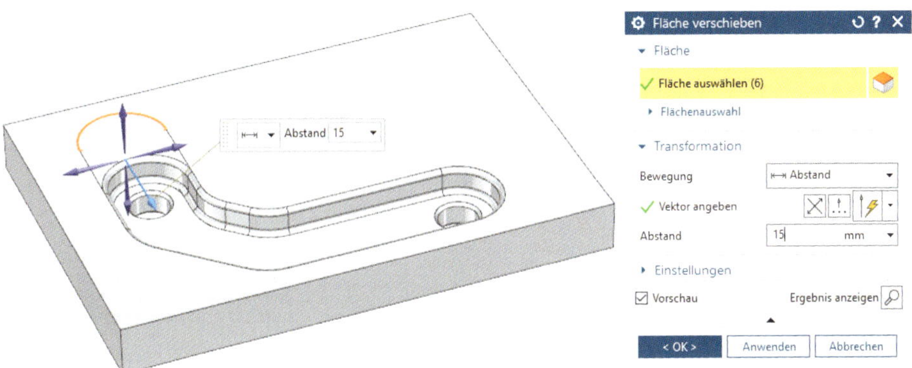

Die Auswahl der Flächen erfolgte mit einem Auswahlrahmen. Im Bereich *Transformation* wurde als *Bewegung* die Option *Abstand* ausgewählt und der Bewegungsvektor mithilfe einer Modellkante definiert.

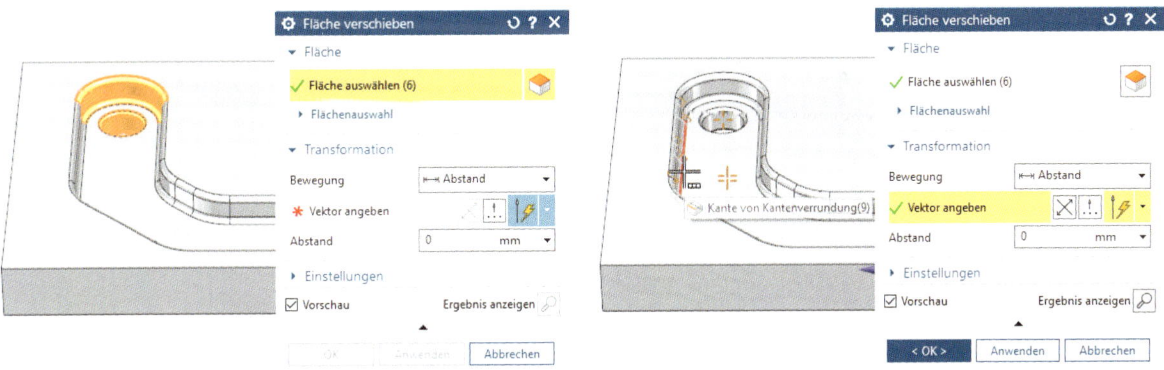

Die Abbildung zeigt ein Beispiel, in dem alle Flächen der Nut ausgewählt und mit *Bewegung Winkel* rotiert wurden. Auf diese Weise wurde die gesamte Nut um 30° gedreht. Die Auswahl der Flächen erfolgte mithilfe der Flächenregel *Nutenfläche* und der Flächenauswahl *Koaxial* (in der Dialogbox), um die zweite Bohrung mit zu selektieren. Die Rotationsachse wurde mithilfe einer Modellkante (Zylinderkante) definiert.

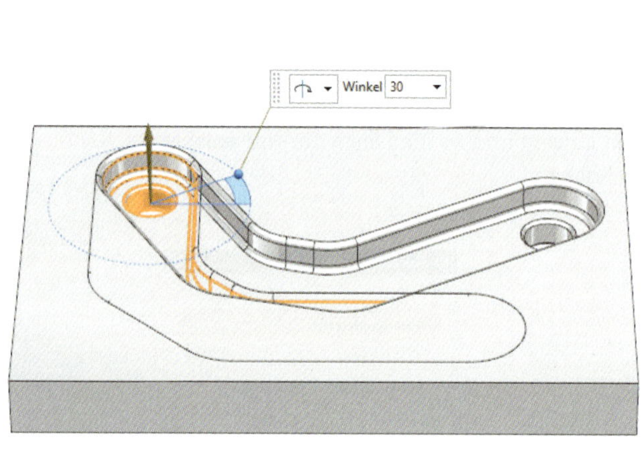

Das geometrische Ergebnis können Sie mithilfe der *Einstellungen* beeinflussen. Mit der Einstellung *Verschiebungsverhalten* und *Verschieben und Anpassen* werden die gewählten Flächen verschoben und die benachbarten Flächen entsprechend angepasst. Hierbei können Sie das *Überlaufverhalten* steuern.

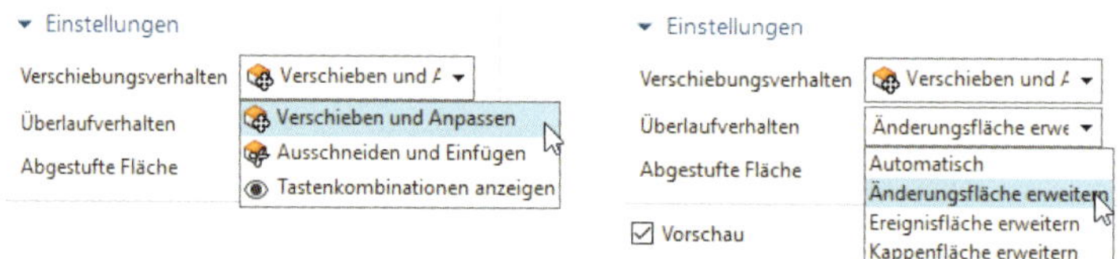

Die Abbildungen zeigen an einem weiteren Beispiel das Ergebnis der verschiedenen Optionen. Die Option *Änderungsfläche erweitern* erweitert die gewählte Fläche.

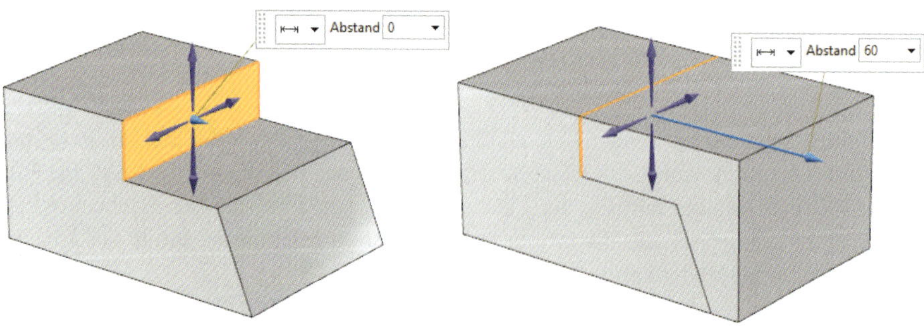

Die Option *Ergebnisfläche erweitern* erweitert nur die von der Änderung betroffene Fläche. Hierbei wird die gewählte Fläche absorbiert, da sie nicht mehr benötigt wird, um das Modell vollständig zu begrenzen.

Ergebnisfläche erweitern

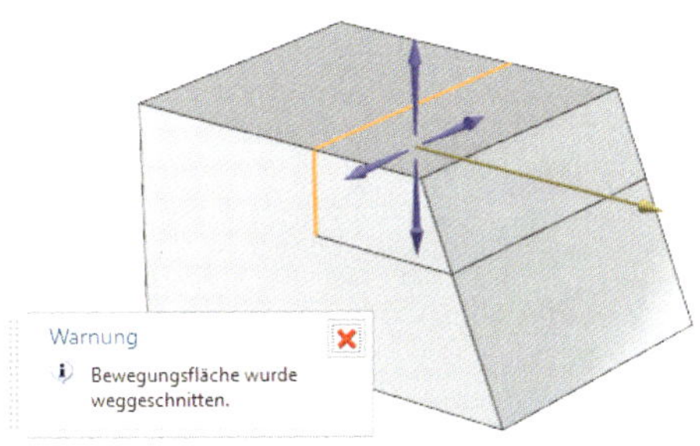

Kappenfläche erweitern

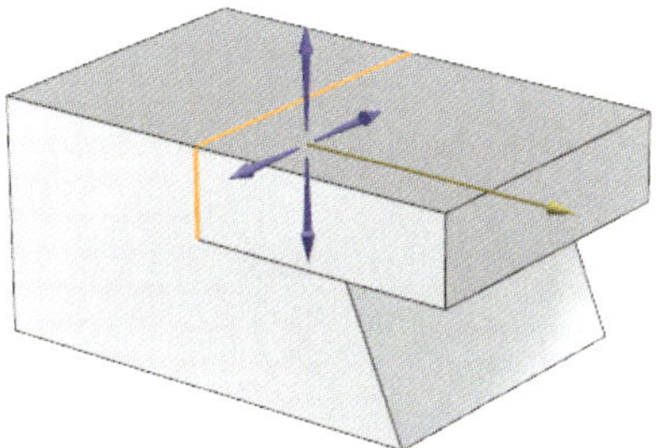

Die Option *Kappenfläche erweitern* erzeugt aus der Flächenbegrenzung der gewählten Fläche neue Flächen (in diesem Fall eine), um das Modell zu schließen. Weitere Flächen bleiben von der Änderung unberührt.

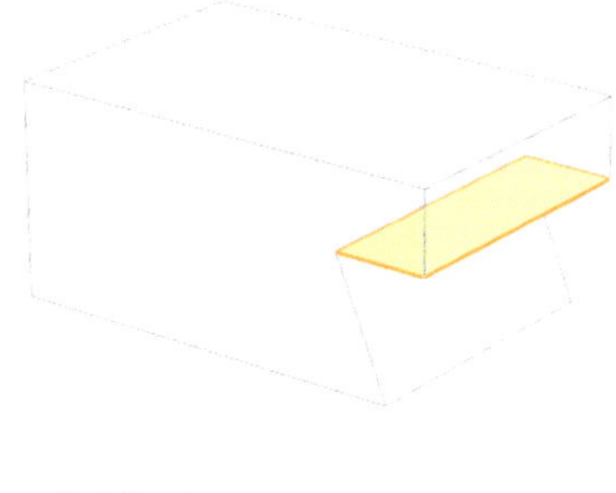

Mit dem Verschiebungsverhalten *Ausschneiden und Einfügen* werden die gewählten Flächen am Ursprungsort entfernt und am Zielort wieder eingefügt, sofern die Option *Einfügen* aktiviert ist. Die Option *Reparieren* sorgt für das Schließen der Lücke am Ursprungsort (vgl. Abschnitt 4.4.2.2).

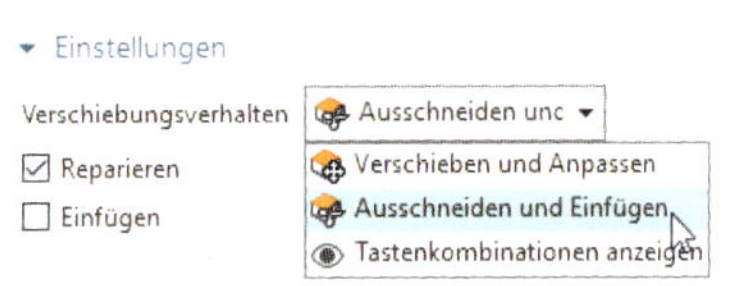

4.4.1.1.2 Fläche ziehen

Fläche ziehen (Pull Face)

FLÄCHE ZIEHEN erlaubt ausschließlich die Translation von Flächen. Aus der Flächenbegrenzung der gewählten Fläche und dem Bewegungsvektor werden neue Flächen erzeugt. Die Bewegung der Fläche hat keinen Einfluss auf benachbarte Flächen. Diese bleiben unverändert. Die Abbildung zeigt die Funktionsweise.

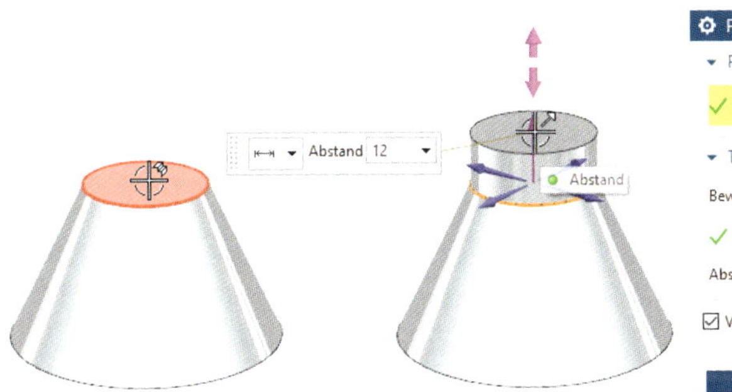

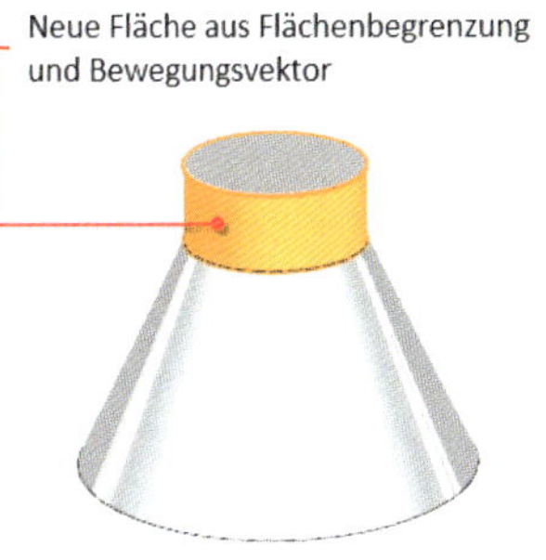

4.4.1.1.3 Versatz/Offset-Bereich

Versatz/Offset-Bereich (Offset Region)

Mit dem Befehl **VERSATZ** können die ausgewählten Flächen entlang ihrer jeweiligen Flächennormalen gleichmäßig versetzt werden. Die benachbarten Flächen passen sich an die neue Position der bewegten Flächen an. Die Abbildungen zeigen typische Anwendungsfälle für den Einsatz von **VERSATZ**.

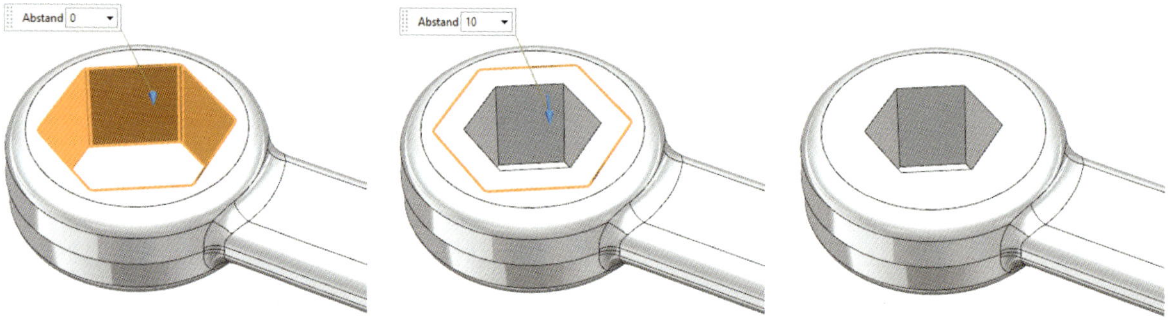

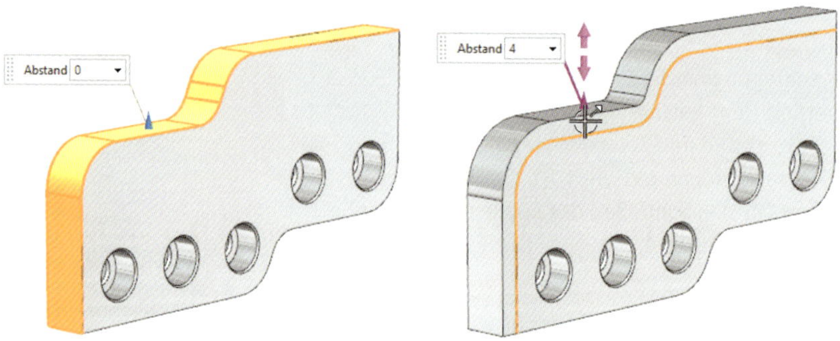

HINWEIS: Der Befehl **VERSETZEN** (in der Hilfe auch **OFFSET-BEREICH** genannt) teilt sich dasselbe Icon mit **OFFSET ERZEUGEN**. Dieser Befehl wird in Abschnitt 4.4.1.2.7 beschrieben.

4.4.1.2 Flächen bewegen durch geometrische Bedingungen

4.4.1.2.1 Als koplanar festlegen

Als koplanar festlegen (Make Coplanar)

Mit dem Befehl **ALS KOPLANAR FESTLEGEN** bewegen Sie eine ebene Fläche durch Ausrichten an einer weiteren ebenen Fläche. Im folgenden Beispiel sollen mehrere Flächen zueinander ausgerichtet werden. Im ersten Schritt wird die orangefarbene Fläche als *Bewegungsfläche* gewählt und die grüne als *Unveränderte Fläche*. Danach wird der Befehl mit **ANWENDEN** ausgeführt. Im zweiten Schritt wird eine der orangefarbenen Flächen als *Bewegungsfläche* gewählt. Für die Auswahl der zweiten orangefarbenen Fläche wird in der *Flächenauswahl* im Dialog *Koplanar* gewählt. Danach wird die grüne als *Unveränderte Fläche* gewählt und der Befehl mit **OK** ausgeführt.

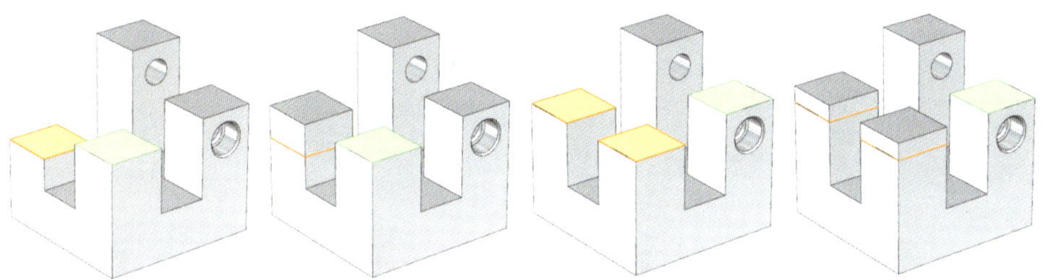

4.4.1.2.2 Als koaxial festlegen

Mit dem Befehl **ALS KOAXIAL FESTLEGEN** bewegen Sie eine zylindrische Fläche, indem Sie diese zu einer weiteren Fläche ausrichten. Die Abbildung zeigt, wie der größere hellgrüne Zylinder (*Motion Face*) am kleineren grünen Zylinder (*Stationary Face*) ausgerichtet wird.

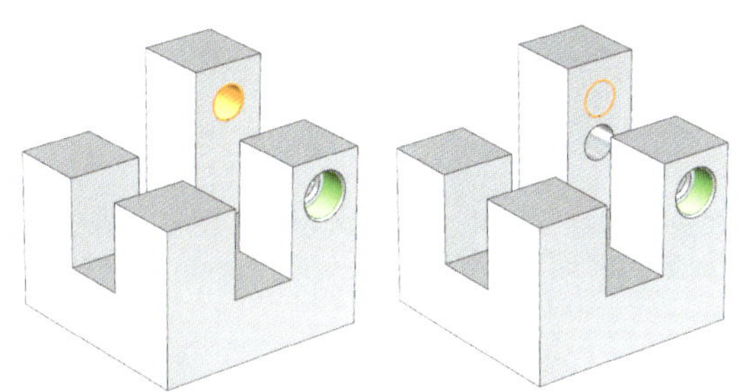

Als koaxial festlegen (Make Coaxial)

4.4.1.2.3 Als tangential festlegen

Mit dem Befehl **ALS TANGENTIAL FESTLEGEN** bewegen Sie eine Fläche, indem Sie diese tangential zu einer weiteren Fläche ausrichten. Im folgenden Beispiel sollen zwei symmetrische Flächen so bewegt werden, dass sie tangential in einen Zylinder übergehen. Die hervorgehobene Fläche wird als *Bewegungsfläche* gewählt und die zweite Fläche mit der Option *Symmetrisch* in der Flächenauswahl zur *Bewegungsgruppe* hinzugefügt. Die Zylinderfläche wird als *Unveränderte Fläche* gewählt und der Befehl mit **OK** ausgeführt.

Als tangential festlegen (Make Tangent)

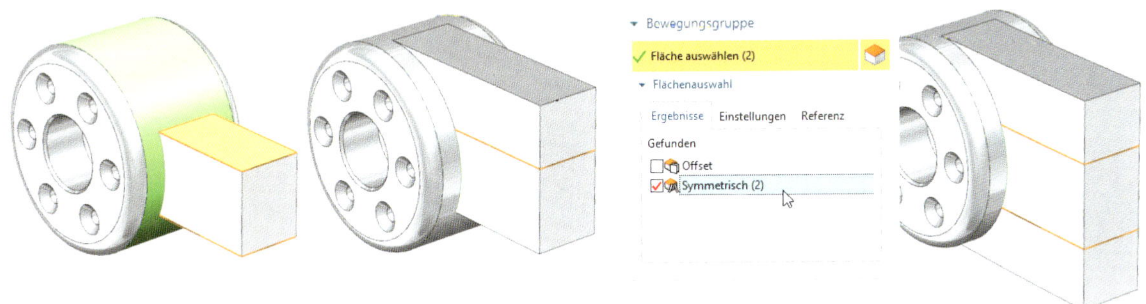

4.4.1.2.4 Als symmetrisch festlegen

Mit dem Befehl **ALS SYMMETRISCH FESTLEGEN** bewegen Sie eine Fläche so, dass diese symmetrisch zu einer weiteren Fläche ist. Im folgenden Beispiel wird die Funktionsweise erläutert. Der rechte Schenkel soll die gleiche Stärke aufweisen wie der linke. Hierzu wird im Dialog mit *Neue Ebene* > *Bisektor* eine neue *Symmetrieebene* definiert. Hierfür wurden die äußeren Flächen verwendet. In einem weiteren Schritt wird die hervorgehobene Fläche als *Bewegungsfläche* gewählt.

Als symmetrisch festlegen (Make Symmetric)

Im nächsten Schritt wird die hervorgehobene Fläche als *Unveränderte Fläche* gewählt und der Befehl mit **OK** ausgeführt. Im Ergebnis weist der rechte Schenkel die gleiche Stärke auf wie der linke.

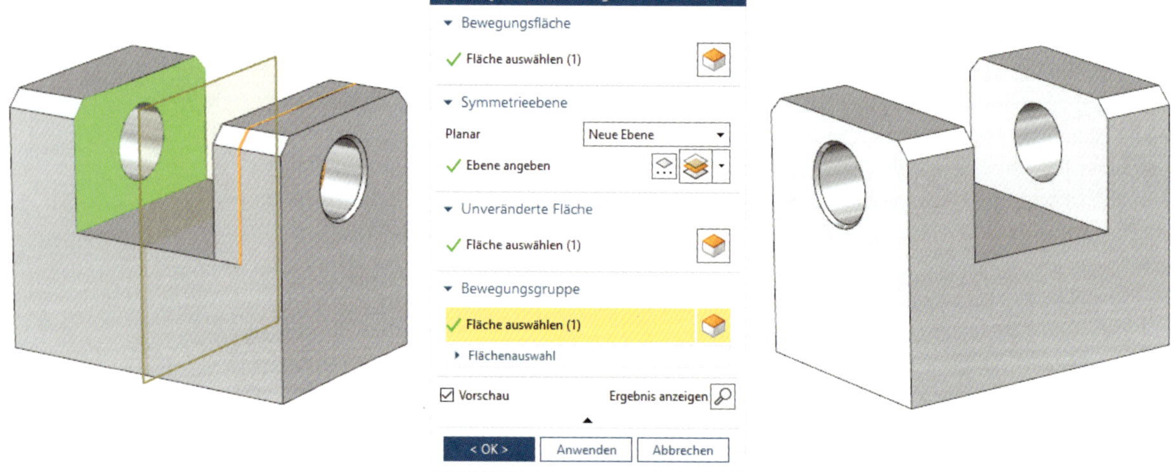

4.4.1.2.5 Als parallel festlegen

Als parallel festlegen (Make Parallel)

Mit dem Befehl **ALS PARALLEL FESTLEGEN** bewegen Sie eine ebene Fläche so, dass diese parallel zu einer weiteren ebenen Fläche oder Bezugsebene ist. Im folgenden Beispiel wird die hervorgehobene Fläche als *Bewegungsfläche* und die grüne Fläche als *Unveränderte Fläche* definiert. Das mittlere Bildelement zeigt die Vorschau. Das rechte Bildelement zeigt die Vorschau bei Verwendung der Option *Durch Punkt*. In diesem Fall wird die *Bewegungsfläche* so bewegt, dass der definierte Punkt in der Ebene liegt.

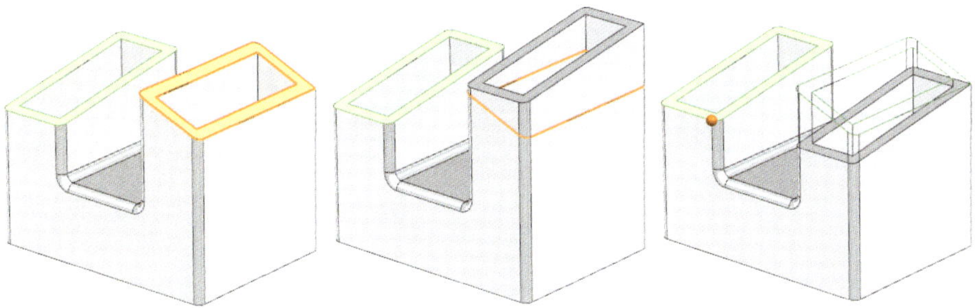

4.4.1.2.6 Als senkrecht festlegen

Als senkrecht festlegen (Make Perpendicular)

Mit dem Befehl **ALS SENKRECHT FESTLEGEN** bewegen Sie eine ebene Fläche so, dass diese rechtwinklig zu einer weiteren ebenen Fläche oder Bezugsebene ist. Im folgenden Beispiel wird die hervorgehobene Fläche als *Bewegungsfläche* und die grüne Fläche als *Unveränderte Fläche* definiert. Das mittlere Bildelement zeigt die Vorschau. Das rechte Bildelement zeigt die Vorschau bei Verwendung der Option *Durch Punkt*. In diesem Fall wird die *Bewegungsfläche* so bewegt, dass der definierte Punkt in der Ebene liegt.

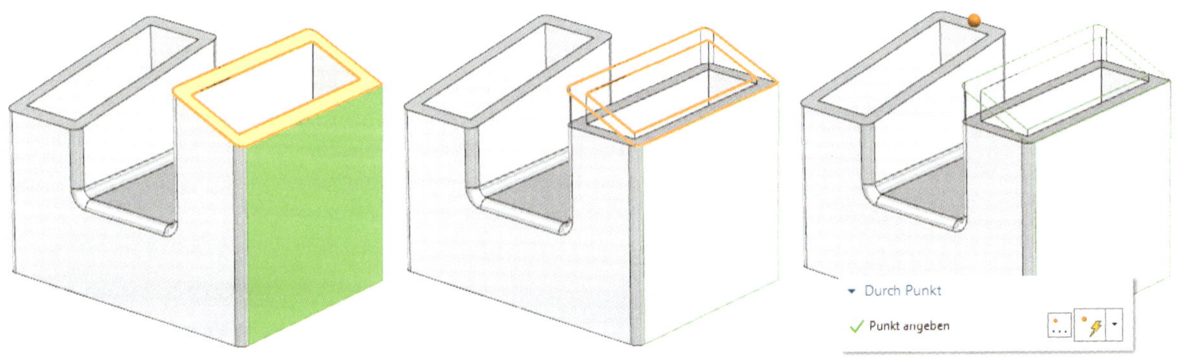

4.4.1.2.7 Offset erzeugen

Offset erzeugen (Make Offset)

Mit dem Befehl **OFFSET ERZEUGEN** bewegen Sie eine ebene Fläche so, dass diese parallel zu einer weiteren ebenen Fläche oder Bezugsebene ist **und** einen definierten Abstand zu dieser hat. Das folgende Beispiel zeigt einen typischen Anwendungsfall für **OFFSET ERZEUGEN**. Hier wird die hervorgehobene Fläche als *Bewegungsfläche* definiert. Nach der weiteren Definition von *Unveränderte Fläche* und *Offset* ergibt sich die im rechten Bildelement gezeigte Vorschau. Danach kann der Befehl mit **OK** ausgeführt werden.

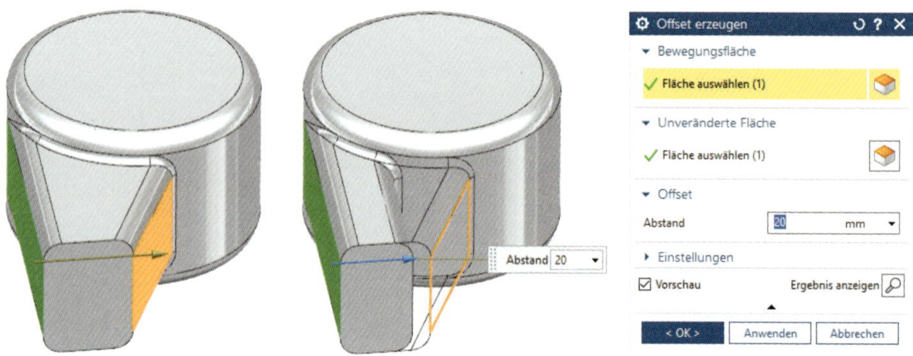

4.4.1.3 Flächen bewegen durch steuernde Bemaßungen

Mit den steuernden Bemaßungen stehen verschiedene Befehle zur Verfügung, um vorhandene Flächen durch Hinzufügen von Bemaßungen zu bewegen. Prinzipiell wird hierbei immer eine Bemaßung zu vorhandener Geometrie hinzugefügt und die zu bewegenden Flächen werden definiert. In der Folge können die definierten Flächen durch Ändern des Bemaßungswerts bewegt werden. Im Folgenden werden die verfügbaren Befehle beispielhaft erläutert.

4.4.1.3.1 Lineare Bemaßung

Lineare Bemassung (Linear Dimension)

Mit dem Befehl **LINEARE BEMASSUNG** bewegen Sie eine oder mehrere Flächen mithilfe einer steuernden Bemaßung. Die Abbildungen zeigen hierfür ein einfaches Beispiel für die Anwendung. Zuerst wird die im linken Bildelement hervorgehobene Kante als *Ursprung* und die Kante im rechten Bildelement als *Bemaßungsobjekt* definiert.

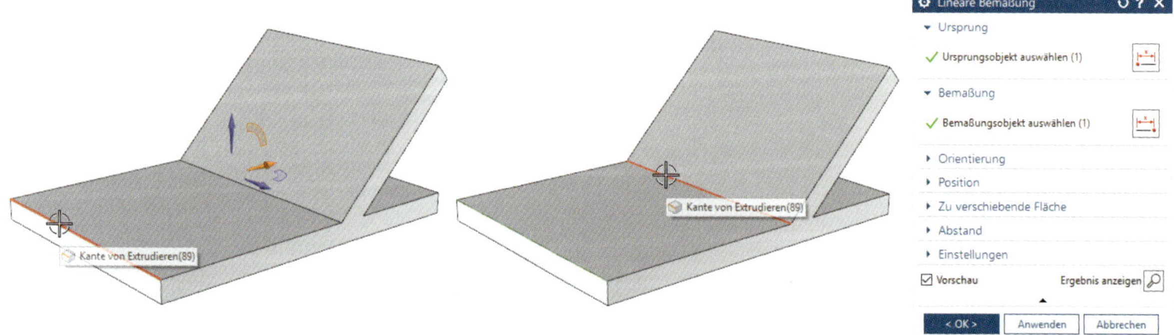

Im nächsten Schritt werden die im linken Bildelement hervorgehobenen Flächen als *Zu verschiebende Fläche* definiert. Nach der Eingabe von *Abstand = 20* ergibt sich die Vorschau, wie im rechten Bildelement dargestellt.

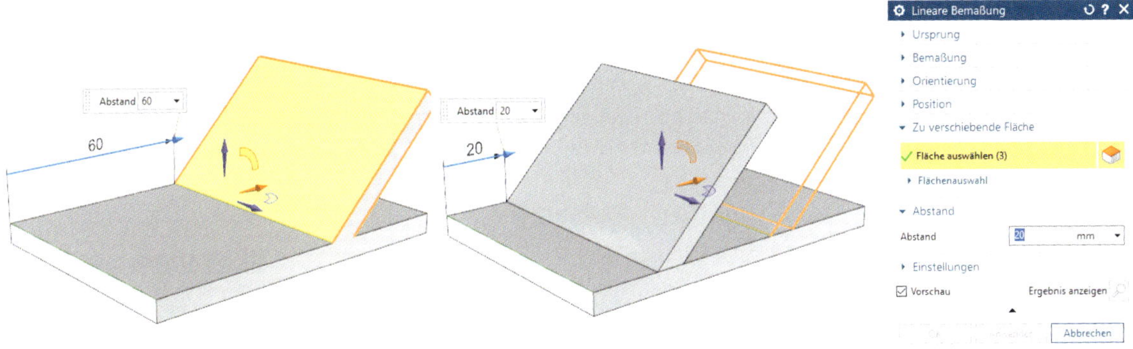

4.4.1.3.2 Winkelbemaßung

Mit dem Befehl **WINKELBEMASSUNG** bewegen Sie eine oder mehrere Flächen mithilfe einer steuernden Bemaßung. Die Abbildungen zeigen hierfür ein einfaches Beispiel für die Anwendung. Zuerst erfolgt die Definition von *Ursprung* und *Bemaßung*.

Winkelbemassung (Angular Dimension)

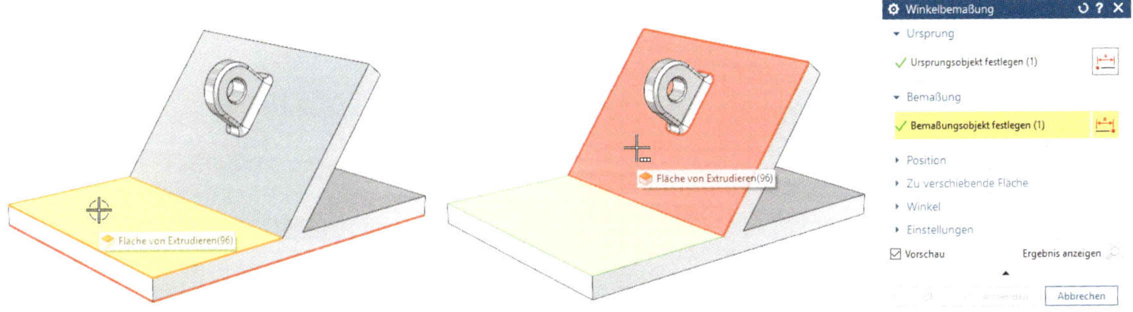

Im nächsten Schritt werden die im linken Bildelement hervorgehobenen Flächen als *Zu verschiebende Flächen* definiert. Nach der Eingabe von *Winkel = 160* ergibt sich die Vorschau, die im rechten Bildelement zu sehen ist.

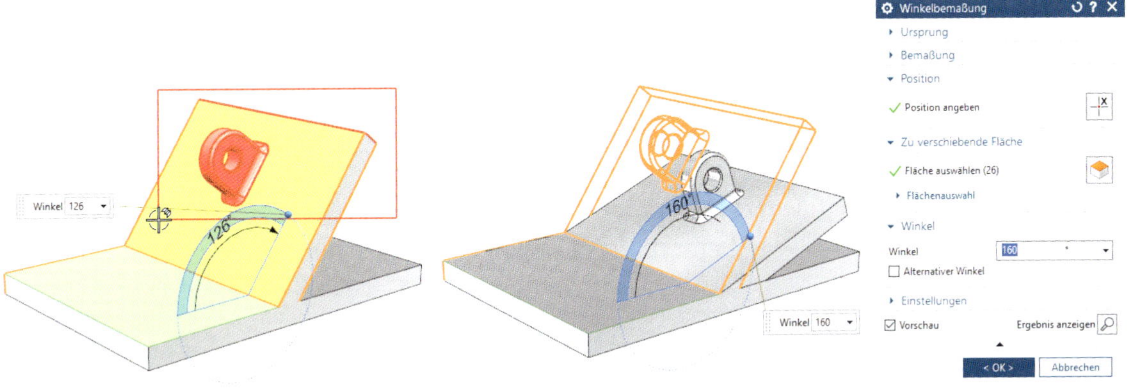

4.4.1.3.3 Radiale Bemaßung

Radiale Bemassung
(Radial Dimension)

Mit dem Befehl **RADIALE BEMASSUNG** bewegen Sie eine oder mehrere zylindrische Flächen in radialer Richtung. Die Abbildungen zeigen ein einfaches Beispiel für die Anwendung. Hierbei werden mehrere Bohrungen geändert. Durch den Einsatz der Option *Gleicher Radius* bei der *Flächenauswahl* wird die Auswahl aller Bohrungsflächen mit gleichem Radius erheblich beschleunigt.

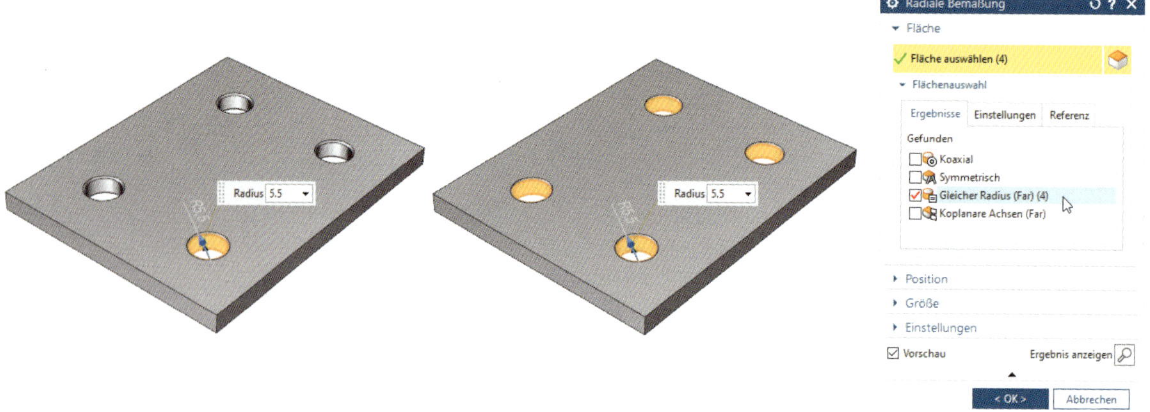

Nach der Auswahl aller Flächen wird im Bereich *Größe Radius* = *12* eingegeben. Dann ergibt sich die in der Abbildung dargestellte Vorschau.

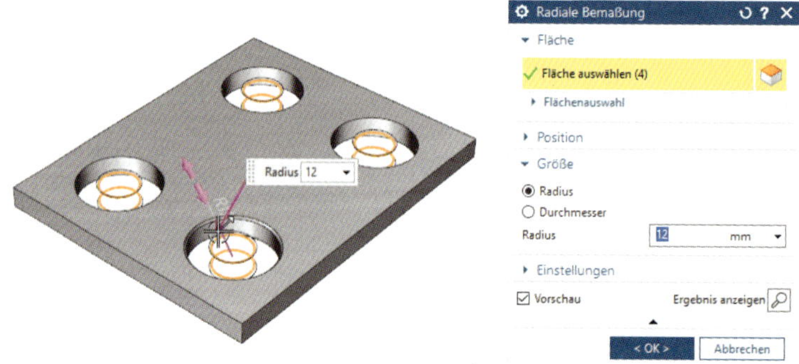

4.4.1.4 Flächen bewegen durch Querschnittsbearbeitung

4.4.1.4.1 Querschnitt bearbeiten

Querschnitt bearbeiten
(Edit Cross Section)

Mit dem Befehl **QUERSCHNITT BEARBEITEN** werden Flächen indirekt durch das Ändern von 2D-Schnittlinien bewegt. Prinzipiell wählen Sie bei diesem Befehl immer Flächen und eine Schnittebene aus, um die ausgewählten Flächen zu schneiden. In der Schnittebene ergeben sich abgeleitete Schnittlinien, mit denen die entsprechenden Flächen im 3D-Modell bewegt werden können. Die Abbildung zeigt ein Beispiel für die Anwendung.

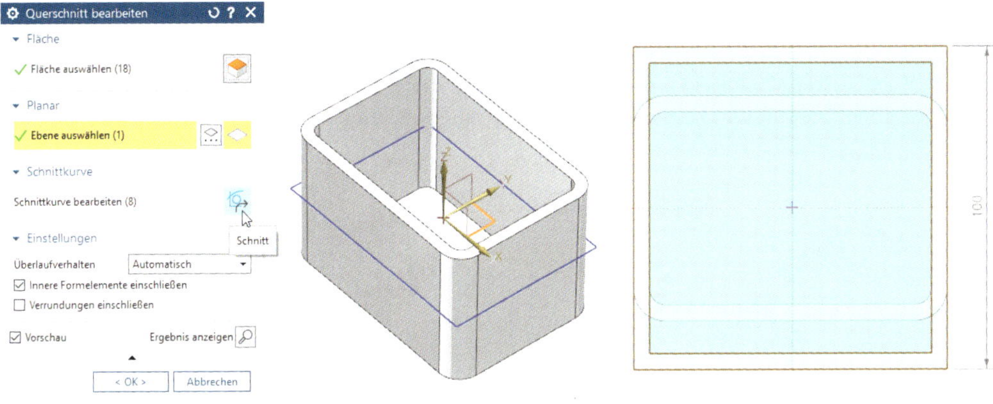

Nach der Definition der Schnittebene werden die Körperkanten als Schnittlinien in eine Skizze kopiert. Mit diesen Schnittlinien können die entsprechenden Flächen im 3D-Modell verschoben werden. Im dargestellten Beispiel wurden die Schnittlinien mit Zwangsbedingungen und der Schnellbemaßung bemaßt. Durch Ändern der Bemaßung kann nun die Geometrie gesteuert werden. Nach dem Beenden der Skizze und dem Bestätigen mit **OK** wird die Geometrie entsprechend angepasst.

4.4.1.5 Flächen ändern durch Bewegen von Kanten

In NX stehen mit **KANTE VERSCHIEBEN** und **KANTE VERSETZEN** weitere Befehle der Synchronen Konstruktion zur Verfügung, um einzelne Flächen durch Bewegen von Kanten zu verändern. Diese Erweiterungen erlauben das vergleichsweise einfache Erstellen komplexer Freiformflächen. Im Folgenden werden die Befehle vorgestellt.

4.4.1.5.1 Kante verschieben

Der Befehl **KANTE VERSCHIEBEN** erlaubt das definierte Bewegen einzelner Kanten eines Modells. Die Flächen werden entsprechend angepasst. Das folgende Beispiel zeigt, wie durch das Verschieben einer Kante mit **KANTE VERSCHIEBEN** eine einfache planare Fläche in eine komplexe B-Spline-Fläche umgewandelt wird.

Kante verschieben (Move Edge)

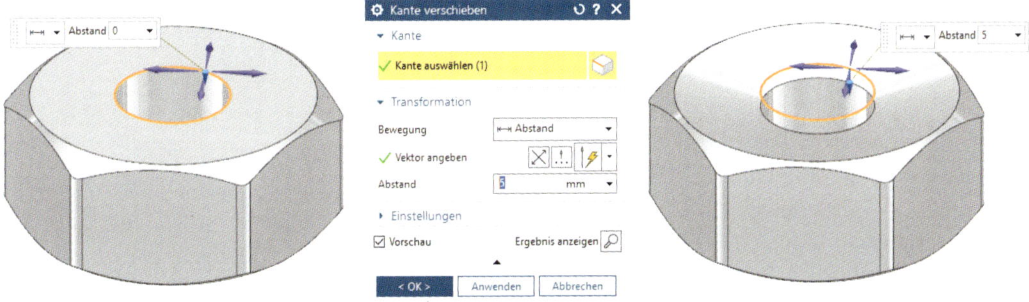

4.4.1.5.2 Kante versetzen (Offset-Kante)

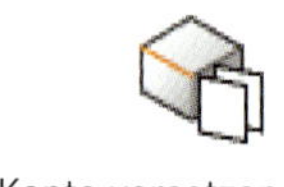

Kante versetzen (Offset Edges)

Der Befehl **KANTE VERSETZEN** erlaubt das gleichmäßige Versetzen mehrerer Kanten eines Modells. Damit können z. B. auf einfache Weise Abschrägungen in ein Modell eingebracht werden. Die Abbildung zeigt ein Beispiel für die Anwendung.

4.4.2 Flächen vervielfältigen

Flächen können auf verschiedene Arten vervielfältigt werden. Die zur Verfügung stehenden Befehle werden im Folgenden beschrieben.

4.4.2.1 Fläche kopieren

Fläche kopieren (Copy Face)

Der Befehl **FLÄCHE KOPIEREN** erlaubt es, eine oder mehrere Flächen eines Modells zu kopieren. Die gewählten Flächen werden in einen separaten Körper kopiert. Dieser kann direkt positioniert werden. Mit der Option *Kopierte Flächen einfügen* können die kopierten Flächen am Zielort eingefügt werden. Diese Option steht nur bei der Erstellung zur Verfügung, danach ist sie ausgegraut. In der Abbildung ist die Anwendung anhand eines einfachen Beispiels dargestellt. Die Flächen wurden mit einem Auswahlrahmen ausgewählt und entlang eines Vektors verschoben.

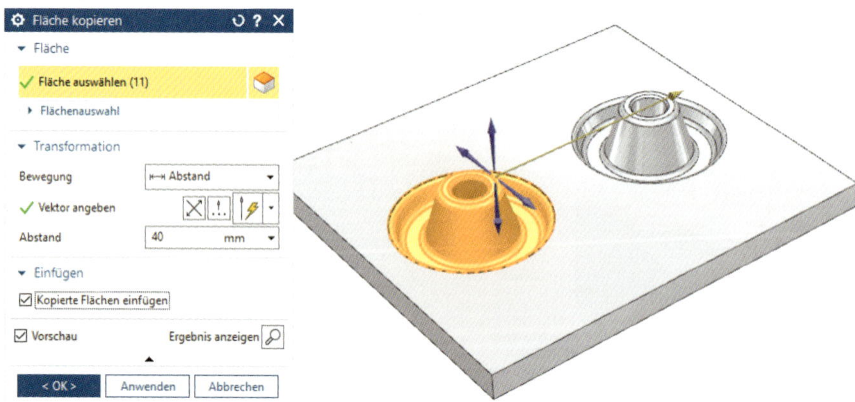

Die nächste Abbildung zeigt das Ergebnis mit und ohne die Option *Kopierte Flächen einfügen*.

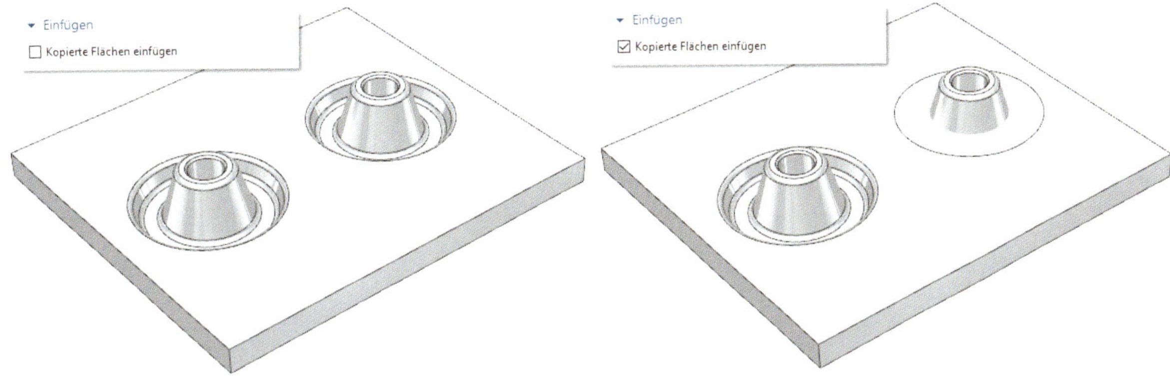

4.4.2.2 Schnittfläche

Der Befehl **SCHNITTFLÄCHE** wirkt in gleicher Weise wie **FLÄCHE KOPIEREN**. Der Unterschied ist, dass die gewählten Flächen am Ursprungsort ausgeschnitten werden und die resultierende Lücke geschlossen wird. Die Abbildung zeigt das Ergebnis der Anwendung des Befehls **SCHNITTFLÄCHE** mit aktivierter Option *Schnittflächen einfügen*.

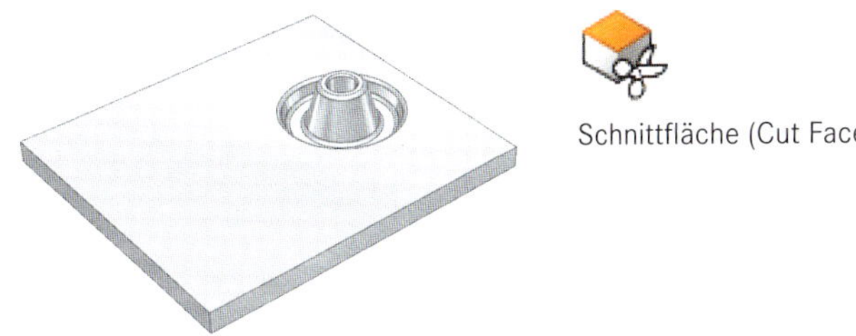

Schnittfläche (Cut Face)

4.4.2.3 Fläche einfügen

Mit dem Befehl **FLÄCHE EINFÜGEN** können Flächen in ein Modell eingefügt werden. Wurde zum Beispiel bei den Befehlen **FLÄCHE KOPIEREN** oder **SCHNITTFLÄCHE** die Option *Kopierte Flächen einfügen* bzw. *Schnittfläche einfügen* nicht aktiviert, so kann dies mit dem Befehl **FLÄCHE EINFÜGEN** nachgeholt werden. Die Abbildung zeigt das Modell vor und die Vorschau nach dem Einfügen mit **FLÄCHE EINFÜGEN**.

Fläche einfügen (Paste Face)

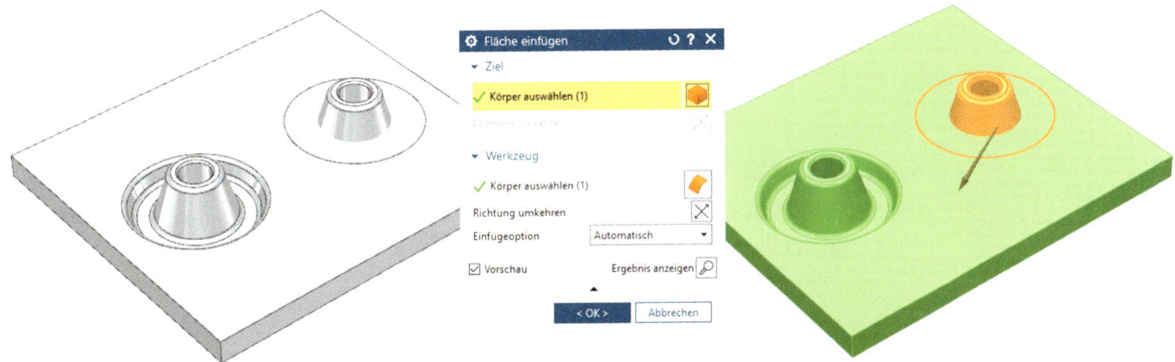

4.4.2.4 Fläche mustern

Fläche mustern
(Pattern Face)

Der Befehl **FLÄCHE MUSTERN** erlaubt das Kopieren von Flächen in mehrere Instanzen. Die Instanzen können in einem definierten Muster verteilt und in die vorhandene Geometrie eingefügt werden. Die Abbildung zeigt die Anwendung beim Erzeugen eines linearen Musters in zwei Richtungen. Hierbei können Sie mithilfe des Kontextmenüs einzelne Instanzen aus dem Muster **LÖSCHEN** oder einen individuellen **VERSATZ** definieren. Gelöschte Instanzen werden als violette Kugeln dargestellt. Das Kontextmenü öffnen Sie durch einen Klick mit **MB3** auf das Handle des jeweiligen Musterelements.

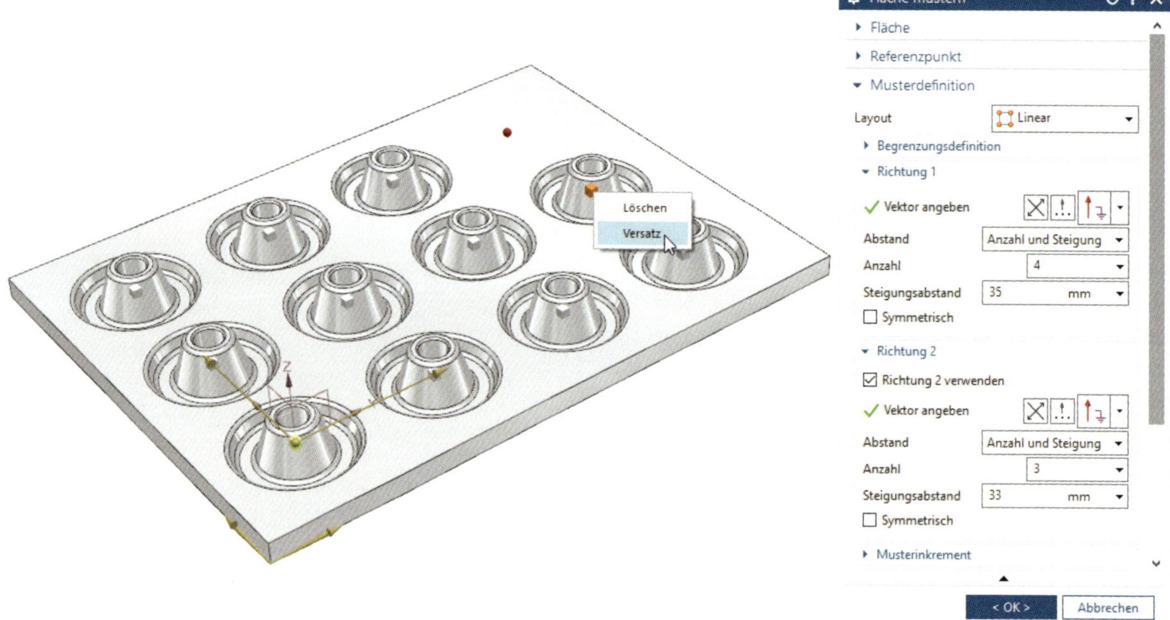

HINWEIS: Achten Sie bei der Erstellung von Mustern darauf, dass der Abstand zwischen den einzelnen Instanzen der Kopien ausreichend groß ist, damit keine Überschneidungen auftreten. Ebenso wichtig ist, dass sich alle Instanzen mit der Zielfläche verschneiden können, um als Ergebnis ein gültiges Volumenmodell zu erhalten.

4.4.2.5 Fläche spiegeln

Fläche spiegeln
(Mirror Face)

Der Befehl **FLÄCHE SPIEGELN** erlaubt das Spiegeln von Flächen über eine Ebene. Die Abbildung zeigt ein Beispiel für die Anwendung. Die Spiegelebene wurde hier innerhalb des Dialogs mit *Neue Ebene* > *Bisektor* neu erzeugt.

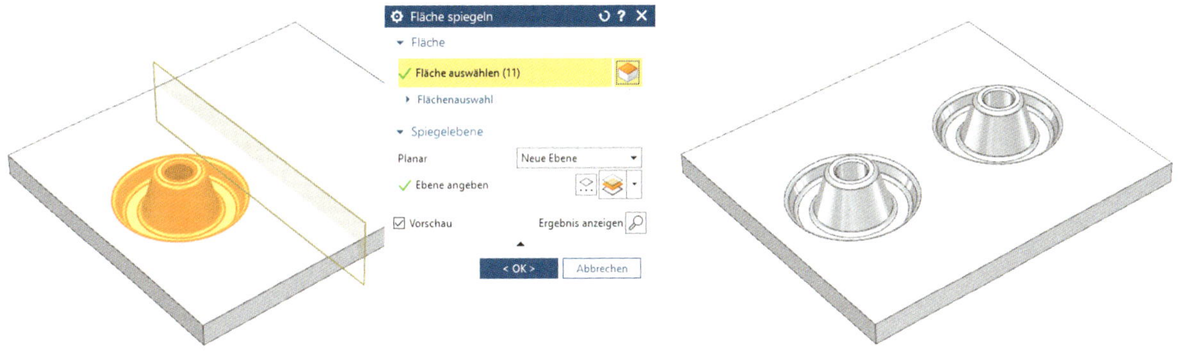

4.4.3 Flächen ersetzen

Eine weitere Kategorie der Befehle zur Synchronen Konstruktion dient dem Ersetzen von Flächen. Diese Befehle werden in diesem Abschnitt erläutert.

4.4.3.1 Ersetzen

Mit dem Befehl **ERSETZEN** können Sie die Oberfläche einer oder mehrerer Flächen durch die Oberfläche einer gewählten Fläche ersetzen. Die Abbildungen zeigen die Funktionsweise anhand eines einfachen Beispiels.

Ersetzen (Fläche ersetzen) (Replace Face)

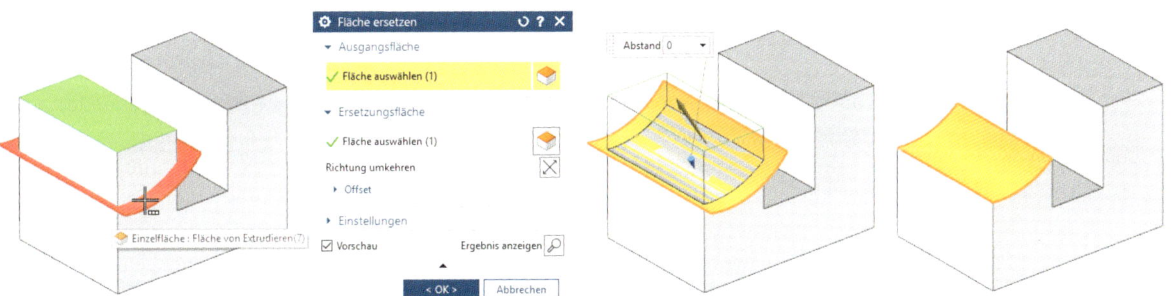

Im Folgenden soll gezeigt werden, dass die Oberfläche einer Fläche maßgeblich für das Ersetzen ist. Hierzu wird das gleiche Beispiel verwendet. Jedoch wird eine andere Fläche zum Ersetzen gewählt. In diesem Fall ist die *Ersetzungsfläche* auf den ersten Blick zu klein. Obwohl die *Ersetzungsfläche* eigentlich zu klein ist, kann die Fläche dennoch ersetzt werden. Der Grund hierfür ist, dass die *Ersetzungsfläche* getrimmt war. Nach der Anwendung von **TRIMMEN RÜCKGÄNGIG** wird sichtbar, dass die Oberfläche ausreichend groß ist, um die gewählte Fläche zu ersetzen (siehe Bildelement ganz rechts).

Als *Ersetzungsfläche* wird auch eine Bezugsebene akzeptiert. NX erzeugt in diesem Fall eine ebene Fläche, um diese dann mit der Umgebung zu verschneiden. Die Abbildung zeigt hierfür ein Beispiel.

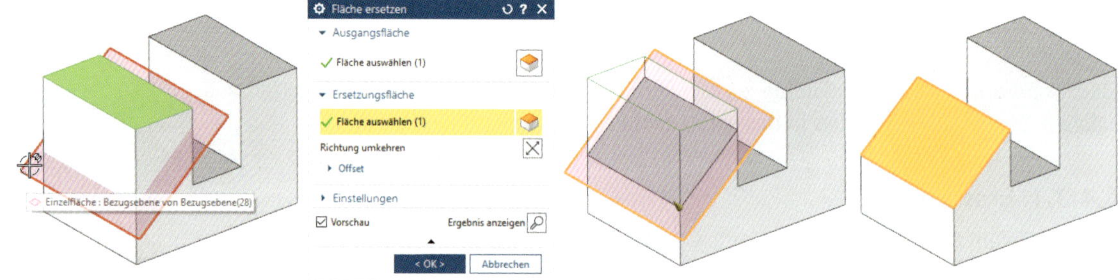

4.4.3.2 Verrundung ersetzen

Verrundung ersetzen (Replace Blend)

Mit dem Befehl **VERRUNDUNG ERSETZEN** können Sie verrundungsähnliche Flächen durch NX-Verrundungen ersetzen, die nach dem Prinzip des rollenden Balls erstellt werden (vgl. Abschnitt 3.8.1.1). Dieser Befehl findet häufig Anwendung, um die geometrische Datenqualität von importierten Daten zu erhöhen. Im Beispiel ist eine verrundungsähnliche Fläche zu sehen, die durch eine neue konstante Verrundung ersetzt werden soll. Mithilfe des Schiebereglers unter *Einstellungen* kann die *Formübereinstimmung* toleriert werden. Im Beispiel wurde die Verrundung als *Zu ersetzende Fläche* gewählt. Unter *Radius* besteht die Möglichkeit, den Radiuswert aus der Fläche zu übernehmen oder manuell einzugeben. Im Beispiel wurde der Radiuswert manuell vergrößert.

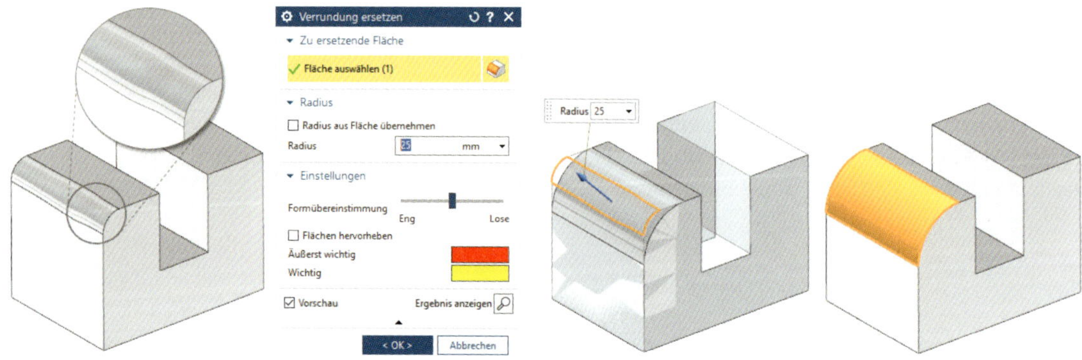

4.4.3.3 Größe der Verrundung ändern

Grösse der Verrundung ändern (Resize Blend)

Mit dem Befehl **GRÖSSE DER VERRUNDUNG ÄNDERN** können Sie den Radius von konstanten Verrundungen anpassen. Vor der Änderung findet gegebenenfalls eine Erkennung wie beim Befehl **VERRUNDUNG ERSETZEN** statt. Die erfolgreiche Erkennung ist die Voraussetzung für die Änderung des Radius. Die Abbildungen zeigen die Anwendung. Nach der Auswahl der ersten Verrundung wird der aktuelle Radius erkannt. Weitere Verrundungen werden zum Ändern ausgewählt und ein neuer Radius definiert. Die Vorschau zeigt die neue Geometrie bereits an.

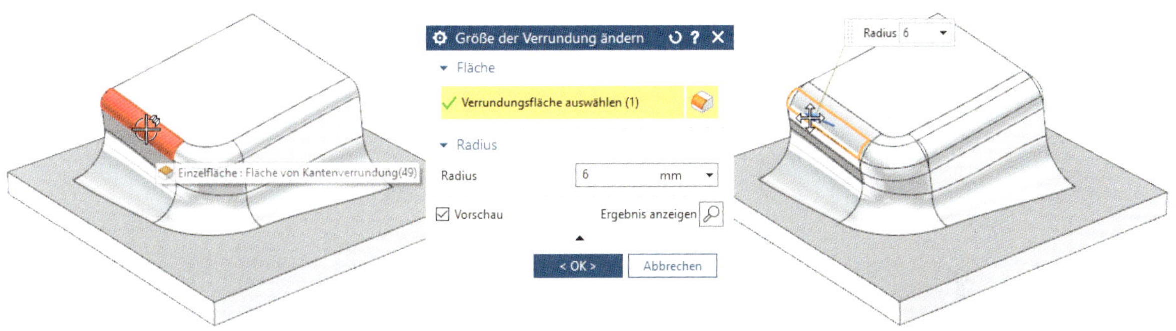

In der Abbildung wurde der Radius erfolgreich von 3 mm auf 6 mm geändert.

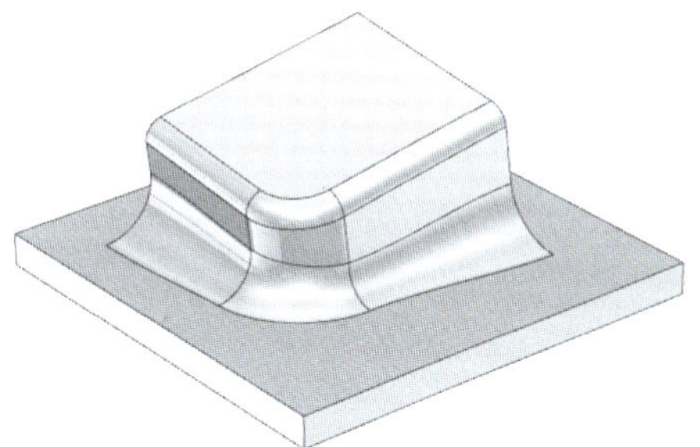

4.4.3.4 Flächengröße ändern

Flächengrösse ändern (Resize Face)

Der Befehl **FLÄCHENGRÖSSE ÄNDERN** ist unter Umständen in der NX-Oberfläche nicht direkt auffindbar. In diesem Fall ist die Funktion **BEFEHL SUCHEN** rechts oben sehr hilfreich. Zudem besteht immer die Möglichkeit, die Menübandleisten über *Anpassen* zu erweitern. Mit dem Befehl **FLÄCHENGRÖSSE ÄNDERN** können Sie zylindrische oder kugelförmige Flächen editieren. Des Weiteren wird die Anpassung des Kegelwinkels bei kegelförmigen Flächen unterstützt. Die Abbildungen zeigen die beispielhafte Anwendung.

In der ersten Abbildung werden die Kugeldurchmesser geändert.

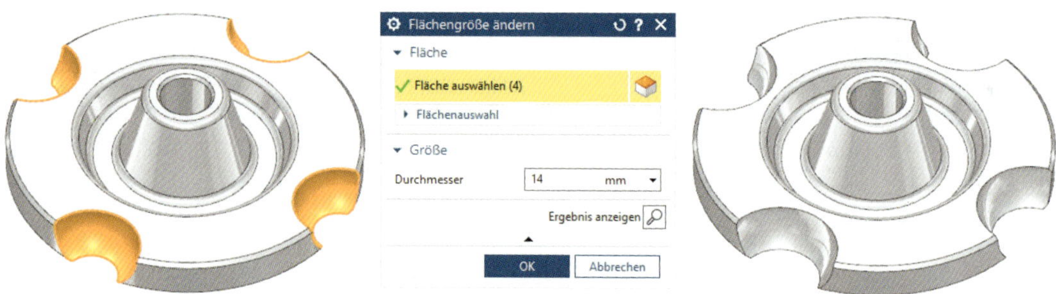

In der zweiten Abbildung wird der Kegelwinkel geändert.

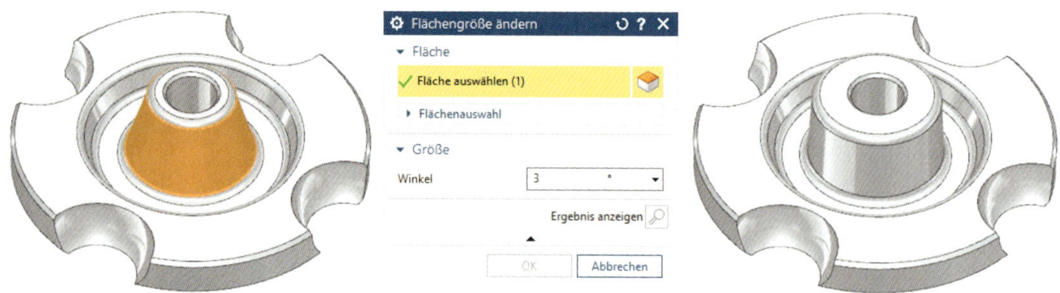

In der dritten Abbildung wird der Bohrungsdurchmesser geändert.

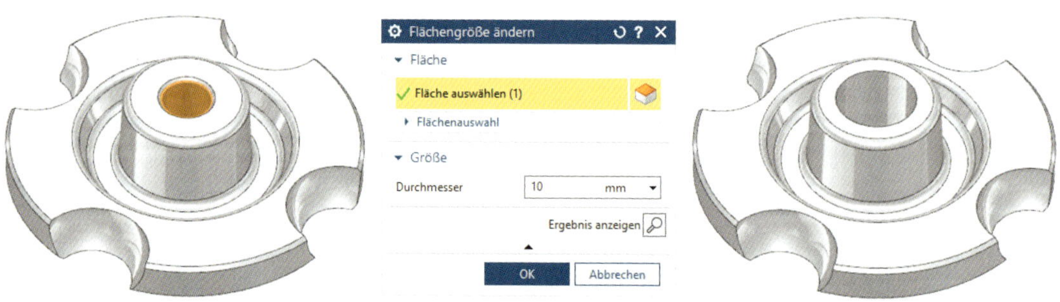

4.4.3.5 Fläche optimieren

Fläche optimieren (Optimize Face)

Der Befehl **FLÄCHE OPTIMIEREN** erlaubt das Ersetzen komplexer Flächen durch analytische Regelgeometrie, sofern deren Gestalt im Rahmen der Toleranz abgebildet werden kann. Durch die Anwendung des Befehls werden die Flächen des Modells wechselseitig neu verschnitten, sofern dies geometrisch möglich ist. Durch diese Neuberechnung der Verschneidungskurven wird die geometrische Datenqualität erhöht. Dadurch steigt die Änderbarkeit mit den Befehlen der synchronen Konstruktion. Eine weitere Funktionalität von **FLÄCHE OPTIMIEREN** ist das Ersetzen von verrundungsähnlichen Flächen durch NX-Verrundungen, die auf dem Prinzip des rollenden Balls basieren (vgl. Abschnitt 3.8.1.1). Die geometrischen Änderungen werden in einem Report protokolliert.

HINWEIS: Das Ergebnis von **FLÄCHE OPTIMIEREN** ist ein neuer Körper, der keinen Bezug zur ursprünglichen Geometrie hat. Daher ist der Einsatz **vor** dem Einfügen umfangreicher Änderungen ausdrücklich empfohlen.

Die wichtigsten Funktionen des Befehls werden im Folgenden kurz erläutert. *Flächen und Kanten hervorheben* hebt die potenziell optimierbaren Flächen und Kanten hervor. In der Standardeinstellung werden B-Spline-Flächen in Gelb und ungenaue Verschneidungen als rote Kanten (Tolerante Kante) dargestellt. *Körper vor der Optimierung bereinigen* bereinigt den Body vor der Optimierung durch Entfernen ungültiger Geometrie und Topologie. *Bericht* zeigt das Ergebnis geometrischen Optimierungen. *Toleranz* gibt den Toleranzwert vor, mit dem die Prüfungen und Optimierungen durchgeführt werden.

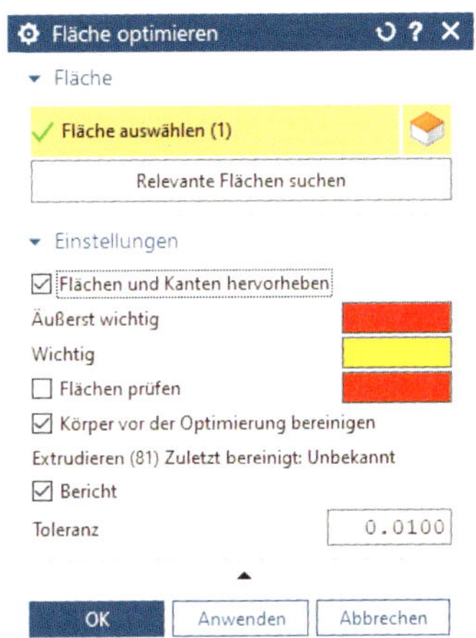

4.4.3.6 Fase bezeichnen

Mit dem Befehl **FASE BEZEICHNEN** können Sie eine Fläche als Fase markieren, sodass diese von den Befehlen der Synchronen Konstruktion als Fase erkannt und verarbeitet wird. Mit der Option *Fase löschen* kann eine vorhandene Markierung wieder von der Fläche entfernt werden.

Fase bezeichnen (Label Chamfer)

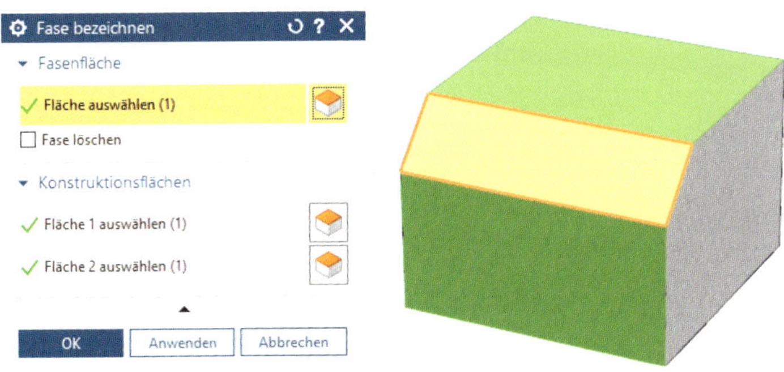

Die Abbildung zeigt die Auswirkung der Markierung am Beispiel von **VERSCHIEBEN**. Das linke Bildelement zeigt einen Körper, der durch Extrudieren entstanden ist. Beim Verschieben der Deckfläche mit **VERSCHIEBEN** passt sich die Fläche an und vergrößert sich entsprechend (mittleres Bildelement). Im rechten Bildelement wurde die Fläche zuvor mit **FASE BEZEICHNEN** markiert. Daher wird ihre Größe beim Anpassen nicht verändert.

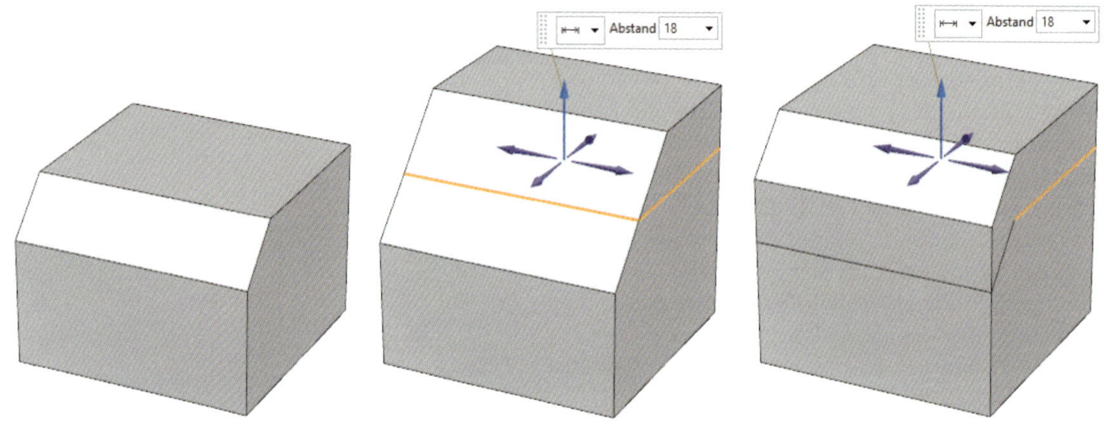

4.4.3.7 Fasengröße ändern

Fasengrösse ändern (Resize Chamfer)

Eine markierte Fase kann auf einfache Weise mit dem Befehl **FASENGRÖSSE ÄNDERN** geändert werden. Hierfür stehen die Fasentypen *Asymmetrisches/Symmetrischer Offset* sowie *Offset und Winkel* zur Verfügung. Die Abbildung zeigt das Markieren mit **FASE BEZEICHNEN** und das anschließende Ändern mit **FASENGRÖSSE ÄNDERN**.

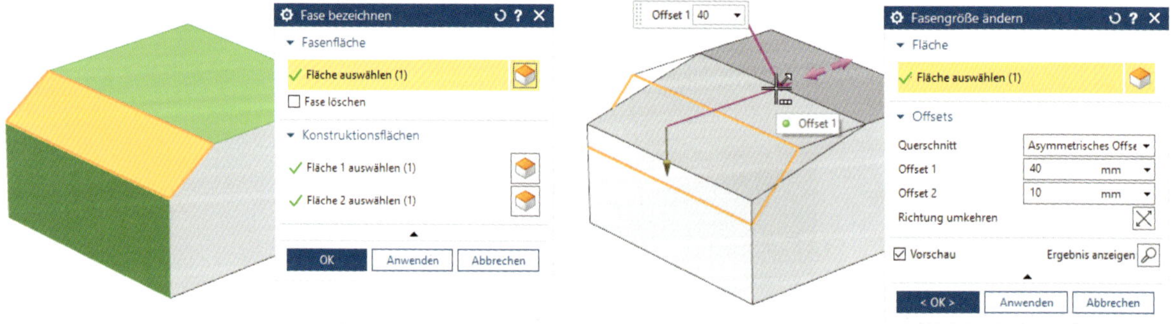

4.4.3.8 Verrundung erkennen

Der Befehl **VERRUNDUNG ERKENNEN** markiert eine Verrundung als Kerbungsverrundung. Die Auswirkung dieser Markierung wird in der Abbildung dargestellt. Die hervorgehobene Fläche wird mit dem Befehl **VERSCHIEBEN** um 15 mm verschoben. Im mittleren Bildelement ist die Verrundung nicht markiert. Die zylindrische Fläche wird angepasst und verschneidet mit der verschobenen Fläche. Im rechten Bildelement ist die Verrundung als *Verrundung* markiert. Aufgrund dessen wird eine neue planare Fläche eingefügt.

Verrundung erkennen (Label Notch Blend)

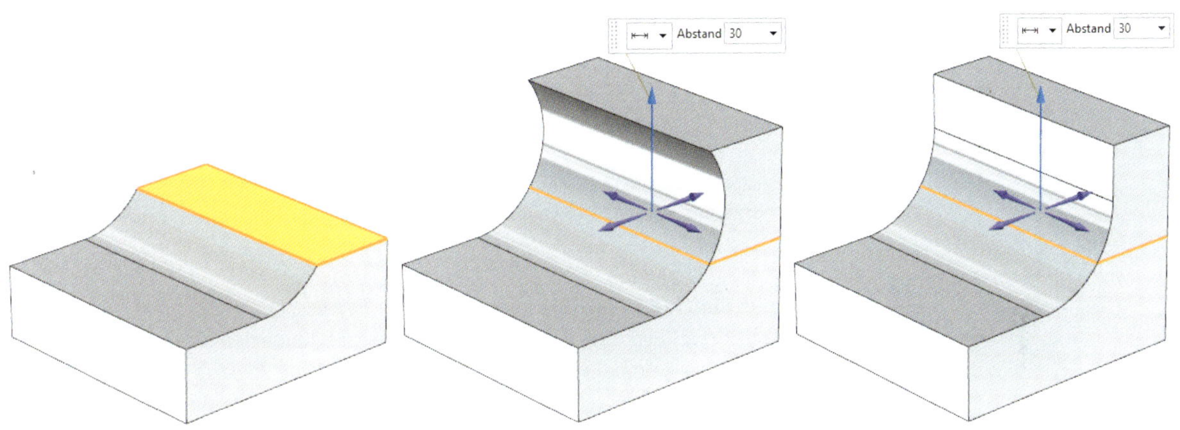

4.4.3.9 Verrundungen neu ordnen

Beim Erstellen von Verrundungen ist das geometrische Ergebnis abhängig von der Reihenfolge, in der die Verrundungen erstellt werden. Der Befehl **VERRUNDUNGEN NEU ORDNEN** erlaubt es, die Reihenfolge von sich verschneidenden Verrundungen umzukehren. Die Abbildung zeigt einen Anwendungsfall.

Verrundungen neu ordnen (Reorder Blends)

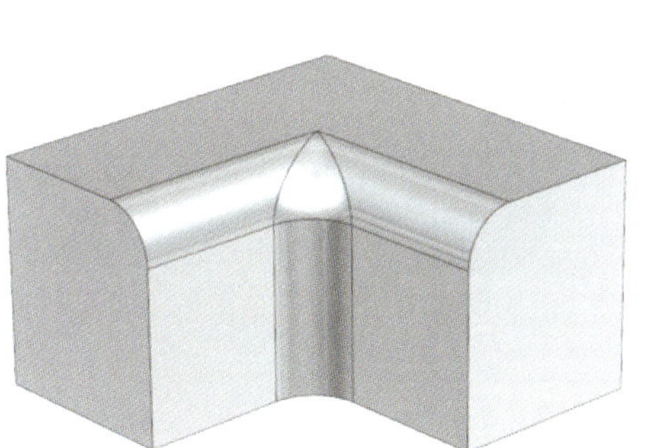

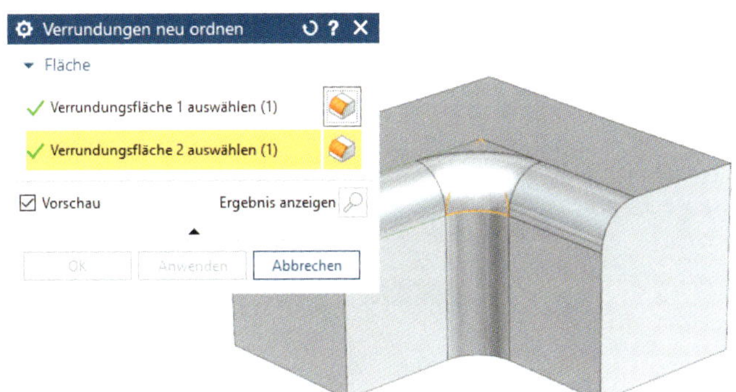

4.4.4 Flächen löschen

Löschen (Fläche Löschen) (Delete Face)

Der Befehl **LÖSCHEN** erlaubt das Löschen von Flächen eines Modells. Es stehen verschiedene Typen für die Auswahl der Flächen zur Verfügung. Diese werden im Folgenden vorgestellt.

	**FLÄCHE:** Beliebige Flächen können ausgewählt werden.
	**VERRUNDUNG:** Alle Verrundungen können ausgewählt werden.
	**BOHRUNG:** Nur Bohrungsflächen können ausgewählt werden. Das Ergebnis kann nach Größe des Radius gefiltert werden.
	**VERRUNDUNGSGRÖSSE:** Nur konstante Verrundungen können ausgewählt werden. Das Ergebnis kann nach Größe des Radius gefiltert werden.

Beim Löschen mit **FLÄCHE LÖSCHEN** und aktivierter *Reparieren*-Option wird die resultierende Lücke durch Erweitern und Neuverschneiden der benachbarten Flächen geschlossen. Die Abbildungen zeigen beispielhaft das Löschen mit und ohne *Reparieren*. Beim Löschen mit *Reparieren* werden die benachbarten Flächen erweitert, um die entstandene Lücke zu schließen. Beim Löschen der Fläche ohne *Reparieren* entstehen offene Kanten. Der Körper ist nicht vollständig begrenzt.

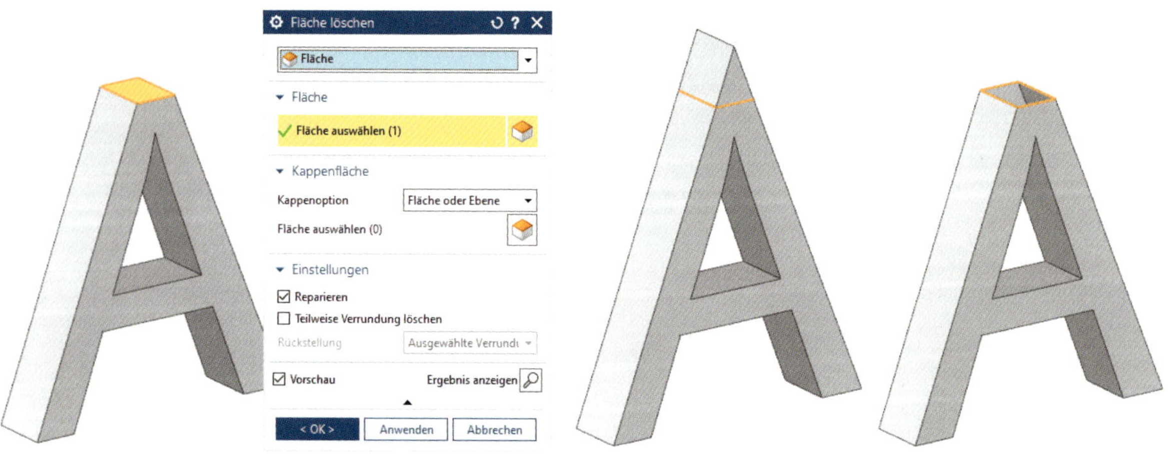

In einem weiteren Beispiel soll eine Fläche gelöscht werden, bei der die benachbarten Flächen die Lücke durch Erweitern nicht schließen können. Die Fehlermeldung deutet bereits an, dass parallel verlaufende Nachbarschaftsflächen sich durch Erweitern nicht verschneiden.

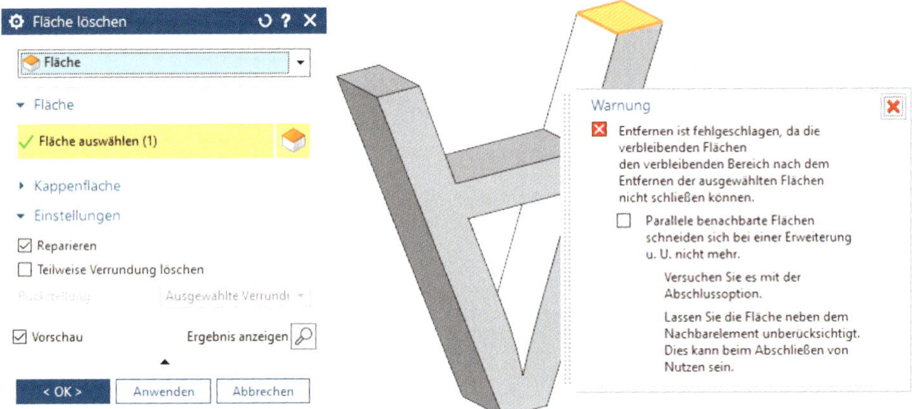

Durch die Definition einer *Kappenfläche* kann dieser Fall adressiert werden. Hierfür wurde eine neue Ebene (die prinzipiell unendlich ist) erstellt, aus der NX eine planare Fläche ableitet. Eine beliebige Fläche, die vollständig mit den Nachbarflächen verschneidet, wäre ebenso möglich.

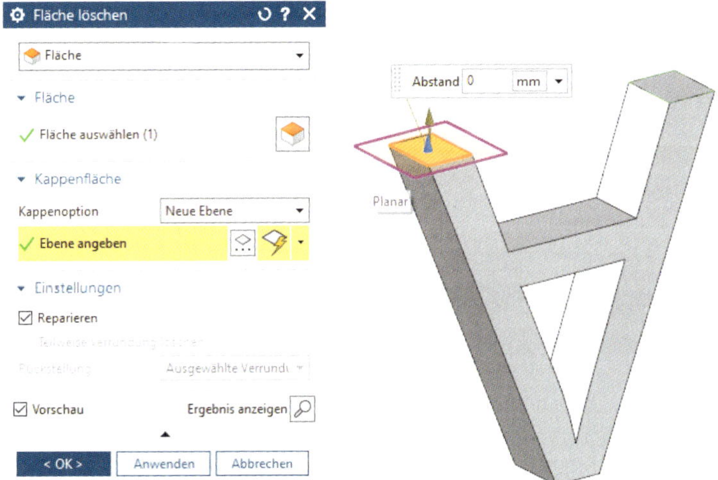

In manchen Fällen ist das Löschen von Verrundungen nicht möglich, da die resultierende Lücke nicht geschlossen werden kann. Ein häufiger Grund dafür ist, dass einzelne Flächen beim Erstellen der Verrundung absorbiert wurden und diese Flächen nun fehlen, um die ursprüngliche Geometrie wiederherzustellen. Für diesen Fall können Sie die Option *Teilweise Verrundung löschen* verwenden, um sich der ursprünglichen Geometrie schrittweise anzunähern. Die Funktionsweise wird in der Abbildung dargestellt. Zuerst kann die resultierende Lücke durch Erweitern der benachbarten Flächen der Verrundung nicht geschlossen werden.

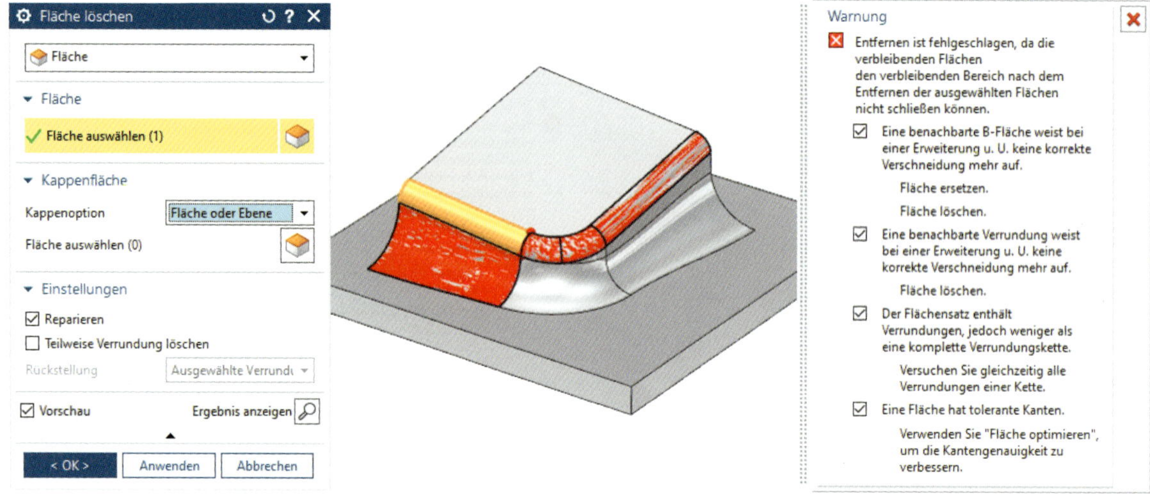

Durch Aktivieren der Option *Teilweise Verrundung löschen* kann zumindest ein Großteil der Verrundung entfernt werden.

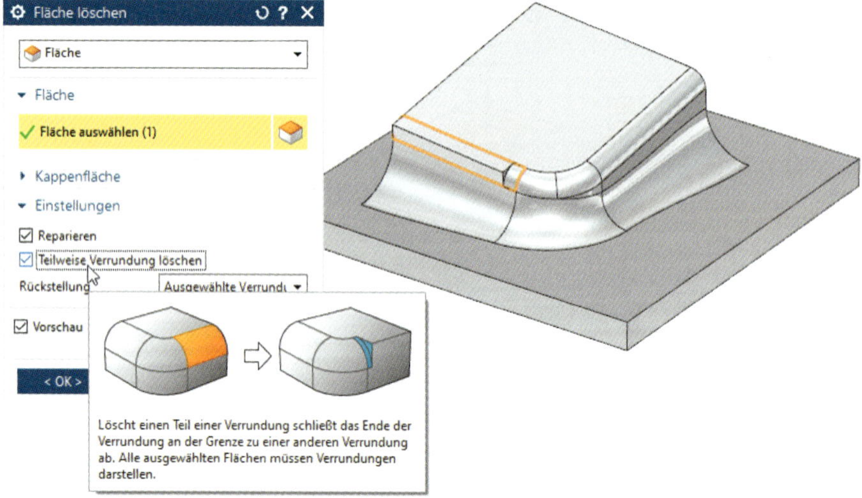

Wird der Typ *Verrundung* gewählt, besteht die Auswahl, die Flächen-Kanten-Verrundung als *Kerbung* oder als *Steilkante* zu löschen. Während bei *Steilkante* eine Fläche durch Extrudieren der existierenden Kante entsteht, wird beim Löschen als *Kerbung* die Fläche dort erstellt, wo eine Kerbungsverrundung diese treffen würde. Eine vorherige Markierung als **VERRUNDUNG ERKENNEN** ist in diesem Fall nicht erforderlich (vgl. Abschnitt 4.4.3.8). Die Abbildung zeigt ein Beispiel der Varianten.

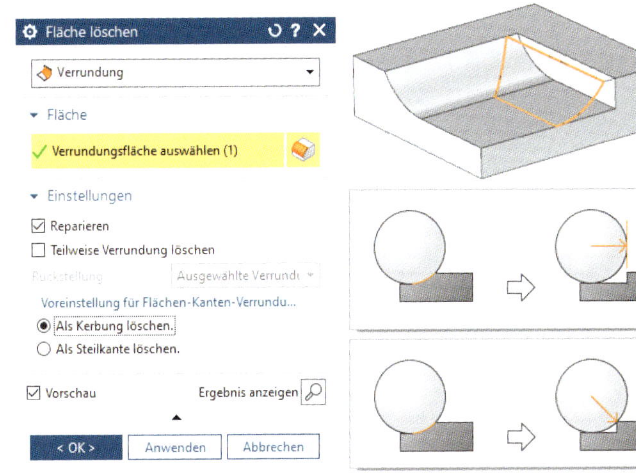

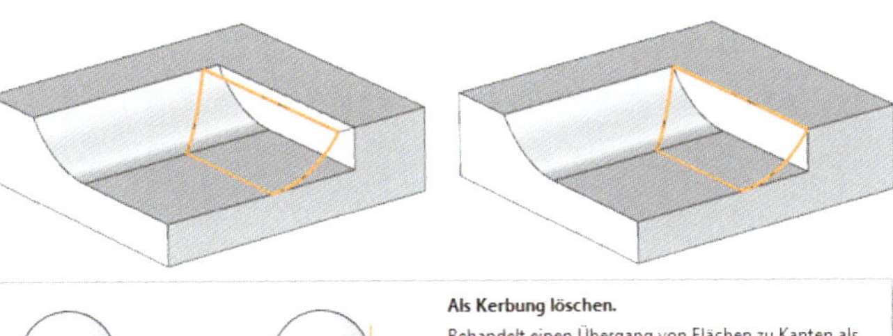

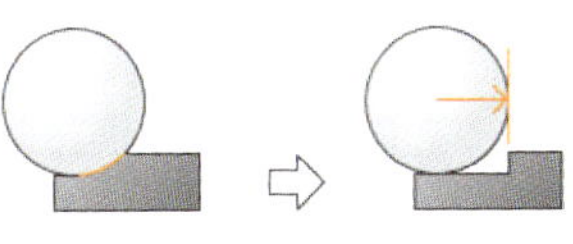

Als Kerbung löschen.

Behandelt einen Übergang von Flächen zu Kanten als Kerbungsverrundung, wenn keine Verkerbung oder Steilkante bestimmt werden kann.
Löschen, denn die Kerbung wird die Fläche dort rekonstruieren, wo sie von der Kerbungsverrundung weggeschnitten wurde.

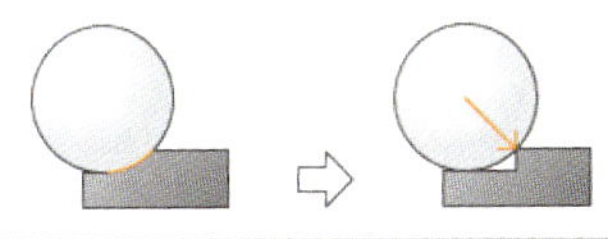

Als Steilkante löschen.

Behandelt einen Übergang von Flächen zu Kanten als Steilheitsverrundung, wenn keine Verkerbung oder Steilkante bestimmt werden kann.
Löschen, denn die Steile wird die Fläche an der Position der scharfen Kante rekonstruieren.

5 Baugruppen

In diesem Kapitel erhalten Sie einen Überblick über die Baugruppenfunktionen von NX. Zunächst beginnen wir mit einer Einführung in die Grundlagen der Baugruppenkonstruktion. Anschließend wird gezeigt, wie Sie Einzelteile in Baugruppen zusammenbauen können. Hierzu gehören das Hinzuladen, Positionieren und Vergeben von Baugruppenzwangsbedingungen. Des Weiteren erfahren Sie, wie Sie in Baugruppen mustern und spiegeln und wie Sie Verlinkungen und Beschnitte über mehrere Komponenten hinweg erzeugen können. Auch das Erstellen von verformbaren Teilen, die unterschiedliche Anordnung von Unterbaugruppen und die Explosionsdarstellungen werden anhand zahlreicher Beispiele vorgestellt. Zum Schluss wird gezeigt, wie Sie mithilfe von Sequenzen und Analysen zur Kollisions- oder Durchdringungsprüfung Ihre Baugruppe untersuchen.

■ 5.1 Einleitung

Baugruppen (Assembly)

Die Erstellung und Verwaltung von Baugruppen wird innerhalb der Anwendung **BAUGRUPPEN** durchgeführt. Falls die Registerkarte *Baugruppe* nicht in der Menübandleiste sichtbar ist, muss diese unter der Registerkarte *Anwendung* > *Konstruktion* > *Toolbox* aktiviert werden.

NX besitzt zwei Module zur Arbeit mit Baugruppen: **BAUGRUPPEN** und **ERWEITERTE BAUGRUPPEN**. Für die grundlegenden Anwendungen des allgemeinen Maschinenbaus sind die Funktionalitäten des Moduls **BAUGRUPPEN** ausreichend. Ihre Beschreibung erfolgt im Rahmen dieses Kapitels.

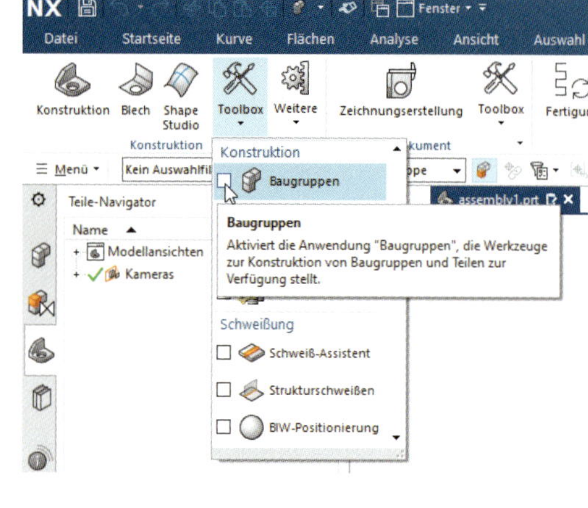

Im Zusammenhang mit der Verwaltung technischer Daten und Baugruppen werden häufig Datenmanagementsysteme eingesetzt. In den folgenden Abschnitten wird die native Datenverwaltung ohne den Einsatz von Zusatzsoftware beschrieben.

Begriffsdefinitionen

Die wesentlichen Begriffe zur Arbeit mit Baugruppen sind wie folgt definiert:

- **Baugruppen (Assembly):** Eine Baugruppe besteht aus Einzelteilen und Unterbaugruppen. Jede Baugruppe wird in einer eigenen Datei gespeichert. Diese Datei erhält die Endung *.prt*.
- **Komponente (Component):** Die Bestandteile einer Baugruppe werden als Komponenten bezeichnet. Komponenten können Einzelteile oder Unterbaugruppen sein. Bei Änderungen der Komponente werden alle anderen Teile der Sitzung entsprechend aktualisiert.
- **Aktives Teil (Work Part):** Innerhalb einer Baugruppe kann man Änderungen an Einzelteilen durchführen, während die restlichen Bestandteile weiterhin sichtbar sind (Design in Kontext). Das zu bearbeitende Teil wird dazu aktiviert. Seine Anzeige erfolgt dann in der Originalfarbe, und der Name wird in der Titelleiste dargestellt. Die restlichen Komponenten werden inaktiv und ausgegraut.

■ 5.2 Grundlagen

In diesem Abschnitt erhalten Sie eine Einführung in die Grundlagen der Baugruppenkonstruktion – vom Master-Modell-Konzept über das Speichern und Laden von Baugruppen und deren Komponenten bis hin zum Aufbau von Baugruppenstrukturen und zum Anzeigen verschiedener Zustände einer Komponente über Reference Sets.

5.2.1 Master-Modell-Konzept

In den Einzelteilen befindet sich normalerweise ein 3D-Modell. Die Baugruppen besitzen keine physikalischen Kopien der Komponente, sondern nur die Verweise auf die zugehörigen Teile, deren Objekteigenschaften, Layerbelegung, Reference Sets, Verknüpfungsbedingungen, Position und Orientierung. Ein Teil kann in verschiedenen Baugruppen verwendet werden. Es existiert aber nur einmal als gespeicherte Datei. Damit spart man Speicherplatz. Des Weiteren werden alle Baugruppen, in denen das Teil Verwendung findet, bei Änderungen am Einzelteil aktualisiert. Diese Aktualisierung geschieht während der Sitzung oder beim nächsten Öffnen der Baugruppe. Das Update-Verhalten kann über die Anwenderstandards gesteuert werden. Ein manuelles Update ist jederzeit über **WERKZEUGE > AKTUALISIEREN > MODELL AKTUALISIEREN** bzw. **WERKZEUGE > AKTUALISIEREN > TEILEÜBERGREIFENDE AKTUALISIERUNG > ALLE AKTUALISIEREN** möglich.

Dieses Konzept können Sie auf andere Bereiche zur Erstellung des digitalen Produkts übertragen. So ist es beispielsweise möglich, Strukturen zu erzeugen, bei denen eine neue Baugruppe generiert wird, die lediglich einen Verweis auf ein Teil mit einem 3D-Modell beinhaltet. In einer neuen Baugruppe werden dann beispielsweise die Zeichnungen für das 3D-Modell erzeugt. Bei Änderungen am 3D-Modell werden die abgeleiteten Zeichnungen entsprechend aktualisiert.

Master-Modell

Das folgende Schema zeigt dazu ein Beispiel. Das bestimmende 3D-Modell ist in der Datei *Spanner_ET023_00.prt* gespeichert. Der Dateiname ergibt sich in diesem Beispiel aus einem Projektnamen (*Spanner*), der fortlaufenden Nummer der Einzelteile für das Projekt (*ET023*) und dem Änderungsindex der Datei (*00*). Anschließend wurde eine Baugruppe erzeugt, die nur den Verweis auf das 3D-Modell besitzt. In dieser Datei werden die Zeichnungen erarbeitet. Im Beispiel besitzt die Zeichnungsdatei denselben Namen wie das Master-Modell mit der zusätzlichen Kennung *_dwg*. Diese Vorgehensweise kann analog zur Durchführung von Bauteilberechnungen mit der Methode der finiten Elemente oder zur Erzeugung eines NC-Programms verwendet werden. Alle Datensätze basieren dabei auf demselben 3D-Modell. Das Konzept wird als Master-Modell bezeichnet und versetzt Sie in die Lage, gleichzeitig an den verschiedenen Aufgaben der digitalen Produktentwicklung zu arbeiten.

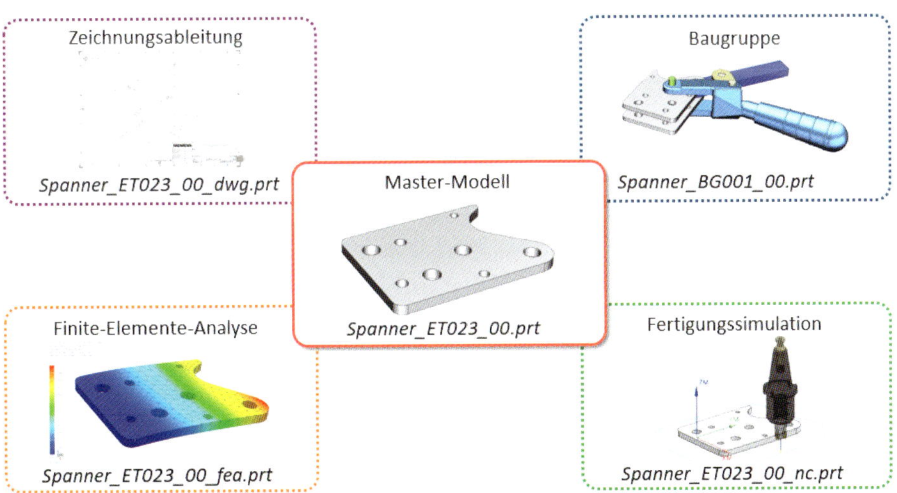

5.2.2 Speichern von Baugruppen

Speichern innerhalb von Baugruppen

Es ist möglich, die einzelnen Komponenten einer Baugruppe in verschiedenen Verzeichnissen des Betriebssystems abzulegen. NX speichert diesen Verweis in den Baugruppen ab. Beim Öffnen werden die Verweise verwendet, um alle Komponenten einer Baugruppe zu laden. Dabei dürfen die Komponenten aber nicht durch den Anwender manuell in andere Verzeichnisse verschoben oder umbenannt werden.

Bei der Arbeit mit Baugruppen sind normalerweise mehrere Dateien gleichzeitig geladen, wobei eine Datei immer als **AKTIVES TEIL** dargestellt wird. In dieser Komponente werden dann auch die Änderungen vorgenommen.

Die folgende Übersicht zeigt exemplarisch die Struktur einer Baugruppe. Die Hauptbaugruppe *BG000* und ihre Komponente wurden in NX geladen. NX kann mehrere Fenster parallel darstellen. Im Beispiel wurde die Unterbaugruppe *BG001* in einem Fenster geöffnet. Sie ist gleichzeitig auch als **AKTIVES TEIL** definiert. Da im Einzelteil *Spanner_ET001_00* zuvor eine Änderung vorgenommen wurde, haben diese Komponente sowie ihre „Eltern" nun den Status *Geändert*. Mit **SPEICHERN** werden nur das **AKTIVE TEIL** und alle darunterliegenden geänderten Komponenten gespeichert, also *BG001* und *ET001*, die übrigen Komponenten nicht. Beim Verlassen von NX wären die nicht gespeicherten Änderungen der restlichen Komponenten verloren. In diesem Fall sollte man den Befehl **ALLE SPEICHERN** vorziehen.

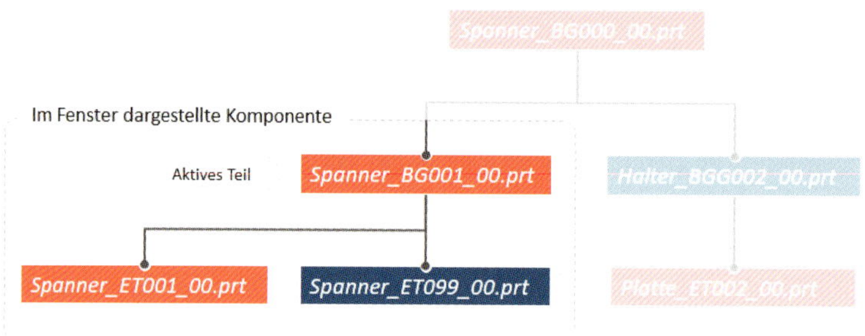

Speichern (Save)

Um alle Komponenten eine Baugruppe zu speichern, müssen Sie die oberste Stufe der Baugruppe aktivieren und anschließend den Befehl **SPEICHERN** anwenden.

Alle speichern (Save All)

Zum Sichern aller geänderten Komponenten verwenden Sie den Befehl **ALLE SPEICHERN**. Damit werden auch Komponenten, die nicht zur Baugruppe gehören, aber während der Sitzung geöffnet wurden, abgespeichert.

Nur aktives Teil speichern (Save Work Part Only)

Wenn innerhalb einer Baugruppe nur das *Aktive Teil* gespeichert werden soll und nicht seine untergeordneten Komponenten, kann der Befehl **NUR AKTIVES TEIL SPEICHERN** verwendet werden.

Speichern unter (Save As)

Wenn Sie eine Änderung an einer Komponente durchführen und diese unter einem neuen Dateinamen, beispielsweise mit höherem Änderungsindex, abspeichern wollen, verwenden Sie den Befehl **SPEICHERN UNTER**. Dabei ändert sich auch der Verweis in der Baugruppenstruktur. NX erwartet zuerst den neuen Namen für das *Aktive Teil*. Nach dessen Eingabe springt das System in der Baugruppenstruktur um eine Stufe nach oben und bietet die Möglichkeit, für die übergeordnete Baugruppe ebenfalls einen neuen Namen einzugeben. Wenn dieses Fenster mit Abbrechen verlassen wird, erscheint der abgebildete Hinweis.

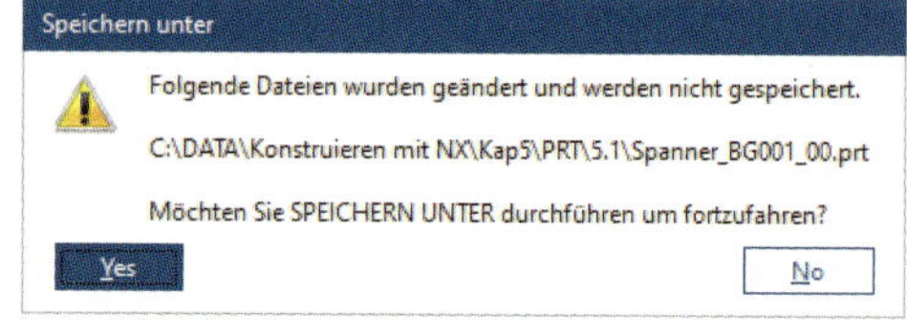

Die Frage ist mit **YES** zu beantworten. Danach wird ein weiterer Hinweis angezeigt. Durch Bestätigen mit **OK** erfolgt das Abspeichern, wobei sich in diesem Fall nur der Name des aktuellen Teils ändert. Parallel dazu wird ein Bericht im Informationsfenster angezeigt.

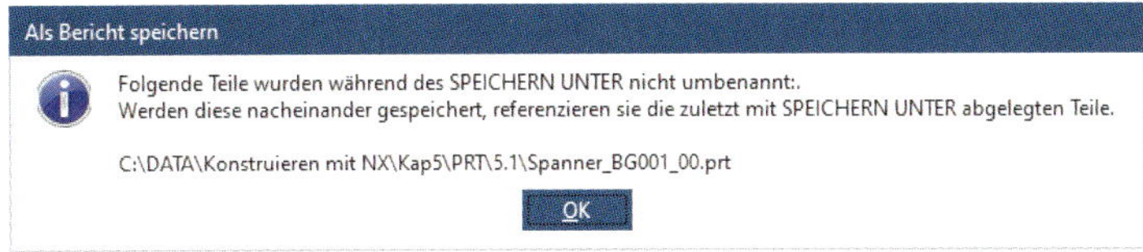

Anschließend muss die Baugruppe ebenfalls gespeichert werden, sonst wird der Verweis auf die neue Datei in der Struktur nicht gesichert, und beim nächsten Aufruf der Baugruppe wird die alte Komponente geladen.

Wenn die Baugruppendateien ebenfalls geändert werden sollen, müssen Sie an den entsprechenden Stellen den neuen Namen eingeben. Hier ist jedoch Vorsicht geboten, da man sich schnell in den Hinweisen von NX verliert und die falsche Komponente mit neuem Namen speichert. Es ist besser, wenn man jede umzubenennende Komponente, wie vorangehend beschrieben, separat mit **SPEICHERN UNTER** abspeichert.

5.2.3 Laden von Baugruppen

5.2.3.1 Ladeoptionen für Baugruppen

Beim Öffnen von Baugruppen sucht das System nach den zugehörigen Komponenten und stellt diese dann im Grafikfenster dar. Wenn nicht alle Komponenten einer Baugruppe gefunden werden, erscheint die in der Abbildung dargestellte Warnung.

Ladeoptionen für Baugruppen (Assembly Load Options)

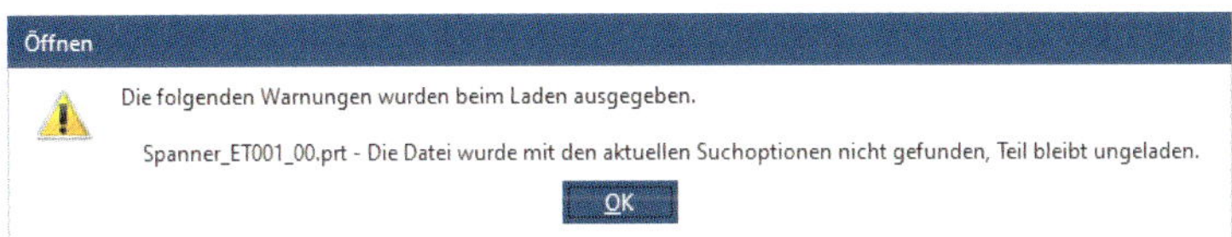

In solchen Fällen ist es wichtig zu wissen, wo die einzelnen Dateien gespeichert wurden. Grundsätzlich sollten Sie möglichst wenige Speicherverzeichnisse verwenden, um das Auffinden von Daten zu vereinfachen. Es ist aber möglich, bei der Arbeit an Projekten separate Ordner zu nutzen, in denen sich die projektspezifischen Dateien befinden. Teile, die allgemein eingesetzt werden, wie z. B. Norm- und Kaufteile, werden oftmals in zentralen Verzeichnissen verwaltet.

Das in der Abbildung dargestellte Schema zeigt dazu ein Beispiel. Es existieren zwei Projektordner (*Projekt 001* und *Projekt 002*) und ein zentrales Verzeichnis für Normteile. Diese Dateiverwaltung kann analog mit Servern und freigegebenen Verzeichnissen praktiziert werden. Wichtig ist dabei, die Netzlaufwerke unter einheitlichen Laufwerksbuchstaben zu verbinden.

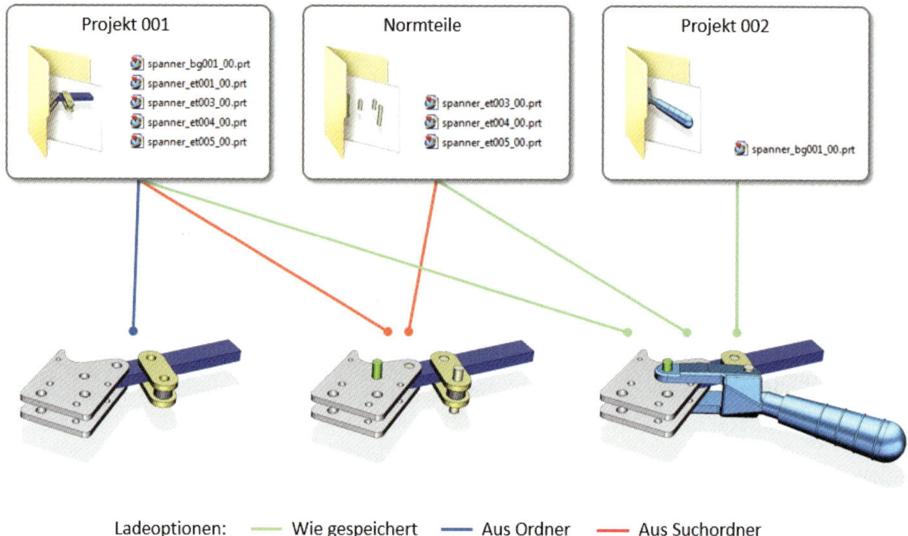

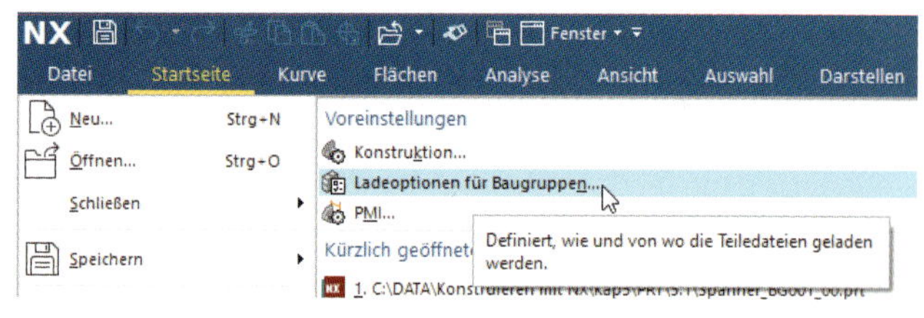

Die einzelnen Teiledateien der Baugruppe *Spanner_BG000_00* sind in verschiedenen Verzeichnissen abgelegt. Wenn die Baugruppe geöffnet wird, sucht NX per Voreinstellung in dessen Verzeichnis nach allen zugehörigen Dateien. Im Beispiel würde das System nur die Teile aus dem Ordner *Projekt 001* laden. Die restlichen Dateien befinden sich in anderen Verzeichnissen. Um diese Daten zu finden, muss NX die Verweise auf den Speicherort verwenden. Das Auffinden können Sie durch die Ladeoptionen beeinflussen. Deren Aufruf erfolgt mit **DATEI > VOREINSTELLUNGEN > LADEOPTIONEN FÜR BAUGRUPPEN** (siehe Abbildung) oder im Dialogfenster des Befehls **ÖFFNEN** mit der Schaltfläche **OPTIONEN** (unten links).

Das in der Abbildung dargestellte Dialogfenster **LADEOPTIONEN FÜR BAUGRUPPEN** bietet im Bereich *Teileversionen* unter *Laden* die folgende Auswahl:

- *Wie gespeichert*: NX verwendet die Verweise auf den Speicherort der Dateien und sucht die Komponenten in den entsprechenden Verzeichnissen.
- *Aus Ordner*: Nur das Verzeichnis der geöffneten Baugruppe wird nach den restlichen Komponenten durchsucht.
- *Aus Suchordnern*: Sie können verschiedene Verzeichnisse vorgeben, die entsprechend der festgelegten Reihenfolge durchsucht werden. Die erste Datei mit passendem Namen wird dann geladen. Dazu ist es unbedingt erforderlich, dass jeder Dateiname nur einmal vergeben wird. Die Anordnung der Verzeichnisse in der Liste und damit die Suchreihenfolge können unter Nutzung der Pfeile geändert werden. Unter *Ordner für Suche hinzufügen* werden die entsprechenden Verzeichnisnamen eingegeben.

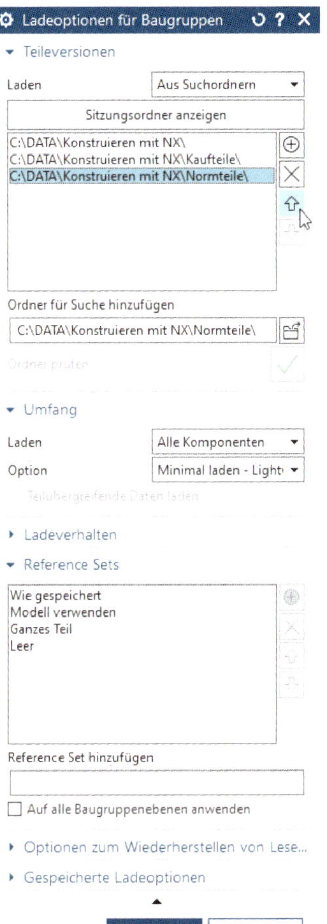

Im Bereich *Umfang* (siehe Abbildung) kann eingestellt werden, in welchem Umfang die Komponenten in Baugruppen geladen werden sollen. Diese Option eignet sich besonders bei großen Baugruppen, die viel Arbeitsspeicher benötigen. Je nach eingestellter Option und Anwendungsfall kann hier eine deutliche Verbesserung der Systemperformance erzielt werden (weitere Informationen hierzu in Abschnitt 5.2.3.2).

Reference Sets

Unter *Reference Sets* wird festgelegt, welche Referenzen beim Laden einer Komponente automatisch aktiv sind. Bei großen Baugruppen ist es sinnvoll, zunächst nicht das vollständige Modell, sondern vereinfachte Abbilder, wie z. B. die Volumengeometrie oder facettierte Darstellungen der Oberfläche, zu laden. Dadurch wird der Ladevorgang beschleunigt. Die Arbeit mit Reference-Sets wird in Abschnitt 5.2.5 erläutert.

Die geänderten Ladeoptionen sind nur während der aktuellen Sitzung gültig. Nach einem Neustart von NX werden die ursprünglichen Standardvoreinstellungen wieder übernommen. Unter *Gespeicherte Ladeoptionen* besteht die Möglichkeit, die Änderungen dauerhaft zu nutzen. Dazu wird mit dem Befehl **ALS STANDARD SPEICHERN** die Datei *load_options.def* in das Installationsverzeichnis von NX, in den Ordner ... *\UGII*, geschrieben. Hierzu sind unter Umständen Administratorrechte notwendig. Auf diese Datei greift das System dann beim nächsten Start zu. Wenn Sie eine eigene Konfiguration nutzen wollen, können Sie die aktuellen Einstellungen mit dem Befehl **IN DATEI SPEICHERN** sichern. Beim Start von NX muss dann die Umgebungsvariable *UGII_LOAD_OPTIONS* gesetzt werden, die auf die gespeicherte Datei verweist.

5.2.3.2 Intelligentes Laden von Baugruppen

Bei der Arbeit mit großen Baugruppen werden sowohl der Speicher als auch die Ladezeit und die grafische Darstellung stark beansprucht. Um dies zu umgehen, besteht die Möglichkeit, beim Laden einer Baugruppe entsprechende Einstellungen vorzunehmen, die dafür sorgen, dass nur der zu dem Zeitpunkt notwendige Anteil, um die Geometrie darzustellen, geladen wird. Hierfür stehen unter **DATEI > VOREINSTELLUNGEN > LADEOPTIONEN FÜR BAUGRUPPEN > UMFANG** einige Optionen zur Verfügung, die im Folgenden genauer beschrieben werden.

In der Standardeinstellung werden *Alle Komponenten* mit der Option *Minimal laden – Lightweight-Anzeige* geladen. Dies ist die schnellste Option, vorausgesetzt Ihre Modelle sind nicht vor NX 9 erstellt worden. Hierbei werden die Komponenten über mehrere Prozessoren geladen, sodass Sie schon während des Ladeprozesses Ihre Szene einrichten können. Im Grafikfenster wird nur eine facettierte Anzeige dargestellt. Große Baugruppen können so sehr schnell angezeigt werden.

In der nachfolgenden Tabelle werden die Unterschiede der Optionen genauer beschrieben.

Vollständig laden	Lädt alle Dateidaten und zeigt diese als *genaue* Geometrie an.
Teilweise laden	Stellt nur Körper im aktuellen Reference Set dar und zeigt diese als *genaue* Geometrie an. Es sind keine teileübergreifenden Geometrieaktualisierungen möglich, jedoch begrenzte Zwangsbedingungsaktualisierungen.
Vollständig laden – Lightweight-Anzeige	Lädt alle Dateidaten und zeigt eine *facettierte* Geometrie an.
Teilweise laden – Lightweight-Anzeige	Stellt nur Körper im aktuellen Reference Set dar und zeigt diese als *facettierte* Geometrie an. Es sind keine teileübergreifenden Geometrieaktualisierungen möglich, jedoch begrenzte Zwangsbedingungsaktualisierungen.
Minimal laden – Lightweight-Anzeige	Stellt nur Körper im aktuellen Reference Set dar und zeigt diese als *facettierte* Geometrie an. Es werden keine teileübergreifenden und Zwangsbedingungsaktualisierungen berücksichtigt.

Die Option *Teileübergreifende Daten laden* wird dann interessant, wenn WAVE-Links in der Konstruktion verwendet wurden. Sind Komponenten nur teilweise geladen, kann es passieren, dass die Geometrie, aufgrund der nicht aktuellen Verlinkung, nicht auf dem aktuellen Stand ist. Die Option erkennt dies und lädt die Geometrie entsprechend nach.

Diese Einstellungen können auch beim Öffnen einer Baugruppe eingestellt werden. Hierzu müssen Sie die Schaltfläche **OPTIONEN** im unteren Bereich anwählen. Sie gelangen dann in den Dialog **LADEOPTIONEN FÜR BAUGRUPPEN**.

Lightweight anzeigen (Show Lightweight)

Exakte anzeigen (Show Exact)

Soll eine Komponente bearbeitet werden, wird diese beim Aktivieren automatisch komplett nachgeladen und beim Verlassen wieder teilweise entladen. Im *Baugruppen-Navigator* wird die *Lightweight*-Darstellung mit einer Feder in der Spalte *Repräsentation* sichtbar gemacht. Eine schwarze Raute bedeutet, dass die Komponente *exakt*, also komplett, geladen ist.

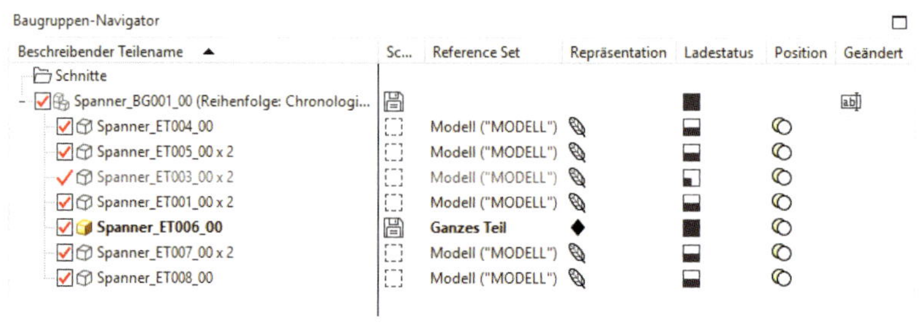

Des Weiteren haben Sie die Möglichkeit, selbst zu entscheiden, ob eine Komponente mit **LIGHTWEIGHT ANZEIGEN** oder mit **EXAKT ANZEIGEN** dargestellt wird. Durch den Klick mit **MT3** auf eine Komponente und die Anwahl von **EXAKT ANZEIGEN** oder **LIGHTWEIGHT ANZEIGEN** im Kontextmenü wird die Komponente komplett geladen oder teilweise wieder entladen.

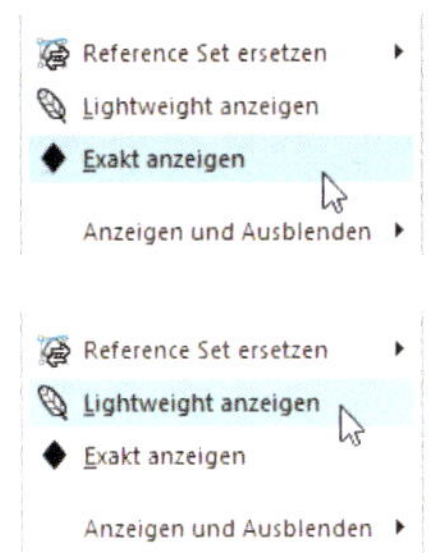

Zur Erinnerung: Bei **LIGHTWEIGHT ANZEIGEN** wird nur eine facettierte Geometrie einer Komponente angezeigt. Dies hat zur Folge, dass eine Komponente sehr schnell geladen und angezeigt werden kann.

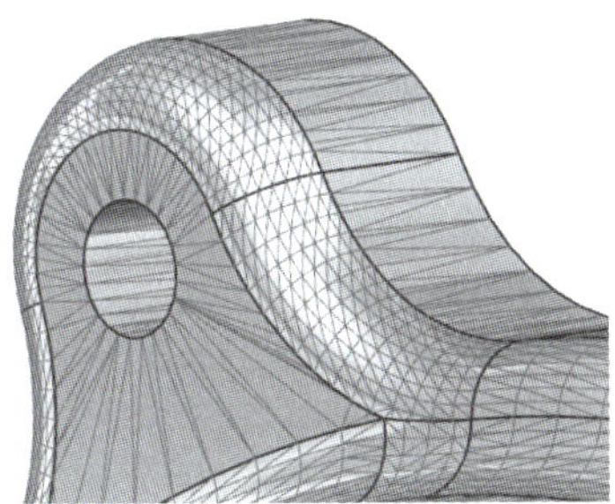

Exakte-Darstellung

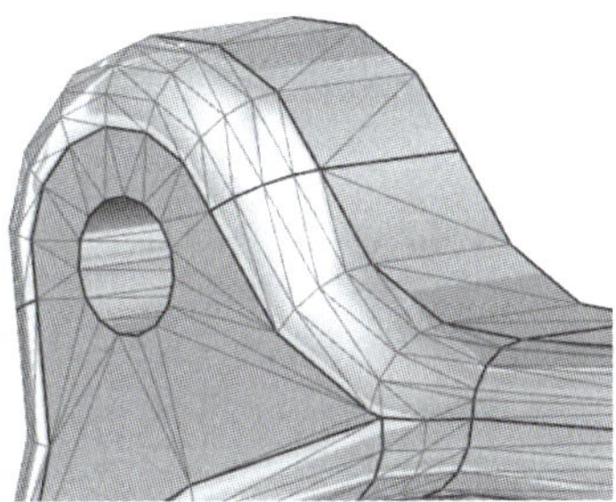
Lightweight-Darstellung

Auch durch **ANZEIGE AKTUALISIEREN** ändert sich nichts an der Facettierung. Dagegen lässt sich bei einer exakten Darstellung die Facettierung, je nach Einstellung und Zoom-Faktor, durch **ANZEIGE AKTUALISIEREN** neu berechnen.

Aktualisieren F5
Einpassen
Zoomen F6
Verschieben
Drehen F7
Anzeige aktualisieren
Wiederherstellen

Nur Struktur laden (Load Structure Only)

Eine weitere Option, große Baugruppen schnell zu laden, besteht darin, dass nur die Struktur geladen wird. Dies geschieht selbst bei sehr großen Baugruppen innerhalb weniger Sekunden. Da hierbei erst einmal kein Geometrieanteil geladen wird, bleibt das Grafikfenster leer. Beim Bewegen der Maus über die Komponente im *Baugruppen-Navigator* wird jedoch die Begrenzungsbox im Grafikfenster angezeigt, sodass man zumindest eine Vorstellung bekommt, wo sich das Bauteil befindet und welche Größe es besitzt.

Durch Doppelklick mit **MT1** wird die Komponente nachgeladen und *exakt* angezeigt. Wird eine weitere Komponente nachgeladen, so wird diese *exakt* angezeigt, während die vorherige nun als *Lightweight* dargestellt wird.

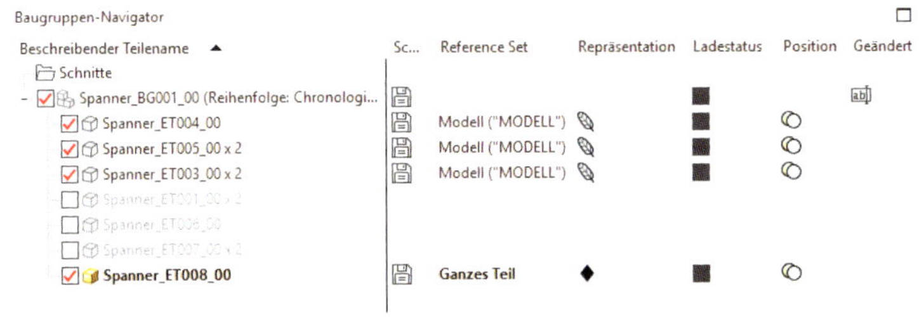

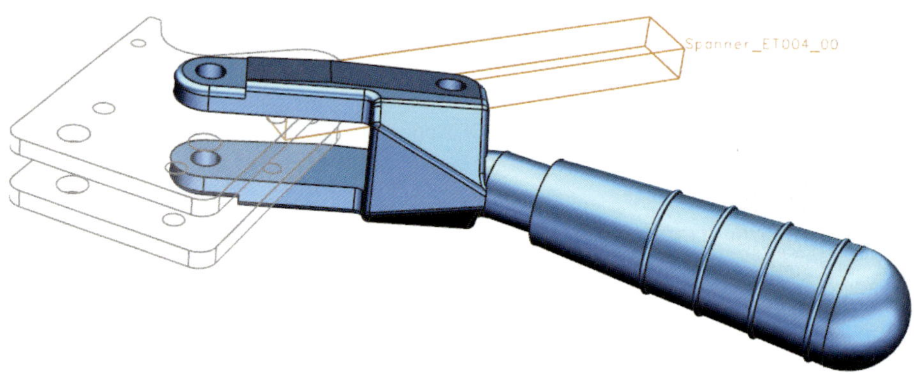

Über **MT3** und **SCHLIESSEN > TEIL** wird eine Komponente geschlossen und aus dem Speicher genommen. Das Strukturelement im *Baugruppen-Navigator* bleibt erhalten, sodass die Komponente bei Bedarf wieder geladen werden kann.

5.2.3.3 Isolieren und nach Nähe öffnen

Nur anzeigen (Show Only)

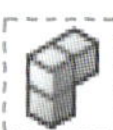

Nach Nähe öffnen (Open by Proximity)

Bei der Arbeit mit großen Baugruppen ist es oftmals sinnvoll, Teilbereiche der Konstruktion im Grafikfenster darzustellen. Dazu kann man den Befehl **NUR ANZEIGEN** nutzen. Nach der Selektion der entsprechenden Komponenten werden nur noch diese am Bildschirm dargestellt. Alle anderen Teile sind dann unterdrückt.

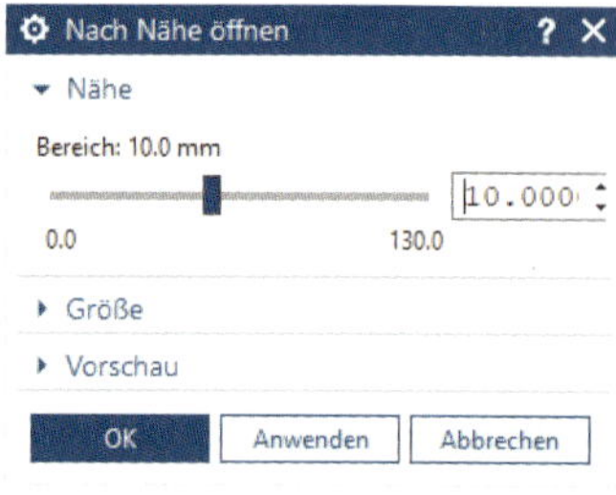

Der Befehl **NUR ANZEIGEN** lässt sich sehr gut mit der Funktion **NACH NÄHE ÖFFNEN** kombinieren. Zu finden ist sie über die Registerkarte *Baugruppe* > *Kontext* > *Weitere*. Damit wird unter Bezug auf eine ausgewählte Komponente ein Bereich festgelegt. Dieser Bereich lässt sich mit einem Schieberegler dynamisch verändern. Alle Komponenten, die sich im angegebenen Gebiet befinden, werden anschließend dargestellt. Die **VORANZEIGE** zeigt die betroffenen Komponenten als Umriss an und stellt ihren Namen dar. Sie können dann noch entscheiden, ob der Auswahlbereich verändert werden muss.

Die Abbildung zeigt ein Beispiel für die Anwendung beider Befehle. Die dargestellte Baugruppe besteht aus vielen Komponenten. Wenn Sie Untersuchungen an einer Feder vornehmen wollen, können Sie diese zunächst mit dem Befehl **NUR ANZEIGEN** isoliert darstellen. Anschließend ist die unmittelbare Umgebung der Feder interessant. Deshalb werden die entsprechenden Komponenten mit **NACH NÄHE ÖFFNEN** geöffnet, und es erfolgt die Darstellung eines kompletten Dämpfers.

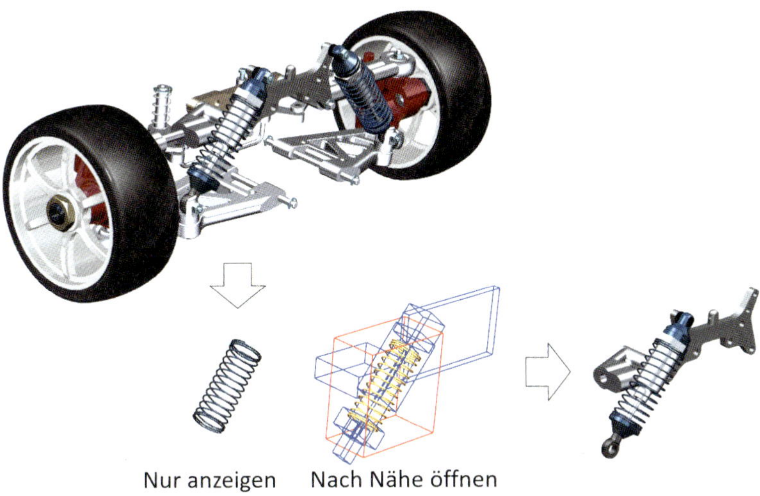

5.2.4 Baugruppenstrukturen

Die Erstellung der Struktur von Baugruppen kann von oben nach unten (Top-down) oder von unten nach oben (Bottom-up) erfolgen. Oftmals findet eine Mischung beider Methoden Anwendung. Im Normalfall werden zunächst Grundstrukturen erzeugt, die dann bei Bedarf schrittweise erweitert werden.

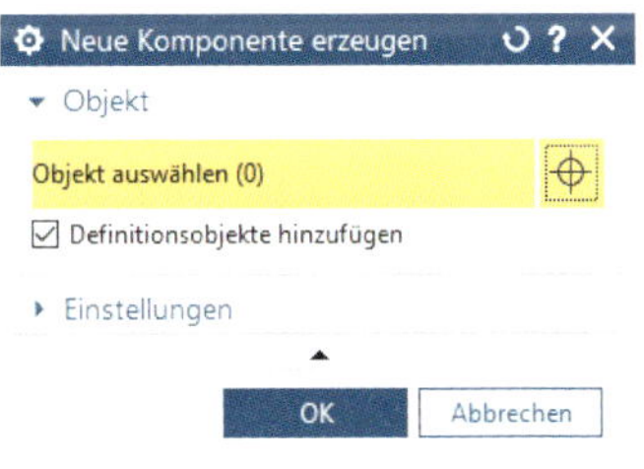

Neue Komponente (Create New)

Mit dem Befehl NEUE KOMPONENTE generieren Sie aus dem aktuellen Teil heraus eine neue Komponente. Dazu müssen Sie zunächst eine geeignete Vorlagendatei wählen und dann den Namen der neuen Datei festlegen. Danach erscheint das abgebildete Dialogfenster. In NX besteht die Möglichkeit, durch Selektion einer Geometrie aus dem aktuellen Teil diese an die neue Komponente zu übergeben. Wird keine Geometrie ausgewählt, dann erstellt NX eine leere Datei. Die Option *Definitionsobjekte hinzufügen* bewirkt, dass alle Referenzobjekte miteingeschlossen und kopiert werden. Referenzobjekte definieren die Position oder die Ausrichtung des ausgewählten Objekts. Nach dem Verlassen des Dialogfensters wird die neue Komponente in der Baugruppenstruktur erzeugt. Anschließend ist es sehr wichtig, die gesamte Baugruppe zu speichern.

Die Abbildung zeigt ein Beispiel zum Erzeugen einer Baugruppe nach der Top-down-Methode. Zuerst wurden in der Datei *Baugruppe* die 3D-Modelle erzeugt. Die einzelnen Körper dürfen **nicht** mit einer booleschen Operation verbunden sein. Anschließend wurde mit dem Befehl NEUE KOMPONENTE der Quader mit seiner Bohrung in das Teil *Quader* verschoben und der Zylinder in *Zylinder*. Damit ergibt sich die dargestellte Struktur, wobei die Baugruppendatei keine Geometrie mehr beinhaltet.

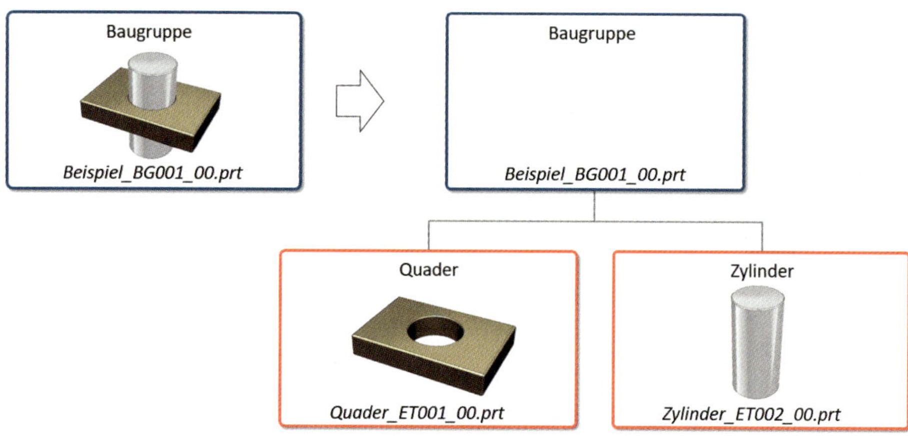

Komponente hinzufügen (Add Component)

Zur Erstellung von Baugruppen über die Bottom-up-Methode dient der Befehl **KOMPONENTE HINZUFÜGEN**. Alternativ können Teile durch Ziehen mit **MT1** aus der **HISTORIE** bzw. aus dem Betriebssystem hinzugefügt werden. Nach dem Start des Befehls wird das Dialogfenster (siehe Abbildung) aufgerufen, das in seinem oberen Bereich alle in der Sitzung geladenen Komponenten auflistet. In dieser Liste kann die gewünschte Komponente ausgewählt werden. Alternativ ist die Selektion im Grafikfenster möglich. Wenn eine Komponente nicht geladen ist, besteht die Möglichkeit, sie mit **ÖFFNEN** im Windows-Verzeichnis zu suchen und zu laden. Auch dabei können mehrere Komponenten gleichzeitig geöffnet werden. Nach ihrer Auswahl wird die jeweilige Komponente automatisch in einer Vorschau in der Baugruppe angezeigt. In dieser Vorschau können Sie die neue Komponente mit den üblichen Komponenten zur Bildschirmdarstellung betrachten. Unter Nutzung der Vorschau können Sie die einzelnen Komponenten an- und abwählen.

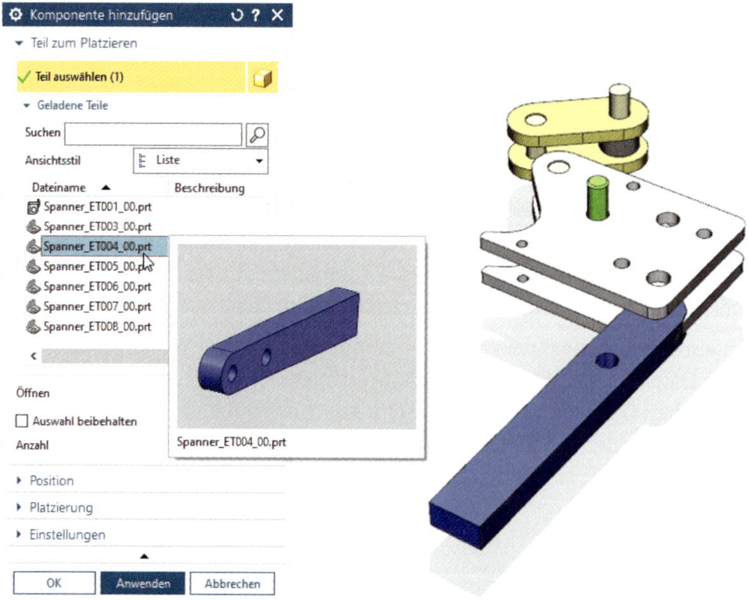

Zur schnellen Positionierung können die Optionen unter *Position* (siehe Abbildung) verwendet werden. Als Standard wird die Komponente mit *Absolut - Aktives Teil* zum absoluten Nullpunkt des aktiven Teils positioniert. Wird die Baugruppenposition umgestellt auf *Absolut - Dargestelltes Teil*, so wird der Ursprung der Baugruppe verwendet. Mit der Option *Fangen* kann im Grafikbereich durch Fangen eines Punktes die Komponente vorpositioniert werden. Mit *Zyklus - Orientierung* besteht zusätzlich noch die Möglichkeit, die Ausrichtung zu beeinflussen.

Neben der Positionierung besteht des Weiteren die Möglichkeit, über *Platzierung > Pro Bewegung* die Komponente zu positionieren. Im Grafikbereich steht hierzu das Dynamik-KSYS zur Verfügung, das in alle Richtungen bewegt werden kann, die Komponente bewegt sich dementsprechend mit. Ist *Nur Handles verschieben* aktiv, bewegt sich die Komponente nicht mit und der Handle kann passend für die Komponente positioniert werden. Ist die Option unter Platzierung auf *Mit Zwangsbedingungen definieren* ausgewählt, besteht die Möglichkeit, Zwangsbedingungen zu vergeben. Auf dieses Thema gehen wir in Abschnitt 5.4 genauer ein.

Wenn das Dialogfenster **KOMPONENTE HINZUFÜGEN** mit **ANWENDEN** geschlossen wurde, wechselt NX nach dem Hinzufügen der neuen Komponente wieder zum Auswahlfenster, und die nächste Komponente kann zur Baugruppe hinzugefügt werden. Wurde der Befehl mit **OK** beendet, erfolgt kein erneuter Aufruf.

Die neuen Komponenten werden immer direkt unter dem aktiven Teil in der Baugruppenstruktur abgelegt. Auch hier ist es wichtig, nach Beenden des Hinzufügens, die Baugruppe komplett zu speichern.

HINWEIS: Wenn eine Komponente in ein Einzelteil hinzugefügt wird, wird aus der übergeordneten Datei automatisch eine Baugruppe.

Wir möchten nun den Aufbau einer Baugruppe nach der Bottom-up-Methode an einem Beispiel erläutern. Dazu werden zunächst drei neue Dateien als Modell erstellt. Die Baugruppenstruktur wird über die Datei *Baugruppe* erstellt. Die einzelnen Komponenten werden dieser Baugruppe hinzugefügt. Für die Positionierung ist die Option **ABSOLUT - AKTIVES TEIL** ausreichend, da sie noch keine Geometrie enthält. Zum Schluss muss die neue Struktur gespeichert werden, und Sie erhalten dann den in der Abbildung dargestellten Aufbau.

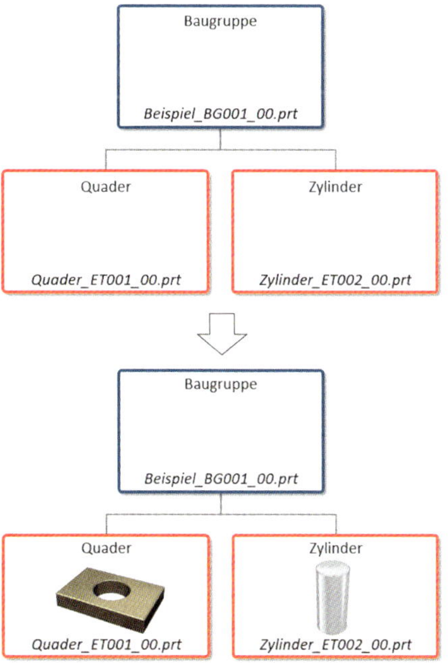

Danach kann mit dem Erstellen der Geometrie begonnen werden. Dazu wird die Komponente, in der die Geometrie erzeugt werden soll, mit Doppelklick aktiviert. So wird z. B. zuerst ein Zylinder in der Komponente *Zylinder* erstellt. Die Geometrie der nächsten Komponente wird analog erzeugt. Wird die zu bearbeitende Komponente zum aktiven Teil, dann wird dessen Geometrie in der Originalfarbe angezeigt, während alle anderen Komponenten der Baugruppe als nicht aktiv dargestellt werden. Man kann jetzt mit der neuen Konstruktion im Kontext zu den bereits vorhandenen Geometrien beginnen.

Als eindeutig festlegen (Make Unique)

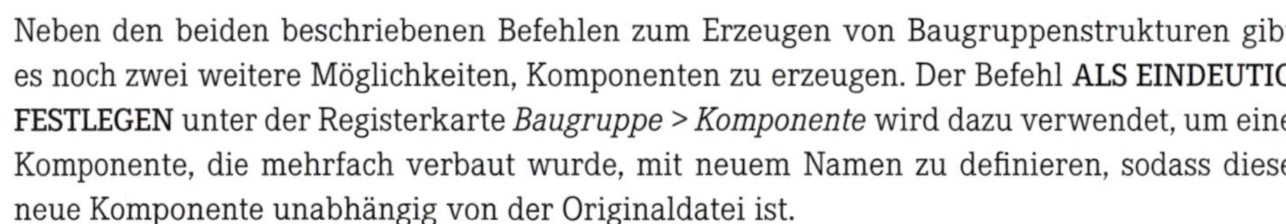

Neben den beiden beschriebenen Befehlen zum Erzeugen von Baugruppenstrukturen gibt es noch zwei weitere Möglichkeiten, Komponenten zu erzeugen. Der Befehl **ALS EINDEUTIG FESTLEGEN** unter der Registerkarte *Baugruppe > Komponente* wird dazu verwendet, um eine Komponente, die mehrfach verbaut wurde, mit neuem Namen zu definieren, sodass diese neue Komponente unabhängig von der Originaldatei ist.

Neue übergeordnete Baugruppe (Create New Parent)

Der Befehl **NEUE ÜBERGEORDNETE BAUGRUPPE** erstellt aus einer Komponente heraus eine übergeordnete Baugruppe. Dazu müssen Sie die gewünschte Vorlage wählen und den Namen der neuen Baugruppe eingeben. Anschließend wird automatisch die Struktur erzeugt.

Baugruppen-Template

Beim Erstellen von Dateien mit dem Befehl **NEU** können Sie ein Baugruppen-Template aufrufen. Wird diese Option verwendet, dann öffnet NX anschließend das Fenster zum Hinzufügen von Teilen. Nach der Angabe des entsprechenden vorhandenen Teils wird eine neue Struktur generiert. Dieses Vorgehen ist insbesondere beim Erzeugen neuer Dateien nach dem Master-Modell-Konzept sinnvoll.

Komponente löschen (Delete)

Das Entfernen von Komponenten aus Baugruppen erfolgt analog zum „normalen" Löschen. Die Komponenten werden selektiert und anschließend durch die **ENTF**-Taste, das entsprechende Icon oder unter Nutzung des Pop-up-Menüs entfernt. Wenn das Teil Verknüpfungen enthält, erfolgt eine Anzeige, dass diese ebenfalls gelöscht werden.

Der Befehl **RÜCKGÄNGIG** ist auch bei der Arbeit mit Baugruppen verfügbar.

Drag & Drop

Komponenten können innerhalb der Baugruppenstruktur verschoben werden. Dazu nutzt man den *Baugruppen-Navigator*. Die entsprechende Komponente wird durch Drücken von **MT1** selektiert und anschließend zur neuen Strukturstufe gezogen. Mit der Freigabe von **MT1** wird sie an der neuen Stelle abgelegt. Danach erscheint die in der Abbildung dargestellte Meldung. Der Vorgang wird mit **OK** abgeschlossen.

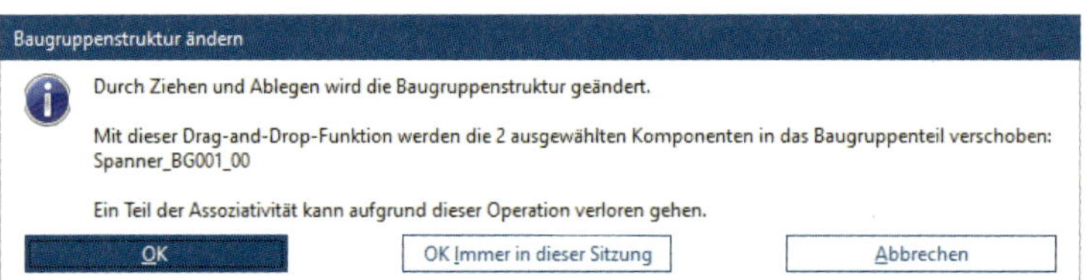

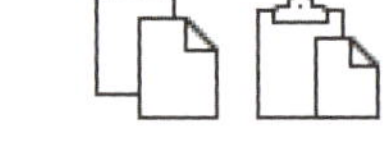

Komponente kopieren/ einfügen (Copy/Paste)

Zum Kopieren innerhalb einer Baugruppe wird die Komponente zuerst selektiert und anschließend mit dem Pop-up-Befehl **KOPIEREN** oder mit **STRG+C** in der Windows-Ablage gespeichert. Danach selektieren Sie den Strukturentrag, unter dem die Komponente abgelegt werden soll, und rufen den Befehl **EINFÜGEN** unter Nutzung des Pop-up-Menüs auf oder benutzen die übliche Windows-Kurztaste **STRG+V**.

Komponente ersetzen (Replace Component)

Eine Komponente einer Baugruppe ist durch eine andere ersetzbar, wobei die Orientierung und Position des Originals übernommen werden können. Die Anwendung dieses Befehls möchten wir an einem Beispiel erläutern. Dazu wird eine Baugruppe verwendet, die aus zwei Blechen besteht, die miteinander verstiftet sind. In der Abbildung links ist deutlich zu erkennen, dass die Stifte zu lang sind. Sie sollen deshalb gegen kürzere Stifte ausgetauscht werden.

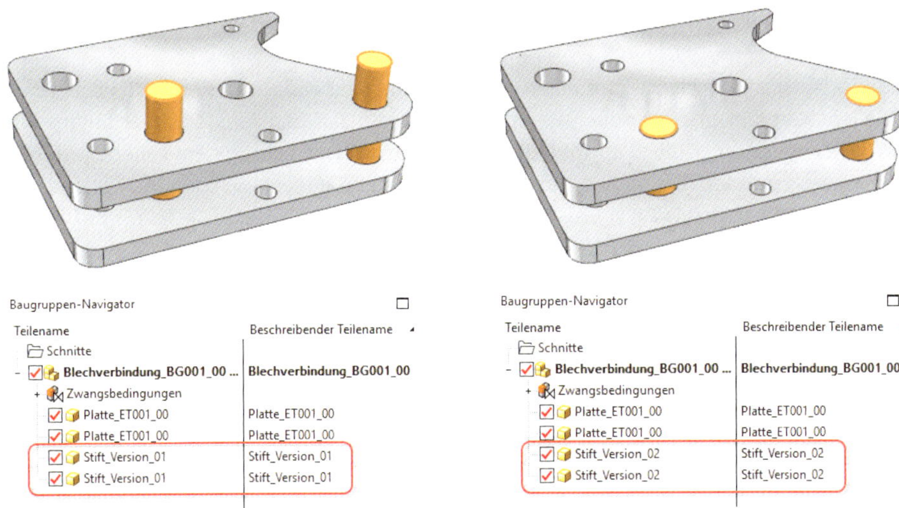

Dazu wird einer der beiden Stifte selektiert. Anschließend wird der Befehl **KOMPONENTE ERSETZEN** aufgerufen. Danach muss die neue Komponente festgelegt werden. In dem in der Abbildung dargestellten Dialogfenster werden dazu im oberen Bereich *Zu ersetzende Komponenten* bestimmt, und unter *Ersatzteil* wird die neue Komponente gewählt. Unter *Einstellungen* wird mit der Option *Beziehungen beibehalten* festgelegt, ob vorhandene Bedingungen zu anderen Objekten erhalten bleiben. Da die Stifte durch ähnliche Teile ersetzt werden, können die vergebenen Baugruppenzwangsbedingungen übernommen werden. Durch Aktivieren der Option *Alle Exemplare in der Baugruppe ersetzen* werden automatisch alle weiteren Exemplare des gewählten Teils ausgetauscht. Mit **OK** wird der Austausch durchgeführt.

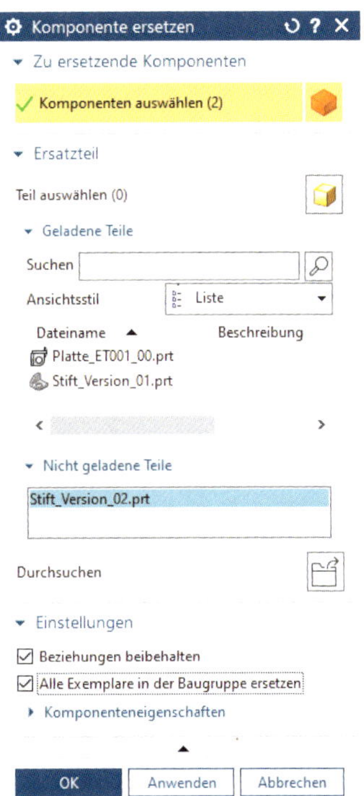

Wenn eine Übernahme der Baugruppenzwangsbedingungen aufgrund der Unterschiede zwischen alter und neuer Komponente nicht möglich ist, werden die Baugruppenzwangsbedingungen im *Baugruppen-Navigator* als inkonsistent gekennzeichnet.

5.2.5 Reference Sets

Reference Sets (Reference Set)

Ein Reference Set ist eine Sammlung von Objekten einer Komponente unter einem Namen. Mit ihm wird gesteuert, welche Geometrien einer Komponente in einer Baugruppe geladen und im Grafikfenster angezeigt werden. Durch das Verwenden von **REFERENCE SET** kann das Grafikfenster übersichtlicher dargestellt werden. Zeitgleich erhöht sich die Geschwindigkeit von NX, insbesondere beim Laden und bei der Arbeit mit großen Baugruppen, da der Speicher entlastet wird.

Grundsätzlich wird zwischen automatischen und nutzerspezifischen Reference Sets unterschieden. NX erzeugt immer die Reference Sets *Ganzes Teil* und *Leer*. Darüber hinaus können Sie entscheiden, ob der Typ *Modell* ebenfalls automatisch vom System generiert werden soll. Dazu müssen Sie den Namen des Reference Sets und die entsprechenden Optionen unter **ANWENDERSTANDARDS > BAUGRUPPEN > STANDORTSTANDARD > REFERENCE SETS** eintragen. Mit der Einstellung *Komponenten automatisch hinzufügen* wird bei jedem Speichern einer Komponente das Reference Set automatisch erzeugt, wobei das System die betroffenen Objekte (Körper und Flächen) selbstständig hinzufügt.

Weiterhin besteht die Möglichkeit, beliebige weitere Reference Sets durch den Anwender zu definieren. Von NX werden Namen anwenderdefinierter Reference Sets in Großbuchstaben dargestellt. Auch bei der Arbeit mit Reference Sets gilt, dass innerhalb eines Unternehmens ein einheitliches Vorgehen erfolgen sollte.

Die Abbildung zeigt die Zuordnung verschiedener Reference Sets am Beispiel einer Schraube. Dabei enthält *Ganzes Teil* alle Objekte der aktuellen Konstruktion, während im Reference Set *Leer* keine Objekte vorhanden sind. Dem Reference Set *Modell* wird die aktuelle 3D-Geometrie zugeordnet. Bezugsobjekte und Skizzen sind in diesem Set nicht verfügbar.

Unter *Symbol* befindet sich eine symbolhafte Darstellung, die vom Anwender definiert wurde. Diese Darstellung könnte in großen Baugruppen zum Einsatz kommen, um zu zeigen, dass sich an der Stelle noch etwas befindet, was für die eigentliche Konstruktion aber eher nebensächlich ist.

Eine weitere Vereinfachung der Geometrie befindet sich unter dem Reference Set *Einfach*. Dieses wurde auch vom Anwender definiert. In ihm befindet sich nur noch die Mittellinie der Schraube. Die Nutzung dieser Darstellung in großen Baugruppen erhöht die Systemperformance, da die entsprechenden Komponenten bei Aktualisierungen des Bildschirms nicht mit berechnet werden. Durch die Anzeige der Mittellinie besteht aber weiterhin die Möglichkeit, die Komponente am Bildschirm zu selektieren bzw. bestimmte Geometrieinformationen zu verwenden.

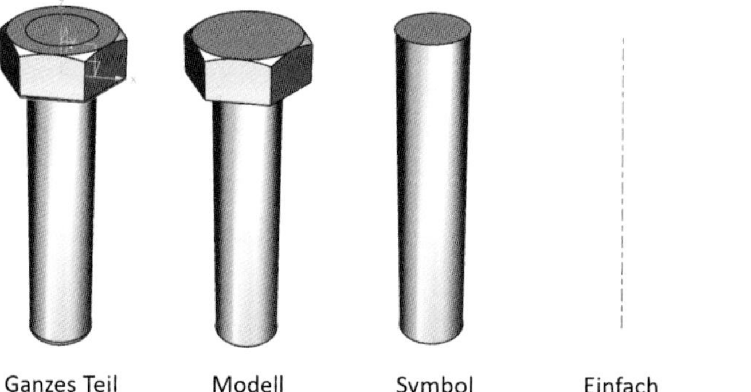

Reference Sets erstellen und bearbeiten

Die Definition und Bearbeitung von Reference Sets erfolgen in der jeweiligen Komponente anhand des abgebildeten Dialogfensters. Dieses Fenster wird unter **BAUGRUPPE > KONTEXT > REFERENCE SETS** aufgerufen. Es enthält die vom System automatisch vergebenen und die vom Anwender definierten Reference Sets. Die Zuordnung der Objekte kann bei Bedarf bearbeitet werden. Neue Reference Sets werden mit dem entsprechenden Icon erzeugt. Dabei wird der Name eingegeben, und anschließend werden die passenden Objekte selektiert.

Da sich in Baugruppen normalerweise keine Geometrie befindet, werden für diese Komponenten auch nicht automatisch die anwenderdefinierten Reference Sets erzeugt. Um Komponenten einer Baugruppe einem Reference Set zuzuordnen, wird es zunächst erstellt. Dabei müssen Sie die Option *Komponente automatisch hinzufügen* unter *Einstellungen* einschalten. Anschließend werden die entsprechenden Komponenten selektiert und in das Reference Set aufgenommen. Werden der Baugruppe später weitere Komponenten hinzugefügt, erfolgt deren Zuordnung zu dem definierten Reference Set von NX automatisch.

Ladeoptionen und Reference Sets

Zur Nutzung der Reference Sets gibt es verschiedene Möglichkeiten. Ein Einsatzbereich ist bereits beim Laden von Baugruppen. Unter **DATEI > VOREINSTELLUNGEN > LADEOPTIONEN FÜR BAUGRUPPEN > REFERENCE SETS** wird festgelegt, welche Reference Sets beim Laden aktiv sind. NX durchsucht die Komponenten nach den Reference Sets in der Reihenfolge ihrer Auflistung. Wenn der erste passende Satz gefunden wird, erfolgt dessen Darstellung am Bildschirm.

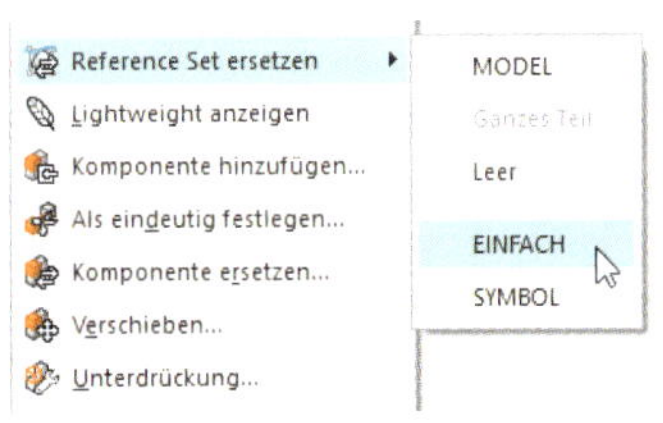

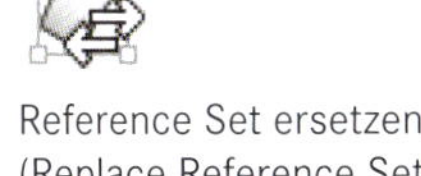

Reference Set ersetzen (Replace Reference Set)

Während der Arbeit mit Baugruppen kann die Anzeige der Reference Sets für die einzelnen Komponenten jederzeit individuell geändert werden. Dabei wird das entsprechende Teil am Grafikfenster oder im *Baugruppen-Navigator* selektiert. Anschließend erfolgt der Aufruf des Pop-up-Menüs mit **MT3** und dort über die Option **REFERENCE SET ERSETZEN**. Es werden dann alle verfügbaren Reference Sets angezeigt. Das gewünschte Set wird gewählt, und anschließend erfolgt dessen Darstellung am Bildschirm.

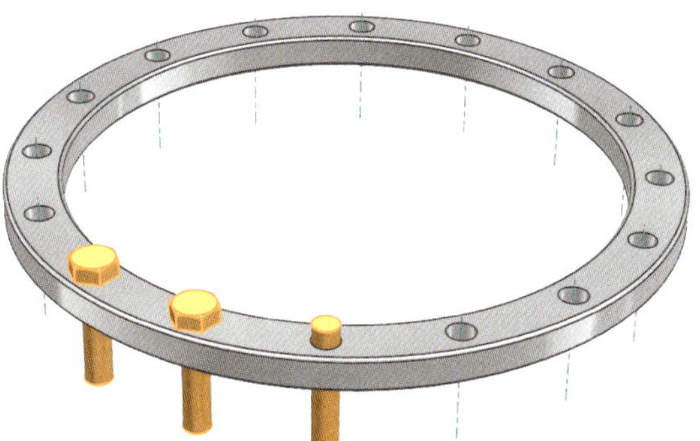

5.3 Komponente verschieben

Komponente verschieben (Move Component)

Der Befehl **KOMPONENTE VERSCHIEBEN** bietet die Möglichkeit, Bauteile dynamisch oder durch die Angabe von Beziehungen zu bewegen. Die bereits vorhandenen Baugruppenzwangsbedingungen werden dabei beachtet. Die Verschiebung erfolgt immer in der aktuellen Baugruppe. Dadurch können Unterbaugruppen auch im Grafikfenster durch Selektion einer ihrer Komponenten ausgewählt werden. Wenn Komponenten in Unterbaugruppen bewegt werden sollen, wählt man sie im Vorfeld im *Baugruppen-Navigator* aus. NX aktiviert dann den nächsthöheren Baugruppenknoten und führt dort die Bewegung durch. Alternativ können Sie auch die Unterbaugruppe zum aktiven Teil definieren.

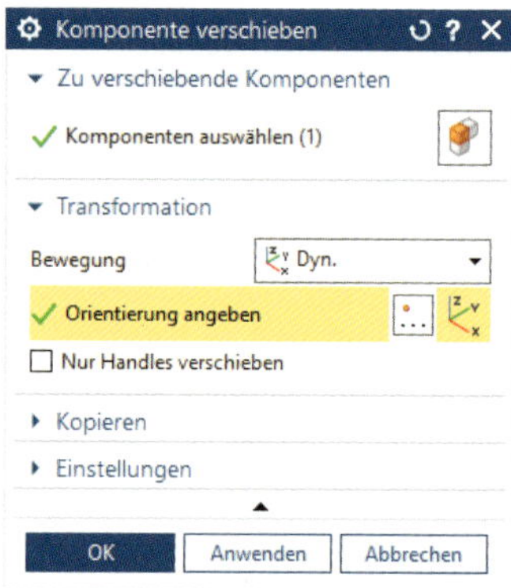

Das abgebildete Dialogfenster zum Verschieben ändert sich in Abhängigkeit der eingestellten *Bewegung* unter *Transformation*. Zuerst wählen Sie *Zu verschiebende Komponenten* aus. Dann sollte die *Bewegung* festgelegt werden. Danach passt sich der Bereich *Transformation* der Auswahl an. Nun können weitere Objekte oder Werte zur Definition der Verschiebung festgelegt werden.

NX bietet hierfür folgende Möglichkeiten an:

DYN. (DYNAMIK): Die Verschiebung erfolgt durch Ziehen an den Handles im Grafikfenster oder durch Eingabe von Werten in den entsprechenden Feldern. Weiterhin können Punkte und Vektoren verwendet werden, um das Ziel der Bewegung festzulegen.

ABSTAND: Die Verschiebung wird mit einem Vektor und einem Abstand definiert.

WINKEL: Die Komponenten drehen sich um einen Vektor in einem einzugebenden Winkel.

PUNKT ZU PUNKT: Die Verschiebung erfolgt zwischen einem **VON-PUNKT ANGEBEN** und einem **ZU-PUNKT ANGEBEN.**

UM DREI PUNKTE DREHEN: Die Drehung erfolgt durch drei Punkte, nämlich Drehpunkt, Startpunkt und Endpunkt.

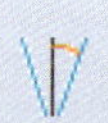

ACHSE AUF VEKTOR AUSRICHTEN: Durch zwei Vektoren wird eine Drehung festgelegt, deren Ursprung mit einem Punkt bestimmt wird.

KSYS ZU KSYS: Die Bewegung erfolgt von einem Ursprungskoordinatensystem in ein Zielkoordinatensystem.

NACH ZWANGSBEDINGUNGEN: Es werden Zwangsbedingungen verwendet, um Komponenten zu bewegen. Diese werden nach dem Beenden des Befehls wieder entfernt.

XYZ-DELTA: Unter Nutzung des WCS bzw. des absoluten Koordinatensystems werden Abstände in die einzelnen Achsrichtungen zur Festlegung der Bewegung verwendet.

PROJIZIERTER ABSTAND: Die Verschiebung erfolgt in Richtung eines Vektors, ausgehend von einem Startpunkt zu einem Endpunkt.

Die Anwendung des Befehls **KOMPONENTE BEWEGEN** wird abschließend an einem Beispiel gezeigt. Dazu dient die abgebildete Spanneinheit. Für die einzelnen Komponenten wurden zunächst die erforderlichen Zwangsbedingungen vergeben. Es soll dann der Arbeitsbereich des Spanners untersucht werden.

Dazu wird nach dem Start des Befehls der Handgriff als zu bewegende Komponente ausgewählt. Die *Bewegung* unter *Transformation* wird auf *Dyn.* eingestellt. Unter *Kopieren* wird als Modus zunächst *Keine Kopie* verwendet. Danach stellen Sie die *Kollisions-Aktion* unter *Einstellungen* > *Kollisionserfassung* auf *Vor Kollision stoppen*. Anschließend wird durch Ziehen am Ursprung der Griff so lange bewegt, bis die Kollisionsanalyse diesen Vorgang stoppt.

Damit ist ein Maximalwert erreicht. Die Kollision wird bestätigt und die *Kollisions-Action* auf *Kein* gestellt. Bei Modus wählen Sie nun *Manuelle Kopie*. Dann wird die Kopie des Handgriffs erzeugt. Anschließend wird wieder der Modus *Keine Kopie* eingestellt und eine erneute Kollisionsanalyse in die andere Richtung durchgeführt. Auch dieser Extremwert wird dann kopiert.

Als Ergebnis erhalten Sie zwei Kopien des Handgriffs in den Extrempositionen (siehe Abbildung ganz rechts). Diese besitzen keine Zwangsbedingungen. Sie können über Reference Sets verwaltet werden, um sie bei Bedarf in übergeordneten Baugruppen anzuzeigen.

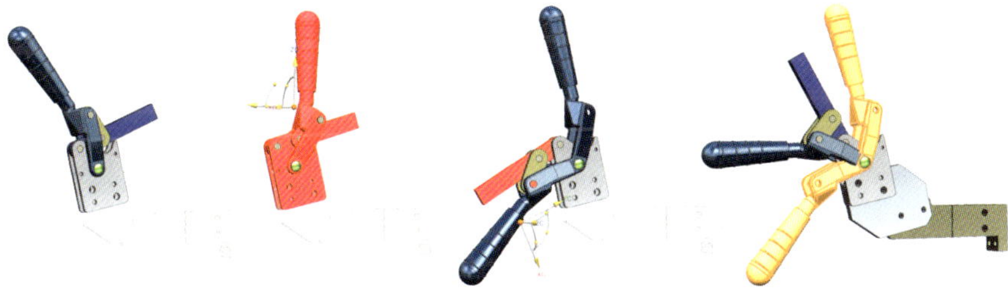

5.4 Baugruppenzwangsbedingungen

Durch die Vergabe von Baugruppenzwangsbedingungen werden die Lage und Orientierung einer Komponente in Bezug zu einem anderen Teil in einer Baugruppe festgelegt. Wenn das Elternteil seine Lage ändert, dann bewegt sich die verknüpfte Komponente ebenfalls. So kann man beispielsweise die Zylinderfläche einer Schraube konzentrisch mit einer entsprechenden Bohrungsfläche verbinden. Wenn die Bohrung ihre Position ändert, wird die Schraube ebenfalls verschoben, sodass die Bedingung erhalten bleibt.

Jede Komponente besitzt die üblichen sechs Freiheitsgrade der Bewegung im Raum. Diese werden mit der Festlegung von Zwangsbedingungen unterbunden, wobei noch offene Freiheitsgrade im *Baugruppen-Navigator* in der Spalte *Position* angezeigt werden. Neben den Zwangsbedingungen gibt es auch fest definierte Bewegungsbedingungen, die als Gelenke oder Koppler zur Verfügung stehen.

NX fordert nicht die Festlegung aller Freiheitsgrade. Es ist aber durchaus sinnvoll, die real in einer Konstruktion vorhandenen Beziehungen auch im CAD-Modell abzubilden. Die offenen Freiheitsgrade können dann genutzt werden, um Bewegungsabläufe durch Bewegen der Komponenten zu untersuchen.

5.4.1 Baugruppenzwangsbedingungen erstellen

Durch Aufruf des Befehls **BAUGRUPPENZWANGSBEDINGUNGEN** wird das abgebildete Dialogfenster angezeigt. Generell ist zu sagen, dass eine Selektionsreihenfolge *von-nach* nicht von Bedeutung ist. Im oberen Bereich wird der *Typ* der *Zwangsbedingung* beziehungsweise *Gelenk oder Koppler* gewählt. Danach ändern sich die Eingabewerte unter *Zwangszubedingende Geometrie*. Dort wird die Auswahl der Objekte durchgeführt. Unter *Orientierung* werden in Abhängigkeit vom eingestellten *Typ* zusätzliche Optionen angeboten. Mit *Letzte Zwangsbedingung umkehren* können alternative Lösungen für die aktive Zwangsbedingung aufgerufen werden.

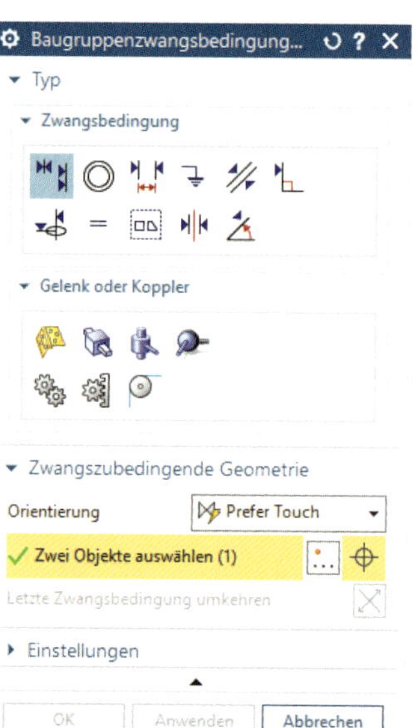

5.4.1.1 Baugruppenzwangsbedingungstypen

Die verschiedenen Typen der Baugruppenzwangsbedingungen möchten wir im Folgenden an Beispielen darstellen. Dabei wird die Selektion der entsprechenden Elemente durch Nutzung der Filter in der Rahmenleiste unterstützt.

TIPP: Die Position von Komponenten mit offenen Freiheitsgraden lässt sich bei aktivem Befehl **BAUGRUPPENZWANGSBEDINGUNGEN** jederzeit durch Ziehen mit **MT1** dynamisch ändern. Damit kann überprüft werden, ob die Zwangsbedingungen richtig verarbeitet wurden.

Fixieren

Um das Bewegungsverhalten von Komponenten unter Beachtung der offenen Freiheitsgrade zu untersuchen, ist es erforderlich, ein stationäres Objekt zu definieren. Dazu dient der Bedingungstyp **FIXIEREN**. Damit wird die gewählte Komponente an ihrer aktuellen Position festgehalten. Um unerwünschte Ergebnisse bei der Festlegung der Zwangsbedingung zu vermeiden, sollte für jede Baugruppe zuerst eine Basiskomponente fixiert werden.

Fixieren (Fix)

Berührung/Ausrichtung

BERÜHRUNG bzw. **AUSRICHTUNG** bestimmt die Lage von zwei Komponenten zueinander so, dass sie aufeinander oder ineinander liegen. Dieser Bedingungstyp wird am häufigsten verwendet. Dabei ist unter *Orientierung* als Voreinstellung die Option *Berührung bevorzugen* aktiv. NX versucht damit, in Abhängigkeit von den selektierten Objekten vorzugsweise eine Berührung zu erzeugen, bei dem die Körper voneinander weg zeigen. Sind Sie mit dieser Lösung nicht zufrieden, können Sie als Alternative durch den Schalter *Letzte Zwangsbedingung umkehren* die Zwangsbedingung umkehren, was dem Orientierungstyp *Ausrichten* entspricht. Die Komponenten zeigen dann in die gleiche Richtung.

Berührung/Ausrichtung (Touch Align)

Das folgende Beispiel demonstriert die Nutzung dieser Optionen. Dazu wurden die selektierten Flächen der Schraube und des Quaders verwendet. NX bietet anschließend die dargestellten Alternativen an. Solange kein weiteres Objekt gewählt wurde, kann innerhalb des Befehls zwischen den Lösungen gewechselt werden.

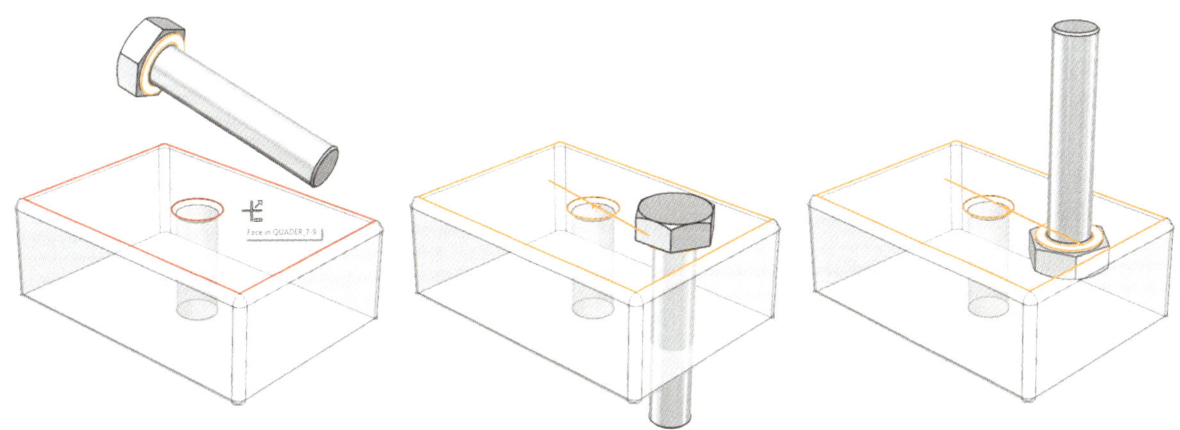

Berührung (SCHRAUBE_7-9, QUADER_7-9)   Ausrichten (SCHRAUBE_7-9, QUADER_7-9)

Im nächsten Beispiel wurden die abgebildeten Mittellinien der Schraube und der Bohrung als Objekte ausgewählt. Damit verschiebt NX die Bauteile so, dass die Mittellinien fluchten. Auch bei dieser Auswahl gibt es wieder zwei Lösungen.

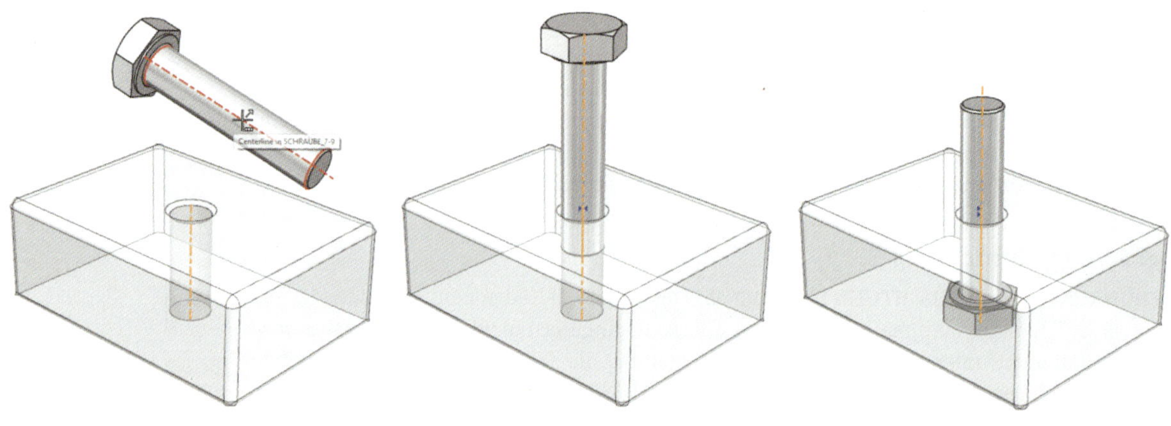

Berührung (SCHRAUBE_7-9, QUADER_7-9) Ausrichten (SCHRAUBE_7-9, QUADER_7-9)

Wenn Sie die in der Abbildung dargestellten Zylinderflächen selektieren, dann liefern die automatischen Vorgaben zunächst sowohl für **BERÜHRUNG** als auch für **AUSRICHTUNG** keine befriedigenden Ergebnisse, da versucht wird, die Flächen tangential zueinander in Beziehung zu setzen. In diesem Fall sollte die Option **MITTELPUNKT/ACHSE ERMITTELN** verwendet werden. Damit werden die Zwangsbedingungen unter Nutzung der Mittelachsen bzw. Mittelpunkte erzeugt, und man erhält das im rechten Bildelement dargestellte Resultat.

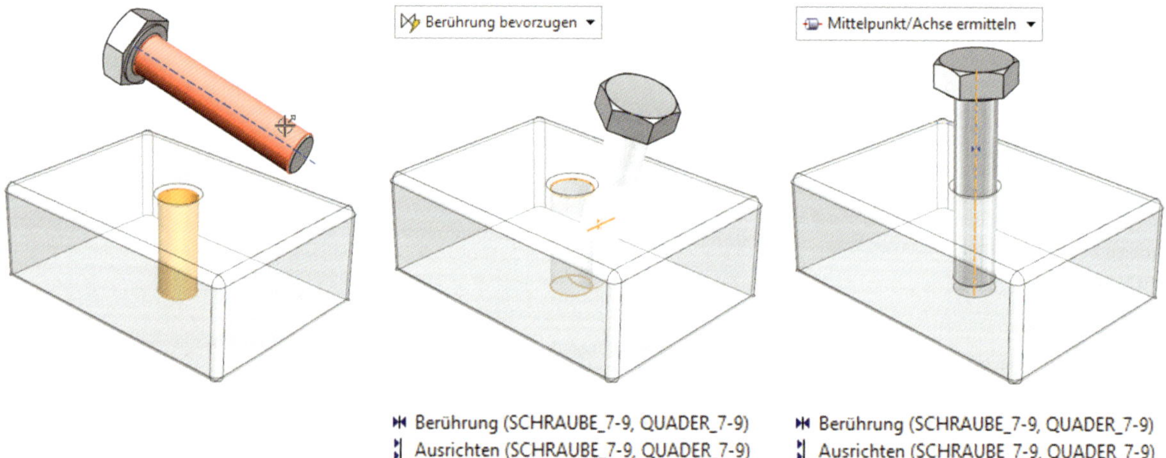

Berührung (SCHRAUBE_7-9, QUADER_7-9)
Ausrichten (SCHRAUBE_7-9, QUADER_7-9)

Berührung (SCHRAUBE_7-9, QUADER_7-9)
Ausrichten (SCHRAUBE_7-9, QUADER_7-9)

Ausrichten/Sperren

Ausrichten/Sperren (Align/Lock)

Mit der Zwangsbedingung des Typs **AUSRICHTEN/SPERREN** hat man nun die Möglichkeit, z. B. eine Schraube in der Bohrung auszurichten und gleichzeitig die Rotation um die Achse zu sperren. Somit kann man nun die Schraube mit maximal zwei Zwangsbedingungen komplett fixieren.

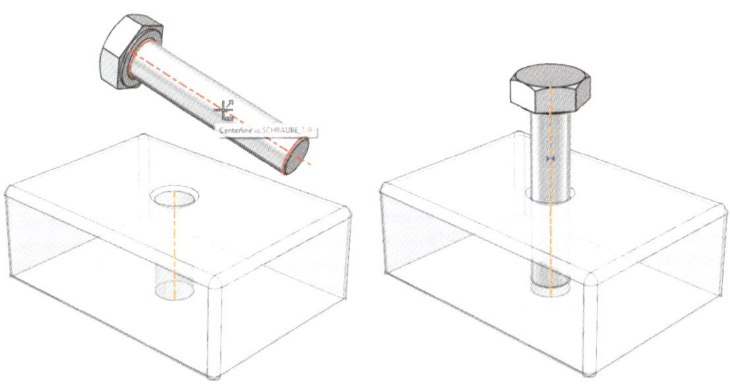

Ausrichten/Sperren (SCHRAUBE_7-9, QUADER_7-9)

Mittelpunkt

Mittelpunkt (Center)

Mit dem Typ **MITTELPUNKT** werden Komponenten zwischen festzulegenden Objektpaaren zentriert. Dabei wird im *Untertyp* festgelegt, wie viele Objekte verwendet werden sollen. In der Einstellung für die *Axiale Geometrie* kann die Option *Mittelpunkt/Achse ermitteln* aktiviert werden. Damit verwendet NX die Mittelachse oder den Mittelpunkt des Objekts. Mit der Option *Geometrie* werden selektierte Zylinderflächen tangential ausgerichtet.

Im abgebildeten Beispiel sollen zunächst die beiden gegenüberliegenden Außenflächen des Schraubenkopfs zwischen den entsprechenden Seitenflächen des Quaders zentriert werden. Dazu wird der *Untertyp 2 zu 2* eingestellt. Anschließend werden die dargestellten Objekte gewählt. Dabei ist unbedingt auf die vom System geforderte Reihenfolge zu achten. Zuerst selektieren Sie die beiden Flächen am ersten und anschließend die Flächen am zweiten Objekt. Danach verschiebt NX die Schraube entsprechend.

Im nächsten Schritt soll die Zentrierung der Schraubenzylinderfläche zwischen den beiden anderen Seitenflächen des Quaders vorgenommen werden. Dazu wird der *Untertyp 2 zu 1* verwendet. Unter *Axiale Geometrie* ist zunächst die Option *Geometrie* aktiv. Damit erhalten Sie nicht das gewünschte Ergebnis. Die Zylinderfläche wird in diesem Fall tangential zur Mitte ausgerichtet. Die Option *Mittelpunkt/Achse ermitteln* zentriert die Zylinderachse zur Mittelfläche (rechtes Bildelement).

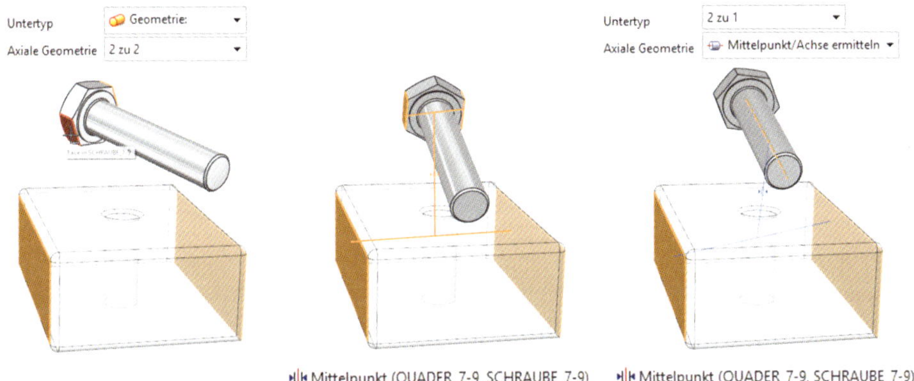

Mittelpunkt (QUADER_7-9, SCHRAUBE_7-9) Mittelpunkt (QUADER_7-9, SCHRAUBE_7-9)

Konzentrisch

Konzentrisch (Concentric)

Die Zwangsbedingung **KONZENTRISCH** verarbeitet zylindrische oder elliptische Kanten von Komponenten so, dass ihre Mittelpunkte zusammenfallen und die Mittelebenen der Kanten parallel verlaufen. Im folgenden Beispiel wurden die abgebildeten Kanten selektiert. NX richtet danach die Komponenten entsprechend aus.

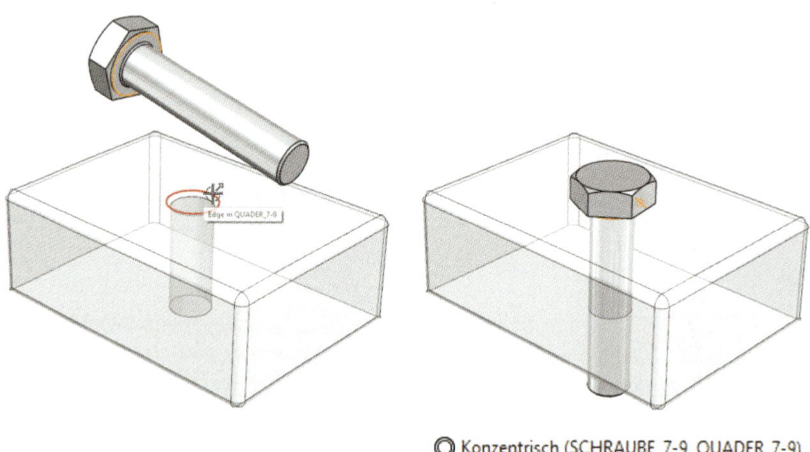

Konzentrisch (SCHRAUBE_7-9, QUADER_7-9)

Parallel

Parallel (Parallel)

Die Vektoren zweier Objekte werden mit diesem Typ **PARALLEL** zueinander ausgerichtet. Im folgenden Beispiel wurden zwei Flächen gewählt und mit einer **PARALLEL**-Zwangsbedingung versehen.

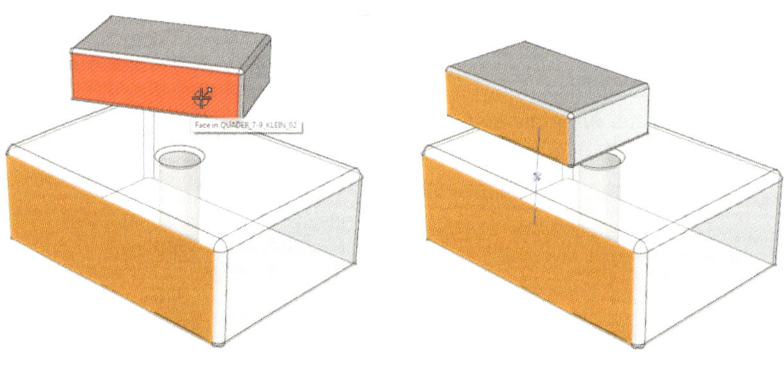

Parallel (SCHRAUBE_7-9, QUADER_7-9)

Senkrecht

Senkrecht (Perpendicular)

Mit dem Typ **SENKRECHT** werden die Vektoren zweier Objekte im Winkel von 90° zueinander ausgerichtet. Im Beispiel wurde die Zylinderachse gewählt und senkrecht zur abgebildeten Seitenfläche des Quaders positioniert.

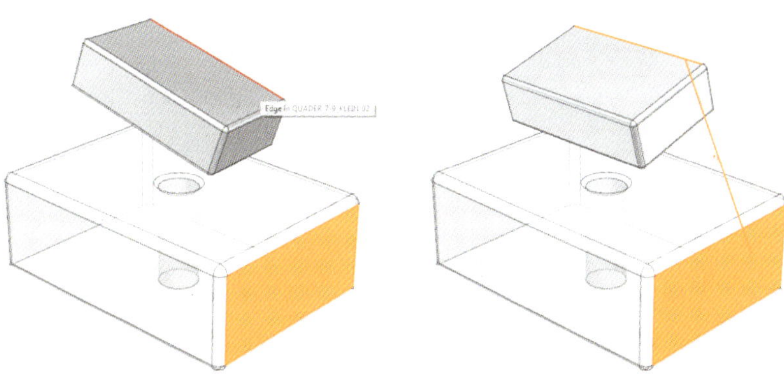

Senkrecht (SCHRAUBE_7-9, QUADER_7-9)

Winkel

Winkel (Angle)

Der Typ **WINKEL** erzeugt eine Winkelbemaßung als Zwangsbedingung zwischen zwei Objekten. Dazu gibt es zwei Untertypen. **3D-WINKEL** bestimmt sofort den Winkel zwischen den Vektoren der selektierten Elemente. Mit **ORIENTIERUNGSWINKEL** muss zuerst eine Drehachse festgelegt werden. Anschließend werden die beiden Schenkel angegeben.

Im folgenden Beispiel wurde zuerst eine **AUSRICHTEN**-Zwangsbedingung zwischen den beiden Eckradien der Quader erzeugt. Diese dient im nächsten Schritt als Rotationsachse. Anschließend wurden die abgebildeten Flächen selektiert und danach der **3D-WINKEL** durch Ziehen am Punkt bzw. unter Nutzung des Eingabefelds festgelegt.

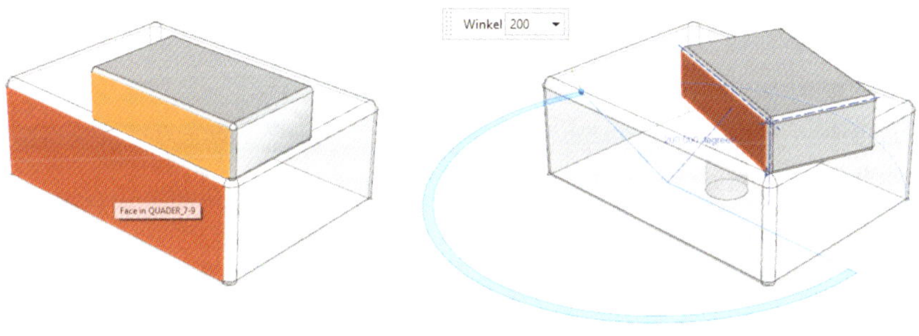

Winkel (SCHRAUBE_7-9, QUADER_7-9)

Abstand

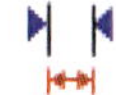

Abstand (Distance)

Die Bedingung **ABSTAND** verwendet die minimale Entfernung zwischen zwei Objekten. Für das folgende Beispiel wurden die beiden Quaderflächen gewählt. NX richtet die Flächen parallel zueinander aus und zeigt den aktuellen **ABSTAND**-Wert an. Diesen Wert können Sie durch Ziehen am Pfeil oder mit den Eingabefeldern ändern.

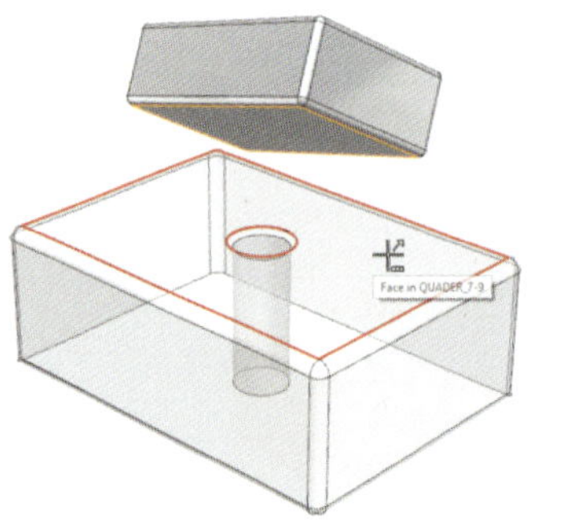

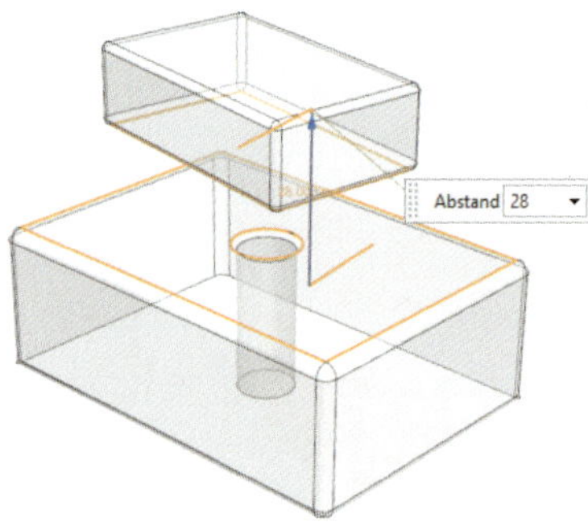

Abstand (SCHRAUBE_7-9, QUADER_7-9)

Einpassen

=

Einpassen (Fit)

Mit **EINPASSEN** werden zwei zylindrische Flächen mit gleichem Radius verbunden. Sollten die Radien später geändert werden und nicht mehr gleich sein, wird die Zwangsbedingung ungültig. Besitzt z. B. eine Schraube den gleichen Durchmesser wie die Bohrung, kann diese mit dem Befehl **EINPASSEN** auf die entsprechenden Flächen angewendet werden.

Bindung

Bindung (Bound)

Die **BINDUNG**-Zwangsbedingung verbindet ausgewählte Komponenten in ihrem aktuellen Zustand. Dazu müssen Sie nach der Wahl der betroffenen Teile die Schaltfläche **ZWANGSBEDINGUNG ERZEUGEN** drücken. Die einzelnen Komponenten verhalten sich anschließend wie ein zusammenhängender Körper. Von NX werden dann keine weiteren Zwangsbedingungen für die Teile akzeptiert.

5.4.1.2 Baugruppen: Gelenk- oder Koppler-Typen

Nachfolgend gehen wir auf die neuen *Gelenk- oder Koppler-*Typen ein, die unter **BAUGRUPPENZWANGSBEDINGUNGEN** erzeugt werden können. Prinzipiell ist es intuitiver, festgelegte Bewegungen zu definieren als Freiheitsgrade einzuschränken. Zudem können diese Bedingungen im Gegensatz zu den herkömmlichen Zwangsbedingungen in die NX Simcenter/Kinematik importiert und weiterverwendet werden.

Drehgelenk

Drehgelenk (Hinge)

Mit **DREHGELENK** können Sie eine Bedingung vergleichbar mit einem Scharnier erzeugen. Wählen Sie hierzu unter *Typ Gelenk oder Koppler* und dann den Typ *Drehgelenk* aus. Unter *Zwangszubedingende Geometrie* muss nun zuerst die *Achse auf erstem Objekt* definiert werden.

Hierzu wird ein Vektor benötigt, der die Drehachse definiert, und ein Punkt, um die Position der Berührung zum zweiten Objekt zu bestimmen. Der Vektor wird über die

Selektion der zylindrischen Bohrungsfläche definiert. Für den Punkt verwenden wir den Mittelpunkt der Bohrung, an der Berührungsseite der beiden Bauteile. Diese Selektion wiederholen Sie, wie in den Abbildungen beschrieben, für das zweite Objekt.

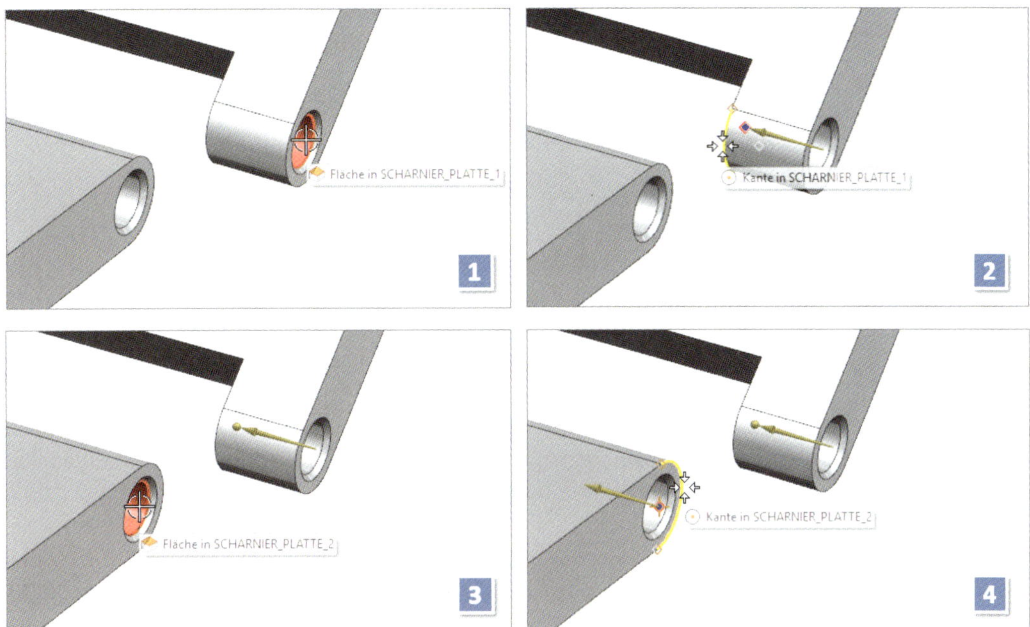

Anschließend erzeugen Sie die Bedingung durch Klick auf **GELENK ERZEUGEN**. Dabei erweitert sich der Dialog um den Bereich *Winkelwerte*. Sie haben nun die Möglichkeit, durch Aktivieren des Kästchens vor *Winkel* einen festen Winkelwert einzugeben; oder im Bereich *Winkelwerte* eine *Obergrenze* und *Untere Begrenzung* für Winkel festzulegen. Hierzu sollten Sie das Kästchen bei *Winkel* mit aktivieren, um den *OrientXpress* zu erhalten. Dadurch können Sie prüfen, ob die Grenzwerte passen.

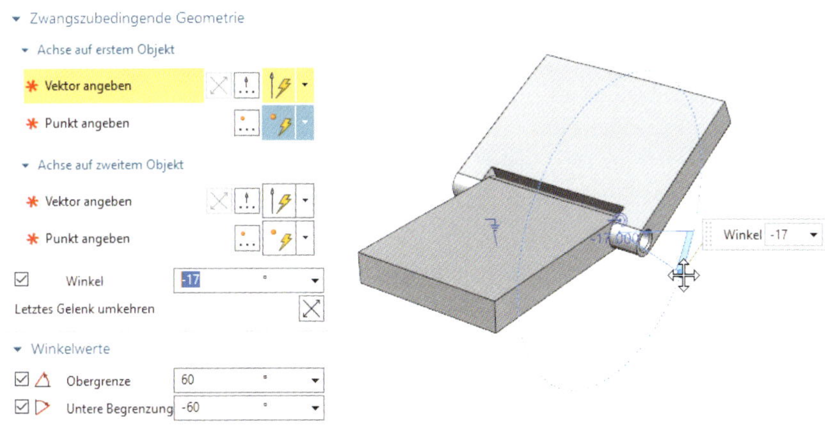

Alternativ können Sie auch die Zwangsbedingung **BERÜHRUNG/AUSRICHTUNG** selektieren und das Bauteil per Drag & Drop versuchen zu bewegen.

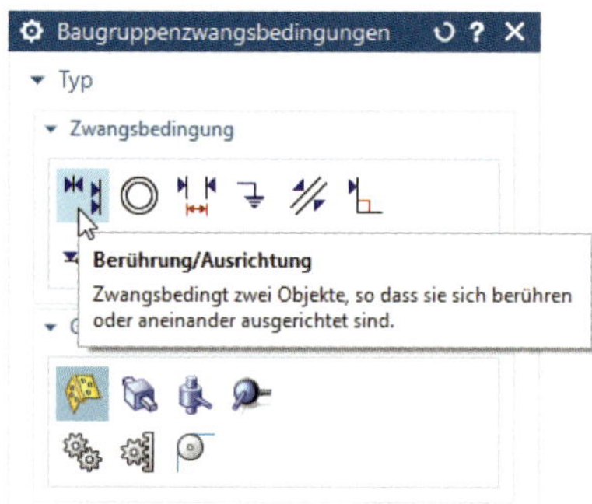

Schiebegelenk

Schiebegelenk (Slider)

Die Funktionsweise von **SCHIEBEGELENK** lässt sich am besten an einem Zylinder- und Kolben-Beispiel veranschaulichen. Nach Auswahl unter *Gelenk oder Koppler* wählen Sie jeweils eine Achse und einen Punkt aus. Der Punkt wird dazu benötigt, um einen Abstandswert zu definieren, anhand dessen die Position zueinander festgelegt wird. Abschließend müssen Sie auch hier auf **GEOMETRIE ERZEUGEN** klicken, um die Bedingung zu erstellen. Wie jede andere Zwangsbedingung werden auch die Gelenke und Koppler im *Baugruppen-Navigator* oder *Zwangsbedingungsnavigator* angezeigt und können durch Doppelklick editiert werden.

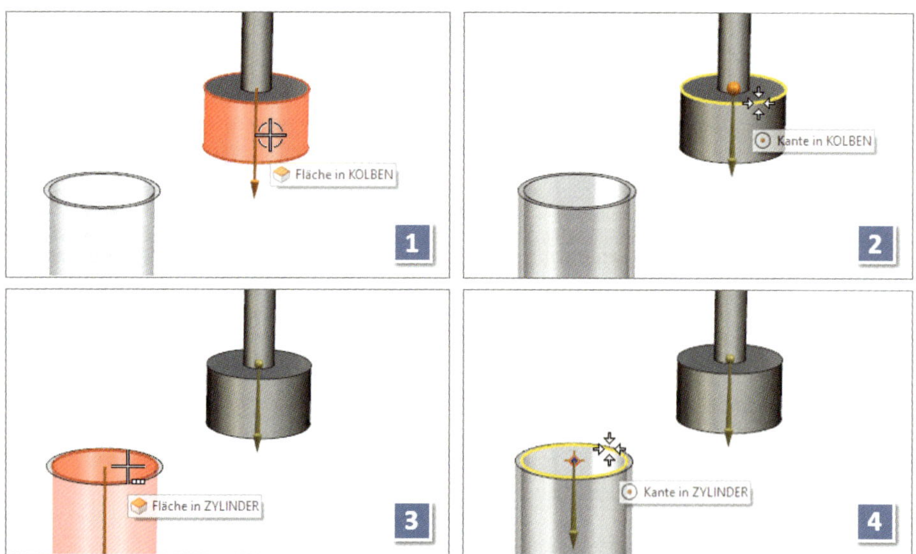

HINWEIS: Beim Ändern von Gelenken und Kopplern können nur die Parameter (nicht die referenzierten Objekte) angepasst werden. Wenn Sie diese ändern wollen, müssen Sie die Bedingung neu erstellen.

Im Beispiel wurden eine *Obergrenze* und eine *Untere Begrenzung* angegeben. Dabei ist immer die Richtung zu berücksichtigen, hier können Sie bei Bedarf auch über *Letztes Gelenk umkehren* den Vektor umdrehen.

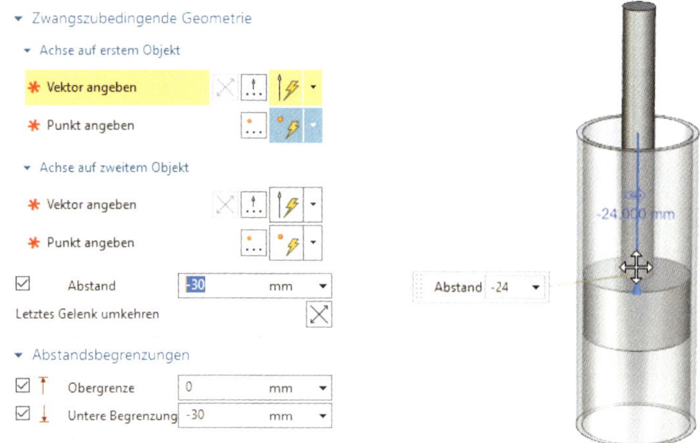

Zylindrisches Gelenk

Das zylindrische Gelenk ist eine Kombination zwischen Scharnier- und Schiebegelenk. Wie bei den Gelenken zuvor wird auch hier die *Zwangszubedingende Geometrie* gewählt.

Zylindrisches Gelenk (Cylindrical)

Nach dem Klick auf **GEOMETRIE ERZEUGEN** erweitert sich der Dialog um *Abstandsbegrenzungen* und *Winkelwerte*. Im Beispiel wurde das Häkchen bei *Abstand* nicht aktiviert, allerdings wurden Abstandbegrenzungen definiert. In diesem Fall wäre der Kolben in Z-Richtung noch beweglich und könnte durch weitere Zwangsbedingungen gesteuert werden, allerdings nur bis zu den eingegebenen Abstandsbegrenzungen.

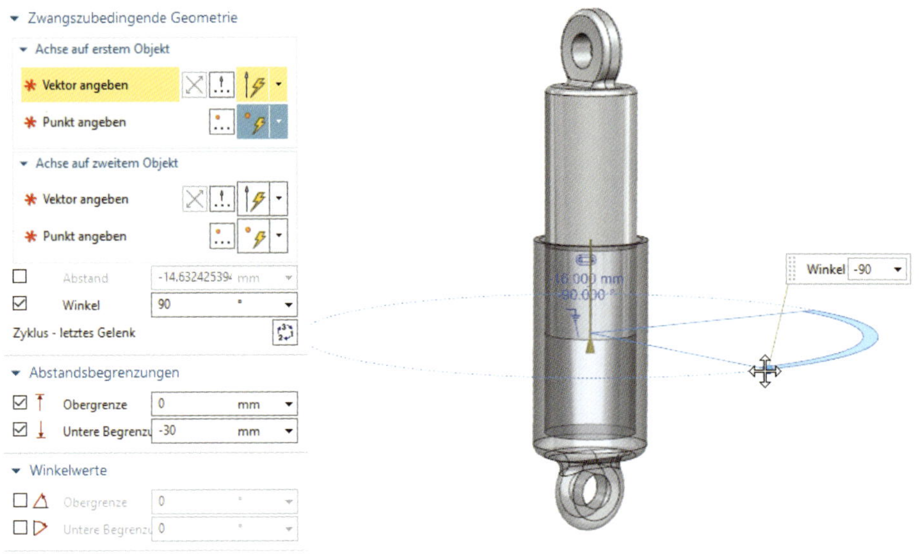

Kugelgelenk

Kugelgelenk (Ball)

Beim Kugelgelenk werden jeweils ein Vektor und der Kugelmittelpunkt als *Zwangszubedingende Geometrie* gewählt. Um den Kugelmittelpunkt auswählen zu können, verwenden Sie am besten den **PUNKT**-Dialog, den Sie durch das Icon neben *Punkt eingeben* starten. Im **PUNKT**-Dialog wählen Sie als Typ *Bogen-/Ellipsen-/Kugelmittelpunkt* aus. Anschließend müssen Sie die Kugel selektieren.

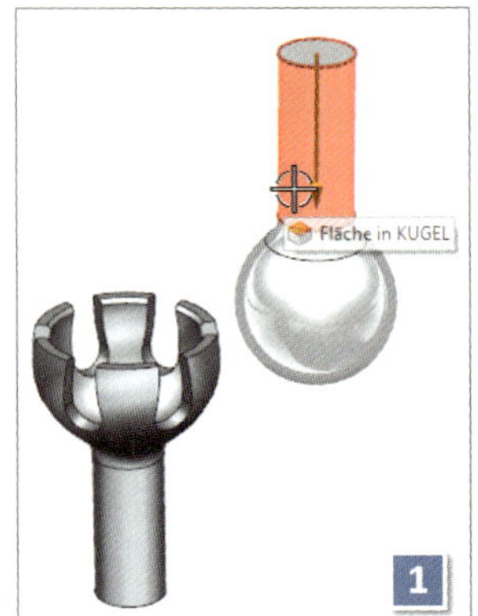

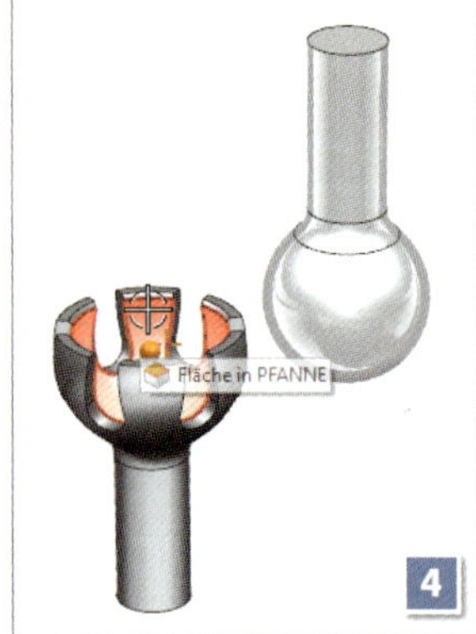

Nach dem Erzeugen des Gelenks besteht noch die Möglichkeit der Eingabe eines Winkels. Diesen können Sie allerdings nicht in der Richtung anpassen, sodass Sie hierfür weitere Bedingungen benötigen.

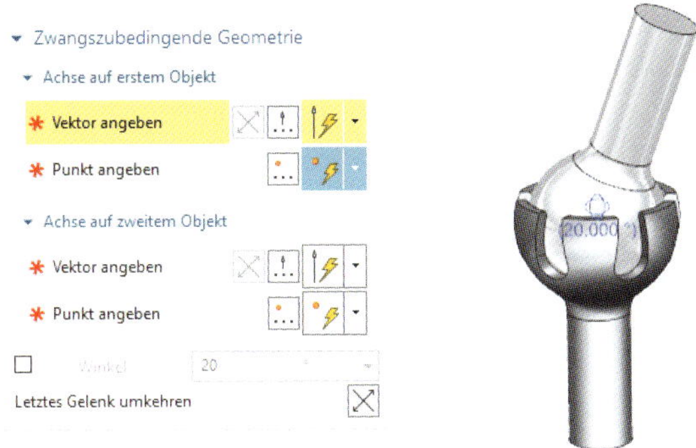

Zahnrad

Zahnrad (Gear)

Die Bedingung **ZAHNRAD** gehört zum Typ *Koppler*, das heißt, hier werden zwei Komponenten miteinander verknüpft, sodass sich diese gemeinsam bewegen. Um diese Bedingung erzeugen zu können, müssen die Zahnräder zuerst mit **ZYLINDRISCHES GELENK** positioniert werden. Diese Winkelgelenke werden dann beim Erzeugen der Kopplung selektiert.

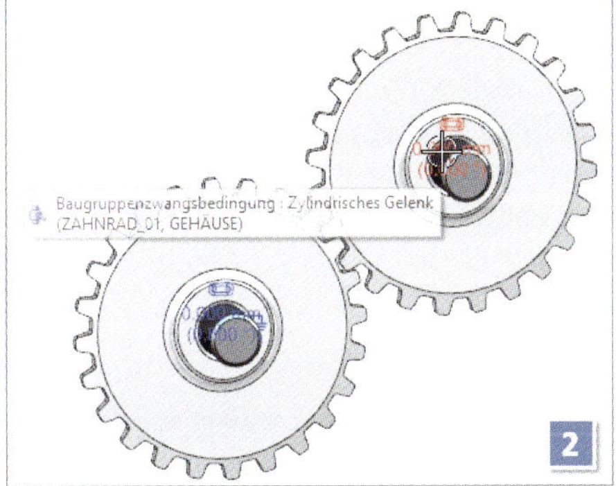

Nach dem Klicken auf **KOPPLER ERZEUGEN** können Sie die Kopplung testen, indem Sie unter **ZWANGSBEDINGUNGEN BERÜHRUNG/AUSRICHTEN** selektieren und anschließend versuchen, das Zahnrad mit der Maus zu bewegen. Im aktuellen Zustand werden Sie feststellen, dass sich die Zahnräder in die gleiche Richtung drehen. Ändern Sie nun unter *Verhältnis* den Wert auf -1 und drücken **ANWENDEN**. Des Weiteren haben Sie unter *Winkel-Offset* die Möglichkeit, einen Offsetwert der Drehung einzustellen, um die Zahnräder exakt zueinander zu positionieren.

Zu koppelnde Objekte
Winkelgelenk auswählen (0)
Winkelgelenk auswählen (0)
Verhältnis 1
Winkel-Offset 0.8 °
Letzte Zwangsbedingung umkehren

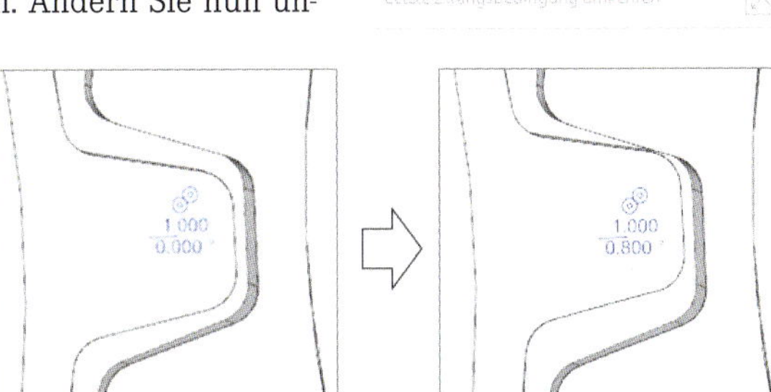

Zahnstange und Ritzel

Zahnstange und Ritzel (Rack and Pinion)

Auch bei der Kopplung **ZAHNSTANGE UND RITZEL** ist es notwendig, dass die Komponenten vorpositioniert sind. In unserem Beispiel wurde das Zahnrad an der Welle mit einem Zahnradgelenk positioniert. Die Zahnstange wurde mit einem Schiebegelenk in der Führung versehen. Im Dialog müssen Sie nun beide Gelenke nacheinander auswählen.

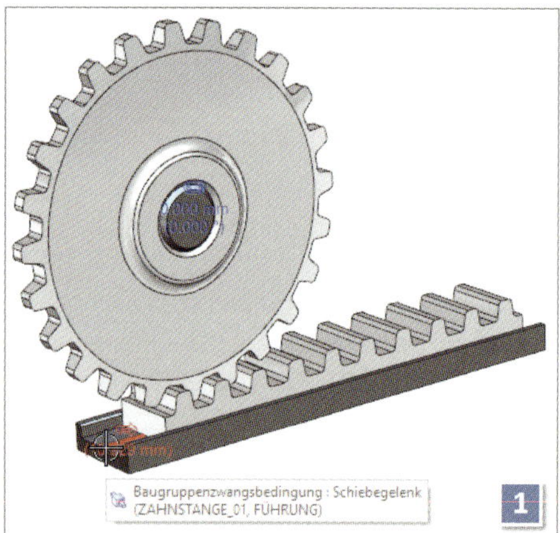

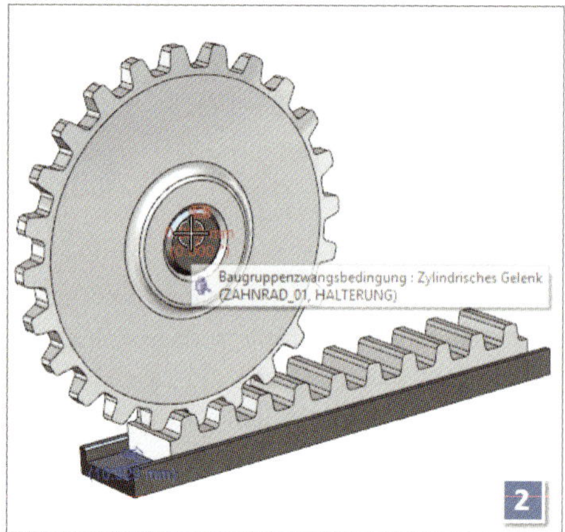

Damit die Rotation mit der Schiebebewegung später übereinstimmt, müssen Sie noch den Radius des Zahnrads angeben. Mit dem Abstandswert können Sie die Feinjustierung der Zahnglieder zueinander einstellen.

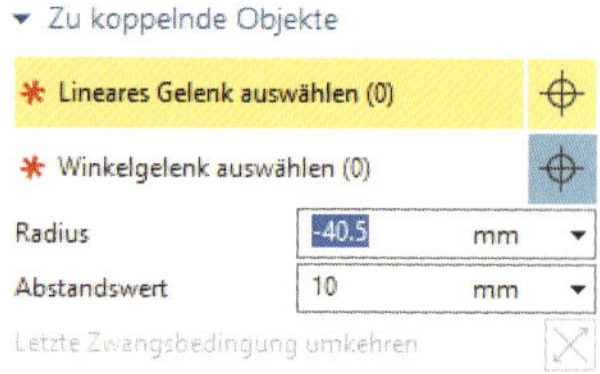

Kabel

Kabel (Cable)

Der Baugruppenkoppler-Typ **KABEL** benötigt zwei lineare Gelenke wie etwa Schiebegelenke oder zylindrische Gelenke. Im Beispiel wurden zwei Schiebegelenke verwendet. Für die Schiebegelenke wurden an der Rolle Hilfsgeometrien erzeugt, um die Vektoren und Positionen zu definieren.

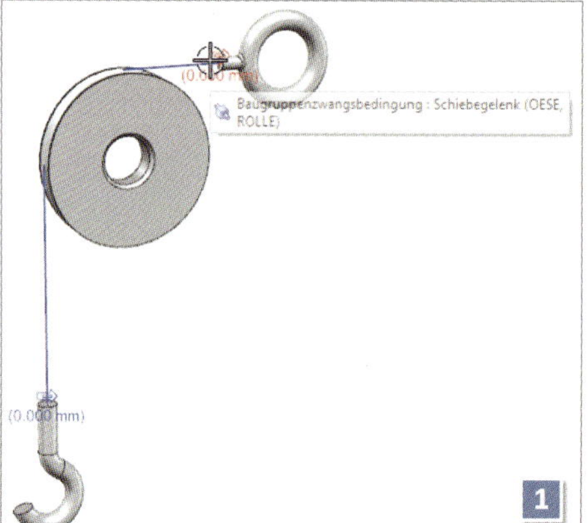

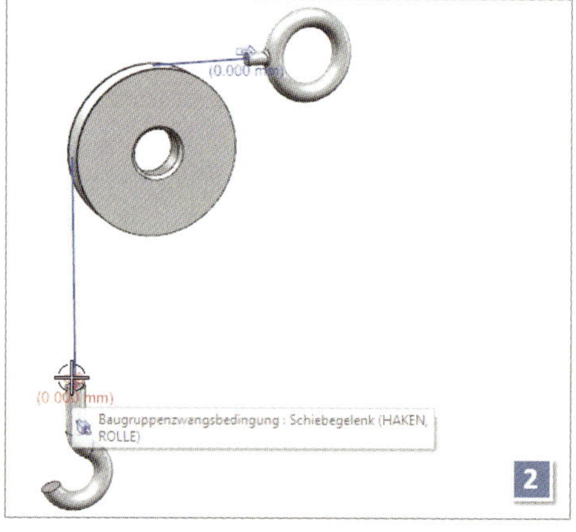

Bei der KABEL-Kopplung selektieren Sie nun beide Schiebegelenke. Die Schiebegelenke sollten ohne festen Abstand erzeugt sein, sonst lassen sie sich nicht bewegen. Um die Kopplung zu testen, selektieren Sie im Dialog wieder die Zwangsbedingung **BERÜHRUNG/AUSRICHTUNG** und versuchen eine Komponente zu verschieben.

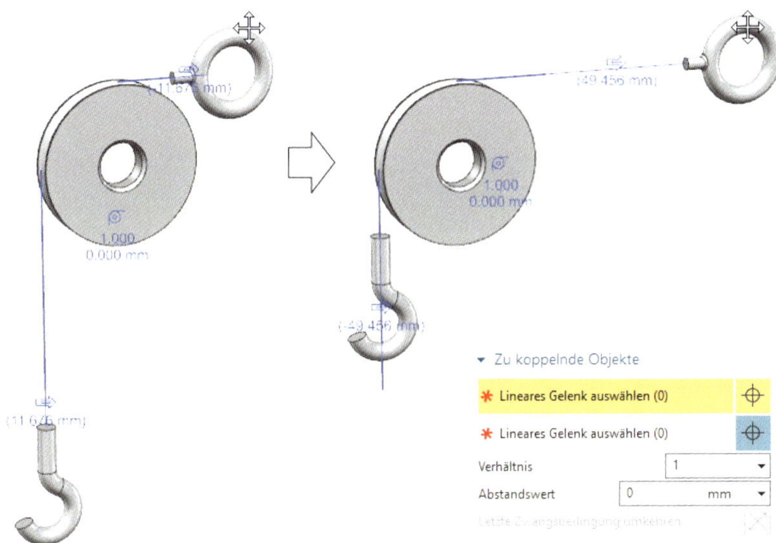

5.4.2 Baugruppenzwangsbedingungen bearbeiten

Die erstellten Zwangsbedingungen werden im *Baugruppen-Navigator* unterhalb der aktuellen Baugruppe in einem Knoten gesammelt und parallel dazu am Bildschirm angezeigt.

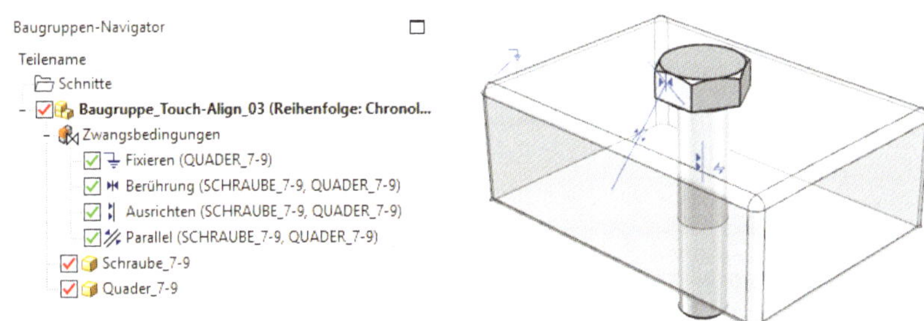

Wenn Sie den Knoten *Zwangsbedingungen* im *Baugruppen-Navigator* mit **MT3** wählen, stehen Ihnen zwei Optionen zur Verfügung. Mit **ZWANGSBEDINGUNGEN IM GRAFIKBEREICH ANZEIGEN** wird die Darstellung aller Zwangsbedingungen im Grafikfenster grundsätzlich gesteuert. Die Option **UNTERDRÜCKTE ZWANGSBEDINGUNGEN IM GRAFIKBEREICH ANZEIGEN** gibt an, ob unterdrückte Zwangsbedingungen dargestellt werden oder nicht. Diese werden dann in einer anderen Farbe angezeigt.

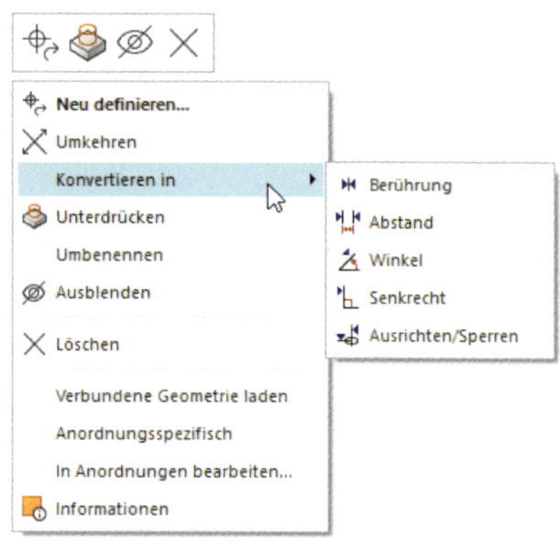

Zum Bearbeiten können die einzelnen Zwangsbedingungen im Navigator oder im Grafikfenster mit **MT3** ausgewählt werden. Dann erscheint das abgebildete Pop-up-Menü. Mit **AUSBLENDEN** wird die Darstellung im Grafikfenster unterdrückt. Die Zwangsbedingung ist aber weiterhin aktiv. **ANZEIGEN** schaltet die Darstellung dann wieder ein. Mit **NEU DEFINIEREN** oder mit Doppelklick auf die Zwangsbedingung wird das Dialogfenster für **BAUGRUPPENZWANGSBEDINGUNGEN** aktiv und Sie können entsprechende Änderungen vornehmen. **UMKEHREN** erzeugt nachträglich die alternative Lösung für die aktuelle Zwangsbedingung. Mit **KONVERTIEREN IN** kann die ausgewählte Zwangsbedingung in einen anderen, jeweils passenden Typ umgewandelt werden. **UNTERDRÜCKEN** deaktiviert die Zwangsbedingung. Sie wird dann in einer anderen Farbe im Grafikfenster dargestellt und der Haken in der Checkbox verschwindet. Damit ist der betroffene Freiheitsgrad wieder verfügbar. Mit **UNTERDRÜCKUNG AUFHEBEN** bzw. Aktivieren der Checkbox wird die Zwangsbedingung wieder erzeugt und das betroffene Bauteil entsprechend bewegt.

Die Benutzung des Befehls im Zusammenhang mit Anordnungen wird in Abschnitt 5.10 erläutert.

Zwangsbedingungen anzeigen und ausblenden

Zwangsbedingungen anzeigen und ausblenden (Show and Hide Constraints)

In der Werkzeugleiste **BAUGRUPPEN** steht der Befehl **ZWANGSBEDINGUNGEN ANZEIGEN UND AUSBLENDEN** zur Verfügung, mit dem die Darstellung der Zwangsbedingungen ebenfalls geändert werden kann. Dazu wird das abgebildete Dialogfenster verwendet. NX erwartet die Auswahl der Zwangsbedingungen, die im Grafikfenster angezeigt werden sollen. Mit **ANWENDEN** oder **OK** werden alle nicht selektierten Zwangsbedingungen ausgeblendet. Dabei können Sie mit der Option *Komponentensichtbarkeit ändern* festlegen, ob die Komponenten ebenfalls ausgeblendet werden. Ist der Schalter aktiv, dann werden nur noch die Bauteile angezeigt, deren Zwangsbedingungen selektiert wurden.

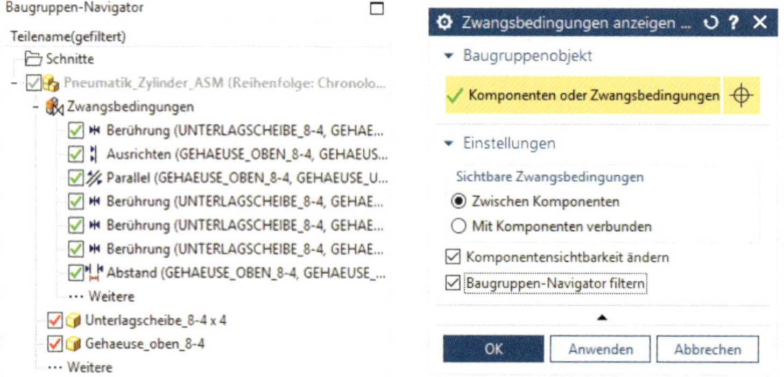

Mit *Baugruppen-Navigator filtern* wird aufgrund der ausgewählten Zwangsbedingung ein Filter erzeugt und im *Baugruppen-Navigator* angewendet.

HINWEIS: An dieser Stelle ist zu erwähnen, dass das Auffinden von Verbindungen zwischen Zwangsbedingungen und Komponenten sehr einfach über den *Zwangsbedingungsnavigator* erfolgen kann.

Zwangsbedingungen speichern

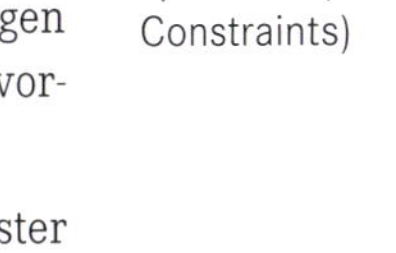

Zwangsbedingungen speichern (Remember Constraints)

Bei den Baugruppenzwangsbedingungen besteht die Möglichkeit, dass diese mit dem Teil gespeichert werden und dann beim nächsten Einbau automatisch zur Verfügung stehen. Zur Festlegung, welche Zwangsbedingungen wiederverwendet werden sollen, verwenden Sie den Befehl **ZWANGSBEDINGUNGEN SPEICHERN.** Mit dieser Funktion werden zunächst die betroffenen Komponenten und anschließend die zu übernehmenden Zwangsbedingungen selektiert. Durch Einrahmen mit einem Rechteck werden alle Zwangsbedingungen der vorher gewählten Komponenten übernommen.

Beim Hinzufügen des Teils werden die gespeicherten Zwangsbedingungen im Dialogfenster aufgelistet und in der aktuellen Baugruppe an einer gemeinsamen Position dargestellt. Parallel dazu erfolgt die Anzeige des jeweiligen Objekts im Vorschaufenster der neuen Komponente. Nun müssen Sie nur noch an den Zielkomponenten die passenden Objekte auswählen.

Nach jeder Selektion wechselt NX automatisch zur nächsten Zwangsbedingung. Jede bekannte Beziehung wird in der Anzeigeliste abgehakt und im Grafikfenster aktualisiert. Es besteht die Möglichkeit, bereits festgelegte Zwangsbedingungen wieder anzuwählen, um sie zu modifizieren. Wenn alle Zwangsbedingungen bestimmt sind, kann die neue Komponente an der definierten Position eingefügt werden. In dem in der Abbildung dargestellten Beispiel wurden die Zwangsbedingungen für die Schraube gespeichert.

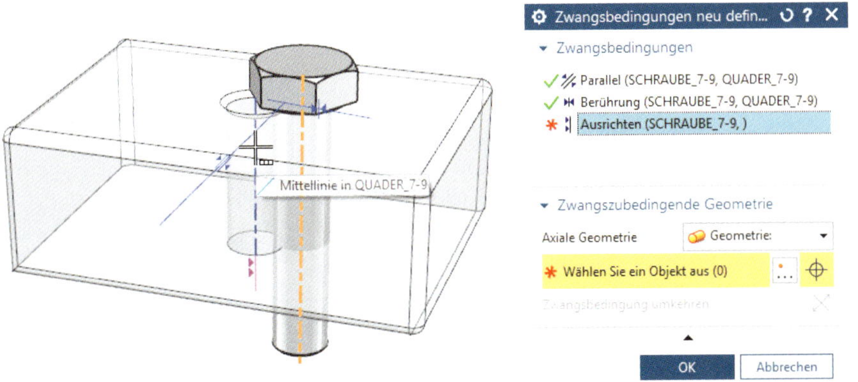

Die ausgewählten Zwangsbedingungen werden im Teil hinterlegt. Sie können im *Baugruppen-Navigator* mit **MT3** auf der Komponente im Kontextmenü **EIGENSCHAFTEN** auswählen. In der Registerkarte *Teiledatei* werden die gespeicherten Baugruppenzwangsbedingungen aufgelistet. Mit dem „X“ können diese gelöscht werden.

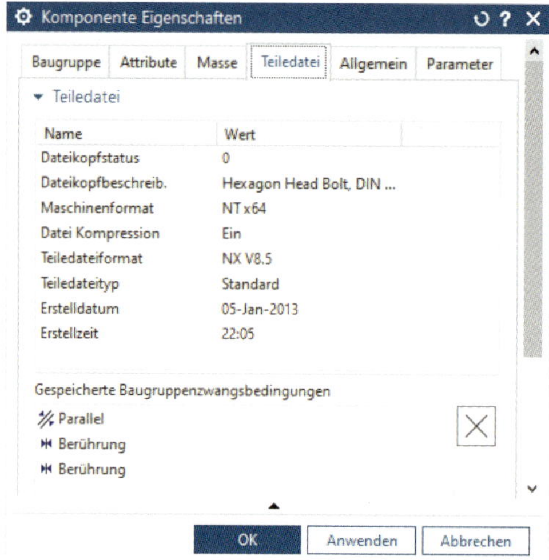

5.5 Komponente mustern

Komponente mustern (Pattern Component)

Durch **KOMPONENTE MUSTERN** werden Teile einer Baugruppe mehrfach kopiert und nach bestimmten Regeln positioniert. Die Bestandteile sind zueinander assoziativ. Die Dialogboxen sind vergleichbar mit den Konstruktionsformelementen **GEOMETRIE MUSTERN** und **FORMELEMENT MUSTERN**.

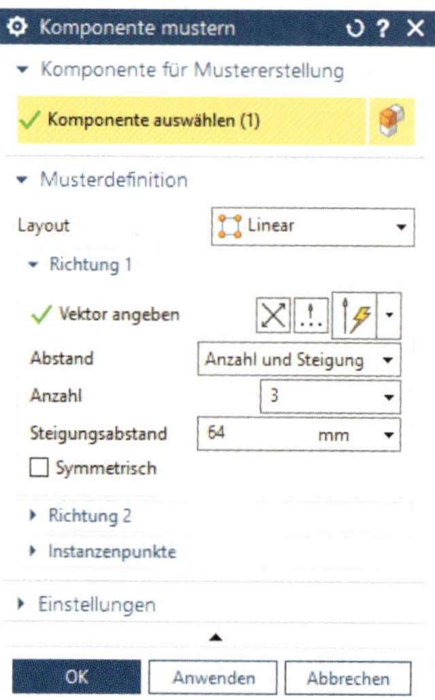

Linear mustern

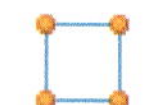
Linear mustern (Linear Pattern)

Zunächst generieren wir an einem Beispiel ein Linear-Muster. Dazu dient der in der Abbildung dargestellte Körper. Unter *Komponente für Mustererstellung* wird dieser Quader ausgewählt. Über *Layout* unter *Musterdefinition* wird nun *Linear* selektiert. Im nächsten Schritt wird unter *Richtung 1* die erste Richtung gewählt. Anschließend wählen wir unter *Abstand* die Option *Anzahl und Steigung* aus, um im Eingabefeld die *Anzahl* = *3* und den *Steigungsabstand* = *64 mm* einzugeben. Das Gleiche wird mit der *Richtung 2* wiederholt. Hier beträgt der *Steigungsabstand* = *32 mm*. Mit **MT3** über einen *Instanzenpunkt* besteht die Möglichkeit eines individuellen Versatzes oder das Deaktivieren der Komponente an dieser Position.

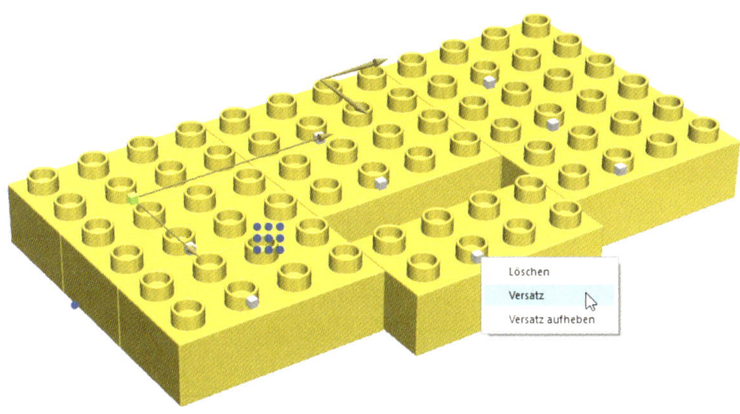

Nach dem **ANWENDEN** oder **OK** wird ein *Komponentenmuster*-Eintrag im *Baugruppen-Navigator* erstellt, über den jederzeit das Editieren eines Komponentenmusters möglich ist. Des Weiteren werden die neuen Komponenten automatisch mit *Pack* zusammengefasst, sodass nur noch die Anzahl hinter dem Komponentennamen dargestellt wird.

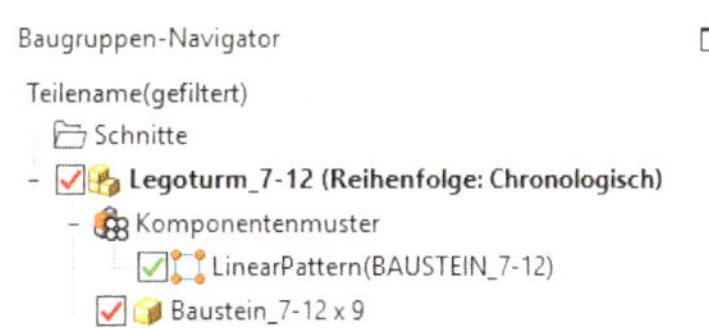

Kreisförmig mustern

Neben **LINEAR MUSTERN** gibt es auch **KREISFÖRMIG MUSTERN**. Damit können Komponenten im Kreis vervielfältigt werden. Hierzu sind ein *Vektor* und ein *Punkt* notwendig, der den Mittelpunkt/Rotationsachse angibt.

Kreisförmig mustern (Circular Pattern)

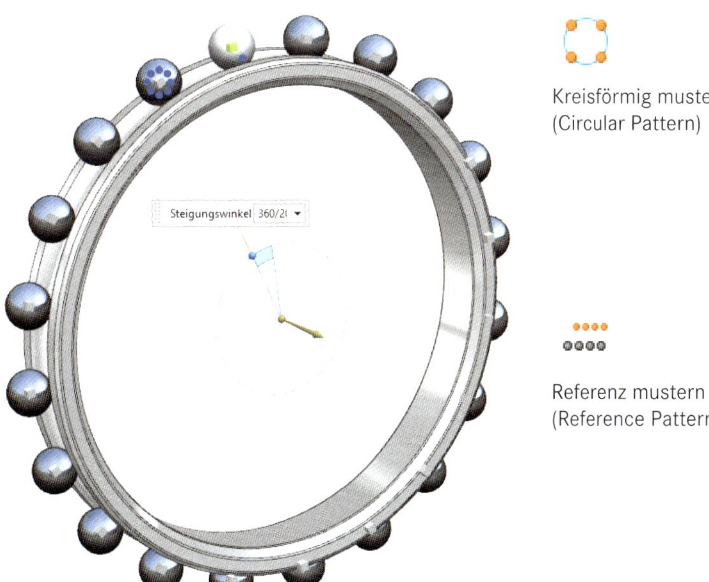

Referenz mustern

Ein Referenz-Muster benutzt ein vorhandenes Muster aus dem Konstruktionsbereich als Referenz, um die neuen Komponenten an den gleichen Werten zu positionieren. Als Beispiel wurde eine Schraube in eine Bohrung positioniert. Die Bohrung wurde in der Anwendung **KONSTRUKTION** mit einem kreisförmigen Muster erzeugt, sodass dieses nun wiederverwendet werden kann. Die Anzahl der Schrauben wird demnach indirekt über dieses kreisförmige Muster gesteuert.

Referenz mustern (Reference Pattern)

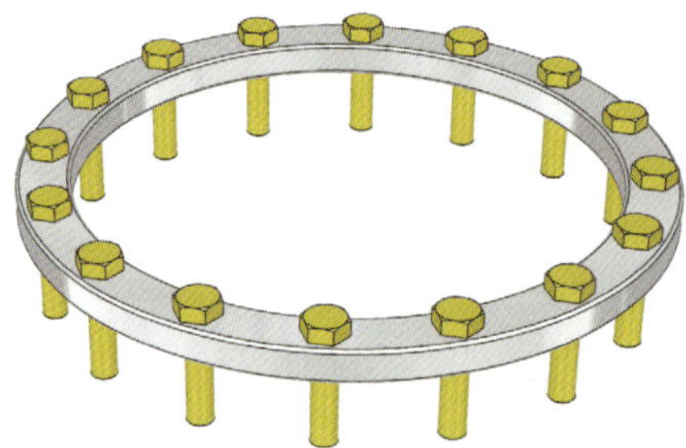

■ 5.6 Baugruppe spiegeln

Baugruppe spiegeln (Mirror Assembly)

Für die Spiegelung der Komponenten innerhalb von Baugruppen steht ein Assistent zur Verfügung. Dabei werden ausgewählte Komponenten an einer Bezugsebene gespiegelt. Die Komponenten müssen Bestandteil des aktiven Teils sein. Beim Spiegelvorgang besteht die Möglichkeit, einzelne Komponenten einer Baugruppe auszuschließen. Weiterhin können die gespiegelten Teile neu positioniert werden.

Die Spiegelebene kann im Vorfeld oder mit **ASSISTENT: BAUGRUPPEN SPIEGELN** erzeugt werden. In unserem Beispiel wurde die Ebene zuvor erstellt. Nach dem Aufruf des Assistenten kommt man in den *Willkommen*-Bereich. Diesen kann man mit **WEITER** überspringen. Im nächsten Fenster muss die Baugruppe ausgewählt werden, die gespiegelt werden soll.

Nachdem die Komponenten gewählt sind, wird mit **WEITER** der nächste Arbeitsschritt aufgerufen. Hier muss nun die Selektion der Spiegelebene vorgenommen werden. Dazu wird entweder eine vorhandene *Bezugsebene* ausgewählt oder mit dem Icon des **ASSISTENTEN** eine neue *Ebene* erzeugt und dann auf **WEITER** geklickt.

Generell können Spiegelteile je nach Geometrie über Transformation, Rotation oder ein richtiges Spiegeln erstellt werden. Allerdings werden lediglich bei einer richtigen Spiegelung neue Komponenten erzeugt. Im nächsten Schritt besteht die Möglichkeit, hierfür einen neuen Namen oder Speicherort zu definieren.

Im darauffolgenden Fenster wird die Spiegelung definiert. Bei Rotationskörpern reicht zum Beispiel normalerweise eine Translation, während bei asymmetrischen Komponenten eine Spiegelung notwendig ist. Hier kann noch zwischen einer assoziativen und nicht assoziativen Spiegelung gewählt werden. Im Beispiel wurde *Gehaeuse_oben* sowie *Gehaeuse_unten* als assoziativ gespiegelt markiert. Mit **WEITER** wird nun die Spiegelung durchgeführt.

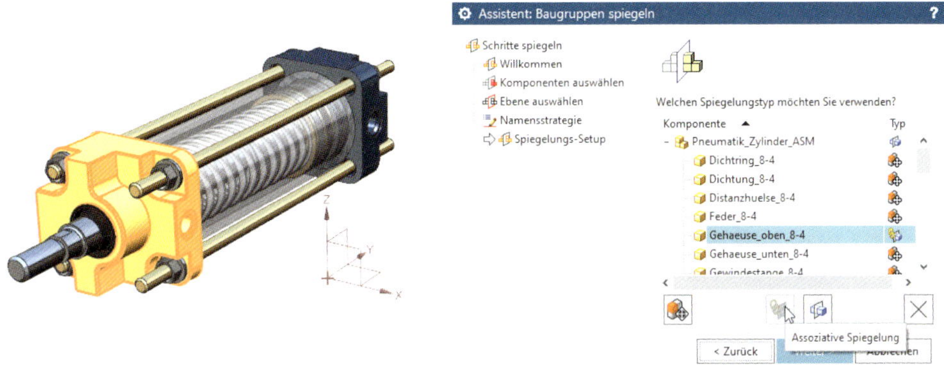

Da beim Spiegeltyp *Wiederverwenden und neu positionieren* meist mehrere Positionen möglich sind, erhält man nun noch die Gelegenheit, mit der Option *Neu positionierte Lösungen durchlaufen* die richtige Variante auszuwählen. Zudem kann die gewählte Definition aller Komponenten noch einmal überprüft werden. Nach dem Klick auf **WEITER** erhält man noch einmal die Gelegenheit, die Namen der neuen Komponenten anzupassen. Alternativ können Sie auch gleich **BEENDEN** auswählen, dann wird der Assistent beendet, und die Komponenten werden erzeugt. Danach sollte unbedingt das Speichern der gesamten Baugruppe erfolgen, um die neuen Komponenten auch physikalisch zu erzeugen.

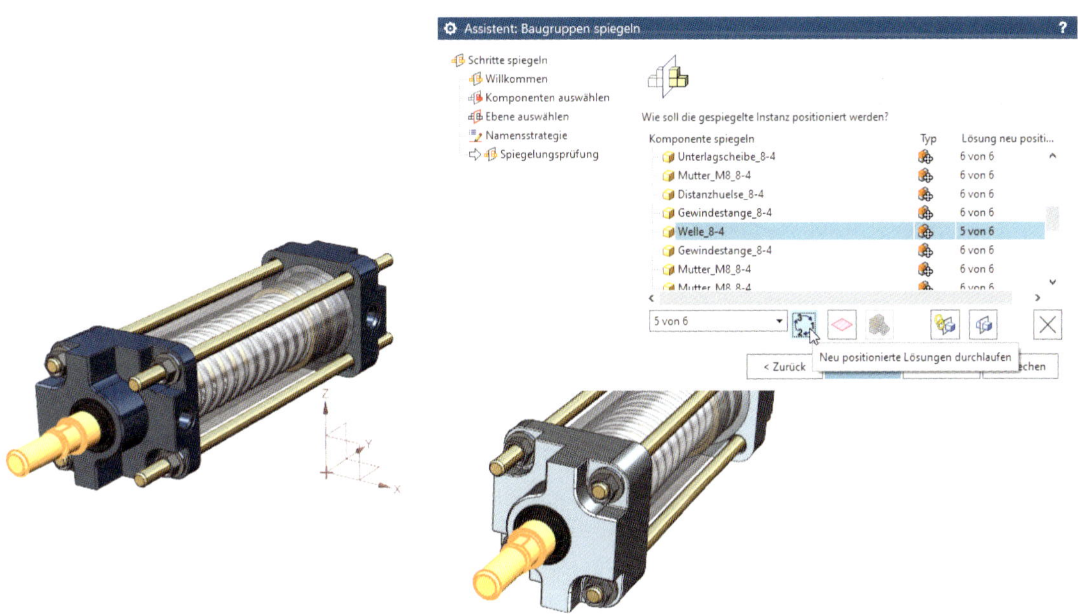

Die gespiegelten Komponenten, die Geometrie beinhalten, besitzen das Formelement *Verknüpfter Spiegelkörper*, mit dem die Verbindung zur Originalgeometrie hergestellt wird. Dadurch werden geometrische Änderungen entsprechend übertragen.

Baugruppenzwangsbedingungen werden nicht kopiert und müssen für die gespiegelten Komponenten erneut definiert werden. Danach können die einzelnen Baugruppen unabhängig voneinander in verschiedenen Positionen dargestellt werden. Im Beispiel wurden unterschiedliche Hübe für die Kolben festgelegt.

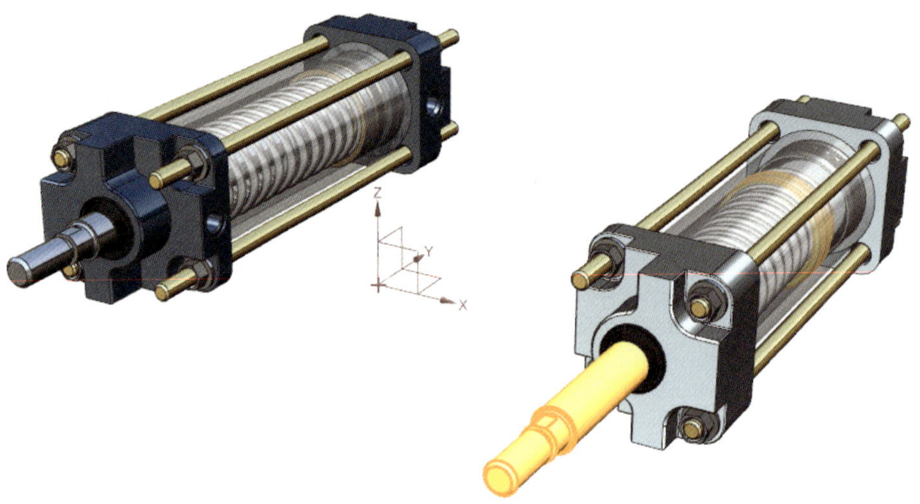

5.7 Schnittstellen-Verbindung

Bei der Arbeit mit Baugruppen besteht oftmals der Bedarf, Steuerungsobjekte in einer Komponente zu definieren, die dann in einer anderen Komponente verwendet werden. Die Basisversion von NX bietet dafür folgende Möglichkeiten:

- TEILEÜBERGREIFENDE AUSDRÜCKE
- WAVE-GEOMETRIE-VERBINDUNG
- WAVE-SCHNITTSTELLEN-VERBINDUNG

Die Anwendung von TEILEÜBERGREIFENDE AUSDRÜCKE und WAVE-GEOMETRIE-VERBINDUNG bzw. WAVE-SCHNITTSTELLEN-VERBINDUNG wird in den folgenden Abschnitten erläutert.

Zuerst folgen aber noch ein paar grundlegende Überlegungen. Wenn man in einer Baugruppe Verbindungen von einer zu einer anderen Komponente erstellen möchte, kann man dies auf mehrere Arten machen. Die einfachste Variante ist eine direkte Verbindung von

Komponente A zu Komponente B. Arbeitet man an einer größeren Baugruppe mit mehreren Verbindungen, wird man mit dieser Variante allerdings sehr schnell den Überblick verlieren. Auch die Update-Stabilität nimmt hierdurch ab.

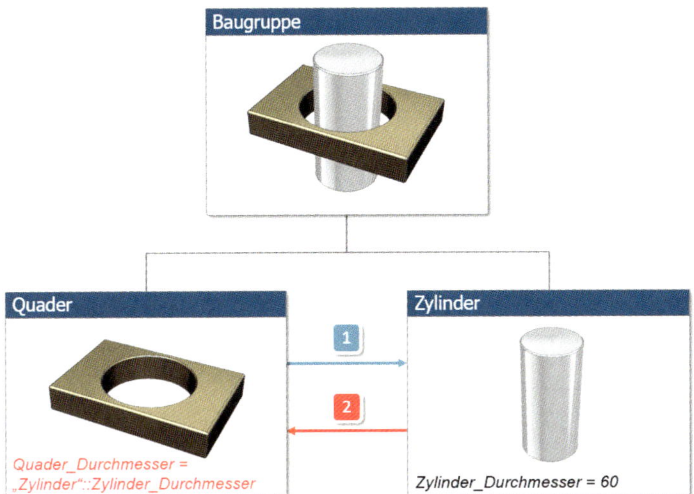

Die zweite Variante ist ein „Umweg" über die Baugruppe. Das bedeutet, Komponente A wird in die Baugruppe verlinkt, und von dort wird die Geometrie in die Komponente B weiterverlinkt. Der Linkfluss ist hierbei eindeutig geregelt, allerdings können auch hier sehr schnell Kreisbeziehungen erstellt werden, da es möglich ist, in die Baugruppe zurück zu verbinden.

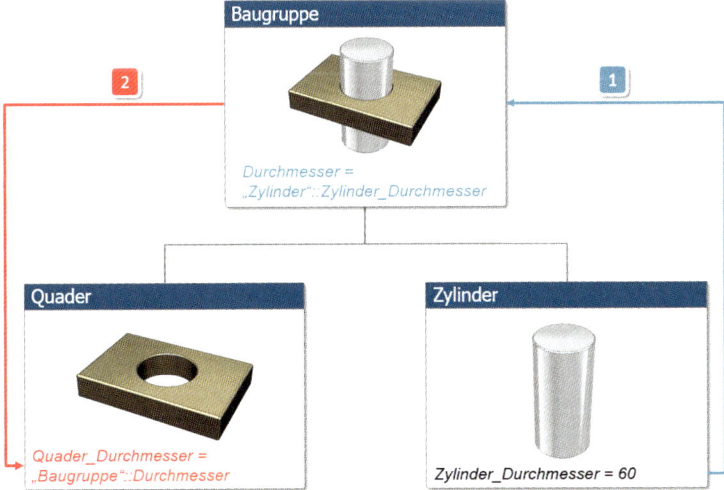

In der dritten Variante, auch bekannt als Skelett-Methode, werden alle steuernden Elemente in der Baugruppe erstellt und von dort in die Komponenten verlinkt. Dies ist eine updatestabile Vorgehensweise mit einer klaren Verbindungsichtung. Allerdings erfordert diese Vorgehensweise auch eine gewisse Disziplin im Aufbau.

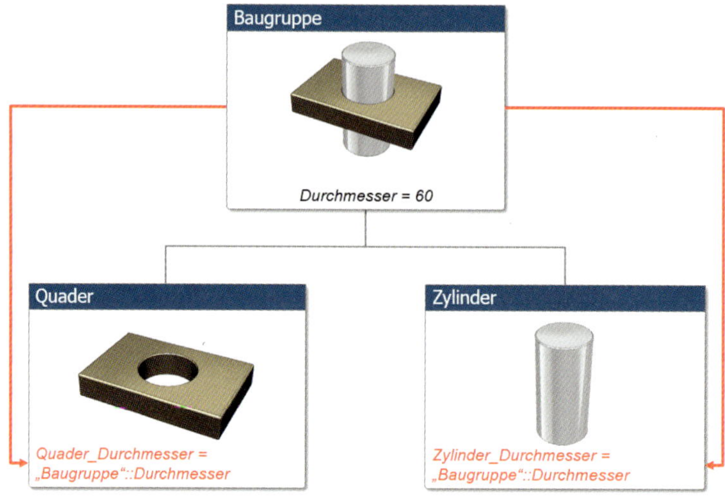

5.7.1 Schnittstelle (Produktschnittstelle)

Schnittstelle (Product Interface)

Oft wird nicht nur eine Verbindung zu einer Komponente erzeugt, sondern mehrere Verbindungen zu unterschiedlichen Referenz-Geometrien und Ausdrücken. Aufgrund der Stabilität und Nachvollziehbarkeit einer Konstruktion empfiehlt es sich, im Vorfeld die Geometrie zu bestimmen, die als Referenz von anderen Komponenten benutzt werden darf. Hierfür steht der Befehl **PRODUKTSCHNITTSTELLE** zur Verfügung.

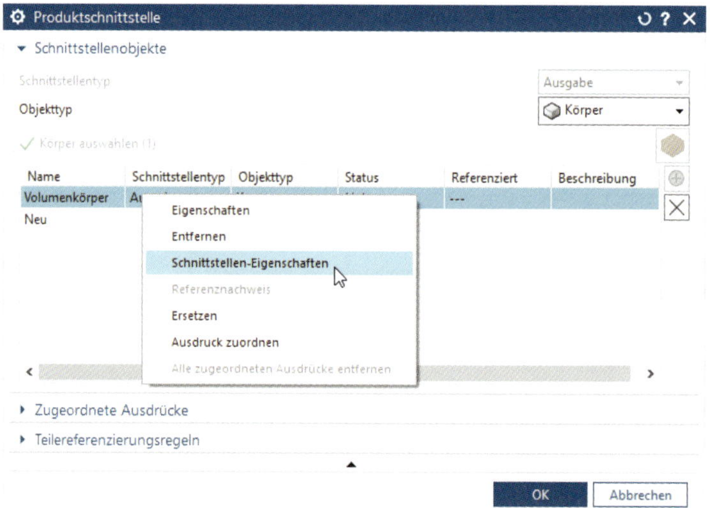

Nach dem Starten des Befehls kann die Geometrie ausgewählt werden, die als **PRODUKTSCHNITTSTELLE** bereitstehen soll. Unter *Schnittstellenobjekte* wird diese Geometrie aufgeführt. Mit **MT3 > SCHNITTSTELLEN-EIGENSCHAFTEN** kann diese mit einer Bemerkung versehen werden. Mit **MT3 > REFERENZNACHWEIS** besteht die Möglichkeit, weitere Informationen wie z. B. *Untergeordnetes Teil* oder *Verbindungstyp* zu dieser Geometrie abzurufen.

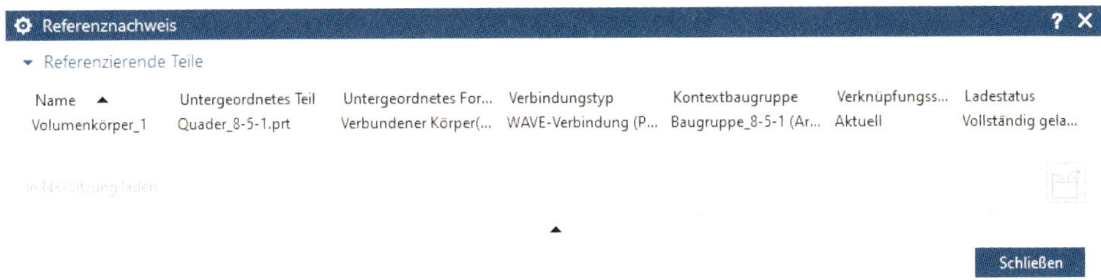

Unter *Teilereferenzierungsregeln* können Regeln zur Verwendung definiert werden. Hierbei können zwischen *Teileübergreifende Verknüpfungen* und *Baugruppenzwangsbedingungen* unterschiedliche Regeln eingestellt werden. Wird *Schnittstelle zulassen* verwendet, so erhalten Sie beim Erzeugen einer **WAVE**-Verbindung ohne Produktschnittstellen-Definition eine Meldung, die darauf hinweist.

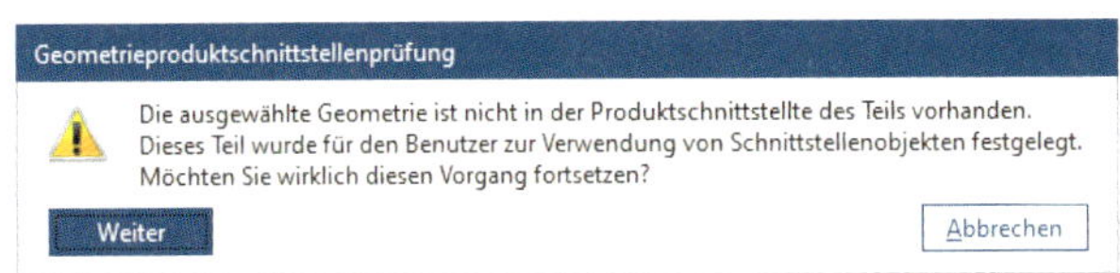

Möchte man generell unterbinden, dass Geometrie, die nicht als Produktschnittstelle definiert wurde, Verwendung findet, so kann dies mit *Auf Schnittstelle beschränken* unterbunden werden. Dadurch können andere Geometrien beim Erzeugen von Verknüpfungen nicht mehr ausgewählt werden.

5.7.2 Teileübergreifende Ausdrücke

Teileübergreifende Ausdrücke (Interpart Expressions)

Mit der Methode **TEILEÜBERGREIFENDE AUSDRÜCKE** werden Ausdrücke zwischen den Komponenten einer Baugruppe verbunden. Prinzipiell ist es egal, wie diese Verbindungen erfolgen. Bei komplexen Baugruppen verliert man aber schnell die Übersicht, wenn die teileübergreifenden Beziehungen nicht mit nachvollziehbaren Regeln erfolgen.

Für die Erstellung und Bearbeitung von teileübergreifenden Bedingungen wird der Befehl **WERKZEUGE > AUSDRÜCKE** verwendet. Zur Nutzung von Ausdrücken gelten grundsätzlich die bereits beschriebenen Regeln. Darüber hinaus enthalten teileübergreifende Ausdrücke den Hinweis, aus welcher Komponente die Ausdrücke stammen. Die grundsätzliche Syntax lautet *„Teilename“::Ausdruck*. So verweist beispielsweise die Beziehung *d=„Welle“::dw* auf die Expression *dw* im Teil *Welle*. Der Durchmesser *d* im aktuellen Teil ist damit immer gleich dem Durchmesser *dw*.

Es gibt zwei Typen von teileübergreifenden Ausdrücken:

- *Referenzierter Ausdruck*
- *Überschriebener Ausdruck*

Während beim Typ *Referenzierter Ausdruck* der Ausdruck den Wert aus einer Komponente holt, wird beim Typ *Überschriebener Ausdruck* der Ausdruck-Wert in einer anderen Komponente gesetzt. Die Nutzung beider Arten wird im Folgenden an einem Beispiel erläutert. Dazu dient die abgebildete Baugruppe, die aus einem Quader mit einer Durchgangsbohrung und einem Zylinder besteht.

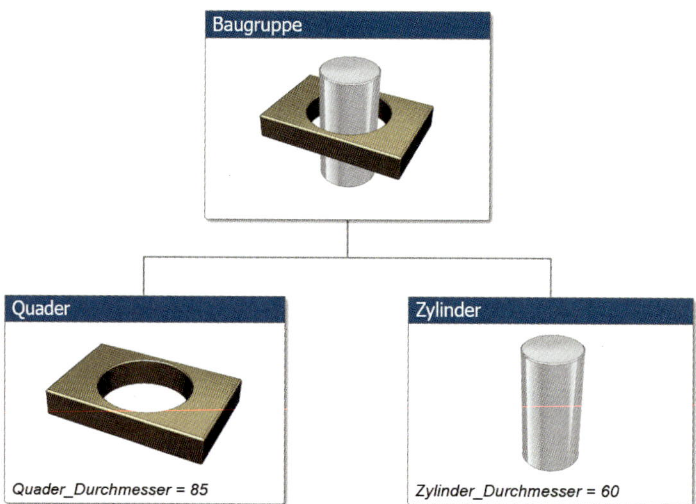

Die einzelnen Teile wurden zunächst separat erstellt, wobei für die Festlegung der Durchmesser von Zylinder und Bohrung in den jeweiligen Teilen die dargestellten Ausdrücke *Quader_Durchmesser* und *Zylinder_Durchmesser* verwendet wurden. Anschließend erfolgten der Zusammenbau und die Definition von Zwangsbedingungen. Der Zylinder befindet sich dabei konzentrisch in der Bohrung des Quaders. Beim Zusammenbau stellt man fest, dass die Durchmesser nicht passen, und müsste dementsprechende Modifikationen in den Einzelteilen durchführen. Um diese Arbeit zu automatisieren, können **TEILEÜBERGREIFENDE AUSDRÜCKE** verwendet werden.

Im nächsten Beispiel soll mithilfe der Skelett-Methode die entsprechende Verlinkung aufgebaut werden. Hierzu muss zuerst in der Baugruppe ein Ausdruck mit dem Namen *Durchmesser* und der Formel (Wert) von *60 mm* erzeugt werden.

Referenzierter Ausdruck

Referenzierter Ausdruck (Referencing Expressions)

Bei referenzierten Ausdrücken ist es wichtig, dass das Teil, das den Ausdruck empfangen soll, aktiv ist. Aus diesem Grund wird nun zuerst der Quader zum *Aktiven Teil* definiert. Wählen Sie nun über **WERKZEUGE > AUSDRÜCKE** den Ausdruck *Quader_Durchmesser* aus.

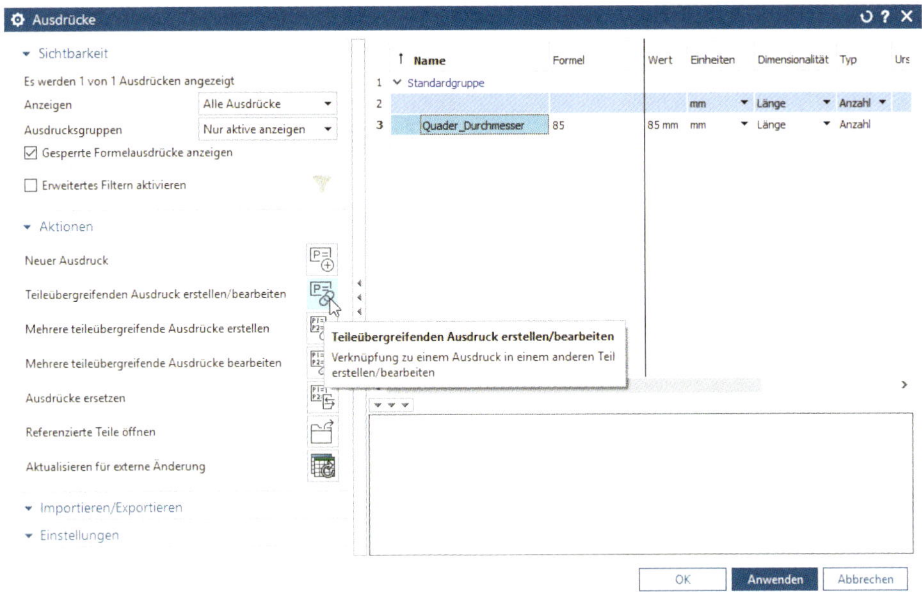

Eine einfache Verlinkung erfolgt mit dem Befehl **TEILEÜBERGREIFENDEN AUSDRUCK ERSTELLEN/BEARBEITEN**. Durch Drücken des Icons wird der Dialog geöffnet. Unter *Ausgangsteil* werden die verfügbaren Komponenten der aktuellen Baugruppe angezeigt. Dort wird nun die Baugruppe gewählt, aus der der Ausdruck übernommen wird.

Teileübergreifenden Ausdruck erstellen/bearbeiten (Create/Edit Interpart Expression)

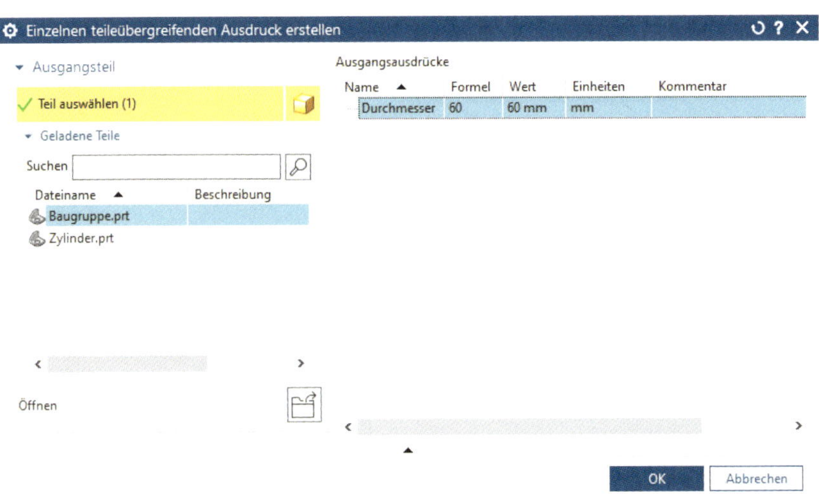

Auf der rechten Seite wählen Sie den entsprechenden Ausdruck *Durchmesser* aus und gelangen nach Klick auf **OK** wieder in das Dialogfenster für die Ausdrücke zurück. Mit **ANWENDEN** wird die Verlinkung erzeugt. NX baut dabei einen weiteren Systemausdruck auf, der am Ende mit dem *Quader_Durchmesser* verlinkt wird. Durch das Deaktivieren der Option *Gesperrte Formelausdrücke anzeigen* im Bereich *Sichtbarkeit* können diese Systemausdrücke verdeckt werden. Alternativ kann diese Verknüpfung auch manuell eingegeben werden. Hierzu geben Sie als *Formel* im Ausdruck *Quader_Durchmesser* Folgendes ein: *„Baugruppe"::Durchmesser*.

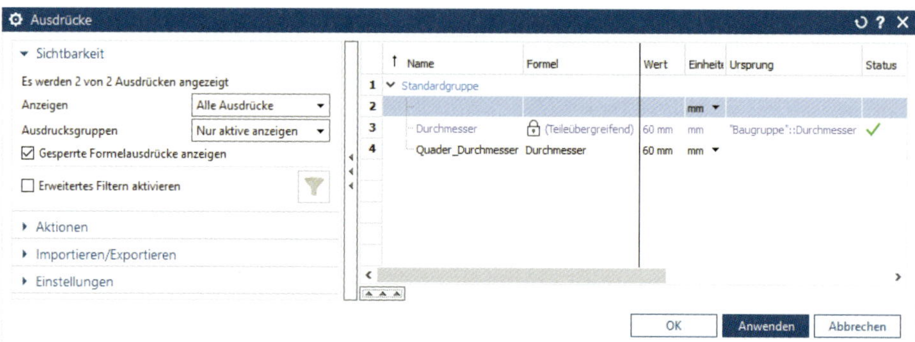

Den gleichen Vorgang können Sie nun in der Komponente *Zylinder* wiederholen. Für das Beispiel ergibt sich die in der Abbildung dargestellte Struktur. Die Steuerung erfolgt jetzt aus der Baugruppe in die untergeordneten Teile, wobei die Quaderbohrung zusätzlich mit einem konstanten Aufmaß versehen wurde.

TIPP: Beim Wechsel zwischen den Komponenten muss der Dialog für Ausdrücke nicht geschlossen werden. Dieser passt sich der jeweiligen selektierten Komponente an.

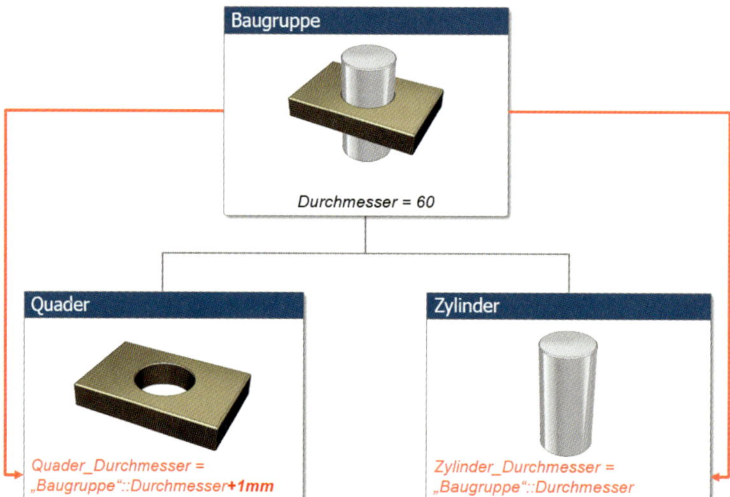

In der Baugruppe selbst kann man in diesem Fall nicht direkt erkennen, dass teileübergreifende Ausdrücke unter Bezug auf den Ausdruck *Durchmesser* vorhanden sind. Deshalb ist es unter Umständen sinnvoll, solche Ausdrücke mit kennzeichnenden Namen bzw. mit entsprechenden Kommentaren zu versehen. Hierzu kann im Dialogfenster für Ausdrücke die Spalte *Kommentar* editiert werden.

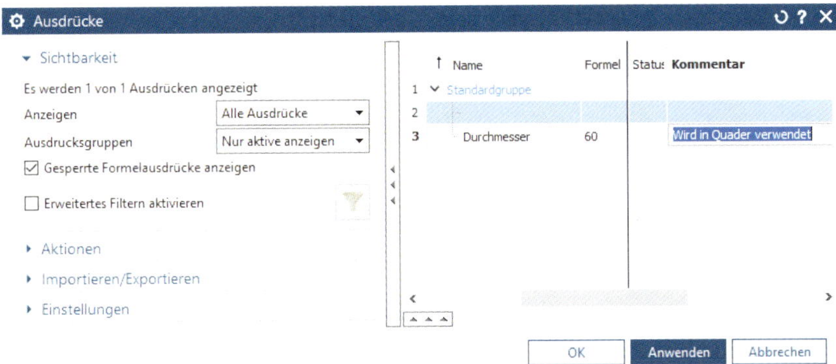

Referenzen auflisten (List References)

Des Weiteren ist es möglich, einen Verwendungsnachweis für einzelne Ausdrücke anzeigen zu lassen. Dazu selektieren Sie den entsprechenden Ausdruck in der Liste mit **MT3** und rufen anschließend die Option **REFERENZEN AUFLISTEN** auf. NX zeigt dann alle Informationen zu der ausgewählten Expression an.

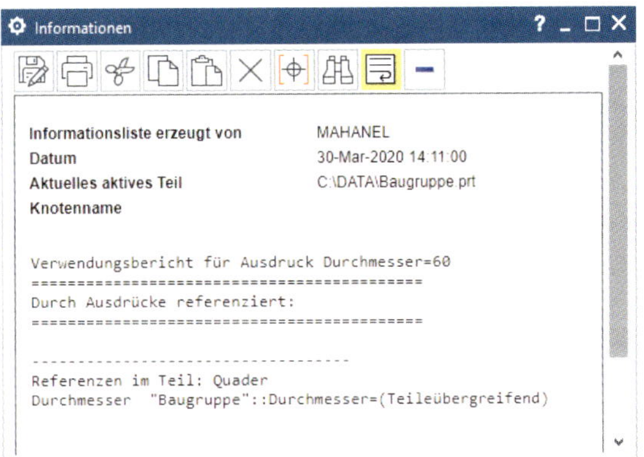

Überschreibender Ausdruck

Überschreibender Ausdruck (Overriding Expressions)

Bei den bisherigen Ausdrücken stand der Link (Syntax) immer auf der rechten Seite der Beziehung. Wenn Sie die gelinkten Ausdrücke links vom Gleichheitszeichen erzeugen, entsteht ein **ÜBERSCHREIBENDER AUSDRUCK**. Damit werden die betroffenen Ausdrücke in den untergeordneten Komponenten automatisch verbunden und dort für die Bearbeitung gesperrt. Zur Kennzeichnung erhalten solche Ausdrücke ein Schloss.

Das in der Abbildung dargestellte Schema stellt die entsprechende Struktur für das Beispiel dar. In der Baugruppe wurden zwei überschreibende Ausdrücke erzeugt, die auf die Komponenten mit den jeweiligen Ausdrücken verweisen. In den Teilen sind diese Ausdrücke dann gesperrt. Auch hier erfolgt die Steuerung in der Baugruppe durch den Ausdruck *Durchmesser*, wobei aber in dieser Variante alle notwendigen Informationen in der Baugruppendatei vorhanden sind und in den Einzelteilen erkennbar ist, dass die Ausdrücke fremdgesteuert werden.

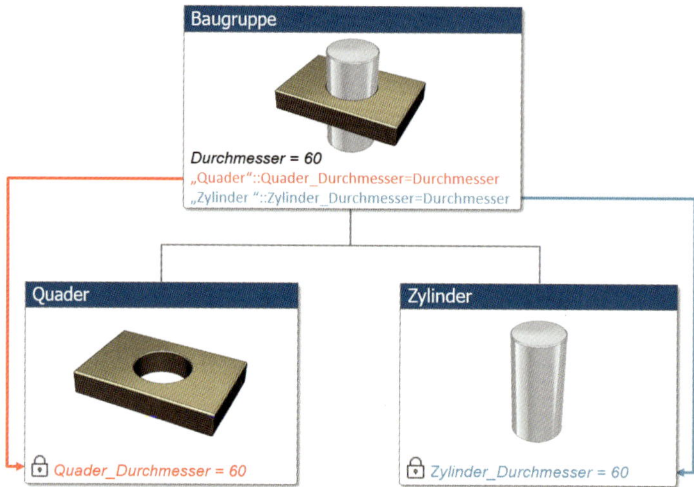

Mehrere teileübergreifende Ausdrücke bearbeiten (Edit Multiple Interpart Expressions)

Um diese Struktur umzusetzen, werden die erzeugten Links zunächst gelöscht. Dazu rufen Sie den Befehl **MEHRERE TEILEÜBERGREIFENDE AUSDRÜCKE BEARBEITEN** auf. In der Liste selektieren Sie die entsprechende Komponente und klicken danach auf **ALLE REFERENZEN LÖSCHEN**. Dadurch wird der Link entfernt, und der Ausdruck erhält wieder einen Wert. Anschließend wird die Baugruppe aktiviert. Dort wird ein neuer Ausdruck erstellt. Dabei wird in der Spalte *Name* Folgendes geschrieben: *„Quader“::Quader_Durchmesser* und als Formel *Durchmesser*.

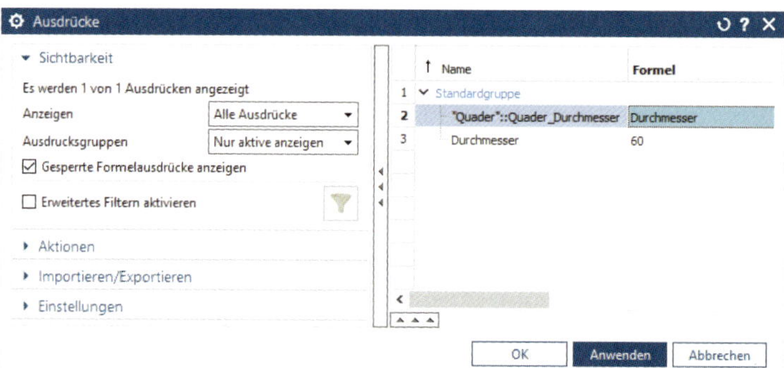

Mit **ANWENDEN** wird sowohl in der *Baugruppe* als auch in der Komponente *Quader* ein teileübergreifender Ausdruck erzeugt. Im Quader ist er jedoch mit einer Überschreibungssperre gesperrt. Wenn Sie den Ausdruck im Einzelteil bearbeiten wollen, wird dies von NX verweigert.

Ausdrücke in Baugruppe

	Name	Formel
1	Standardgruppe	
2		
3	Durchmesser	60
4	(Teileübergreifend)	Quader_Durchmesser
5	Quader_Durchmesser	Durchmesser

Ausdrücke in Quader

	Name	Formel
1	Standardgruppe	
2		
3	Quader_Durchmesser	60

Dieser Vorgang wird für die zweite Komponente (Zylinder) wiederholt. Es ergibt sich das abgebildete Ergebnis. In den Einzelteilkomponenten kann der Ausdruck mit Überschreibungssperre nun in Formelementen oder Skizzen als Wert verwendet werden und diesen letztendlich über die Baugruppe steuern.

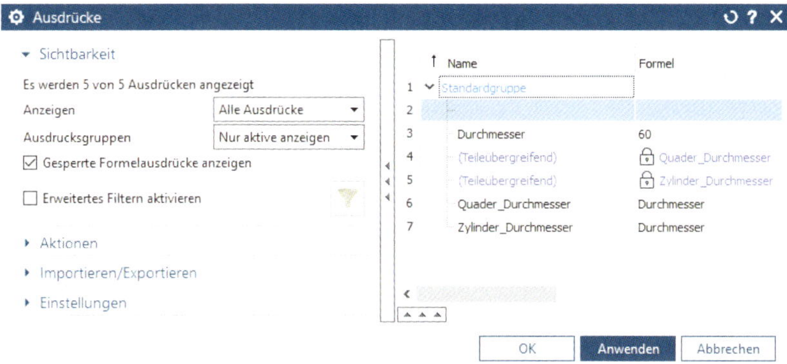

5.7.3 WAVE-Technologie

Mit der WAVE-Technologie von NX werden assoziative Geometrieverbindungen zwischen unterschiedlichen Teilen erstellt und verwaltet. Zur Nutzung aller **WAVE**-Funktionen ist allerdings eine spezielle Lizenz erforderlich. Im Rahmen des Grundmoduls für Baugruppen lässt sich die WAVE-Technologie in einer etwas eingeschränkten Version anwenden. So können z. B. mit **WAVE-GEOMETRIE-VERBINDUNG** nur positionsabhängige Links erstellt werden. Das heißt, der Link hat zusätzlich noch die Positionsinformationen, wo sich die Geometrie im Raum befindet, mit abgespeichert. Daraus folgt, dass die kopierte Geometrie immer deckungsgleich zum Original ist und dabei immer einen gemeinsamen Baugruppen-Knoten haben muss, während **WAVE-SCHNITTSTELLEN-VERBINDUNG** nur positionsunabhängige Links erzeugt.

Aus Stabilitätsgründen und aus Gründen der Änderungsfreundlichkeit bietet NX die Möglichkeit an, Objekte einer sogenannten **PRODUKTSCHNITTSTELLE** zuzuordnen. Man kann sich das so vorstellen: Benutzt man keine **PRODUKTSCHNITTSTELLE**, so werden reine Geometrie-Links aufgebaut, der *Zylinder* wird in den *Quader* kopiert. Wird bei einer Änderung aus dem *Zylinder* ein *Würfel*, dann wird der Link unterbrochen, da die Geometrie neu berechnet wurde und der Link den *Zylinder* nicht mehr wiederfindet. Weist man den *Zylinder* zuerst einer **PRODUKTSCHNITTSTELLE** zu, den man sich wie einen „Namen" vorstellen kann, und erstellt man nun einen Link auf Basis der **PRODUKTSCHNITTSTELLE**, dann kann man später den *Zylinder* auch mit einem *Würfel* austauschen, ohne dass der Link gebrochen wird, da hier der Link auf den „Namen" und nicht direkt auf die Geometrie zeigt.

Ein weiterer Vorteil der **PRODUKTSCHNITTSTELLE** ist, dass der Konstrukteur in seinem Bauteil gezielt Geometrie bereitstellen muss, die dann zur Verlinkung benutzt werden kann. Somit ist auch die Nachvollziehbarkeit, vor allem bei größeren Baugruppen, noch gegeben. Auch ein wildes Verlinken kann dadurch unterbunden werden.

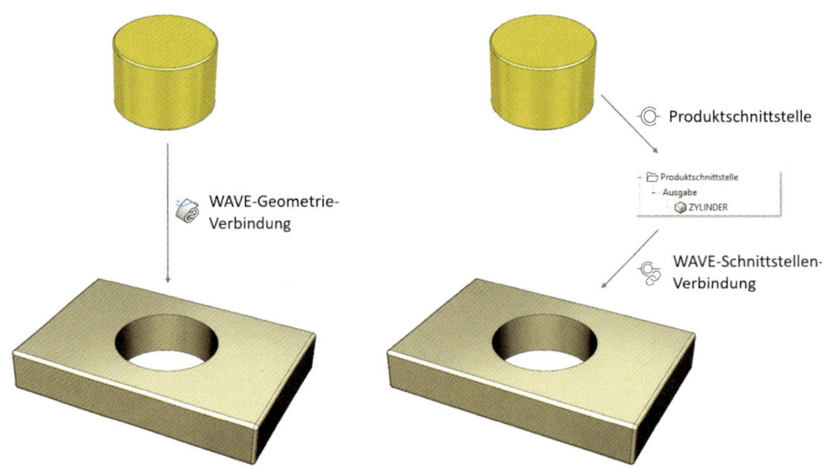

5.7.3.1 WAVE Geometrie-Linker

WAVE Geometrie-Linker (WAVE Geometry Linker)

Mit **WAVE GEOMETRIE-LINKER** wird in das aktive Teil einer Baugruppen-Geometrie aus einer anderen Komponente kopiert. Diese Kopie kann mit der Elterngeometrie assoziativ verbunden sein, sodass Änderungen automatisch übernommen werden. **WAVE GEOMETRIE-LINKER** besitzt die Möglichkeit, sowohl einen reinen Geometrie-Link als auch einen Link zur **PRODUKTSCHNITTSTELLE** aufzubauen.

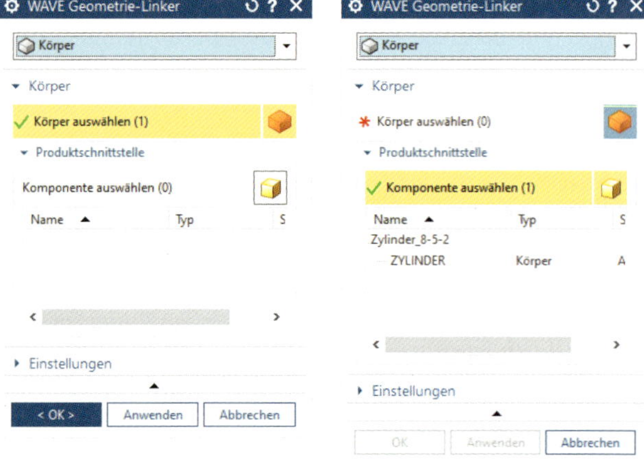

Mit dem Start des Befehls wird das abgebildete Dialogfenster angezeigt. In dessen oberem Bereich befinden sich unter *Typ* die möglichen Geometrieklassen, die verlinkt werden können. In Abhängigkeit vom gewählten *Typ* ändern sich die Eingabeschritte im mittleren Bereich des Fensters. Wird als Typ *Körper* oder *Körper spiegeln* gewählt, so wird die *Körperregel* in der Rahmenleiste als Selektionshilfe angezeigt, die auch das Selektieren von mehreren Körpern erlaubt. Wird Geometrie über *Körper auswählen* selektiert und ist keine Produktschnittstelle definiert, erhält man einen Geometrie-Link. Wird über *Produktschnittstelle* > *Komponente auswählen* eine Komponente selektiert, in der Produktschnittstellen definiert sind, werden diese zur Auswahl angeboten. In diesem Fall wird dann auf die Produktschnittstelle verlinkt.

Unter *Einstellungen* sind verschiedene Optionen nutzbar, die sich ebenfalls in Abhängigkeit von *Typ* ändern. Ist *Assoziativ* aktiv, ändert sich bei einer Änderung im Original die verlinkte Geometrie mit. Mit der Option *Bei aktuellem Zeitstempel fixieren* wird die kopierte Geometrie im gegenwärtigen Zustand „eingefroren“, sodass später hinzugefügte Elemente nicht übertragen werden. Änderungen an bereits vorhandenen Elementen werden aber weiterhin übernommen. Ist die Option nicht aktiviert, wird die kopierte Geometrie beim Erstellen neuer Elemente automatisch an das Ende der Historie gesetzt, und alle neuen Objekte werden entsprechend übernommen. Der Zeitstempel lässt sich nachträglich verschieben. Ist *Gewinde kopieren* aktiv, werden Gewindeinformationen mit übertragen und auch später in der Zeichnung mit dargestellt.

Nach dem Erstellen eines Links erhält das aktive Teil einen entsprechenden Eintrag im *Teile-Navigator*. Dieser Eintrag lässt sich wie ein normales Formelement bearbeiten. Dort können beispielsweise Änderungen der Optionen für den Link vorgenommen werden.

Die Nutzung des Befehls **WAVE GEOMETRIE-LINKER** wollen wir an unserem Beispiel mit dem Quader und dem Zylinder veranschaulichen. Die Zylindergeometrie soll dazu in den Quader kopiert werden, um ihn anschließend mit einer booleschen Operation davon abzuziehen. Der Quader wird als *Aktives Teil* festgelegt. Nun erfolgt der Aufruf des Befehls **WAVE GEOMETRIE-LINKER**. Unter Verwendung des Typs *Körper* wird der Zylinder selektiert. Dieser ist anschließend im Quader als *Verbundener Körper* vorhanden und kann entsprechend abgezogen werden. Als Ergebnis erhalten Sie die Bohrung, deren Lage und Größe sich aus dem gelinkten Zylinder ergeben.

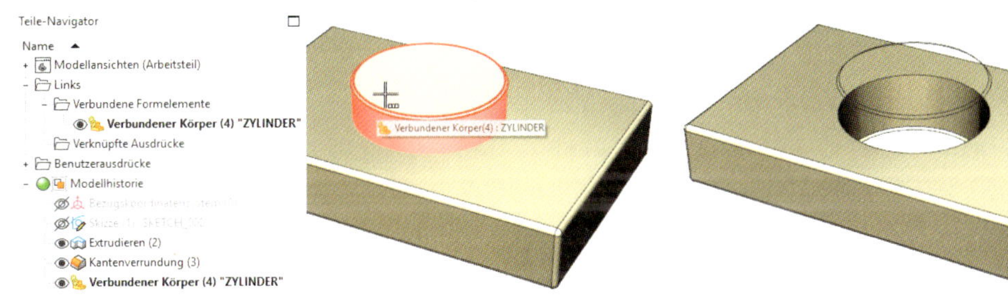

Die Bohrung ist zunächst vollständig assoziativ zum Originalteil. Wird der Zylinder in der Baugruppe bewegt oder seine Geometrie verändert, erfolgt eine automatische Aktualisierung der Bohrung. Wollen Sie erreichen, dass sich die Bohrung nicht mehr verändert, dann muss die Verbindung zum Zylinder aufgebrochen werden. Dazu müssen Sie im *Teile-Navigator* das gelinkte Element mit Doppelklick selektieren. Dann erscheint das dargestellte Menü, in dem die Option *Assoziativ* ausgeschaltet wird.

Die Abbildung zeigt das Ergebnis bei aufgebrochener Verbindung und Änderungen am Zylinder. Die Bohrung ist in ihrem Originalzustand verblieben. Im *Teile-Navigator* wird das betroffene Element mit einem entsprechenden Symbol gekennzeichnet.

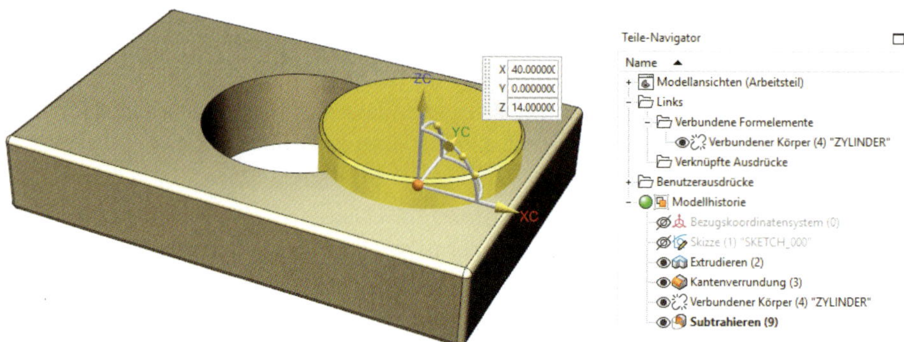

Wenn der Link zum Elternteil wiederhergestellt werden soll, müssen Sie nach dem Aufruf des Dialogfensters den entsprechenden Körper auswählen und die Option *Assoziativ* aktivieren. Danach wird die Bohrung wieder aktualisiert.

HINWEIS: Mit der Basis-Lizenz können mit dem Befehl WAVE GEOMETRIE-LINKER nur positionsabhängige Verbindungen erzeugt werden, auch wenn hier Produktschnittstellen-Objekte benutzt werden (siehe hierzu auch Abschnitt 5.7.3.2).

5.7.3.2 WAVE-Schnittstellen-Verbindung

WAVE-Schnittstellen-Verbindung (WAVE Interface Linker)

Der Befehl WAVE-SCHNITTSTELLEN-VERBINDUNG ist vergleichbar mit WAVE GEOMETRIE-LINKER, nur dass hier ausschließlich Produktschnittstellen-Links erstellt werden können. Nach dem Aufruf des Dialogfensters werden unter *Geladene Teile* die Komponenten angezeigt, die derzeit in der Session geladen sind. Wird eine Komponente ausgewählt, die Objekte als Produktschnittstelle definiert hat, werden diese unter *Schnittstelle* angezeigt und können zum Erzeugen einer Verbindung ausgewählt werden.

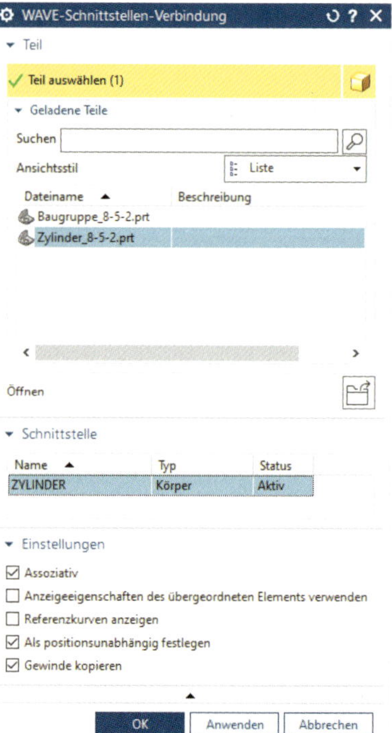

HINWEIS: Sie können mit der Basis-Lizenz und dem Befehl **WAVE-SCHNITTSTELLEN-VERBINDUNG** nur positionsunabhängige Verbindungen erzeugen.

5.7.3.3 Teileübergreifende Verbindung erzeugen

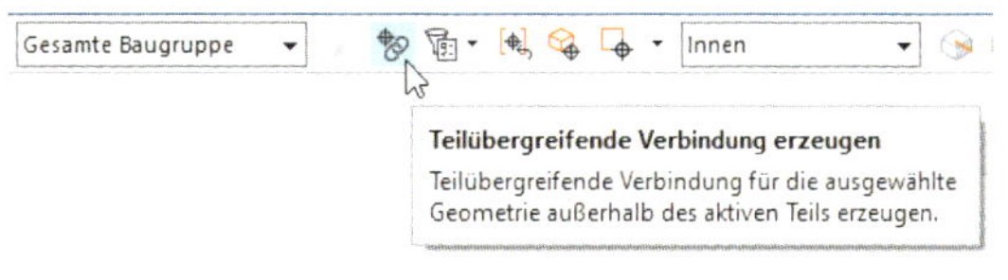

Teileübergreifende Verbindung erzeugen (Create Interpart Link)

Eine weitere Variante, WAVE-Links zu erzeugen, ist die Benutzung des Befehls **TEILEÜBERGREIFENDE VERBINDUNG ERZEUGEN**. Dieser kann verwendet werden, wenn ein Formelement, wie **SKIZZE, EXTRUDIEREN** oder **DREHEN**, eine Geometrieselektion verlangt. Hierbei ist darauf zu achten, dass unter *Auswahlbereich* in der Rahmenleiste die Auswahl von Geometrie aus anderen Komponenten zugelassen ist. Zum Beispiel durch Auswahl von *Gesamte Baugruppe*. Wird diese Option aktiviert, erzeugt NX bei der Selektion einen WAVE-Link, der im *Teile-Navigator* abgelegt wird. Ist diese Option nicht aktiv, so wird kein Link zu dieser Geometrie erzeugt. Es erfolgt dann auch kein Eintrag im *Teile-Navigator*.

5.7.3.4 Zeitstempel

Zeitstempel

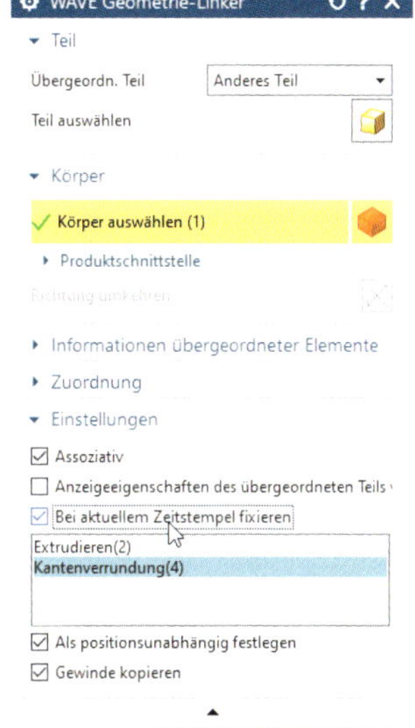

Wenn Sie im *Teile-Navigator* ein Formelement auswählen, um dieses zu verlinken, dann wird immer der zu diesem Formelement gehörende gesamte Körper verlinkt. Das heißt, wenn Sie das Formelement **EXTRUDIEREN** verwenden, das anschließend mit einer Kantenverrundung verrundet wird, und **EXTRUDIEREN** auswählen, wird automatisch die Verrundung mit ausgewählt, da diese zum Gesamtkörper gehört. Soll ein Zwischenstand verlinkt werden, müssen Sie den Zeitstempel berücksichtigen.

Dazu gehen Sie wie folgt vor: Nachdem Sie einen WAVE Geometrie-Link erstellt haben, wird dieser mit Doppelklick erneut geöffnet. Im Dialogfenster können Sie nun *Bei aktuellem Zeitstempel fixieren* aktivieren. Anschließend kann in der Liste das entsprechende Formelement ausgewählt werden, bis zu dem eine Verbindung durchgeführt werden soll. Alle folgenden Elemente werden dann bei Aktualisierungen nicht mehr berücksichtigt.

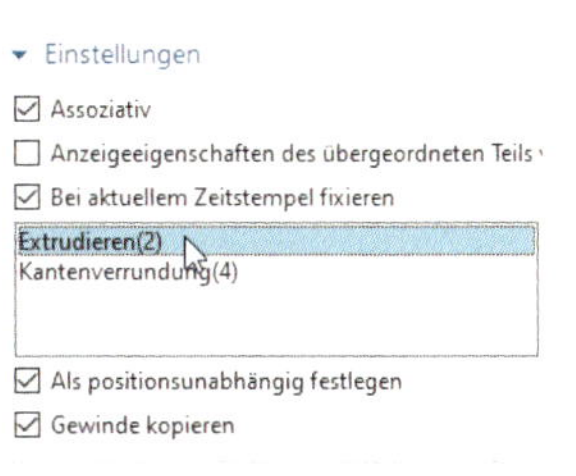

Eine weitere sehr elegante Lösung wäre folgende: Sie erzeugen sich mit dem Befehl **GEOMETRIE EXTRAHIEREN** (unter **STARTSEITE > BASIS > WEITERE** im Bereich *Kopieren* zu finden) eine Ableitung an der entsprechenden Stelle und erhalten dadurch einen eigenen Körper für den Zwischenstand. Auch hier sollte *Bei aktuellem Zeitstempel fixieren* aktiv sein. Dieser Zwischenstand kann dann auch zur **PRODUKTSCHNITTSTELLE** hinzugefügt und mit **WAVE-SCHNITTSTELLEN-VERBINDUNG** verlinkt werden. Wird diese Methode angewendet, so ist für den Konstrukteur besser ersichtlich, dass hier ein Zwischenstand existiert, da das Formelement *Extrahierter Körper* im *Teile-Navigator* an der entsprechenden Stelle abgelegt ist.

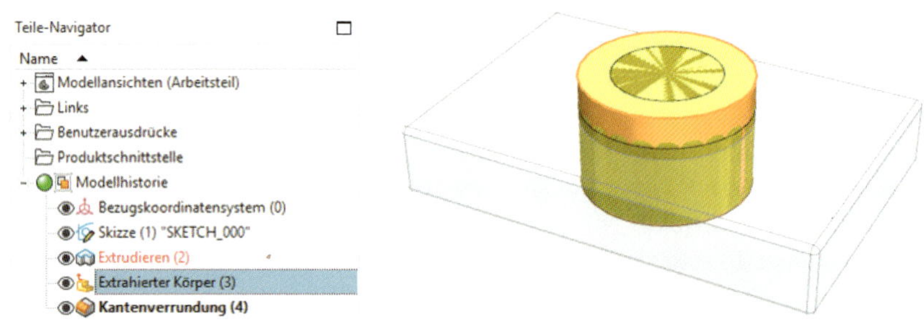

TIPP: Benennen Sie den Formelement- und Geometrie-Namen der extrahierten Geometrie um, sodass ersichtlich wird, dass hier ein Zwischenstand abgegriffen wurde.

5.8 Baugruppenschnitt

Baugruppenschnitt (Assembly Cut)

Mit dem Befehl **BAUGRUPPENSCHNITT**, der in der Menübandleiste unter **STARTSEITE > BASIS > WEITERE > KOMBINIEREN** zu finden ist, werden Subtraktionen von Körpern in der jeweiligen Baugruppe durchgeführt. Dabei wird ein assoziatives Formelement erzeugt, das nur auf der Baugruppenebene existiert. Die Einzelteile werden nicht verändert.

Der Befehl arbeitet wie die boolesche Operation **SUBTRAHIEREN**. Seine Anwendung wird am nachfolgenden Beispiel erläutert. Dafür wurde eine Baugruppe erzeugt, die zunächst aus zwei Quadern besteht. Anschließend wurde der gelbe Zylinder hinzugefügt. Dieser Zylinder soll von den beiden Quadern abgezogen werden. Starten Sie nun den Befehl **BAUGRUPPEN-SCHNITT**. Selektieren Sie zuerst die beiden Quader als *Ziel*. Wechseln Sie danach zum nächsten Auswahlschritt und wählen den Zylinder als *Werkzeug*. Nach Beenden des Befehls erhalten Sie die abgebildete Bohrung in den beiden Quadern. Diese sind assoziativ zu den verwendeten Objekten.

HINWEIS: Dieser Beschnitt existiert nur in der Baugruppe. Werden die Quader in einem separaten Fenster einzeln im Grafikfenster dargestellt, so sind hier die Beschnitte nicht zu sehen.

5.9 Komponente verformen

Komponente verformen (Deformable Part)

Die Verwendung von **KOMPONENTE VERFORMEN** ist besonders bei Federn oder Schläuchen hilfreich, die häufig, in Abhängigkeit von ihren Einbaubedingungen, verschiedene Formen und Größen besitzen. Um den Befehl **KOMPONENTE VERFORMEN** nutzen zu können, müssen deren Eigenschaften festgelegt und danach in der entsprechenden Baugruppe angewendet werden. Dabei können bereits in der Baugruppe vorhandene Komponenten auch im Nachhinein Verformungseigenschaften zugeordnet werden. Im *Baugruppen-Navigator* wird diese Eigenschaft in der Spalte *Form* über ein Symbol angezeigt. Die Definition der Verformbarkeit erfolgt in der Teiledatei. Nach dem Erstellen der Geometrie rufen Sie unter **MENÜ > WERKZEUGE > DEFORMIERBARES TEIL DEFINIEREN** den entsprechenden Assistenten auf.

Das grundsätzliche Vorgehen erklären wir am Beispiel einer Feder. Zur Festlegung der Spirale wird ein Bezugskoordinatensystem verwendet. Für den Durchmesser wird der Ausdruck *Durchmesser* genutzt und für die Endgrenze der Ausdruck *Hoehe*. Der Vorschub (Steigung) wird mit einer Formel zur *Hoehe* definiert.

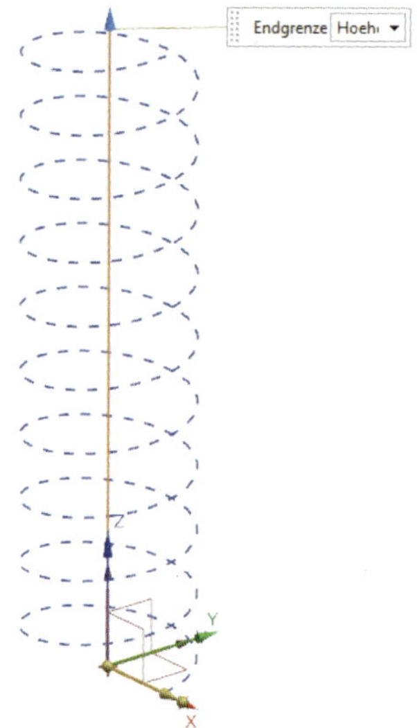

Nach Erstellen des Federauslaufs mit einem Bogen und einer Übergangskurve kann mit der Funktion **ROHR** die Feder erstellt werden. Dann wird das Teil unter dem Namen *Feder_001* gespeichert.

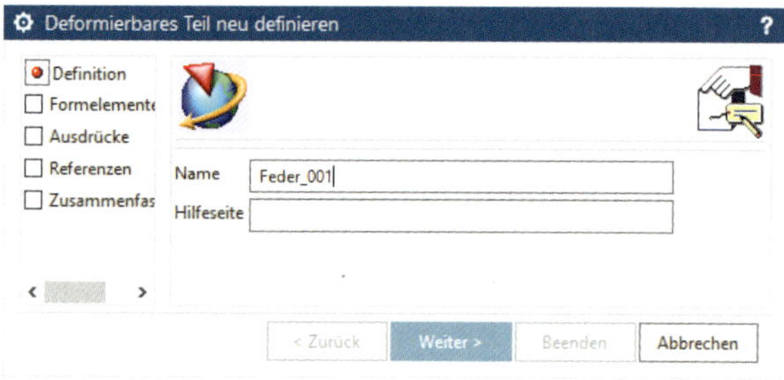

Nach dem Aufruf des Assistenten für **DEFORMIERBARES TEIL NEU DEFINIEREN** wird das in der Abbildung dargestellte Definitionsfenster angezeigt. NX hat als Bezeichnung automatisch den Komponentennamen eingetragen. Diesen übernehmen Sie und wechseln mit **WEITER** zur nächsten Seite. Diese Seite dient der Auswahl der Formelemente, die für das flexible Teil verwendet werden sollen. Die entsprechenden Elemente werden in der linken Liste selektiert und mit dem mittleren Pfeil in die rechte Liste übertragen. Durch die Aktivierung des Schalters *Untergeordn. Formelemente hinzufügen* werden alle abhängigen Elemente automatisch übernommen. Im Beispiel wurden alle Einträge als **DEFORMIERBARES TEIL NEU DEFINIEREN** ausgewählt.

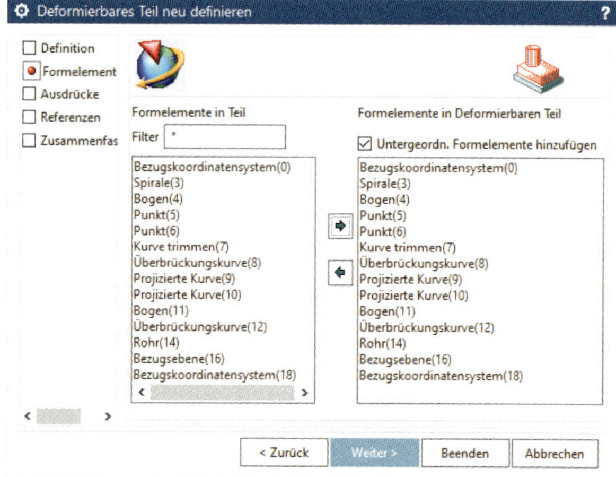

Mit **WEITER** wird die in der Abbildung dargestellte Seite zur Definition von Ausdrücken aktiv. Es erfolgt eine Anzeige der verfügbaren Ausdrücke für die ausgewählten Formelemente. Die Ausdrücke, die für die Verformung genutzt werden sollen, müssen in die Liste *Deformierbare Eingabeausdrücke* aufgenommen werden. Im Eingabefeld unter der Liste ist eine sinnvolle Bezeichnung festzulegen. Diese Eingabe muss mit **ENTER** an NX übergeben werden.

Weiterhin ist ein Wertebereich zu definieren. Dazu werden die *Ausdruck-Regeln* verwendet. Bereiche werden durch ihre untere und obere Grenze definiert. Innerhalb dieser Grenzwerte kann der Ausdruck dann jeden beliebigen Wert annehmen. Mit *Nach Optionen* können feste Werte vorgegeben werden. Diese werden mit **ENTER** voneinander getrennt. Wichtig ist: Die Eingabe der Werte muss am Ende mit dem Icon mit den drei Haken (**FERTIG**) bestätigt werden. Im Beispiel wurde die Höhe mit *Über Ganze Zahlen-Bereich* (min. = 200 mm und max. = 400 mm) und der Durchmesser der Feder mit *Nach Optionen* (siehe Abbildung) definiert.

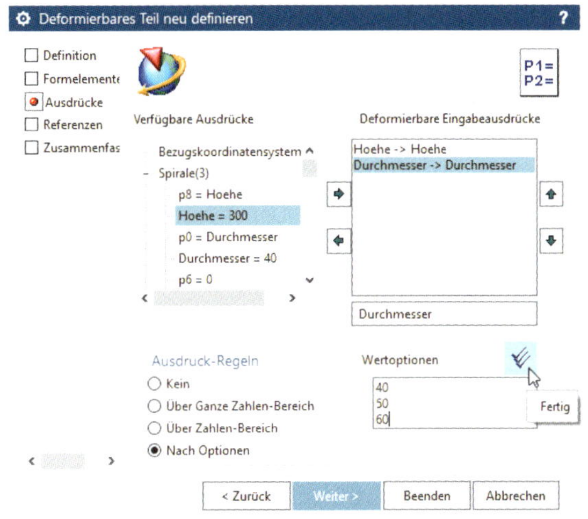

Das nächste Fenster listet die vorhandenen Referenzen der ausgewählten Formelemente auf. Danach wird eine Anzeige mit der Zusammenfassung aller vorgenommenen Eingaben dargestellt. Nach Beenden des Assistenten erzeugt NX ein Formelement mit dem vorgegebenen Namen, und es erfolgt ein entsprechender Eintrag im *Teile-Navigator*. Die Datei ist nochmals zu speichern.

Die grundsätzlichen Eigenschaften der flexiblen Teile werden in der Teiledatei festgelegt. Ihr jeweiliger Verformungszustand wird in der Baugruppe bestimmt. Für die Nutzung des verformbaren Teils erstellen Sie eine neue Baugruppe, in das zuerst eine Bodenplatte geladen wird. Diese Platte ist über Baugruppenzwangsbedingungen fixiert. Danach erfolgt das Hinzufügen der deformierbaren Feder mit dem Reference Set *Ganzes Teil* (**KOMPONENTE HINZUFÜGEN > EINSTELLUNGEN > REFERENCE SET ANZEIGEN**), um das KSYS und die Bezugsebene für die Vergabe der Zwangsbedingungen nutzen zu können.

Erzeugen Sie nun eine Berührung zwischen der Oberfläche der Feder und der Oberfläche der Platte. Richten Sie dann die Feder mittig zur Platte aus. Nach dem Verlassen der *Baugruppenzwangsbedingung* mit **OK** wird automatisch das abgebildete Dialogfenster angezeigt. Sie haben jetzt die Gelegenheit, die Parameter des deformierbaren Teils festzulegen. Per Definition kann die *Hoehe* in einem bestimmten Wertebereich geändert werden. Für den *Durchmesser* sind die eingegebenen Stufen verfügbar. Mit der Festlegung der Werte nimmt die Feder die entsprechende neue Form an.

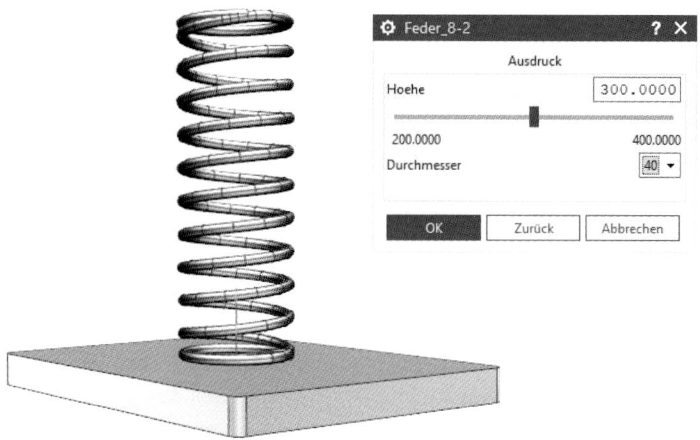

Anschließend wird die Platte nochmals als Oberteil mit entsprechenden Zwangsbedingungen hinzugefügt. Damit ist die Baugruppe fertiggestellt.

Der Abstand zwischen den beiden Platten resultiert nun aus der Höhe der verformbaren Feder. Diesen Wert können Sie mit dem Befehl **BAUGRUPPE > KOMPONENTE > KOMPONENTE VERFORMEN** durch Doppelklick auf die Feder im Grafikfenster oder auf den entsprechenden Eintrag im *Teile-Navigator* ändern. Danach erscheint wieder das Dialogfenster für das deformierbare Teil. Dort können die Parameter modifiziert werden. Nach dem Schließen dieses Menüs wird die Baugruppe neu berechnet und die obere Platte entsprechend verschoben. Damit steuert das deformierbare Teil die Lage der oberen Platte.

Die Abbildung zeigt die Baugruppe in zwei Verformungszuständen.

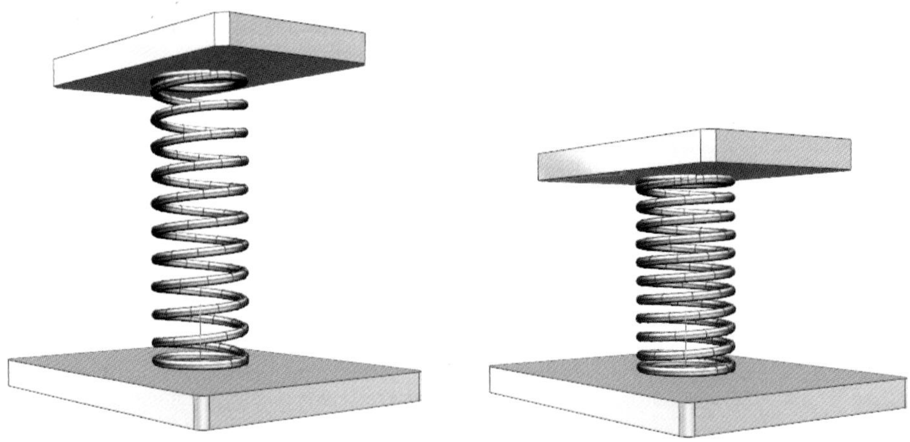

5.10 Baugruppenanordnungen

Anordnungen (Arrangements)

Für die Darstellung verschiedener Positionen einer Komponente innerhalb einer Baugruppe können **ANORDNUNGEN** genutzt werden. Die Erstellung und Anwendung dieser Anordnungen möchten wir wieder an einem Beispiel erklären. Dazu dient ein Antrieb mit Kolben und Zylinder. Der Kolben ist so über Zwangsbedingungen mit dem Zylinder verbunden, dass sein Hub als Freiheitsgrad offen bleibt und durch **KOMPONENTE VERSCHIEBEN** verändert werden kann. In der Abbildung ist der Antrieb mit eingefahrenem Kolben dargestellt. Bei der Nutzung in Baugruppen sind die beiden Extrempositionen des Kolbens (*Eingefahren* und *Ausgefahren*) von Interesse. Diese sollen durch Anordnungen gesteuert werden.

Der Befehl zum Bearbeiten von Anordnungen wird über das entsprechende Icon gestartet. Weiterhin kann sein Aufruf im *Baugruppen-Navigator* erfolgen. Dazu selektieren Sie die Baugruppe mit **MT3** und wählen im Kontextmenü die Option **ANORDNUNG > BEARBEITEN** aus.

TIPP: Achten Sie darauf, dass die Baugruppe nicht gepackt ist, denn sonst steht der Befehl **BEARBEITEN** nicht zur Verfügung. Wenden Sie in diesem Fall ein **ENTPACKEN** auf die Baugruppe an.

Anschließend erscheint das in der Abbildung dargestellte Dialogfenster.

NX erstellt für jede Baugruppe automatisch eine Anordnung. Diese ist beim Laden der Baugruppe aktiv. Im Beispiel würde *Arrangement 1 (Standard)* den momentanen Zustand des Antriebs repräsentieren. Um diesen Zustand besser identifizieren zu können, sollten Sie einen neuen Namen vergeben. Dazu verwenden Sie das Icon **UMBENENNEN**.

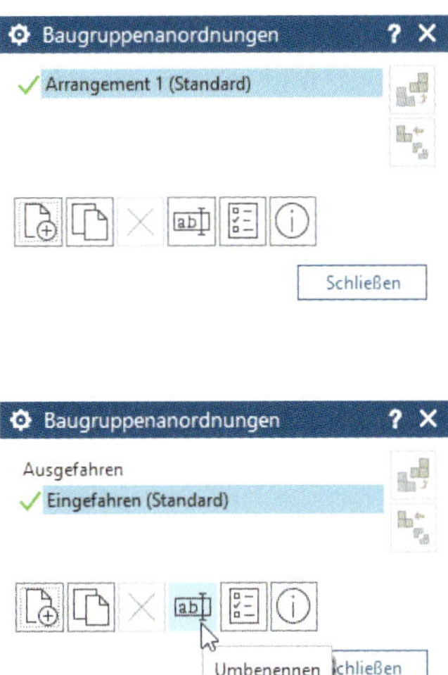

Anschließend kopieren Sie die vorhandene Anordnung mit dem entsprechenden Befehl und benennen den neuen Eintrag auch um. Die neue Anordnung soll den ausgefahrenen Kolben darstellen. Es wird unter Nutzung des Icons **VERWENDEN** oder durch Doppelklick aktiviert. Dieser Zustand wird dann durch einen grünen Haken angezeigt. Mit dem Icon **ALS STANDARD VERWENDEN** werden Anordnungen als Standard ausgewählt. Die entsprechende Anordnung ist dann beim Hinzufügen in eine Baugruppe automatisch aktiv.

Für die neue Anordnung müssen die betroffenen Komponenten in die passende Position gebracht werden. Mit **KOMPONENTE VERSCHIEBEN** wird der Kolben in die entsprechende Position bewegt (siehe Abbildung). Durch Einschalten der Option *Auf verwendete anwenden* unter *Einstellungen* im Feld *Anordnungen* wird die neue Position auf die aktive Anordnung übertragen. Damit steuern die einzelnen Anordnungen die Position der Komponenten.

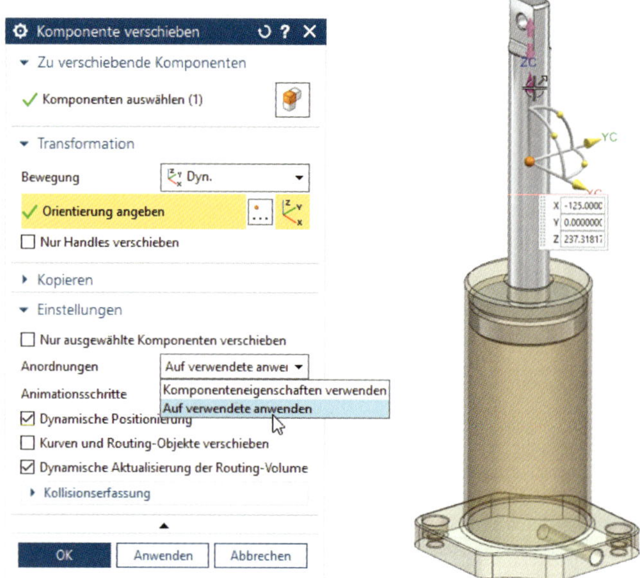

Die Anordnungen lassen sich überprüfen, indem der Befehl gestartet und danach der jeweilige Eintrag aktiviert wird. Die Position des Kolbens muss sich im Beispiel entsprechend ändern.

Alternativ können die verschiedenen Zustände durch Auswahl der Baugruppe im Navigator mit MT3 und Aufruf des Befehls **ANORDNUNGEN** aktiviert werden. Der Status der Anordnungen lässt sich im *Baugruppen-Navigator* in einer entsprechenden Spalte anzeigen.

Für die Steuerung von Anordnungen können auch Zwangsbedingungen verwendet werden. Dazu wird im Beispiel der Abstand des Kolbens vom Zylinderboden über die entsprechenden Zwangsbedingungen definiert, wobei dabei die Anordnung *Eingefahren* aktiv ist.

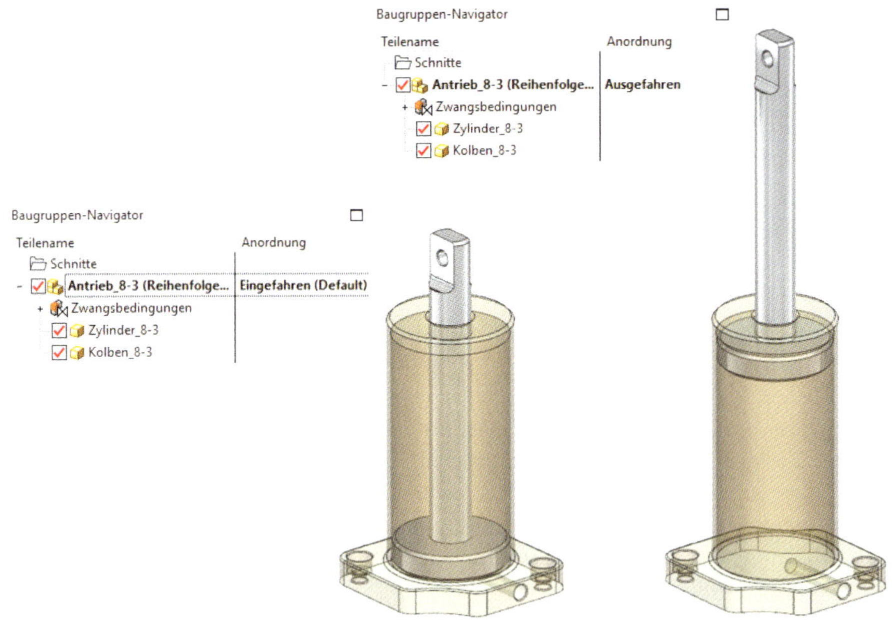

Anschließend wird die Zwangsbedingung *Abstand* im *Baugruppen-Navigator* mit **MT3** selektiert und im Kontextmenü die Option *Anordnungsspezifisch* aktiviert. Damit wird dieser Zustand der aktiven Anordnung zugeordnet, und die Zwangsbedingung erhält ein neues Symbol. Dann wird die Anordnung *Ausgefahren* aktiviert, die Zwangsbedingung entsprechend angepasst und wieder als *Anordnungsspezifisch* deklariert.

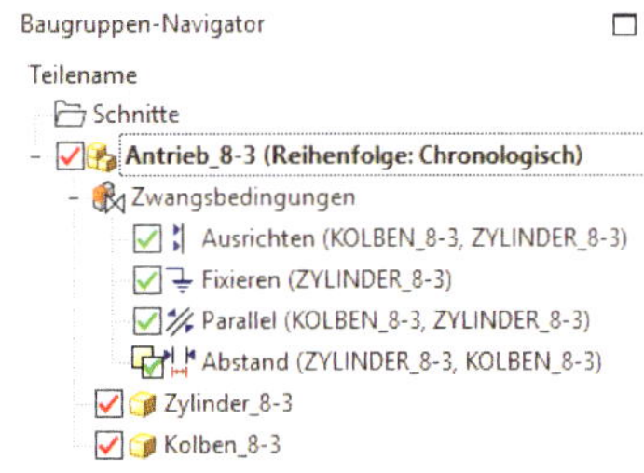

Zur Verwaltung der speziellen Anordnungen kann das abgebildete Menü verwendet werden. Dieses wird im *Baugruppen-Navigator* mit **MT3** auf der entsprechenden Zwangsbedingung mit dem Befehl **IN ANORDNUNG BEARBEITEN** aufgerufen. Im Menü können die Werte für die Ausdrücke und der Status geändert werden.

Zwangsbedingung in Anordnu...
Zwangsbedingung in Anordnungen
Zwangsbedingung: Abstand (ZYLINDER_8-3, KOLBEI
Anordnung und Status | Ausdruck | Ur
Gemeinsamer Status | p8=125
Ausgefahren | p10=100
Eingefahren (Stan... | p9=5
Zwangsbedingung in dieser Anordnung:
Spezifisch Gemeinsam
Abstand
Abstand 100 mm
OK Anwenden Abbrechen

Die festgelegten Anordnungen werden sowohl in der Baugruppe, in der sie definiert wurden, als auch in anderen Baugruppen verwendet. Nach dem Hinzufügen des Antriebs zu einer neuen Baugruppe wird dieser zunächst in seiner Standarddarstellung angezeigt. Diese kann am einfachsten im *Baugruppen-Navigator* modifiziert werden. Die Abbildung zeigt eine neue Baugruppe *Antriebspaar*, in die der Antrieb zweimal hinzugefügt wurde. Dabei wurden für die einzelnen Unterbaugruppen verschiedene Anordnungen aktiviert.

Die Baugruppe *Antriebspaar* wird dann nochmals in einer Hauptbaugruppe *Antriebssystem* verwendet. Sie wird zweimal hinzugefügt. Dabei übernimmt sie zunächst die Anordnung aus der Baugruppe *Antriebspaar*. Wenn Sie die Position eines Kolbens ändern wollen, müssen Sie die entsprechende Anordnung in der Unterbaugruppe umstellen. Das führt jedoch dazu, dass in der Hauptbaugruppe die Lage des Kolbens in der zweiten Unterbaugruppe automatisch mit geändert wird.

Um die einzelnen Zustände individuell schalten zu können, werden in der Baugruppe *Antriebssystem* die verschiedenen Möglichkeiten nochmals als Anordnung definiert. Danach können Sie diese Positionen beliebig aus der Hauptbaugruppe schalten.

Die verschiedenen Anordnungen können unter Nutzung des *Baugruppen-Navigators* auch in der Anwendung ZEICHNUNGSERSTELLUNG aufgerufen werden.

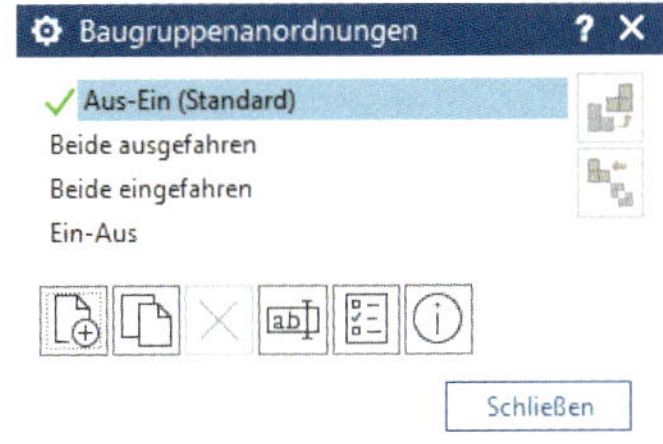

5.11 Explosionsansicht

Explosionen (Exploded Views)

Für die anschauliche Illustration von Montage-, Betriebs- und Wartungsanleitungen können Explosionsdarstellungen von Baugruppen verwendet werden. NX bietet dazu den Befehl **EXPLOSIONEN** an. Vor dem Erstellen von Explosionsansichten sollte eine neue Modellansicht erzeugt werden, da erst einmal immer die aktuelle Ansicht als Basis für die Explosion dient. Sie können dies aber auch nachträglich anpassen. Die einzelnen Explosionsansichten werden im **EXPLOSIONEN**-Dialog mit Namen und Zugehörigkeit zu einer Ansicht aufgelistet (siehe Abbildung). Jede Explosionsansicht ist assoziativ mit den Teilen verknüpft und wird in der aktiven Baugruppe gespeichert.

Im **EXPLOSIONEN**-Dialog sind alle notwendigen Befehle zusammengefasst. Durch Doppelklick auf eine Explosionsansicht machen Sie diese Explosion aktiv und weisen diese auch der aktiven Ansicht zu. Eine Ansicht kann immer nur einer Explosion zugeordnet sein, jedoch können Sie mehreren Ansichten ein und dieselbe Explosion zuweisen.

TIPP: Es ist empfehlenswert, Explosionsdarstellungen durch Nutzung des Master-Modell-Konzepts in einer neuen Teiledatei, in welche die entsprechende Baugruppe eingefügt wird, zu erzeugen. Dadurch sind die Informationen der Explosionsdarstellung nur in dieser Datei gespeichert und werden beim „normalen" Aufruf der Baugruppe nicht geladen.

Im Dialog **EXPLOSIONEN** stehen folgende Befehle zur Verfügung:

NEUE EXPLOSION: Mit diesem Icon wird ein neuer **EXPLOSION BEARBEITEN**-Dialog geöffnet und Sie können sofort mit dem Selektieren und Verschieben beginnen. Im Hintergrund wird eine neue Explosionsdarstellung erstellt. Durch **ABBRECHEN** oder **OK** gelangen Sie wieder in die Explosionsübersicht und sehen dort einen neuen Eintrag. Das Umbenennen erfolgt über zweimal langsam Klicken oder über **MT3** und **EXPLOSION UMBENENNEN.**

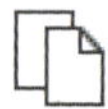

IN NEUE EXPLOSION KOPIEREN: Hier können Sie eine bestehende Explosion duplizieren.

EXPLOSION BEARBEITEN: Mit dem Icon wird das Dialogfenster zum individuellen Bearbeiten der Komponenten aufgerufen. In diesem Fenster ist zuerst die Option *Objekte auswählen* aktiv. NX erwartet damit die Selektion der zu bearbeitenden Komponenten. Anschließend muss *Objekte verschieben* aktiviert werden. Damit lassen sich die selektierten Komponenten bewegen. Dazu erscheinen Manipulatoren und Eingabefelder im Dialogfenster. Mit der Option *Nur Handles verschieben* besteht die Möglichkeit, die Manipulatoren neu zu orientieren. Die Schaltfläche *Expl. rückgängig* bewegt die ausgewählten Teile wieder in die Ursprungsposition.

Während der Arbeit mit dem Dialogfenster können nacheinander verschiedene Komponenten in ihrer Explosionsdarstellung verändert werden. Die einzelnen Optionen im oberen Bereich des Dialogfensters sind dazu jederzeit aktivierbar. Mit **MT2** erfolgt automatisch der Wechsel zwischen *Objekte auswählen* und *Objekte verschieben*. Werden neue Komponenten selektiert, dann bleiben die bereits ausgewählten Teile weiterhin aktiv. Ihre Abwahl erfolgt unter Nutzung von **STRG+MT1**.

AUTOM. EXPLOSION: Bei der automatischen Explosion werden die festgelegten Komponenten unter Berücksichtigung der bestehenden Baugruppenzwangsbedingungen um einen bestimmten Betrag verschoben. Dieser Betrag wird durch den Anwender als *Abstand* im Dialogfenster eingegeben. Mit der automatischen Erzeugung wird meistens keine perfekte Darstellung aller Teile erreicht. Diese Methode eignet sich aber als Basis für die anschließende individuelle Bearbeitung der Explosionsansicht.

TRACELINES: Mit diesem Icon wird ein Dialog zum Erstellen von Tracelines aufgerufen. Dazu werden, unter Beachtung des aktiven Filters für Punkte, der Start- und der Endpunkt der Linie festgelegt. Danach schlägt NX einen Verlauf vor, der mit dem Icon **ALTERNATIVE LÖSUNG** unter *Weg* verändert werden kann. Außerdem ist es möglich, die Pfade an jedem Segment individuell durch Ziehen an den Pfeilen zu modifizieren. Vorhandene Verfolgungslinien können durch Doppelklick nachträglich bearbeitet werden.

EXPLOSION IN ARBEITSANSICHT ANZEIGEN: Die Explosion wird in der aktuellen Ansicht dargestellt. Unter *Verwendet in Ansicht* wird der Modellansichtsname aufgelistet.

EXPLOSION IN SICHTBARER ANSICHT AUSBLENDEN: Die Explosion wird in der aktuellen Ansicht nicht mehr dargestellt. Unter *Verwendet in Ansicht* wird der Name der Modellansicht gelöscht.

EXPLOSION LÖSCHEN: Explosionen können aus der Übersicht gelöscht werden, wenn sie keiner oder nur der aktuellen Ansicht zugeordnet sind. Eventuell ist es notwendig, im Vorfeld die Ansicht zu wechseln.

INFORMATIONEN: Hier erhalten Sie weitere Informationen zur Baugruppenexplosion.

Die Erstellung von Explosionsansichten möchten wir abschließend an einem Beispiel erläutern. Dazu dient die Baugruppe eines Pneumatik-Zylinders. Zuerst erzeugen Sie eine neue Ansicht. Mit dem Befehl **MENÜ > ANSICHT > OPERATIONEN > SPEICHERN UNTER** oder unter **TEILE-NAVIGATOR > MODELLANSICHTEN > MT3 > ANSICHT HINZUFÜGEN** wird die aktuelle Bildschirmdarstellung unter einem einzugebenden Ansichtsnamen erzeugt. Anschließend starten Sie den Befehl **EXPLOSIONEN**. Es öffnet sich der Dialog, dessen Liste noch leer ist. Mit dem Befehl **NEUE EXPLOSION** erzeugen Sie eine neue Explosionsansicht. Mit **OK** gelangen Sie wieder zurück in die Übersicht und können die Ansicht umbenennen.

Wählen Sie nun über **AUTOM. EXPLOSION** einzelne Komponenten aus. Es öffnet sich ein Fenster, in dem Sie einen Wert für *Abstand* eingeben und mit **OK** die Verschiebung erstellen. Hierbei werden nur Komponenten berücksichtigt, die mit Zwangsbedingungen positioniert sind. Ein Bearbeiten der automatischen Explosion, um beispielsweise verschiedene Abstände zu testen, ist durch den erneuten Aufruf des Befehls möglich.

Nach dem Erzeugen der Grundeinstellung werden die einzelnen Komponenten mit dem Befehl **EXPLOSION BEARBEITEN** manuell verschoben.

Anschließend werden die entsprechenden Tracelines generiert. Danach erhalten Sie die in der Abbildung dargestellte Explosionsdarstellung. Diese wird im aktiven Teil gespeichert und steht beim erneuten Laden zur Verfügung.

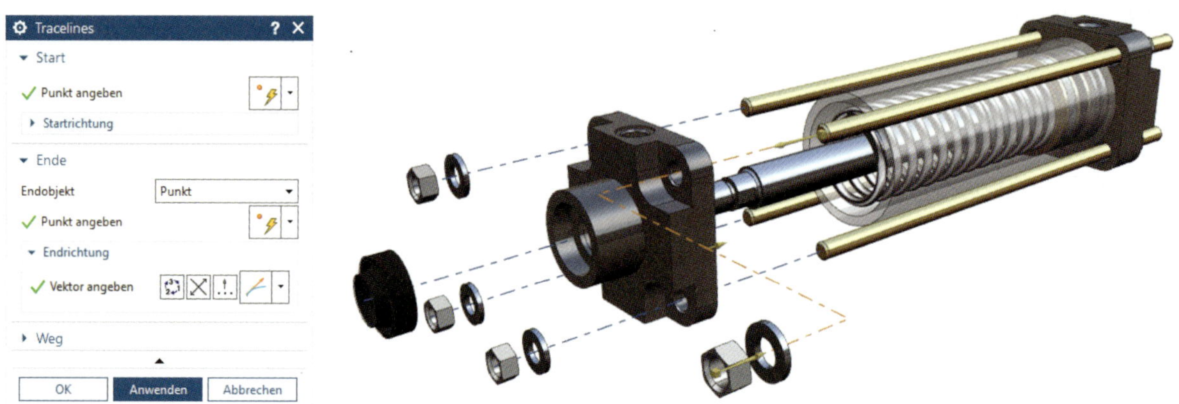

Die Modellansicht, die Sie anfangs erzeugt haben, stellt nun die Explosionsansicht dar. Diese Ansicht kann anschließend in der Anwendung **ZEICHNUNGSERSTELLUNG** verwendet werden. Die Abbildung zeigt die fertige Explosionsdarstellung und die davon abgeleitete Zeichnungsansicht. Dazu muss die Explosionsdarstellung in der Zeichnungsdatei erstellt worden sein.

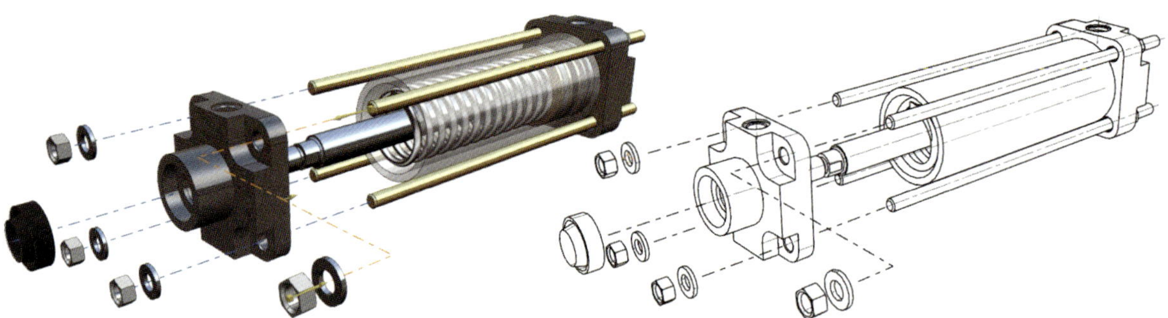

Die generierten Tracelines werden ebenfalls dargestellt. Ihre Anzeige kann durch Doppelklick auf den Rand der Zeichnungsansicht im Menü **GEMEINSAM > TRACELINES** modifiziert werden. Dabei ist es sinnvoll, die Option *Lücken erzeugen* auszuschalten.

■ 5.12 Sequenz

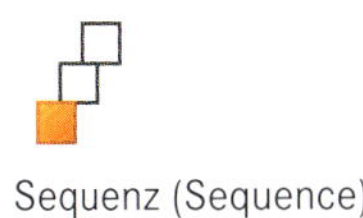
Sequenz (Sequence)

Mit dem Befehl **SEQUENZ** können Montage- und Demontagevorgänge simuliert und Bewegungsabläufe mit gleichzeitiger Kollisionsprüfung analysiert werden. Dabei werden verschiedene Aktionen in einer Sequenz zusammengefasst. Der Aufruf der Funktion aktiviert die Anwendung **BAUGRUPPENSEQUENZ**. Des Weiteren wird in der Ressourcenleiste der *Sequenz-Navigator* zur Verwaltung der Sequenz angezeigt.

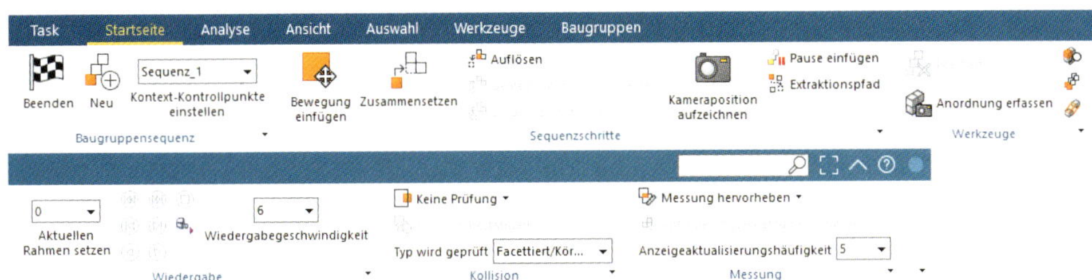

Folgende Funktionen stehen in der **BAUGRUPPENSEQUENZ**-Umgebung zur Verfügung:

BEENDEN: Die Umgebung zur Erstellung und Bearbeitung von Sequenzen wird verlassen.

NEU: Eine neue Sequenz wird erstellt und anschließend werden unter ihrem Namen im Drop-down-Menü Kontext-Kontrollpunkte eingestellt und im *Sequenz-Navigator* angezeigt.

BEWEGUNG EINFÜGEN: Innerhalb der Sequenz wird ein Bewegungsablauf erzeugt. Dazu werden zusätzliche Icons aktiv. Zunächst muss die Komponente ausgewählt werden, die sich bewegen soll. Anschließend wird die Bewegung definiert. Dieser Ablauf wird in Einzelbildern aufgenommen. Die Anzahl der Bilder wird unter *Bewegungsaufzeichnungsvoreinstellungen > Max. Anzahl der Umrahmungen* angegeben. Es können mehrere Bewegungen in einem Schritt zusammengefasst werden. Im Zusammenhang mit den Einstellungen zur Kollision können mit dem Befehl sehr einfach Kinematik-Analysen zur grundsätzlichen Funktion der Bauteile durchgeführt werden.

ZUSAMMENSETZEN: Eine ausgewählte Komponente wird als ein Montageschritt in die Sequenz eingefügt.

GEMEINSAM ZUSAMMENSETZEN: Es werden mehrere Komponenten gewählt, die dann gemeinsam montiert werden.

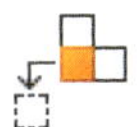

AUFLÖSEN: Die gewählte Komponente wird demontiert.

ZUSAMMEN AUFLÖSEN: Es werden mehrere Komponenten in einem Schritt demontiert.

KAMERAPOSITION AUFZEICHNEN: Die aktuelle Bildschirmansicht wird als Kameraposition in der Sequenz gespeichert. Damit kann man z. B. einen Montageschritt aus verschiedenen Ansichten betrachten, bevor der nächste Arbeitsgang ausgeführt wird.

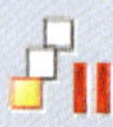	**PAUSE EINFÜGEN**: Es wird eine Pause erzeugt, deren Dauer vom Anwender festgelegt werden kann.
	**EXTRAKTIONSPFAD**: Für ausgewählte Komponenten wird ein Montageweg bestimmt, der Kollisionen mit den anderen Teilen der Ansicht vermeidet.
	**LÖSCHEN**: Die selektierten Einträge werden aus der Sequenz entfernt.
	**IN SEQUENZ SUCHEN**: Es werden Komponenten ausgewählt, die dann anschließend im *Sequenz-Navigator* angezeigt werden.
	**ALLE SEQUENZEN ANZEIGEN**: Wenn dieses Icon aktiviert ist, werden alle Sequenzen im Navigator aufgelistet, sonst nur diejenigen, die sich gerade in Bearbeitung befinden.
	**ANORDNUNG ERFASSEN**: Es wird eine neue Anordnung mit der aktuellen Position der Komponenten erzeugt. Dabei werden alle nicht montierten Komponenten unterdrückt.
	**BEWEGUNGSUMSCHLAG**: Wenn dieses Icon aktiviert ist, wird während der Bewegung einer Komponente ein Facettenkörper erzeugt, der den Platzbedarf anzeigt.

In den Gruppen *Kollision* und *Messung* werden die Einstellungen für eine Kollisionsanalyse vorgenommen. Dafür stehen folgende Befehle zur Verfügung:

	**KEINE PRÜFUNG**: Es wird keine Kollisionsanalyse durchgeführt.
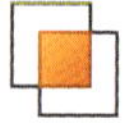	**KOLLISION HERVORHEBEN**: Die Bauteile, die sich durchdringen, werden farblich dargestellt.
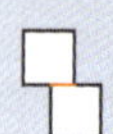	**VOR KOLLISION STOPPEN**: Der Bewegungsablauf wird beim Auftreten einer Kollision angehalten.
	**KOLLISION BESTÄTIGEN**: Wenn eine Kollision gestoppt wird, wird das Icon aktiv. Durch Drücken kann der Bewegungsablauf fortgesetzt werden.
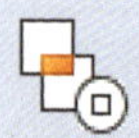	**NACH VERLETZUNG ANHALTEN**: Der Befehl stoppt die Bewegung, nachdem eine Anforderungsverletzung aufgetreten ist, und hebt die Messung hervor.
	**MESSUNG HERVORHEBEN**: Der Befehl hebt die verletzte Messung hervor.

Weiterhin kann unter *Typ wird geprüft* ausgewählt werden, mit welchem Algorithmus die Berechnung erfolgt (*Facettiert/Körper* oder *Schnell facettiert*).

Die Gruppe *Wiedergabe* steuert die Darstellung am Bildschirm. Mit den Befehlen werden die einzelnen Schritte vorwärts oder rückwärts abgearbeitet. Parallel dazu erfolgt die Anzeige im Navigator.

Jeder Schritt einer Sequenz besteht aus einer bestimmten Anzahl von Bildern (= *Rahmen*). Mit **AKTUELLEN RAHMEN SETZEN** können Sie diese Bilder gezielt aufrufen. Mit **WIEDERGABEGESCHWINDIGKEIT** steuern Sie die Geschwindigkeit der Wiedergabe. Dabei ist 1 die geringste und 10 die höchste Geschwindigkeit. Mit dem Icon **IN FILM EXPORTIEREN** erzeugt NX eine *avi*-Datei der Sequenz.

Meine neue Sequenz

Objektname	Schritt	Beschreibung
Meine neue Sequenz		Erzeugt in 2
Arrangement 1 (Default)		
Ignoriert		
- Vorab zusammengesetzt		
Mutter_M8_8-4		
Dichtring_8-4		
Feder_8-4		
Mutter_M8_8-4		
Dichtung_8-4		
Zylinder_8-4		
Mutter_M8_8-4		
Mutter_M8_8-4		
Unterlagscheibe_8-4		
Unterlagscheibe_8-4		
Mutter_M8_8-4		
Mutter_M8_8-4		
Unterlagscheibe_8-4		
Unterlagscheibe_8-4		
Gewindestange_8-4		

Details

Eigenschaft	Wert
Name	Meine neue Sequenz
Beschreibung	Erzeugt in 2020-04-01 20:59
Umfang	Baugruppe
Typ	Betriebsbereit
Gesamtdauer	0
Schrittweite	10
Ignorierte Anzeige	Ausgeblendet
Nicht verarbeitete Anzeige	Ausgeblendet
Geteilten Bildschirm anzeigen	Aus
Baugruppenzwangsbedingungen	Ein

Die Nutzung von Sequenzen werden wir an einem Beispiel erläutern. Nach dem Start des Befehls wird eine neue Sequenz erstellt. Diese erhält zunächst automatisch einen Namen von NX. Rufen Sie den *Sequenz-Navigator* auf. Dort wählen Sie die Sequenz aus. Damit werden im Fenster *Details* die grundlegenden Eigenschaften aufgelistet. Mit Auswahl des Felds *Name* wird die Sequenz umbenannt. Im Fenster *Details* können Sie weiterhin die *Schrittweite* modifizieren, mit *Ignorierte Anzeige* und *Nicht verarbeitete Anzeige* Bauteile verdecken und die Beachtung vorhandener *Baugruppenzwangsbedingungen* bei Bewegungsabläufen steuern.

NX hat zunächst automatisch alle Komponenten unter dem Knoten *Vorab zusammengesetzt* angeordnet. Damit ist das Produkt vollständig montiert. Um die Montage zu zeigen, müssen die betroffenen Komponenten aus der Baugruppe entfernt werden. Dazu selektieren Sie zuerst eine Komponente und rufen dann im *Sequenz-Navigator* mit **MT3** das Kontextmenü auf. Dort wird die Option *Entfernen* verwendet. Dadurch wird der neue Knoten *Nicht verarbeitet* im Navigator angelegt und die selektierte Komponente von NX automatisch dorthin verschoben. Die restlichen Teile, die ebenfalls entfernt werden sollen, werden anschließend gemeinsam selektiert und mit **MT1** im *Sequenz-Navigator* zum neuen Knoten verschoben. Damit ergibt sich die abgebildete Struktur.

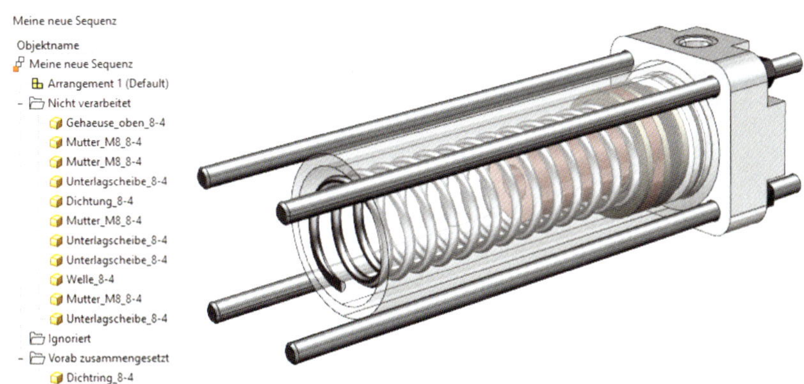

Anschließend werden die erforderlichen Montageschritte erzeugt. Dazu werden die Komponenten einzeln oder als Gruppe selektiert, und mit dem Befehl **ZUSAMMENSETZEN** bzw. **GEMEINSAM ZUSAMMENSETZEN** wird jeweils ein Eintrag im Navigator generiert. Die Befehle können nach der Selektion der betroffenen Bauteile auch als Kontextmenü mit **MT3** aufgerufen werden.

Um die Auswahl der Komponenten zu erleichtern, sollte unter *Details* die Einstellung *Geteilten Bildschirm anzeigen = Ein* durch Doppelklick auf das entsprechende Feld aktiviert werden. Damit wird der Bildschirm geteilt, und Sie können die Komponenten in der fertig montierten Baugruppe auswählen. Danach erhalten Sie den dargestellten Aufbau im *Sequenz-Navigator*. Es wurden zuerst drei einzelne Teile (*Welle, Dichtung* und *Gehaeuse_oben*) und dann zwei Gruppen (*Unterlegscheibe* und *Mutter_M8*) montiert.

Die Montageschritte werden einzeln angezeigt. Durch die Selektion eines Schritts werden unter *Details* dessen Einstellungen aufgelistet und können dort modifiziert werden. Dabei können Sie den einzelnen Schritten eine Dauer und Kosten zuordnen, die dann von NX summiert werden.

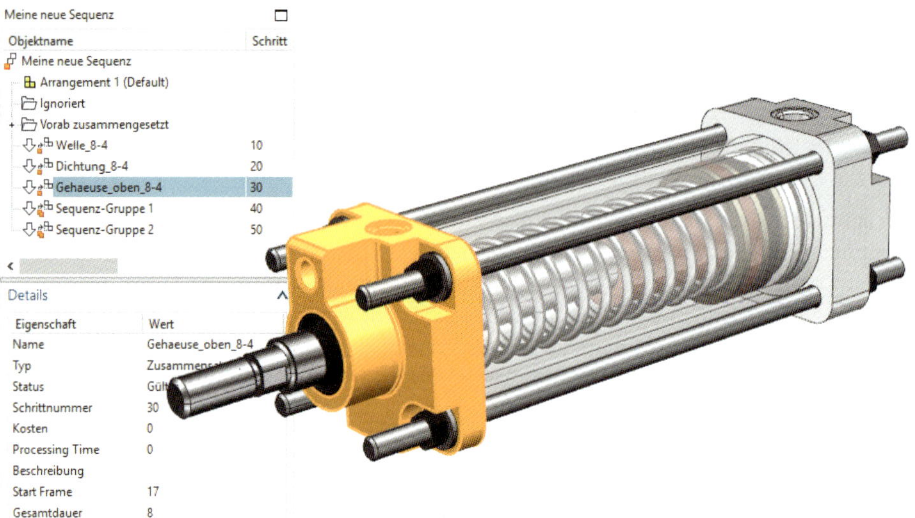

Die Wiedergabe der Sequenz erfolgt mit den entsprechenden Befehlen unter der Gruppe *Wiedergabe* oder durch Selektion des gewünschten Schritts im Navigator.

■ 5.13 Analysen

NX verfügt über eine Vielzahl von Analysemöglichkeiten. Einige der Analysefunktionen im Bereich von Baugruppen sind nur mit einer zusätzlichen Lizenz (ADVANCED_ASSEMBLIES) nutzbar. Andere Untersuchungen sind für spezielle Modelle sinnvoll, wie z. B. die Flächenanalyse zur Bestimmung der Qualität von Freiformflächen.

5.13.1 Bestimmung mechanischer Eigenschaften

Neben den bereits erläuterten Messfunktionen besitzt NX weitere Möglichkeiten zur Bestimmung der mechanischen Eigenschaften. Mithilfe des Befehls **MESSEN** können z. B. Fläche, Volumen, Masse und Gewicht, aber auch das Trägheitsmoment und der Schwerpunkt, berechnet werden. Hierzu gibt es jedoch einiges zu beachten.

Messen von Körper (Measure Bodies)

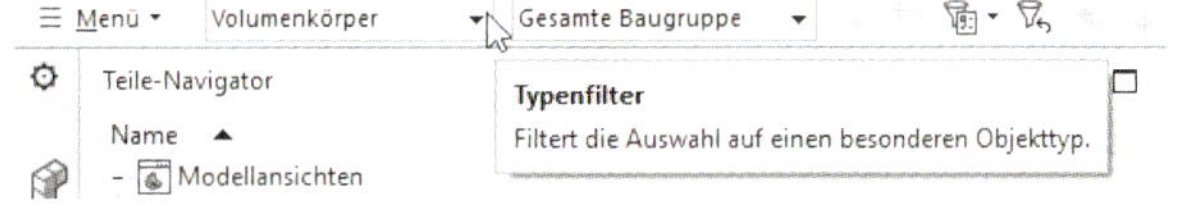

Starten Sie als Erstes den Befehl **MESSEN**. Um in einer Baugruppe Berechnungen von Körpern vorzunehmen, ist es ratsam, in der Rahmenleiste den *Typenfilter* auf *Volumenkörper* zu stellen.

HINWEIS: Denken Sie daran, dass die Einstellungen innerhalb eines Dialogs gespeichert und beim nächsten Aufruf des Befehls wieder angezeigt werden. ■

Dadurch können Sie nun mithilfe der Option *Objektsatz* unter *Zu messendes Objekt* einen Rahmen über die Komponenten ziehen, sodass alle Volumenkörper selektiert werden.

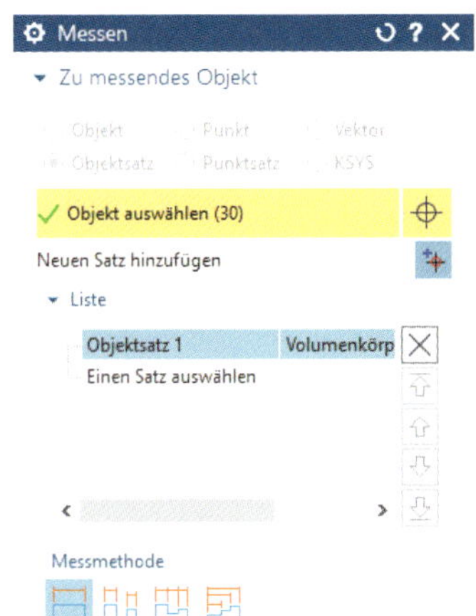

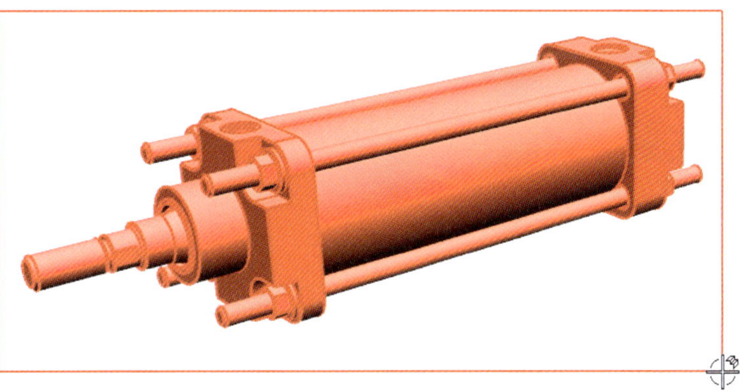

Damit das Messergebnis angezeigt wird, sollte der *Ergebnisfilter* **KÖRPER** aktiv sein. Im **SZENEN**-Dialog werden nun verschiedene Messergebnisse angezeigt.

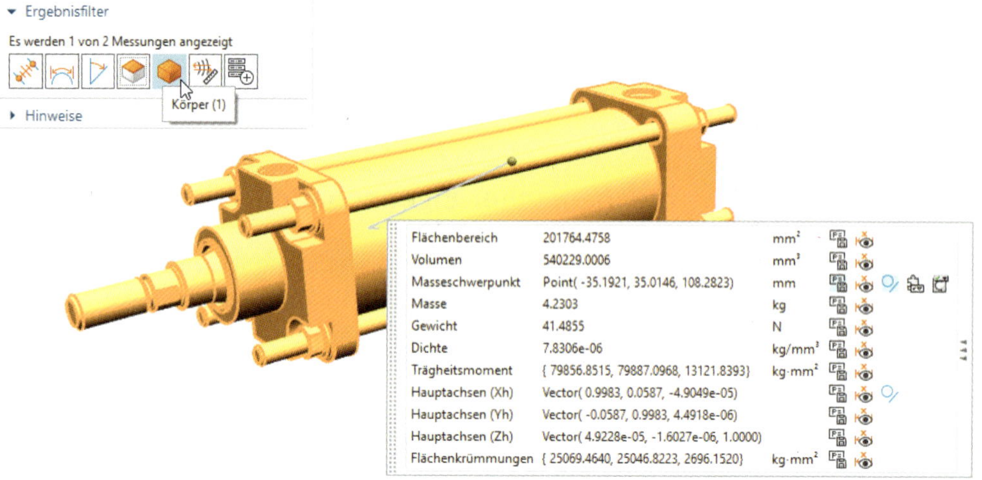

Sie haben des Weiteren die Möglichkeit, unter **EINSTELLUNGEN > VOREINSTELLUNGEN** Messungen hinzuzufügen oder abzuwählen. Auch hier können Sie die Messungen assoziativ setzen, die Beschriftung anzeigen oder zum Beispiel einen Masseschwerpunkt generieren lassen. Der generierte Punkt wird unter Umständen von der Geometrie verdeckt. Hier können Sie die Anzeige auf **TRANSPARENT – ALLE** stellen.

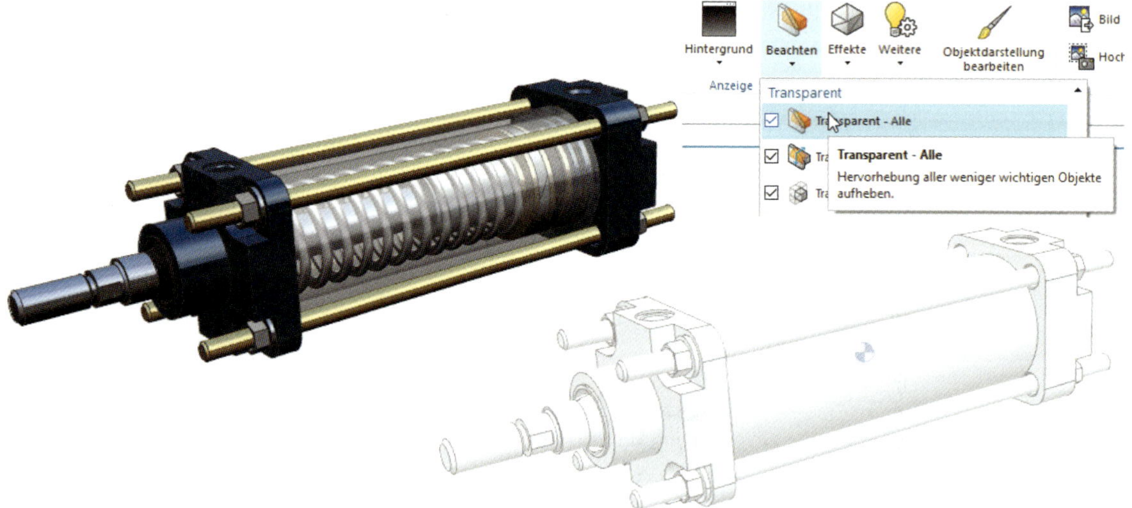

Sie können den Punkt aber auch mit dem **QUICKPICK** selektieren oder mit **MT3** im *Teile-Navigator* die **REIHENFOLGE DER ZEITSTEMPEL** deaktivieren. Danach finden Sie den Punkt unter *Nicht verwendete Elemente*.

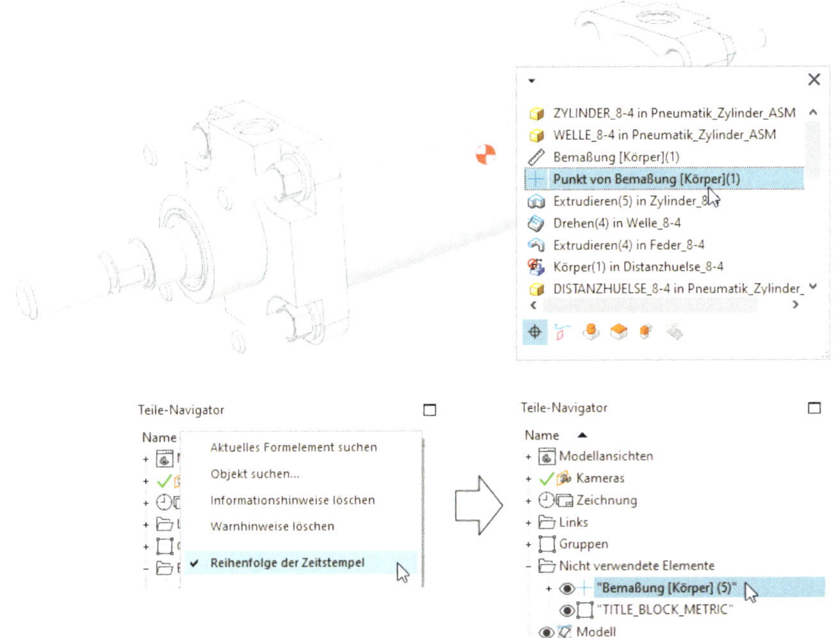

Neben der Messfunktion existieren bei den Baugruppen noch weitere Möglichkeiten, Masseeigenschaften anzeigen zu lassen. Aktivieren Sie hierzu den Befehl **MASSENEIGENSCHAFTENFENSTER ANZEIGEN** unter der Menübandleiste **ANALYSE > VOLUMENANALYSE**.

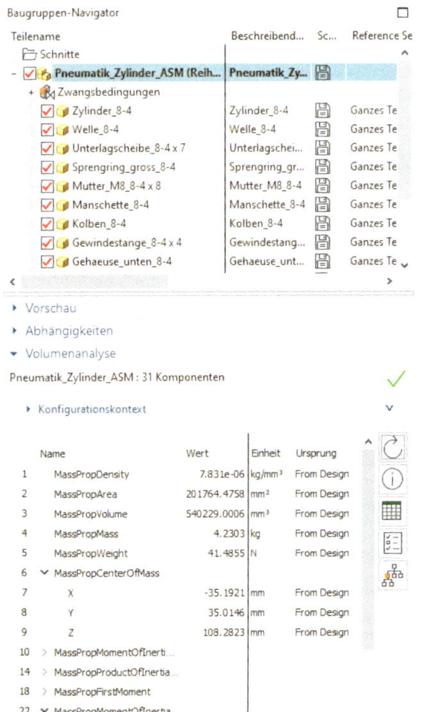

Masseneigenschaftsfenster anzeigen (Show Mass Properties Panels)

Dadurch wird im *Baugruppen-Navigator* der Bereich *Volumenanalyse* hinzugefügt. Damit hier Werte angezeigt werden, muss der Befehl **MASSEEIGENSCHAFTEN AKTUALISIEREN** angewendet werden. Wenn Sie nun einzelne Komponenten oder die Root-Komponente im *Baugruppen-Navigator* selektieren, werden die Werte entsprechend angezeigt.

Masseeigenschaften aktualisieren

5.13.2 Kollisionsuntersuchungen

Für die Durchführung einfacher Kollisionsanalysen gibt es mehrere Möglichkeiten:

- Verwendung des Befehls **KOMPONENTE VERSCHIEBEN** und Aktivierung der **KOLLISIONSERFAHRUNG**
- Kollisionsprüfungen im Zusammenhang mit Sequenzen
- Nutzung der Funktion **ANALYSE > EINFACHE KOLLISION**
- Anwendung einer **KOLLISIONSPRÜFUNG** über die Registerkarte **BAUGRUPPE > SPALTMASS**

Analyse > Einfache Kollision

Die erste und zweite Variante wurden bereits in den vorangegangenen Abschnitten erläutert. Mit der dritten Möglichkeit können sehr schnell Durchdringungen zwischen Körpern erkannt werden. Dazu wird nach dem Start des Befehls das in der Abbildung dargestellte Menü angezeigt. Mit der Option *Durchdringungskörper* im Bereich *Durchdringungsprüfungsergebnisse* werden die auszuwählenden beiden Körper analysiert. Wenn diese sich durchdringen, wird die Überlappung als neuer Körper generiert und auf dem Arbeitslayer des aktiven Teils abgelegt. Haben Sie vorher einen freien Layer als Arbeitslayer eingestellt, befinden sich auf diesem nur die generierten Durchdringungen. Weiterhin wird ein entsprechender Eintrag im *Teile-Navigator* erzeugt.

Die Abbildung zeigt ein Beispiel. Der Quader besitzt eine Durchgangsbohrung, deren Durchmesser kleiner als der Zylinderdurchmesser ist. Über die Kollisionsprüfung erhält man mit *Ergebnisobjekt Durchdringungskörper* den dargestellten Hohlzylinder, der in diesem Fall die Durchdringung der beiden Körper repräsentiert. Die Durchdringungsgeometrie wird als unparametrischer Körper in der Baugruppe gespeichert.

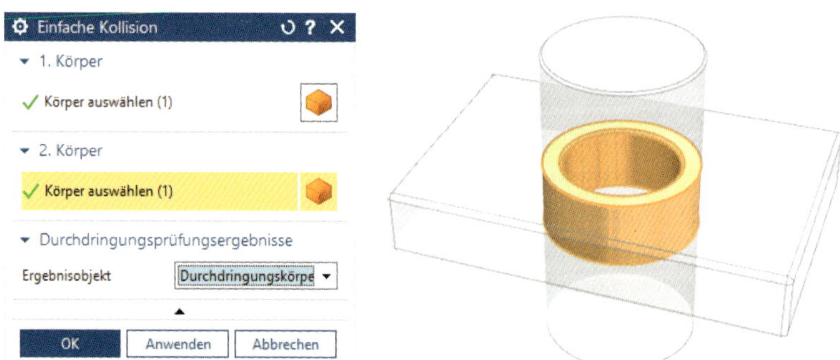

Kollisionsprüfung (Clearance Analysis)

Die Analyse wird innerhalb der Gruppe *Spaltmaß* mit dem Befehl **NEUER SATZ** definiert. Dabei öffnet sich ein Dialogfenster, in dem die Analyse präzisiert werden kann. Für die einfache Prüfung reicht die Standardeinstellung, sodass die Analyse mit **OK** gestartet werden kann. Das Untersuchungsergebnis wird im **KOLLISIONS-BROWSER** angezeigt. Treten Durchdringungen auf, können diese durch Aktivierung des Häkchens direkt im Grafikfenster angezeigt werden. Mit **MT3** auf die Zeile und **KOLLISIONSGEOMETRIE ERZEUGEN** kann ein isolierter Körper erzeugt werden, den man für genauere Untersuchungen heranziehen kann.

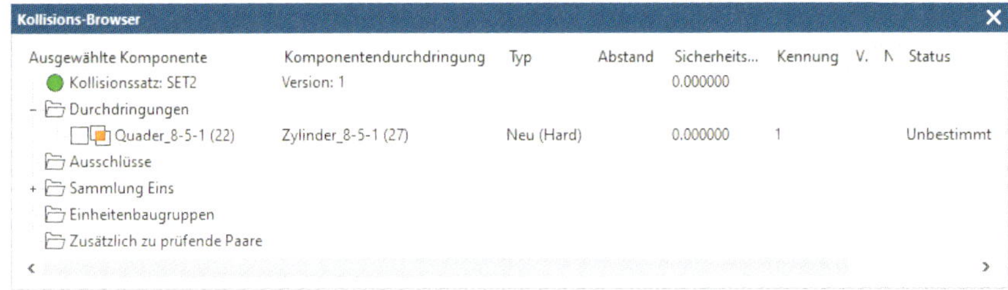

5.13.3 Modellvergleich

Modellvergleich (Model Compare)

Mit dem Befehl **MODELLVERGLEICH** werden die Geometrien von zwei Körpern auf Gemeinsamkeiten und Unterschiede untersucht. Dazu müssen Sie zunächst die Dateien mit den zu analysierenden Modellen nacheinander öffnen. Anschließend starten Sie den Befehl über **ANALYSE > MODELLVERGLEICH**, und NX öffnet das abgebildete Dialogfenster.

Mit den Icons im Bereich *Anzeigen* wird festgelegt, wie Flächen und Kanten während des Modellvergleichs dargestellt werden. Dazu können den einzelnen Darstellungstypen unterschiedliche Farben zugeordnet werden. Die *Optionen* beziehen sich auf die auszuwählenden Objekte und die Genauigkeit des durchzuführenden Vergleichs. Über **MEHR OPTIONEN** (grüner Pfeil) erhält man die Möglichkeit, die *Sichtbarkeit und Durchsichtigkeit* der dargestellten Teile zu steuern. Mit *Inverse Durchsichtigkeit* wird die Transparenz der Komponenten abhängig voneinander modifiziert. In dem Maße, wie sich die Transparenz eines Teils erhöht, wird sie dann im anderen Teil reduziert.

Die Anwendung des Befehls verdeutlichen wir an einem Beispiel. Dazu dient der in der Abbildung dargestellte Quader *Teil_1*, der im *Teil_2* mit einem höheren Zylinder und einer Bohrung versehen wurde. Zum Modellvergleich werden beide Teile geladen. *Teil_1* wird im aktiven Fenster angezeigt. Danach erfolgen der Aufruf des Befehls und die Zuordnung der Farben unter *Display*. Anschließend wird im *Teil_1* der Quader selektiert. Danach wird das Fenster von *Teil_2* aktiviert. Nun wird der Zylinder ebenfalls selektiert und mit **ANWENDEN** der Modellvergleich durchgeführt.

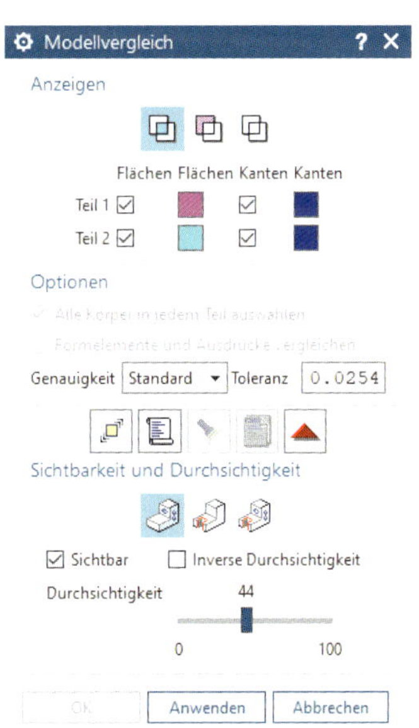

Das Ergebnis ist in der Abbildung dargestellt. Das Grafikfenster wurde dazu in drei Bereiche unterteilt, wobei in den oberen beiden Fenstern die jeweiligen Teile und im unteren deren Überlagerung angezeigt werden. Diese Darstellung ist von den Einstellungen im Bereich *Sichtbarkeit und Durchsichtigkeit* abhängig.

In dieser Darstellung können immer noch die Farben für die Darstellung von *Teil_1* und *Teil_2* eingestellt bzw. verändert werden, sodass im Vergleich die Unterschiede besser herausgestellt werden können.

Durch die Veränderung der Transparenz der Teile lassen sich deren Gemeinsamkeiten und Unterschiede deutlich erkennen.

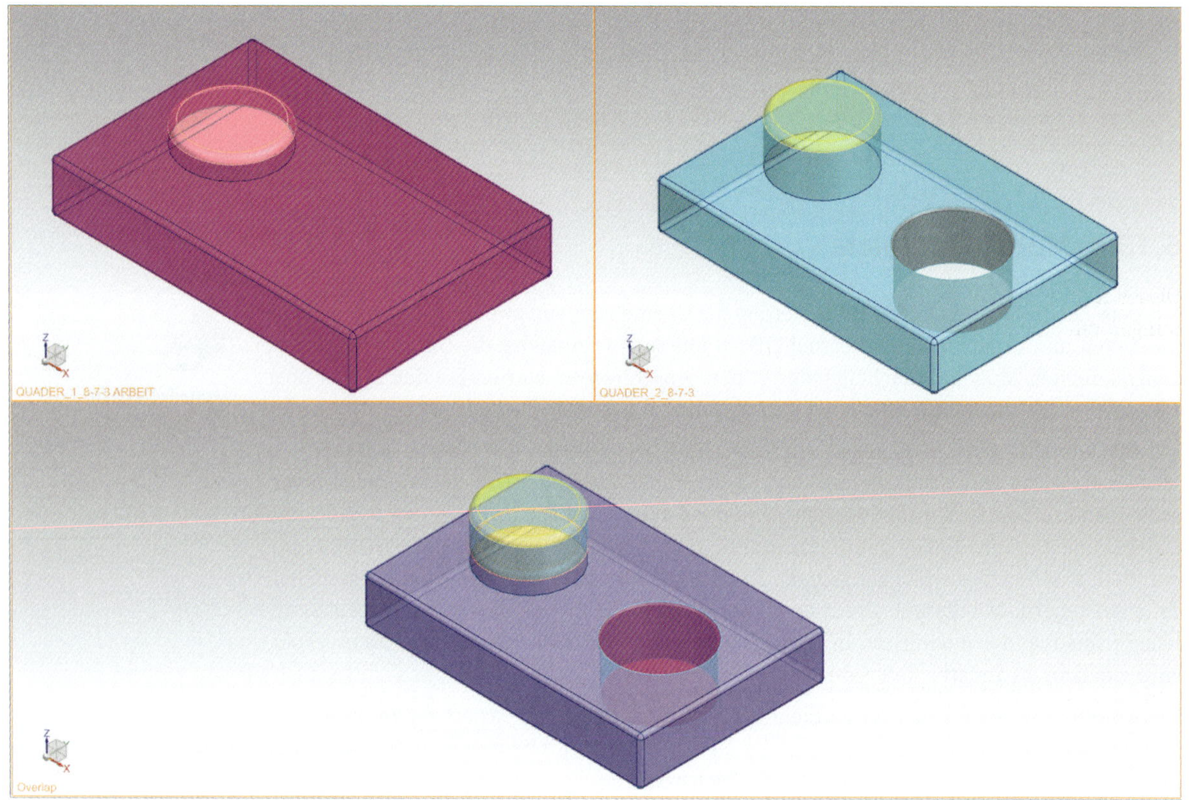

6 Zeichnungen

Dieses Kapitel enthält alle wesentlichen Informationen, die für das Erstellen von 2D-Zeichnungen mit Siemens NX relevant sind.

6.1 Einleitung

Die NX-Anwendung **ZEICHNUNGSERSTELLUNG** unterstützt das Erstellen von Zeichnungen nach den Standards ASME, ISO, DIN, JIS, GB oder ESKD. Mit der Anwendung können technische Zeichnungen von 3D-Modellen erstellt werden. Diese Zeichnungen sind vollständig assoziativ und können bei Änderungen am 3D-Modell aktualisiert werden. Des Weiteren wird das Erstellen von Zeichnungen auch ohne Bezug zu einem 3D-Modell unterstützt. Im Rahmen dieses Buchs wird das Erstellen von Zeichnungen auf Basis von 3D-Modellen erläutert.

6.2 Grundlagen

Eine Zeichnung in NX besteht aus einem oder mehreren Blättern. Auf einem Zeichnungsblatt sind üblicherweise mehrere abgeleitete Ansichten eines 3D-Modells abgelegt. Diese 2D-Ansichten zeigen den 3D-Körper aus einer definierten Richtung und können mit Bemaßungen, Oberflächensymbolen, Form und Lagetoleranzen weiter detailliert werden. Zudem können Ansichten geschnitten werden, um ansonsten unsichtbare Details darzustellen. Zu einer Ansicht kann zusätzliche Geometrie hinzugefügt werden.

6.2.1 Arbeitsumgebung

Die Befehle für die Arbeit mit Zeichnungen sind in der Anwendung **ZEICHNUNGSERSTELLUNG** in vier Registerkarten organisiert. Die Registerkarte *Startseite* enthält die generellen Befehle zum Erstellen von Zeichnungsobjekten.

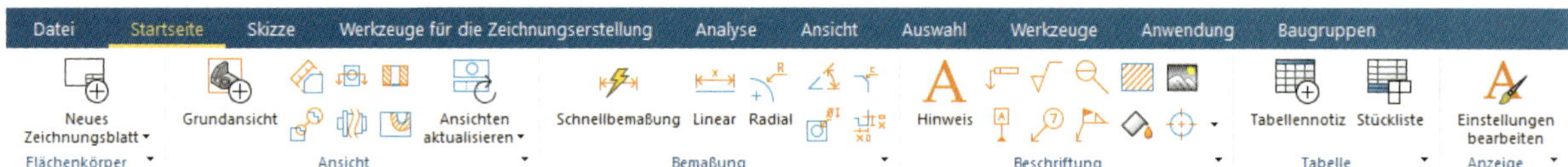

Neu in NX 1926 hinzugekommen ist die Registerkarte *Skizze* zum Erstellen von Kurven und Bemaßungen.

Die Registerkarte *Werkzeuge für die Zeichnungserstellung* enthält erweiterte Befehle für die Verwaltung von Zeichnungen und einzelner Zeichnungsobjekte.

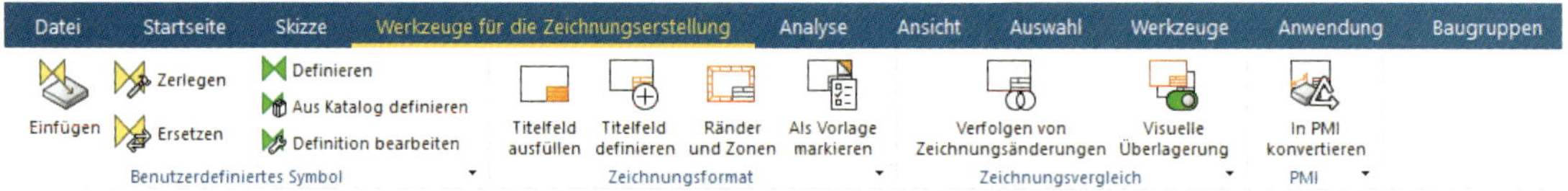

Die Registerkarte *Layout* enthält Befehle für das manuelle Erstellen von 2D-Zusatzgeometrie. Diese muss zuerst über Anpassen der Menübandleiste sichtbar gemacht werden.

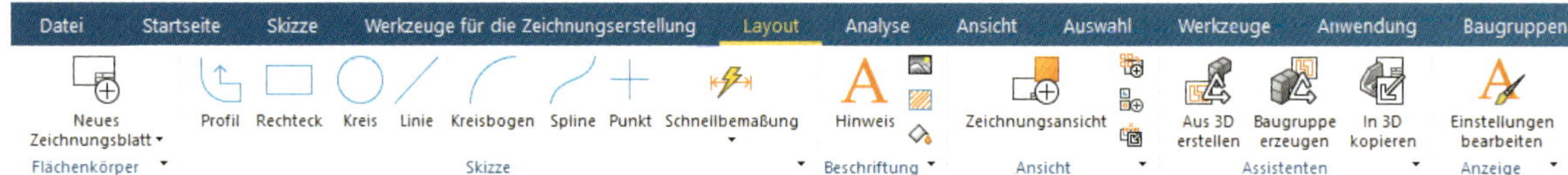

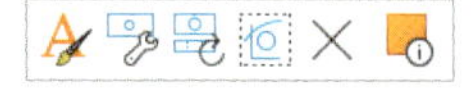

Des Weiteren unterstützt die NX Zeichnungserstellung die Kontextsymbolleiste. Diese erscheint in der Nähe des Mauszeigers, wenn Sie ein Objekt mit **MT1** auswählen, und enthält mögliche Befehle, die auf das gewählte Objekt angewendet werden können. Die Abbildung zeigt beispielsweise die Kontextsymbolleiste nach einem Klick auf einen Ansichtsrahmen.

6.2.2 Zeichnung erstellen

Im Folgenden werden die fünf grundsätzlichen Schritte beim Erstellen einer technischen Zeichnung von einem 3D-Modell erläutert.

1. 3D-Modell vorbereiten

Wir empfehlen, vor der Zeichnungserstellung das 3D-Modell vorzubereiten. NX übernimmt bei der Erzeugung von Zeichnungsansichten die globalen Layer-Einstellungen des referenzierten Teils und stellt die sichtbaren Objekte in der Ansicht dar. Deshalb empfehlen wir auch, vor dem Erstellen einer Zeichnung die Layer im 3D-Modell entsprechend zu konfigurieren.

HINWEIS: Die Layer-Einstellungen werden vom referenzierten Teil initial übernommen und mit der Zeichnung gespeichert. Nachträgliche Änderungen im Teil haben keinen Einfluss auf die Zeichnung.

Beim Arbeiten nach dem Master-Modell-Konzept wird die Zeichnung als Komponente unter dem entsprechenden Teil erzeugt. Über das *Reference-Set* **MODEL** lässt sich eine ausschließliche Anzeige der Geometrie unabhängig von den aktiven Layern steuern.

2. Zeichnung erstellen

Die Zeichnungserstellung starten Sie, indem Sie zunächst mit **DATEI > NEU > ZEICHNUNG** eine neue Datei anlegen. Für das Erstellen einer neuen Zeichnung stehen vordefinierte Vorlagen zur Verfügung. Diese Vorlagen definieren neben der Blattgröße und Einheit, ob eine eigenständige einzelne Zeichnung (*Eigenständiges Teil*) oder eine Zeichnung auf Basis einer anderen Datei erstellt wird (*Vorhandenes Teil referenzieren)*. Bei Verwendung von *Vorhandenes Teil referenzieren* erlaubt die Option *Teil zum Erzeugen einer Zeichnung* das Referenzieren einer anderen Datei. Bei dieser Vorgehensweise wird automatisch der Dateiname der Referenzdatei übernommen und mit dem Suffix *_dwg* ergänzt, um auf Dateiebene eine Zuordnung zu schaffen.

TIPP: Obwohl NX-Zeichnungen prinzipiell zusammen mit einem 3D-Modell innerhalb einer .prt-Datei erzeugt und gespeichert werden können, empfehlen wir ausdrücklich, für die Zeichnung eine separate Datei zu verwenden. Bei der Verwendung einer separaten Datei für die Zeichnung findet das Master-Modell-Konzept Anwendung, wodurch sich zahlreiche Vorteile ergeben (vgl. Abschnitt 5.2.1).

Nach der Auswahl einer Vorlage und Bestätigung mit **OK** wechselt die Oberfläche zur Anwendung **ZEICHNUNGSERSTELLUNG** und startet den Befehl **TITELFELD AUSFÜLLEN**.

Titelfeld ausfüllen (Populate Title Block)

HINWEIS: Wenn die Dialogbox **TITELFELD AUSFÜLLEN** nicht automatisch aufgeht, kann diese auch manuell über **WERKZEUG FÜR DIE ZEICHNUNG > TITELFELD AUSFÜLLEN** gestartet werden.

Die Dialogbox **TITELFELD AUSFÜLLEN** sammelt grundsätzliche Informationen für die Zeichnung, wie Namen des Erstellers, Erstelldatum etc. Nach der Eingabe werden diese Informationen automatisch in den Schriftkopf der Zeichnung übernommen.

Nachdem der Schriftkopf gefüllt ist, startet automatisch der Befehl **GRUNDANSICHT**. Hier wird die erste Hauptansicht definiert, indem zuerst das Bauteil ausgewählt wird, das angezeigt werden soll. Über die Definition des Ansichtsursprungs, der Modellansicht, des Maßstabs und weiteren Eigenschaften werden die Parameter für die Einstellung von Ansichten definiert und letztendlich mit **SCHLIESSEN** erzeugt.

Grundansicht (Base View)

Weitere Ansichten können jederzeit mit den entsprechenden Befehlen hinzugefügt werden.

Layer in Ansicht sichtbar (Layer Visible in View)

Die Sichtbarkeit einzelner Layer kann über die Menübandleiste **ANSICHT > LAYER > WEITERE** mit dem Befehl **LAYER IN ANSICHT SICHTBAR** je Ansicht gesteuert werden. Zudem bietet der Dialog die Option, separate Änderungen mit **AUF GLOBAL ZURÜCKSETZEN** wieder zurückzusetzen.

3. Mittel- und Symmetrielinien erstellen

NX erzeugt die Mittellinien für zylindrische und konische Flächen automatisch, wenn beim Erstellen der Ansicht die Option *Mit Mittellinien erstellen* aktiviert ist. Weitere Mittel- und Symmetrielinien können manuell ergänzt werden. Weitere Details finden Sie in Abschnitt 6.6.

4. Bemaßungen erstellen

Unter der Registerkarte *Startseite* steht neben der Ansichtserzeugung auch die Gruppe *Bemaßung* mit zahlreichen Befehlen für das Erstellen von Bemaßungen zur Verfügung. Die Maße sind dabei assoziativ zum 3D-Modell. Weitere Details finden Sie in Abschnitt 6.7.

5. Texte und Symbole erstellen

In der Gruppe *Beschriftung* (neben den *Bemaßungen*) stehen zahlreiche Befehle für das Erstellen von Texten und Symbolen zur Verfügung, um allgemeine Texte, Oberflächen- und Schweißsymbole, Form- und Lagetoleranzen zu erstellen.

6.3 Zeichnungsblatt

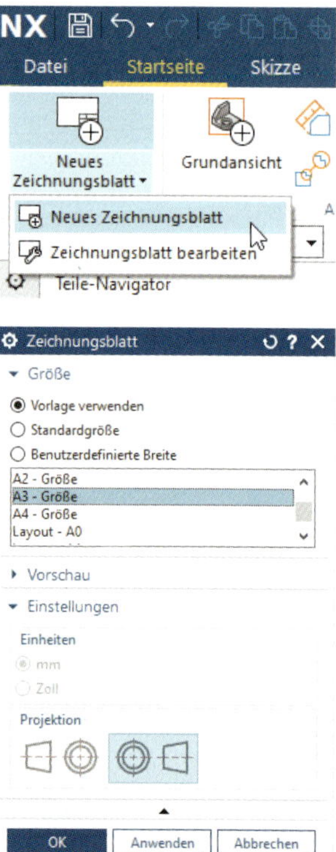

Mit dem Drop-down-Menü **ZEICHNUNGSBLATT** können Blätter erstellt und editiert werden. Ein Blatt kann mit einer Zeichnungsvorlage oder benutzerdefiniert erzeugt werden. Eine Datei kann mehrere Blätter enthalten. Mit **KOPIEREN & EINFÜGEN** können Blätter zwischen verschiedenen Dateien kopiert werden. Verwenden Sie hierfür das Kontextmenü im *Teile-Navigator* (**MT3**).

Neues Zeichnungsblatt (New Sheet)

Mit dem Befehl **NEUES ZEICHNUNGSBLATT** können Sie ein solches erzeugen. Bei der Option *Vorlage verwenden* wird ein Blatt auf Basis einer Vorlage mit Rahmen, Zonen und Schriftfeld generiert. Einheiten und Projektionsart werden hierbei ebenso durch die Vorlage festgelegt. Die Option *Standardgröße* erlaubt die Wahl einer Standard-Blattgröße sowie des Maßstabs. Bei dieser Option erhalten Sie ein Blatt, dessen Größe mit einer gestrichelten Linie angedeutet wird. Die Option *Benutzerdefinierte Breite* erlaubt die Definition einer spezifischen Blattgröße. Einheiten und Projektionsart können bei *Standardgröße* und *Benutzerdefinierte Breite* definiert werden.

Nach Bestätigung mit **OK** wird das Blatt generiert. Im *Teile-Navigator* wird ein weiterer Eintrag angezeigt. Zudem wird der Name des neuen Blatts am linken unteren Rand des Grafikfensters dargestellt.

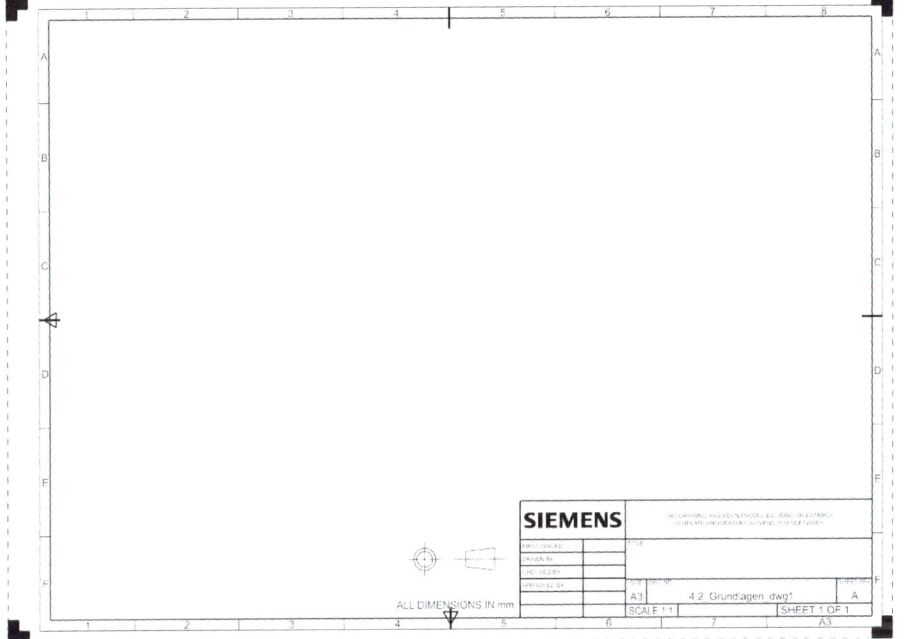

Zeichenblatt bearbeiten (Edit Sheet)

Um ein vorhandenes Zeichnungsblatt zu ändern, steht der Befehl **ZEICHNUNGSBLATT BEARBEITEN** zur Verfügung. Hierbei ist zu beachten, dass die Projektionsmethode nur geändert werden kann, solange noch keine Ansicht erstellt wurde. Das Einheitssystem können Sie zwischen *Millimeter* und *Zoll* umstellen. Diese Vorgabe hat nur Auswirkungen auf die Größe des Zeichnungsblatts, jedoch nicht auf die Bemaßungen. Nach Bestätigen des Dialogs mit **OK** werden die Einstellungen übernommen.

TIPP: Wenn sich bei nachträglicher Verkleinerung der Blattgröße nicht alle Ansichten innerhalb der neuen Blattgrenzen befinden, verschieben Sie die Zeichnungsobjekte zunächst in die linke untere Ecke und ändern erst dann den Maßstab entsprechend.

Der äußere Rand eines Zeichnungsblatts wird als *Rand* bezeichnet. Die Ränder eines Blattes sind in verschiedene Zonen aufgeteilt. Diese Zonen werden vertikal mit A, B, C … und horizontal mit 1, 2, 3 … bezeichnet. Dadurch entsteht eine Matrix, die z. B. bei Besprechungen referenziert werden kann.

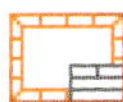

Ränder und Zonen (Border and Zones)

Mit dem Befehl **RÄNDER UND ZONEN** in der Registerkarte *Werkzeuge für die Zeichnungserstellung* können Sie den Zeichnungsrand und die Zonen anpassen.

■ 6.4 Ansichten

Einstellungen (Settings)

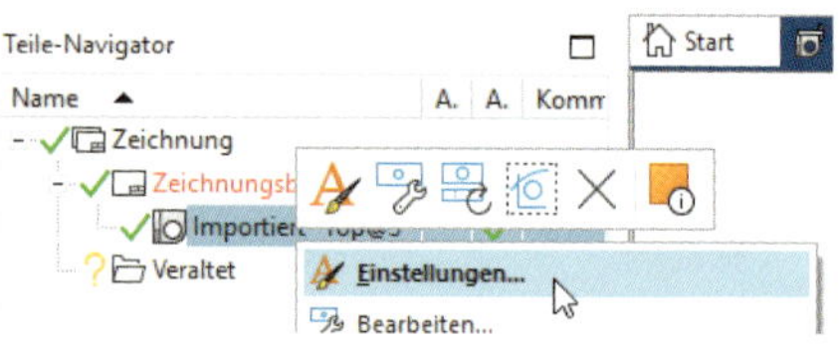

Ein gemeinsames Merkmal aller Ansichten ist die Ansicht **EINSTELLUNGEN**, mit denen die Darstellungseigenschaften für die Ansicht konfiguriert werden können. Die Ansicht **EINSTELLUNGEN** öffnen Sie beispielsweise über das Kontextmenü im *Teile-Navigator*. Hier steuern Sie etwa die Sichtbarkeit verdeckter oder tangentialer Kanten. Weiterhin können sie steuern, ob der Ansichtsname und die Skalierung auf dem Blatt dargestellt werden sollen.

Die Abbildung zeigt beispielhaft das Dialogfenster der Ansicht **EINSTELLUNGEN**.

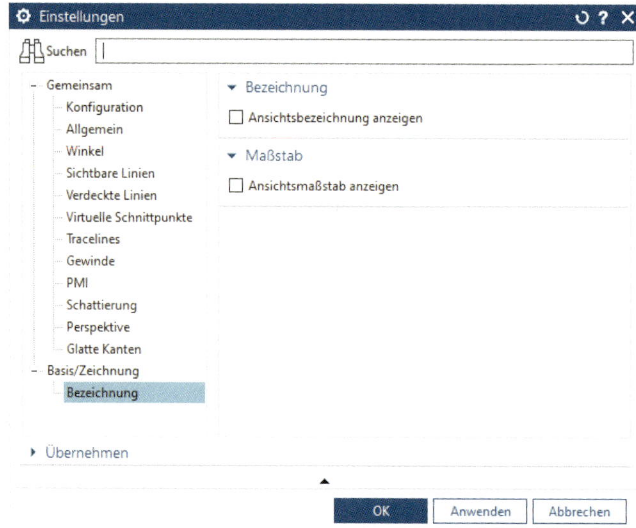

Die verfügbaren Ansichtstypen werden in den folgenden Abschnitten erläutert.

6.4.1 Grundansicht

Grundansicht (Base View)

In einer NX-Zeichnung dient die Basisansicht als Grundlage aller weiteren Ansichten. Diese werden von der Grundansicht abgeleitet. Im Dialog des Befehls **GRUNDANSICHT** ist zunächst das Teil auszuwählen, von dem die Grundansicht erstellt werden soll. Hierfür stehen Listen der geladenen und kürzlich verwendeten Teile zur Verfügung. Mit **ÖFFNEN** können Sie weitere Teile laden. Nach Auswahl des Teils fordert der Dialog mit **POSITION ANGEBEN** eine Position für den *Ansichtsursprung*. Hierfür können Sie die Ansicht mit **MT1** platzieren. Noch vor dem Platzieren können Sie den Vorschaustil mit **MT3** anpassen.

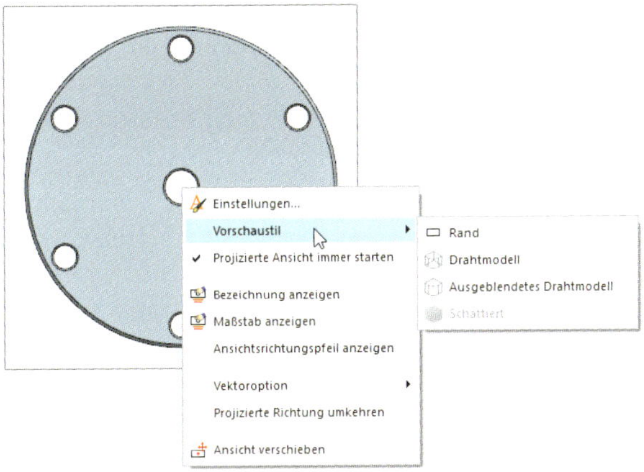

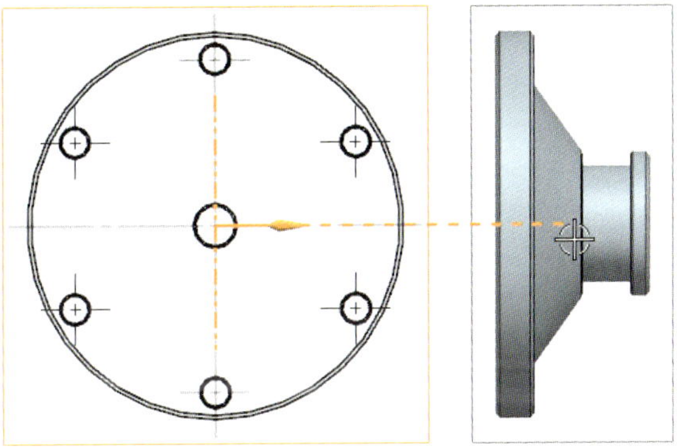

Im Bereich *Platzierung* können Sie mit *Methode* definieren, wie die neue Ansicht ausgerichtet wird. Dabei kann eine spezielle Orientierung erzwungen werden. Beispielsweise kann mit der Option *Horizontal* die Grundansicht zu einer vorhandenen Ansicht ausgerichtet werden. Die Methode *Ermittelt* erlaubt freies Platzieren der neuen Grundansicht. Hierbei kann eine automatische Ausrichtung erfolgen. NX zeigt die automatische Ausrichtung durch Hilfslinien an. Mit **MT1** wird die Platzierung beendet.

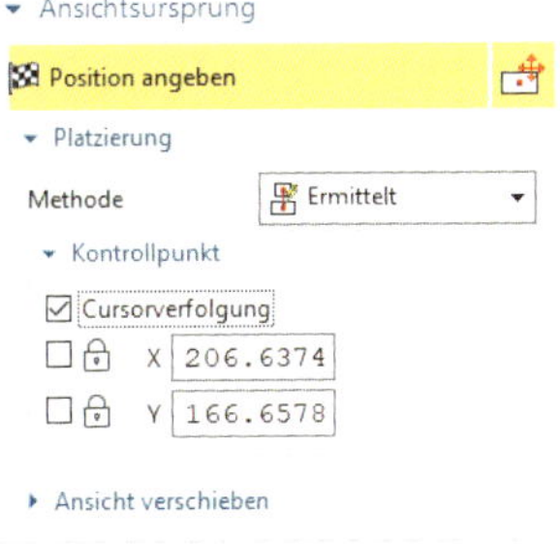

Im Bereich *Kontrollpunkt* können Sie die *Cursorverfolgung* aktivieren. Damit werden die Koordinaten des aktuellen Ansichtsursprungs angezeigt und können angepasst sowie durch Setzen des Hakens gesperrt werden.

Mit *Zu verwendendes Modell* unter *Modellansicht* definieren Sie die Orientierung der Grundansicht. Hierfür können Sie aus den verfügbaren Ansichten wählen oder mithilfe des **ANSICHT ORIENTIEREN**-Dialogs die Orientierung selbst definieren.

Mit *Maßstab* können Sie den Maßstab der Grundansicht definieren. Neben der Auswahl vordefinierter Maßstäbe besteht die Möglichkeit, mit *Verhältnis* ein individuelles Verhältnis zu definieren. Zudem kann an dieser Stelle auch ein Ausdruck verwendet werden.

Im Bereich *Einstellungen* können Sie bei Baugruppenzeichnungen mit *Verdeckte Komponenten* einzelne Komponenten aus der Ansicht entfernen. Im Bereich *Nicht geschnitten* können Sie einzelne Komponenten wählen, die in einer Schnittansicht nicht geschnitten dargestellt werden. Nach dem Platzieren wird automatisch der Befehl **PROJIZIERTE ANSICHT** gestartet, um weitere abgeleitete Ansichten zu erstellen.

6.4.2 Projizierte Ansicht

Projizierte Ansicht (Projected View)

Der Befehl **PROJIZIERTE ANSICHT** erstellt gemäß der gewählten Projektionsmethode rechtwinklige Parallelprojektionen und beliebig geklappte Darstellungen der aktiven Grundansicht. Der Dialog hat einen ähnlichen Aufbau wie der des Befehls **GRUNDANSICHT**. Daher werden wir nur die Unterschiede erläutern. Mit *Ansicht auswählen* im Bereich *Übergeordnete Ansicht* wählen Sie die Ansicht, von der Sie die *Projizierte Ansicht* ableiten möchten. Mit der *Vektoroption Ermittelt* im Bereich *Scharnierlinie* können Sie die Scharnierlinie für das Erstellen der Ansicht exakt definieren. Verwenden Sie *Projizierte Richtung umkehren*, um die definierte Richtung umzukehren.

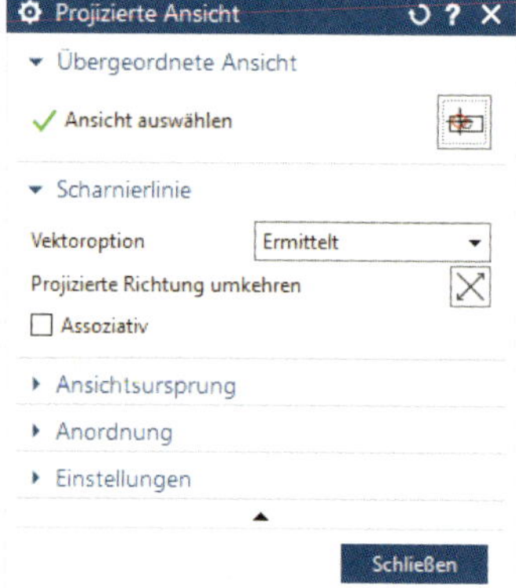

6.4.3 Ausschnittsvergrößerung

Ausschnitts-vergrösserung (Detail View)

Der Befehl **AUSSCHNITTSVERGRÖSSERUNG** ermöglicht das Erstellen von vergrößerten Ausschnitten eines Teils. In dem Drop-down-Menü im Dialog definieren Sie mit *Kreisförmig* und *Rechteck an …* die Begrenzung für die Detailansicht. Wenn Sie beispielsweise *Kreisförmig* verwenden, wird die *Begrenzung* durch einen Mittelpunkt und einen Punkt auf dem Umfang des Kreises definiert. Nach der Wahl mit *Mittelpunkt angeben* wird die *Übergeordnete Ansicht* automatisch ermittelt, und Sie können mit *Begrenzungspunkt festlegen* diesen definieren. Vor dem Positionieren der neuen Ansicht können Sie noch den gewünschten Maßstab angeben. Im Bereich *Bezeichnung* definieren Sie, wie der vergrößerte Bereich an *Übergeordnete Ansicht* markiert wird. Hierfür stehen verschiedene Optionen zur Verfügung. Diese *Bezeichnung* ist mit der *Ausschnittsvergrößerung* verknüpft und wird daher gelöscht, wenn Sie die *Ausschnittsvergrößerung* löschen. Um eine definierte *Begrenzung* zu ändern, steht der Befehl **ANSICHTSBEGRENZUNG** zur Verfügung (vgl. Abschnitt 6.5.1).

6.4.4 Schnittansicht

Innerhalb des Befehls **SCHNITTANSICHT** befinden sich mehrere verschiedene Schnittarten. Grundsätzlich erfordert eine **SCHNITTANSICHT** immer eine *Schnittlinie*. Diese Schnittlinien können Sie entweder mit *Dyn.* dynamisch neu erzeugen, oder Sie verwenden *Vorhandene auswählen*, um eine bereits vorhandene Schnittlinie zu selektieren. Weitere Definitionen sind abhängig von der gewählten Methode. Daher sollte die *Methode* im zweiten Schritt definiert werden.

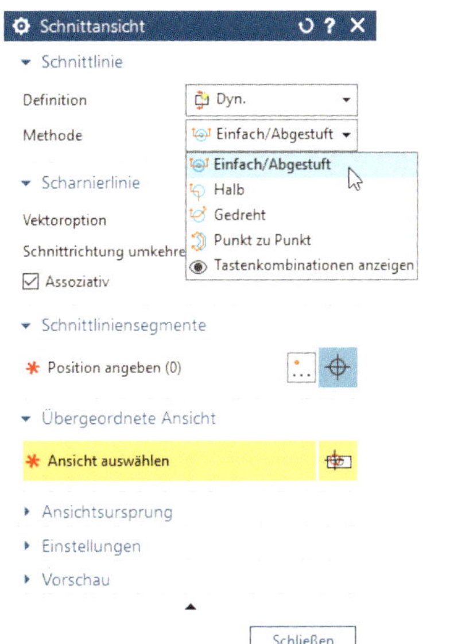

Schnittansicht
(Section View)

Die grundsätzlichen Schnittmethoden möchten wir nun an Beispielen erläutern. Zunächst wird ein einfacher Schnitt ausführlich dargestellt. Bei der Beschreibung der anderen Schnittarten wird nur auf deren Besonderheiten hingewiesen.

6.4.4.1 Einfach/Abgestuft

Mit dem Befehl **SCHNITTANSICHT** wird zunächst ein einfacher Schnitt erzeugt. Hierbei wird der Mittelpunkt einer Bohrung gewählt, um zu definieren, durch welchen Punkt die Schnittlinie verlaufen soll. Im nächsten Schritt sollten Sie die Schnittrichtung prüfen und gegebenenfalls mit *Schnittrichtung umkehren* korrigieren. Dann kann die Schnittansicht mit **MT1** platziert werden.

Schnittansicht
(Section View)

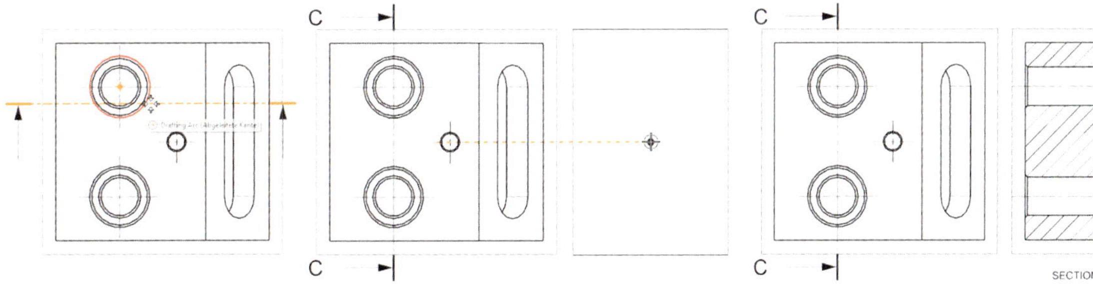

In einem weiteren Beispiel wird ein abgesetzter Schnitt erzeugt. Hierfür ist es erforderlich, weitere Punkte für die Schnittlinie zu definieren.

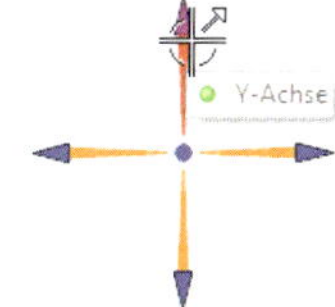

Es empfiehlt sich, mit der *Vektoroption Definiert* die grundsätzliche Richtung der Schnittlinie zu definieren.

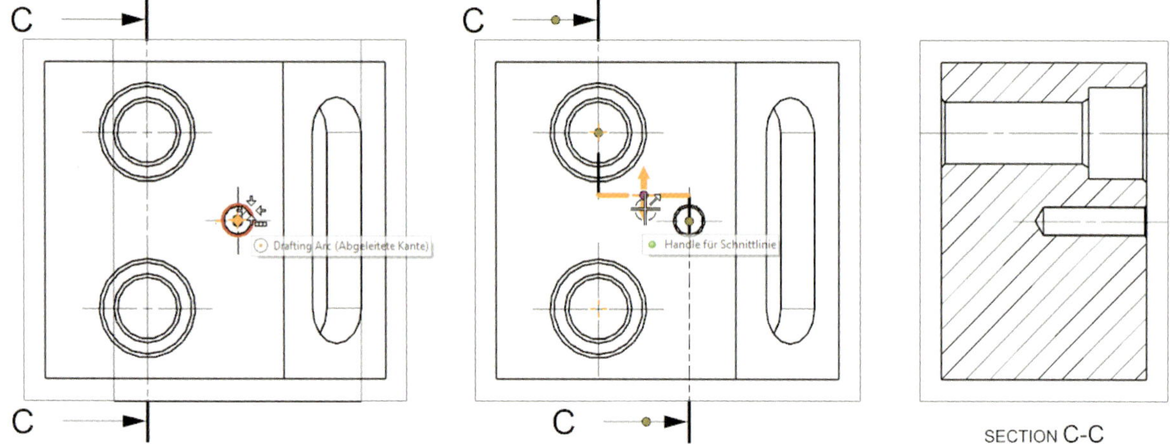

Hierbei wird der Übergang zwischen den Stufen automatisch festgelegt. Sie können die einzelnen Segmente der Schnittlinie mit dem Handle für Schnittlinien durch Verschieben mit **MT1** anpassen oder mit **PUNKT KONSTRUKTOR** einen weiteren Punkt konstruieren.

In einem weiteren Beispiel übertragen wir den Schnittverlauf auf eine bestehende Ansicht. Hierfür erstellen wir zunächst eine zusätzliche *Grundansicht*, die das Teil räumlich darstellt. Danach erzeugen wir mit dem Befehl **SCHNITTANSICHT** eine Schnittansicht wie in den vorangegangenen Beispielen. In diesem Fall verwenden wir unter *Ansichtsursprung* die Option *Vorhandener Schnitt* und wählen dann die zuvor erstellte *Grundansicht* aus, anstatt die neue Ansicht zu platzieren. Durch diese Vorgehensweise wird die allgemeine Ansicht in eine Schnittansicht umgewandelt und entsprechend geschnitten dargestellt.

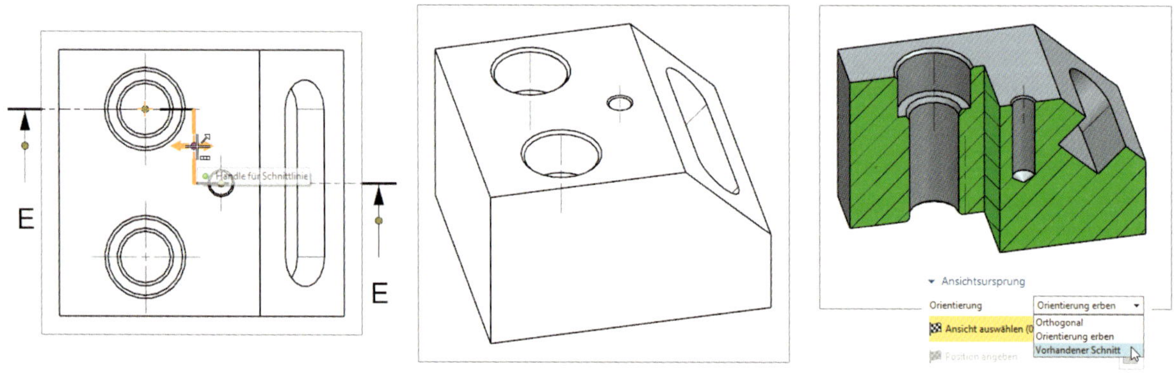

6.4.4.2 Halb

Schnittansicht (Section View)

Die Methode *Halb* im Befehl **SCHNITTANSICHT** erzeugt eine Darstellung, bei der nur ein Teil des Modells geschnitten wird. Bei dieser Methode wird der Schnitt durch zwei Schnittflächen definiert. Um die Lage der Schnittflächen zu bestimmen, ist jeweils ein Punkt zu wählen. In unserem Beispiel wählen wir für **beide** Ebenen den Kreismittelpunkt aus. Nach der Definition der Schnittrichtung unter *Scharnierlinie* (Pfeil in der Voranzeige beachten) und dem Setzen des *Ansichtsursprungs* wird die Schnittansicht erzeugt.

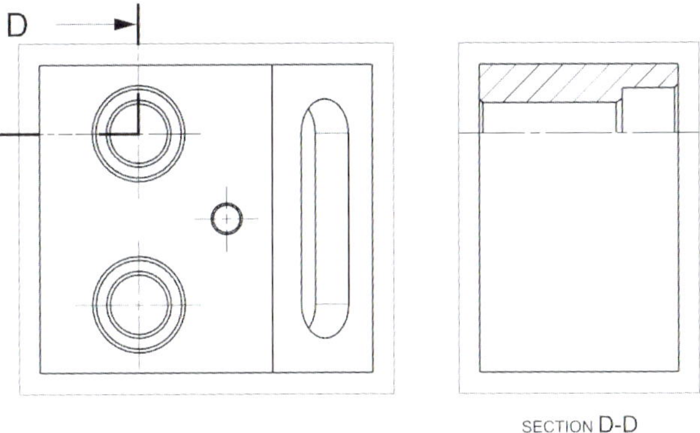

6.4.4.3 Gedreht

Die Methode *Gedreht* im Befehl **SCHNITTANSICHT** erlaubt das Erstellen von Schnitten auf der Basis von zwei Schnittflächen, die in die Ebene der Schnittdarstellung geklappt werden. Um die Lage der Schnittflächen zu bestimmen, sind drei Punkte erforderlich. In unserem Beispiel wählen wir für Punkt 1 und Punkt 2 jeweils den Kreismittelpunkt der Bohrung und für Punkt 3 den Mittelpunkt der Körperkante. Nach der Definition der Schnittrichtung unter *Scharnierlinie* (Pfeile in der Voranzeige beachten) und dem Setzen des *Ansichtsursprungs* wird die Schnittansicht erzeugt.

Schnittansicht (Section View)

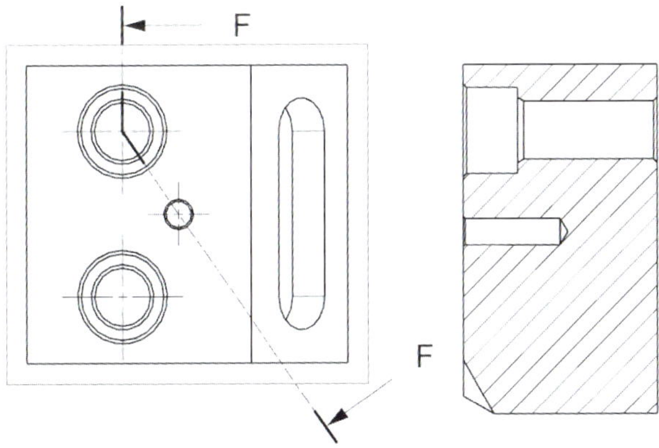

6.4.4.4 Punkt zu Punkt

Die Methode *Punkt zu Punkt* im Befehl **SCHNITTANSICHT** erlaubt das Erstellen von Schnitten durch definierte Punkte. Hierbei können Sie für die Darstellung zwischen verkürzter (*Create Folded*) oder abgewickelter Schnittansicht wählen. Die Abbildungen zeigen hierfür ein Beispiel.

Schnittansicht (Section View)

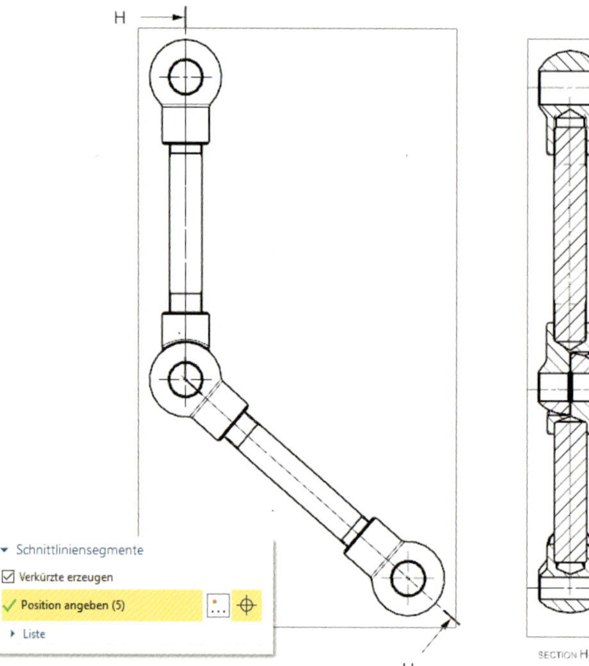
H
Schnittliniensegmente
Verkürzte erzeugen
Position angeben (5)
Liste
H
SECTION H-H

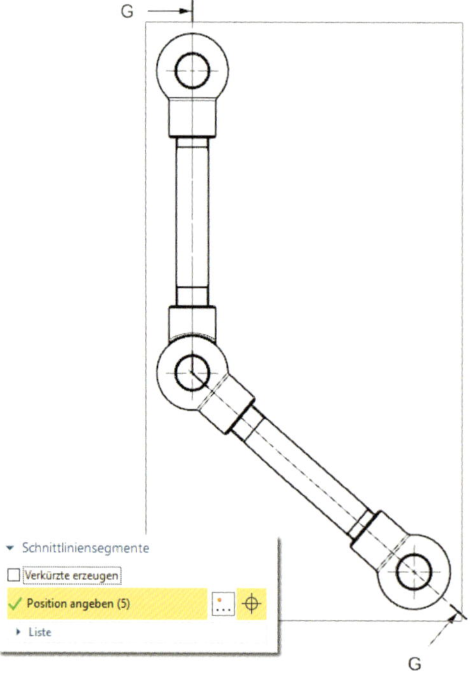
G
Schnittliniensegmente
Verkürzte erzeugen
Position angeben (5)
Liste
G

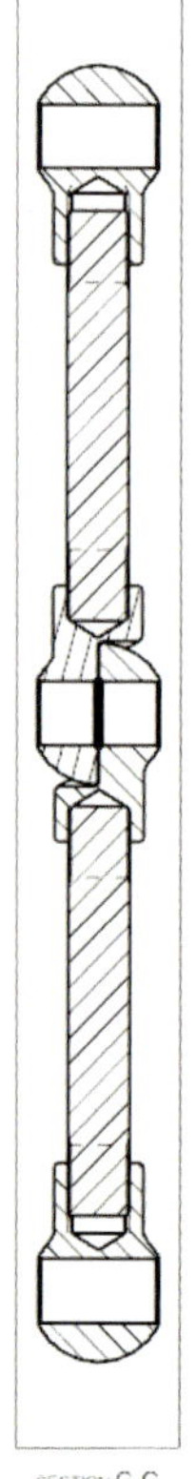
SECTION G-G

6.4.5 Schnittlinie

Der Befehl **SCHNITTLINIE** dient dem Erstellen eigenständiger Schnittlinien. Diese können dann beim Erstellen einer Schnittansicht referenziert werden. Hierfür definieren Sie beim Erstellen einer neuen Schnittansicht mit dem Befehl **SCHNITTANSICHT** die *Schnittlinie* mit der Option *Vorhandene auswählen*.

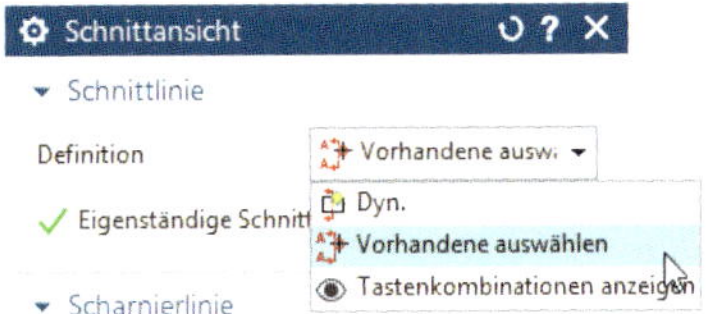

Schnittlinie (Section Line)

6.4.6 Ausbruch-Schnittansicht

Mit dem Befehl **AUSBRUCH-SCHNITTANSICHT** können Sie Ausbrüche erzeugen und so einzelne Bereiche eines Modells schneiden. In der Standardrolle ist dieser Befehl in der Menübandleiste **STARTSEITE > ANSICHT** verdeckt, kann aber mit Anpassen der Gruppe in die Leiste dazu geholt werden.

Ausbruch-Schnittansicht (Break out Section View)

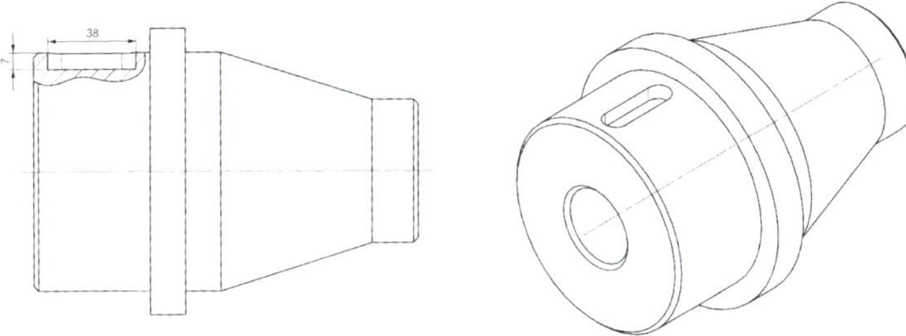

Der ausgeschnittene Bereich wird mit einer Freihandlinie definiert, die **vor** dem Starten des Befehls **AUSBRUCH-SCHNITTANSICHT** zur Ansicht hinzugefügt werden muss. Hierfür müssen Sie die *Skizzenansicht* der Ansicht im Kontextmenü aktivieren. Im dargestellten Beispiel wurde ein **STUDIO-SPLINE** erzeugt.

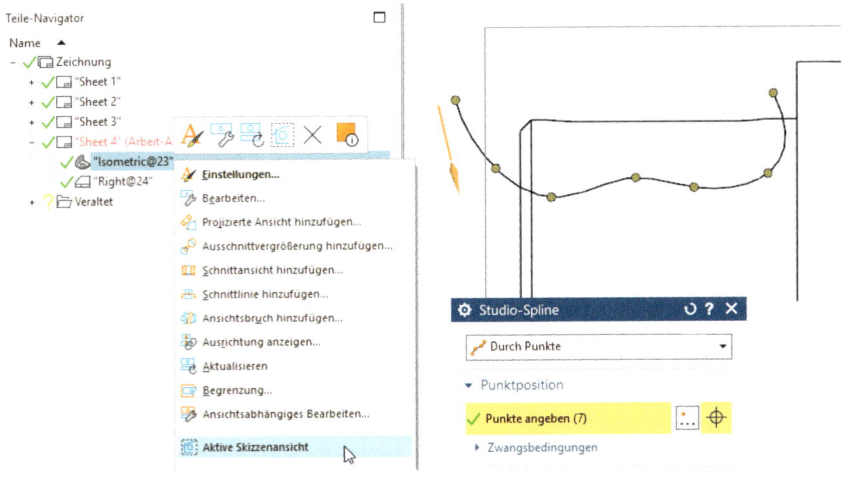

Die Benutzerführung des Befehls **AUSBRUCH-SCHNITTANSICHT** weicht von den Standard-Dialogfenstern ab. Nach dem Start des Befehls stellt sich der Dialog wie folgt dar: Mit *Erzeugen*, *Bearbeiten* oder *Löschen* legen Sie fest, ob Sie einen neuen Ausbruch erzeugen, einen vorhandenen Ausbruch editieren oder löschen möchten. Danach werden die folgenden Schritte nacheinander ausgeführt. Die Option *Schnitt durch Modell* schneidet das ganze Modell und ignoriert den definierten *Basispunkt*.

Im dargestellten Beispiel wurden jeweils folgende Eingaben gemacht:

Schritt	Eingabe
Ansicht auswählen	Ansicht für Ausbruch *Im Beispiel wurde die Ansicht gewählt.*
Basispunkt angeben	Ausgangspunkt für Extrusion *Im Beispiel wurde die Mittelachse gewählt.*
Extrusions-vektor angeben	Richtung für Extrusion *Im Beispiel wurde der Schritt übersprungen und somit der Default akzeptiert.*
Kurve auswählen	Kurven für Extrusion *Im Beispiel wurde der Spline gewählt.*
Begrenzungs-kurve verändern	Dieser Schritt ist optional. Er erlaubt das Anpassen der Begrenzung des Ausbruchs. *Im Beispiel wurde der Schritt übersprungen.*

Um im Nachhinein eine Änderung am Ausbruch vorzunehmen, müssen Sie den Befehl erneut starten und die Option **BEARBEITEN** selektieren und danach den Ausbruch in der Zeichnung.

6.4.7 Ansichtsbruch

Ansichtsbruch (View Break)

Der Befehl **ANSICHTSBRUCH** erlaubt die verkürzte Darstellung langer Teile. Hierbei wird eine bestehende Ansicht entsprechend verkürzt. Neben dem Standard *Typ Regulär* steht der *Typ Einseitig* zur Verfügung.

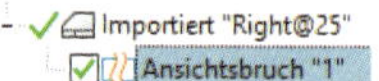

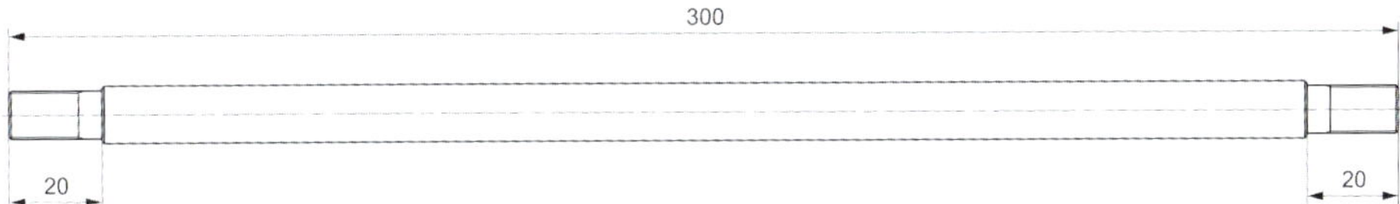

Die Funktionsweise wird anhand einer Welle mit dem *Typ Regulär* dargestellt. Nach dem Starten des Befehls wählen Sie die Ansicht, die verkürzt werden soll. Im nächsten Schritt definieren Sie zwei Punkte, an denen die Ansicht in etwa aufgebrochen werden soll. Nach der Definition können Sie die Punkte mithilfe von Handles wie gewünscht positionieren.

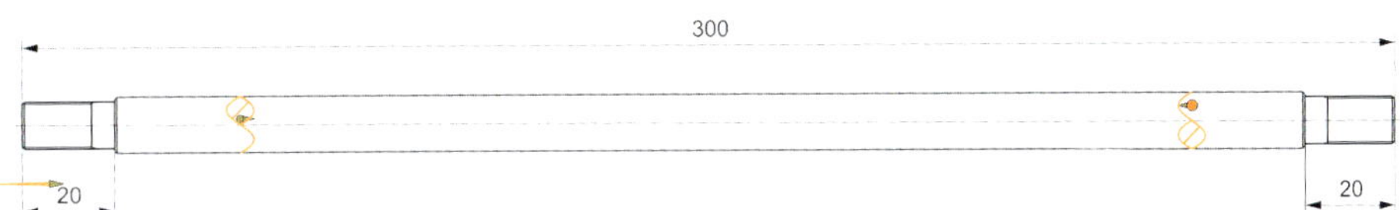

Mit *Lücke* bestimmen Sie die Breite der Lücke und mit *Stil* die Darstellungsart. Je nach gewähltem Stil können Sie weitere Einstellungen vornehmen. Zudem können Sie mit den *Schraffureinstellungen* die Parameter der Schraffur anpassen. Mit einem Doppelklick auf die Schraffur bzw. auf das Element im *Teile-Navigator* können Sie einen bestehenden Ansichtsbruch nachträglich anpassen.

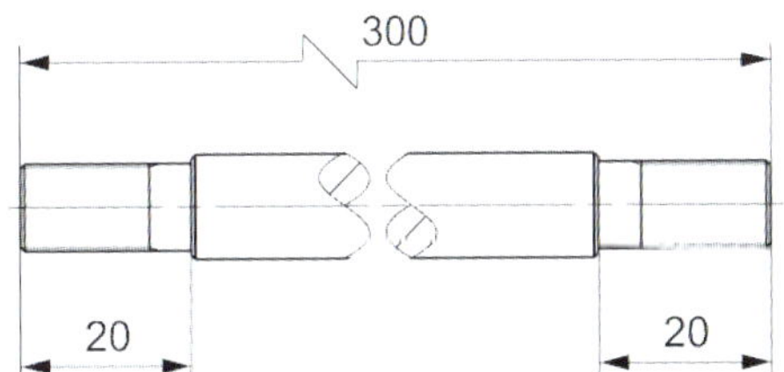

■ 6.5 Ansichten bearbeiten

Bestehende Ansichten können mit dem Befehl **BEARBEITEN** bearbeitet werden. Den Befehl finden Sie an jeder Ansicht in der Kontext-Miniauswahlleiste oder im Kontextmenü selbst. Hierbei macht es keinen Unterschied, ob Sie die Ansicht im *Grafikbereich* oder im *Teile-Navigator* mit **MT3** selektieren. Der Befehl bietet Zugriff auf die Einstellungen beim Erstellen der Ansicht. So können Sie beispielsweise nachträglich die Orientierung, den Maßstab oder verdeckte bzw. nicht geschnittene Komponenten definieren.

Bearbeiten (Edit)

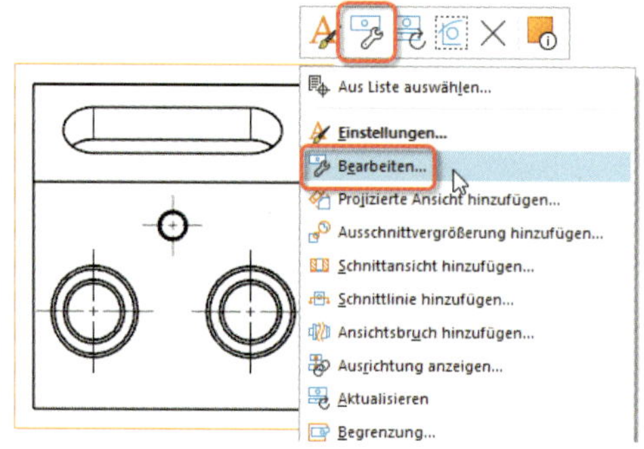

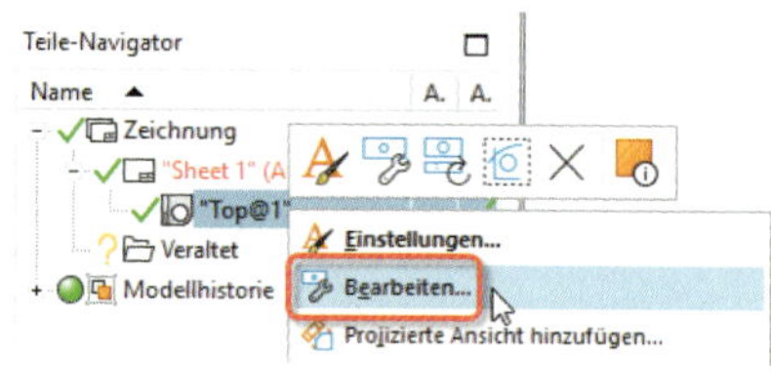

6.5.1 Ansichtsbegrenzung

Ansichtsbegrenzung (View Boundary)

Der Befehl **ANSICHTSBEGRENZUNG** erlaubt es, den sichtbaren Teil einer Ansicht zu definieren. NX legt diese Begrenzung mit einem automatischen Rechteck so fest, dass alle Objekte des Modells innerhalb der **ANSICHTSBEGRENZUNG** liegen und somit sichtbar sind. Für Fälle, in denen der sichtbare Bereich begrenzt werden soll, stehen mehrere Optionen zur Verfügung, um die **ANSICHTSBEGRENZUNG** zu definieren.

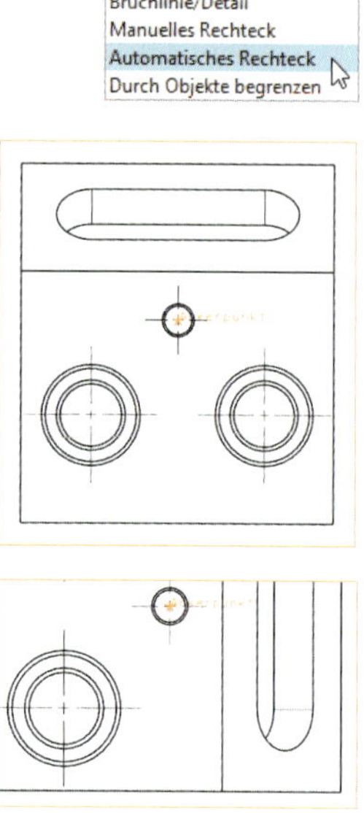

- *Automatisches Rechteck*: Die rechteckige Begrenzung wird nach der Modellgröße berechnet, damit alle Objekte dargestellt werden. Bei Modelländerungen erfolgt eine automatische Größenanpassung.
- *Manuelles Rechteck*: Mit dem Aufziehen eines Rechtecks legen Sie die Größe der Begrenzung fest. Nur Objekte innerhalb des Rechtecks werden dargestellt.
- *Bruchlinie/Detail*: Die Begrenzung wird mit zusätzlichen Kurven aus einer Skizzenansicht definiert. Bei offenen Kurvenzügen werden Start- und Endpunkt automatisch verbunden. Im dargestellten Beispiel wurde ein geschlossener Spline verwendet.
- *Durch Objekte begrenzen*: Die Begrenzung wird definiert durch Kanten oder Punkte, auf deren Basis ein Rechteck als Ansichtsbegrenzung erstellt wird. Bei Modelländerungen erfolgt eine automatische Anpassung. Im Beispiel wurden die hervorgehobenen Kanten zur Definition der Ansichtsgrenzen gewählt.

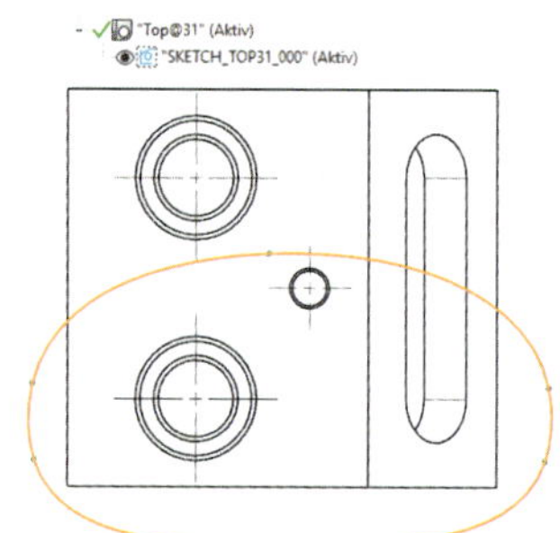

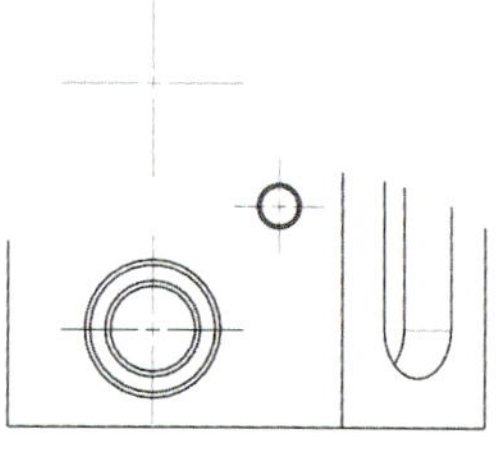

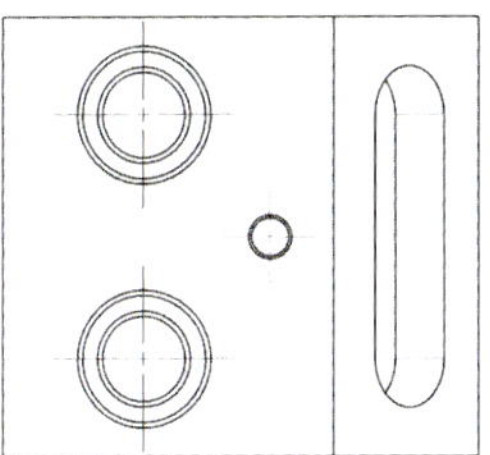
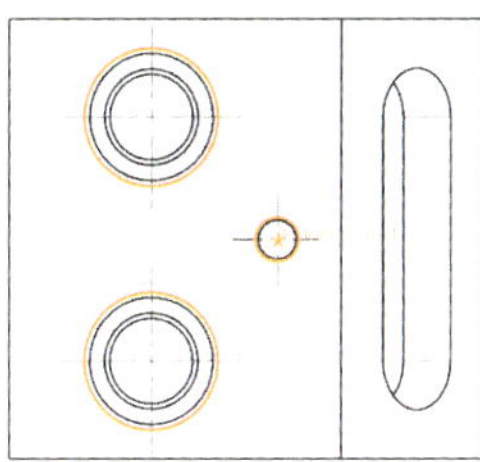
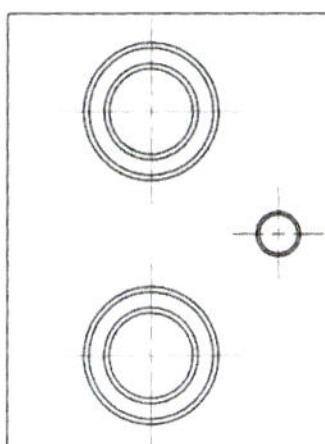

6.5.2 Ansichten aktualisieren

Ansichten aktualisieren (Update Views)

Wenn nach dem Erstellen von Ansichten Änderungen am 3D-Modell vorgenommen wurden, sind die Ansichten nicht aktuell. Um die Ansichten mit dem geänderten 3D-Modell abzugleichen, steht der Befehl **ANSICHTEN AKTUALISIEREN** zur Verfügung. Im Standard werden alle Ansichten ausgewählt. Ansichten, die nicht aktuell sind, werden im *Teile-Navigator* mit einer symbolischen Uhr gekennzeichnet. Aktuelle Ansichten hingegen mit einem grünen Haken. Die Abbildung zeigt hierfür ein Beispiel.

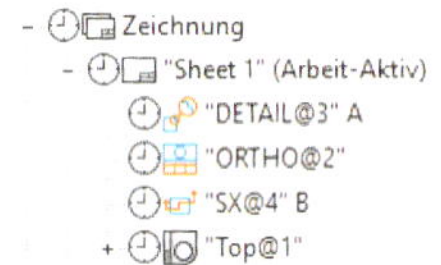

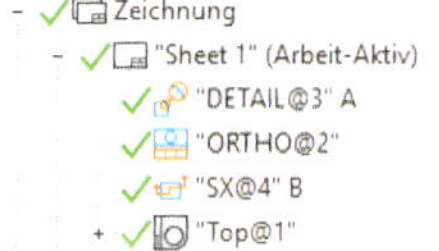

6.5.3 Ansichtsabhängiges Bearbeiten

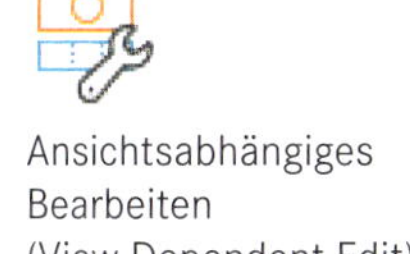

Ansichtsabhängiges Bearbeiten (View Dependent Edit)

Der Befehl **ANSICHTSABHÄNGIGES BEARBEITEN** erlaubt die Anpassung einer assoziativen Ansicht durch Hinzufügen von Änderungen. Durch Änderungen können Objekte gelöscht oder deren Darstellung angepasst werden. Definierte Bearbeitungen können mit **BEARBEITUNGEN LÖSCHEN** wieder gelöscht werden. Die Benutzerführung ist hier nicht ganz konsistent. Deshalb müssen Sie beim Bearbeiten zunächst die Änderung definieren und anschließend die Objekte auswählen, auf die Ihre Änderung angewendet werden soll. Es wird empfohlen, die Anweisungen in der Hinweis-Zeile (vgl. Abschnitt 2.3) zu beachten. Mit **ABHÄNGIGKEIT KONVERTIEREN** können Sie Objekte von der Ansicht ins Modell oder umgekehrt konvertieren.

6.6 Symmetrie- und Mittellinien

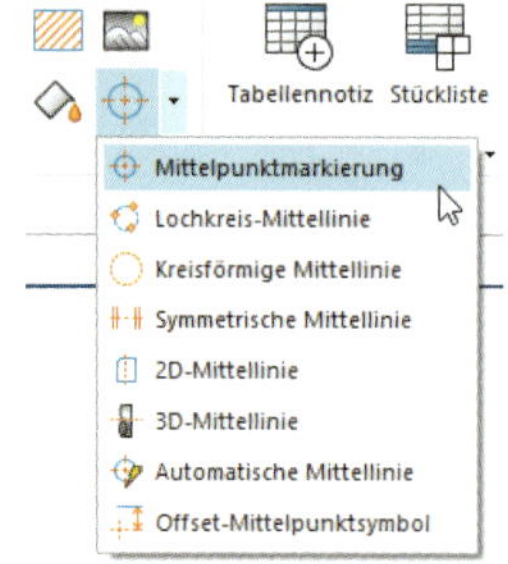

Bei der Ansichtserstellung werden Mittellinien teilweise automatisch erzeugt. Um weitere Symmetrie- und Mittellinien hinzuzufügen und ihre Darstellung zu bearbeiten, steht das Drop-down **MITTELLINIE** zur Verfügung. Dieses enthält die entsprechenden Befehle für das Erstellen der verschiedenen Mittel- und Symmetrielinien.

6.6.1 Mittelpunktmarkierung

Mittelpunktmarkierung (Center Mark)

Mit dem Befehl **MITTELPUNKTMARKIERUNG** können Sie sehr komfortabel bei Kreisen oder Kreisbögen eine Markierung des Mittelpunkts erzeugen. Es wird empfohlen, das Fangen von Mittelpunkten in der Auswahlleiste zu aktivieren.

Nach Auswahl eines Kreises können Sie die Größe der Mittellinien durch Ziehen am Handle anpassen und die Mittellinien dann mit **OK** erzeugen. Wenn Sie einen weiteren Kreis auswählen, werden die gewählten Kreise mit einer Mittellinie verbunden. Wenn die Verbindung mehrerer Kreise mit einer **einzelnen** Mittellinie nicht möglich ist, können Sie die Option *Mehrere Mittelpunktmarkierungen erzeugen* verwenden.

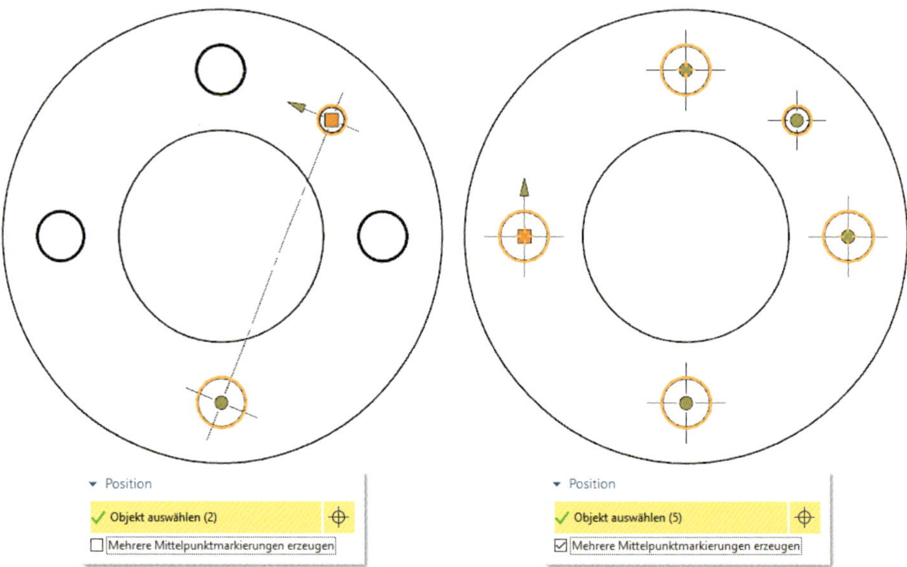

In den Einstellungen können Sie weitere Parameter der Mittellinien steuern. So können Sie beispielsweise durch Setzen der Option *Erweiterungen individuell festlegen* jede Linie einzeln durch Ziehen am Handle anpassen.

Im Bereich *Übernehmen* können Sie die Parameter für neue Mittellinien übernehmen. Hierfür müssen Sie lediglich eine Mittellinie als Quellelement auswählen.

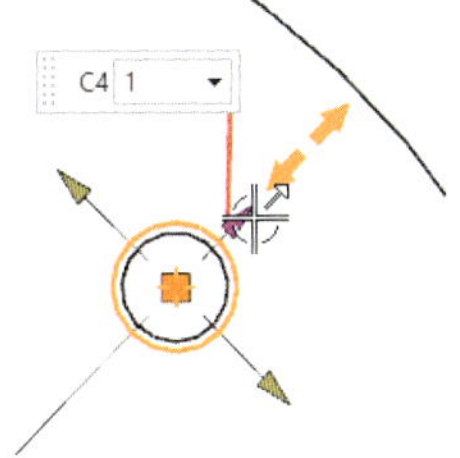

6.6.2 Lochkreis-Mittellinie

Der Befehl **LOCHKREIS-MITTELLINIE** unterstützt Sie beim Erstellen von Mittellinien für Lochkreise. Hierbei können Sie zwischen den Methoden *Durch 3 oder mehr Punkte* oder *Mittelpunkt* wählen. Bei Verwendung von *Mittelpunkt* sind die Mittelpunkte des Lochkreises und der Bohrungen erforderlich, während *Durch 3 oder mehr Punkte* den Mittelpunkt des Lochkreises automatisch aus drei Bohrungen ermittelt. Bei Lochkreisen mit mehr als drei Bohrungen ist die Auswahl aller Bohrungen erforderlich, damit radiale Mittellinien für alle Bohrungen erzeugt werden. Mit der Option *Vollkreis* steuern Sie, ob die Mittellinie des Lockreises vollständig oder teilweise dargestellt wird.

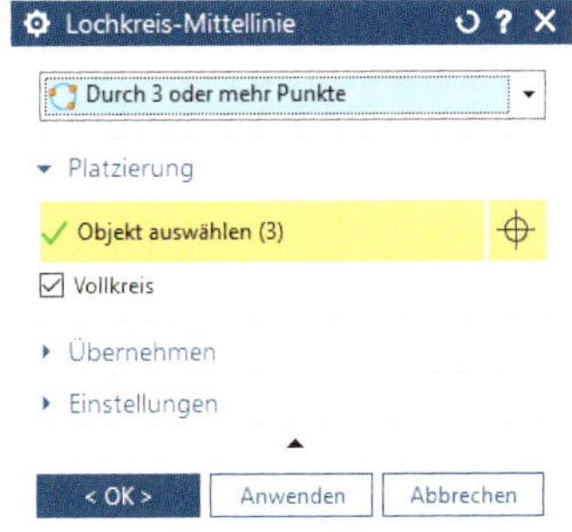

Lochkreis-Mittellinie (Bolt Circle Centerline)

TIPP: Die Selektionsreihenfolge beim Erstellen von Teilkreisen hat Einfluss auf die Darstellung des Teilkreises. Wählen Sie für eine minimale Darstellung die Bohrungen entgegen dem Uhrzeigersinn aus.

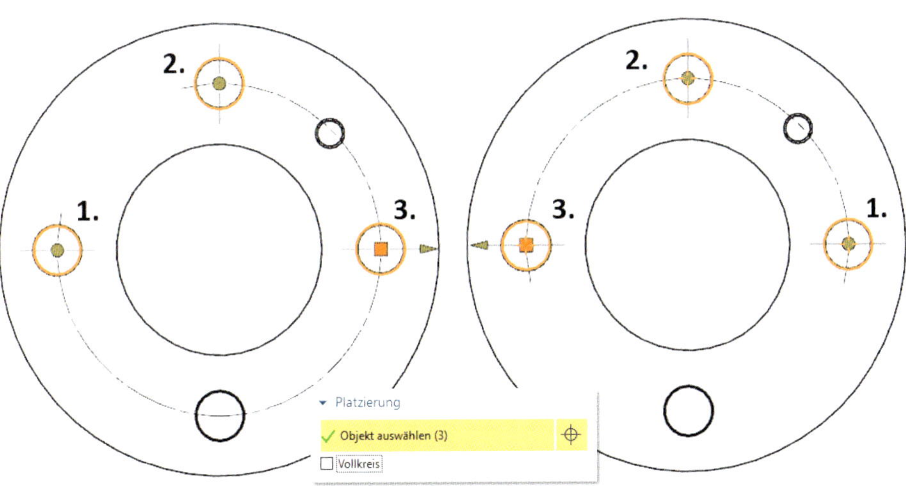

6.6.3 Kreisförmige Mittellinie

Kreisförmige Mittellinie (Circular Centerline)

Der Befehl **KREISFÖRMIGE MITTELLINIE** erstellt im Vergleich zu **LOCHKREIS-MITTELLINIE** keine radialen Mittellinien. Ansonsten ist die Funktionsweise identisch (vgl. Abschnitt 6.6.2).

6.6.4 2D-Mittellinie

2D-Mittellinie (2D Centerline)

Der Befehl **2D-MITTELLINIE** erlaubt das Erstellen von 2D-Mittellinien. Die erforderlichen Punkte können manuell definiert oder von Kurven abgeleitet werden. Der Typ *Punkte* erfordert die Definition von Start- und Endpunkt der zu erzeugenden Mittellinie. Zusätzlich können Sie einen *Offset* definieren, um den die Linie beidseitig verlängert wird.

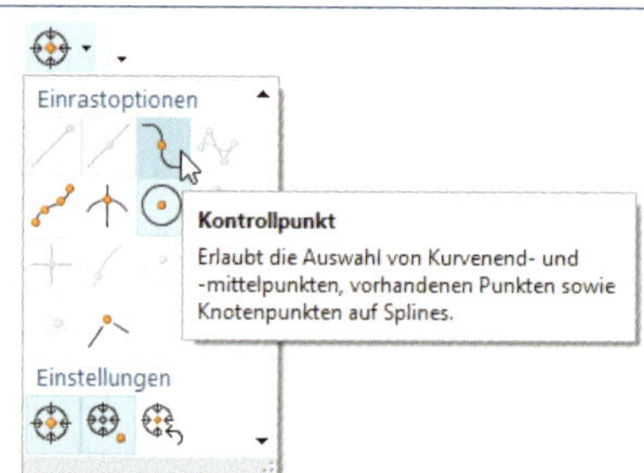

Die Abbildung zeigt eine beispielhafte Anwendung der beiden Varianten. Im linken Bildelement wurden jeweils die Mittelpunkte gefangen. Hierbei sollte in der Auswahlleiste **PUNKT FANGEN > KONTROLLPUNKT** aktiv sein. Im rechten Bildelement wurden die beiden Linien gewählt.

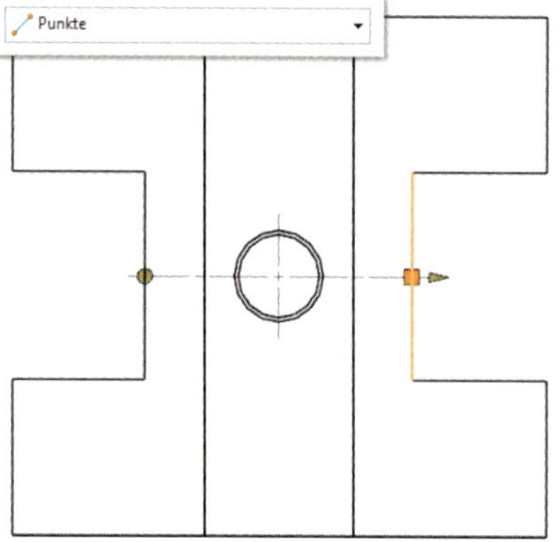

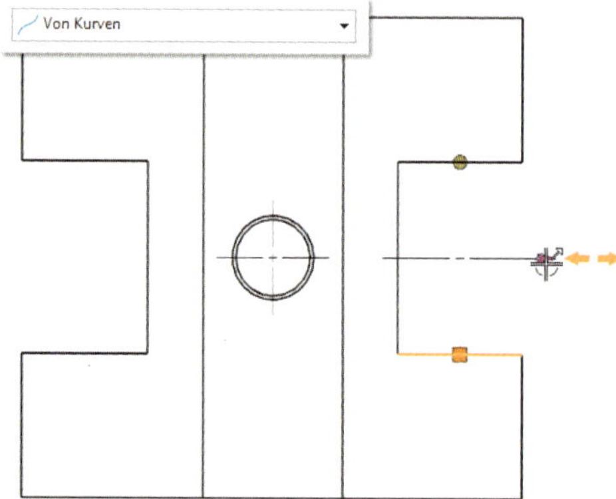

6.6.5 3D-Mittellinie

Mit dem Befehl **3D-MITTELLINIE** können Sie Mittellinien auf Basis der Oberflächenachsen erzeugen. Wählen Sie hierzu die entsprechenden Flächen aus, um die abgeleitete Mittellinie zu erzeugen. Die Option *Ausgerichtete Mittellinien* sorgt hierbei für eine gleichmäßige Länge der Mittellinien. Hierbei gibt die erste selektierte Fläche die Länge der Mittellinie vor. Die Abbildung zeigt hierfür ein Beispiel.

3D-Mittellinie
(3D Centerline)

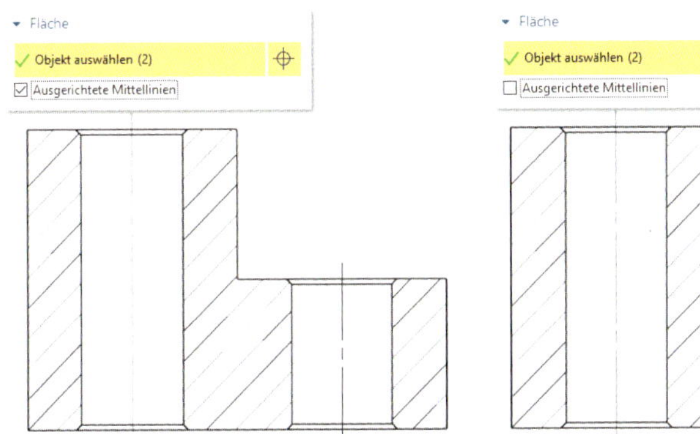

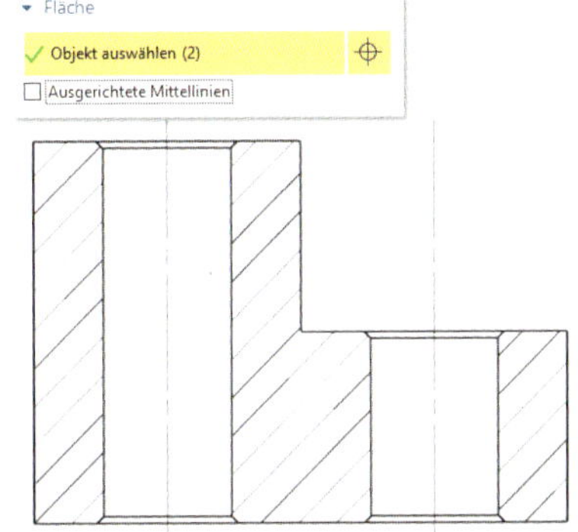

6.6.6 Symmetrische Mittellinie

Der Befehl **SYMMETRISCHE MITTELLINIE** erlaubt das Erstellen einer Symmetrielinie. Bemaßungen zur Symmetrielinie werden in ihrem Wert verdoppelt. Die Abbildung zeigt einen Anwendungsfall. Die Symmetrielinie wurde hierbei mit dem Typ *Start und Ende* definiert.

Symmetrische Mittellinie
(Symmetrical Centerline)

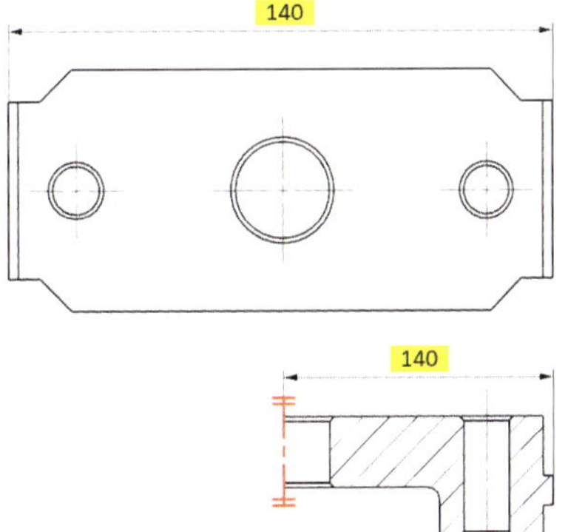

6.6.7 Automatische Mittellinie

Automatische Mittellinie (Automatic Centerline)

Der Befehl **AUTOMATISCHE MITTELLINIE** erlaubt das automatische Erstellen von Mittellinien für alle zylindrischen oder konischen Elemente einer Ansicht. Die Elemente müssen parallel oder senkrecht zur Zeichnungsebene verlaufen. Die Abbildung zeigt ein Beispiel für die Anwendung. Ausgangslage ist eine Zeichnung mit drei Ansichten ohne Mittellinien.

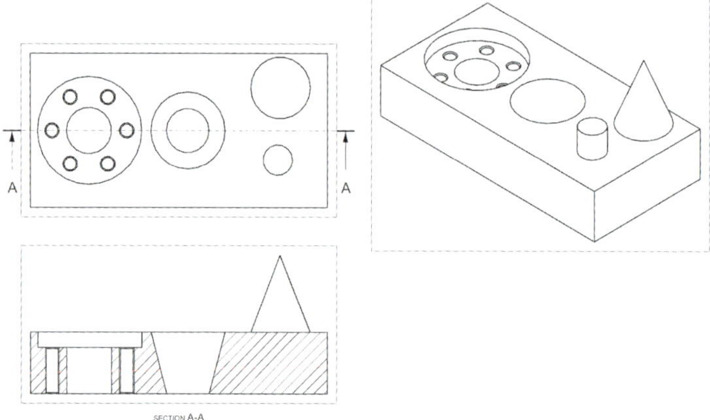

Nach dem Starten des Befehls **AUTOMATISCHE MITTELLINIE** und Auswahl der Ansichten werden die Mittellinien, mit Ausnahme der konischen Bohrung, in der räumlichen Darstellung automatisch erzeugt. Für die Bohrung können Sie den Befehl **3D-MITTELLINIE** verwenden, um die Mittellinie zu erstellen.

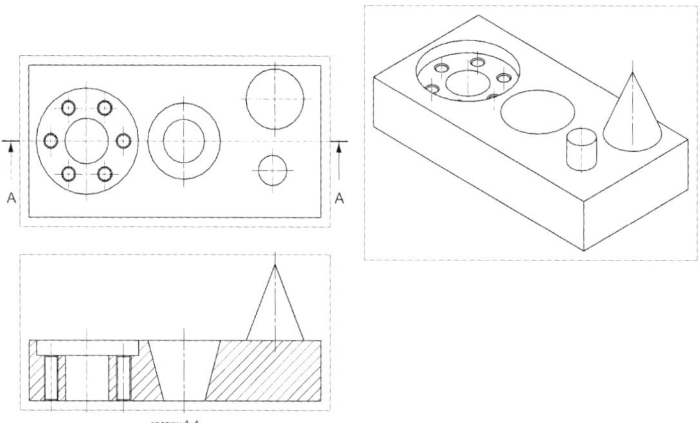

HINWEIS: Automatisch erstellte Mittellinien sind nicht assoziativ. Wenn Sie beispielsweise zunächst die Mittellinien für die Bohrungen eines Lochkreises mit sechs Bohrungen erstellen und später den Lochkreis um zwei Bohrungen reduzieren, ist es erforderlich, überflüssige Mittellinien manuell zu löschen.

6.6.8 Offset-Mittelpunktsymbol

Der Befehl **OFFSET-MITTELPUNKTSYMBOL** erlaubt es, einen versetzten Mittelpunkt darzustellen. Dies ist insbesondere beim Bemaßen großer Bögen hilfreich, wenn der Mittelpunkt außerhalb der Blattgrenzen liegt. Bemaßungen werden so berechnet, als ob diese den realen Mittelpunkt referenzieren. Die Abbildung zeigt einen solchen Anwendungsfall.

Offset-Mittelpunktsymbol (Offset Center Point Symbol)

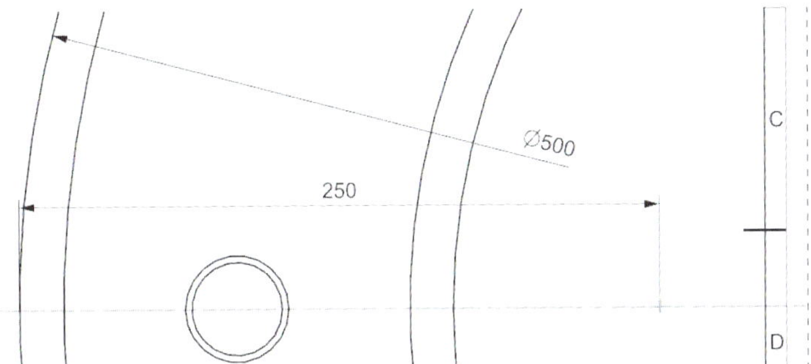

6.7 Bemaßungen

Das Bemaßen einer Zeichnung erfolgt nahezu intuitiv, dabei werden Sie mit einem Befehl zur Schnellbemaßung oder durch einen explizit ausgewählten Bemaßungstyp unterstützt. Die Beschriftung an sich ist sehr vielfältig, sodass hier leider nicht auf jedes Detail eingegangen werden kann. Die Befehle zur Bemaßung werden in den folgenden Abschnitten vorgestellt.

6.7.1 Schnellbemaßung

Der Befehl **SCHNELLBEMASSUNG** wirkt wie ein Vorfilter, indem er anhand der gewählten Objekte und der Position des Mauscursors eine entsprechende Bemaßung erstellt.

Die verfügbaren Methoden (siehe Abbildung) werden im Folgenden erläutert.

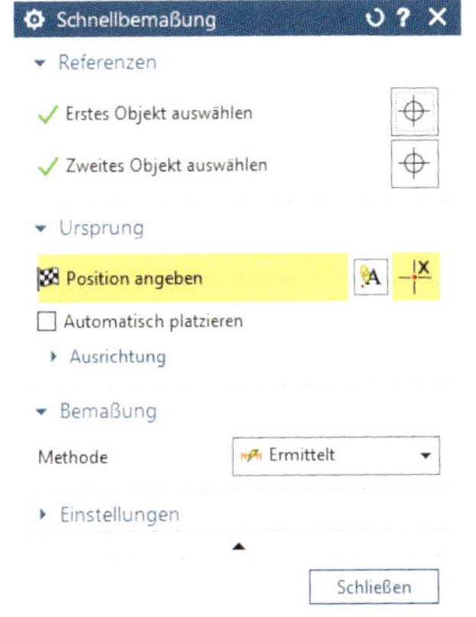

Schnellbemassung (Rapid Dimension)

	ERMITTELT	Die Methode für die Bemaßung wird von den gewählten Objekten und der Position des Cursors abgeleitet.
	HORIZONTAL	Bemaßen des horizontalen Abstands zwischen zwei Objekten
	VERTIKAL	Bemaßen des vertikalen Abstands zwischen zwei Objekten
	PUNKT-ZU-PUNKT	Bemaßen des kürzesten Abstands zwischen zwei Objekten
	SENKRECHT	Bemaßen des kürzesten rechtwinkligen Abstands zwischen zwei Objekten
	ZYLINDRISCH	Bemaßen des Durchmessers eines Zylinders oder Kreises in der Seitenansicht
	ROTATORISCH (Winkel)	Bemaßen eines Winkels zwischen zwei Objekten
	RADIAL	Bemaßen des Radius eines Zylinders oder Kreises
	DIAMETRAL	Bemaßen des Durchmessers eines Zylinders oder Kreises

6.7.2 Lineare Bemaßung

Lineare Bemassung (Linear Dimension)

Der Befehl **LINEARE BEMASSUNG** dient dem Erstellen linearer Bemaßungen. Der Dialog unterscheidet sich an der ein oder anderen Stelle zum Befehl **SCHNELLBEMASSUNG**. Grundsätzlich kann beim Erstellen linearer Bemaßungen ein *Bemaßungssatz* definiert werden. Mit diesem ist das Erstellen von Grundlinien- und Kettenbemaßungen möglich. Die Orientierung kann mithilfe der folgenden Methoden definiert werden.

6.7.2.1 Horizontal/Vertikal

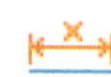 

Horizontal/Vertikal (Horizontal/Vertical)

Mit dieser Methode erfolgt das Bemaßen des horizontalen oder vertikalen Abstands zwischen zwei Objekten.

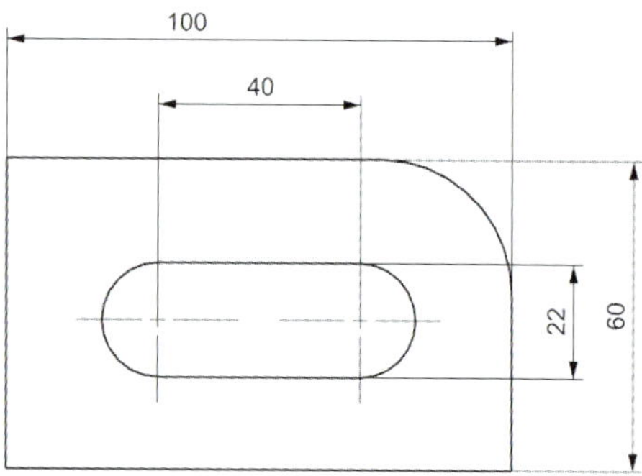

6.7.2.2 Grundlinie/Kette

Grundlinie/Kette (Baseline/Chain)

Beim Erstellen einer Grundlinien- oder Kettenbemaßung ist lediglich die Definition weiterer Endpunkte erforderlich. Der jeweilige Startpunkt entspricht bei einer Grundlinienbemaßung immer der Grundlinie und bei der Kettenbemaßung dem Endpunkt der letzten Bemaßung. Über den Bemaßungssatz *Objekt auswählen* können weitere Punkte angegeben werden. Die Abbildung zeigt ein Beispiel für die Anwendung.

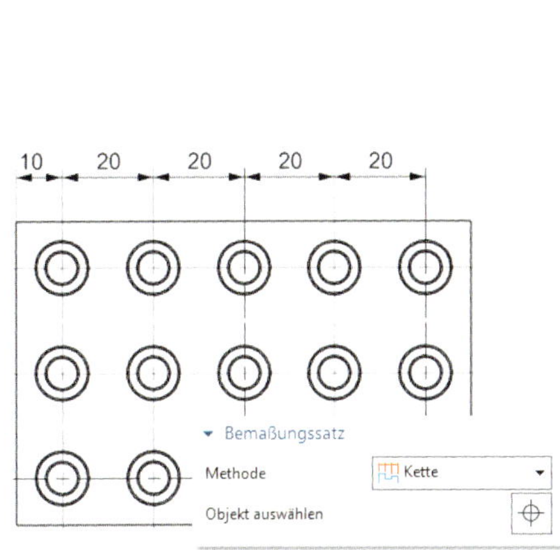

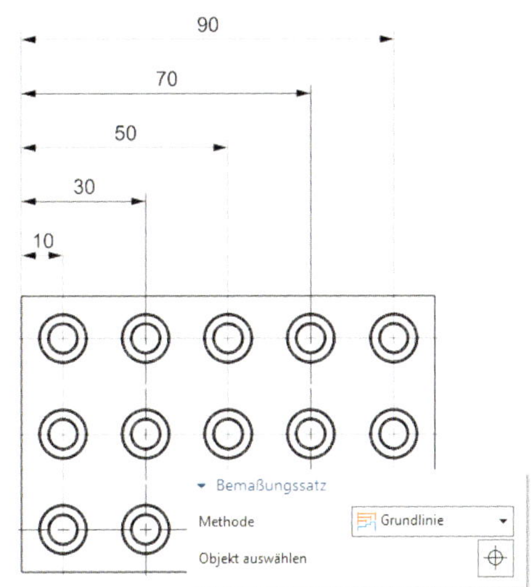

6.7.2.3 Punkt-zu-Punkt

Mit dieser Methode erfolgt das Bemaßen des kürzesten Abstands zwischen zwei Objekten.

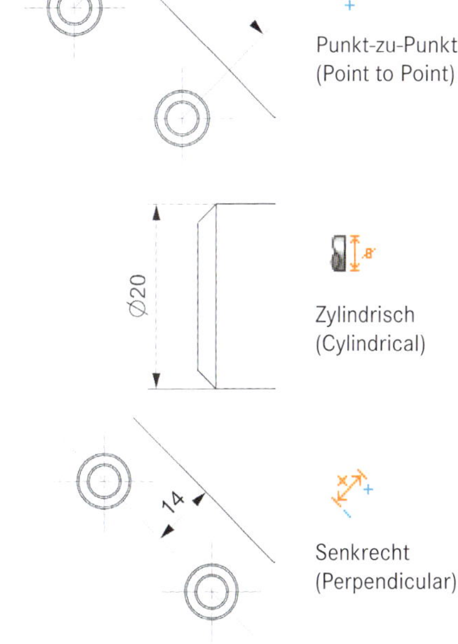

6.7.2.4 Zylindrisch

Mit dieser Methode erfolgt das Bemaßen eines Durchmessers in der 2D-Ansicht. Hierbei wird das Durchmessersymbol hinzugefügt.

6.7.2.5 Senkrecht

Mit dieser Methode erfolgt das Bemaßen des kürzesten rechtwinkligen Abstands zwischen zwei Objekten.

6.7.2.6 Bohrungs-Callout

Mit dieser Methode erfolgt das Erstellen einer Bohrungsbezeichnung auf Basis der Bohrungsparameter.

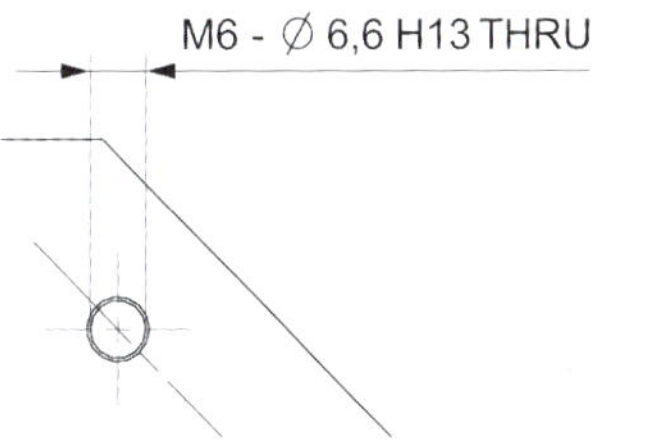

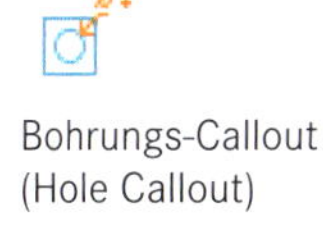

6.7.3 Radiale Bemaßung

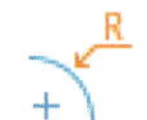

Radial/Radiale Bemassung (Radial Dimension)

Der Befehl **RADIAL** dient dem Erstellen von radialen Bemaßungen an kreisförmigen Zeichnungsobjekten.

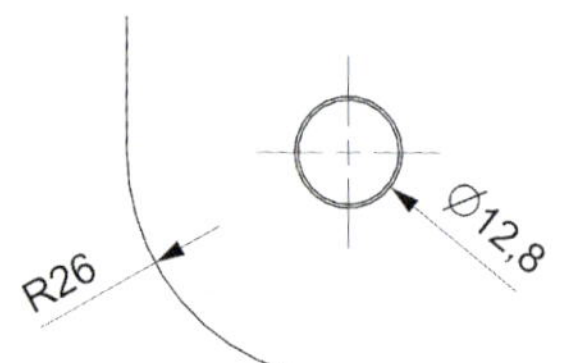

6.7.4 Winkelbemaßung

Rotatorisch/Winkelbemassung (Angular Dimension)

Der Befehl **ROTATORISCH** dient dem Erstellen von Winkelbemaßungen. Nach der Auswahl der beiden Maßschenkel können Sie die Bemaßung wie gewünscht auf der Zeichnung platzieren.

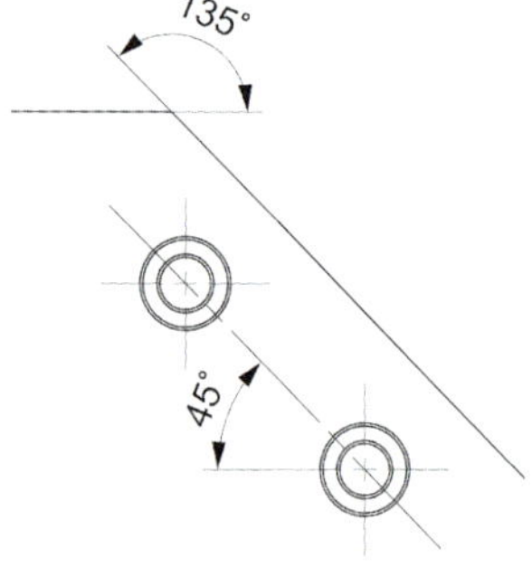

6.7.5 Fasenbemaßung

Fase/Fasenbemassung (Chamfer Dimension)

Mit dem Befehl **FASENBEMASSUNG** können Sie sehr komfortabel die Bemaßung für eine 45°-Fase erstellen. Die Abbildung zeigt hierfür ein Beispiel. Für Fasen mit abweichendem Winkel stehen die Standardbemaßungstechniken zur Verfügung.

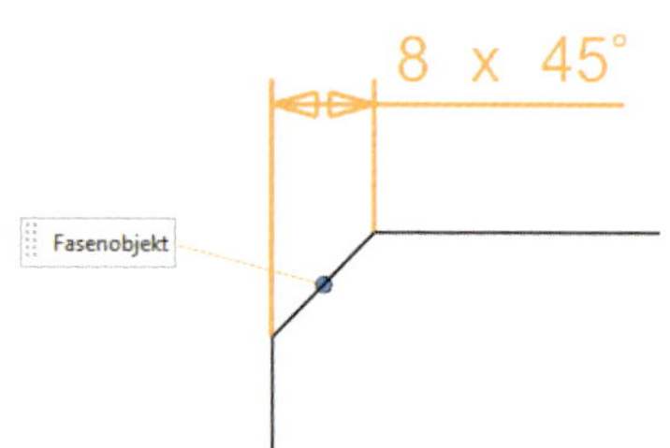

6.7.6 Dickenbemaßung

Stärke/Dickenbemassung (Thickness Dimension)

Mit dem Befehl **DICKENBEMASSUNG** können Sie den Abstand zwischen zwei Kurven bemaßen. In der Standardrolle ist dieser Befehl in der Menübandleiste nicht direkt sichtbar. Sie können den Befehl, wie auch weitere, über den schwarzen Pfeil der Gruppe *Bemaßung* hinzufügen.

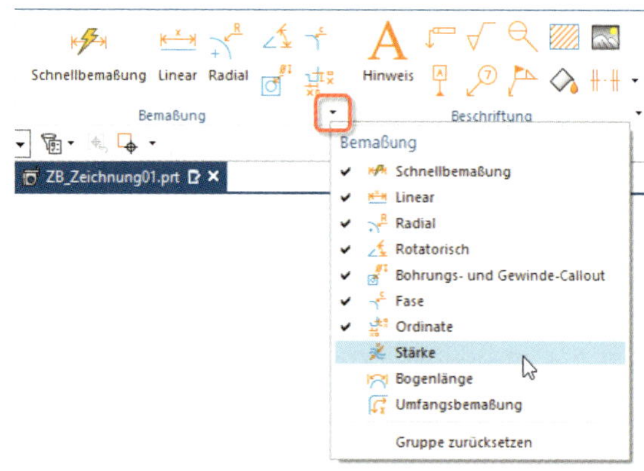

Bei der Auswahl ist der Punkt relevant, an dem Sie die erste Kurve selektieren, da der Abstand zur zweiten Kurve in Richtung der Normalen des Punkts gemessen wird. Die Abbildung zeigt das Erstellen einer Abstandsbemaßung zwischen zwei Spline-Kurven.

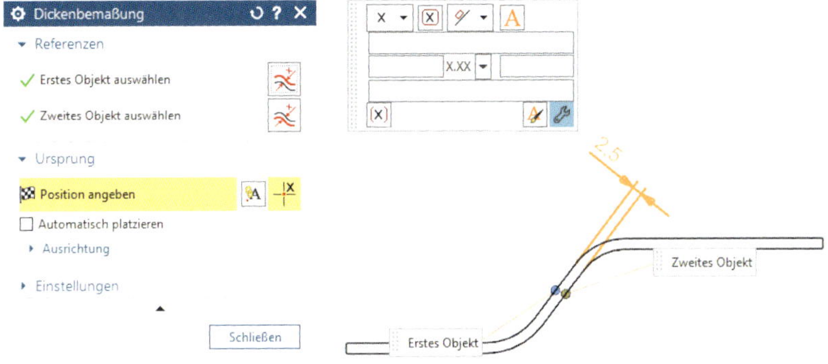

6.7.7 Bemaßung der Bogenlänge

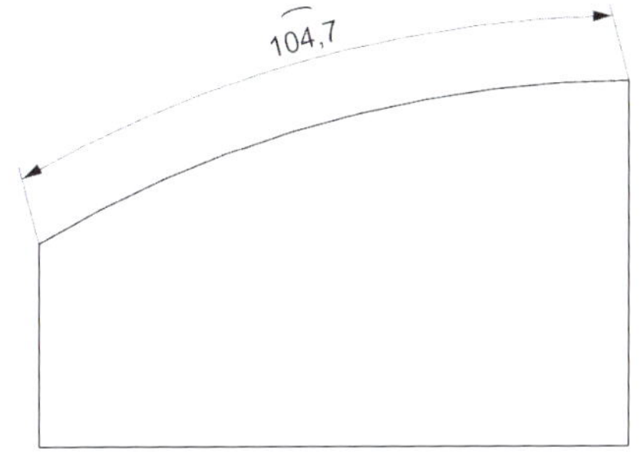

Der Befehl **BOGENLÄNGE** dient dem Erstellen von Bemaßungen für Bogenlängen.

Bogenlänge (Arc Length Dimension)

6.7.8 Umfangsbemaßung

Umfangsbemassung (Perimeter Dimension)

Mit dem Befehl **UMFANGSBEMASSUNG** können Sie den Umfang eines geschlossenen Kurvenzugs fixieren. Dieser Befehl funktioniert nur in Zusammenspiel mit einer Skizze, nicht mit abgeleiteter Geometrie. Die Funktionsweise wird anhand eines simplen Beispiels erläutert. Die Länge der Kanten eines Rechtecks ergeben zusammen 200 mm. Durch Ändern des Werts von 40 mm auf 50 mm werden die waagerechten Kanten verlängert und die senkrechten Kanten entsprechend verkürzt, damit der Umfang wieder 200 mm ergibt.

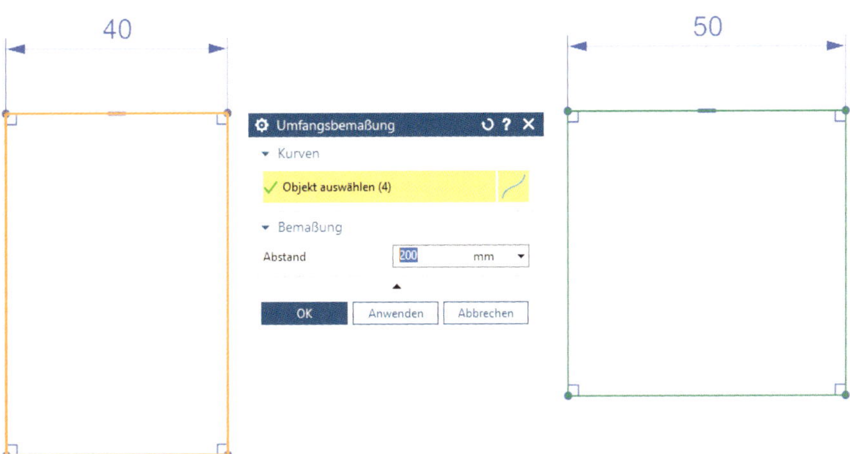

HINWEIS: Bitte beachten Sie, dass Sie nach Bestätigen mit **OK** keine zusätzliche Information im Grafikfenster sehen. Das Ergebnis des Befehls ist ein *Ausdruck*. Diesen finden Sie in der Menübandleiste unter **WERKZEUGE> AUSDRÜCKE**. Sie müssen hierzu allerdings in die Anwendung **KONSTRUKTION** wechseln.

6.7.9 Ordinatenbemaßung

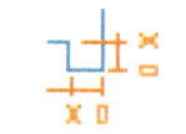

Ordinate/Ordinatenbemassung (Ordinate Dimension)

Der Befehl **ORDINATENBEMASSUNG** dient dem Erstellen von Ordinatenmaßen. Die Ordinatenbemaßung kann jeweils für einzelne Objekte oder für mehrere Objekte zugleich erstellt werden. Für Letzteres steht der Typ *Mehrere Bemaßungen* zur Verfügung.

Die Abbildung zeigt die Verwendung des Typ *Einzelne Bemaßung*.

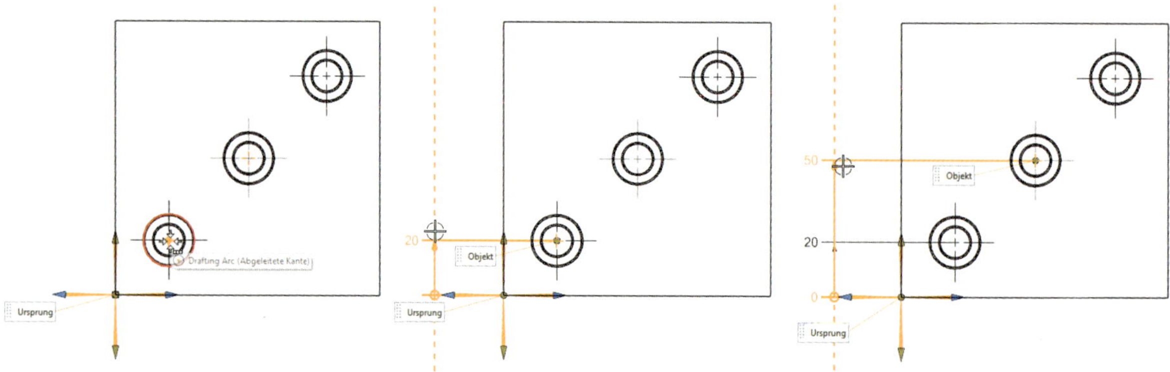

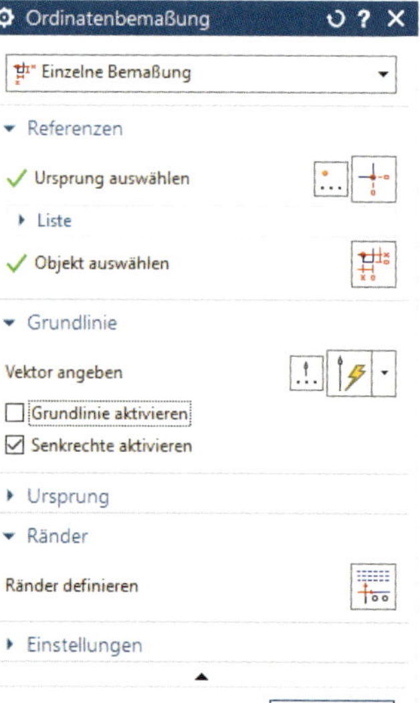

Nach der Definition eines Ursprungs wählen Sie das zu bemaßende Objekt und platzieren dann das erste Maß. Wählen Sie dann das nächste Objekt und platzieren dieses, indem Sie es an der ersten Bemaßung einrasten. Wiederholen Sie diesen Vorgang, bis Sie alle Objekte bemaßt haben.

Im Bereich *Grundlinie* können Sie definieren, ob die Bemaßung entlang eines Vektors (Grundlinie) stattfinden soll. In diesem Fall sollte *Grundlinie aktivieren* aktiv sein oder mit *Senkrechte aktivieren* senkrecht dazu.

Zudem besteht die Möglichkeit, unter *Ränder* Hilfslinien zu erstellen, die das definierte Platzieren der Bemaßungen erleichtern. Verwenden Sie hierfür die Option **RÄNDER DEFINIEREN**.

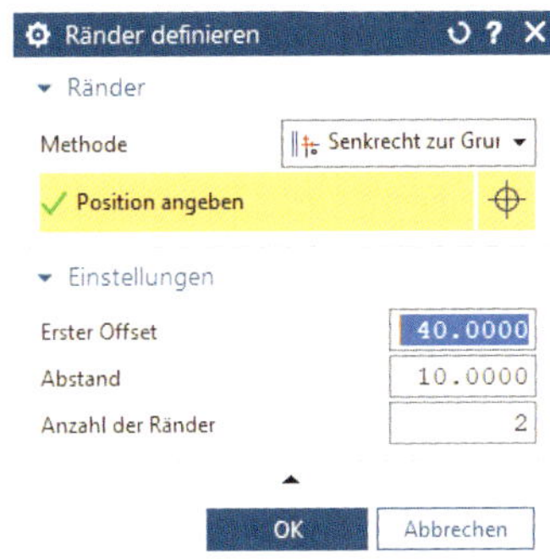

Vor dem Anwenden des Typs *Mehrere Bemaßungen* ist es erforderlich, entsprechende Hilfslinien für die Bemaßungen zu definieren. Danach können Sie die zu bemaßenden Objekte mit einem Rahmen auswählen. Hierbei können Sie mit der Option *Nur Bogenmittelpunkte auswählen* festlegen, dass nur Bogenmittelpunkte gewählt werden. Die Abbildung zeigt hierfür ein Beispiel.

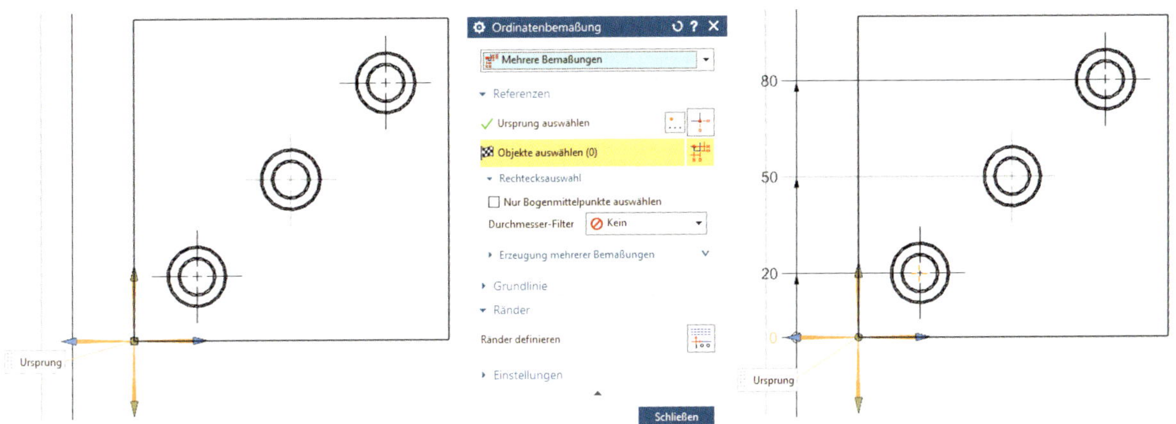

6.8 Form- und Lagetoleranzen

Das Erstellen von Form- und Lagetoleranzen mit der NX-Anwendung **ZEICHNUNGSERSTELLUNG** ist im Wesentlichen über die beiden im Folgenden vorgestellten Befehle realisierbar.

6.8.1 Bezugselementsymbol

Der Befehl **BEZUGSELEMENTSYMBOL** dient dem Erstellen eines Bezugselements. Definieren Sie nach dem Start des Befehls den gewünschten *Typ* im Bereich *Bezugspfeil* und legen dann den *Buchstaben* im Bereich *Bezugskennung* fest. Danach können Sie durch Klicken und Halten mit **MT1** das Bezugsobjekt erstellen. Mit einem weiteren Mausklick setzen Sie das Element ab. Mit einem Doppelklick auf ein *Bezugselementsymbol* wird der Dialog wieder geöffnet, um Anpassungen vorzunehmen. Der Bereich *Übernehmen* erlaubt es, die Parameter von einem anderen *Bezugselementsymbol* zu übernehmen.

Bezugselementsymbol (Datum Feature Symbol)

6.8.2 Toleranzrahmen

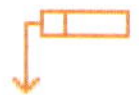

Toleranzrahmen (Feature Control Frame)

Der Befehl **TOLERANZRAHMEN** dient dem Erstellen des Symbols für die Definition der Form- oder Lagetoleranz. Hierfür steht insbesondere der Bereich *Form-/Lagetoleranzrahmen* zur Verfügung. Der Bereich *Text* erlaubt das Hinzufügen weiterer Texte und Symbole. Der Bereich *Übernehmen* erlaubt es, die Parameter von einem anderen *Toleranzrahmen* zu übernehmen. Die Abbildung zeigt ein Beispiel für die Anwendung mit einem **BEZUGSELEMENT-SYMBOL** des Typs *Bezug* sowie einem *Toleranzrahmen* mit Zusatztext.

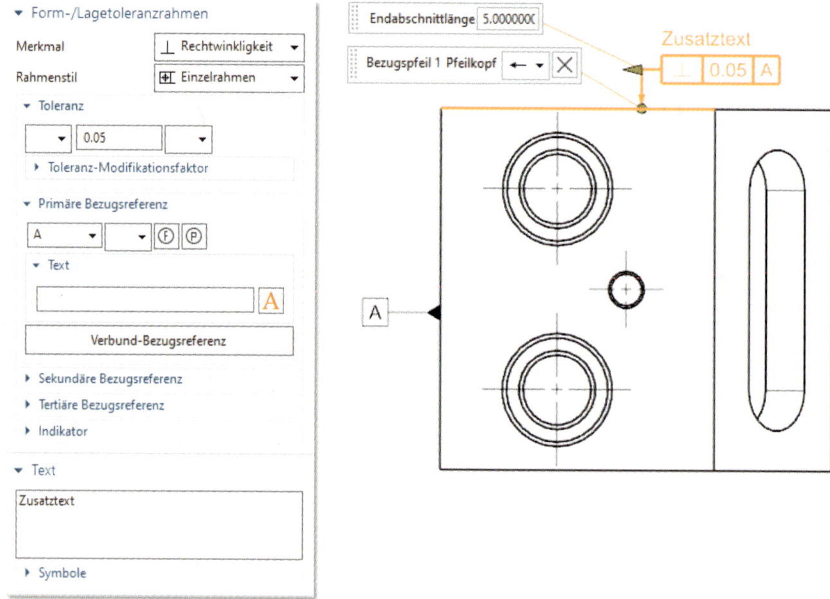

6.9 Oberflächensymbole

Dieser Abschnitt enthält die wesentlichen Informationen zum Kennzeichnen von Oberflächen.

Oberflächensymbol (Surface Finish Symbol)

Der Befehl **OBERFLÄCHENSYMBOL** dient dem Erstellen von Oberflächensymbolen nach den Standards ANSI/ASME 1996, ISO 1992, JIS, DIN 1992, ISO 2002, DIN 2002, GB 131-93 und ESKD.

Definieren Sie nach dem Starten des Befehls im Bereich *Attribute* mit *Materialentfernung* das gewünschte Symbol. Fügen Sie die benötigten Angaben zum Symbol hinzu. Beachten Sie hierbei die Legende für eine Zuordnung Ihrer Eingaben zum Symbol. Klicken Sie dann mit **MT1** an die ge-

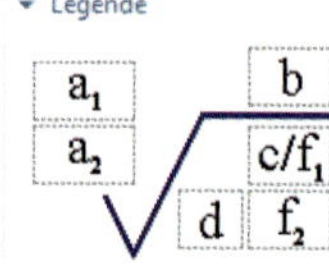

wünschte Position in der Zeichnung, um das Symbol abzusetzen. Wenn Sie **MT1** beim Absetzen gedrückt halten und die Maus bewegen, wird eine Bezugslinie erstellt. Abgesetzte Symbole können Sie mit einem Doppelklick anpassen. Mithilfe von Handles können Sie das Symbol anpassen.

Die Abbildung zeigt ein Beispiel für die Anwendung.

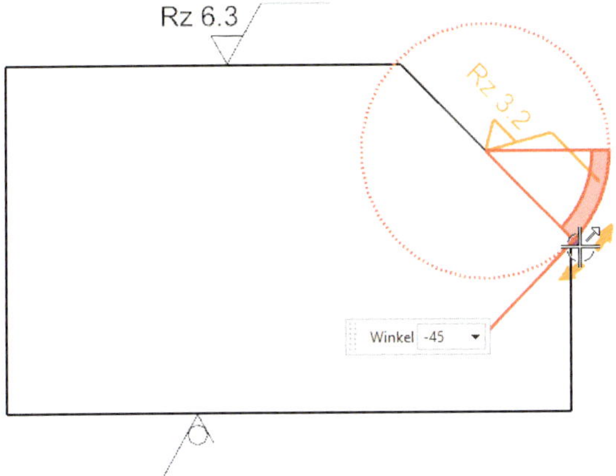

6.10 Schweißsymbole

Dieser Abschnitt enthält die wesentlichen Informationen zum Kennzeichnen von Schweißnähten.

Der Befehl **SCHWEISSSYMBOL** dient dem Erstellen von Schweißsymbolen. NX unterstützt Symbole der folgenden Standards: ASME, ISO, DIN, JIS, ESKD und GB. Aufgrund der vielfältigen Eingabemöglichkeiten verweisen wir an dieser Stelle auf die Online-Hilfe.

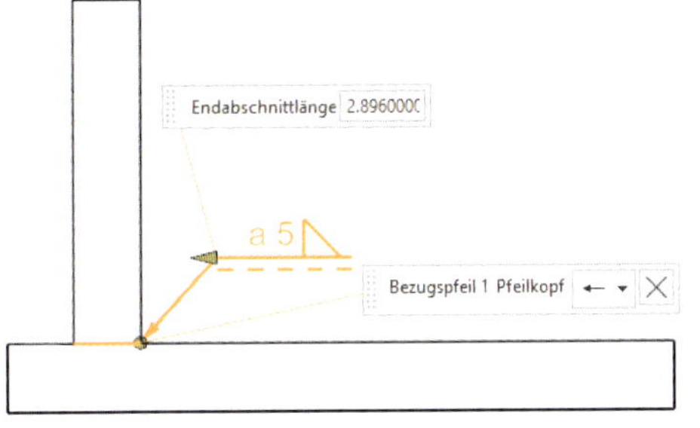

Schweisssymbol (Weld Symbol)

Nach dem Aufruf des Befehls und der Definition der erforderlichen Parameter platzieren Sie das Schweißsymbol auf der Zeichnung. Die Position wird hierbei assoziativ zu den Zeichnungsobjekten gespeichert. Für nachträgliche Änderungen rufen Sie den Dialog mit Doppelklick auf das Symbol wieder auf.

6.11 Hinweis

Hinweis (Note)

Der Befehl **HINWEIS** dient dem Erstellen von Anmerkungen auf Zeichnungen in Form von Text. Die Platzierung des Texts auf der Zeichnung kann entweder völlig frei oder abhängig von einem Objekt erfolgen. Bei abhängiger Platzierung bewegt sich der Text entsprechend mit, wenn das referenzierte Objekt bewegt wird.

Definieren Sie nach dem Start des Befehls zunächst im Bereich *Texteingabe* Ihren Text. Hierfür können Sie zusätzlich auf eine Vielzahl von Symbolen zugreifen. Diese sind mehreren Kategorien zugeordnet. Beispielsweise können Sie mit der Kategorie *Beziehungen* mit **AUSDRUCK EINFÜGEN** auf den Text eines Ausdrucks in einem Bauteil zugreifen oder sich mit **OBJEKTATTRIBUTE EINFÜGEN** auf die Attribute wie z. B. die Benennung des Bauteils beziehen. Die Abbildung zeigt hierfür ein Beispiel.

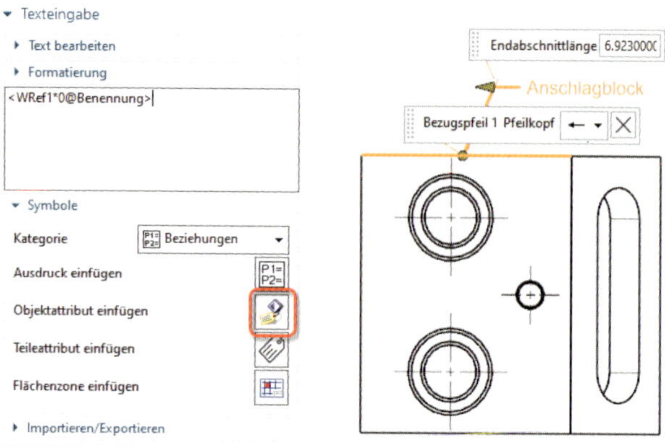

Verwenden Sie den Bereich *Formatierung*, um Ihren Text entsprechend zu formatieren, oder übernehmen Sie die Formatierung von einem vorhandenen *Hinweis* im Bereich *Übernehmen*. Wählen Sie dann in Bereich *Bezugspfeil* mit *Endobjekt auswählen* das Objekt aus, an dem die Hinweislinie enden soll. Die Option *Absatzposition festlegen* erlaubt es, abgewinkelte Hinweislinien zu erstellen. Zuletzt platzieren Sie Ihren Text mit *Position angeben* im Bereich *Ursprung*. Mit einem Doppelklick auf einen Hinweis öffnet sich der Dialog wieder, um die Parameter anzupassen.

6.12 Stücklisten und Positionsnummern

Für das Erstellen und Ändern von Tabellen und Stücklisten verwenden Sie die Befehle in der Gruppe *Tabelle* auf der Registerkarte *Startseite*.

Stückliste (Part List)

Der Befehl **STÜCKLISTE** erlaubt das Einfügen einer solchen. Diese wird automatisch aus der Baugruppenstruktur abgeleitet und kann auf der Zeichnung platziert werden. Nach dem Starten des Befehls **STÜCKLISTE** sehen Sie eine Vorschau der Stückliste, die Sie auf der Zeichnung platzieren können. Nach dem Absetzen mit **MT1** wird eine Standardstückliste automatisch aus der Baugruppenstruktur erzeugt. Im folgenden Beispiel enthält die Stückliste Angaben zur Positionsnummer, zum Teilenamen und zur Anzahl der Teile.

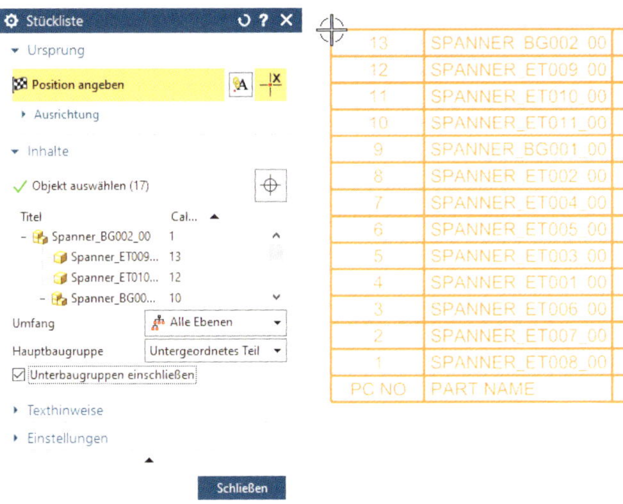

13	SPANNER_BG002_00	1
12	SPANNER_ET009_00	1
11	SPANNER_ET010_00	1
10	SPANNER_ET011_00	1
9	SPANNER_BG001_00	1
8	SPANNER_ET002_00	1
7	SPANNER_ET004_00	1
6	SPANNER_ET005_00	2
5	SPANNER_ET003_00	2
4	SPANNER_ET001_00	2
3	SPANNER_ET006_00	1
2	SPANNER_ET007_00	2
1	SPANNER_ET008_00	1
PC NO	PART NAME	QTY

Bearbeiten (Edit)

Die Stückliste kann an ihrem Ausrichtpunkt (linke obere Ecke) selektiert werden. Mit **MT3** wird ein umfangreiches Kontextmenü angezeigt. Durch **BEARBEITEN** gelangen sie in den **STÜCKLISTE**-Dialog und können die Stückliste anpassen. Sie haben mehrere Möglichkeiten, die angezeigten Komponenten in der Stückliste zu steuern. Im Bereich *Inhalt* können Sie durch *Objekte auswählen* die Komponenten im *Baugruppen-Navigator* auswählen. Hierbei verwenden Sie **STRG+MT1**, um Komponenten hinzuzufügen beziehungsweise abzuwählen. Diese werden dann im Dialog aufgelistet. Zeitgleich werden die ausgewählten Komponenten im *Baugruppen-Navigator* hervorgehoben.

Möchten Sie eine komplette Unterbaugruppe in die Auswahl nehmen, so sollten Sie zuvor die Option *Unterbaugruppen einschließen* aktivieren.

HINWEIS: Beim Deselektieren von Unterbaugruppen sollte die Option *Unterbaugruppen einschließen aktiv sein.*

Des Weiteren besteht die Möglichkeit, über *Umfang* und *Hauptbaugruppe* feste Filter zu verwenden.

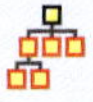

ALLE EBENEN: Prinzipiell werden alle Komponenten und Unterbaugruppen der Baugruppe angezeigt. Weitere Filter oder Selektionen von Komponenten können das Ergebnis beeinflussen.

NUR OBERSTE EBENE: Ist die Option *Untergeordnetes Teil* unter *Hauptbaugruppe* aktiv, so wird nur das direkt unter der Hauptbaugruppe aktive Teil angezeigt. Ist hier *Der Unterordnung untergeordnetes Teil* aktiv, so wird dieses Teil übersprungen. Auf dieses Weise werden beim Master-Modell-Konzept die korrekten Stücklisten erzeugt.

NUR BLÄTTER: Es werden alle Einzelteile einer Baugruppe angezeigt.

Als Beispiel soll nun eine Stückliste unter Verwendung des Master-Modell-Konzepts erzeugt werden. Dazu aktivieren Sie **ALLE EBENEN** unter *Umfang* und unter *Hauptgruppe* die Option *Der Unterordnung untergeordnetes Teil*.

Einstellungen (Settings)

Im nächsten Schritt modifizieren Sie die Überschriften der Spalten. Dazu selektieren Sie die Stückliste mit **MT3** oder wählen im Dialog **EINSTELLUNGEN > EINSTELLUNGEN**. Dadurch öffnen Sie den Dialog **STÜCKLISTENEINSTELLUNGEN**. Unter *Stückliste > Spalte* können Sie die Spalten anpassen. Hier ändern Sie unter *Inhalt > Titel* den Namen in **Pos Nr.** um. Stellen Sie jedoch zuvor sicher, dass in der unteren Tabelle die Zeile **PC NO** selektiert ist.

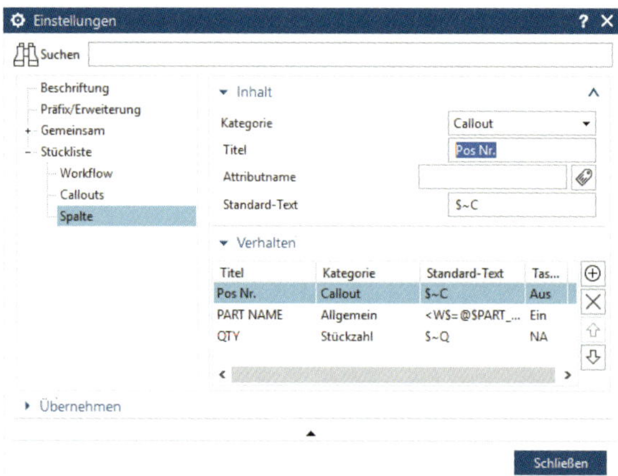

Im Beispiel wurde *PART NAME* in **Teilenummer** und *QTY* in **Anzahl** umbenannt.

Anschließend soll die Anordnung der Spalten geändert werden. Auch dies erfolgt über die Einstellungen der Stückliste. Hierzu besteht die Möglichkeit, die Reihenfolge der einzelnen Spalten in der Tabelle unter *Stückliste > Spalte* mit den Befehlen **NACH OBEN VERSCHIEBEN** bzw. **NACH UNTEN VERSCHIEBEN** zu verändern.

Pos Nr.	Teilenummer	Anzahl
12	SPANNER_ET009_00	1
11	SPANNER_ET010_00	1
10	SPANNER_ET011_00	1
9	SPANNER_BG001_00	1
8	SPANNER_ET002_00	1
7	SPANNER_ET004_00	1
6	SPANNER_ET005_00	2
5	SPANNER_ET003_00	2
4	SPANNER_ET001_00	2
3	SPANNER_ET006_00	1
2	SPANNER_ET007_00	2
1	SPANNER_ET008_00	1

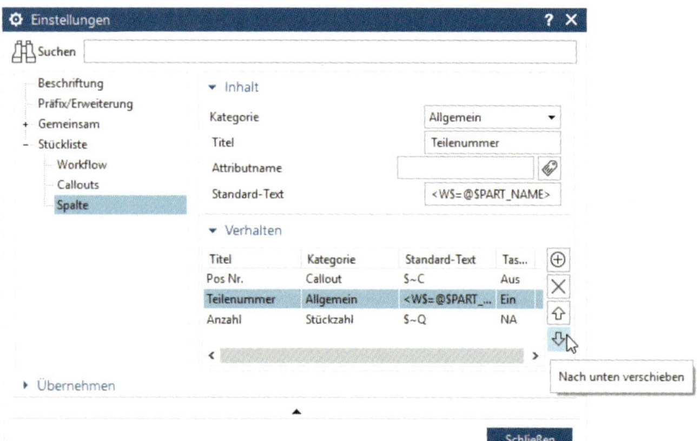

Pos Nr.	Anzahl	Teilenummer
12	1	SPANNER_ET009_00
11	1	SPANNER_ET010_00
10	1	SPANNER_ET011_00
9	1	SPANNER_BG001_00
8	1	SPANNER_ET002_00
7	1	SPANNER_ET004_00
6	2	SPANNER_ET005_00
5	2	SPANNER_ET003_00
4	2	SPANNER_ET001_00
3	1	SPANNER_ET006_00
2	2	SPANNER_ET007_00
1	1	SPANNER_ET008_00

Die Stückliste wird nun um anwenderdefinierte Spalten ergänzt, die auf den verwendeten Teileattributen *BENENNUNG*, *MATERIAL* und *ZUSATZ* basieren. Die Zeile für die Spalte *Teilenummer* wird selektiert und der Befehl **NEUE SPALTE HINZUFÜGEN** ausgeführt. Dabei wird die selektierte Zeile dupliziert. Die Inhalte werden anschließend angepasst. Auf diese Weise werden zwei Spalten davor und eine danach eingefügt. Anschließend geben Sie die Spaltenüberschriften ein.

Einfügen von Teileattributen

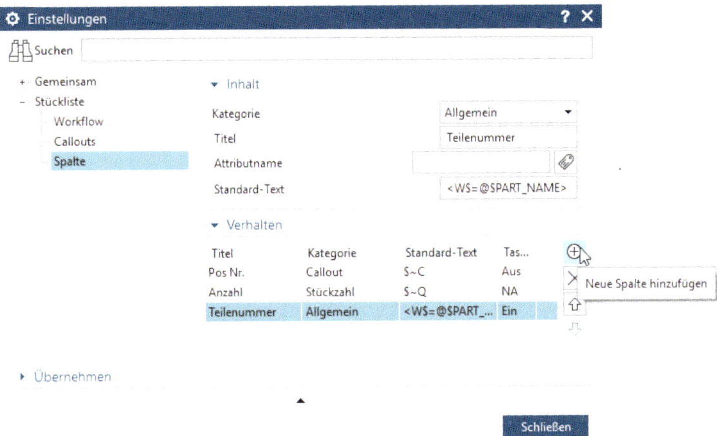

Im nächsten Schritt müssen die Felder der Spalten mit den Werten der verschiedenen Teileattribute verknüpft werden. Dazu wird die erste neue Spalte markiert. Unter *Inhalt* können Sie einen *Attributname* auswählen. Voraussetzung hierfür ist, dass unter *Kategorie Allgemein* ausgewählt ist. Durch Klicken des Icons neben dem Eingabefeld werden die verfügbaren Attribute gelistet. Im Beispiel wählen Sie das Attribut *BENENNUNG* aus und übernehmen es mit **OK**.

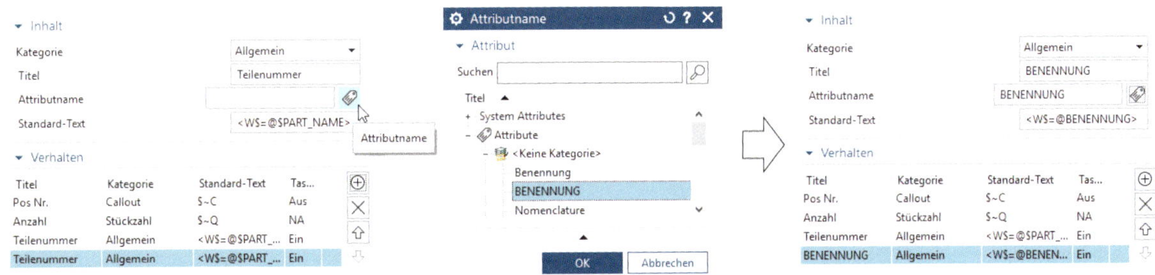

In der gewählten Spalte werden jetzt die entsprechenden Werte angezeigt. Dieser Vorgang wird für die weiteren Spalten wiederholt.

4	2	SPANNER_ET001_00	Seitenplatte	Steel	Hersteller XYZ
3	1	SPANNER_ET006_00	Bolzen mit Kopf	Aluminum_2014	
2	2	SPANNER_ET007_00	Bolzen 8x20		
1	1	SPANNER_ET008_00	Bolzen 8x40		
Pos Nr.	Anzahl	Teilenummer	BENENNUNG	NX Material	ZUSATZ

Stückliste formatieren

Abschließend erfolgen die Überarbeitung und Formatierung der Stückliste. Die Spaltenbreite oder Zeilenhöhe kann dynamisch mit der Maus angepasst werden.

Grösse ändern (Resize)

Zudem steht im Kontextmenü mit **GRÖSSE ÄNDERN** eine weitere Option zur Verfügung.

Mit den **EINSTELLUNGEN** im Bereich *Gemeinsam > Zelle > Format* passen Sie z. B. die Ausrichtung des Texts an. Beachten Sie auch den Bereich *Gemeinsam > Zelle > Einpassmethoden*, der die automatische Anpassung steuert. Die Formatierung kann sowohl für die gesamte Stückliste als auch für einzelne Spalten, Zeilen und Zellen durchgeführt werden. Die Texteigenschaften können im Bereich *Beschriftung* angepasst werden.

Sortieren (Sort)

Die Stückliste können Sie auf vielfältige Weise sortieren. Verwenden Sie hierzu den Befehl **SORTIEREN** im Kontextmenü der Stückliste. Wählen Sie im Dialogfenster die Spalten, nach denen Sie sortieren möchten. Die Sortierreihenfolge ergibt sich bei mehreren aktivierten Spalten von oben nach unten. Mit den Pfeilen am Rand des Dialogs können Sie die Reihenfolge anpassen. Des Weiteren können Sie mit dem Icon unterhalb der Pfeile zwischen auf- und absteigender Sortierung wechseln.

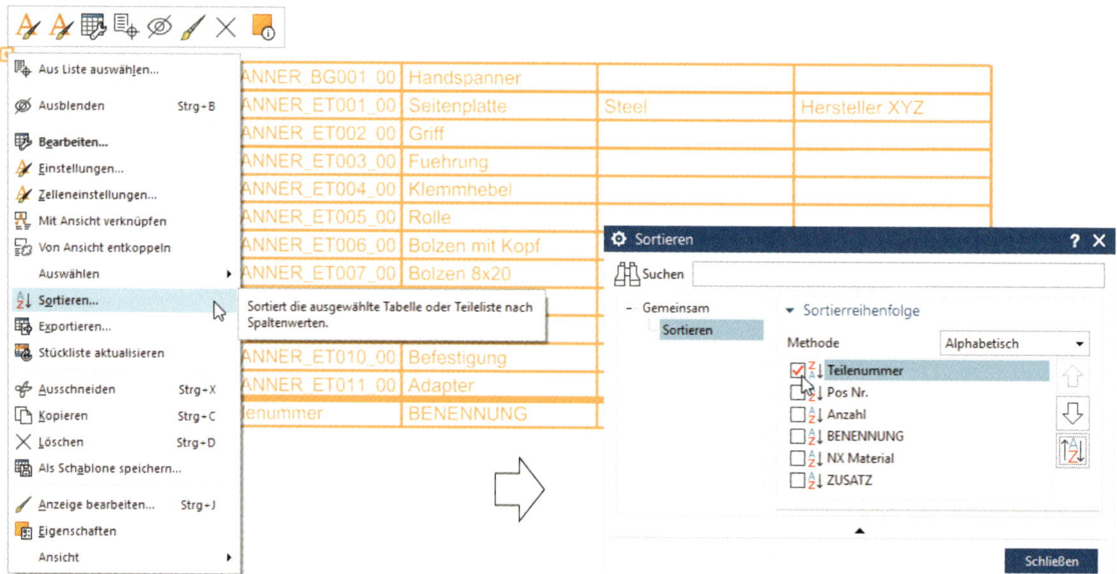

Mit dem Befehl **STÜCKLISTE AKTUALISIEREN** können Sie eine vorhandene Stückliste manuell aktualisieren. Eine Aktualisierung ist z. B. erforderlich, wenn nach dem Erstellen der Zeichnung einzelne Attribute verändert wurden. Starten Sie den Befehl aus dem Kontextmenü der Stückliste. Die Abbildung zeigt hierfür ein Beispiel.

Stückliste aktualisieren (Update Parts List)

Mit dem Befehl **EXPORTIEREN** im Kontextmenü können Sie eine Stückliste exportieren. Hierbei definieren Sie mit *Format* das Trennzeichen zwischen den Spalten. Anschließend wird die Stückliste im Informationsfenster von NX ausgegeben. Von hier aus kann sie gespeichert oder ausgedruckt werden. Die Abbildung zeigt den Aufruf sowie das Informationsfenster.

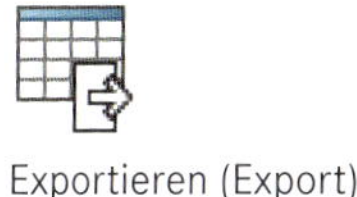

Exportieren (Export)

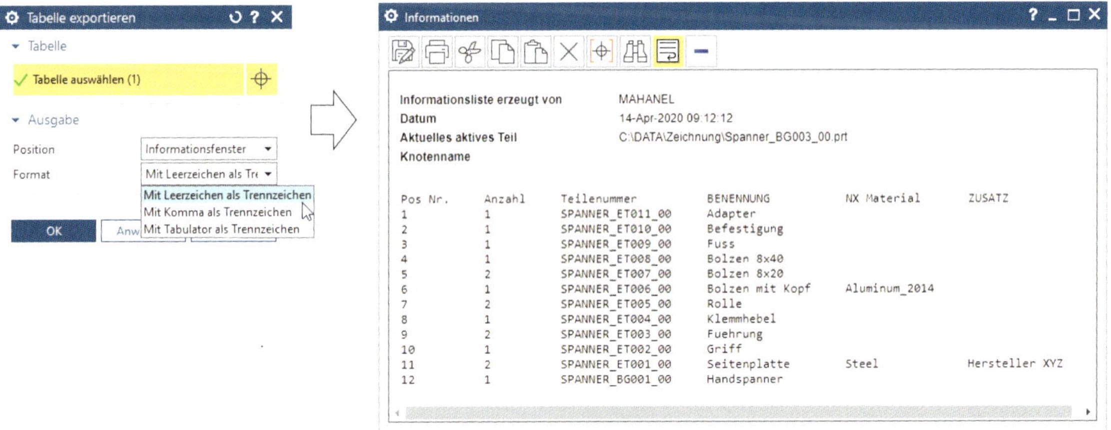

Mit dem Befehl **TEXTHINWEIS ANZEIGEN** können Sie sehr komfortabel in einer Ansicht automatisch assoziative Positionsnummern erzeugen. Wählen Sie aus dem Kontextmenü einer Ansicht den Befehl **TEXTHINWEIS ANZEIGEN** aus. Dadurch werden alle Positionsnummern automatisch erstellt. Sie können die Position in der Ansicht durch Klicken und Ziehen mit **MT1** anpassen. Ein Doppelklick mit **MT1** öffnet den Dialog für Texthinweise, um z. B. mit *Endobjekt auswählen* den Bezugspfeil auf eine andere Kante umzuändern.

Texthinweis anzeigen (Show Balloon)

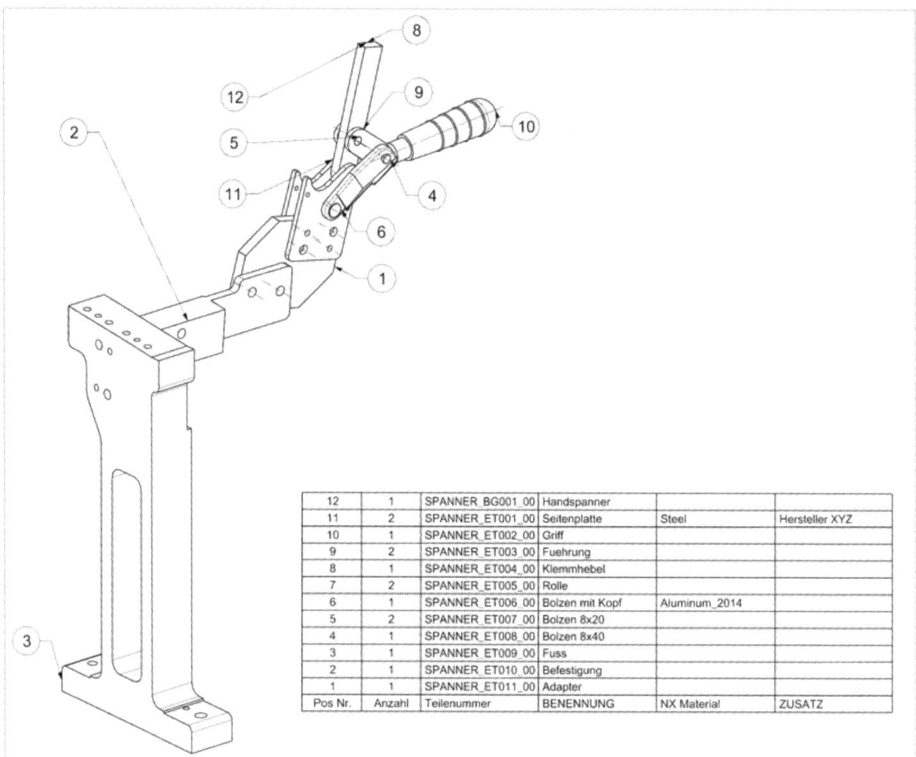

Pos Nr.	Anzahl	Teilenummer	BENENNUNG	NX Material	ZUSATZ
12	1	SPANNER_BG001_00	Handspanner		
11	2	SPANNER_ET001_00	Seitenplatte	Steel	Hersteller XYZ
10	1	SPANNER_ET002_00	Griff		
9	2	SPANNER_ET003_00	Fuehrung		
8	1	SPANNER_ET004_00	Klemmhebel		
7	2	SPANNER_ET005_00	Rolle		
6	1	SPANNER_ET006_00	Bolzen mit Kopf	Aluminum_2014	
5	2	SPANNER_ET007_00	Bolzen 8x20		
4	1	SPANNER_ET008_00	Bolzen 8x40		
3	1	SPANNER_ET009_00	Fuss		
2	1	SPANNER_ET010_00	Befestigung		
1	1	SPANNER_ET011_00	Adapter		

7 Übungsaufgaben

In diesem Kapitel beschreiben wir die Erstellung eines Einzelteils mit Formelementen. Hierbei versuchen wir Ihnen auch methodische Ansätze nahezubringen. Anschließend wird dieses Einzelteil, zusammen mit weiteren, in einer Baugruppe zusammengebaut, und eine Zeichnung wird abgeleitet. Des Weiteren ist auch eine Übung zu den neu in NX 1926 hinzugekommenen Konstruktionsgruppen enthalten, da hier hinsichtlich der methodischen Vorgehensweise einige Dinge berücksichtigt werden müssen.

Wir möchten darauf hinweisen, dass die Übungsaufgaben weder den Anspruch auf Vollständigkeit noch auf Richtigkeit in Bezug auf die Fertigung stellen, sondern lediglich dazu dienen sollen, einige wesentliche Funktionen in Siemens NX zu veranschaulichen und Ihnen auf diese Weise den Einstieg in die Software zu erleichtern.

Unter *plus.hanser-fachbuch.de* finden Sie die Beispieldateien zu den Übungen und einige weitere Beispiele.

7.1 Übungsbeispiel: Schraubenpumpe

7.1.1 Einführung

Anhand des Beispiels einer Schraubenpumpe wird im Folgenden der Umgang mit einigen Grundfunktionen, wie z. B. **BEZUGS-KSYS**, **SKIZZE**, **EXTRUDIEREN**, boolesche Operationen und **BOHRUNG**, beschrieben. Zudem wird auf eine saubere Strukturierung geachtet, sodass die Konstruktion besser zu überblicken ist und einzelne Konstruktionsabschnitte wiederverwendet werden können. In diesem Zusammenhang ist zu erwähnen, dass hier eine spezielle Methodik (Innen-/Außenkörper) angewendet wird.

7.1.2 Voreinstellung

Deaktivieren Sie unter **DATEI > VOREINSTELLUNGEN > SKIZZE** die Option *Fortlaufende autom. Bemaßung*. Hierzu müssen Sie sich in der Anwendung **KONSTRUKTION** befinden.

7.1.3 Basiskörper

Wir beginnen unsere Konstruktion mit einem neuen Teil.

- Über **DATEI > NEU** wird ein neues Einzelteil mit dem Namen *Main_Body_ET001_01.prt* erstellt.
- Als Nächstes benötigen wir etwas Struktur. Hierzu wird eine Formelementgruppe mit dem Namen *Basiskoerper* erstellt. Wählen Sie **MENÜ > FORMAT > GRUPPE > FORMELEMENTGRUPPE**. Geben Sie den Namen *Basiskoerper* ein und bestätigen Sie die Erstellung mit **OK**.
- Damit die selbst vergebenen Namen von Formelementen im *Teile-Navigator* besser sichtbar sind, empfiehlt es sich, über *Eigenschaften von Teile-Navigator* die *Namensdarstellung* auf *Benutzer ersetzt System* umzustellen.

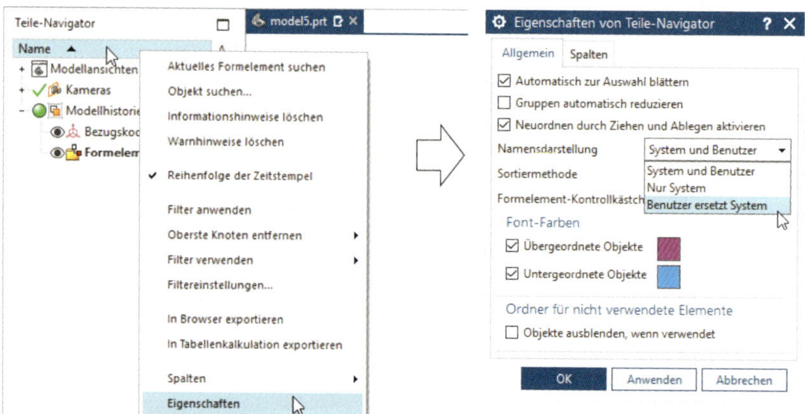

- Ein Bezugs-KSYS *„Bezugskoordinatensystem (0)“* wird angezeigt. Dieses stellt den Nullpunkt der Komponente dar.

Bezugs-KSYS (Datum CSYS)

- Als erstes Formelement soll ein **BEZUGS-KSYS** erzeugt werden. Dieses wird in X-Richtung um **52 mm** verschoben. Achten Sie darauf, dass das KSYS wie in der Abbildung ausgerichtet ist.
- Auf der ZX-Ebene wird jetzt eine **SKIZZE** erstellt. In der Skizze erstellen Sie nun einen **KREIS** mit dem Durchmesser **125 mm** und beenden mit **SKIZZE BEENDEN** den Skizzierer.

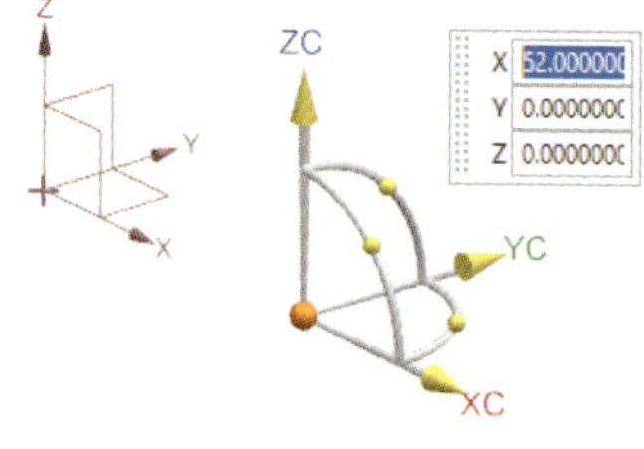

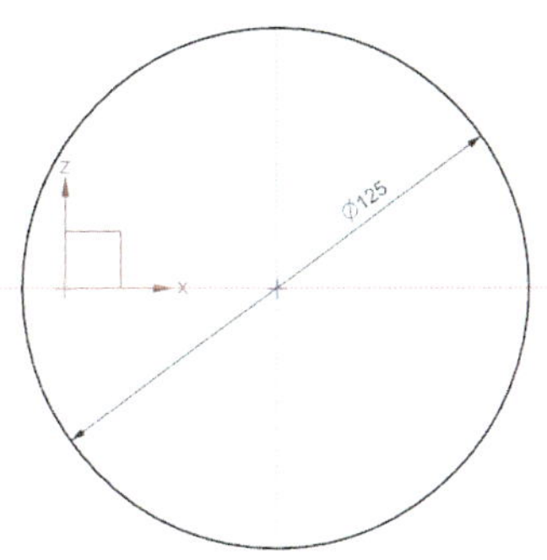

- Mit **EXTRUDIEREN** und der Skizze erstellen Sie im Folgenden einen Zylinder in Y-Richtung. Die *Kurvenregel* sollte dabei auf **Formelementkurve** stehen (**Ende Abstand = 193 mm**). Falls die Skizze im *Teile-Navigator* verschwindet, können Sie diese mit MB3 und einem Klick auf EXTRUDIEREN und EXTERNE SKIZZE ERZEUGEN wieder sichtbar machen.

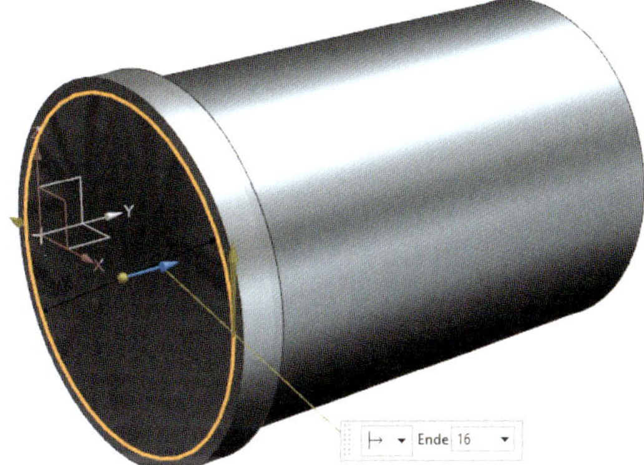

Extrudieren (Extrude)

- Nun erzeugen Sie ein weiteres EXTRUDIEREN mit derselben Skizze (**Ende Abstand = 16 mm, Boolesche Operation = Vereinigen, Offset = Einseitig** mit einem Wert von **5 mm**).
- Als Letztes definieren Sie die Formelementgruppe mit FORMELEMENT ALS AKTUELL FESTLEGEN zum letzten Element.

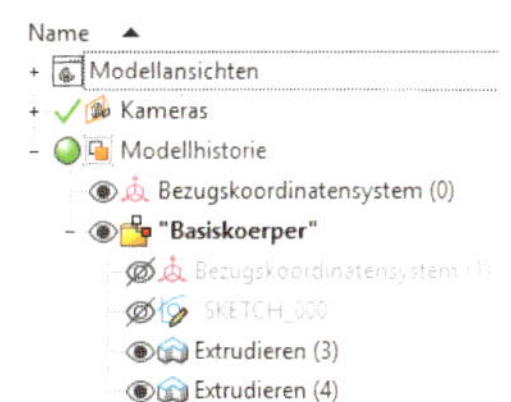

7.1.4 Auflage

Wir erstellen nun den nächsten Körper. Die dazugehörige Formelementgruppe wird erst am Schluss erzeugt.

- Auch hier wird zuerst ein BEZUGS-KSYS erstellt (**X = 65 mm, Y = 48 mm, Z = 0 mm**).

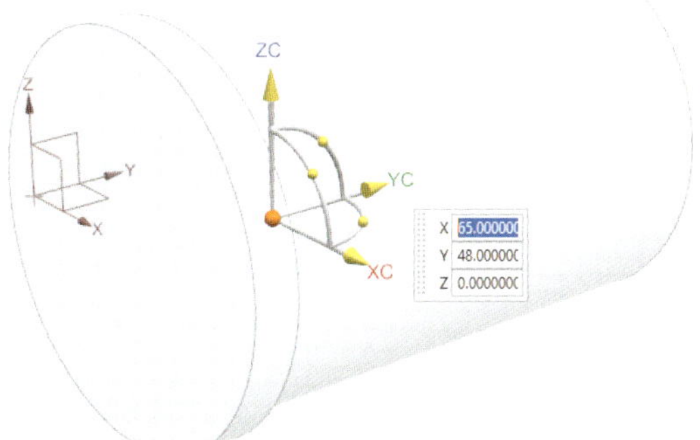

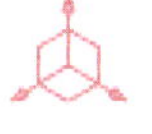

Bezugs-KSYS (Datum CSYS)

- Auf der **XY-Ebene** wird nun eine SKIZZE erstellt. Erzeugen Sie anschließend, wie in der Abbildung dargestellt, ein Rechteck mit den entsprechenden Maßen.

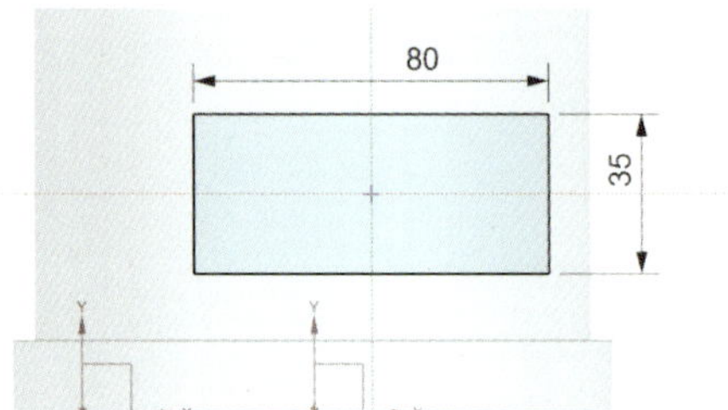

Extrudieren (Extrude)

- Mit der Skizze wird ein weiteres EXTRUDIEREN erzeugt (**Abstand = 70 mm**, **Boolesche Operation = Keine**).

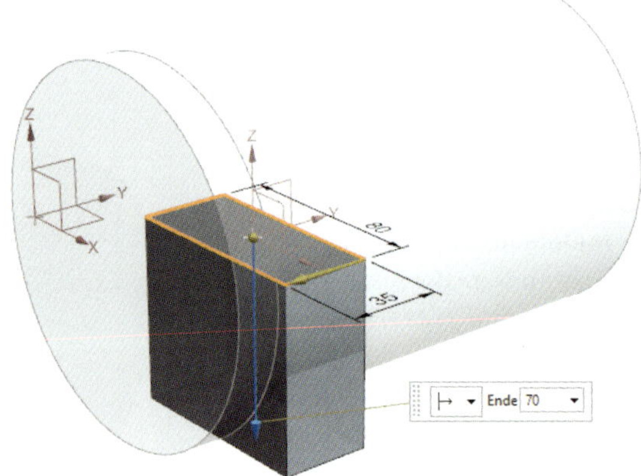

Kantenverrundung (Edge Blend)

- Die senkrechten Kanten werden mit einer KANTENVERRUNDUNG verrundet (**Radius = 10 mm**).

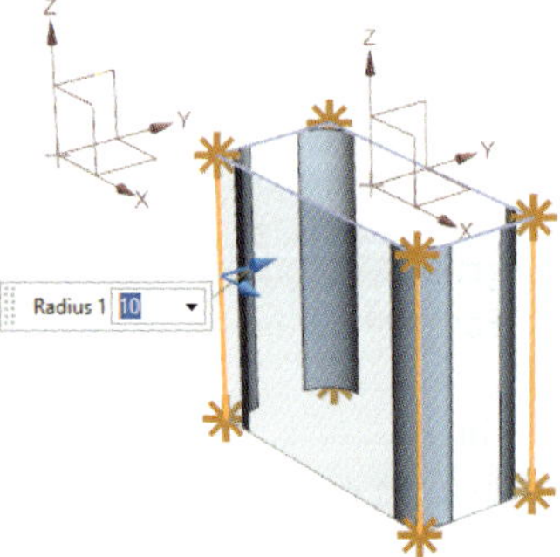

- Selektieren Sie nun im *Teile-Navigator* die Formelemente der *Auflage*. Mit MT3 > FORMELEMENTGRUPPE können Sie diese in eine neue Formelementgruppe verschieben. Die Formelementgruppe erhält den Namen *Auflage*.

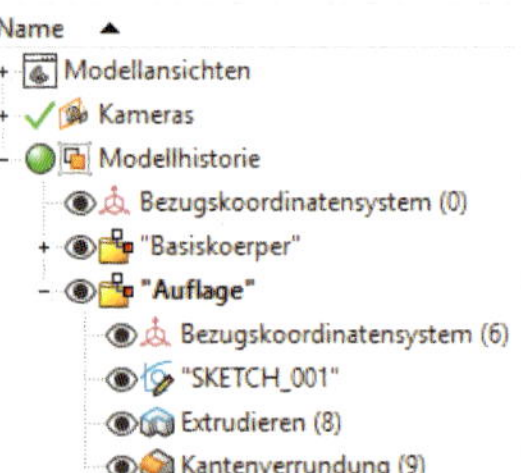

Im nächsten Schritt wollen wir die komplette *Formelementgruppe* mit GEOMETRIE MUSTERN duplizieren.

- Selektieren Sie die Formelementgruppe *Auflage*. Mit **GEOMETRIE MUSTERN** und den folgenden Einstellungen duplizieren Sie nun die Formelementgruppe (**Richtung** = **Y-Richtung**).

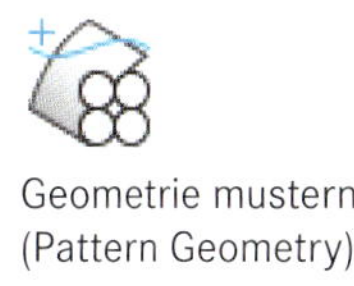

Geometrie mustern (Pattern Geometry)

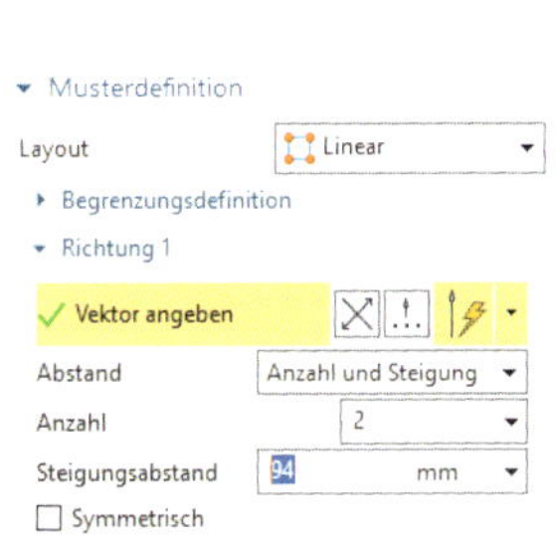

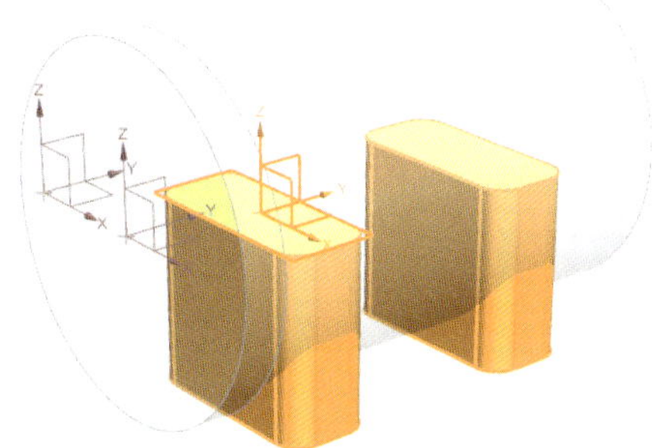

- Da hier die Formelementgruppe dupliziert wurde und nicht die einzelnen Formelemente, kann nun die Formelementgruppe *Auflage* beliebig erweitert werden. Das Duplikat passt sich ohne weitere Selektionen automatisch an.
- Zum Schluss werden die Formelementgruppe *Auflage* und die *Mustergeometrie* erneut in eine Formelementgruppe *Auflagen* gepackt.

Name
Modellansichten
Kameras
Modellhistorie
Bezugskoordinatensystem (0)
"Basiskoerper"
"Auflagen"
"Auflage"
Mustergeometrie [Linear] (12)

- Die drei Körper sind noch nicht miteinander verbunden. Bevor dies geschieht, werden die Formelementgruppen *Basiskoerper* und *Auflagen* zusammen in eine neue Formelementgruppe *Aussen_Rechts* gepackt. Setzen Sie die Formelementgruppe *Aussen_Rechts* mit **MT3 AKTIV**.

Name
Modellansichten
Kameras
Modellhistorie
Bezugskoordinatensystem (0)
"Aussen_Rechts"
"Basiskoerper"
"Auflagen"

- Die Körper werden nun mit jeweils einer **FLÄCHENVERRUNDUNG** miteinander verbunden. Achten Sie dabei auf die Pfeilrichtung. Die erste Fläche sollte immer die Fläche des *Basiskoerpers* (grün) sein.

Flächenverrundung (Face Blend)

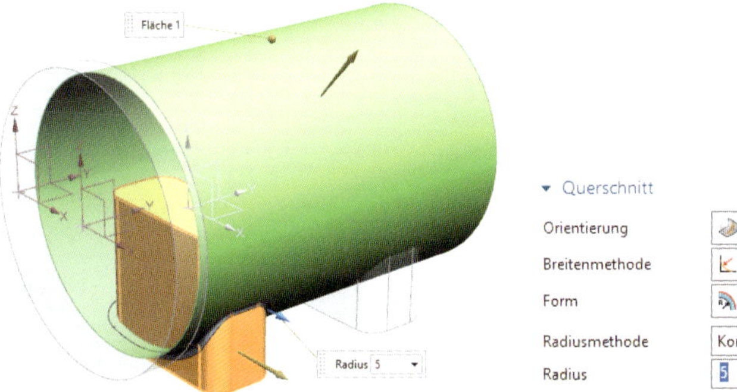

Querschnitt

Orientierung	Rollkugel
Breitenmethode	Automatisch
Form	Kreisförmig
Radiusmethode	Konstante
Radius	5 mm

7.1.5 Riemengehäuse

Im nächsten Schritt wird das Riemengehäuse erstellt.

- Erzeugen Sie unter *Aussen_Rechts* eine neue Formelementgruppe (**Name = Riemengehaeuse**).
- Erstellen Sie hier ein neues **BEZUGS-KSYS** (**X = 52 mm, Y = 193 mm, Z = 0 mm**).

Bezugs-KSYS (Datum CSYS)

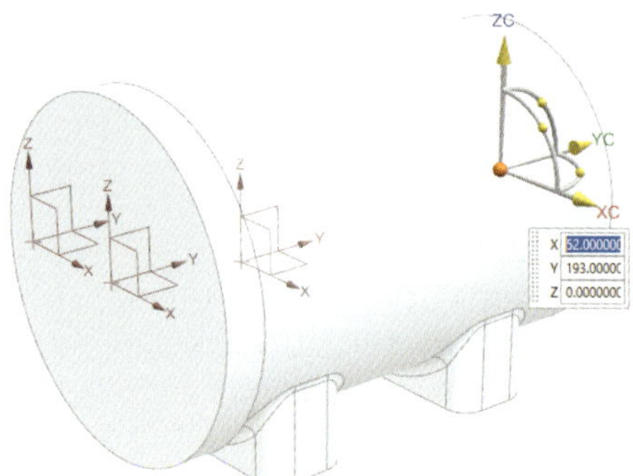

- Erstellen Sie nun auf der ZX-Ebene die dargestellten **SKIZZE**. Erzeugen Sie in der Skizze mit dem Befehl **EINSCHLIESSEN** eine Mittellinie, indem Sie die Z-Achse des ersten Bezugs-KSYS (Bauteil-Nullpunkt) hineinholen (violette Linie).

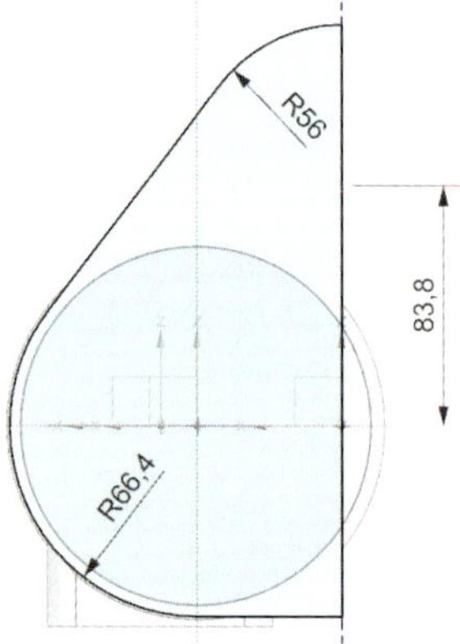

Extrudieren (Extrude)

- Mit der Skizze und **EXTRUDIEREN** wird ein neuer Körper erzeugt (**Start Abstand =10 mm, End Abstand = 23 mm, Boolesche Operation = Keine**). Kontrollieren Sie die Richtung (siehe Abbildung).

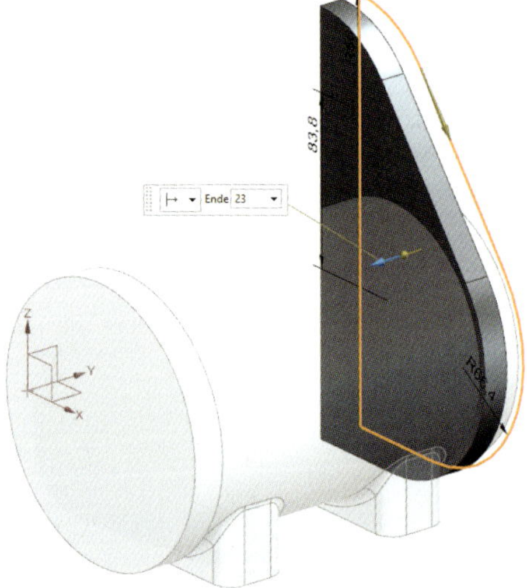

- Dieselbe SKIZZE wird ein weiteres Mal verwendet – und wieder ein EXTRUDIEREN (**Start Abstand = 10 mm**, **End Abstand = 0 mm**, **Boolesche Operation = Keine**).
- Dieses letzte Extrudieren wird mit VERSTÄRKEN, das unter MENÜ > EINFÜGEN > OFFSET/MASSSTAB zu finden ist, an der Außenfläche aufgedickt (**Offset1 = 5 mm**, **Boolesche Operation = Vereinigen**). Denken Sie hierbei an die Flächenregeln, die Sie in der Szenen-Leiste auf TANGENTIALE FLÄCHEN einstellen können.

Verstärken (Thicken)

- Auch das *Riemengehaeuse* besteht nun aus zwei Körpern, die mit dem Formelement VEREINIGEN verschmolzen werden.

Vereinigen (Unite)

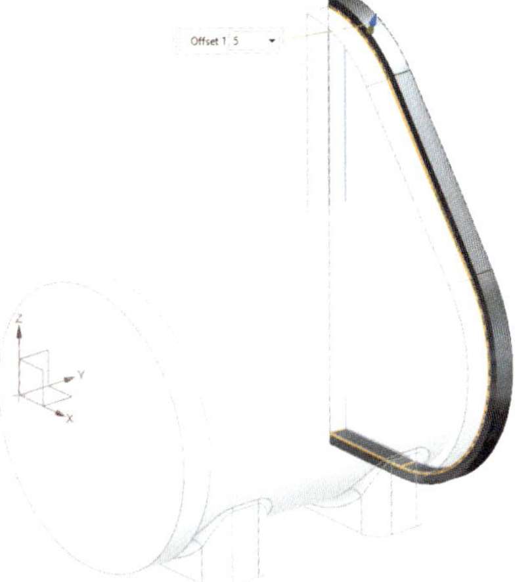

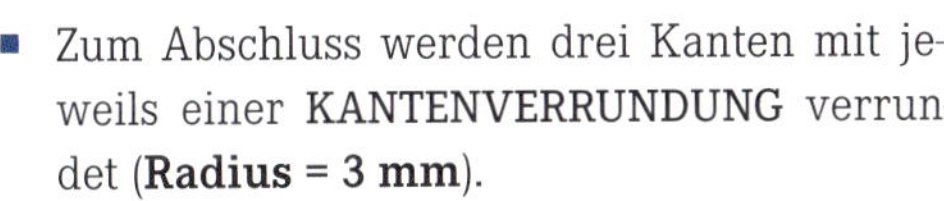

- Zum Abschluss werden drei Kanten mit jeweils einer KANTENVERRUNDUNG verrundet (**Radius = 3 mm**).

Kantenverrundung (Edge Blend)

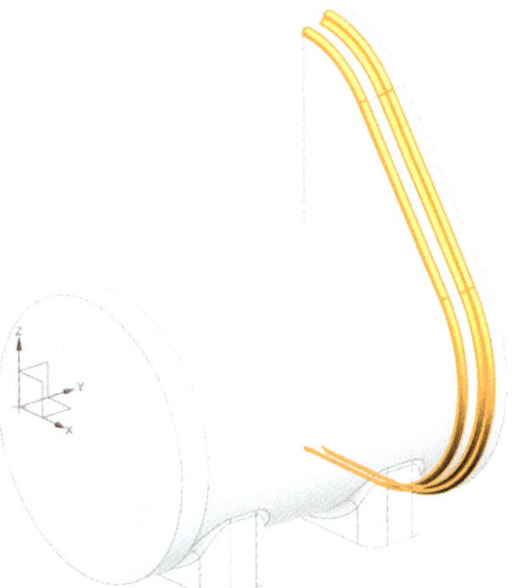

7.1.6 Außengeometrie spiegeln

Im nächsten Schritt wird die bestehende Geometrie gespiegelt und mit der Außengeometrie verschmolzen.

- Aktivieren Sie die Formelementgruppe *Aussen_Rechts* mit **FORMELEMENT ALS AKTUELL FESTLEGEN.**

Formelement spiegeln (Mirror Feature)

- Mit **FORMELEMENT SPIEGELN** spiegeln Sie die Formelementgruppe *Aussen_Rechts* (**Spiegelebene = YZ-Ebene** des Referenz-Achsensystems).

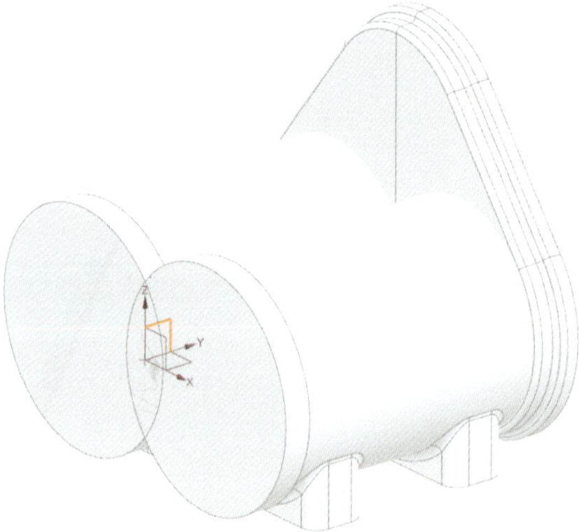

Vereinigen (Unite)

- Anschließend werden die Körper mit dem Befehl **VEREINIGEN** vereinigt – zuerst die zwei *Basiskoerper*, danach die Riemengehäuse-Körper miteinander und zum Schluss die *Basiskoerper* mit dem Riemengehäuse.

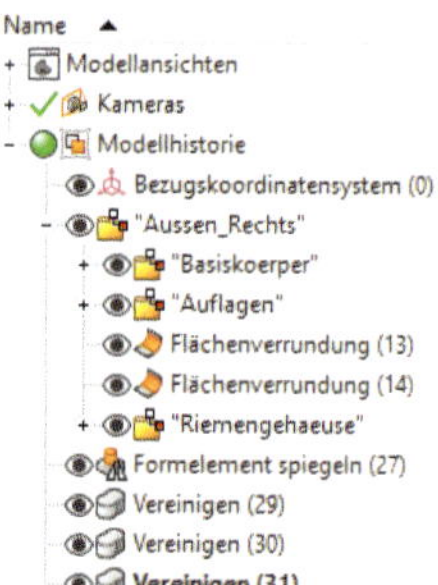

- Mit einer **KANTENVERRUNDUNG** werden die Zylinder miteinander verrundet (**Radius = 50 mm**).

Kantenverrundung (Edge Blend)

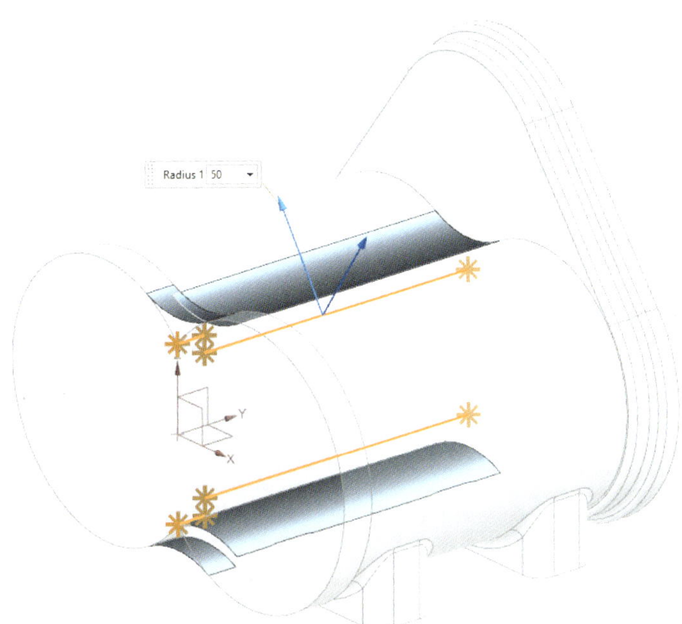

- Eine weitere **KANTENVERRUNDUNG** mit dem **Radius = 3 mm** wird angebracht. Dabei müssen Sie beide *Kanten* anwählen, sodass am Ende nur ein Formelement entsteht.

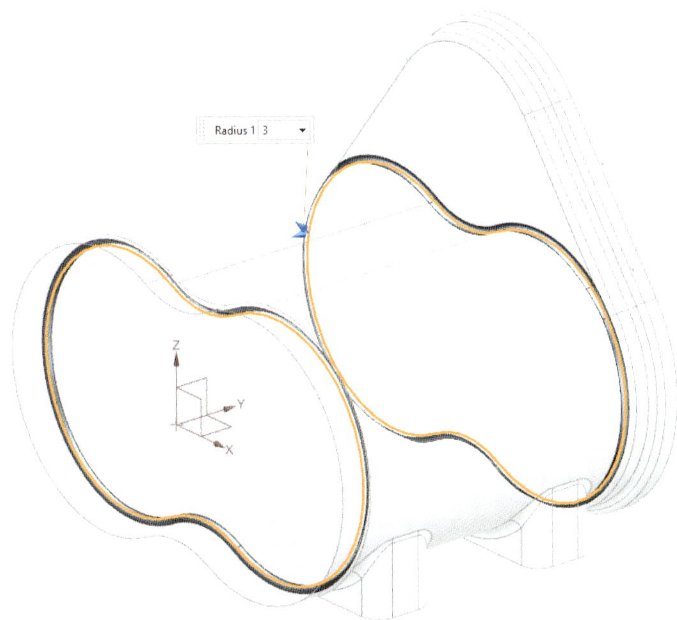

7.1.7 Beschriftung

Weiter geht es mit der Beschriftung. Hierbei wird ein 2D-Text auf einem Körper erstellt und mit **EXTRUDIEREN** von diesem abgezogen.

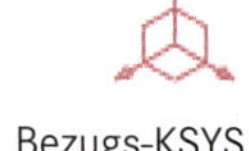

Bezugs-KSYS (Datum CSYS)

- Zur Positionierung wird ein **BEZUGS-KSYS** erstellt (**X = 120 mm**, **Y = 100 mm**, **Z = 0 mm**).

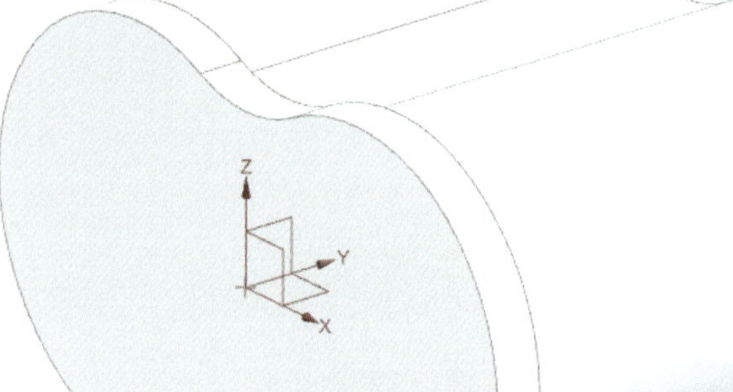

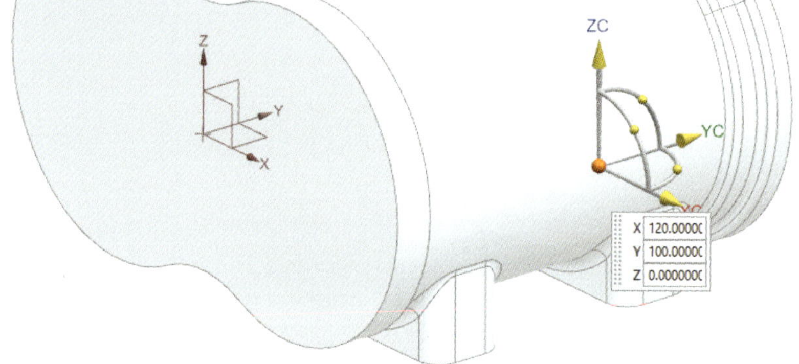

- Auf der YZ-Ebene wird nun die in der Abbildung dargestellte **SKIZZE** erzeugt.

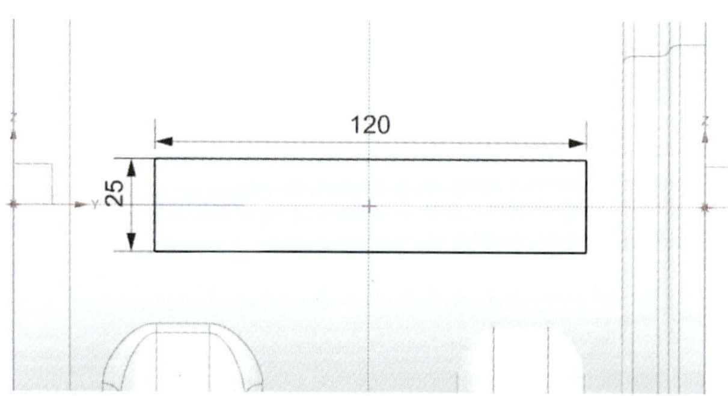

Extrudieren (Extrude)

- Mit **EXTRUDIEREN** erstellen Sie wieder einen Körper (**Abstand = 35 mm**, **Boolesche Operation = Keine**). Eine Begrenzung *Bis zum Nächsten* ist nicht möglich, da wir hier keine boolesche Operation anwenden wollen.

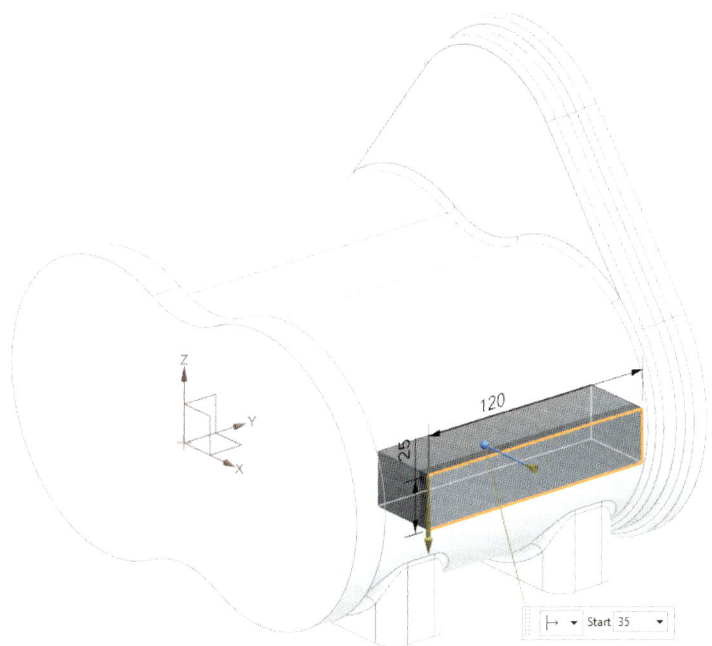

- Die vier seitlichen Kanten verrunden Sie mit KANTENVERRUNDUNG (**Radius = 10 mm**). Die umlaufende Kante verrunden Sie ebenfalls mit KANTENVERRUNDUNG (**Radius = 0,5 mm**).
- Mit KURVE > TEXT wird nun der Text erstellt. Unter *Ankerposition* wählen Sie die Option *Mitte-Mittelpunkt* aus. Im Bereich *Ankerpositionierung* selektieren Sie unter *Punkt angeben* im Grafikfenster den *Ursprung von Bezugskoordinatensystem*. Richten Sie das dynamische Koordinatensystem entsprechend aus. Durch die Selektion der gelben Kugeln können Sie einen Winkelwert eingeben. Unter *Bemaßungen* können Sie nun die abgebildeten Werte und unter *Texteigenschaften* den gewünschten Text eingeben. Es reicht, wenn Sie die *Höhe* und den *W-Maßstab* eingeben.

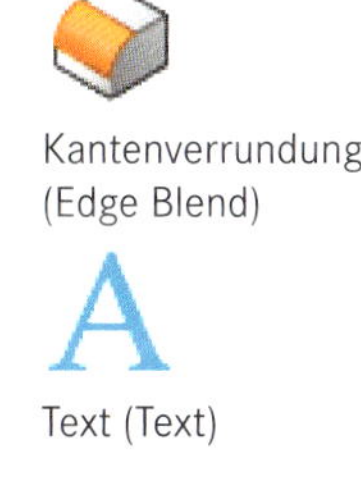
Kantenverrundung (Edge Blend)

Text (Text)

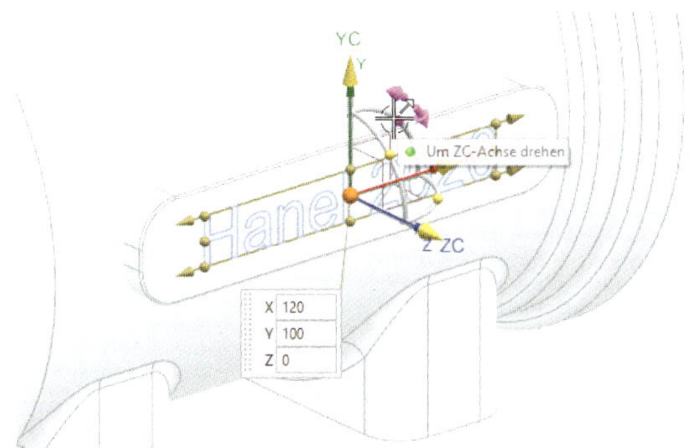

Extrudieren (Extrude)

- Mit einem **EXTRUDIEREN** wird der Text nun vom Körper abgezogen (**Abstand = 2 mm**, **Boolesche Operation = Subtrahieren**).

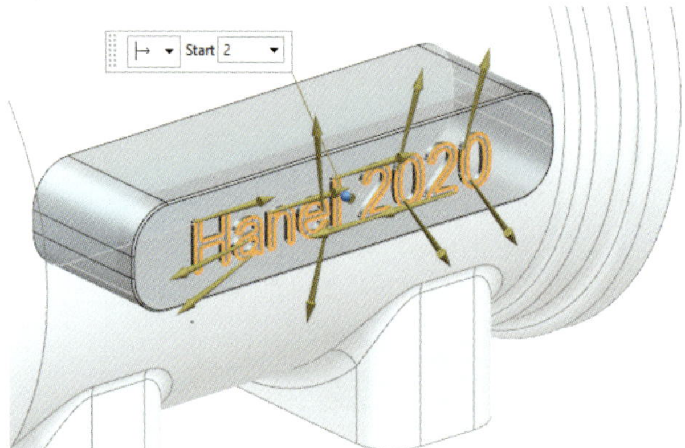

- Im nächsten Schritt sollten Sie zur Erstellung der Beschriftung die Formelemente in einer **FORMELEMENTGRUPPE** gruppieren.
- Als Letztes müssen Sie den Körper noch mit dem Befehl **VEREINIGEN** mit dem Gehäuse verschmelzen.

7.1.8 Augen

Beim Konstruieren der „Augen“ stellen wir fest, dass eine Verrundung, die zu einem früheren Zeitpunkt erstellt wurde, nun stört. Diese soll deshalb zuerst deaktiviert werden.

- Suchen Sie die in der Abbildung dargestellte **KANTENVERRUNDUNG** im *Teile-Navigator* auf und selektieren Sie das Formelement mit **MT3**. Wählen Sie nun **UNTERDRÜCKEN**.

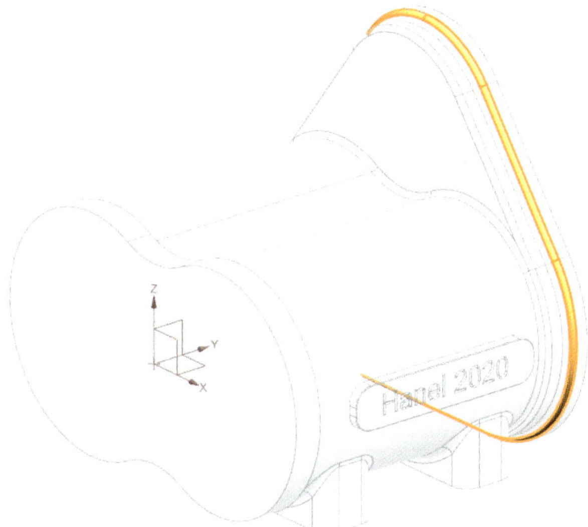

- Um die „Augen“ zu positionieren, benötigen wir eine umlaufende Kurve der Stirnfläche. Mit dem Formelement **ZUSAMMENGESETZTE KURVE (COMPOSITE)** unter **MENÜ > EINFÜGEN > ABGELEITETE KURVE > ZUSAMMENGESETZTE KURVE** leiten wir die Randkurve der Stirnfläche ab.

Zusammengesetzte Kurve (Composite Curve)

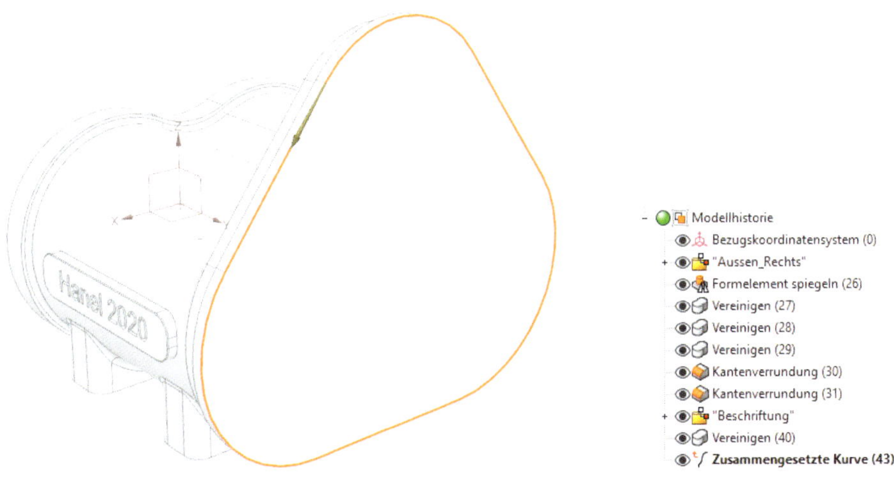

Bezugs-KSYS (Datum CSYS)

- Ein **BEZUGS-KSYS** wird mithilfe der Punkt-Fangoption **Mittelpunkt** auf die Mitte der unteren **Kante** erzeugt.

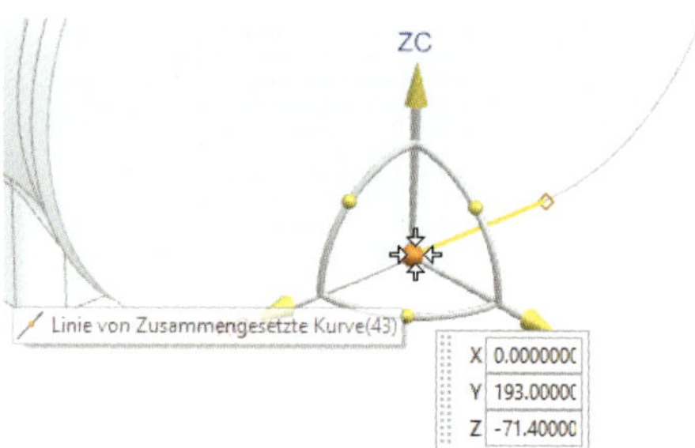

- Die in der Abbildung dargestellte **SKIZZE** wird auf der **ZX-Ebene** erstellt.

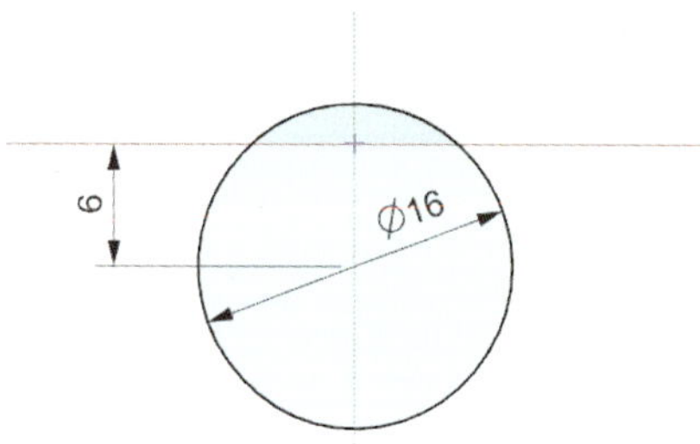

Extrudieren (Extrude)

- Mit **EXTRUDIEREN** wird der Körper erzeugt (**Abstand = 10 mm**, **Boolesche Operation = Keine**).

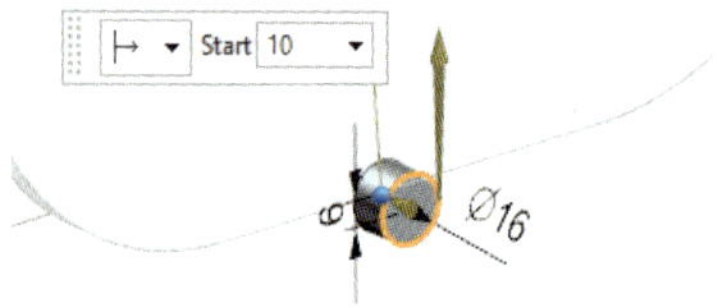

Bohrung (Hole)

- Mit **BOHRUNG** wird eine Bohrung erstellt. Nachdem das Dialogfenster geöffnet wurde, wählen Sie den Mittelpunkt über der Zylinderkante aus (**Typ = Mit Gewinde, Gewindetyp = Metric Coarse**, **Größe = M10 × 1,5** und **Tiefenbegrenzung = Bis zum nächsten**).

Bohrung

Mit Gewinde

Gewindetyp

Standard	Metric Coarse
Größe	M10 x 1.5
Radiales Anfahren	0.75
Gewindebohrdurchmesser	8.5 mm
Gewindetiefetyp	Benutzerdefiniert
Gewindetiefe	15 mm

Gewinde an beiden Enden der Durchgangsbohrung

Rechtshändig Linkshändig

Freimachung

Fase

Position

Richtung

Begrenzung

Bohrtiefe an Gewindetiefe anpassen

Tiefenbegrenzung	Bis zum nächsten

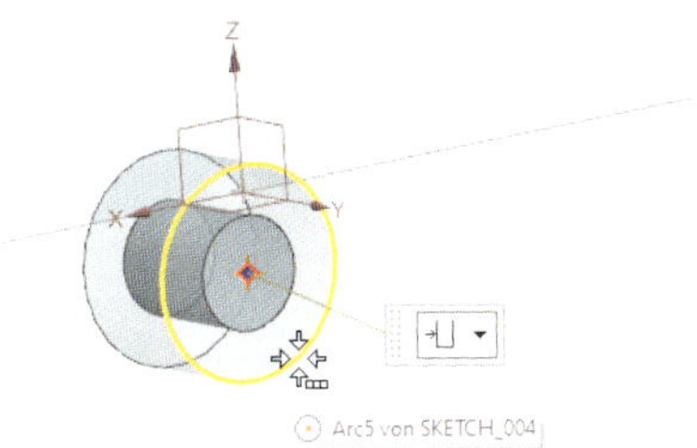

- Mit einer **FLÄCHENVERRUNDUNG** wird der Körper mit dem *Riemengehäuse* verbunden (**Radius = 5 mm**).

Flächenverrundung (Face Blend)

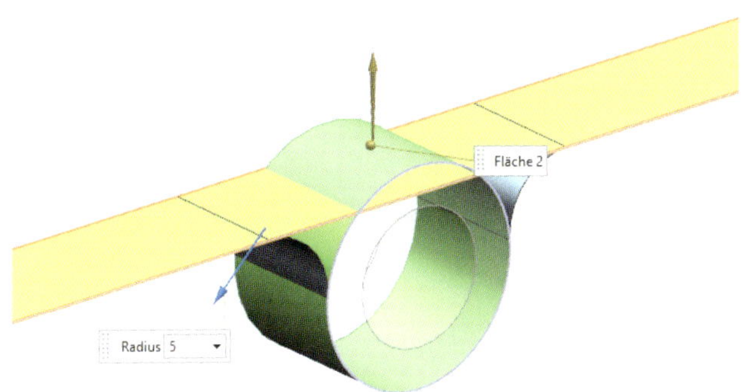

- Die letzten Formelemente bis zum **BEZUGS-KSYS** werden in eine neue Formelementgruppe *Auge* gepackt.

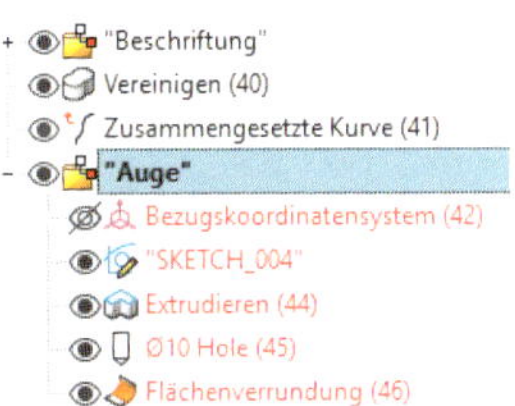

- Mit **FORMELEMENT MUSTERN** werden nun die „Augen" vervielfältigt (**Zu musterndes Formelement = Formelementgruppe „Auge"**, **Layout = Entlang**, **Weg auswählen = Zusammengesetzte Kurve**, **Abstand = Anzahl und Abstand**, **Anzahl = 6, Mustermethode = Abweichend**). Die Warnungen können ignoriert werden.

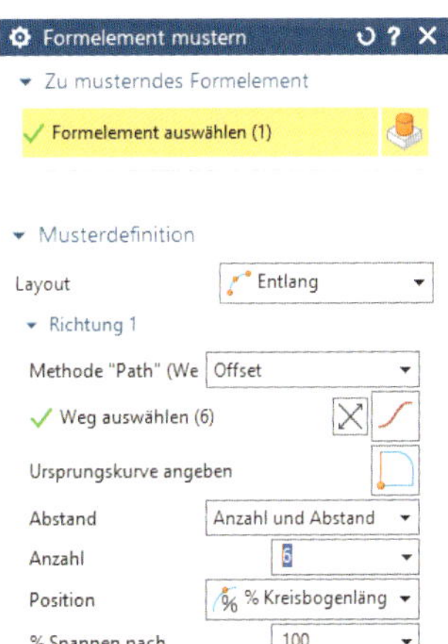

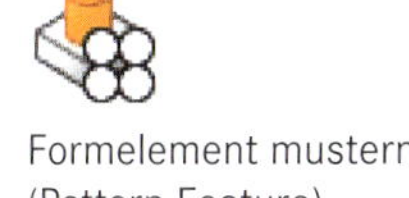

Formelement mustern (Pattern Feature)

- Zum Schluss wird die anfangs deaktivierte KANTENVERRUNDUNG wieder neu erzeugt (**Radius = 2 mm**).

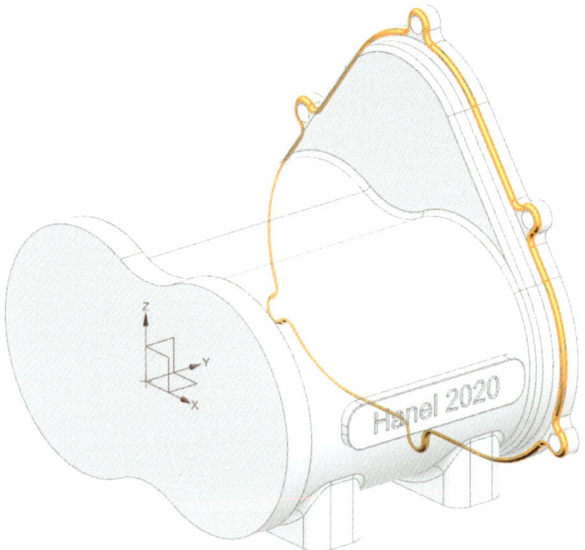

7.1.9 Innenkörper

Bislang haben wir uns ausschließlich um den Außenkörper gekümmert. Nun kommt der Innenkörper dran, den wir am Ende vom Außenkörper abziehen werden.

- Zunächst räumen wir den *Teile-Navigator* auf, indem wir alle Formelemente bis auf das erste Bezugs-KSYS in eine neue Formelementgruppe *Aussen* verschieben. Danach erstellen wir eine neue Formelementgruppe *Innen* und aktivieren diese.

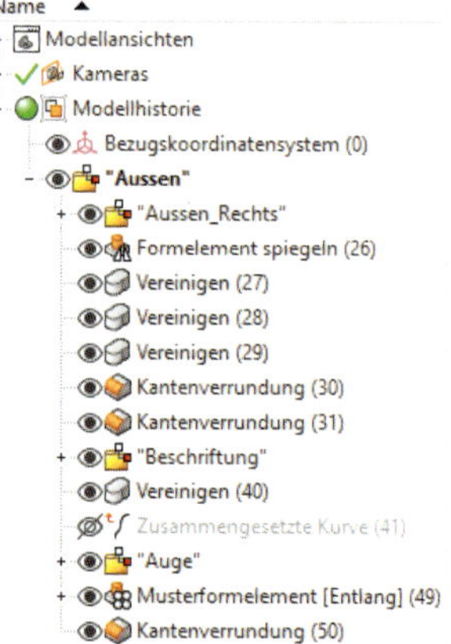

Extrudieren (Extrude)

- Selektieren Sie nun die erste Skizze im *Basiskoerper* und wählen EXTRUDIEREN (**Anstand = 205 mm**, **Offset = Einseitig**, **Offset Ende = –20 mm**, **Boolesche Operation = Keine**).

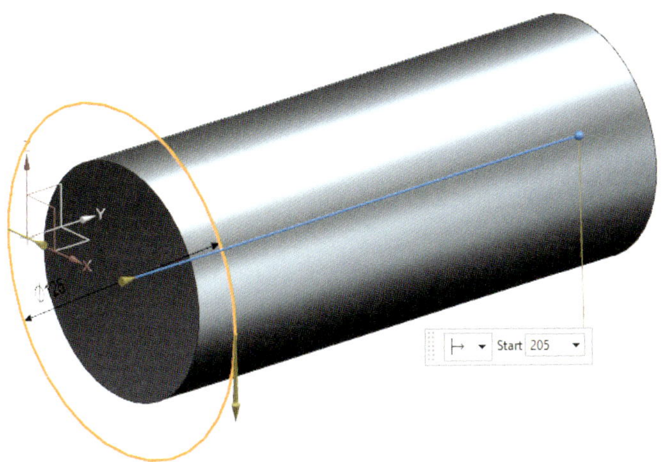

- Wiederholen Sie den Vorgang mit folgenden Werten: **Abstand Start = 10 mm**, **Abstand Ende = 205 mm**, **Offset = Einseitig**, **Offset Ende = –5 mm**, **Boolesche Operation = Vereinigen**.

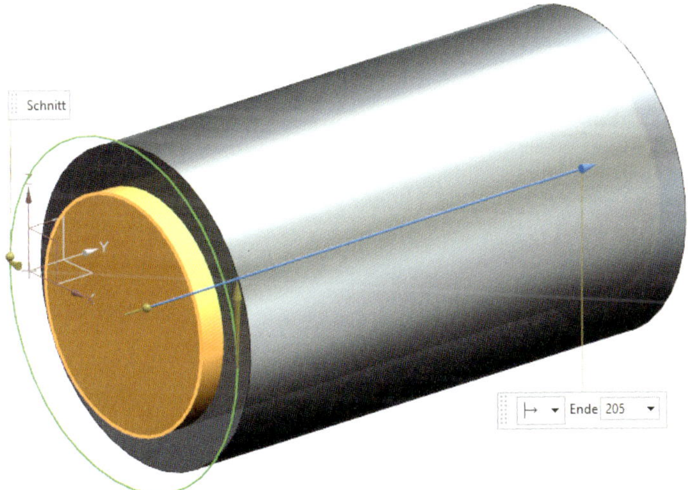

- Der bisherige Innenkörper wird nun mit GEOMETRIE SPIEGELN gespiegelt: **Zu spiegelnde Geometrie = Volumenkörper von Extrudieren** (QuickPick verwenden!), **Spiegelebene = YZ-Ebene des allerersten Bezugs-KSYS**.

Geometrie spiegeln (Mirror Geometry)

Vereinigen (Unite)

Extrudieren (Extrude)

- Wenden Sie als Nächstes die boolesche Operation **VEREINIGEN** an.
- Wählen Sie die **ZUSAMMENGESETZTE KURVE** (die auch bei den „Augen“ verwendet wurde) und erstellen ein **EXTRUDIEREN** (**Abstand Start = –14 mm**, **Abstand Ende = 40 mm**, **Boolesche Operation = Vereinigen**, **Offset = Einseitig**, **Ende Offset = –10 mm**).

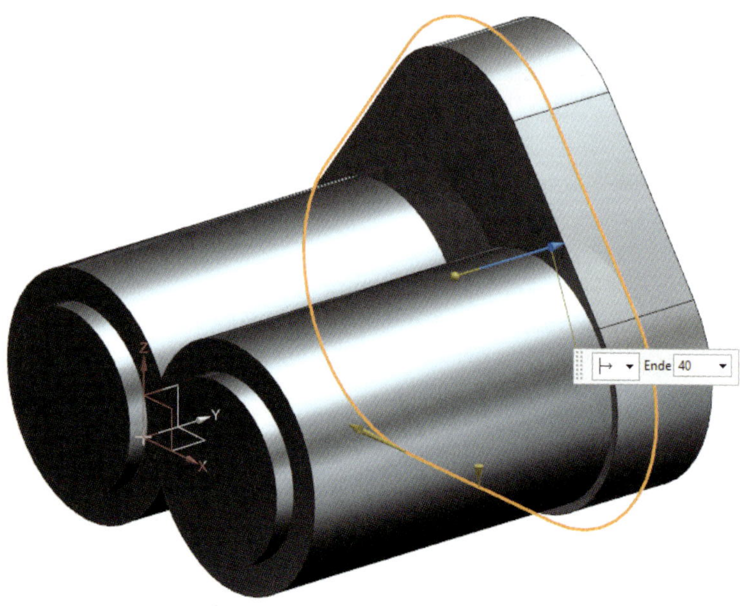

- Erzeugen Sie mit KANTENVERRUNDUNG zwei Verrundungen (**Radius = 45 mm**).

Kantenverrundung (Edge Blend)

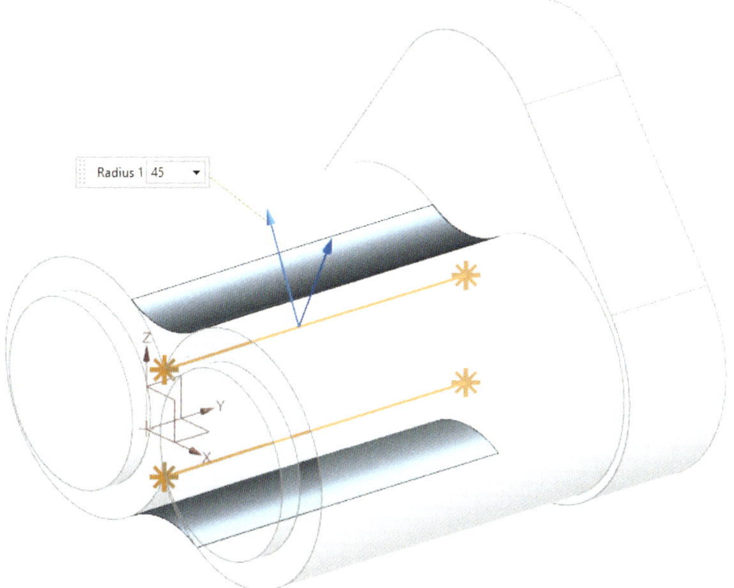

- Erstellen Sie, wie in der Abbildung zu sehen, eine FASE (**Abstand = 5 mm**).

Fase (Chamfer)

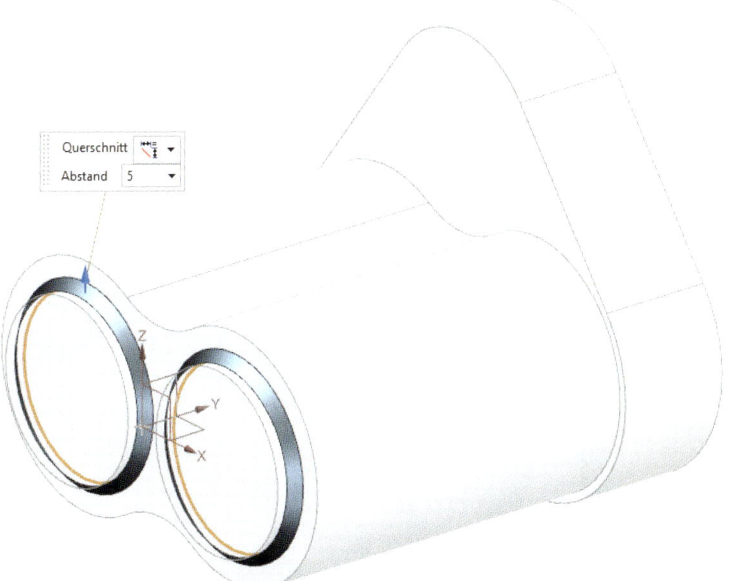

- Zum Schluss werden noch alle innen liegende Kanten mit einer Kantenverrundung verrundet (**Radius = 3 mm**).

Kantenverrundung (Edge Blend)

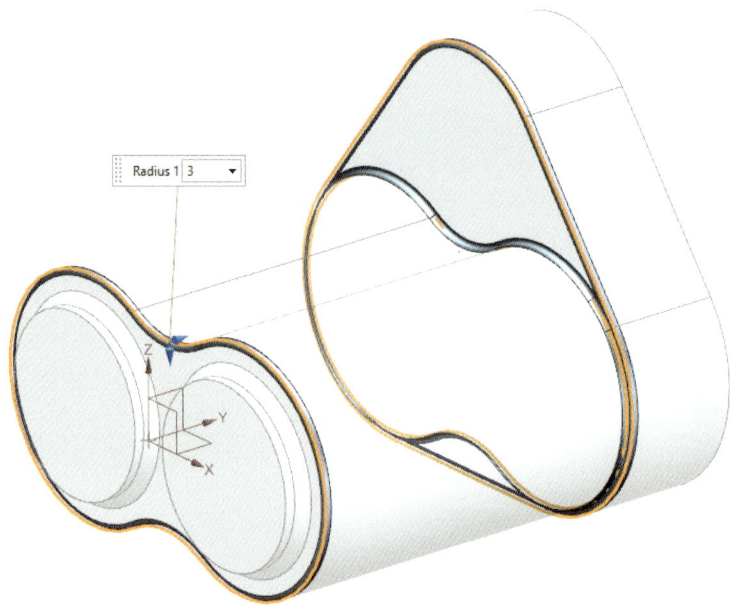

7.1.10 Fertigstellung der Innen-/Außenkörper

Die Innen- und Außenkörper sind nun fertig. Im nächsten Schritt wird der Innenkörper vom Außenkörper abgezogen.

Subtrahieren (Substract)

- Mit dem Befehl **SUBTRAHIEREN** wird der Innenkörper vom Außenkörper abgezogen.

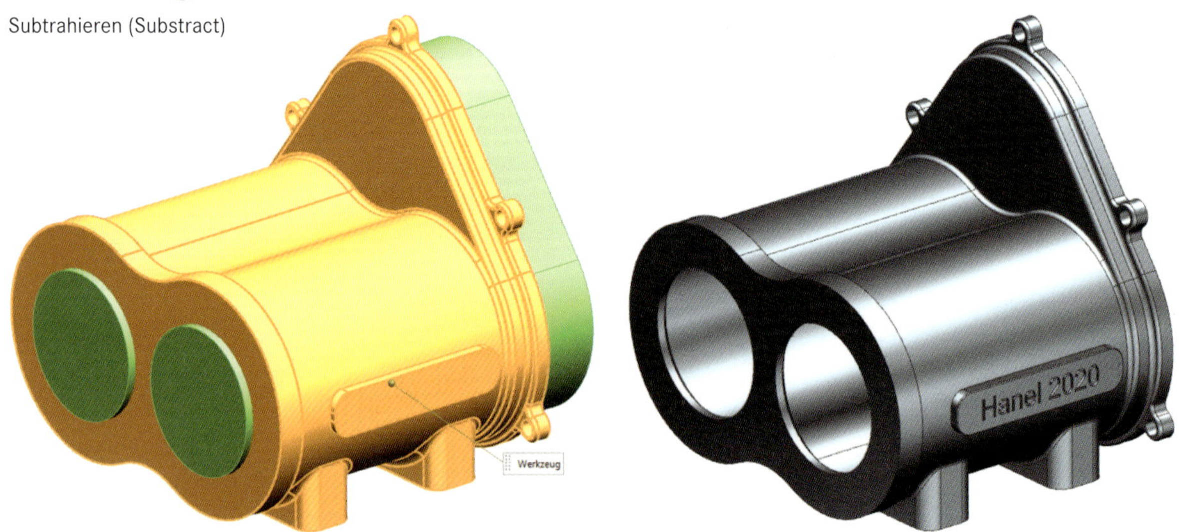

7.1.11 Anpassungen

Zum Schluss wollen wir noch ein paar Anpassungen vornehmen. Die Augen sollen von sechs auf neun erhöht werden.

- Suchen Sie das **MUSTERFORMELEMENT**, mit dem die Augen erstellt wurden, und wählen das Formelement mit Doppelklick aus. Unter **ANZAHL** ändern Sie den Wert von **6** auf **9**.
- Zudem sollen im vorderen Flansch ebenfalls „Augen“ erzeugt werden. Aufgrund des strukturierten Aufbaus hat man es nun leichter, diese Geometrie zu erstellen. Setzen Sie die Formelementgruppe *Aussen* aktiv (mit **MT3 > AKTIV**). Erstellen Sie zunächst eine weitere **ZUSAMMENGESETZTE KURVE** (**Selektion = siehe Abbildung**).

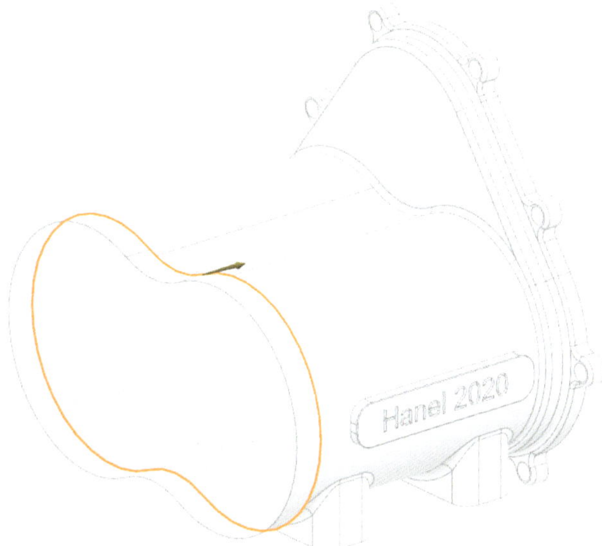

- Kopieren Sie die Formelementgruppe *Auge* mit **STRG+C**, und fügen Sie sie gleich wieder mit **STRG+V** ein. Sie sollte dann am Ende der Formelementgruppe *Aussen* auftauchen. Ignorieren Sie die Fehlermeldungen.

- Doppelklicken Sie auf das **BEZUGS-KSYS**. Mit der Fangoption **MITTELPUNKT** und der Selektion der Bogenmitte wird das **BEZUGS-KSYS** verschoben.

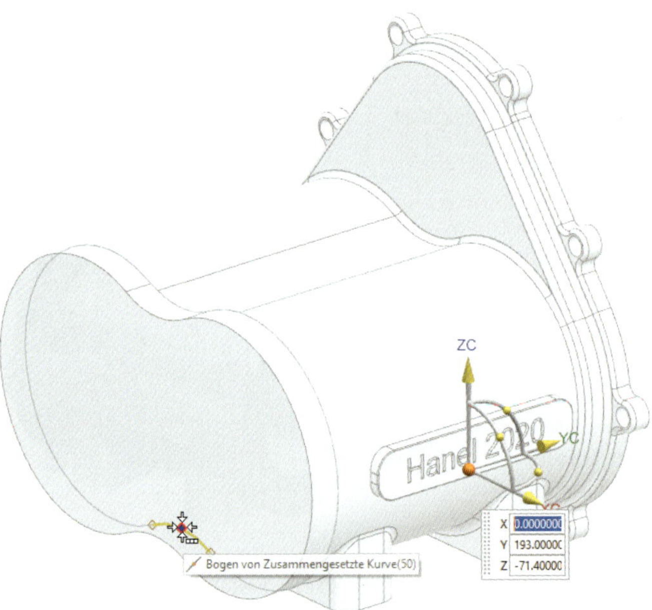

- Der *Abstand*-Wert des **EXTRUDIEREN**-Formelements wird auf **16 mm** gestellt.
- Die **FLÄCHENVERRUNDUNG** muss umdefiniert werden. Deselektieren Sie die angezeigte Fläche unter *Fläche 1 auswählen* und wählen stattdessen die Flanschfläche (siehe Abbildung) aus. Eventuell müssen Sie mit *Richtung umkehren* die Richtung anpassen.

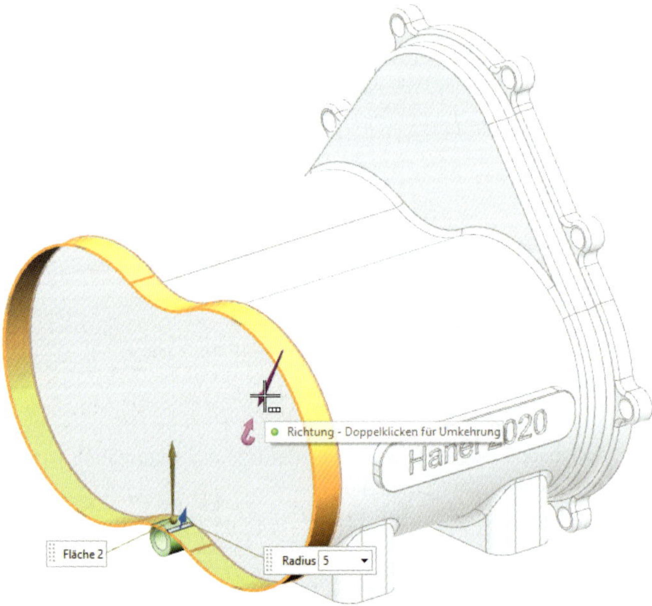

- Im nächsten Schritt duplizieren Sie die neue Formelementgruppe *Auge* mit FORMELEMENT MUSTERN (**Zu musterndes Formelement = Formelementgruppe „Auge"**, **Layout = Entlang**, **Weg auswählen = Zusammengesetzte Kurve, Anzahl** = 6).
- Zum Schluss wird noch eine KANTENVERRUNDUNG angebracht (**Radius = 2 mm**).

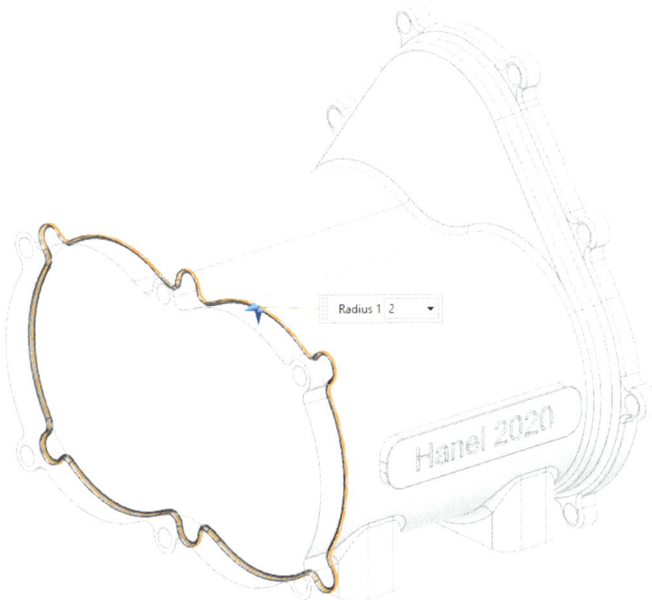

7.1.12 Ergebnis

Nach der Anwendung von LETZTES FORMELEMENT ALS AKTUELL FESTLEGEN sollte das fertige Ergebnis wie in der Abbildung aussehen.

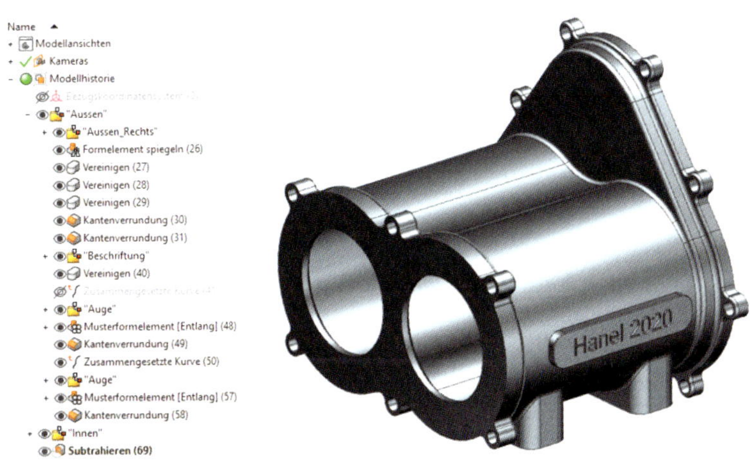

7.2 Übungsbeispiel: Konstruktionsgruppe

7.2.1 Einführung

In dieser Übung werden wir das Modell der Schraubenpumpe noch einmal aufbauen, allerdings dieses Mal mit den neu in NX 1899 hinzugekommenen Konstruktionsgruppen. Die Vorgehensweise unterscheidet sich dahingehend, dass Konstruktionsgruppen in sich abgeschlossene Gruppen von Formelementen sind, die separat aktualisiert werden können. Bei großen Modellen haben sie dadurch den Vorteil, dass bei Änderungen nicht das ganze Bauteil ständig aktualisiert werden muss, sondern immer nur die aktuelle Konstruktionsgruppe. Dies hat letztendlich großen Einfluss auf die Performance. Aufgrund dieser Eigenart ist jedoch eine spezielle Vorgehensweise nötig, die wir Ihnen nun Schritt für Schritt vorstellen werden. Hierzu gehört, dass die einzelnen Bereiche separat aufgebaut werden, um sie später zu einem Volumenkörper zusammenzufügen.

7.2.2 Konstruktionsgruppe Referenzen

- Erzeugen Sie mit **DATEI > NEU** ein neues Einzelteil mit dem Namen *Main_Body_ET001_02.prt*.

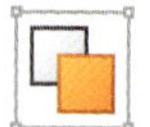
Konstruktionsgruppe (Design Groups)

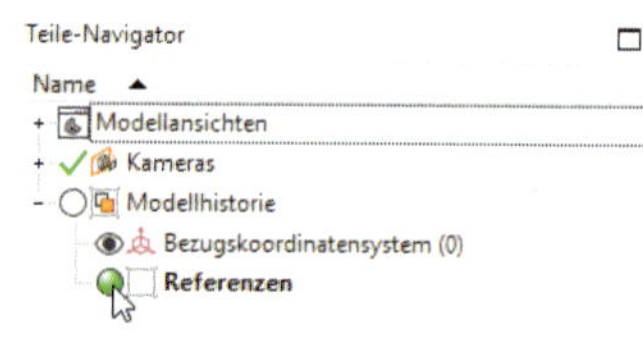

- Als Erstes erzeugen Sie eine Konstruktionsgruppe nur für Referenzen wie zum Beispiel Skizzen, Bezugs-KSYS, Ebenen usw., die die Konstruktion maßgeblich beeinflussen bzw. mehrfach verwendet werden. Selektieren Sie hierfür **KONSTRUKTIONSGRUPPE** unter **MENÜ > EINFÜGEN** und geben dieser den Namen **Referenzen**.
- Aktivieren Sie die Konstruktionsgruppe durch Selektieren des Kreis-Symbols. Das Symbol sollte nun grün erscheinen.

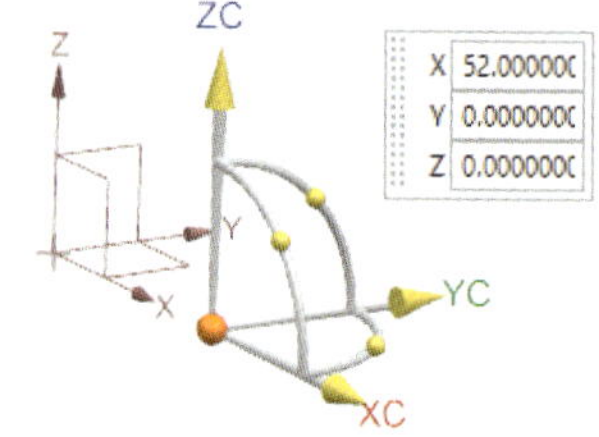

- Erstellen Sie als Nächstes ein **BEZUGS-KSYS** und verschieben dieses in X-Richtung um **52 mm**. Achten Sie auch hier auf die richtige Ausrichtung.
- Auf der ZX-Ebene wird nun eine **SKIZZE** erstellt. In der Skizze erstellen Sie einen **KREIS** mit dem Durchmesser **125 mm** und beenden mit **SKIZZE BEENDEN** den Skizzierer.

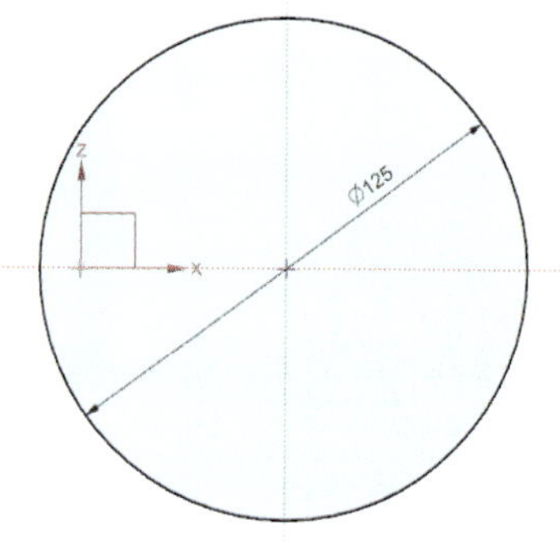

Für den Basiskörper haben wir an dieser Stelle nun alle notwendigen Referenzen vorliegen, deshalb werden wir im nächsten Schritt eine neue Konstruktionsgruppe erzeugen. Im Verlauf der Konstruktion werden wir jedoch noch öfter in diese Konstruktionsgruppe zurückkehren und Geometrie erstellen.

7.2.3 Konstruktionsgruppe Basiskörper

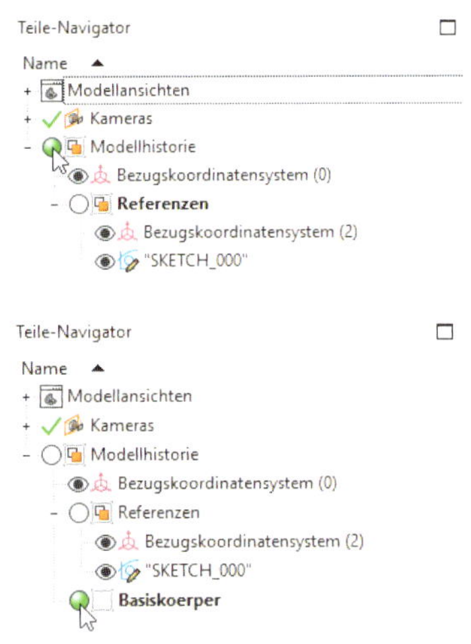

- Bevor Sie die nächste Konstruktionsgruppe erzeugen, aktivieren Sie zuerst einmal die Konstruktionsgruppe *Modellhistorie* durch einen Klick auf das Kreis-Symbol.
- Erstellen Sie eine neue Konstruktionsgruppe mit dem Namen **Basiskoerper** und aktivieren Sie diese.
- Erzeugen Sie nun ein **EXTRUDIEREN** und selektieren dabei die Skizze als Schnitt. Geben Sie folgende Werte ein: Start **Abstand = 0 mm**, Ende **Abstand = 193 mm**, **Boolesche Operation = Keine**. Beachten Sie die Richtung. Eventuell muss diese umgekehrt werden.

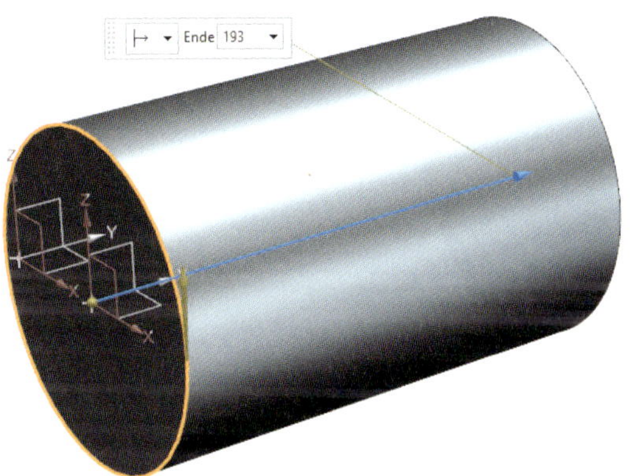

- Erzeugen Sie ein weiteres Mal ein **EXTRUDIEREN** mit derselben Skizze, allerdings mit folgenden Werten: **Start Abstand = 0 mm**, **Ende Abstand = 16 mm**, **Boolesche Operation = Vereinigen, Offset Typ Einseitig** mit dem Wert **= 5 mm**.

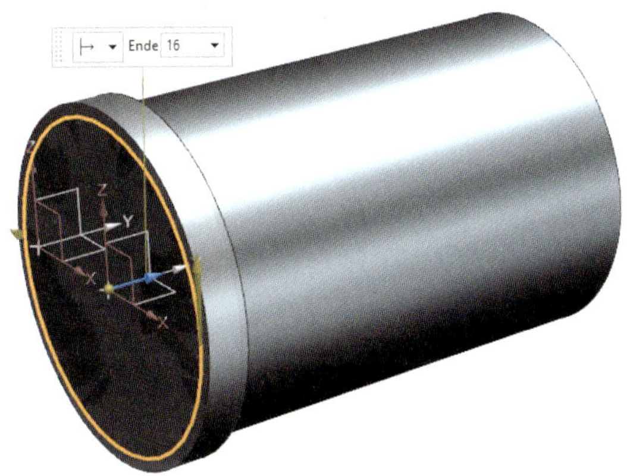

Geometrie spiegeln (Mirror Geometry)

- Im nächsten Schritt wird die Geometrie gespiegelt. Verwenden Sie hierzu den Befehl **GEOMETRIE SPIEGELN**. Als Spiegelebene verwenden Sie die **XY-Ebene** des ersten Bezugskoordinatensystems (Zeitstempel = 0).

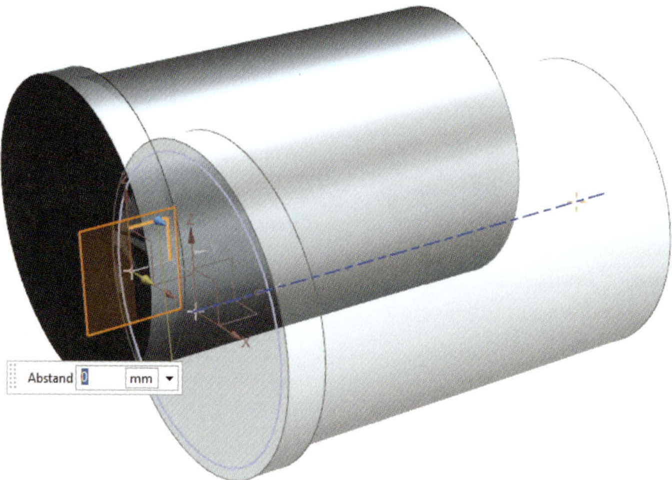

- Verbinden Sie nun beide Körper mit dem Befehl VEREINIGEN.

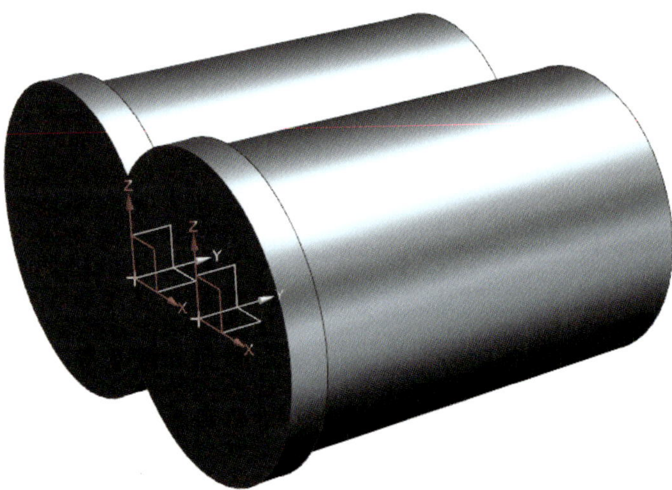

- Verrunden Sie die dargestellten Kanten mit einer KANTENVERRUNDUNG von **50 mm**.

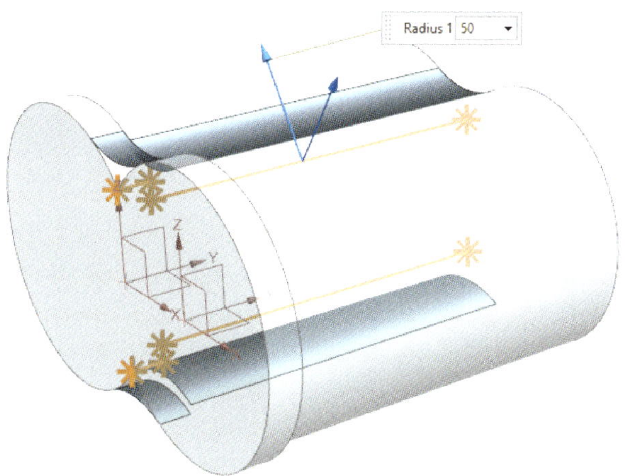

- Erstellen Sie eine weitere **KANTENVERRUNDUNG** mit **3 mm**, wie in der Abbildung dargestellt.

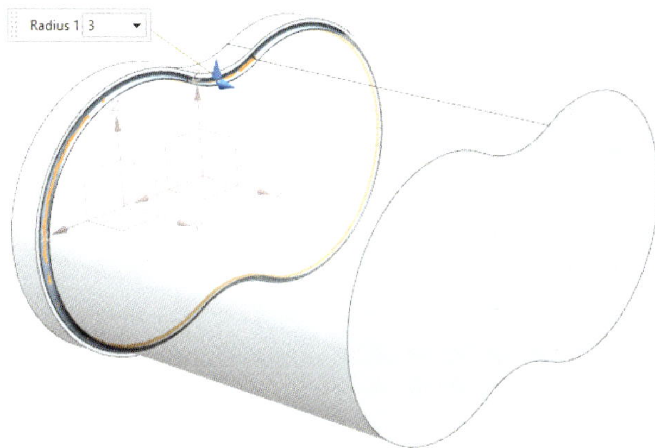

Basiskoerper ist nun fertiggestellt. Aktivieren Sie zum Schluss die Konstruktionsgruppe *Modellhistorie*.

7.2.4 Konstruktionsgruppe Auflage

- Erstellen Sie als Nächstes eine neue Konstruktionsgruppe und benennen Sie diese in **Auflage** um.
- Bevor die Konstruktionsgruppe verwendet werden kann, wird zuerst die Konstruktionsgruppe *Referenzen* aktiviert, um hier die Skizze für die Auflage zu erstellen.

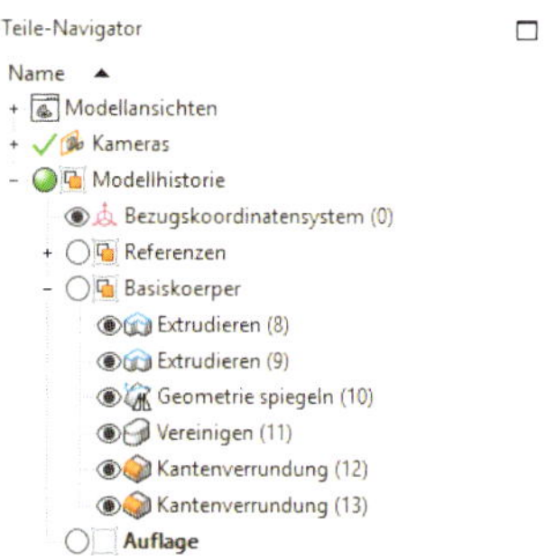

- Zur besseren Positionierung der Skizze wird ein **BEZUGS-KSYS** erstellt. Verschieben Sie dieses (**X = 65 mm** und **Y = 48 mm**).

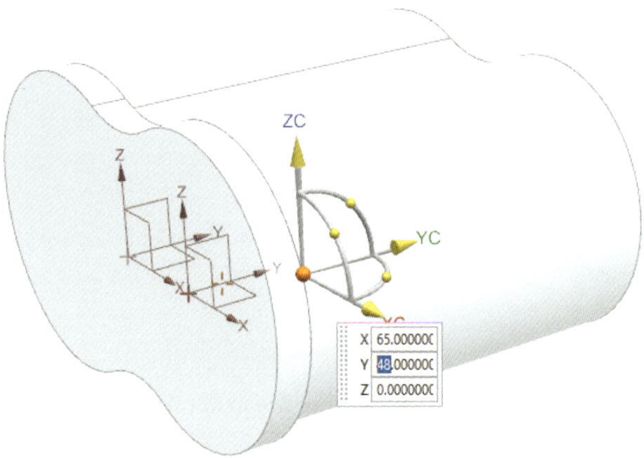

- Nun erzeugen Sie eine Skizze auf der XY-Ebene und erstellen ein Rechteck mit den Maßen **80 mm x 35 mm**.
- Aktivieren Sie nun die Konstruktionsgruppe *Auflage*.
- Erzeugen Sie mit **EXTRUDIEREN** und der Skizze einen Block mit den Parametern **Start Abstand = 0 mm** und **Ende Abstand = 84 mm** (Richtung in Z-Achse).

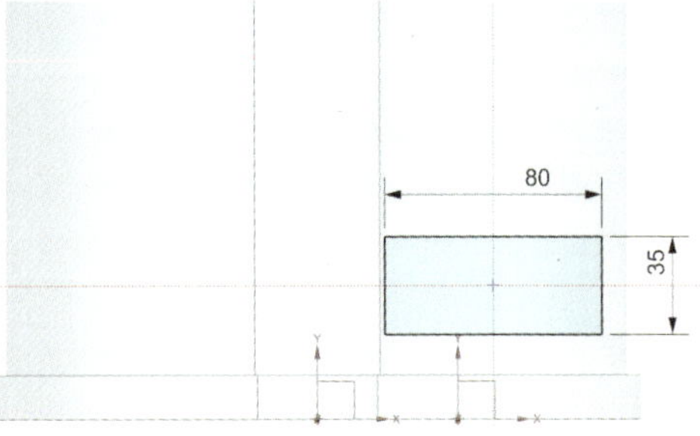

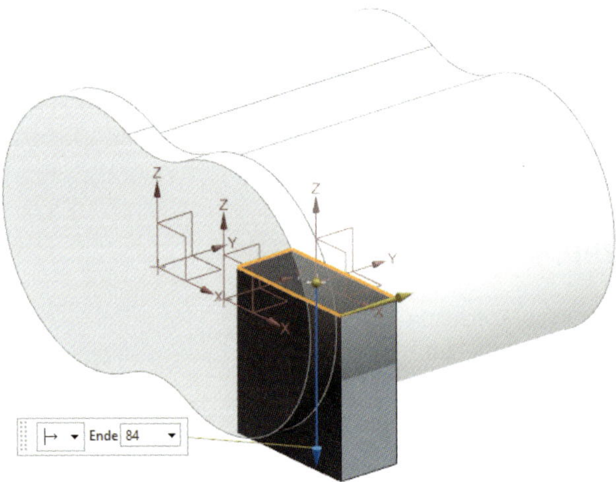

- Verrunden Sie anschließend die senkrechten Kanten mit dem Befehl **KANTENVERRUNDUNG** (**R = 10 mm**).

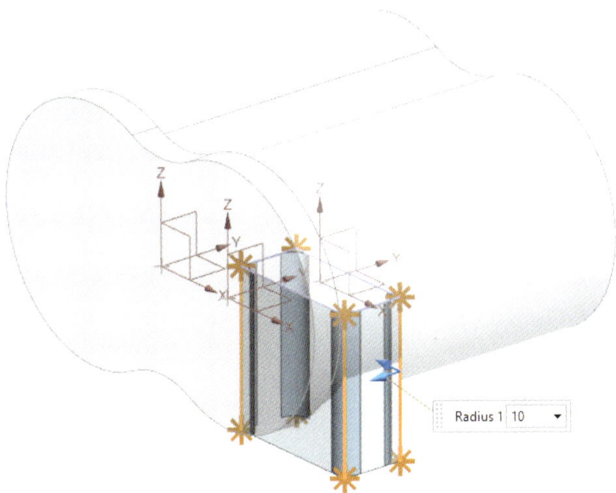

- Mit dem Befehl **GEOMETRIE MUSTERN** vervielfältigen Sie nun diesen Körper. Schauen Sie sich hierzu die Einstellungen im Dialog an.

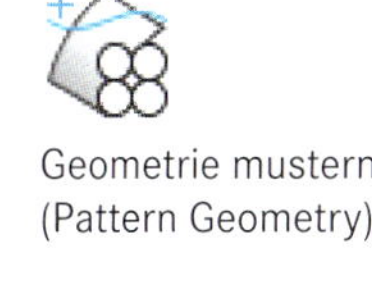
Geometrie mustern (Pattern Geometry)

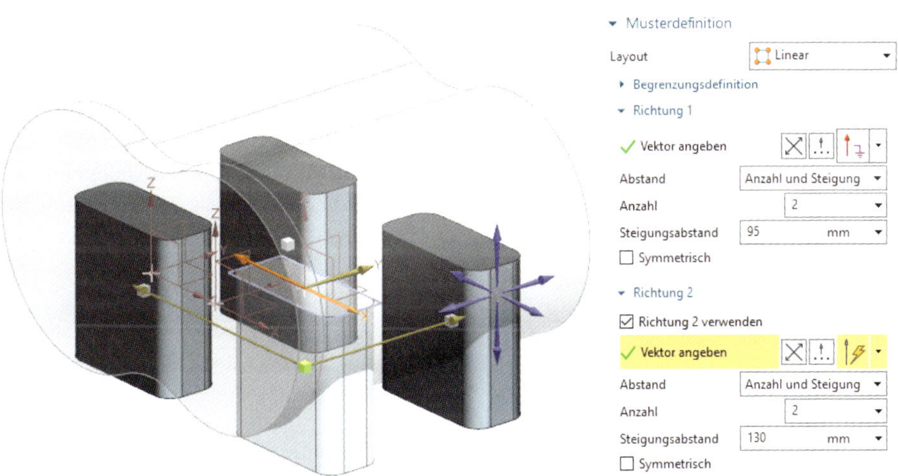

Damit ist auch diese Geometrie erst einmal fertig. Im nächsten Schritt werden Sie den Bereich des Riemengehäuses erstellen.

7.2.5 Konstruktionsgruppe Riemengehäuse

- Auch hier aktivieren Sie zuerst die Konstruktionsgruppe *Modellhistorie* und erzeugen eine neue Konstruktionsgruppe mit dem Namen **Riemengehaeuse**. Anschließend aktivieren Sie wieder die Konstruktionsgruppe *Referenzen*, um darin die Kontur des Riemengehäuses zu erstellen.

Als symmetrisch festlegen (Make Symmetric)

- Erzeugen Sie zuerst ein **BEZUGS-KSYS** an der Position **X = 52 mm, Y = 193 mm, X = 0 mm**. Anschließend wird die Skizze auf der ZX-Ebene erzeugt. Ein Tipp an dieser Stelle: Verwenden Sie beim Erzeugen die **SPIEGEL**-Funktionen bzw. **ALS SYMMETRISCH FESTLEGEN** und holen Sie sich die Z-Achse des Bauteilnullpunktes mit dem Befehl **EINSCHLIESSEN** in die Skizze.

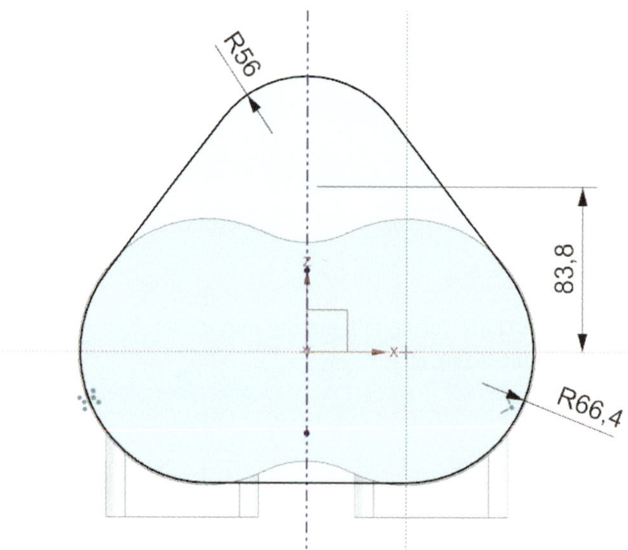

- Aktivieren Sie nun die neue Konstruktionsgruppe *Riemengehaeuse* und erstellen mit der Skizze und dem **EXTRUDIEREN**-Befehl einen Körper. Verwenden Sie als Parameter für den **Start Abstand = 0 mm** und für den **Ende Abstand = 23 mm**. Achten Sie auf die Richtung (Y-Achse).

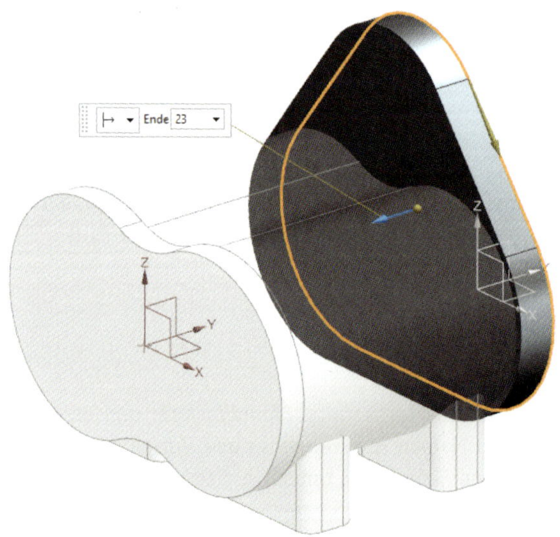

- Verwenden Sie die Skizze ein weiteres Mal, um ein EXTRUDIEREN zu erstellen. Arbeiten Sie nun mit den Werten **Start Abstand = 0 mm**, **Ende Abstand = 10 mm**, **Boolesche Operation = True** und **Offset Typ = Einseitig** mit dem Wert **Ende = 5 mm**.

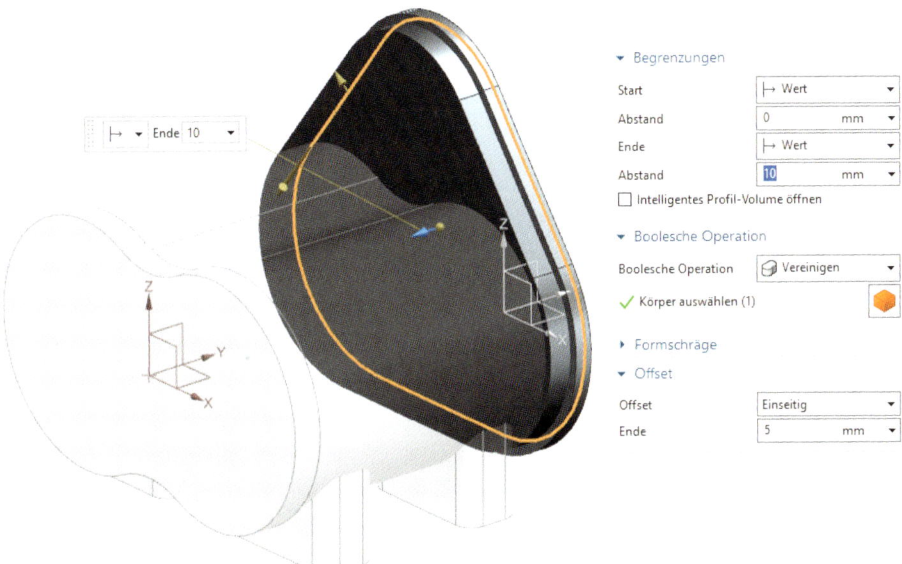

- Im nächsten Schritt werden zwei umlaufende Kanten mit dem Befehl KANTENVERRUNDUNG verrundet (**Radiuswert = 3 mm**).

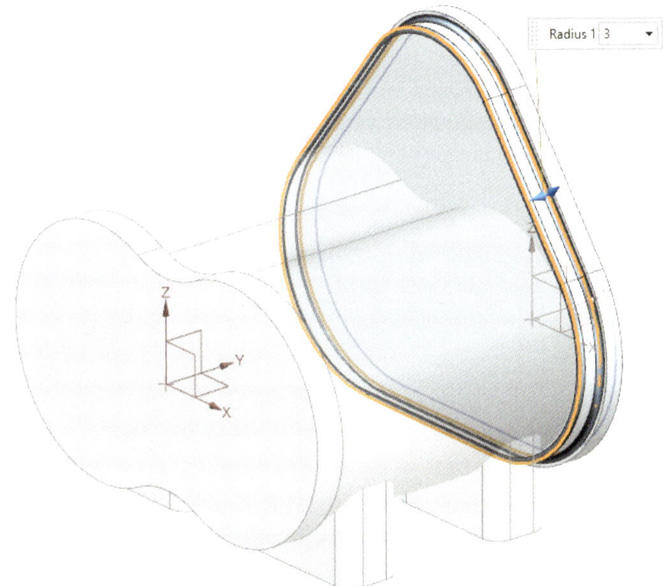

- Aktivieren Sie zum Schluss wieder die Konstruktionsgruppe *Modellhistorie*.

7.2.6 Konstruktionsgruppe Beschriftung

- Die Beschriftung wird analog zu den vorherigen Konstruktionsgruppen erzeugt. Zuerst erzeugen Sie wieder eine neue Konstruktionsgruppe mit dem Namen *Beschriftung*.
- Anschließend wechseln Sie in die Konstruktionsgruppe *Referenzen*, um hier ein **BEZUGS-KSYS** zu erstellen. Verschieben Sie dieses um folgende Werte: **X = 120 mm, Y = 96 mm, Z = 0 mm**.

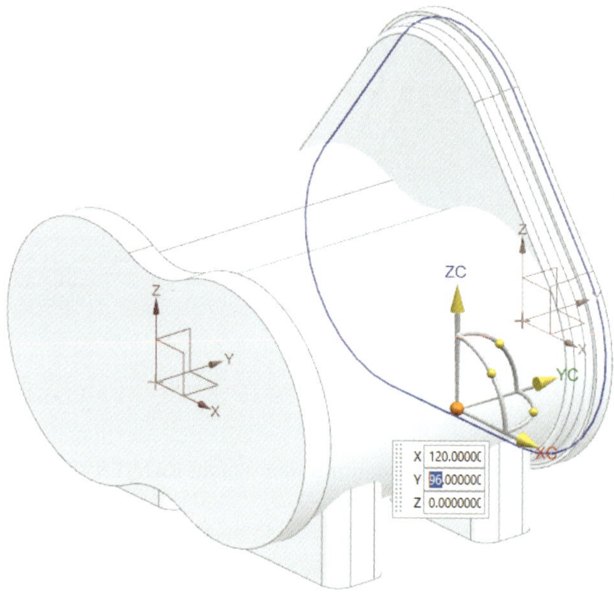

- Nun erstellen Sie auf der ZY-Ebene eine neue Skizze mit einem Rechteck der **Länge = 120 mm** und der **Höhe = 25 mm**. Beim Verrunden der Ecken hilft es, nach dem Aufruf des Befehls **VERRUNDUNG** den Radiuswert von **10 mm** einzugeben. Jetzt müssen Sie nur noch bei gedrückter **MT1** nacheinander über die Ecken fahren.

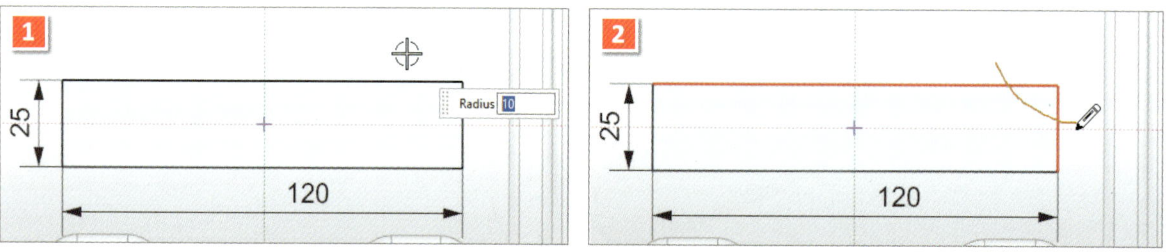

- Mit **EXTRUDIEREN** und der Skizze wird nun der Körper für die Beschriftung erstellt. Geben Sie hierzu als **Ende Abstand = 50 mm** ein und achten Sie auf die Richtung.

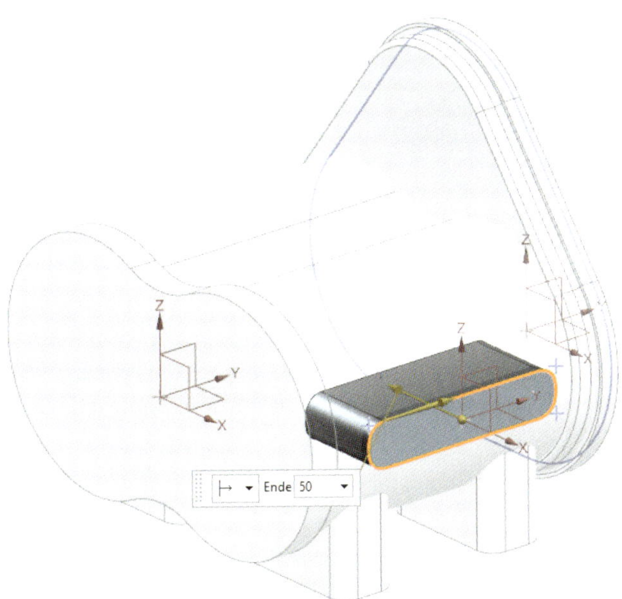

- Verrunden Sie die sichtbaren Kanten mit einer **KANTENVERRUNDUNG** (**R = 1 mm**).

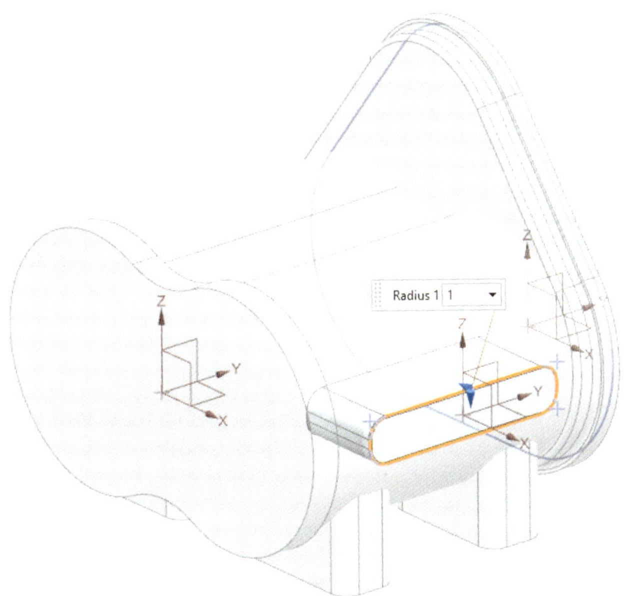

- Erstellen Sie nun den **TEXT** als Kurve. Nach Auswahl der Ankerposition (Bezugs-KSYS) stellen Sie die Position über das dynamische Achsensystem ein.

Text (Text)

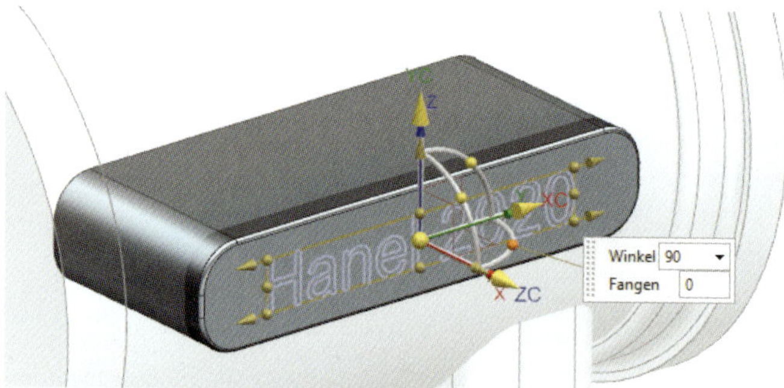

- Stellen Sie die Beschriftung fertig, indem Sie mit **EXTRUDIEREN** und den folgenden Werten den Text aus dem Block herausschneiden: **Ende Abstand = 2 mm, Boolesche Operation = Subtrahieren**. Achten Sie dabei auf die Richtung.

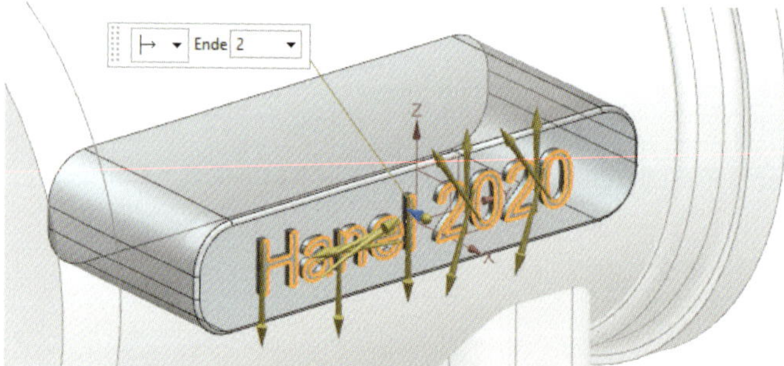

Mit dem letzten Schritt haben Sie nun alle Grundkörper für die Außengeometrie erstellt. Durch Aktivieren der einzelnen Konstruktionsgruppen können Sie die einzelnen Körper betrachten.

7.2.7 Konstruktionsgruppe Außenkörper

Die einzelnen Konstruktionsgruppen sind derzeit noch nicht miteinander vereinigt. Da alle Konstruktionsgruppen zum Außenkörper gehören, werden diese nun in eine Konstruktionsgruppe *Aussenkoerper* verschoben. Auf diese Weise werden Unterstrukturen erzeugt, jede Konstruktionsgruppe behält aber ihre Eigenständigkeit. Prinzipiell können Sie beliebig viele Unterstrukturen erzeugen, allerdings sollten die Nachvollziehbarkeit und auch der Performancegewinn nicht durch unnötige Strukturen beeinträchtigt werden.

- Aktivieren Sie die Konstruktionsgruppe *Modellhistorie* und erzeugen eine neue Konstruktionsgruppe mit dem Namen *Aussenkoerper*.
- Selektieren Sie nun im *Teile-Navigator* die in der Abbildung dargestellten Konstruktionsgruppen und schieben diese mit gedrückter **MT1** nach *Aussenkoerper*.

Bevor in Konstruktionsgruppen Geometrien vereinigt werden können, muss ein Körper vorhanden sein. Falls Sie an dieser Stelle versuchen, den Körper mit **VEREINIGEN** aus der Konstruktionsgruppe *Basiskoerper* als Ziel zu selektieren, wird das nicht funktionieren, da dieser Körper in der Konstruktionsgruppe *Basiskoerper* und nicht in *Aussenkoerper* steckt. Um die Körper miteinander vereinigen zu können, benötigen wir einen „Start"-Körper. Diesen erstellen wir wie folgt:

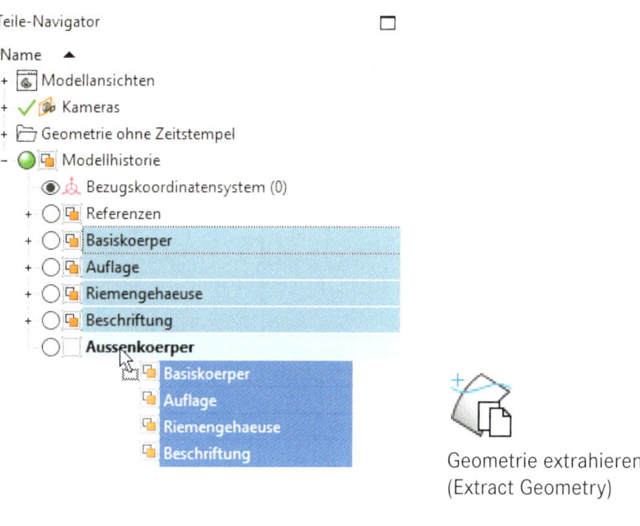

Geometrie extrahieren (Extract Geometry)

- Aktivieren Sie die Konstruktionsgruppe *Aussenkoerper*. Mit dem Befehl **GEOMETRIE EXTRAHIEREN** holen wir aus der Konstruktionsgruppe *Basiskoerper* selbigen als „Start"-Körper in unsere aktuelle Konstruktionsgruppe. Selektieren Sie dazu die Konstruktionsgruppe im *Teile-Navigator*.

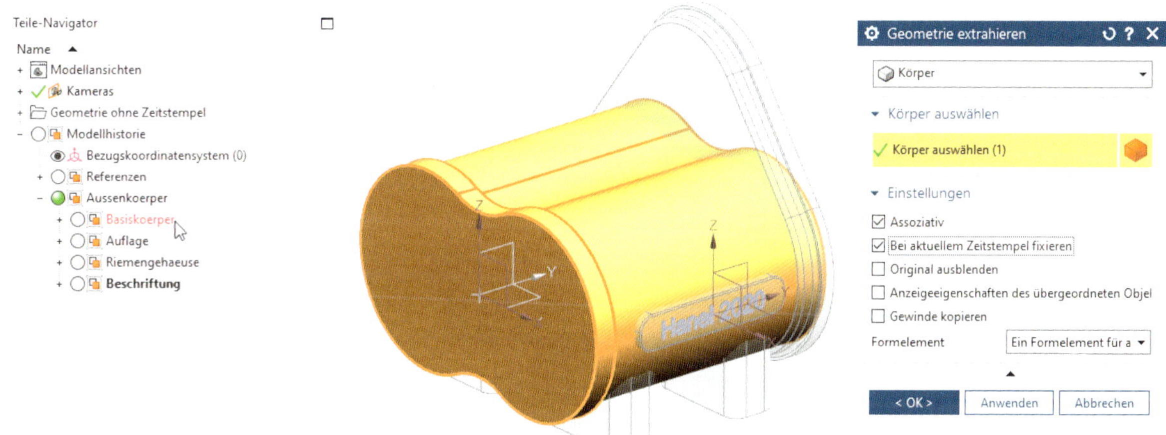

- Da Sie nun einen Ziel-Körper in der aktuellen Konstruktionsgruppe haben, können Sie die weiteren Körper aus den restlichen Konstruktionsgruppen mit **VEREINIGEN** hinzufügen.

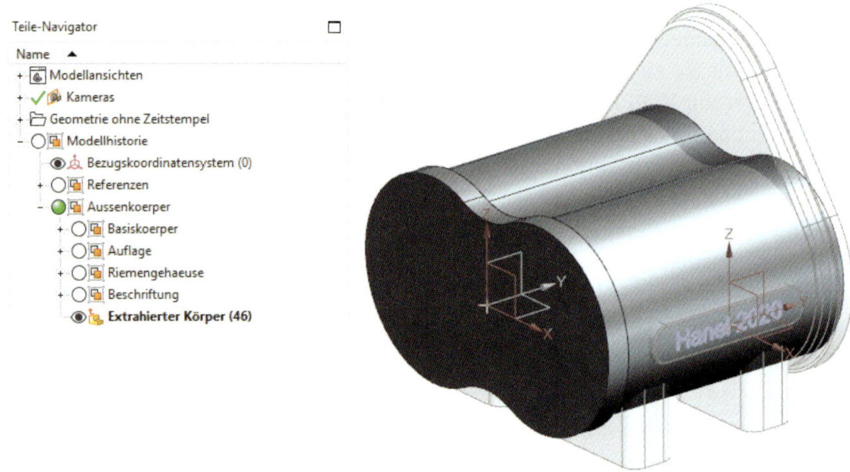

- Fügen Sie nun die *Auflage* mit **VEREINIGEN** hinzu. Wählen Sie dazu als *Ziel* den extrahierten Körper und als *Werkzeug* die Konstruktionsgruppe *Auflage*.

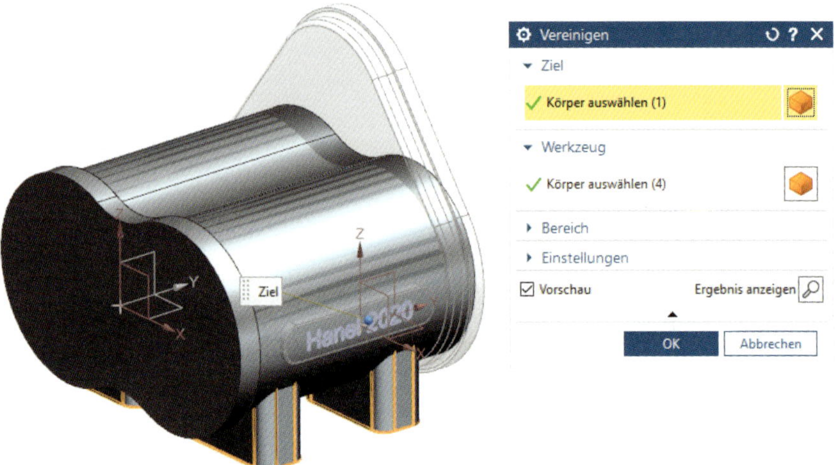

- Anschließend verrunden Sie die Geometrie mit einer **KANTENVERRUNDUNG** (**R = 3 mm**). Verwenden Sie hierbei in der Rahmenleiste die Kurvenregel **FORMELEMENT-SCHNITTKANTEN** und selektieren im *Teile-Navigator* das letzte Formelement **VEREINIGEN**.

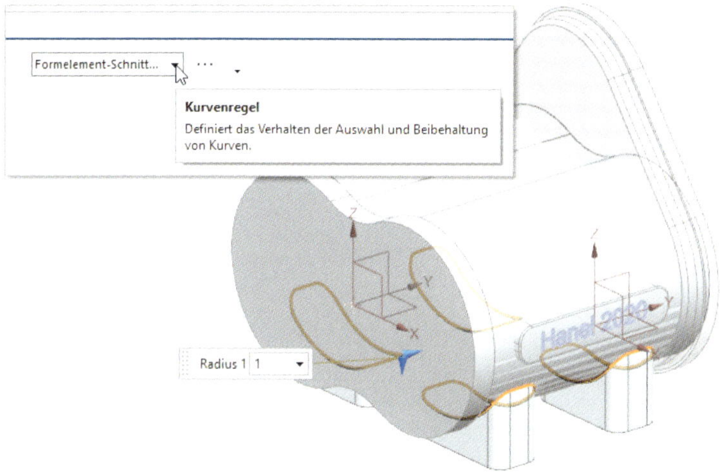

- Als Nächstes fügen Sie die *Beschriftung* und anschließend das *Riemengehaeuse* mit **VEREINIGEN** hinzu.

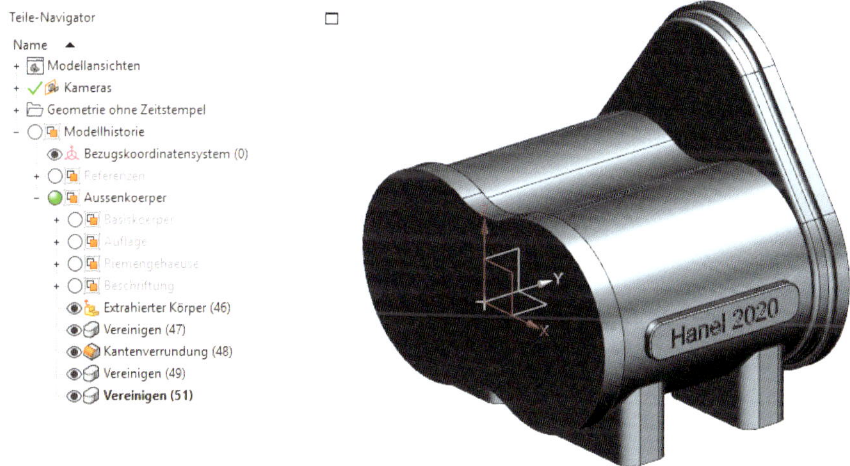

7.2.8 Konstruktionsgruppe Innenkörper

- Erstellen Sie unter *Modellhistorie* eine weitere Konstruktionsgruppe mit dem Namen *Innenkoerper* und aktivieren diese.
- Mit **EXTRUDIEREN** wird ein neuer Körper erstellt. Verwenden Sie dabei die Skizze aus *Referenzen*, mit der Sie schon den Basiskörper erzeugt haben. Geben Sie folgende Parameter ein: **Start Abstand = 0 mm**, **Ende Abstand = 205 mm** und **Offset Typ = Einseitig** mit dem Wert **–20 mm**.

- Anschließend wiederholen Sie das **EXTRUDIEREN** mit diesen Werten: **Start Abstand = 10 mm**, **Ende Abstand = 205 mm** und **Offset Typ = Einseitig** mit dem Wert **–5 mm**.

- Im nächsten Schritt wird die Geometrie mit **GEOMETRIE SPIEGELN** gespiegelt und anschließend mit **VEREINIGEN** zu einem Körper zusammengefügt.

- Nun wird mit **EXTRUDIEREN** die Skizze des Riemengehäuses verwendet und ein weiterer Körper mit folgenden Parametern hinzugefügt: **Start Abstand = –14 mm**, **Ende Abstand = 40 mm**, **Boolesche Operation = Vereinigen** und **Offset Typ = einseitig** mit dem Wert –**5 mm**.

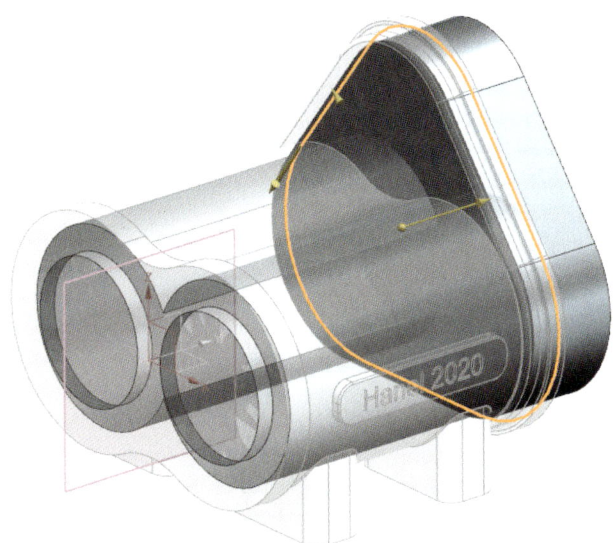

Mit dem letzten Schritt haben Sie nun den Innenkörper fertiggestellt. Wenn Sie möchten, können Sie weitere Formelemente wie Verrundungen und Fasen hinzufügen.

7.2.9 Konstruktionsgruppe Schraubenpumpe

Das Endergebnis setzen Sie nun aus Außenkörper und Innenkörper zusammen. Diese zwei Körper werden wiederum in einer Konstruktionsgruppe unter *Modellhistorie* vereint.

- Erzeugen Sie unter *Modellhistorie* eine neue Konstruktionsgruppe mit dem Namen **Schrauben-Pumpe**. Aktivieren Sie die Konstruktionsgruppe.
- Holen Sie die Geometrie von *Aussenkoerper* mit GEOMETRIE EXTRAHIEREN hinzu (**Typ = Körper**). Entfernen Sie den *Innenkoerper* mit der booleschen Operation SUBTRAHIEREN.

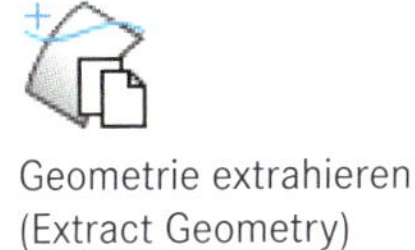

Geometrie extrahieren (Extract Geometry)

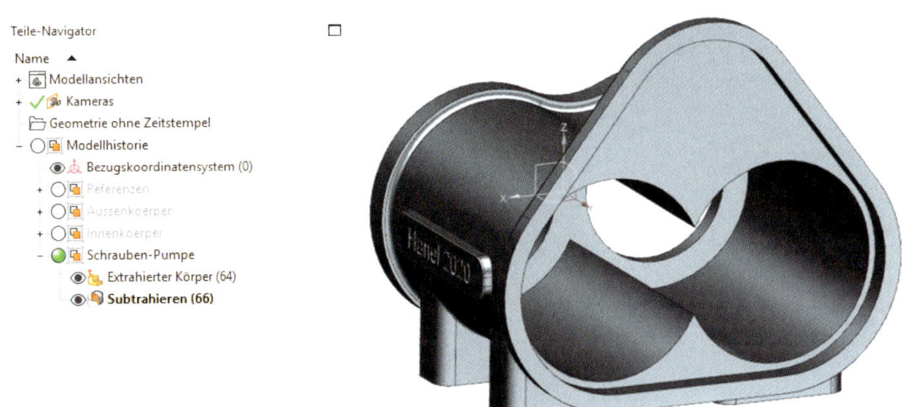

7.2.10 Änderungen mit Konstruktionsgruppen

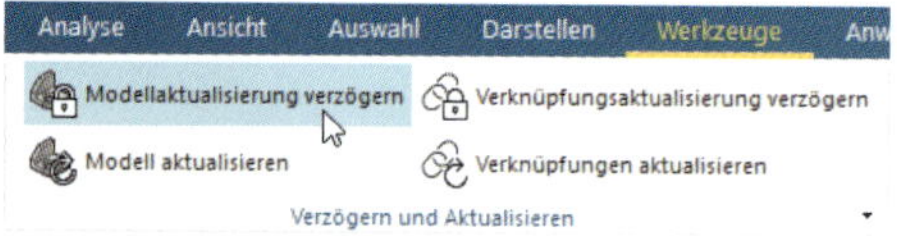

Wir stellen fest, dass die Innengeometrie noch nicht ganz unseren Vorstellungen entspricht. Bevor Sie weitermachen, sollten Sie unter der Menübandleiste *Werkzeuge* den Befehl **MODELLAKTUALISIERUNG VERZÖGERN** aktivieren. Zusätzlich sollten Sie die Spalte *Aktuell* im *Teile-Navigator* sichtbar machen. Hier können Sie sehen, welche Formelemente auf dem aktuellen Stand sind.

- Aktivieren Sie die Konstruktionsgruppe *Innenkoerper*. Erstellen Sie eine **KANTENVERRUNDUNG** mit **R = 45 mm** und selektieren die zwei Kanten zwischen den zwei Zylindern.

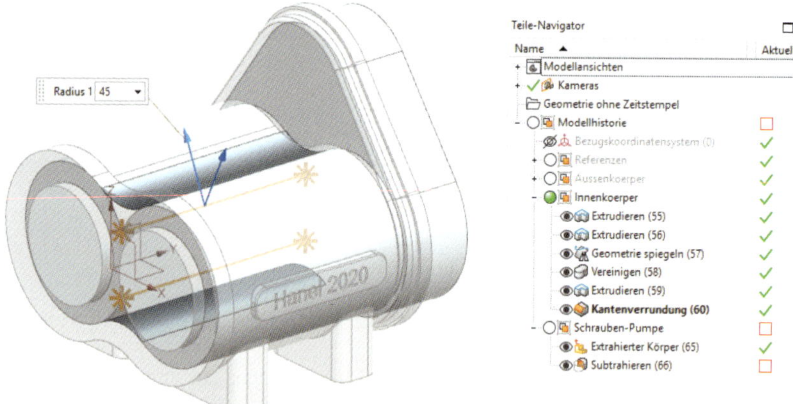

Im *Teile-Navigator* können Sie nun sehen, dass NX nur die Konstruktionsgruppe *Innenkoerper* aktualisiert hat. Die *Schrauben-Pumpe* bekommt unter *Aktuell* ein rotes Kästchen angezeigt, das anzeigt, dass dieses Formelement nicht auf dem aktuellen Stand ist.

- Aktivieren Sie deshalb noch einmal die Konstruktionsgruppe *Schrauben-Pumpe*. Durch einen Klick auf das rote Kästchen oder durch Auswahl des Befehls **MODELL AKTUALISIEREN** unter dem Reiter *Werkzeuge* in der Menübandleiste wird die Geometrie aktualisiert.

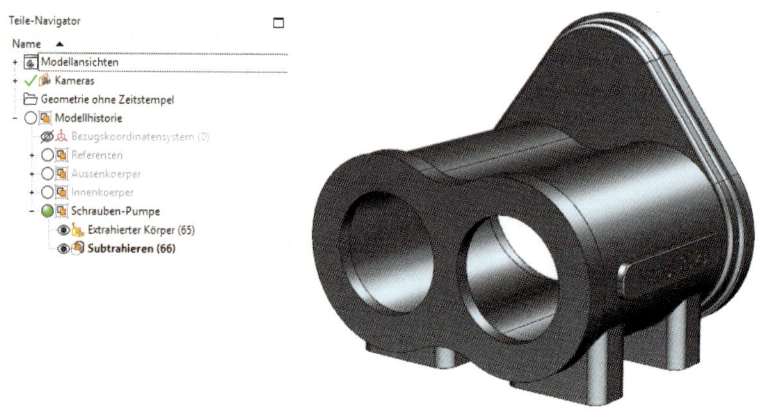

7.3 Übungsbeispiel: Zusammenbau der Schraubenpumpe

7.3.1 Einführung

In diesem Beispiel möchten wir Ihnen den grundlegenden Umgang mit Baugruppen vermitteln. Hierbei zeigen wir Ihnen, wie man Einzelteile in Baugruppen zusammenbaut und positioniert, wie Muster wiederverwendet werden und welche Möglichkeiten existieren, um an die Selektionsflächen zu gelangen, die für die Erzeugung von Baugruppenzwangsbedingungen notwendig sind.

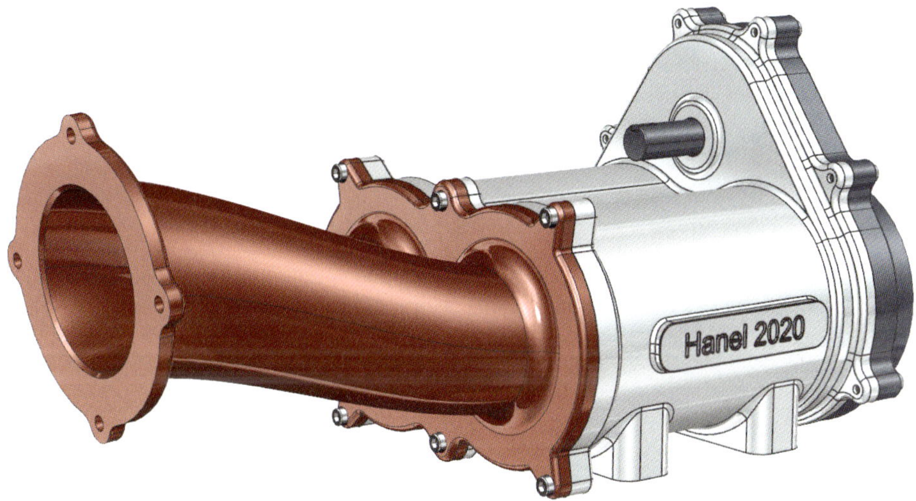

7.3.2 Vorbereitung

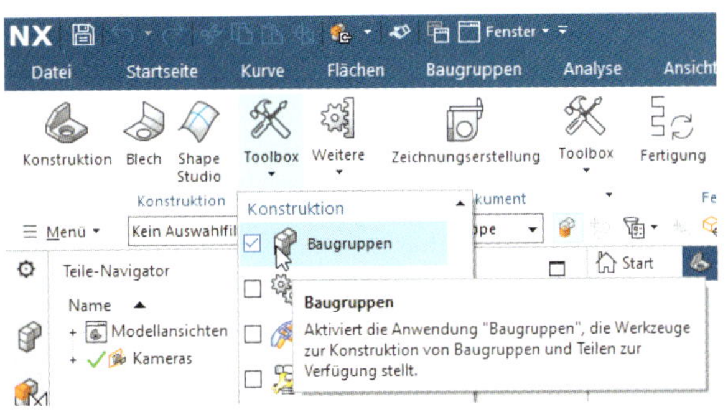

Die Modelle zu dieser Übung können Sie sich unter *plus.hanser-fachbuch.de* herunterladen. Diese sollten in den Ordner kopiert werden, in dem der Zusammenbau später auch abgespeichert wird.

Stellen Sie sicher, dass die Anwendung BAUGRUPPE aktiviert ist. Dadurch erhalten Sie in der Anwendung KONSTRUKTION eine neue *Registerkarte* mit dem Namen *Baugruppen*.

7.3.3 Erstellen einer Baugruppe

Wir beginnen mit einer leeren Baugruppe. An dieser Stelle möchten wir noch einmal darauf hinweisen, dass NX keine direkte Trennung zwischen Einzelteilen und Baugruppen kennt. Alle Komponenten besitzen die gleiche Endung (*.prt*), sodass ein Einzelteil auch später noch zu einer Baugruppe umgewandelt werden kann.

- Über **DATEI > NEU** wird eine neue Baugruppe erstellt (**Vorlagen = Baugruppe, Name = Schrauben_Pumpe_ZB001.prt**, **Ordner = „Bitte Ordner angeben, in den gespeichert werden soll!"**).
- Nach einem Klick auf **OK** erscheint das Dialogfenster **KOMPONENTE HINZUFÜGEN**. Über **ÖFFNEN** können Sie Komponenten hinzufügen. Wählen Sie hier *Main_Body_ET001_02.prt* aus.
- Nach einem weiteren Klick auf **OK** öffnet sich das Nachrichtenfenster *Fixierungszwangsbedingung erstellen*. Wenn der Ursprungspunkt der ersten Komponente auch der Ursprungspunkt der Baugruppe sein soll, so können Sie die Frage mit **JA** beantworten. Dadurch wird die Komponente als Ursprung definiert und fix gesetzt. Alle anderen Komponenten werden darauf positioniert. In unserem Fall entspricht aber der Ursprung nicht dem Ursprung der Baugruppe. Aus diesem Grund wird die Frage mit **NEIN** beantwortet.
- Mit **DATEI > SPEICHERN > ALLE SPEICHERN** sichern Sie diesen Zustand.

Im *Baugruppen-Navigator* können Sie nun die Baugruppe mit der ersten eingebauten Komponente erkennen. Im Grafikbereich wird *Main_Body_ET001_02.prt* angezeigt, allerdings liegt dieser frei im Raum.

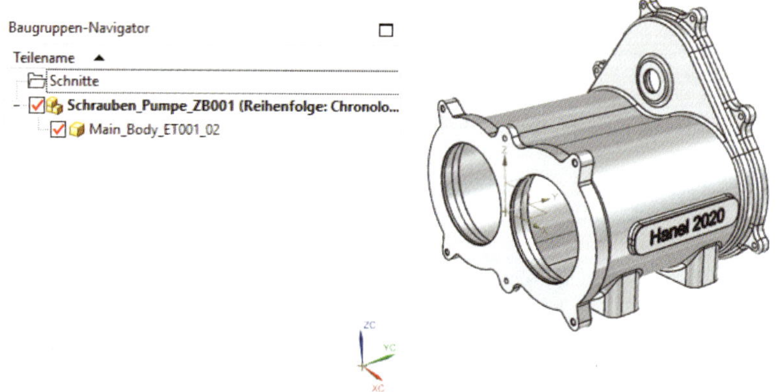

Um eine bessere Orientierung zu erhalten, sollten Sie in der Baugruppe *Schrauben_Pumpe…* (man nennt diese Komponente auch Root-Knoten) ein **BEZUGS-KSYS** erstellen, das den Nullpunkt der Baugruppe repräsentiert. Das angezeigte farbige WCS ist kein Objekt, das man als Referenz zum Positionieren verwenden kann. Mit der Taste W kann dies aus- und eingeblendet werden.

- Über **STARTSEITE > BEZUGS-KSYS** erzeugen Sie ein Achsensystem. Das Achsensystem wird in der Baugruppe erzeugt und ist im *Teile-Navigator* sichtbar.

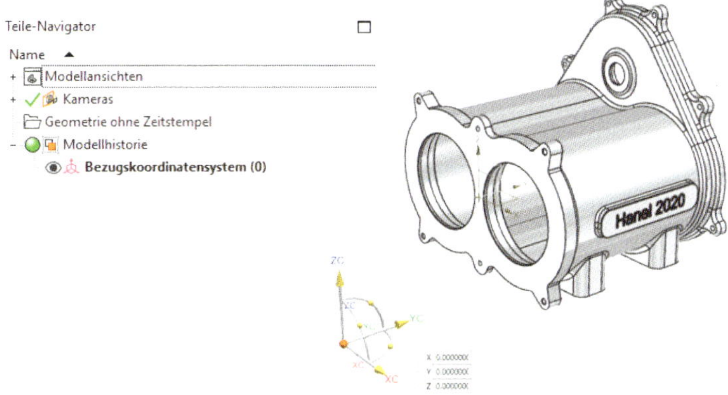

7.3.4 Platzieren der ersten Komponente

Der *Main Body* wird nun als erste Komponente richtig ausgerichtet. Mit dem Befehl **KOMPONENTE VERSCHIEBEN** aus der Registerkarte *Baugruppe* können Komponenten positioniert werden. Es werden hierbei allerdings keine Baugruppenzwangsbedingungen erzeugt.

- Selektieren Sie im *Baugruppen-Navigator* die Komponente *Main_Body_ET001_02*.
- Starten Sie den Befehl **KOMPONENTE VERSCHIEBEN**.
- Selektieren Sie den Handle wie in der Abbildung, und geben Sie unter *Winkel* den Wert **90** ein.

Komponente verschieben (Move Component)

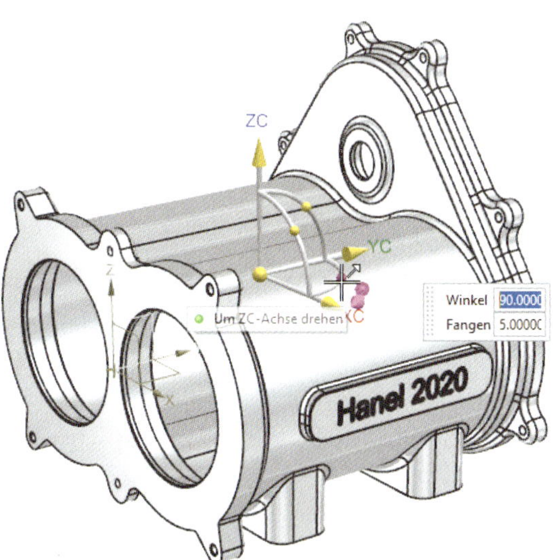

- Im nächsten Schritt wollen wir nur den Handle vom *Main_Body* verschieben. Da der Dialog noch geöffnet ist, aktivieren wir nun die Option *Nur Handle verschieben*. Anschließend selektieren Sie den *Mittelpunkt* des Handle mit **MT1** und dann das Bezugskoordinatensystem der Komponente *Main Body*. Unter Umständen müssen Sie noch **VORHANDENER PUNKT** unter *Punkt fangen* aktivieren.

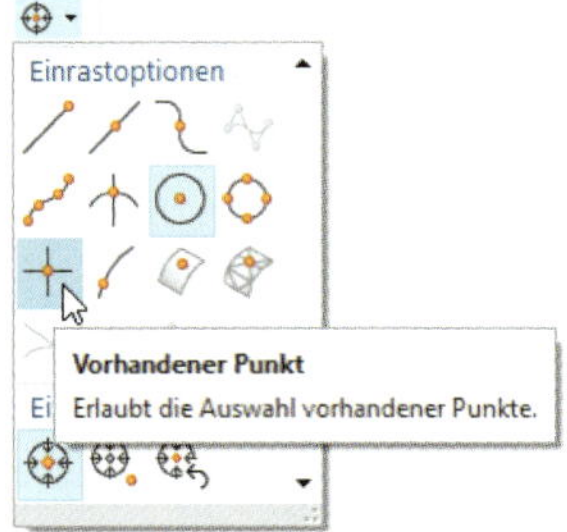

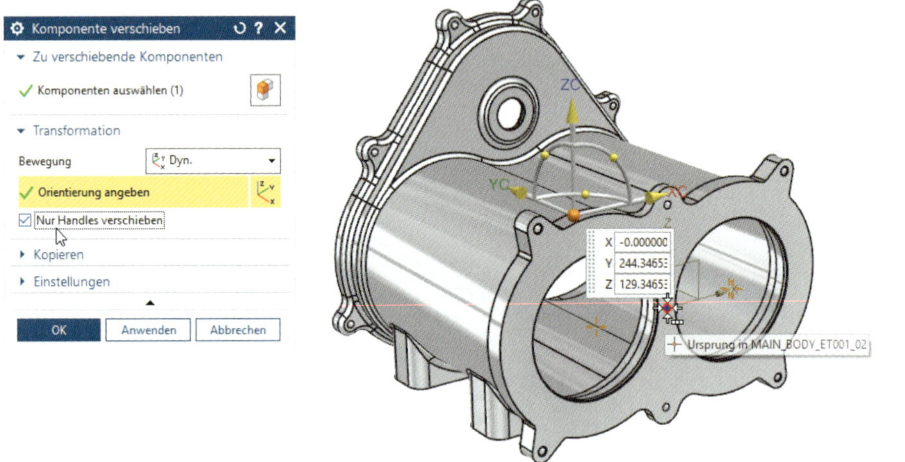

- Um die Komponente endgültig zu positionieren, müssen Sie die Option *Nur Handles verschieben* wieder deaktivieren. Im letzten Schritt selektieren Sie den *Nullpunkt* des Bezugs-KSYS der *Schrauben_Pumpe_ZB001*.

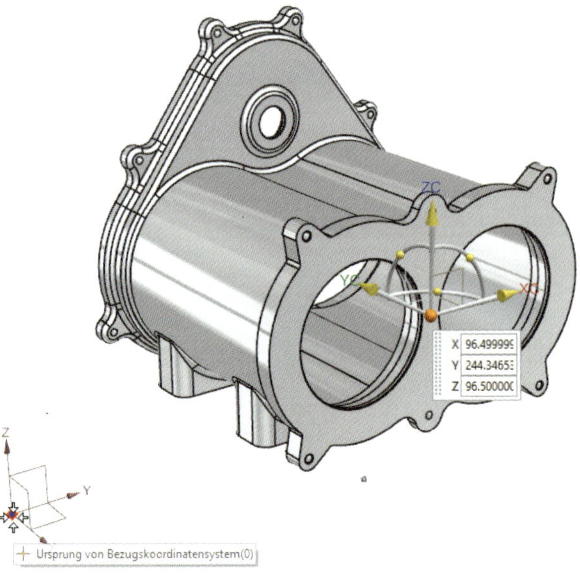

- Der *Main Body* verschiebt sich nun auf den Ursprung der Baugruppe und der Dialog kann mit **OK** beendet werden.

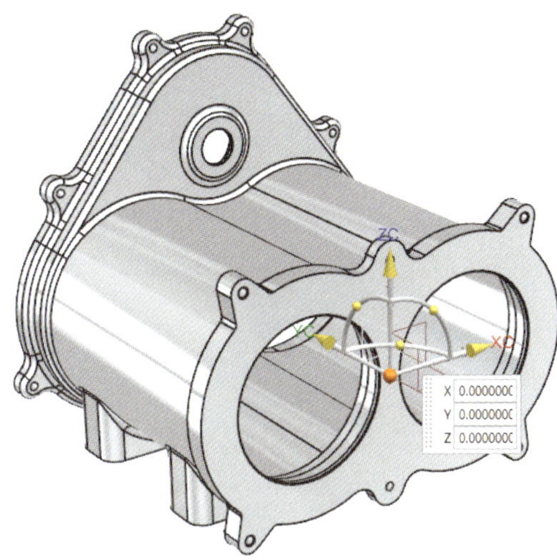

- Damit die erste Komponente an dieser Stelle bleibt, ist es erforderlich, sie mit einer Zwangsbedingung zu fixieren. Mit dem Befehl **BAUGRUPPENZWANGSBEDINGUNGEN (TYP FIXIEREN)** und der Selektion der Komponente im Grafikfenster wird diese fixiert. Mit **OK** verlassen Sie das Dialogfenster.

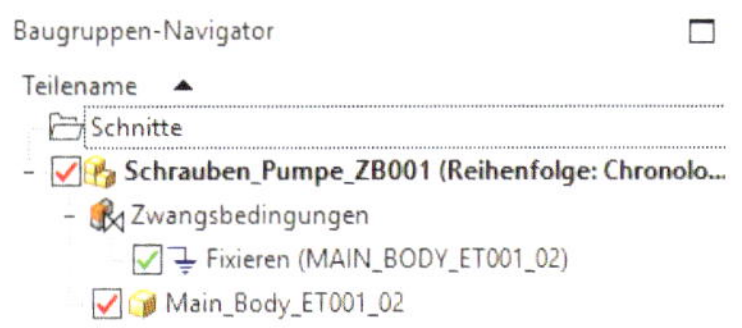

Baugruppenzwangsbedingungen (Assembly Constraints)

7.3.5 Positionieren der Komponenten

In den nächsten Schritten werden nun die restlichen Komponenten nach und nach hinzugefügt und auf dieselbe Art und Weise positioniert.

Komponente: Outlet_Body_ET003_01

Mit dem Befehl **KOMPONENTE HINZUFÜGEN** in der Registerkarte *Baugruppe* fügen Sie die Komponente *Outlet_Body_ET003_01.prt* hinzu. Ohne weitere Anpassungen wird der Dialog mit **OK** beendet.

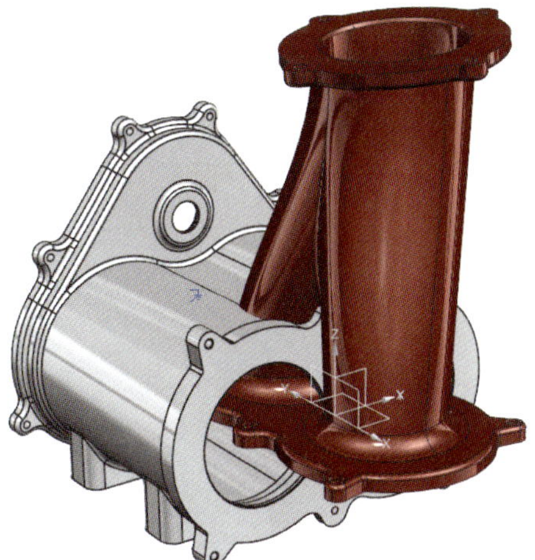

Komponente hinzufügen (Add Component)

TIPP: Bei dieser Vorgehensweise empfiehlt es sich, die Komponenten mit dem Befehl **KOMPONENTE VERSCHIEBEN** grob vorzupositionieren. Dadurch ist es einfacher, die richtigen Zwangsbedingungen auszuwählen und anzuwenden.

Komponente verschieben (Move Component)

- Mit **KOMPONENTE VERSCHIEBEN** wird die Komponente in etwa an der richtigen Stelle positioniert. Wenn Sie zuerst den Befehl ausführen, müssen Sie unter *Zu verschiebende Komponenten* die Komponente auswählen und anschließend im Bereich *Transformation* in das Feld *Orientierung angeben* klicken. Erst dann erscheint der Handle im Grafikfenster. Durch Bewegen der gelben Anfasser wird die Komponente entsprechend verschoben.

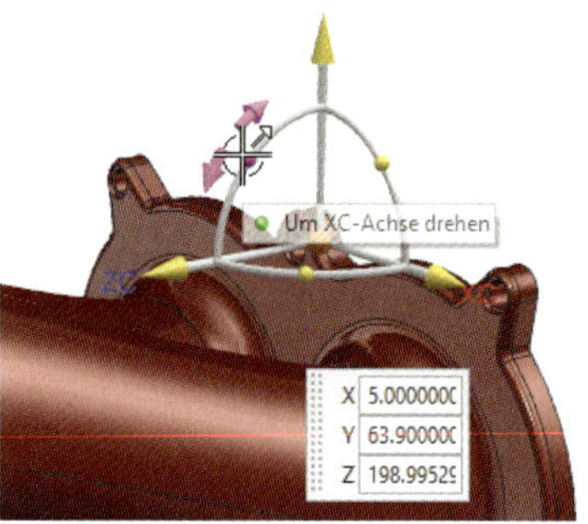

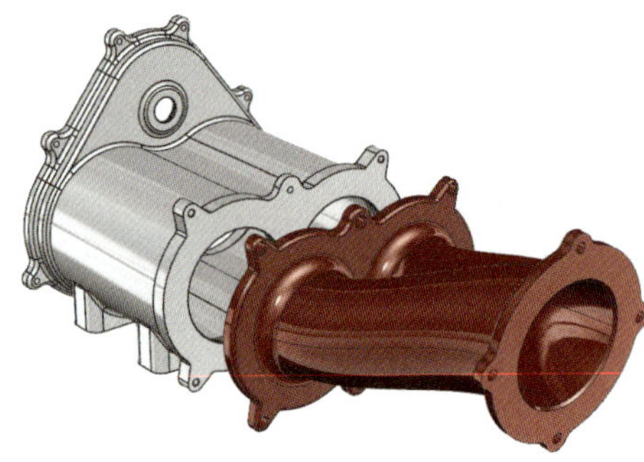

Baugruppenzwangsbedingungen (Assembly Constraints)

- Im nächsten Schritt wird die Komponente mit dem Befehl **BAUGRUPPENZWANGSBEDINGUNGEN** exakt positioniert. Bevor wir jedoch fortfahren, deaktivieren wir noch das sofortige Aktualisieren der Baugruppenzwangsbedingungen. Hierfür wählen wir **MENÜ > WERKZEUG > AKTUALISIEREN > TEILEÜBERGREIFENDE AKTUALISIERUNG > AKTUALISIERUNG VON BAUGRUPPENZWANGSBEDINGUNGEN VERZÖGERN**.
- Um alle Freiheitsgrade abzudecken, müssen in den meisten Fällen drei Bedingungen erzeugt werden. Für die erste Bedingung nehmen Sie die in der Abbildung dargestellten Einstellungen vor. Fahren Sie über die Mantelfläche der Bohrung. Dann werden die Achsen angezeigt und können ausgewählt werden. Nach Auswahl der zweiten Achsen wird die Zwangsbedingung erzeugt. Der Dialog bleibt weiter geöffnet.

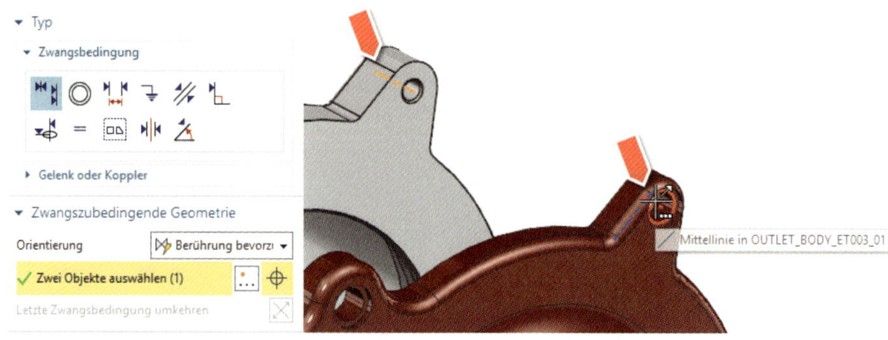

- Die zweite Bedingung erzeugen Sie mit derselben Vorgehensweise und den gleichen Einstellungen.

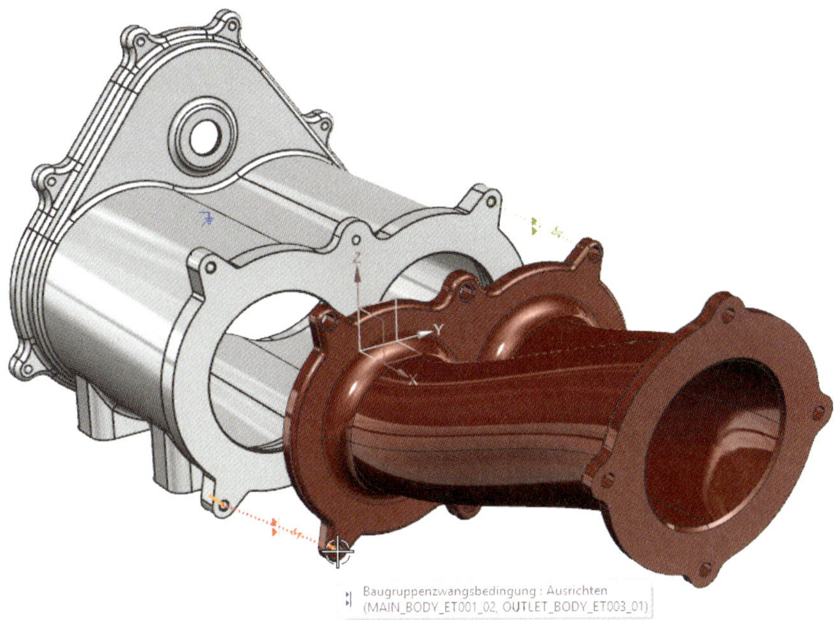

- Die dritte und letzte Bedingung ist hier ebenfalls vom Typ *Berührung/Ausrichtung*, da ein Flächenkontakt erstellt werden soll.

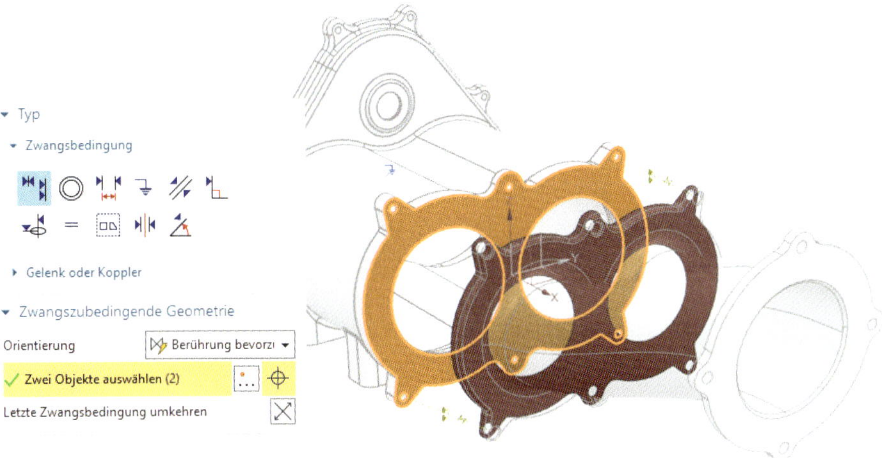

- Nachdem Sie mit **OK** das Erstellen der Zwangsbedingungen beendet haben, sollten Sie die Aktualisierung der Zwangsbedingungen manuell starten. Hierzu müssen Sie mit **MT3** auf *Zwangsbedingungen* klicken und **VERZÖGERTE ZWANGSBEDINGUNGEN AKTUALISIEREN** auswählen.

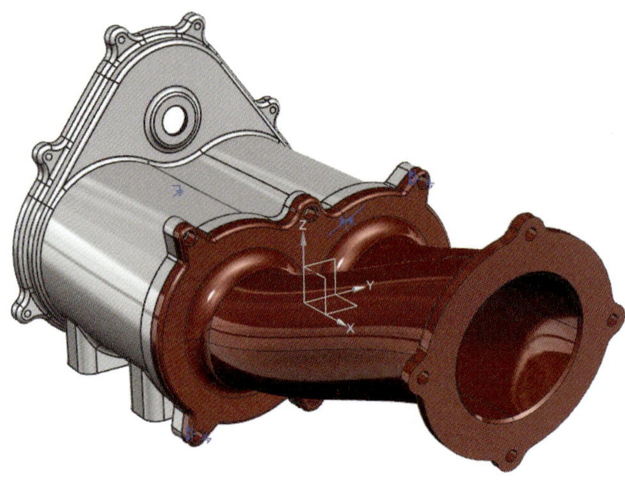

Komponente: Belt_Body_ET002_01

Als nächste Komponente wird der *Belt_Body_ET002_01* eingebaut.

- Bevor Sie die Komponente hinzuladen, sollten Sie die Verzögerung der Aktualisierung von Zwangsbedingungen wieder deaktivieren. Hierfür wählen Sie erneut **MENÜ > WERKZEUG > AKTUALISIEREN > TEILEÜBERGREIFENDE AKTUALISIERUNG > AKTUALISIERUNG VON BAUGRUPPENZWANGSBEDINGUNGEN VERZÖGERN.**
- Mit dem Befehl **KOMPONENTE HINZUFÜGEN** fügen Sie die Komponente hinzu. Dieses Mal werden wir die Komponente allerdings innerhalb des Dialogs positionieren. Hierzu wählen Sie *Mit Zwangsbedingungen definieren* unter *Platzierung* aus.

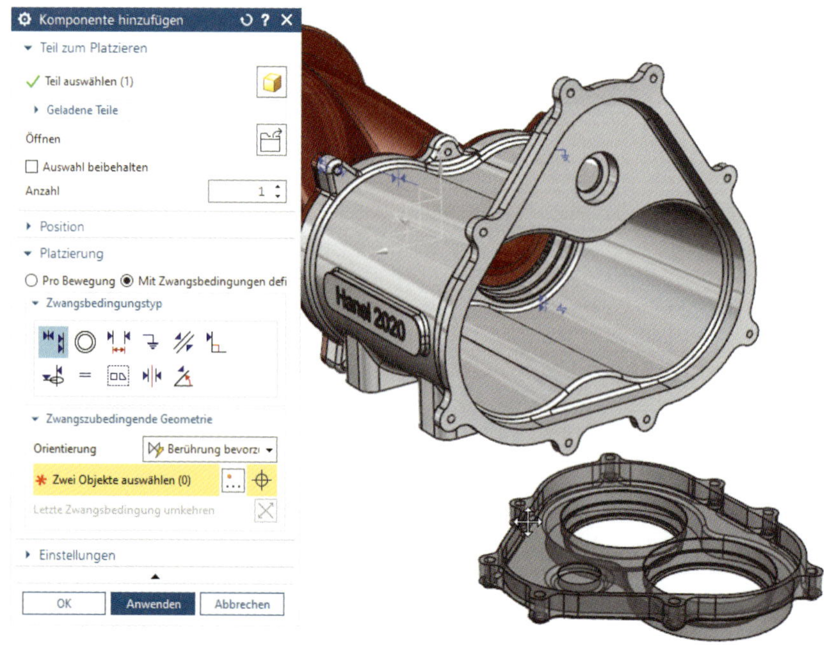

TIPP: Beim Definieren von Baugruppenzwangsbedingungen können die Komponenten in ihren offenen Freiheitsgraden per Drag & Drop verschoben werden.

- Verschieben Sie die Komponente im Grafikfenster per Drag & Drop etwas aus der Mitte. Selektieren Sie anschließend die Mittelachse von *Main_Body* im Grafikfenster und die Mittelachse von *Belt_Body*, wie in der Abbildung dargestellt. Wenn die zweite Achse ausgewählt wird, wird die Bedingung erzeugt.

- Wenn Sie nun die Komponente per Drag & Drop bewegen wollen, werden Sie feststellen, dass ein Freiheitsgrad gesperrt ist, da hier die Zwangsbedingung die Bewegung einschränkt.
- Auch wenn die Bedingung schon erzeugt ist, haben Sie nun die Möglichkeit, die Ausrichtung der letzten Bedingung mit **LETZTE ZWANGSBEDINGUNG UMKEHREN** umzukehren.
- Erzeugen Sie noch eine zweite Bedingung mit einer weiteren Mittelachse und noch eine dritte Bedingung mit einem Flächenkontakt. Das Ergebnis sollte dann wie in der Abbildung aussehen.

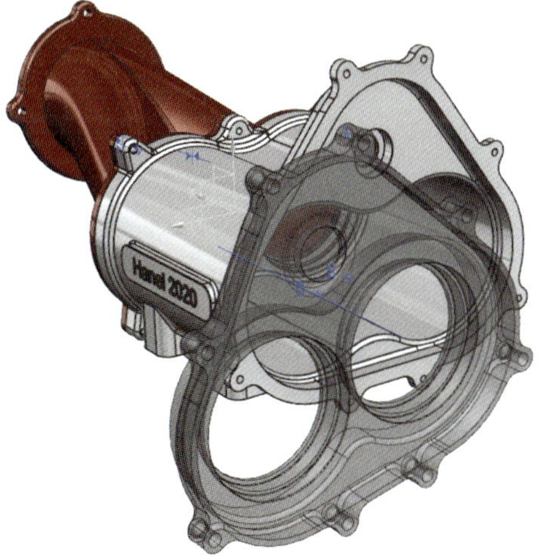

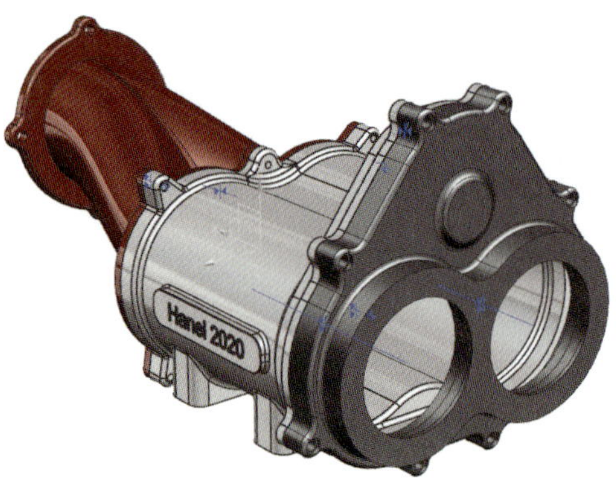

Komponente: Rotor_ZB010_01

Die Komponente *Rotor_ZB010_01* ist, wie der Name schon vermuten lässt, auch eine Baugruppe. Die Komponenten in dieser Baugruppe sind schon richtig positioniert, haben allerdings noch keine Zwangsbedingungen. Wenn Sie die Komponenten ebenfalls mit Bedingungen versehen wollen, ist es ratsam, die Baugruppe *Rotor_ZB010_01* separat zu öffnen. Wir werden in dieser Übung nur den gesamten *Rotor_ZB010_01* in der Baugruppe *Schrauben_Pumpe_ZB001* positionieren.

Schnitt aktivieren (Clip Section)

- Um in das Modell schauen zu können, verwenden Sie die Funktion **SCHNITT AKTIVIEREN** (zu finden in der Registerkarte *Ansicht*). Sie sollten jetzt eine Schnittebene sehen, die Sie nun positionieren können. Legen Sie die Schnittebene durch den Zylinder für den Rotor.

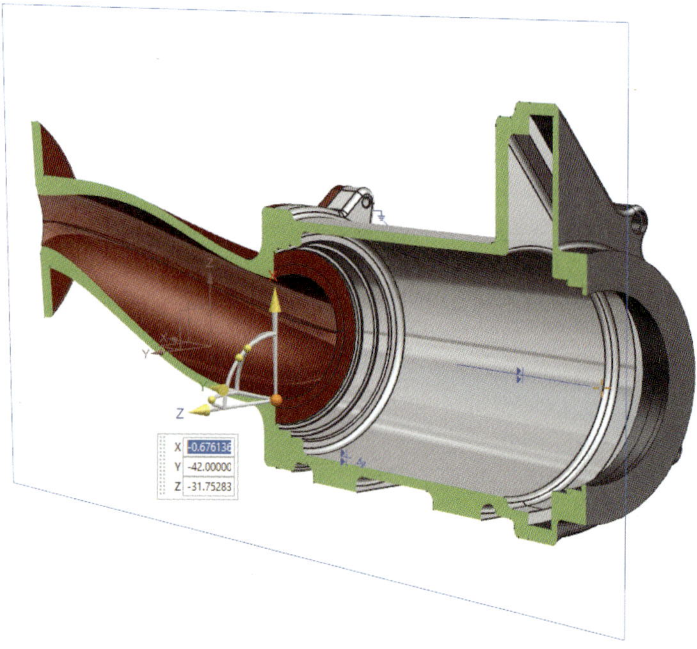

- Fügen Sie nun mit **KOMPONENTE HINZUFÜGEN** die Baugruppe *Rotor_ZB010_01* hinzu, ohne den Dialog zu beenden.

Komponente hinzufügen (Add Component)

- Aktivieren Sie im Dialog unter *Einstellungen* > *Interaktionsoptionen* die Option *Vorschaufenster*. Dadurch wird ein zusätzliches Fenster geöffnet, in dem nur die einzufügende Komponente angezeigt wird. Der Vorteil dabei ist, dass Sie bei der Vergabe von Zwangsbedingungen auch in diesem Fenster die Referenzen anwählen können.
- Erzeugen Sie innerhalb des Dialogs **KOMPONENTE HINZUFÜGEN** einen Flächenkontakt zwischen dem *Main_Body* und dem *Rotor*.

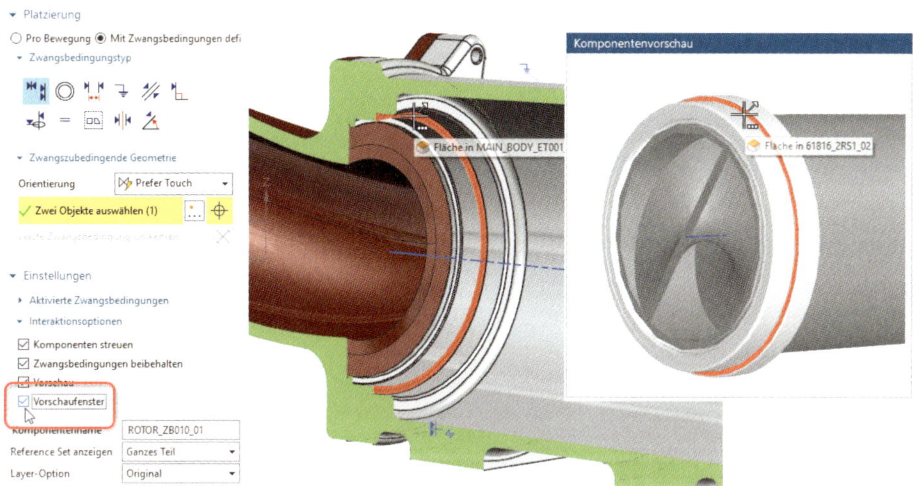

- Anschließend positionieren Sie noch die Mittelachsen zueinander.

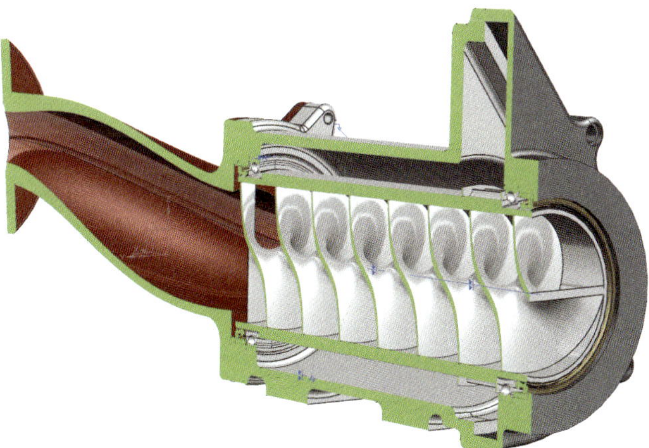

- Der Rotor hat jetzt noch einen Freiheitsgrad: Die Rotation um die eigene Mittelachse ist offen.
- Da der Rotor zweimal vorhanden ist, wiederholen Sie die Schritte auf der anderen Seite.

HINWEIS: Sobald Sie in NX eine Komponente ein zweites Mal einbauen, taucht im *Baugruppen-Navigator* hinter dem Namen ein „x 2" auf. Mit der Standardeinstellung packt NX automatisch gleiche Komponenten in einer Ebene zusammen.

- Mit **MT3** und **ENTPACKEN** werden beide Komponenten wieder separat angezeigt.

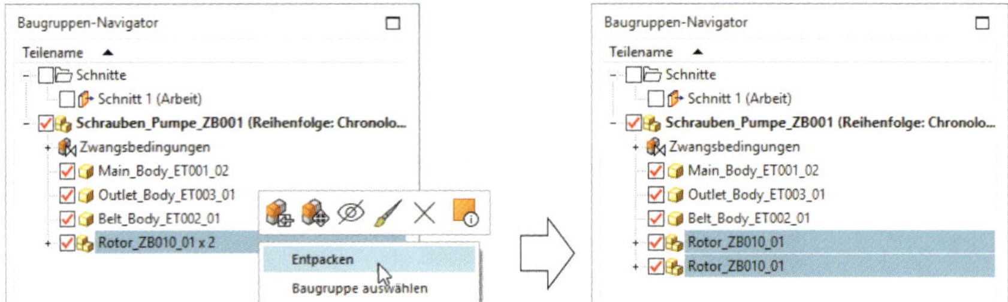

Komponente: Pulley_ZB020_01

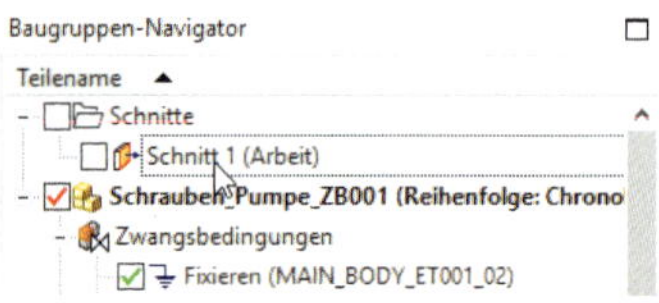

Im nächsten Schritt fügen wir die Baugruppe *Pulley_ZB020_01* ein. Auch hier wird wieder eine Baugruppe eingefügt, deren Komponenten richtig positioniert sind, allerdings noch keine Zwangsbedingungen besitzen.

- Deaktivieren Sie zunächst den **SCHNITT** durch Doppelklick im *Baugruppen-Navigator*.
- Selektieren Sie im *Baugruppen-Navigator* das rote Häkchen vor der Komponente *Belt _ Body_ET002_01*. Dadurch verdecken Sie diese.
- Fügen Sie nun mit dem Befehl **KOMPONENTE HINZUFÜGEN** die Baugruppe *Pulley_ZB020_01* ein.
- Im Dialogfenster **BAUGRUPPENZWANGSBEDINGUNGEN** positionieren Sie erstens die Mittelachse der Bohrung sowie der Welle zueinander. Zweitens positionieren Sie die Anlagefläche im *Main_Body* zur Anlagefläche des Kugellagers (siehe Abbildung) zueinander.

Komponente hinzufügen (Add Component)

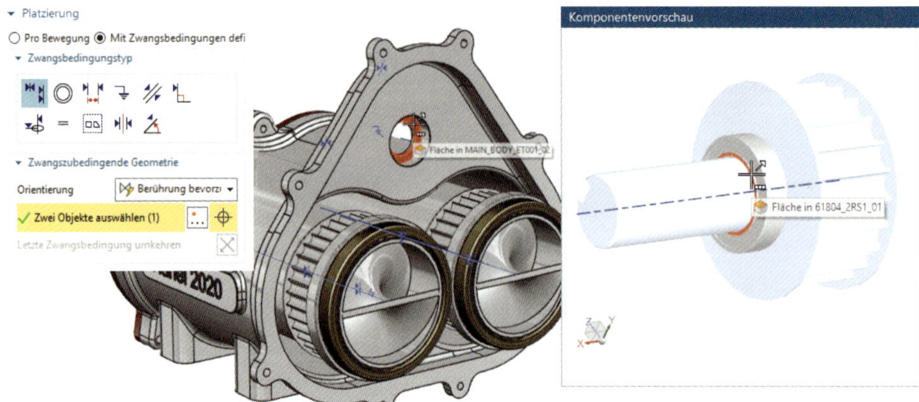

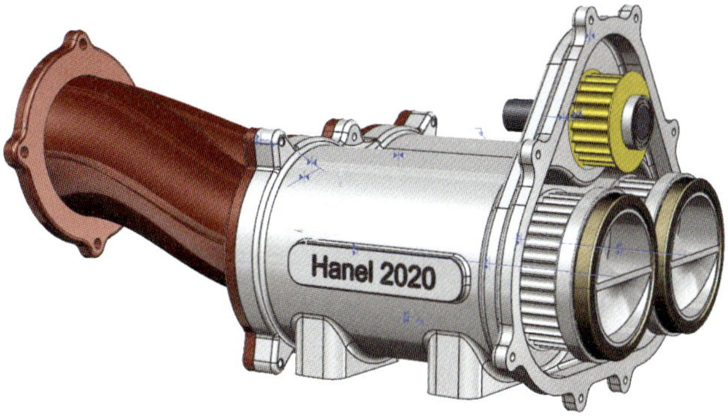

Komponente: Belt_ET020_01

Der Riemen wird ebenfalls über **KOMPONENTE HINZUFÜGEN** hinzugefügt.

Komponente hinzufügen (Add Component)

- Die erste Bedingung ist ein Ausrichten der Mittelachsen (siehe Abbildung).

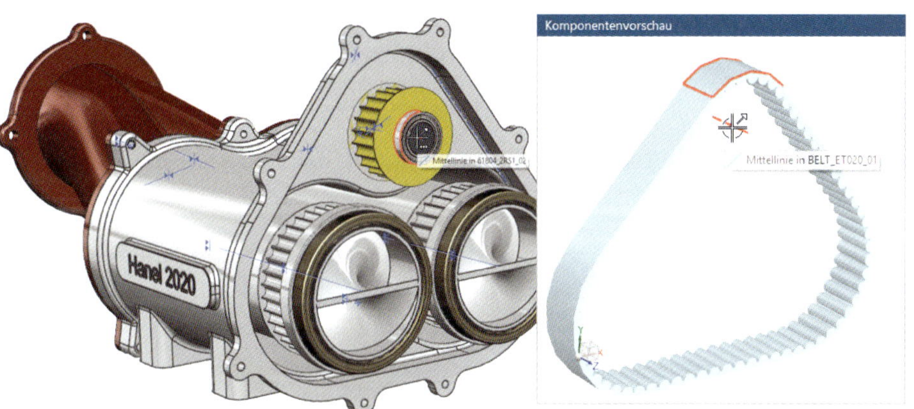

- In manchen Fällen ist es aufgrund von Toleranzen nicht möglich, eine direkte Bedingung zu erstellen. Im Beispiel sollte man annehmen, dass die zweite Bedingung über die Mittelachse des Rotors und die Mittelachse des seitlichen Riemen-Radius erstellt werden kann. Aufgrund von Ungenauigkeiten ist dies allerdings nicht möglich. Um die gleiche Position zu erhalten, jedoch nicht von kleineren Ungenauigkeiten abhängig zu sein, kann auch die horizontale Riemenunterseite mit der XY-Ebene des Baugruppen-Bezugs-KSYS parallel gesetzt werden.
- Erzeugen Sie eine **BAUGRUPPENZWANGSBEDINGUNG** des Typs *Parallel*. Selektieren Sie die Riemenunterseite und die XY-Ebene des Baugruppen-Bezugs-KSYS.

Baugruppenzwangs-bedingungen (Assembly Constraints)

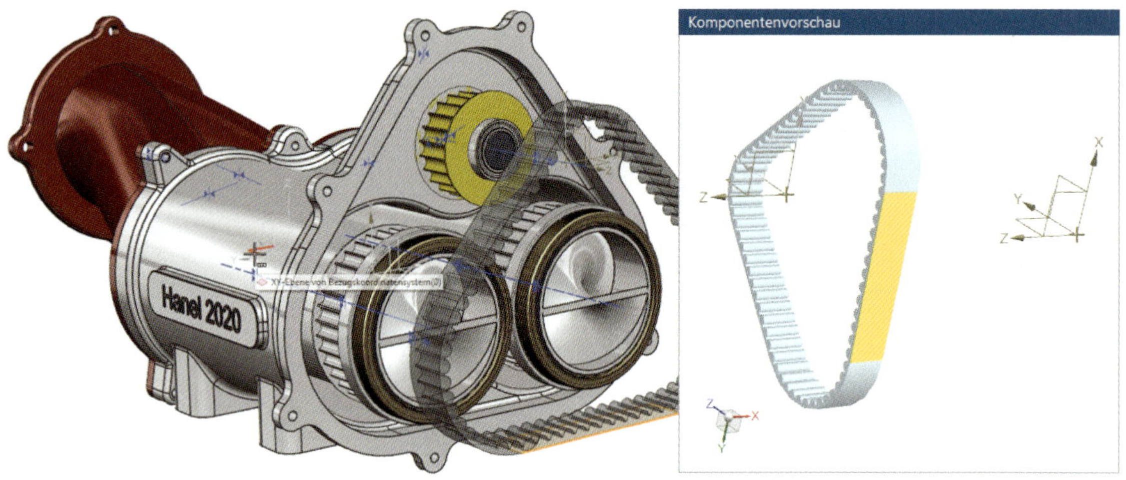

- Als Nächstes soll der Riemen in X-Richtung im Abstand von **1 mm** von der Innenfläche der Komponente *Upper_Pulley_ET022_01* positioniert werden.

TIPP: Manchmal ist es hilfreich, die Anzeige in der Registerkarte *Ansicht* auf **ANZEIGE > BEACHTEN > TRANSPARENT ALLE** zu stellen.

- Erstellen Sie eine **BAUGRUPPENZWANGSBEDINGUNG** des Typs *Abstand*. Verwenden Sie zum Selektieren den *QuickPick* (**Abstand = 1 mm**).

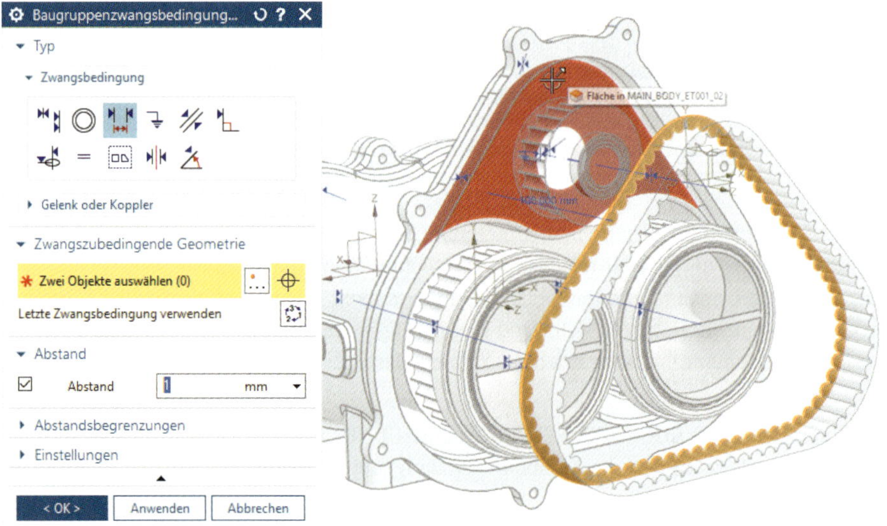

7.3.6 Wiederverwenden von Mustern

Zum Schluss fehlen noch die Schrauben für das Gehäuse. Die Bohrungen in den jeweiligen Komponenten wurden mit einem Muster erstellt. Diese Muster können nun wiederverwendet werden.

- Zuerst wird eine Schraube hinzugefügt und in eine Bohrung positioniert.
- Mit dem Befehl **KOMPONENTE HINZUFÜGEN** fügen Sie die Komponente *Screw_6x1.0x25* hinzu.

Komponente hinzufügen (Add Component)

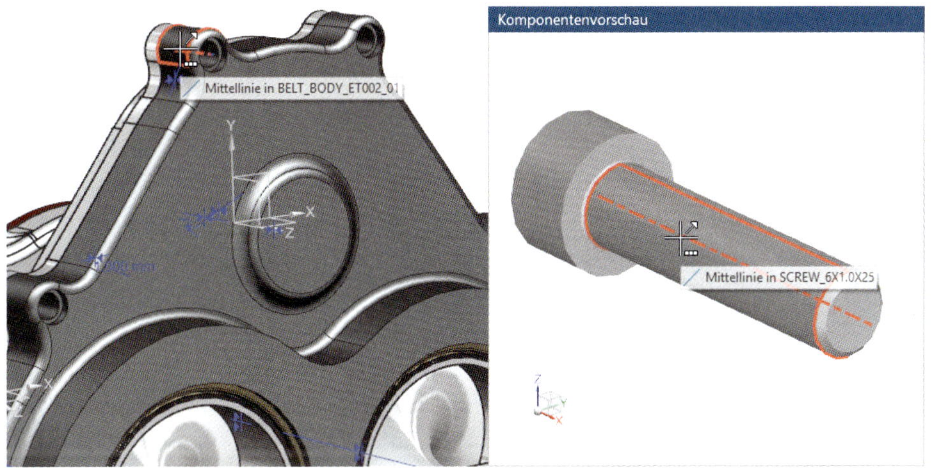

- Positionieren Sie die Achse mit der Baugruppenzwangsbedingung des Typs *Ausrichten/Sperren*. Dieser Typ richtet die Achsen aus und sperrt gleichzeitig die Rotation, sodass mit der zweiten Bedingung (Flächenkontakt) alle Freiheitsgrade gesperrt sind.

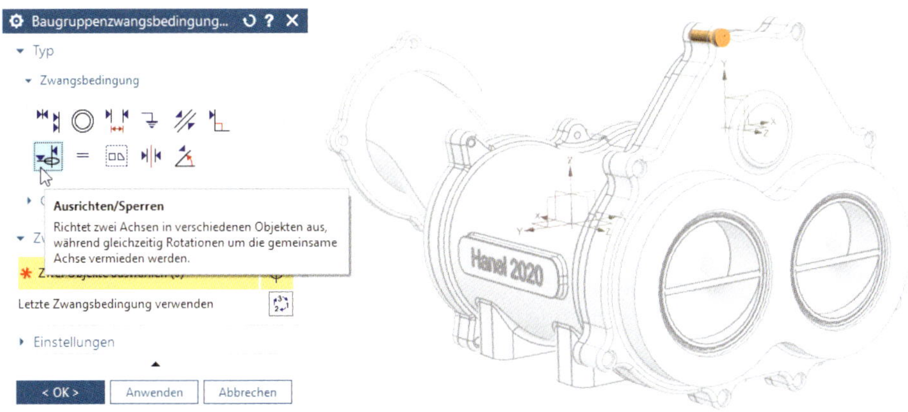

Komponente mustern (Pattern Component)

- Anschließend wird mit dem Befehl **KOMPONENTE MUSTERN** und **Layout = Referenz** die Schraube selektiert. NX erkennt aufgrund der Zwangsbedingungen das Muster und vervielfältigt die Schraube entsprechend.

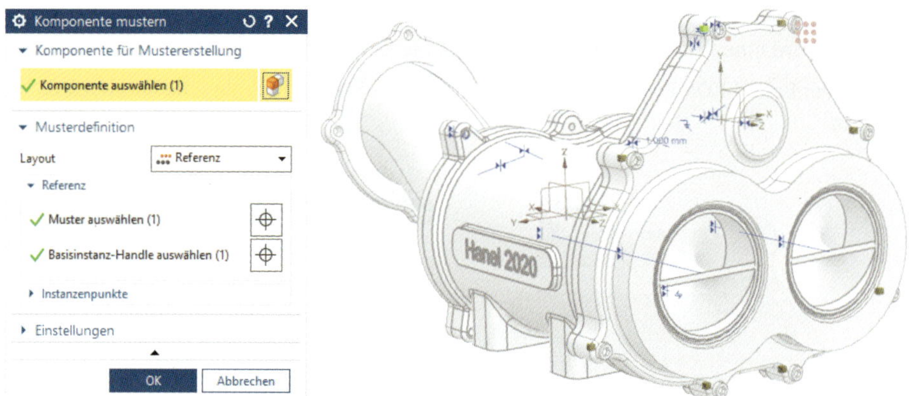

- Mit den gleichen Schritten wird die etwas kürzere Schraube *Screw_6x1.0x18* verwendet, um die Komponente *Outlet_Body* mit *Main_Body* zu verbinden.

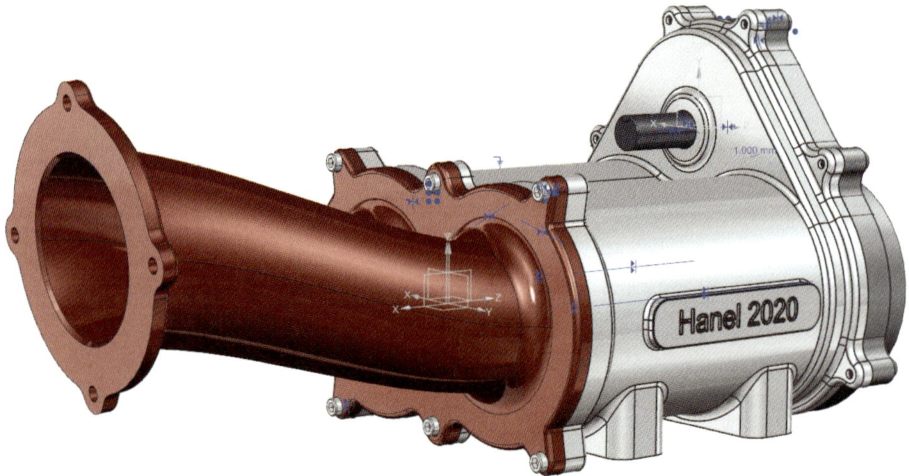

7.4 Übungsbeispiel: Zeichnung erstellen

7.4.1 Einführung

An diesem Beispiel sollen einige Möglichkeiten aufgezeigt werden, die für das Erstellen technischer Zeichnungen innerhalb der NX-Anwendung **ZEICHNUNGSERSTELLUNG** zur Verfügung stehen. Das Beispiel erfüllt weder den Anspruch auf Vollständigkeit noch auf normgerechte Darstellung, sondern soll lediglich dazu dienen, einige wesentliche Funktionen zu veranschaulichen, um so den Einstieg in die Zeichnungsableitung mit Siemens NX zu erleichtern.

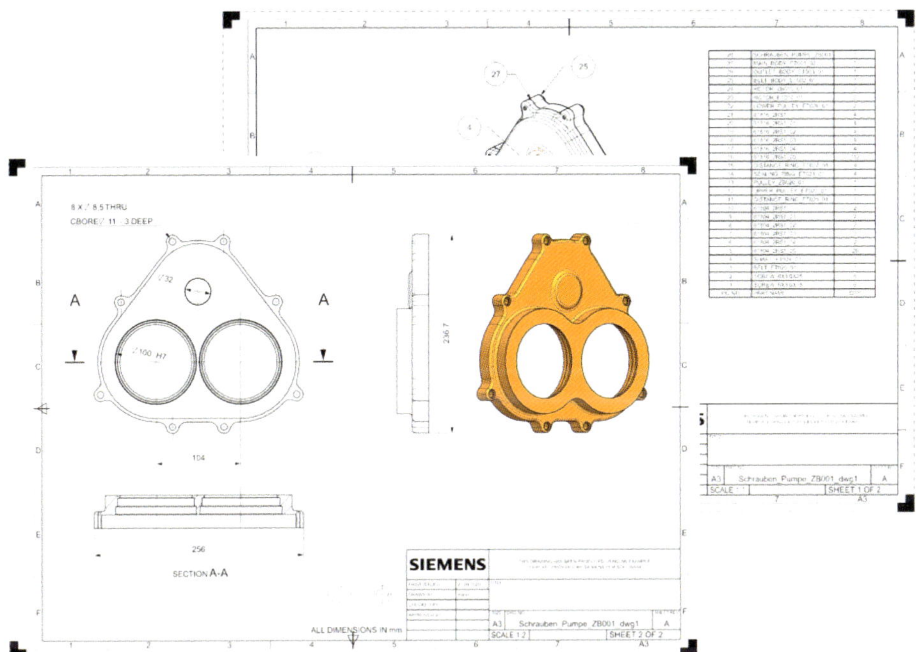

7.4.2 Aufgabenstellung

Von der Baugruppe soll eine Gesamtansicht mit Stückliste und Positionsmarkierungen erstellt und auf einem weiteren Zeichnungsblatt eine Einzelteilzeichnung angefertigt werden.

7.4.3 Vorgehensweise

7.4.3.1 Baugruppe laden

Laden Sie die Datei *Schrauben_Pumpe_ZB001.prt*. Die Abbildung zeigt die geladene Baugruppe.

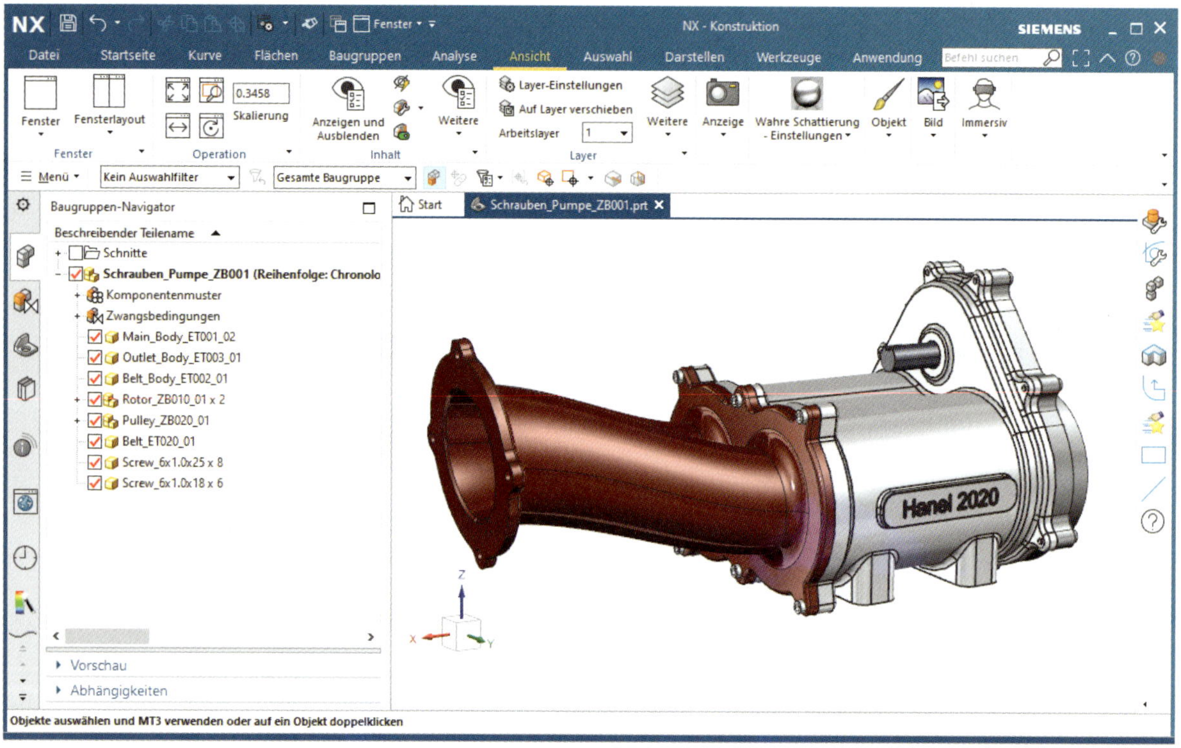

7.4.3.2 Neue Zeichnung erstellen

Neu (New)

Wählen Sie **DATEI > NEU**, um eine neue Datei für die Zeichnung zu erstellen. Übernehmen Sie für das Dialogfenster **NEU** die Einstellungen aus der Abbildung und bestätigen mit **OK**.

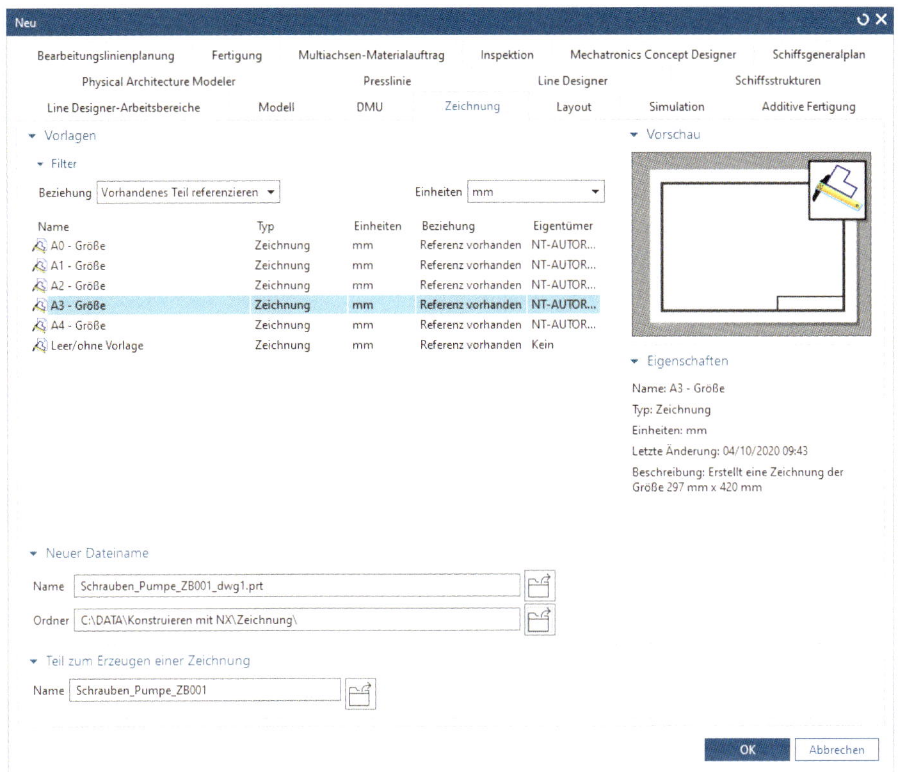

Geben Sie im Dialog **TITELFELD AUSFÜLLEN** als Wert für *First Issued* das Erstellungsdatum und unter *Drawn By* Ihren Namen ein, und bestätigen Sie mit **SCHLIESSEN**. Diese Angaben werden in den Zeichnungskopf übernommen.

Titelfeld ausfüllen (Populate Title Block)

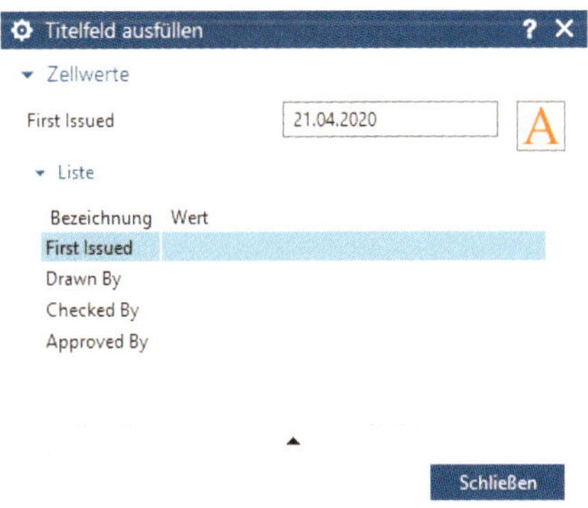

HINWEIS: Bei den meisten Firmen existieren eigene Programme zum Ausfüllen des Schriftkopfes oder es stehen eigene firmenspezifische Vorlagen zur Verfügung.

7.4.3.3 Ansicht erstellen

Grundansicht (Base View)

Im Dialogfenster **GRUNDANSICHT**, das sich automatisch nach dem Dialog **TITELFELD AUSFÜLLEN** öffnet, wählen Sie im ersten Schritt das Teil oder die Baugruppe als Basis für die Zeichnung. In unserem Beispiel ist die Datei *Schrauben_Pumpe_ZB001.prt* bereits vorausgewählt.

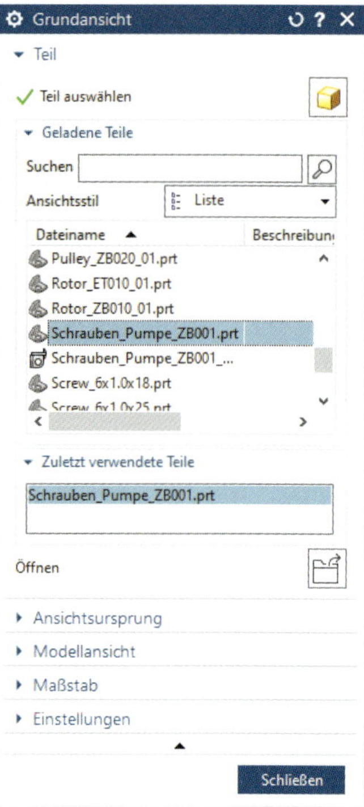

Im Bereich *Modellansicht* wird die Grundansicht für die Zeichnung festgelegt. Klicken Sie hier auf **ANSICHT ORIENTIEREN**. Der gleichnamige Dialog öffnet sich und mit ihm ein zusätzliches Grafikfenster. In diesem Fenster können Sie mit gedrückter Maustaste die Baugruppe individuell ausrichten. Verwenden Sie eine Ausrichtung wie in der Abbildung dargestellt. Bestätigen Sie die Perspektive im Dialog **ANSICHT ORIENTIEREN** mit **OK**.

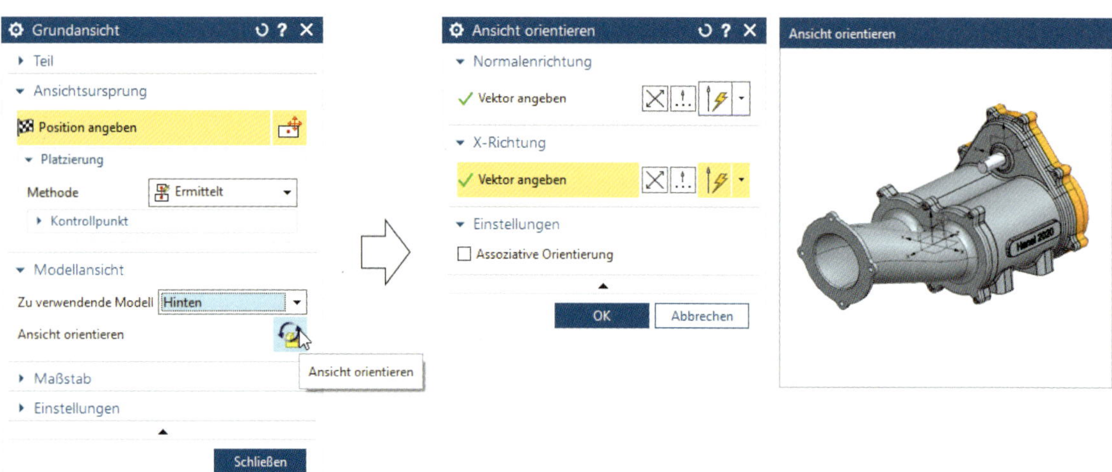

Da die Ansicht noch zu groß für unsere Zeichnung ist, stellen Sie unter *Maßstab* den Wert auf 1:2 ein. Alternativ können Sie auch unter *Einstellungen* > *Einstellungen* den Dialog **EINSTELLUNGEN FÜR DIE BASISANSICHT** öffnen. Hier stehen noch zahlreiche andere Optionen für die zu definierende Ansicht bereit. Unter *Gemeinsam* > *Allgemein* > *Einstellungen* können Sie auch hier den Maßstab anpassen.

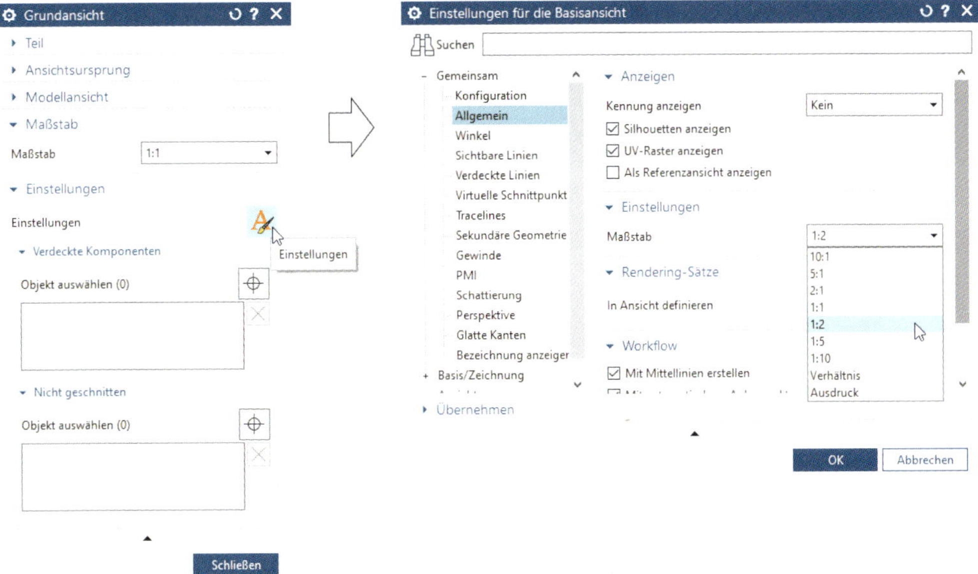

Nachdem Sie die Ansicht fertig eingestellt haben, müssen Sie diese nur noch innerhalb des Zeichnungsrahmens positionieren. Hierzu klicken Sie mit **MT1** an die gewünschte Stelle. Die Position kann später noch korrigiert werden.

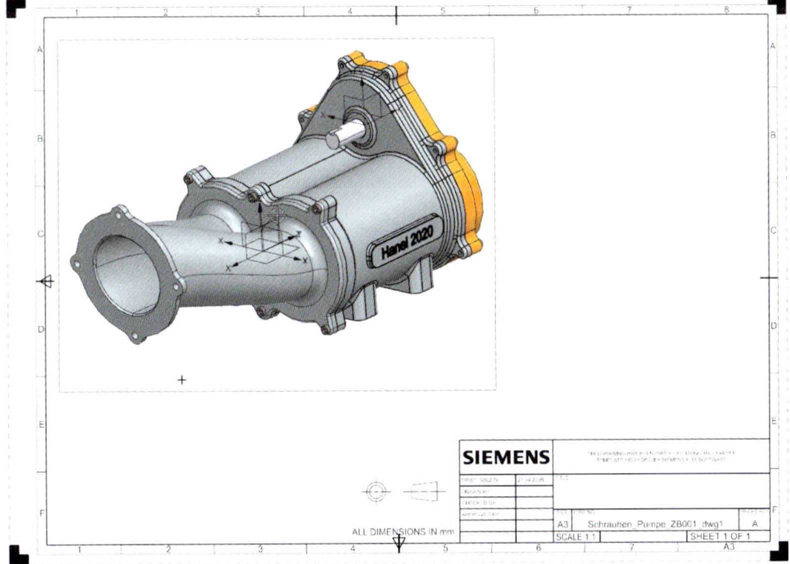

NX öffnet im weiteren Verlauf den Dialog **PROJIZIERTE ANSICHT**. Da wir in unserem Beispiel keine projizierten Ansichten benötigen, beenden wir diesen Dialog mit **SCHLIESSEN**.

Eine Ansicht, wie in der Abbildung, wird erzeugt. Im *Baugruppen-Navigator* wird die Zeichnung wie eine übergeordnete Baugruppe angezeigt.

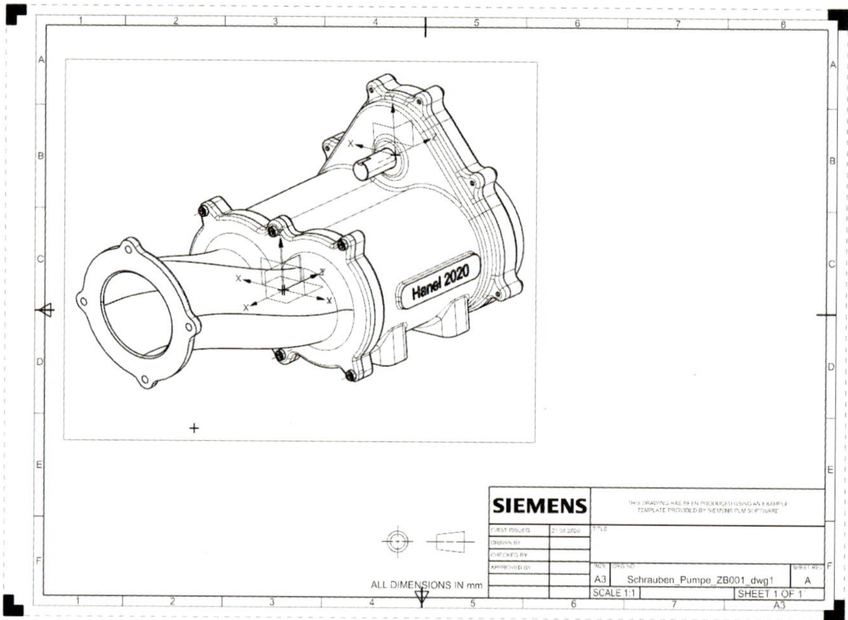

Wenn wir nun die Ansicht betrachten, dann ist zu erkennen, dass zusätzlich zur Geometrie mehrere Bezugs-KSYS und ein Bezugspunkt dargestellt werden. Hintergrund hierbei ist, dass alles, was in der Baugruppe sichtbar ist, auch in der Zeichnung zu sehen ist.

Anzeigen und Ausblenden (Show and Hide)

Um die Bezugsobjekte aus der Ansicht zu entfernen, wechseln Sie zur Registerkarte *Ansicht*. Starten Sie dort unter *Inhalt* den Befehl **ANZEIGEN UND AUSBLENDEN** und blenden die Bezugsobjekte durch Klicken auf das Icon (siehe Abbildung) aus.

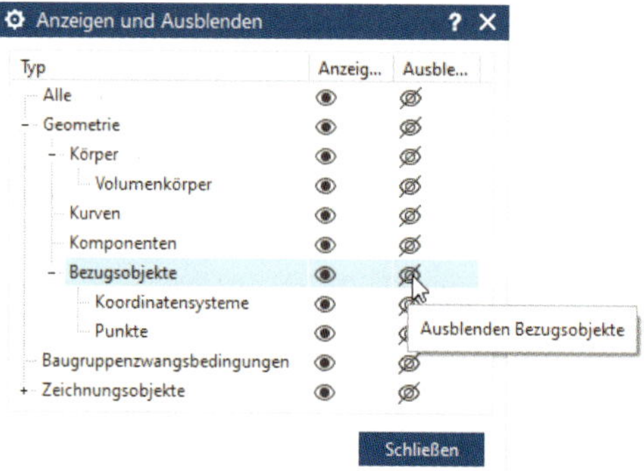

Beenden Sie den Dialog mit **SCHLIESSEN.** Die Bezugs-KSYS sollten nun verdeckt sein. Die Punkte sind unter Umständen noch sichtbar. Das liegt daran, dass die Ansichten noch nicht aktualisiert sind. Hierzu wechseln Sie in den *Teile-Navigator*. Das Symbol einer *Uhr* zeigt an, dass die Ansicht aktualisiert werden muss. Durch Klick auf die Uhr wird die Aktualisierung angestoßen.

Das Ergebnis sollte nun wie in der Abbildung aussehen.

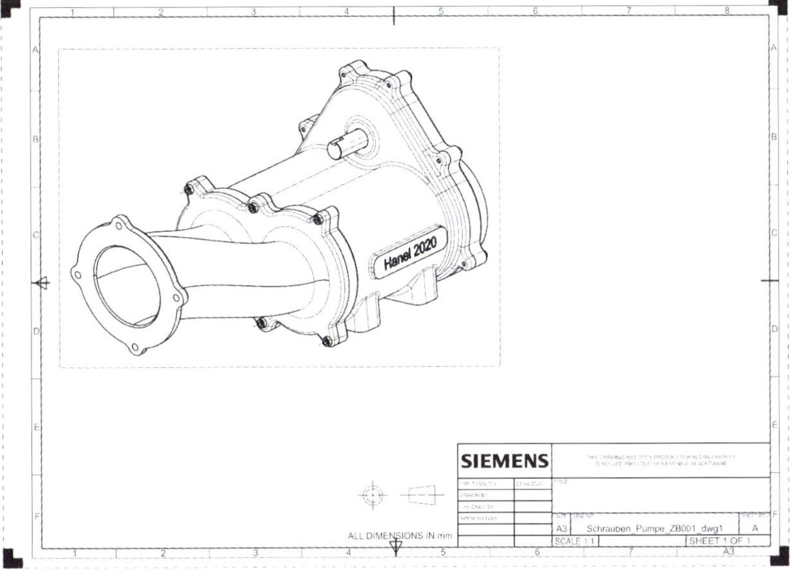

7.4.3.4 Stückliste erstellen

Starten Sie den Befehl **STÜCKLISTE**. Eine Voranzeige der Stückliste wird angezeigt. Positionieren Sie die Stückliste wie in der Abbildung dargestellt. Es ist deutlich zu sehen, dass der Platz nicht ganz ausreicht. Darum kümmern wir uns im nächsten Schritt.

Stückliste (Parts List)

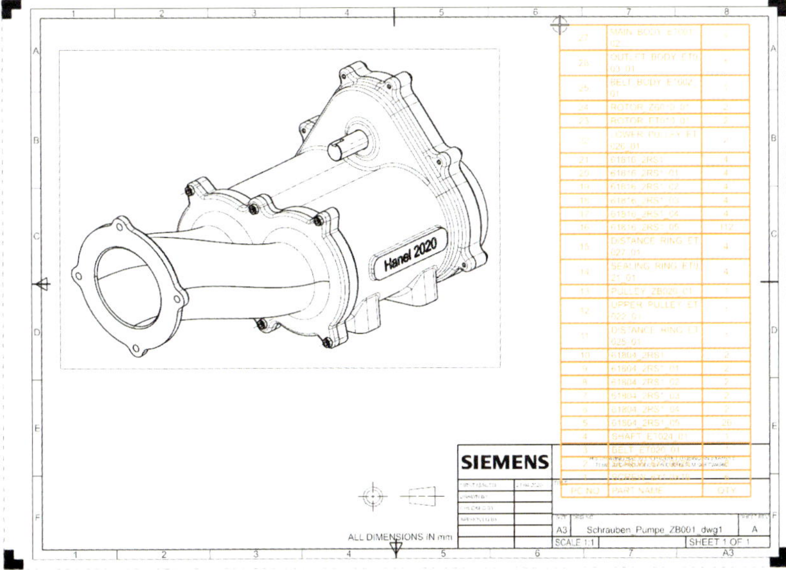

Bewegen Sie den Mauszeiger in die linke obere Ecke der Stückliste und klicken auf den Handle. Wählen Sie dann in der Kontextsymbolleiste den Befehl **ZELLEINSTELLUNG** und ändern im Dialog die Schriftgröße *Höhe* auf *2.5*. Schließen Sie den Dialog mit **SCHLIESSEN**.

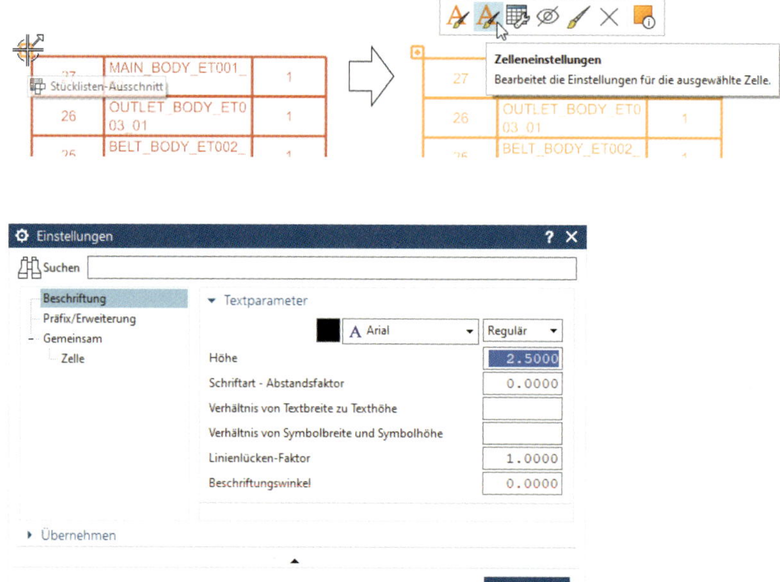

Durch Klicken und Halten können Sie die Stückliste genau auf der Zeichnung platzieren. Ebenso können Sie die Spaltenbreite und Zeilenhöhe mit der Maus anpassen. Die Abbildung zeigt das Zeichnungsblatt mit der platzierten Stückliste.

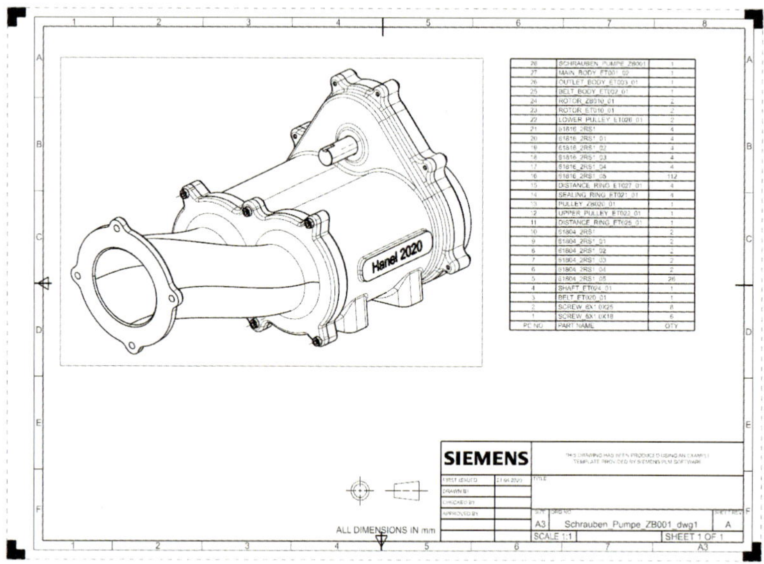

7.4.3.5 Positionsnummern erzeugen

Wählen Sie vor dem Start des Befehls **TEXTHINWEIS ANZEIGEN** die Ansicht aus, in der die Positionsnummern dargestellt werden sollen. Es ist nach dem Erstellen der Positionsnummern erforderlich, die einzelnen Nummern aussagekräftig auf der Zeichnung zu positionieren. Die Abbildung zeigt hierfür ein Beispiel.

Texthinweis anzeigen (Show Balloon)

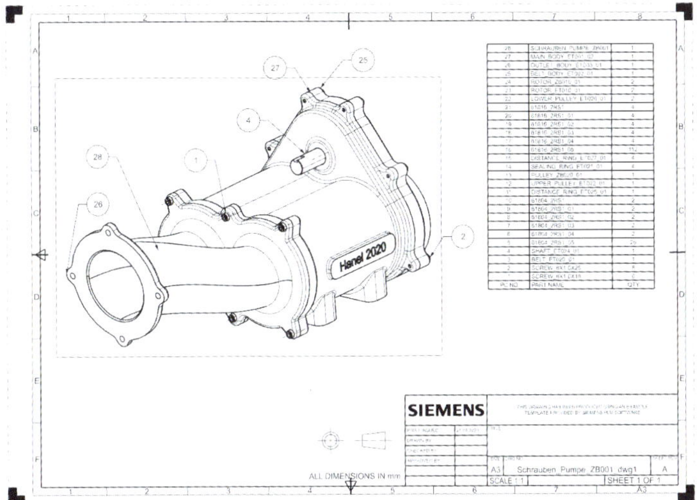

7.4.3.6 Neues Blatt für ein Einzelteil anlegen

Erstellen Sie mit dem Befehl **NEUES ZEICHNUNGSBLATT** ein weiteres Zeichnungsblatt. Verwenden Sie hierzu erst einmal als Größe die Option *Vorlage verwenden* mit der Einstellung *A2 – Größe* und bestätigen mit **OK**. Nach der Eingabe von Erstellungsdatum und Namen im Dialog **TITELFELD AUSFÜLLEN** überprüfen Sie die Einstellungen des Zeichnungsblatts mit dem Befehl **ZEICHNUNGSBLATT BEARBEITEN**.

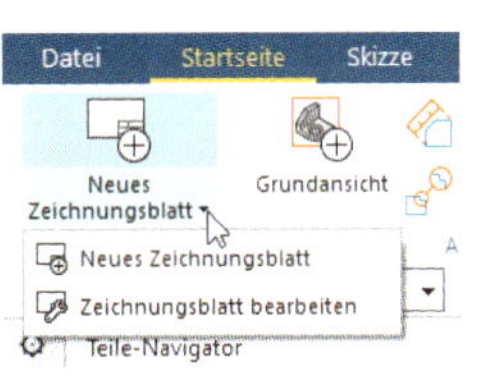
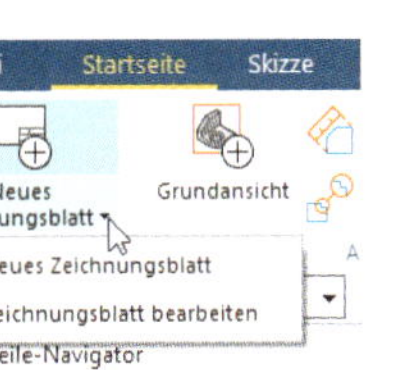

Neues Zeichnungsblatt (New Sheet)

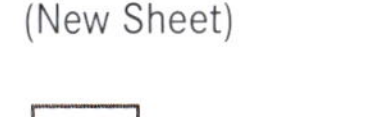

Zeichnungsblatt bearbeiten (Edit Sheet)

Im Dialog ändern Sie unter *Größe* die Auswahl auf *A3 – 297 × 420* und den *Maßstab* auf *1:2*. Wählen Sie dann die Projektionsmethode **PROJEKTIONSMETHODE 1 DIN ISO 5456-2** und bestätigen mit **OK**.

7.4.3.7 Ansichten erzeugen

Grundansicht (Base View)

Starten Sie den Befehl **GRUNDANSICHT** und wählen Sie unter *Teil* > *Geladene Teile* die Komponente *Belt_Body_ET002_01.prt* als Basis für die Ansichten aus. Stellen Sie sicher, dass unter **MODELLANSICHT > ZU VERWENDENDES MODELL** die Auswahl auf *Oben* steht. Erzeugen Sie die Ansicht, indem Sie den *Ansichtsursprung* in der Zeichnung links oben selektieren.

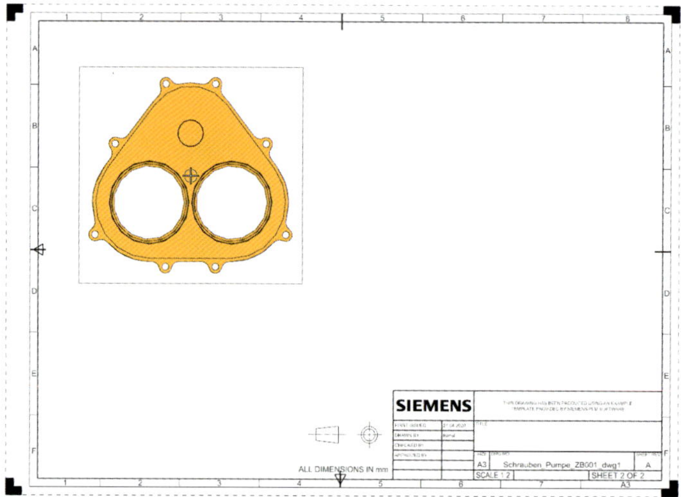

Nach dem Klick für die Positionierung der Grundansicht besteht die Möglichkeit, eine weitere projizierte Ansicht zu erstellen, indem Sie mit der Maus auf die entsprechende Seite fahren. Hierbei wird wieder eine Voranzeige angezeigt. Erzeugen Sie nun noch eine Seitenansicht rechts neben der Hauptansicht.

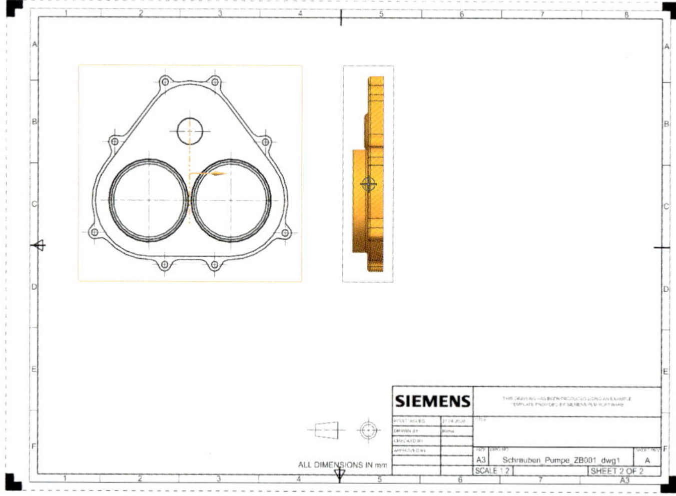

Beenden Sie anschließend das Erstellen von projizierten Ansichten mit **SCHLIESSEN**.

Erstellen Sie mit dem Befehl **SCHNITTANSICHT** eine solche. Definieren Sie hierzu die Schnittlinie. Wählen Sie jetzt unter *Methode* die Option *Einfach/Abgestuft* und selektieren Sie anschließend einen Kreis in der Ansicht, um den Mittelpunkt zu fangen. Platzieren Sie dann die Ansichten, wie in der Abbildung dargestellt. Beenden Sie den Dialog **SCHNITTANSICHT** mit **SCHLIESSEN**.

Schnittansicht (Section View)

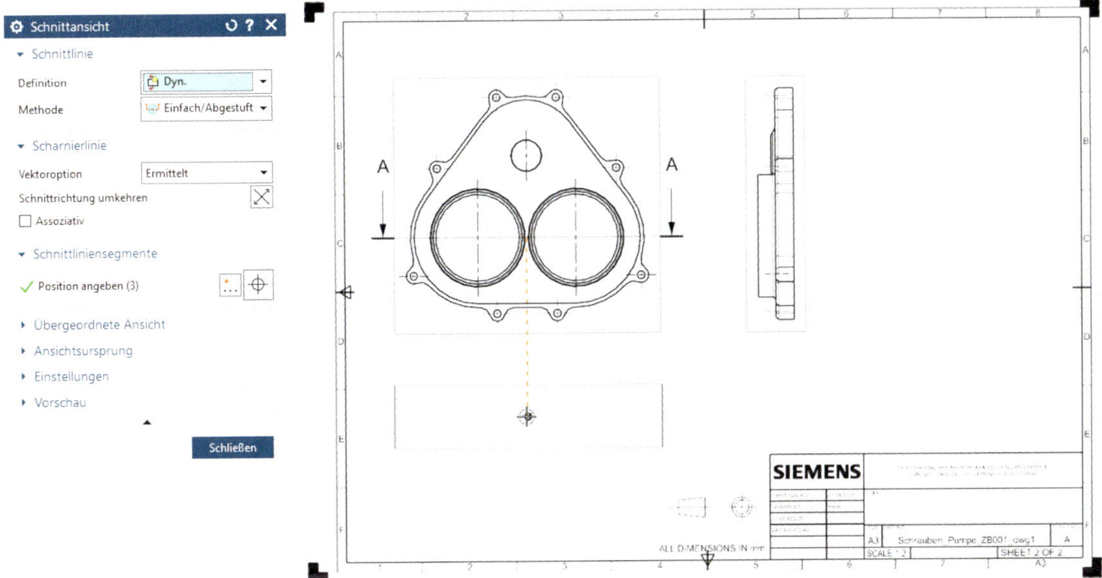

Erzeugen Sie nun mit dem Befehl **GRUNDANSICHT** eine weitere Ansicht, wie in der Abbildung dargestellt. Verwenden Sie **ANSICHT ORIENTIEREN**, um das Modell entsprechend zu drehen.

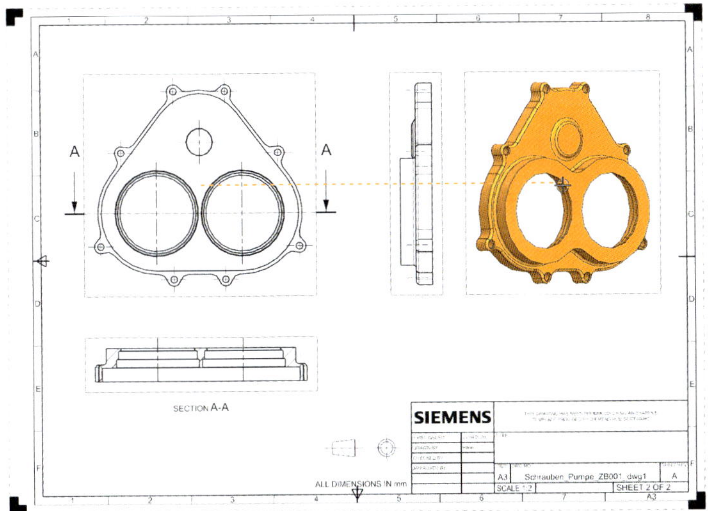

Nach dem Platzieren der **GRUNDANSICHT** wird automatisch der Dialog **PROJIZIERTE ANSICHT** gestartet. Schließen Sie diesen, ohne weitere Ansichten zu erstellen. Wählen Sie im *Teile-Navigator* die zuletzt erstellte Ansicht mit **MT3** aus und öffnen den Dialog **EINSTELLUNGEN**.

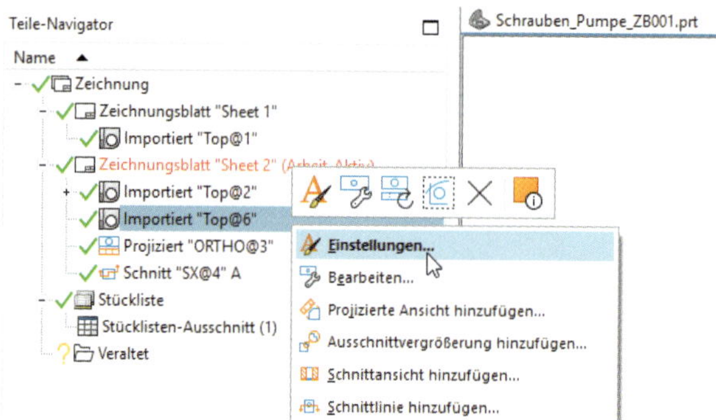

Wechseln Sie im **EINSTELLUNGEN**-Dialog zu *Gemeinsam > Schattierung > Format > Darstellungsformat* und wählen hier *Vollständig schattiert* aus. Die Ansicht wird nun schattiert dargestellt.

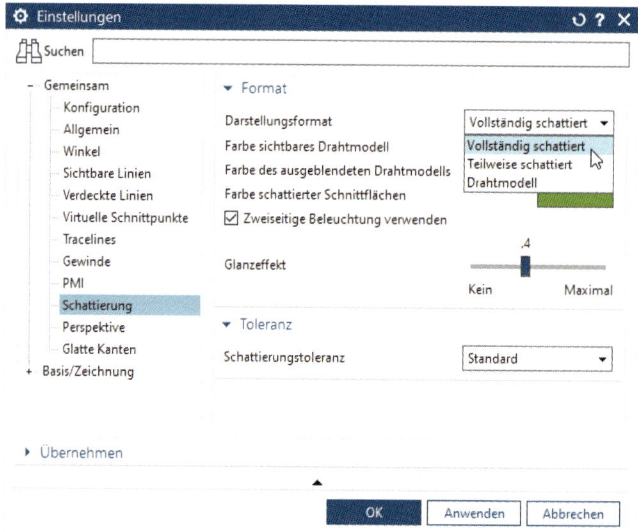

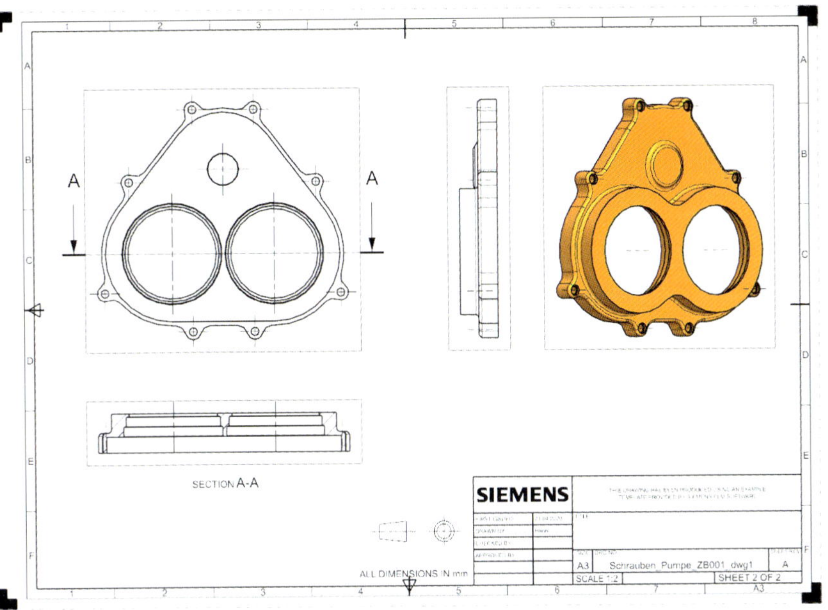

7.4.3.8 Bemaßungen erstellen

Starten Sie nun den Befehl **SCHNELLBEMASSUNG**, um lineare Bemaßungen zu erstellen. Wählen Sie dann die Elemente aus, zwischen denen ein Maß erstellt werden soll. Die Abbildung zeigt hierfür ein Beispiel.

Schnellbemassung (Rapid Dimension)

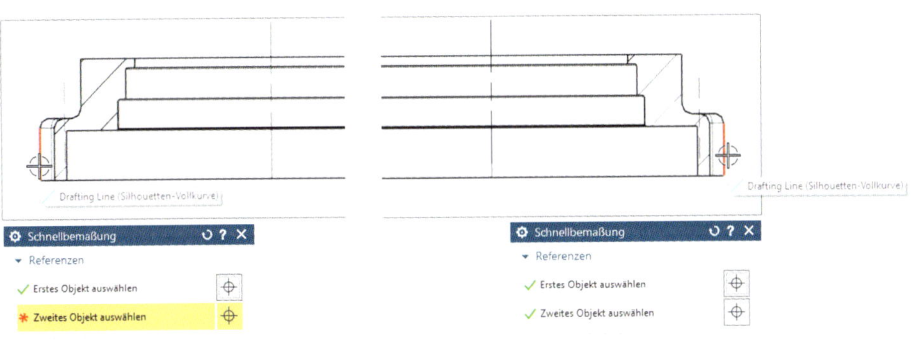

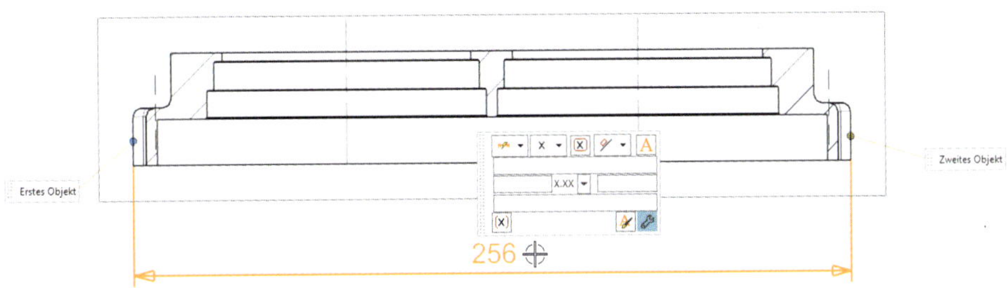

Erstellen Sie auf diese Weise die in der nächsten Abbildung dargestellten linearen Bemaßungen. Achten Sie darauf, dass Sie die *Methode* auf *Horizontal* bzw. *Vertikal* oder *Ermittelt* eingestellt haben.

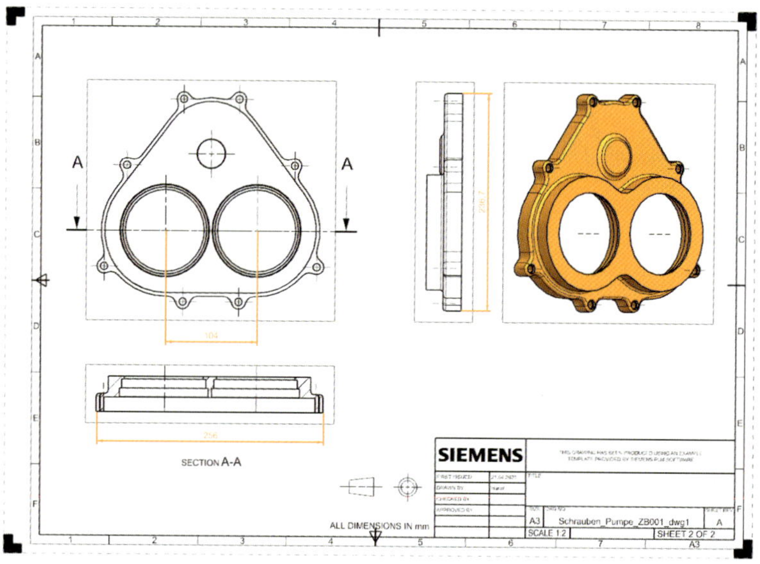

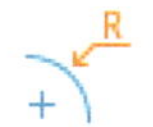
Radiale Bemassung (Radial Dimension)

Starten Sie den Befehl **RADIAL** und erstellen Sie die radialen Bemaßungen, wie in der Abbildung dargestellt. Öffnen Sie die **EINSTELLUNGEN** mit einem Doppelklick und ändern Sie die Bemaßungen wie dargestellt.

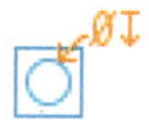
Bohrungs- und Gewinde-Callout

Verwenden Sie für die Bohrung der Schrauben den Befehl **BOHRUNGS- UND GEWINDE-CALLOUT**.

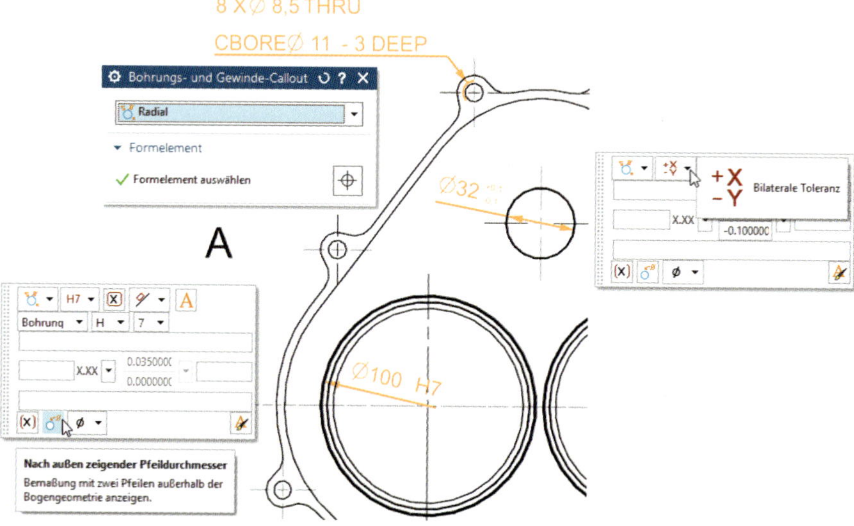

Die Größe des Toleranztexts können Sie über die **TEXTEINSTELLUNGEN** anpassen. Beachten Sie hierzu die Abbildung.

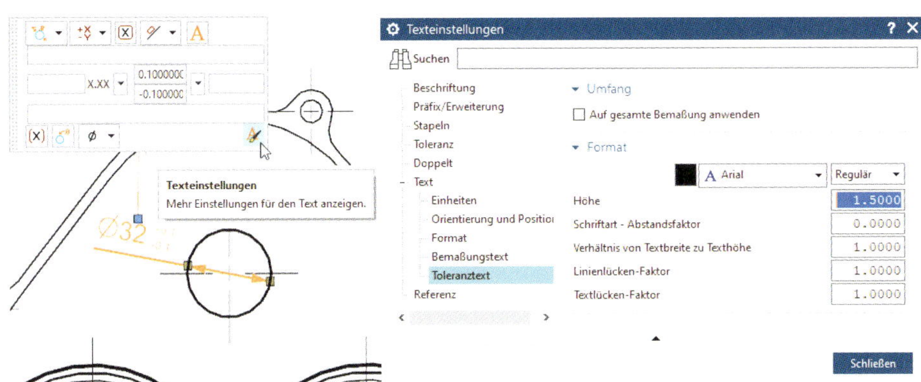

Abschließend stellt sich die Einzelteilzeichnung wie in der nächsten Abbildung dar.

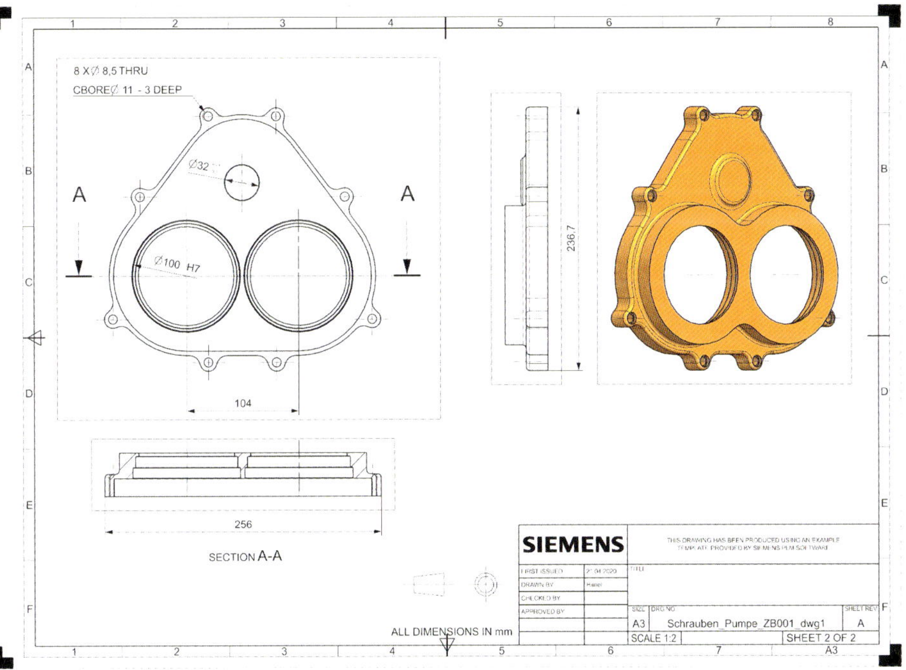

Index

C

D

E

F

G

H

O

P

R

S

T

U

V

W

Z